उद्यान विज्ञान के मौलिक सिद्धान्त

AF647679

उद्यान विज्ञान के मौलिक सिद्धान्त

भाग—1 : फल विज्ञान

प्रो0 (डा0) विशाल नाथ
डा0 दिनेश कुमार पाण्डेय
डा0 अजय मिश्र
डा0 अमरेन्द्र कुमार
डा0 दीनानाथ सिंह

SSPH

SATISH SERIAL PUBLISHING HOUSE
403, Express Tower, Commercial Complex, Azadpur, Delhi-110033 (India)
Phone : 011-27672852, Fax : 91-11-27672046
E-mail :info@satishserial.com, hkjain1975@yahoo.com
Website : www.satishserial.com

Published by :

SATISH SERIAL PUBLISHING HOUSE
403, Express Tower, Commercial Complex, Azadpur, Delhi-110033 (INDIA)
Phone : 011-27672852 Fax : 91-11-27672046
E-mail : info@satishserial.com, hkjain1975@yahoo.com

© Authors / Publisher

ISBN 978-93-81226-17-9

© 2012. All rights reserved, no part of this publication may be reproduced, stored in a retrieval system or transmitted in any form or by any means, electronic, mechanical, photocopying, recording or otherwise without the prior written permission of the publisher/editors.

This book contains information obtained from authentic and highly regarded sources. Reasonable efforts have been made to publish reliable data and information, but the authors/editor(s)/contributors and publisher cannot assume responsibility for the validity of all materials or the consequences of their use. The authors/editor(s)/ contributors and publisher have attempted to trace and acknowledge the copyright holders of all material reproduced in this publication and apologize to copyright holders if permission and acknowledgements to publish in this form have not been given. If any copyright material has not been acknowledged please write and let us know so we may rectify it.

Typeset at: Harminder Singh Kharb *for* Laxmi Art Creation
Printed at: Salasar Imaging Systems, Delhi-110035

समर्पित

यह पुस्तक श्रृंखला हमारे पूज्यनीय दादा जी

श्रीयुत श्री बृज भूषण पाण्डेय

राष्ट्रपति द्वारा सम्मानित पूर्व प्रवक्ता, श्री गांधी विद्यालय इण्टर कॉलेज, नवाबगंज, गोण्डा (उ०प्र०) के चरण कमलों में सादर समर्पित है जिनके प्रेरणा और आशीर्वाद से मैं आज इस योग्य बन पाया हूँ।

प्रो० विशाल नाथ

डा0 हरिशचन्द्र प्रसाद सिंह
उप–महानिदेशक (बागवानी)
भारतीय कृषि अनुसंधान परिषद्
नई दिल्ली – 110012

प्राक्कथन

बागवानी एक उभरता हुआ क्षेत्र है जो देश के कृषि उत्पाद में एक अहम भूमिका निभाता आ रहा है। बागवानी देश के सकल घरेलू उत्पाद में लगभग 30 प्रतिशत की महत्वपूर्ण भागीदारी है। उद्यानिकी द्वारा ग्रामीण एवं शहरी क्षेत्रों में रोजगार एवं व्यवसाय की अपार सम्भावनाएं विकसित हुई हैं। बागवानी में तकनीक विकास एवं हस्तानान्तरण के लिए सम्भावनाएं विकसित हुई हैं। बागवानी में तकनीक विकास एवं हस्तानान्तरण के लिए अच्छे और योग्य वैज्ञानिकों, तकनीकी कर्मियों, उद्यमियों की आवश्यकता को ध्यान में रखते हुए भारत सरकार ने पिछले दो पंचवर्षीय योजनाओं में इसके शिक्षा एवं आधार भूत सुविधाओं के विकास के लिए काफी धन मुहैया कराया है। बागवानी के स्नातकों एवं विशेषज्ञों की बढ़ती आवश्यकता को ध्यान में रखते हुए देश के विभिन्न क्षेत्रों में बागवानी विषय में स्नातक एवं परास्नातक स्तर की पढ़ाई शुरू की गयी है। पिछले लगभग चार दशकों में उद्यानिकी के क्षेत्र में अनेक नवीनतम् जानकारियाँ एवं तकनीकें विकसित की गयी है परन्तु इसकी नवीनतम् जानकारी को सम्मिलित करते हुए इस की एक सम्पूर्ण पुस्तक की आवश्यकता हमेशा ही महसूस की जा रही है विशेषकर जो सरल भाषा में लिखी हो।

देश के उत्तरी भाग जहाँ की बोल चाल की भाषा हिन्दी है, नवीन पाठ्यक्रम के अनुरूप उद्यान विज्ञान की पुस्तकों की बहुत कमी है। इस समस्या को ध्यान में रखते हुए लेखकों द्वारा प्रस्तुत यह पुस्तक अपने आप में एक अनूठा प्रयास है। हमें आशा है कि यह पुस्तक हिन्दी भाषी क्षेत्रों के विद्यार्थियों को बागवानी विषय का पूरा एवं अद्यतन ज्ञान दे सकेगा। मैं इस प्रयास के लिए लेखकों को बधाई देता हूँ और यह आशा करता हूँ कि विद्यार्थी इस पुस्तक का लाभ लेकर अपने विषय में महारथ हासिल करेगें।

हरिशचन्द्र प्रसाद सिंह

आमुख

उद्यान विज्ञान कृषि की एक महत्वपूर्ण शाखा है जिसकी महत्ता दिन प्रतिदिन बढ़ती जा रही है। देश के सकल घरेलू उत्पाद में इसकी भागीदारी बढ़ती जा रही है परिणाम स्वरूप इसके शिक्षा एवं अध्ययन के नवीनतम् आयाम सृजित होते जा रहे हैं। देश में बागवानी विषय की शिक्षा के क्षेत्र में अभूतपूर्व विकास के परिणाम स्वरूप 6 बागवानी विश्वविद्यालय एवं लगभग 20 उद्यानिकी महाविद्यालय स्थापित किये जा चुके हैं। इसके अतिरिक्त सभी कृषि विश्वविद्यालयों, कृषि महाविद्यालयों द्वारा प्रतिवर्ष लगभग 10000 बच्चे स्नातक स्तर पर और लगभग 2000 बच्चे परास्नातक स्तर पर बागवानी की पढ़ाई करते हैं।

उद्यान विषयक नवीनतम् जानकारी को नई पीढ़ी के छात्रों में सृजित करने के लिए भारतीय कृषि अनुसंधान परिषद् ने इस विषय के पाठ्यक्रम में स्नातक एवं परास्नातक स्तर पर भारी फेरबदल किया है। स्नातक स्तर के नवीनतम् पाठ्यक्रम के आधार पर चूँकि एक सम्पूर्ण पुस्तक का अभाव था अतः इन पुस्तकों के माध्यम से यह प्रयास किया गया कि नये पाठ्यक्रम के अनुसार एक मौलिक रचना की जाय।

इस पुस्तक के संकलन एवं लेखन में मुख्य रूप से डा0 हरिशचन्द्र प्रसाद सिंह, (उपमहानिदेशक, बागवानी), डा0 राम कृपाल पाठक, डा0 अनिल कुमार शुक्ल, डा0 बृजभूषण वशिष्ठ, डा0 नागेन्द्र राय, डा0 हरिशंकर सिंह, डा0 शेषधर पाण्डेय आदि का सहयोग रहा जिसके लिए लेखक मण्डल उनके प्रति आभारी है। इस पुस्तक के लेखन के लिए प्रेरित करने तथा समय–समय पर यथोचित सहयोग के लिए मैं अपने परिवार के सदस्यों विशेषकर श्रीमती कृष्णा पाण्डेय, मित्रों तथा सहकर्मियों का विशेष रूप से आभारी हूँ जिनके सहयोग के अभाव में यह कार्य काफी कठिन था। इस पुस्तक के लेखन में प्रत्यक्ष एवं परोक्ष रूप से सहयोग देने वाले लोगों के प्रति मैं आभार प्रकट करता हूँ।

प्रो0 विशाल नाथ

लेखक मण्डल

प्रो0 (डा0) विशाल नाथ : एक दिसम्बर सन् उन्नीस सौ छासठ में उत्तर प्रदेश के बस्ती जनपद में जन्में प्रो0 विशाल नाथ की प्रारम्भिक शिक्षा श्री गांधी विद्यालय इन्टर कॉलेज, नबाबगंज, गोण्डा एवं स्नातक एवं परास्नातक की शिक्षा नरेन्द्र देव कृषि एवं प्रौद्योगिकी विश्वविद्यालय, फैजाबाद से सम्पन्न हुई। वर्ष 1993 में प्रो0 विशाल नाथ ने कानपुर विश्वविद्यालय से विद्यावाचस्पति की उपाधि प्राप्त करके उसी वर्ष में 'भारतीय कृषि शोध सेवा' की परीक्षा उर्त्तीण की। प्रारम्भ में हैदराबाद, लखनऊ एवं बीकानेर में अपना योगदान देने के उपरान्त वर्ष 1999 में प्रो0 विशाल नाथ केन्द्रीय बागवानी परीक्षण केन्द्र, रांची में वरीय वैज्ञानिक के रूप में चुने गये। डा0 विशाल नाथ की 2005 में बिरसा कृषि विश्वविद्यालय, रांची में प्राध्यापक के पद पर और वर्ष 2006 में केन्द्रीय बागवानी परीक्षण केन्द्र, भुवनेश्वर के प्रमुख के पद पर सीधी नियुक्ति हुई। प्रो0 विशाल नाथ जुलाई 2010 से राष्ट्रीय लीची अनुसंधान केन्द्र, मुजफ्फरपुर, बिहार के निदेशक के पद पर कार्यरत है। डा0 विशाल नाथ बागवानी के क्षेत्र के एक जाने–माने विशेषज्ञ हैं जिन्होंने लगभग सभी प्रकार की बागवानी फसलों पर शोध कार्य किया है। शुष्क बागवानी, बहुस्तरीय फसल पद्धति, वर्षा आधारित बागवानी, लीची, आम, कटहल, अमरूद, पपीता, सब्जियाँ इत्यादि आपके प्रिय क्षेत्र रहे हैं जिसमें अनेक किस्मों और तकनीकों का विकास आप के माध्यम से हुआ है। आपने 12 किस्मों और 15 तकनीकों का विकास किया है और 10 पुस्तकों का लेखन किया है जिसकी अत्यधिक माँग है। आपने लगभग 200 शोध पत्र पत्रिकाओं का भी प्रकाशन किया है।

डा0 दिनेश कुमार पाण्डेय का जन्म 26 जनवरी, 1968 में गोण्डा जिले में हुआ। प्रारम्भिक शिक्षा श्री गांधी विद्यालय इन्टर कॉलेज, नवाबगंज गोण्डा से पूरी करने के बाद कानपुर विश्वविद्यालय से उच्च शिक्षा प्राप्त की। वर्ष 2005 में आपका चयन नरेन्द्र देव कृषि विश्वविद्यालय, फैजाबाद में हुआ और वर्तमान समय में कृषि

विज्ञान केन्द्र, मसौधा, फैजाबाद में उद्यान विशेषज्ञ के रूप में कार्यरत हैं। आपकी पठन–पाठन में अपार अभिरूचि है और सब्जी फसलों, मसालों, औषधीय पौधों एवं परिरक्षण के क्षेत्र में अपार अनुभव है। आपने अनेक शोध एवं लोकप्रिय लेख लिखे हैं जो किसानोंपयोगी साबित हुए हैं।

डा0 अजय मिश्रा ने श्री गांधी विद्यालय इन्टर कॉलेज से प्रारम्भिक शिक्षा प्राप्त करने के पश्चात् कानपुर विश्वविद्यालय से बागवानी विषय की उच्च शिक्षा प्राप्त की। वर्तमान समय में डा0 अजय मिश्रा नन्दनी नगर महाविद्यालय नवाबगंज, गोण्डा में सह प्राध्यापक (उद्यान) के पद पर कार्यरत हैं। डा0 अजय मिश्रा की औषधीय पौधों, पुष्प विज्ञान एवं फल परिरक्षण के क्षेत्र में गहरी अभिरूचि है। डा0 मिश्रा ने अनेक शोध एवं लोकप्रिय लेखों की रचना की है।

डा0 अमरेन्द्र कुमार ने राँची कृषि महाविद्यालय, बिरसा कृषि विश्वविद्यालय, राँची से स्नातक एवं स्नातकोत्तर की उच्च शिक्षा प्राप्त की। वर्ष 1997 में ''भारतीय कृषि शोध सेवा'' परीक्षा उत्तीर्ण कर वर्ष 1998 से केन्द्रीय शीतोष्ण बागवानी संस्थान, श्रीनगर (जम्मू कश्मीर) तथा केन्द्रीय ताड़ एवं रोपण फसल अनुसंधान संस्थान, श्रेत्रीय केन्द्र गुवाहाटी (असम) में वैज्ञानिक के पद पर कार्य किया। वर्ष 2002 से राष्ट्रीय लीची अनुसंधान केन्द्र, मुजफ्फरपुर में वैज्ञानिक वरीय वेतनमान पर कार्यरत है। डा0 कुमार को बागवानी फसलों में अपार अभिरूचि है। आपने अनेक शोध एवं लोकप्रिय लेख लिखे हैं जो किसानोपयोगी साबित हुए हैं।

डा0 दीना नाथ सिंह उड़ीसा कृषि एवं प्रौद्योगिकी विश्वविद्यालय, भुवनेश्वर में प्राध्यापक के पद पर कार्यरत है। डा0 सिंह, सब्जी विज्ञान के क्षेत्र में एक महत्वपूर्ण व्यक्ति हैं जिन्होंने विभिन्न पदों पर कार्य करते हुए इस विषय की शिक्षा और अनुसंधान से जुड़े रहे हैं। आपने अनेक शोध पत्रिकाओं और पुस्तकों का लेखन भी किया है।

विषय सूची

1

उद्यान विज्ञान

उद्यान विज्ञान कृषि विज्ञान की एक शाखा है जिसमें फल, सब्जी, फूल, मसाले, औषधीय एवं सुगन्धित पौधों इत्यादि की जानकारी एंव उनके उगाने के तौर तरीकों के बारे में अध्ययन किया जाता है। वस्तुतः उद्यान शब्द का वर्णन वेद पुराणों में आदि काल से ही होता आ रहा है और उसके उपयोग के बारे में चर्चा रामायण, महाभारत, गीता आदि ग्रन्थों में की गयी है परन्तु उद्यान विज्ञान का विवरण "रायल कमीशन (1929)" के प्रतिवेदन में (Royal Commision on Agriculture-1929) विस्तृत रुप में किया गया।

उद्यान विज्ञान को विभिन्न वैज्ञानिकों ने अलग–अलग तरीकों से परिभाषित किया है। ज्यादातर वैज्ञानिकों के मतानुसार "उद्यान विज्ञान कृषि की वह शाखा है जिसमें फल, फूल, सब्जियों, मसालों, औषधीय एवं सुगन्धित पौधों तथा रोपण फसलों एवं उनके परिरक्षण तथा मूल्य संवर्धन के बारे में विस्तृत अध्ययन किया जाता है।" इस परिभाषा में विभिन्न उद्यानिकी फसलों की खेती, उनके उपयोग के तौर तरीके, उनसे मिलने वाले लाभ और उनके उत्तरोत्तर विकास के लिए आवश्यक कदम जैसे विषय सम्मिलित हैं। जबकि एल.एच. बेली ने जो कि उद्यान विज्ञान के

प्रारम्भिक विश्लेषक एवं कार्यकर्ता रहे हैं, ने कहा है कि ''पुष्प, फल, सब्जियों तथा शोभायमान व आकर्षक पौधों के उगाने को उद्यान विज्ञान कहते हैं''।

उद्यान विज्ञान को अंग्रेजी भाषा में 'हार्टिकल्चर', (Horticulture) कहते हैं जो लैटिन भाषा के दो शब्दों 'हार्टस (Hortus) और 'कोलेर' (Colere) के योग से बना है। ''हार्टस का अर्थ है चारों ओर से घिरा हुआ स्थल'' तथा कोलेर' का अर्थ है ''ध्यान से उगाना''। इस प्रकार से हार्टिकल्चर का तात्पर्य ''एक निश्चित घेरे के अन्दर पौधों को ध्यान पूर्वक उगाना'' होता है। एक निश्चित क्षेत्र में विभिन्न प्रकार की उद्यानिकी फसलों के उगाने की प्रकिया को बागवानी अथवा उद्यानिकी (Gardening) कहते हैं तथा उस पूरे क्षेत्र को उद्यान या बगीचा (Garden) कहते हैं। जब पूरे क्षेत्र में केवल फल की ही खेती की जाती है तो उसे बाग (Orchard) तथा यदि फूल व शोभाकारी पौधों की खेती होती है तो उसे 'वाटिका' जैसे शब्दों सें सम्बोधित किया जाता है। अंगूर के बाग को 'वाइनयार्ड (Vineyard), गुलाब के बगीचे को 'रोजरी' (Rosary), आर्किड के संग्रह को 'आर्किडियम' (Orchidium) आदि नामों से जाना जाता है।

1. उद्यान विज्ञान के विभाग

उद्यान विज्ञान को मुख्य रूप से चार विभागों में वर्गीकृत किया जा सकता है।

1) फल विज्ञान (Pomology)
2) सब्जी विज्ञान (Olericulture)
3) पुष्प विज्ञान (Floriculture)
4) परिरक्षण (Preservation of Horticulture Crops)

1. फल विज्ञान (Pomology) : फल विज्ञान उद्यान विज्ञान की वह शाखा है जिसके अन्तर्गत फल उत्पादन के सिद्धान्तों एवं उगाने की तकनीकों का अध्ययन किया जाता है। यह अग्रेंजी के 'Pome' एवं 'Logus' शब्दों के योग से बना है। 'Pome' का तात्पर्य है 'सेब' एवं 'Logus' का तात्पर्य है, सैद्धान्तिक विवरण। अर्थात यह उद्यान विज्ञान की वह शाखा है जिसमें सेब के बारे में विस्तृत जानकारी दी जाती है। चूँकि प्रारम्भ में सेब ही सबसे महत्वपूर्ण फल था अतः समूचे फल विज्ञान को ही 'Pomology' कहा जाता था। फलदार पौधों के समूह को बाग (Orchard) तथा फलदार पौधों की विधिवत खेती को 'Orcharding' कहा जाता है। फल उत्पादन करने वाले किसान को 'Orchardist' अथवा 'Fruit Grower' कहा

जाता है तथा फल विज्ञान के ज्ञाता को 'Pomologist' अथवा 'Fruit Scientist' कहा जाता है।

2. सब्जी विज्ञान (Olericulture) : उद्यान विज्ञान की इस शाखा के अन्तर्गत साग–सब्जी उत्पादन के सिद्धान्तों तथा तकनीकों का अध्ययन किया जाता है। Olericulture अंग्रेजी के 'Olere' एवं 'Culture' शब्द के योग से बना है जिसका तात्पर्य है 'गोभी वर्गीय' फसलों की खेतीबारी। चूकि पहले गोभी वर्गीय सब्जियां ही सबसे प्रमुख मानी जाती थी इसलिए सम्पूर्ण सब्जी विज्ञान को 'Olericulture' कहा जाता है। सब्जी विज्ञान के ज्ञाता को Olericulturist अथवा 'Vegetable Scientist' कहा जाता है।

3. पुष्प विज्ञान (Floriculture) : पुष्प विज्ञान उद्यान की वह शाखा है जिसमें फूलों एवं शोभाकारी पौधों को उगाने तथा भूदृश्य के सिद्धान्तों एवं तकनीकों का अध्ययन किया जाता है। 'Floriculture' शब्द अंग्रेजी के 'Flower' यानी फूल तथा 'Culture' यानी 'खेती' शब्दों के योग से बना है। अतः पुष्प विज्ञान में फूल एवं शोभाकारी पौधों की खेती के तरीके एवं उनके माध्यम से किसी स्थान के सजावट के बारे में विस्तृत जानकारी मिलती है। पुष्प विज्ञान के ज्ञाता को 'Floriculturist' कहते हैं।

4. फल परिरक्षण (Fruit Preservation) : उद्यान फसलों के उत्पाद को खराब होने से बचाने, उनकी लम्बे समय तक उपलब्धता सुनिश्चित करने तथा उनसे विभिन्न प्रकार के खाद्य पदार्थ तैयार करने के सिद्धान्तों एवं तकनीकों का अध्ययन फल परिरक्षण शाखा के अन्तर्गत किया जाता है। परिरक्षण का तात्पर्य केवल फल परिरक्षण से ही नहीं अपितु समस्त उद्यानिकी फसलों के परिरक्षण से है। परन्तु नामकरण की दृष्टि से इसे फल परिरक्षण इसलिए कहते हैं कि पूर्व में केवल फलों का ही वर्चस्व था। आज कल सब्जी, फूल, मशरुम एवं अन्य उद्यानिकी फसलों की कटाई उपरान्त सम्भलाव (Post Harvest Handling) जैसे ग्रेडिंग (श्रेणीकरण), पैकिंग, ट्रांसपोर्टेशन तथा प्रसंस्करण एवं मूल्य संवर्धन (Processing and Value Addition) का अध्ययन इसी शाखा के अन्तर्गत किया जाता है। आजकल इस विषय को फल प्रौद्योगिकी (Fruit Technology) अथवा सस्योत्तर प्रौद्योगिकी (Post Harvest Technology) तथा इस विषय के जानकार को 'Fruit Technologist' या 'Post Harvest Technologist' कहा जाता है।

2. बागवानी का महत्व

21 वीं सदी में जबकि जनसंख्या का दबाव दिन प्रतिदिन बढ़ता जा रहा है और प्राकृतिक संसाधन सीमित होते जा रहे हैं, देश के सामने खाद्य एवं पोषण सुरक्षा एक अहम बिन्दु बनता जा रहा है। खाद्य फसलों के उत्पादन एवं अधिक उत्पादकता के लिए सिंचाई के संसाधन, पूँजी और उच्चतम् उत्पादन के तकनीकों (Hi-Tech Production Technologies) की आवश्यकता है जिसकी कमोवेश आपूर्ति की जा रही है। परन्तु पोषण सुरक्षा के लिए फल, सब्जी, औषधीय पौधे एवं पशु आधारित पोषक तत्वों पर रहना पड़ता है। अतः वर्तमान परिवेश में उद्यानिकी फसलों का महत्व काफी अधिक हो जाता है। पोषण सुरक्षा के साथ–साथ बागवानी फसलें आर्थिक उत्थान, रोजगार सृजन, जैसे मूलभूत तत्वों के परिपेक्ष्य में भी अपनी अहम भूमिका निभाती हैं। वर्तमान समय में बागवानी फसलें एवं इनसे उत्पादित विभिन्न पदार्थों के माध्यम से देश के कुल घरेलू उत्पाद (GDP) का 29.5 % हिस्सा प्राप्त होता है। अतः यदि उद्यान विज्ञान को भारतीय समाज की रीढ़ की हड्डी कहा जाय तो कोई अतिश्योक्ति नहीं होगी। बागवानी के सम्बन्ध में कुछ प्रमुख बिन्दु निम्नवत हैं।

1. उद्यानिकी फसलों की विभिन्न जलवायु वाले क्षेत्रों में उगने की क्षमता : बागवानी फसलें लगभग सभी प्रकार की मिट्टी एवं जलवायु के प्रति अनुकूल होती हैं। अतः यदि सभी क्षेत्र के लिए सही फसल का चुनाव किया जाय तो अधिक लाभ होगा। जैसे– शुष्क क्षेत्र में बेर, अनार, खजूर, शीतोष्ण क्षेत्र में सेब, नाशपाती, अखरोट, उपोष्ण क्षेत्र में अमरुद, लीची, संतरा एवं उष्ण क्षेत्र में आम, पपीता, सपोटा आदि। इसके अतिरिक्त पहाड़ी तथा ढालू जमीन, समुद्र तटीय क्षेत्र, परती एंव बंजर भूमि में भी फलदार फसलों की खेती से अधिक आमदनी प्राप्त की जा सकती हैं।

2. पर्यावरण संतुलन में योगदान : उद्यानिकी फसलें विशेषतया बहुवर्षीय फलदार पौधों के वृक्षारोपण से क्षेत्र में हरित पट्टिका (Green belt) विकसित हो जाती है जो पर्यावरण संतुलन का कार्य ठीक उसी प्रकार से करती है जैसे कि साधारण जंगल के पौधों से होती है।

3. पोषण सुरक्षा एवं पौष्टिक आहार : मानव को स्वस्थ्य एवं निरोग रहने के लिए संतुलित भोजन आवश्यक है। इसलिये भोजन में फलों एवं सब्जियों का विशेष महत्व है क्योंकि ये हमारे शरीर के लिए 'रक्षक भोजन' (Protective Food) हैं। इनसे हमें ऐसे खनिज तत्व, विटामिन एंव अन्यान्य पोषक पदार्थ मिलते हैं जो

शरीर की वृद्धि के साथ–साथ उसे निरोग रखने में सहायक होते हैं। इन तत्वों की कमी से शरीर में कुपोषण की समस्या बहुत ही जटिल हो जाती है। हमारे देश की जनसंख्या का एक बड़ा हिस्सा, विशेषकर महिलाएँ एवं बच्चें कुपोषण की विभिन्न बीमारियों से ग्रसित हैं। एक तिहाई बच्चे कम वजन के पैदा होते हैं तथा 60% बच्चे खून की कमी से प्रभावित हैं। विटामिन 'ए' की कमी के कारण भी प्रतिवर्ष लगभग 20,000 बच्चे प्रभावित होते हैं। कुपोषण की समस्या गरीब एवं निम्न आर्थिक स्तर के लोगों में ज्यादा पायी जाती है। हमारे देश में एक हद तक लोगों के खाद्यान्य, दाल एंव तेल से कार्बोहाइड्रेट्स, प्रोटीन और वसा तो उपलब्ध हो जाती है परन्तु विटामिन एवं खनिज लवणों की कमी बनी रहती है। विटामिन एवं खनिज लवणों की कमी दूर करने के लिए आहार में सब्जियों एवं फलों को एक निर्धारित मात्रा में सम्मिलित होना बहुत जरुरी है। साग वाली फसलों से हमें खाद्य रेशा, खनिज लवण, एन्टी आक्सीडेन्ट एवं विटामिन के साथ–साथ कार्बोहाइड्रेट्स, प्रोटीन और वसा तत्व प्राप्त होते हैं। अतः सब्जियों एवं फलों को रक्षात्मक भोजन (Protective Food) का भी नाम दिया गया है। भोजनशास्त्रियों एवं वैज्ञानिकों के अनुसार हमारा भोजन संतुलित तभी होगा जब प्रत्येक वयस्क अपने आहार में 300 ग्रा. सब्जियों (100 ग्रा. जड़दार, 100 ग्रा. फलदार तथा 100 ग्रा. अन्य) एवं 65–80 ग्रा. फलों का सेवन करें।

सब्जियों एवं फलों के उपयोग एवं उपलब्धता को बढ़ाने में गृहवाटिका या पोषण–वाटिका बहुत मद्दगार साबित हो सकती है। सभी घरों के आसपास थोड़ी बहुत जमीन अवश्य होती है जिसका उपयोग फल एवं सब्जियाँ लगानें में आसानी से किया जा सकता है। गृहवाटिका से प्राप्त फल एवं सब्जियाँ बिल्कुल ताजी होती हैं तथा पोषकमान विशेषकर विटामिन का स्तर बहुत ऊँचा होता है। इसके साथ–साथ विभिन्न प्रकार के कीटनाशी जो कि सब्जी उत्पादक भारी मात्रा में डालते हैं उन्हें खाने से हम बच सकते है। गृहवाटिका लगाने से घर के सदस्यों के खाली समय का सही उपयोग हो जाता है और भोजन के लिए ताजी सब्जियाँ एवं फल भी मिलते रहते हैं।

3. फलों का पोषण में महत्व

फलों का पोषण सुरक्षा में महत्वपूर्ण स्थान है। अनेक स्वास्थ्य सम्बन्धी विकार जो विटामिन, खनिज लवणों आदि की कमी से होते हैं, फलों के निरन्तर सेवन करने से समाप्त हो जाते हैं। फलों को हम अनेक रुपों जैसे कच्चा (ताजे फल),

एवं सूखा– (काजू, बदाम, पिस्ता, अखरोट), परिरक्षित पदार्थ, (स्क्वैश, चटनी, जैम, जैली, मार्मलेड, मुरब्बा इत्यादि) के रुप मे प्रयोग कर सकते हैं परन्तु परिरक्षित रूप में इस्तेमाल करने से ताजे फलों की तुलना में कम पोषक तत्व प्राप्त होते हैं। परिरक्षण के विभिन्न स्तरों पर उष्मा का इस्तेमाल होता है तथा कई विटामिन इसके प्रति संवेदनशील होते हैं जिसके कारण पोषक तत्वों में कमी आ जाती है। अगर फल एंव सब्जी को कम से कम उष्मा से उपचारित करके उपयोग किया जाए तो पोषक तत्व प्रचुर मात्रा में रहते हैं। पका पीला आम, पपीता, खुमानी और पीले आड़ू कैरोटीन के उत्तम स्रोत होते हैं जो शरीर में विटामिन 'ए' की पूर्ति करते हैं। आवॅला, अमरूद, बेर एवं नींबू वर्गीय फलों में विटामिन 'सी' अधिक होता है जबकि बदाम, काजू, पिस्ता में प्रोटीन पाया जाता है। वसा से भरपूर फलों में अखरोट, बदाम काजू, पिस्ता महत्वपूर्ण हैं। केले में अधिक कार्बोहाइड्रेट होता है। जबकि पपीते में पाचक एंजाइम होते हैं तथा शर्करा भी होती है। पोषण सुरक्षा के लिए इस बात का प्रयास होना चाहिए कि मौसमी फलों एवं ताजी सब्जियों का अधिक से अधिक उपयोग हो क्योंकि इनमें पोषक तत्व ज्यादा होते हैं और ये शरीर को आसानी से उपलब्ध भी हो जाते हैं। कुछ प्रमुख फलो में पाए जाने वाले पोषक तत्व निम्न सारणी में दिए गए हैं।

प्रमुख फलों में पाए जाने वाले पोषक तत्व (प्रति 100 ग्रा.)

फल	प्रोटीन (ग्रा.)	कार्बोहाइड्रेट (ग्रा.)	कैल्शियम (मि.ग्रा.)	लोहा (मि.ग्रा.)	कैरोटिन (मि.ग्रा.)	थायमिन (मि.ग्रा.)	विटामिन सी (मि.ग्रा.)
आवॅला	0.50	13.70	50.00	1.20	9.00	0.03	600.00
सेब	0.20	14.10	7.00	0.30	90.00	0.03	7.00
खुमानी	1.00	12.80	17.00	0.50	2700.00	0.03	7.00
केला	1.10	22.20	8.00	0.70	190.00	0.05	10.00
अंगूर	0.50	16.50	20.00	0.50	–	–	1.00
अमरूद	0.10	9.00	50.00	1.20	–	0.02	15.00
नींबू	0.50	9.30	40.00	0.70	–	–	50.00
आम	0.60	16.90	14.00	1.30	2743.00	0.05	15.00
संतरा	1.00	12.20	41.00	0.40	200.00	0.10	50.00
पतीता	0.60	7.20	17.00	0.50	566.00	0.04	57.00
आड़ू	0.60	9.70	9.00	0.50	1330.00	0.02	–
चीकू	–	28.00	1.20	97.00	–	6.00	
टमाटर	0.90	3.60	48.00	0.40	351.00	0.12	27.00

4. सब्जियों का पोषण में महत्व

सब्जियों का भी संतुलित भोजन एवं पोषण सुरक्षा में महत्वपूर्ण स्थान है। पोषक तत्वों की उपलब्धता सब्जियों के प्रकार तथा उनके उपयोग के तरीकों पर निर्भर करता है। ज्यादातर सब्जियों को जहाँ पकाकर खाया जाता है वहीं शलजम, मूली, गाजर, खीरा, ककड़ी, प्याज, टमाटर, पत्तागोभी आदि को अक्सर कच्ची अवस्था में सलाद के रूप में इस्तेमाल किया जाता है। तरबूज, खरबूज आदि को पकने के बाद फलों के रुप में खाया जाता है जबकि कुछ सब्जियों जैसे प्याज, लहसुन, अदरक, पुदीना, धनियां आदि को मसाले की तरह प्रयोग किया जाता है। सब्जियों को विभिन्न प्रकार से प्रयोग करने जैसे कच्चा, पकाकर, भूनकर, सलाद के रूप में, मसाले की तरह तथा ताजी व बासी अवस्था में खाने से इनसे प्राप्त होने वाले पोषक तत्वों में अन्तर आ जाता है। सब्जियों से ज्यादा पोषक तत्वों के लिए उन्हें कच्ची अवस्था में या उबालकर या कम पकाकर खाना चाहिए। मेथी, फूलगोभी, करेला, बैंगन, आदि सब्जियों को सुखाकर बेमौसम में भी खाया जा सकता है। इसी प्रकार टमाटर, गाजर, मिर्च, फूलगोभी, मूली, करेला, आलू, पेठा आदि को सास, सिरका, चटनी, अचार, चिप्स, मुरब्बा, मिठाई, आदि बनाकर खाने में उपयोग किया जा सकता है परन्तु ताजी हरी सब्जियों के प्रयोग से ज्यादा पोषण सुरक्षा मिलती है। कुछ प्रमुख सब्जियों में पाए जाने वाले पोषक तत्व निम्न सारणी में दिए गए हैं।

प्रमुख सब्जियों में पाए जाने वाले पोषक तत्व (प्रति 100 ग्रा.)

सब्जियां	प्रोटीन (ग्रा.)	कार्बोहाइड्रेट (ग्रा.)	कैल्शियम (मि.ग्रा.)	लोहा (मि.ग्रा.)	कैरोटीन (मि.ग्रा.)	थायमिन (मि.ग्रा.)	विटामिन सी (मि.ग्रा.)
चौलाई	4.00	6.10	397.00	25.50	5520.00	0.03	99.00
पालक	3.40	6.50	380.00	16.20	5862.00	0.26	70.00
मेथी	4.40	6.00	395.00	16.50	5862.00	0.26	70.00
पत्तागोभी	1.80	4.60	39.00	1.80	1200.00	0.06	124.00
सहजनपत्ती	1.80	4.60	395.00	16.50	2340.00	0.04	52.00
पुदीना	4.80	6.00	200.00	15.60	1620.00	0.05	27.00
शलजम	1.70	5.80	18.00	1.00	–	0.04	10.00
प्याज	1.20	8.80	47.00	0.70	–	0.08	11.00
मूली	0.70	11.10	35.00	0.40	3.00	0.06	15.00
शकरकन्द	1.20	3.40	46.00	0.80	6.00	0.08	11.00
करेला	1.60	28.20	20.00	1.60	126.00	0.07	88.00
बैंगन	1.40	4.20	18.00	0.90	74.00	0.04	12.00

contd...

फूलगोभी	2.60	4.00	30.00	1.50	30.00	0.04	56.00
लोबिया	3.50	8.10	72.00	2.50	564.00	0.07	14.00
सहजनफली	2.50	3.70	30.00	5.30	110.00	0.05	120.00
फ्रेंचबीन	1.70	4.50	50.00	1.70	132.00	0.08	24.00
भिण्डी	1.90	6.40	66.00	1.50	52.00	0.07	13.00
मटर	7.20	15.90	20.00	1.50	83.00	0.25	9.00
कद्दू	1.40	4.60	10.00	0.70	50.00	0.05	2.00
तोरई	0.50	3.40	18.00	0.50	33.00	–	5.00
चिचिन्डा	0.50	3.30	26.00	0.30	96.00	0.04	–
आलू	–	–	10.00	0.40	24.00	–	17.00

फल एवं सब्जियों में पाये जाने वाले प्रमुख तत्वों का महत्व

विटामिन 'ए' : विटामिन 'ए' मुख्यतः आँख, त्वचा व शरीर की वृद्धि के लिए आवश्यक है। इस विटामिन की कमी से रात में अंधापन (रतौंधी), आँखों में लाली, त्वचा की बीमारी, बच्चों की बढ़वार रूकने जैसी बीमारियाँ हो जाती हैं। यह विटामिन 'बीटा कैरोटीन' के रुप में पपीता, आम, कद्दू, चुकंदर, टमाटर तथा हरी पत्तेदार सब्जियों में प्रचुर मात्रा में पाया जाता है।

विटामिन 'बी' : इस समूह के विटामिन में थायमिन, राइबोफ्लेबिन, निकोटिनिक एसिड, पेंटोथेनिक एसिड, फॉलिक एसिड, विटामिन बी–12 आदि मुख्य हैं। इस समूह का सबसे महत्वपूर्ण विटामिन बी–1 या थायमिन है। इस विटामिन की कमी से 'बेरी–बेरी' रोग, भूख न लगना, शरीर के वजन में कमी आदि समस्याएं उत्पन्न होती हैं। यह विटामिन शरीर की वृद्धि, विकास तथा वंश वृद्धि क्रियाओं में सहायक है। सलाद, पत्तागोभी, गाजर, प्याज, हरी सब्जियों में विटामिन 'बी' पाया जाता है।

'विटामिन सी' : विटामिन 'सी' की कमी से 'स्कर्वी' नामक बीमारी होती है। इसके अलावा विटामिन 'सी' की कमी से दाँतों एवं मसूड़ों से खून निकलना, गठिया रोग होना, शरीर के घावों का देर से भरना, सर्दी–जुकाम होना तथा शरीर के प्रतिरोधक क्षमता में कमी आने जैसी समस्याएं होती हैं। विटामिन 'सी' मुख्य रूप से ऑवला, अमरूद, नींबू वर्गीय फल जैसे–संतरा, नींबू, मुसम्मी, टमाटर तथा हरी पत्तेदार सब्जियों में पाया जाता है। उच्च ताप एवं भण्डारण समय का प्रभाव इस विटामिन पर ज्यादा पड़ता है तथा इसकी मात्रा में कमी आती है।

लौह तत्व : यह हमारे शरीर का एक प्रमुख तत्व है। यह ह्यूमोग्लोबिन का मुख्य अवयव है तथा यह शरीर में ऑक्सीजन को लेकर चलने में प्रमुख भूमिका निभाता है। हरी पत्तेदार सब्जियाँ लौह तत्व के प्रमुख एवं सस्ते स्रोत हैं।

कैल्शियम : कैल्शियम मुख्य रूप से दॉत एवं हड्डियों के विकास में सहायक पाया जाता है। यह दिल की गति को सामान्य रखने में तथा कोशिकाओं के संकुचन में प्रमुख भूमिका निभाता है। हरी पत्तेदार सब्जियाँ कैल्शियम का प्रमुख स्रोत हैं।

फास्फोरस : यह शरीर के ऊतकों की क्रियाओं के लिए आवश्यक है। कार्बोहाइड्रेट के ऑक्सीकरण के लिए फास्फोरस की आवश्यकता होती है। इस पौष्टिक तत्व की प्रचुर मात्रा आलू, गाजर, टमाटर, खीरा, करेला, पालक, फूलगोभी जैसी सब्जियों में पायी जाती है।

खाद्य रेशा : पाचकीय रेशा हमारे भोजन का अभिन्न अंग है और इसे फल एवं सब्जियों के द्वारा आसानी से प्राप्त किया जा सकता है। हरी पत्तेदार सब्जियाँ, आँवला, अनार, सेब, केला आदि में रेशा प्रचुर मात्रा में मिलता है। रेशा बहुत सी बीमारियों को जो मुख्यत भोजन से सम्बंधित हैं जैसे–मधुमेह, उच्च रक्तचाप, दिल की बीमारियों आदि को भी कम करता है।

कार्बोहाइड्रेट : आलू, शकरकन्द, मटर आदि सब्जियाँ तथा केला, एवोकैडो, आम आदि फल कार्बोहाइड्रेट के मुख्य स्रोत हैं। इनके प्रयोग से शरीर को शक्ति तथा कैलोरी प्राप्त होती है व शरीर स्वस्थ रहता है।

प्रोटीन : प्रोटीन एक महत्वपूर्ण पौष्टिक तत्व है। उत्तक तथा कोशिका निर्माण में प्रोटीन की मुख्य भूमिका है। शरीर की टूट–फूट एंव अनेक महत्वपूर्ण क्रियाओं के लिए प्रोटीन बहुत उपयोगी तत्व है। प्रोटीन की प्राप्ति मटर, सेम, बाकला, फ्रेंचबीन, चौलाई आदि सब्जियों से होती है तथा बादाम, काजू, पिस्ता एंव अन्य फलों में प्रोटीन का अंश काफी मात्रा में होता है।

प्राकृतिक संसाधनों के दोहन की क्षमता : बागवानी फसलें, चाहे वे एक वर्षीय हों अथवा बहुवर्षीय हों, प्राकृतिक संसाधनों का भरपूर उपयोग करके हमें गुणवत्ता पूर्ण उत्पादन देती हैं। खजूर के पौधे अत्यधिक सूर्य विकरण के उपयोग से गुणवत्ता पूर्ण फल देते हैं तो हल्दी और अदरक अम्लीय मृदा का उपयोग करके अच्छा कन्द (Rhizome) का उत्पादन करते हैं। अत्यधिक सर्दी में अखरोट के पौधे अच्छी उपज देते हैं तो अधिक आर्द्रता एवं उष्मा वाले क्षेत्रों का अन्नास के पौधे भरपूर उपयोग करते हैं। बहुत से फल वर्षा ऋतु में आर्द्र मौसम का उपयोग करके फल विकास करते हैं जैसे–ऑवला, बेल आदि।

अत्यधिक सहनशीलता : बागवानी फसलें मृदा एवं जलवायु की विषमताओं के प्रति अधिक सहनशील होती हैं। ये फसलें अपने विकास एवं वृद्धि को मौसम के अनुकूल ढ़ालने की क्षमता रखती हैं। उदाहरण के रुप में बेर के पौधे अधिक गर्मी में या सेब के पौधे अधिक सर्दी में सुषुप्तावस्था में चले जाते हैं। नोनी के पौधे समुद्र के खारे पानी को बर्दास्त करने की क्षमता रखते हैं तो ऑवलें के पौधे मृदा की क्षारकता को सहते हुए लगातार फल देते रहते हैं। इसी प्रकार 'प्रिकली पियर' (नागफन्नी) के पौधे बिना पानी के अच्छा फूल देने की क्षमता रखते हैं।

जगह बनाने और उसे उपयोग करने की क्षमता : बागवानी फसलों के भीतर उपस्थित स्थानों में अन्य फसलों के उगाने की अच्छी सम्भावना होती है। यही नहीं बागवानी फसलें कई फसलों के लिए आवश्यक वातावरण जैसे आंशिक छाया आदि बना देती है जिससे उन फसलों का उत्पादन बढ़ जाता है। जैसे फलदार पौधों की आंशिक छाया में अनानास, हल्दी, जिमीकन्द की खेती की सम्भावना।

विदेशी मुद्रा अर्जित करने की क्षमता : बागवानी फसलों को निर्यात की सम्भावना सबसे अधिक होती है। कम स्थान और अधिक मूल्य वाली वस्तुओं जैसे मसाले, सूखे फल, परिरक्षित पदार्थ इत्यादि के निर्यात की अपार सम्भावनाएं मौजूद हैं।

रोजगार का सृजन : बागवानी में रोजगार की अत्यधिक सम्भावना है। पौधशाला, फलोत्पादन, सब्जी उत्पादन एवं विपणन, सस्योत्तर प्रौद्योगिकी आदि के माध्यम से समाज के सभी वर्गों को रोजगार मिल सकता है।

सकल घरेलू उत्पाद में प्रमुख भागीदारी : उद्यानिकी का देश के सकल घरेलू उत्पाद (GDP) में स्थाई तौर पर 20–25% भागीदारी रहती है।

5. बागवानी विकास की सम्भावना

भारत वर्ष ही नहीं, विश्व के अनेकानेक देशों में बागवानी के विकास की अपार सम्भावनाएं देखी जा रही हैं। विशेष रूप से ब्राजील, चीन, भारत, नीदरलैण्ड, आस्ट्रेलिया, इजराइल, मैक्सिको, मध्य पूर्व के देशों, अफगानिस्तान, पाकिस्तान आदि में बागवानी प्रमुख व्यवसाय के रूप में देखा जाता है। भारत वर्ष में कमोवेश बागवानी की सभी फसलों एवं उत्पादों को भिन्न–भिन्न क्षेत्रों और राज्यों में पैदा किया जा रहा है। दक्षिण भारत के राज्यों में उष्ण कटिबन्धीय फलों एवं मसाला

फसलों का भरपूर उत्पादन होता है तो उत्तर भारतीय राज्यों में उपोष्ण एवं शीतोष्ण फलों तथा सब्जियों का अत्यधिक उत्पादन होता है। शुष्क एवं अर्धशुष्क जलवायु वाले पश्चिमी एवं दक्षिण पश्चिम के राज्यों में शुष्क बागवानी फसलों जैसे बेर, अनार, खजूर आदि का उत्पादन होता है तो वहीं समुद्र तटीय गर्म एवं नम प्रदेशों में काजू, नारियल तथा अन्य रोपण फसलों का भरपूर उत्पादन होता है। इस प्रकार अगर हम देखें तो भारत के सभी राज्यों में कुछ न कुछ उद्यानिकी फसलों की खेती की जा रही है। इन राज्यों में यदि व्यवस्थित तरीके से एंव आधुनिक तकनीक से इस फसलों के उत्पादन का प्रयास किया जाय तो उनके उत्पादन एवं उत्पादकता में वृद्धि तथा गुणवत्ता में सुधार किया जा सकता है। बागवानी के विभिन्न अवयवों के विकास की सम्भावनाओं का विवरण निम्नवत् दिया जा रहा हैं।

फलोत्पादन : फलोत्पादन में भारत का ब्राजील के बाद दूसरा स्थान है। वर्तमान में हमारे देश में लगभग 53 लाख हेक्टयर क्षेत्रफल से लगभग 68 लाख टन फलोत्पादन प्रतिवर्ष होता है जोकि पूरे विश्व के फलोत्पादन का 11.8% भाग ही है। उत्पादकता की दृष्टि से देश में 8–10 टन प्रति हेक्टर फल का उत्पादन होता है जिसे आसानी से 15–17 टन प्रति हेक्टर किया जा सकता है। ऐसा उन्नत किस्मों के प्रयोग एवं उत्पादन की नवीनतम तकनीकों के अनुकरण से किया जा सकता है।

सब्जी उत्पादन : सब्जी उत्पादन में भारत का विश्व में प्रथम स्थान है। यहाँ पर 90 लाख हेक्टयर क्षेत्रफल से प्रतिवर्ष 130 लाख टन सब्जी का उत्पादन हो रहा है। देश में लगभग 40 प्रकार की सब्जियों का उत्पादन हो रहा है और कई अन्य विदेशी सब्जियों के उत्पादन की सम्भावना है। भारत वर्ष की जलवायु एवं मिट्टी अनेक प्रकार की सब्जियों के लिए सर्वोत्तम पायी गयी है। जिसके परिणामस्वरूप देश ने कई सब्जियों के उत्पादन एवं उत्पादकता में विश्व में प्रमुख स्थान बनाया हुआ है। भारत फूलगोभी, पत्तागोभी, प्याज, भिण्डी, बैगन, आलू, आदि के उत्पादन में विश्व में प्रथम या द्वितीय स्थान पर है। इसके अतिरिक्त अनेक सब्जियों में देश की उत्पादकता विश्व के समतुल्य है अतः इनमें संकर किस्मों के प्रयोग, रोग एवं कीट रोधी प्रजातियों के समावेश एवं उत्पादन की आधुनिकतम तकनीकों के अनुकरण करने से अधिक उत्पादन प्राप्त कर सकते हैं। आफ सीजन एंव प्रोटेक्टेड सब्जी उत्पादन से टमाटर, मिर्च, खीरा, एंव गोभी वर्गीय सब्जियों के उत्पादन की अपार सम्भावना है।

सब्जियों के गुणवत्तापूर्ण एवं निर्यात मानकों के अनुसार उत्पादन करने से उसका निर्यात विश्व के अनेक देशों में किया जा सकता है। वर्तमान में देश से केवल प्याज, आलू, भिण्डी, फ्रेंचवीन इत्यादि का निर्यात किया जा रहा है। सब्जियों के 'न्यूनतम् परिरक्षण' एवं मूल्य संवर्धन के माध्यम से अधिक से अधिक व्यापार स्थापित किया जा सकता है।

भारत वर्ष अनेक प्रकार के कन्दीय फसलों का प्रमुख स्थान रहा है। शुष्क एवं सीमान्त क्षेत्रों में अनेक ऐसी फसलें जैसे जिमीकन्द, कसावा, शकरकन्द, एरोरूट, अरबी, बण्डा, रतालू आदि के उत्पादन की सम्भावनाएं मौजूद हैं। इसी प्रकार मशरुम की 'बटन' एवं ढिंगरी (ओएस्टर) प्रजातियों को समशीतोष्ण एवं उपोष्ण जलवायु (20–30^0 सेन्टीग्रेड) में तथा 'पैडी स्ट्रा' (ट्रापिकल मशरुम) की सम्भावना उष्ण एंव नम उष्ण क्षेंत्रों में अधिक पायी गयी है। मशरुम के भरपूर उत्पादन से घरेलू मांग के साथ–साथ विदेशों में निर्यात की प्रबल सम्भावना है। अमेरिका, जर्मनी, आस्ट्रेलिया, स्वीटजरलैण्ड, कोरिया एवं स्वीडन आदि देशों में भारतीय मशरुम की अधिक माँग है।

पुष्पोत्पादन : पुष्पोत्पादन के क्षेत्र में भारत का स्थान विश्व में प्रमुख है परन्तु इसका निर्यात बहुत ही कम है। वर्तमान समय में 1.6 लाख हेक्टेयर क्षेत्रफल से 0.99 लाख टन फूल (Loose flowers) एवं 4794 लाख संख्या में विभिन्न फूलों की (Cut floowers) पैदावार की जा रही है। ज्यादातर फूल हमारे देश में ही उपयोग में आ जाते हैं। केवल कुछ विशेष पुष्प का ही निर्यात होता है जिनमें आर्किड प्रमुख है। जैसा कि हम जानते है, भारत वर्ष में अनेक सामाजिक समारोहों में फूलों की अच्छी खपत है। अतः उसकी आपूर्ति के लिए तरह–तरह के फूलों की खेती की जा सकती है। खुले खेतों में गेंदा, ग्लैडियोलस, गुलाब, जरबेरा, रजनीगन्धा, चमेली, आदि की खेती होती है जिसका कुल फूल उत्पादन में दो तिहाई हिस्सा है। पाली हाउस तथा ग्रीन हाउस में प्रमुख रुप से कार्नेशन, ग्लैडियोलस, डच गुलाब, जरबेरा, गुलदाउदी, आर्किड, लिली आदि की खेती की जाती है जिसका घरेलू बाजार मे खपत के साथ–साथ अमेरिका, इजराइल, जापान, सिंगापुर व पश्चिम यूरोपीय देशों में अत्यधिक माँग है।

ताजे फूलों के साथ–साथ सूखे फूलों की माँग भी बाहर के देशों में अधिक है। भारत वर्ष से सूखे फूलों का निर्यात ब्रिटेन, इटली तथा नीदरलैण्ड को सबसे ज्यादा होता है। सूखे फूल तैयार करने के लिए तूतीकोरन (तमिलनाडु) तथा कलकत्ता में उत्पादन इकाइयाँ स्थापित की गयी हैं। नवीनतम् किस्मों एवं उच्च

स्तरीय खेती के तरीकों से फूल की गुणवत्ता एवं उत्पादकता बहुत हद तक बढ़ाई जा सकती है एवं कटाई उपरान्त प्रबन्ध के तरीकों की सहायता से उन्हें देश–विदेशों में बिक्री करके मुद्रा अर्जित की जा सकती है। पुष्पों के बीज एंव पौध उत्पादन में भी भारत अहम भूमिका निभा सकता है अतः देश में पुष्पोत्पादन क्षेत्र में असीम सम्भावना मौजूद है।

औषधीय एवं सगन्धीय पौधे : विश्व स्वास्थ्य संगठन के एक आकड़े के अनुसार विकासशील देशों की 80% जनसंख्या परम्परागत औषधियों का प्रयोग करती है जो मुख्य रूप से औषधीय एवं सगन्धीय पौधों से प्राप्त किये जाते हैं। आधुनिक दवाइयों में भी लगभग 25% घटक औषधीय पौधों का होता है अतः हाल के वर्षो में इन पौधों की खेती एंव इनके उपयोग को बढ़ावा दिया जा रहा है। इससे इनके उत्पादन एवं विपणन की बड़ी सम्भावना उभर कर सामने आयी है। भारत सरकार ने स्वास्थ्य मंत्रालय के अन्दर 'राष्ट्रीय औषधीय पौधों का बोर्ड' गठित किया है जो इनके विकास, उत्पादन एवं गुणवत्ता आदि के बारें में धन एवं ज्ञान उपलब्ध कराता है।

भारत वर्ष की जलवायु एंव जमीन बहुत से औषधीय पौधों के अनुकूल है। सफेद मूसली, स्टीविया, सर्पगन्धा, अश्वगंधा, नीम, गिलोय, ब्राम्ही, चिरेता सहित 20 औषधीय एवं सगन्धित पौधों को चयन किया गया है। पश्चिमी देशों में इनके निर्यात की भी अधिक सम्भावना है क्योंकि भारत वर्ष में इनका उत्पादन लागत बहुत कम होता है। वर्तमान में विश्व बाजार में 600–700 लाख डालर के औषधीय एवं सगन्धित पौधे एवं उनके उत्पादों का व्यवसाय किया जाता है जो 7–8% प्रति वर्ष की दर से बढ़ रहा है। अतः हमारे देश में औषधीय एंव सुगन्धित पौधों की अच्छी सम्भावना है।

रोपण फसलें : बड़े पैमाने पर लगाई जाने वाली फसलों को रोपण फसलें (Plantation Crops) कहते हैं। इसमें मुख्य रूप से फलदार पौधे एवं कुछ औद्योगिक फसलें आती हैं, परन्तु फल उपयोगिता वाली रोपण फसलों को बागवानी फसलें भी कह सकते हैं। इसमें नारियल (Coconut), सुपारी, आयलपाम, काजू, चाय, काफी, रबर, पान आदि फसलें आती हैं जिसमें से चाय, काफी, पान, सुपारी और रबर बागवानी फसल के दायरे में नहीं आती। देश के कुल क्षेत्रफल का लगभग 2–3% भाग (3.2 लाख हेक्टेयर) ही इन फसलों के अन्तर्गत है परन्तु इस फसलों का घरेलू बाजार के साथ–साथ विदेशों में भी अधिक माँग है। समुद्रतटीय क्षेत्र नारियल, सुपारी, काजू, काफी तथा आयल पाम के लिए उपयुक्त हैं जबकि

गर्म एंव नम जलवायु वाले क्षेत्र पान की खेती के लिए अच्छे पाये गये हैं। अतः इन क्षेत्रों में इनकी खेती को बढ़ाया जा सकता है। नारियल विकास बोर्ड, मसाला एवं सुपारी विकास बोर्ड, काफी तथा चाय विकास प्राधिकरणों के गठन से इन फसलों के उन्नयन में सफलता मिली है। चाय उत्पादन में भारत विश्व में दूसरे नम्बर पर है परन्तु निर्यात में तीसरे–चौथे स्थान पर है। यहाँ लगभग 500 लाख हेक्टर में चाय की खेती होती है जो मुख्यतः उत्तर–पूर्वीय पहाड़ी क्षेत्रों, पं0 बंगाल, आसाम, बिहार के कुछ हिस्सों तथा दक्षिण भारत के कुछ स्थानों पर स्थित है। इसी प्रकार भारत में उत्पादित काफी का लगभग 80% भाग विश्व के करीब 50 देशों को निर्यात किया जाता है। रबर उत्पादन में भी भारत चौथे स्थान पर है जो कि विश्व के कुल रबर उत्पादन का 9% हिस्सा है। देश में लगभग 50,000 हेक्टेयर में पान की खेती होती है और इसके निर्यात की सम्भावना पड़ोसी देशों एवं मध्य–पूर्व के देशों में अधिक है। अतः भारत वर्ष में अनेक रोपण फसलों के उत्पादन एवं निर्यात की विपुल सम्भावनाएं मौजूद हैं।

मसाला फसलें : मसाला फसलें बागवानी की एक प्रमुख घटक हैं जो सब्जी फसलों के अर्न्तगत आती हैं। इन फसलों की कम मात्रा से अधिक धन अर्जित किया जा सकता है अतः इनके विकास की सम्भावना अधिक है। भारत वर्ष मसालों के लिए विशेष रुप से जाना जाता है। काली मिर्च, इलायची, हल्दी, अदरक, जावित्री, दालचीनी, लौंग तथा अनेकों प्रकार के बीजीय मसालों (धनिया, सौंफ, जीरा, मंगरैल, मेथी, सोया) एवं हींग के गुणवत्ता पूर्ण उत्पादन एवं निर्यात से अच्छा व्यवसाय स्थापित किया जा सकता है। कुल उत्पादित मसालों का लगभग 10% ही निर्यात होता है जिसे और अधिक बढ़ाने की जरुरत है।

बागवानी विकास के लिए भविष्य की रूपरेखा

वर्तमान में लगभग 160 लाख हेक्टयर क्षेत्रफल में उद्यानिकी फसलों की खेती से कुल 1600 लाख टन फलों, सब्जियों एंव अन्यान्य उद्यानिकी फसलों का उत्पादन हो रहा है जो कि बहुत ही कम है। इसे यदि आने वाले समय में 2–3 गुणा करने (Doubling or Tripling) का लक्ष्य रखा गया है, इस लक्ष्य को प्राप्त करने के लिए निम्न बिन्दुओं पर विशेष ध्यान देते हुए एक समग्र बागवानी विकास की रुपरेखा तैयार करनी होगी।

- फलों की जलवायु आवश्यकता एवं भौगोलिक सूचकांक के अनुसार फल पट्टी का विकास तथा विशेष फल उत्पादक क्षेत्र (Special Fruit Production

Zone-SFPZ) का विकास करना। जैसे दशहरी आम के लिए मलिहाबाद, अनार के लिए शोलापुर, लीची के लिए मुजफ्फरपुर, सपोटा के लिए नवसारी आदि।

- ❒ अधिक उत्पादन देने वाली उच्च गुणवत्ता के उत्पाद देने वाली किस्मों का प्रयोग।
- ❒ हाई–टेक उत्पादन तकनीकों को अपनाकर उत्पादकता एंव गुणवत्ता में सुधार।
- ❒ वातावरण को ध्यान में रखते हुए समन्वित कीट एंव रोग प्रबन्धन के द्वारा रसायन मुक्त उत्पाद तैयार करना।
- ❒ कटाई उपरान्त उत्पाद का सम्भलाव करके नुकसान में कमी करना।
- ❒ शीतवाहन एवं शीत भण्डारण द्वारा नुकसान में कमी लाना।
- ❒ अतिरिक्त उत्पाद के प्रसंस्करण एवं मूल्य संवर्धन द्वारा उत्पाद का सदुपयोग एवं नुकसान में कमी करना।

6. बागवानी के जलवायु क्षेत्र

बागवानी के जलवायु क्षेत्रों के बारे में जानकारी के लिए सबसे पहले यह समझना आवश्यक हो जाता है कि 'जलवायु' किसे कहते हैं। इसके साथ ही साथ मौसम एवं ऋतु की जानकारी भी आवश्यक है। वास्तव में किसी स्थान पर एक दिन का तापमान, आर्द्रता, वर्षा एवं हवा का दबाव 'मौसम' (Weather) कहलाता है जबकि तीन महीने के औसत मौसम को 'ऋतु' (Season) कहा जाता है। भारत वर्ष में कुल छः ऋतुंए (ग्रीष्म, वर्षा, शरद, शिशिर, हेमन्त एवं बसन्त) वर्णित हैं। किसी स्थान पर पूरे वर्ष एवं कई वर्षों के औसतन् वर्षा, आर्द्रता, प्रकाश, तापक्रम तथा हवा के दबाव को उस स्थान की 'जलवायु' (Climate) कहा जाता है। जलवायु के प्रमुख घटक एवं उनका आपसी समन्वय ही किसी स्थान के जलवायु को प्रभावित करते हैं। उदाहरण के तौर पर यदि किसी स्थान पर तापक्रम व आर्द्रता अधिक होती है तो वहाँ पर अधिक वर्षा की सम्भावना बनती है एवं यदि किसी स्थान पर तापक्रम सामान्य से कम तथा कुल प्रकाश अवधि कम होती है तो बर्फबारी या शीत लहर की सम्भावना बनती है। लेकिन ये सारे कारक किसी स्थान विशेष पर समान नहीं होते। अतः जलवायु के इन्हीं कारकों को ध्यान में रखते हुए बागवानी फसलों को विभिन्न जलवायु क्षेत्रों के आधार पर वर्गीकृत किया गया है। परन्तु यह वर्गीकरण

भी पूर्णतः सटीक नहीं माना जा सकता क्योंकि कुछ ऐसी फसलें हैं जो एक से अधिक जलवायु क्षेत्र में उगाई जा सकती हैं। बागवानी के प्रमुख जलवायु क्षेत्र निम्नवत् हैं।

1. शीतोष्ण कटिबन्धीय जलवायु (Temperate climate)

देश के ऐसे भू–भाग जो समुद्र तल से औसतन 1600 मी. या उससे अधिक ऊँचाई पर स्थित होते हैं और जहाँ कुछ निश्चित समय के लिए तापक्रम जमाव बिन्दु के नीचे चला जाता है। यहाँ पर पूरे वर्ष भर मौसम सामान्य रुप से ठण्डा होता है और प्रकाश कालीन अवधि साधारणतयः कम होती है। इन क्षेत्रों में बहुवर्षीय प्रजातियों में ऐसे फल वृक्ष पाये जाते है जो अधिक सर्दी की परिस्थति में अपनी पत्तियाँ गिरा कर सुषुप्ता अवस्था में चले जाते हैं और पुनः तापमान बढ़ने पर नये पत्ते, फूल तथा फल पैदा करते हैं। शाकीय फसलों में इन क्षेत्रों में ऐसी फसलें लगाई जाती हैं जिनमें गुणवत्ता पूर्ण उत्पादन कम तापमान में ही सम्भव होता है। यहाँ पर वर्षा सामान्य से अधिक (1250–1350 मि.मी.) होती है तथा सूर्य का विकिरण एवं उसकी तीव्रता सामान्य से कम होती है।

भारत वर्ष में इस प्रकार की जलवायु कश्मीर, हिमाचल प्रदेश के पहाड़ी भागों (कुल्लू, कांगड़ा, कोटगढ़, मसोवरा, नाहन, कुकुमसेरी, आदि), उत्तरांचल की पहाड़ियों (टिहरी, गढ़वाल, नैनीताल, चमोली, अल्मोड़ा, उत्तरकाशी, देहरादून, आदि) तथा देश के अन्य पहाड़ी क्षेत्रों (झारखण्ड के नेतरहाट, तमिलनाडु के उटकमण्ड, राजस्थान के माउन्ट आबू, बंगाल के दार्जिलिंग, सिक्किम के कुछ हिस्से तथा उत्तर पूर्वी राज्यों के ऊँचाई वाले क्षेत्र) में पायी जाती है।

शीतोष्ण फलों में प्रमुख रुप से सेब, नाशपाती, आड़ू, आलूबुखारा, खुबानी, स्ट्राबेरी, रसभरी, चेरी, अखरोट, बादाम, हेजल नट, पीकन नट, चिलगोजा, सीबकर्थान आदि आते हैं। इन फलों को सुचारू रूप से पुष्पन एवं फलन के लिए एक निश्चित समय के लिए तापक्रम 7.3^{0} सेन्टीग्रेड से कम रहना चाहिए जिसे चिलिंग आवश्यकता (Chilling Requirement) कहते हैं। सब्जियों में यहाँ प्रमुखतः गोभी वर्गीय फसलें एवं कुछ पत्तेदार तथा फलीदार फसलें शामिल हैं। फूल फसलों में ट्यूलिप ग्लैडियोलस, रजनीगंधा, कारनेशन आदि इस जलवायु की प्रमुख फसलें है।

शीतोष्ण क्षेत्रों में जलवायु के सामान्य कारकों जैसे तापमान, वर्षा, एवं हवा के दबाव के अतिरिक्त कुछ अन्य कारक जो यदा कदा घटित होते हैं, भी प्रमुख माने गये हैं। उदाहरण के लिए हिमाचल प्रदेश के सोलन एवं शिमला जिले ओले के

चपेट में अधिक आते हैं जो फलोत्पादन के लिए उपयुक्त नहीं है। इसी प्रकार कुछ हिस्सों में गहरे धुन्ध एवं कुहरे के कारण अनेक उद्यानिकी फसलें प्रभावित होती हैं।

2. उपोष्ण कटिबन्धीय जलवायु (Subtropical climate)

उपोष्ण कटिबन्धीय जलवायु क्षेत्र मुख्य रुप से समुद्रतल से 200–600 मी. की ऊचाँई पर देश के मैदानी भागों में फैले हुए हैं। यहाँ पर वर्ष भर तापमान, आर्द्रता, सूर्य का विकरण, एवं प्रकाश अवधि सामान्य होती है। इन क्षेत्रों में स्पष्ट रुप से सर्दी, गर्मी एवं वर्षा ऋतुंए आती हैं। फलस्वरूप शाकीय उद्यानिकी फसलों का चयन एवं उत्पादन आसानी से किया जा सकता है। बहुवर्षीय फसलों में इन क्षेत्रों में केवल वही फसलें उगाई जाती हैं जो विभिन्न मौसम में उतार–चढ़ाव को सहन करते हुए पुष्पन एव फलन दे सकें। उपोष्ण जलवायु में सामान्यतः सर्दियों में न्यूनतम तापक्रम 4–6^0 सेन्टीग्रेड तथा गर्मी में अधिकतम् तापमान 38–40^0 सेन्टीग्रेड रहता है परन्तु अपवाद के रूप में कभी–कभी यह 0^0 (शून्य) सेन्टीग्रेड या उससे नीचे तथा 42^0 सेन्टीग्रेड या उससे ऊपर चला जाता है परन्तु यह बहुत ही कम समय के लिए होता है। यहाँ पर औसतन 800–1200 मि.मी. वार्षिक वर्षा होती है जो जून से अक्टूबर के मध्य होती है। सर्दियों में शीतलहर, कुहरा, पाला का प्रकोप होता है जबकि गर्मियों में 'लू' तथा आँधी चलती है।

उपोष्ण जलवायु वाले क्षेत्र सिन्धु–गंगा के मैदानी क्षेत्रों, मध्य पूर्व तथा दक्षिण मध्य के पठारी क्षेत्रों एवं हिमालय की तलहटी के भागों में फैले हुए हैं। इनमें हरियाणा, पंजाब, जम्मू, उत्तर प्रदेश, हिमाचल प्रदेश एवं उत्तराखण्ड के मैदानी क्षेत्र, बिहार, पश्चिम बंगाल, असम के मैदानी क्षेत्र, झारखण्ड, छत्तीसगढ़, उड़ीसा, तथा मध्य प्रदेश के कुछ भाग मुख्य रूप से आते हैं। देश के अन्य राज्यों में भी कुछ स्थानों पर उपोष्ण जलवायु पायी जाती है।

इस क्षेत्र के फलों में वस्तुतः नींबू वर्गीय फल जैसे सन्तरा, मुसम्बी, नींबू, चकोतरा, आदि, लीची, अंगूर, अंजीर, लोकाट, आँवला, बेल, बेर, आदि श्रेणीबद्ध किये गये हैं परन्तु फल फसलों की शहनशीलता को देखते हुए यहाँ अमरुद, आम, कटहल, केला, आड़ू, नाशपाती, स्ट्राबेरी, शरीफा, आदि फसलें भी उगाई जा सकती है। नारियल, सुपारी, काजू, खजूर, तथा कुछ शीतोष्ण फलों को छोड़कर लगभग सभी प्रकार के फल इस क्षेत्र में उगाये जा सकते हैं। सब्जियों, फूलों, औषधीय एवं सुगन्धित पौधों की ज्यादातर प्रजातियाँ इस क्षेत्र में उगाई जाती हैं।

3. उष्ण कटिबन्धीय जलवायु (Tropical climate)

उष्ण कटिबन्धीय क्षेत्र मुख्य रुप से दक्षिण भारत के पठारी एवं समुद्रतटीय भागों में फैले हुए हैं। ये क्षेत्र समुद्र तल से 50 मी. की ऊचाँई से प्रारम्भ होकर औसतन 500 मी. ऊँचाई तक फैले हैं। उष्ण जलवायु वाले क्षेत्रों में वर्ष के अधिकतर महीनों में गर्म एंव आर्द्र वातावरण बना रहता है तथा सर्दियाँ लगभग नहीं के बराबर होती हैं। यहाँ का औसत तापमान 17–45^0 सेन्टीग्रेड के मध्य एवं आर्द्रता लगभग 80–90% तक होती है। यहाँ पर औसतन 1300–1600 मि.मी. वार्षिक वर्षा जून से अक्टूबर माह के मध्य होती है।

इन क्षेत्रों में सूर्य का विकिरण तेज एवं प्रकाश अवधि लम्बी होती है। इस प्रकार के जलवायु क्षेत्र में महाराष्ट्र, आन्ध्र प्रदेश, तामिलनाडु, केरल एवं गुजरात राज्यों साथ–साथ मध्य प्रदेश, छत्तीसगढ़, उड़ीसा, पश्चिम बंगाल और उत्तर प्रदेश के कुछ क्षेत्र शामिल हैं। इस जलवायु में नारियल, सुपारी, काजू, कोकम, आदि फलों के साथ–साथ, केला, आम, पपीता, अमरुद, कटहल आदि को भी श्रेणीबद्ध किया गया है। सब्जियों में कुष्मांड कुल की सब्जियाँ, टमाटर, बैगन, भिण्डी, आलू, गोभी वर्गीय सब्जियाँ, मटर, सेम इत्यादि प्रमुख हैं जबकि फूलों में रजनीगंधा, ग्लैडियोलस, गुलाब, इत्यादि प्रमुख हैं।

उष्ण एवं उपोष्ण जलवायु क्षेत्र आपस में मिलते–जुलते हैं और वहाँ पर सामान्यतः वे सभी फसलें भी उगाई जा सकती हैं जो एक जलवायु क्षेत्र के लिए नामित हैं। अतः किसी भी प्रदेश के लिए सूक्ष्म स्तर पर जलवायु एवं फसल विश्लेषण आवश्यक हो जाता है। इसी क्रम में उत्तर प्रदेश में फैले उष्ण एवं उपोष्ण कटिबन्धीय जलवायु क्षेत्र का विवरण एवं उसमें पाये जाने वाले फल प्रजातियों का विवरण नीचे दिया जा रहा है।

अ) मेरठ एवं आगरा क्षेत्र : उत्तर प्रदेश के पश्चिमी जिलों जैसे मेरठ, मैनपुरी, मथुरा, एटा, इटावा, अलीगढ़, आगरा व फिरोजाबाद में उष्ण एंव उपोष्ण जलवायु है। यहाँ आम, पपीता, अमरुद, माल्टा, फालसा, बेर आदि फल तथा आलू, गोभी, लतेदार सब्जियों के साथ–साथ अनेक प्रकार के शाकीय एवं पुष्प फसलों की खेती भी की जाती है।

ब) मध्य क्षेत्र : इस क्षेत्र में कानपुर, लखनऊ, रायबरेली, जालौन, उन्नाव, फैजाबाद, गोण्डा, बस्ती, फतेहपुर जिले शामिल हैं। यहाँ आँवला, कटहल, बेल, आम, नींबू, पपीता आदि उगाये जाते हैं। लगभग सभी सब्जियाँ एवं फूल यहाँ उगाये जा सकते हैं।

स) विंध्य क्षेत्र : इस क्षेत्र में इलाहाबाद, बनारस, मिर्जापुर, गाजीपुर, आजमगढ़, जौनपुर, बलिया, देवरिया, कुशीनगर आदि जिले आते हैं। यहाँ आँवला कटहल, आम, बेल, पपीता, अमरूद, नींबू प्रजातीय फलों के साथ–साथ अनेक सब्जियों की खेती होती है।

द) बुन्देल खण्ड : इस क्षेत्र में झांसी, बांदा, हमीरपुर ललितपुर आदि जिले आते हैं। यहाँ पर बेल, बेर, आँवला, अमरूद, पपीता, शरीफा आदि फलों के साथ–साथ लतेदार सब्जियों एवं गेंदा फूल की खेती की जाती है।

4. शुष्क जलवायु (Arid climate)

गर्म शुष्क क्षेत्र मूलतः थार के रेगिस्तान में स्थित हैं। इस क्षेत्र में सर्दी का तापमान 0–10^0 सेन्टीग्रेड तथा गर्मी का तापमान 40–45^0 सेन्टीग्रेड, वार्षिक वर्षा 200–300 मि.मी. कुल वर्षा काल 18–20 दिन, आर्द्रता लगभग 35–40% तथा सूर्य का विकिरण तेज होता है। इस क्षेत्र में वाष्प दाब न्यूनता (High Vapour Presser Defecit) अधिक होने के कारण वातावरण अत्यधिक गर्म एवं आर्द्रता की कमी हो जाती है। यहाँ के पौधे कटीले तथा अत्यधिक सहनशील होते हैं। फलों में बेर, खजूर, अनार, अंजीर, आँवला, बेल, खेजरी एवं सब्जियों में ग्वार, मतीरा, काचरी, ककड़ी, सागरी इत्यादि प्रमुख हैं। अर्ध शुष्क क्षेत्र हरियाणा, पंजाब, राजस्थान, गुजरात, महाराष्ट्र, आन्ध्र प्रदेश तथा तमिलनाडु के कुछ हिस्सों में फैले हैं। ठण्डे शुष्क क्षेत्र (Cold Arid Region) हिमाचल प्रदेश तथा जम्मू–कश्मीर के लद्दाख क्षेत्र में फैले हैं।

जलवायु क्षेत्र वर्गीकरण के मुख्य सिद्धान्त एवं कारक

पूरे भारत वर्ष को तीन या चार जलवायु क्षेत्रों के अन्दर वर्गीकृत करना एक मुश्किल और अतथ्यपरक वर्गीकरण होगा। अतः किसी भी स्थान के जलवायु को वहाँ पर उपस्थित परिस्थितियो के अनुसार विवेचना करना ही उचित माना गया है। वे कारक जो किसी स्थान विशेष की जलवायु को प्रभावित करते हैं के बारे में जानकारी होना और उनके प्रभाव के बारे में वर्णन अति आवश्यक होता है। जलवायु प्रभावित करने वाले कारकों की विवेचना निम्नवत् है।

1. तापक्रम (Temperature)

प्रत्येक फल वृक्ष के विकास एवं वृद्धि तथा पुष्पन एवं फलन के लिए एक विशेष तापमान की आवश्यकता होती है। आवश्यकता से अधिक अथवा कम तापमान होने से उस फल वृक्ष के विकास एवं बढ़वार तथा फलन प्रक्रिया पर विपरीत प्रभाव

दिखाई देता है। इससे यह अर्थ निकालना चाहिए कि उस फल वृक्ष प्रजाति के लिए उस स्थान विशेष का तापक्रम उचित नहीं है। उदाहरण के रुप में यदि हम सेब के पौधों को ऐसे स्थान पर लगाते हैं जहाँ सर्दी का तापमान औसतन $4–6^0$ सेन्टीग्रेड से ज्यादा रहता है तो उसमें लगातार वानस्पतिक वृद्धि होती रहेगी और फूल–फल नहीं आयेंगे। इसी प्रकार यदि लीची को ऐसे स्थानों पर लगाया जाए जहाँ तापमान 15^0 सेन्टीग्रेड से नीचे नहीं जाता तो वहाँ पर लीची में मंजर आने के समय नये कल्ले फूट जाते हैं और फलत नहीं होती। तापमान का जहाँ पौधों के विकास एवं वृद्धि, पुष्पन एवं फलन में महत्व है वहीं दूसरी ओर इसके नकारात्मक प्रभाव भी देखे गये हैं। शीतोष्ण फलों में फूल आने के समय ज्यादा तापमान होने से परागण प्रक्रिया प्रभावित होती है जबकि लीची में फल विकास के समय अधिक तापमान होने से फल फटने लगते हैं। आम, लीची, नींबू, नारियल आदि में एकाएक तापमान बढ़ने से छोटी अवस्था के फल गिरने लगते हैं। अनेक प्रकार की सब्जियों जैसे मिर्च, टमाटर, आदि में तापमान बढ़ने से फलन प्रभावित होता है। जबकि गोभी वर्गीय सब्जियों में गुणवत्ता पर विपरीत प्रभाव पड़ता है। तापमान का विभिन्न फल वृक्षों के सुषुप्ता अवस्था पर भी प्रभाव पड़ता है। शीतोष्ण फल कम तापमान के कारण अपनी पत्तियां गिराकर सुषुप्ता अवस्था में जाते हैं तो शुष्क क्षेत्रीय फल अधिक तापमान के कारण सुषुप्ता में जातें हैं। अधिक तापमान में खजूर, आम आदि में अच्छी मिठास आती है तो अनार, अमरूद आदि फलों में रात एवं दिन के तापमान में सामन्जस्य के कारण अच्छी गुणवत्ता विकसित होती है।

2. वर्षा (Rainfall)

उद्यानिकी फसलों के वृद्धि एवं विकास तथा पुष्पन एवं फलन में वर्षा का अत्यधिक महत्व है। किसी स्थान पर वर्षा की मात्रा एवं उसका वितरण फल प्रजातियों के चयन में मदद करता है। अधिक वर्षा वाले क्षेत्र में उष्ण एवं उपोष्ण कटिबन्धीय फल प्रजातियाँ, जो कम वर्षा वाले क्षेत्र में शुष्क एवं अर्धशुष्क क्षेत्रीय फल प्रजातियों का चयन किया जाता है। लम्बे समय तक तथा कम अन्तराल पर वर्षा होने से जल जमाव की दशा उत्पन्न हो जाती है जिससे नये लगाये गये पौधों के सूखने की आशंका रहती है। फूल आने के समय वर्षा होने से परागण क्रिया पर प्रतिकूल प्रभाव पड़ता है जबकि वर्षा कम या अनियमित होने की दशा में अतिरिक्त सिंचाई जल की आवश्यकता होती है। फल के बढ़वार एवं परिपक्वता के समय पर वर्षा का अहम महत्व होता है जो फल प्रजाति के प्रकार पर निर्भर

करता है। अमरुद के पौधों में फल बढ़ते एवं पकते समय वर्षा होने से फल की गुणवत्ता खराब (मिठास कम) होती है और फल मक्खी का प्रकोप बढ़ जाता है। जबकि ऑवला, नींबू, संतरा और बेल के पौधों में फल बढ़ते समय वर्षा काफी लाभप्रद होती है।

3. वायुमण्डलीय आर्द्रता (Atmospheric humidity)

वायुमण्डल की आर्द्रता का फलोत्पादन पर अत्याधिक प्रभाव पड़ता है। वृक्षों के वानस्पतिक वृद्धि के समय वायुमण्डल की आर्द्रता कम होने से पौधों में उत्संवेदन (Transpiration) प्रकिया बढ़ जाती है जिससे पानी का नुकसान अधिक होता है। पुष्पन, फल विकास व परिपक्वता के समय वायुमण्डलीय आर्द्रता कम होने से जहाँ एक ओर फूलों का झड़ना, फलों का फटना तथा फलों में अनेक दैहिक विकारों के प्रादुर्भाव जैसी समस्याएं आती हैं वहीं दूसरी ओर अधिक आर्द्रता होने से फलों पर रोग (Bacterial Blight of Pomegranate), फूलों पर रोग (Powdery Mildew in Ber and Mango) एवं अन्य समस्याएं आती हैं।

4. हवा (Air)

हवा की गति अधिक होने से तूफान जैसी दशा उत्पन्न हो जाती है जिससे फूलों एवं फलों का असमय गिरना, शाखाओं का टूट कर गिरना, पौधों का उखड़ना इत्यादि समस्या होती है। शाकीय फसलों में भी हवा के वेग के कारण तथा फल विकास के समय तेज हवा के चलने से काफी फूल व फल गिर जाते हैं। हवा का वेग तेज होने से पौधों में वाष्पीकरण क्रिया बढ़ जाती है। अतः पौधों की अतिरिक्त सिंचाई करनी पड़ती है। बाग के चारों तरफ वायुरोधी पौधों को लगाने से वायु के वेग से होने वाले नुकसान से बचा जा सकता है।

5. प्रकाश (Light)

सभी उद्यानिकी प्रजातियों के प्रकाश संश्लेषण के लिए पर्याप्त प्रकाश की आवश्यकता होती है अतः बगीचों में प्रकाश तथा हवा के आवागमन के लिए योजनाबद्ध तरीके से पौध रोपण करने की आवश्यकता होती है। छत्रक के भीतरी भागों में पर्याप्त प्रकाश न होने से डालियों के सूखने, रोगों के अधिक प्रकोप तथा फलन में भारी कमी देखी गयी है अतः फल वृक्षो के अन्दरुनी भाग में प्रकाश का प्रबन्ध काट–छाँट एवं छत्रक संरचना (Canopy Architecture) के माध्यम से सुनिश्चित किया जा सकता है। शीतोष्ण फलों में प्रकाश की कमी से फलों पर

काले धब्बे पड़ जाते हैं अतः उनमें खुले केन्द्रक काट–छाँट पद्धित (Open centre system) द्वारा ढ़ाँचा निर्माण करना चाहिए। फलों में रंग विकास के लिए भी पर्याप्त प्रकाश की आवश्यकता होती है।

6. पाला एवं ओला (Frost and hail storm)

पाला, ओला, कुहरा, शीत लहर, जैसे वायुमण्डलीय कारकों की निरन्तरता किसी स्थान की जलवायु को प्रभावित करने के साथ उद्यानिकी फसलों पर विपरीत प्रभाव डालते हैं। छोटी अवस्था के आम, लीची, पपीता, केला, बेर इत्यादि के पौधें पाले से मर जाते हैं जबकि विकसित पौधों में लम्बें समय तक कुहरा छाये रहने से फलों के गिरनें तथा रोगों से ग्रसित होने की समस्या उत्पन्न हो जाती है। ओला पड़ने से उत्तरी भारत में फलों, सब्जियों एवं फूलों की फसल नष्ट हो जाती है।

7. सूखा एवं जलमग्नता (Drought and waterlogging)

फल एवं सब्जी उत्पादन में सूखा तथा बाढ़ दोनों हानिकारक होता है। सूखा पड़ने से जहाँ पौधों का वानस्पतिक विकास बाधित होता है तथा फूल और फल झड़ने लगते हैं वही बाढ़ के प्रकोप से पूरे पौधे सूख जाते हैं या कमजोर हो जाते हैं। लम्बे समय तक जल जमाव से शाकीय फसलें जैसे पपीता, सब्जियाँ, फूल के पौधों आदि की जड़ें सड़ जाती है।

इस तरह से किसी स्थान की जलवायु वहॉ पर घटित होने वाले विभिन्न वायुमण्डलीय घटनाक्रमों तथा उनके आपसी सामन्जस्य पर निर्भर करती है। किसी भी उद्यानिकी फसल को लगाने की योजना में उस क्षेत्र की लगभग 15–20 वर्षों की जलवायु का आंकलन एवं विश्लेषण आवश्यक होता है। जलवायु के कारकों को कुछ हद तक प्रबन्धन द्वारा उत्पादन के पक्ष में लाया जा सकता है परन्तु मूलतः उसे बदल पाना सम्भव नहीं होता है। उदाहरण के लिए लीची की खेती देश के उन क्षेत्रों में जहाँ सर्दी का तापमान 5–10^0 सेन्टीग्रेड तथा गर्मी का तापमान 30–35^0 सेन्टीग्रेड के मध्य होता है, पर करने की अनुशंसा की जाती है परन्तु जो लीची की बढ़वार मुजफ्फरपुर एवं समस्तीपुर के क्षेत्र में होती है वह अतुल्य है। अतः किसी भी फल फसल की खेती से पहले उस स्थान की जलवायु को पूर्णतया में देखने एंव विवेचित (Viewed and Analysed in Totality) करने की आवश्यकता होती है।

7. बागवानी के लिए मृदा वर्गीकरण

उद्यानिकी पौधों की वृद्धि एवं विकास के लिए उस स्थान की मृदा को एक आवश्यक कारक माना गया है। मृदा पौधों को सहारा देने के साथ–साथ आवश्यक पोषक तत्व, जल एवं सूक्ष्म जीवों का सहयोग प्रदान करती है। पौधों की जड़ों के वृद्धि, विकास तथा सुचारु रुप से कार्य करने के लिए जड़ क्षेत्र (Rhizosphere) में हवा, जल, पोषण तथा सूक्ष्म जीवों की उपलब्धता इत्यादि का महत्वपूर्ण स्थान है जो विभिन्न प्रकार की भूमि में उसकी रचना एवं सरंचना के अनुसार अलग–अलग तरह की एवं विभिन्न अनुपात में पायी जाती है। उद्यानिकी फसलों के सफल उत्पादन के लिए अच्छी जल निकास की व्यवस्था, मृदा कणों की कम सघनता, बिना कैल्शियम कार्बोनेट के परतों वाली मृदा की आवश्यकता होती है परन्तु प्रत्येक स्थान पर मानक मृदा नहीं मिलती। उद्यानिकी फसलों विशेषकर फलदार पौधों में विभिन्न मृदा के प्रति सहनशीलता एवं सहिष्णुता भी देखी गयी है जिसे ध्यान में रखते हुए सभी प्रकार की मृदा के लिए उद्यानिकी फसलों का चयन किया जाता है। भारत वर्ष में पायी जाने वाली विभिन्न प्रकार की मिट्टिया, उनके लक्षण एवं उद्यानिकी फसलों की उपयुक्तता का वर्णन निम्नवत् किया गया है।

1. लाल मिट्टी (Alfisol)

यह मृदा वर्ग आन्ध्रप्रदेश, तमिलनाडु, कर्नाटक, उड़ीसा, मध्यप्रदेश, महाराष्ट्र, गोवा, झारखण्ड तथा पूर्वोत्तर राज्यों के लगभग 107 मिलियन हैक्टर क्षेत्रफल में फैला हुआ है। इस प्रकार की मिट्टी में लोहा तथा मैंगनीज आसानी से सुलभ हो जाता है। पी एच मान सामान्य से कम होने के कारण कुछ फलों में (अमरुद–हासन जिला, कर्नाटक) इन तत्वों की विषाक्तता देखी गई है। यह मिट्टी जल निकास युक्त एवं पोषक तत्वों से भरपूर होने के कारण फल वृक्षों के लिए उपयुक्त मानी गयी है परन्तु अत्यधिक रिसाव (Leaching) के कारण इनमें नत्रजन एवं पोटाश की न्यूनता रहती है। साथ ही साथ इनमें Sequioxide तथा Kaolinitic clay मौजूद होने के कारण फास्फोरस का स्थिरीकरण भी होता है। लाल मिट्टी में कार्बनिक पदार्थों तथा क्ले तत्वों की कमी के कारण रासायनिक उर्वरकों जैसे यूरिया एवं अमोनियम सल्फेट के प्रयोग से मृदा अम्लता अधिक हो जाती है। अतः ऐसी मिट्टी में उर्वरक प्रबन्धन पर विशेष ध्यान देने की जरुरत होती है। इसमें नत्रजन, फास्फोरस एवं पोटाश के साथ–साथ कैल्शियम तथा मैग्नीशियम की पूर्ति के लिए चूने का प्रयोग

करना चाहिए। लाल मिट्टी में अंगूर, केला, पपीता, नारियल, व कददू वर्गीय सब्जियों में जिंक एवं गन्धक की कमी नगण्य होती है जबकि केले में पोटाश एवं बोरान की कमी स्पष्ट रुप से परिलक्षित होती है।

2. लेटराइट मिट्टी (Ultisol)

यह मिट्टी मुख्य रूप से गर्म एवं नम उष्ण जलवायु वाले क्षेत्रों में पायी जाती है। यह मिट्टी अम्लीय होती है और इसकी ऊपरी परत लाल अथवा पीली होती है जिसमें लौह तत्व का एकत्रीकरण होता है। लेटराइट मिट्टी जंगली क्षेत्रों के आस–पास पायी जाती है जिन पर घास प्रजाति के पौधे बहुतायत से उगते हैं। यह मिट्टी महाराष्ट्र के रत्नागिरी, कर्नाटक के समुद्र तटीय क्षेत्र, केरल के कुछ हिस्से तथा पूर्वी भारत के अनेक क्षेत्रों में पायी जाती है। लेटराइट मिट्टी लगभग सभी प्रकार के फलों के उत्पादन के लिए उपयुक्त मानी गयी है, परन्तु कुछ वर्षो तक अच्छी फलत मिलने के बाद मृदा उर्वरता एवं कार्बनिक पदार्थों में उत्तरोत्तर कमी के कारण फलोत्पादन प्रभावित होता है। अतः पोषक तत्वों के प्रयोग की अनुशंसा की जाती है। मिट्टी हल्की तथा जलधारण क्षमता कम होने के कारण पोषक तत्वों का रिसाव (Leaching) भी एक प्रमुख समस्या है परन्तु गहरी जड़ वाले वृक्ष प्रजातियों में पोषक तत्वों का पुनः स्थिरीकरण होता है। इस मिट्टी में लगे आम के बगीचों में बोरान और मालीबेडनम की कमी देखी गयी है। लेटराइट मिट्टी में कभी–कभी नत्रजन, फास्फोरस, पोटाश, मैग्नीशियम, गंधक, जिंक तथा बोरान इत्यादि की कमी के लक्षण प्रकट होते हैं जिसे समुचित खाद एवं उर्वरक के प्रयोग से ठीक किया जा सकता है।

3. वनक्षेत्र की मिट्टी (Oxisol)

यह मिट्टी पुराने वन क्षेत्रों एवं उसके आस–पास पायी जाती है। इस मिट्टी में चिकनी मिट्टी का अनुपात अधिक होने के साथ–साथ भुरभुरापन भी होता है। इसमें लोहा और एल्युमिनियम जैसे तत्वों की अधिकता होती है। इस प्रकार की मिट्टी अधिक वर्षा वाले, वन से आच्छादित क्षेत्रों में जैसे केरल, तमिलनाडु, महाराष्ट्र के कोंकण क्षेत्र, कर्नाटक के समुद्रतटीय भागों में पायी जाती है। इस मिट्टी में पोषक तत्वों की कमी अथवा अनुपलब्धता, अम्लीय पी एच मान तथा फास्फोरस का स्थिरी करण प्रमुख समस्या है। अत्यधिक वर्षा एवं जल रिसाव के कारण इसमें कैल्शियम, मैग्नीशियम तथा अन्य सूक्ष्म तत्वों की भी कमी देखी गयी है। इस मिट्टी में नियमित अन्तराल पर चूना, पोटाश तथा रॉक फास्फेट का प्रयोग

करना लाभप्रद होता है। यह मिट्‌टी बहुवर्षीय फल प्रजातियों एंव अनेक प्रकार की उष्ण कटिबन्धीय सब्जियों के लिए उपयुक्त पायी गयी है।

4. काली मिट्‌टी (Vertisol)

इस प्रकार की मिट्‌टी में एक मीटर तक की ऊपरी सतह में 30% से अधिक चिकनी मिट्‌टी के कण पाये जाते हैं जिसके कारण मोटी–मोटी दरारें देखी जा सकती है। काली मिट्‌टी कर्नाटक, महाराष्ट्र, छत्तीसगढ़ मध्यप्रदेश के दक्षिणी तथा आन्ध्र प्रदेश के उत्तरी भागों में लगभग 75 मिलियन हैक्टर क्षेत्रफल में पायी जाती है। कुछ स्थानों पर इस मिट्‌टी में कैल्शियम कार्बोनेट की अधिकता के कारण पी एच मान 9.0 तक चला जाता है। परन्तु क्ले तत्वों की अधिकता के कारण इनमें पोषक तत्व व पानी अधिक समय तक संरक्षित रहता है। उद्यानिकी फसलों में नींबू, संतरा, अंगूर, केला, सब्जियों तथा फूलों की खेती इस प्रकार कि मिट्‌टी में सफलता पूर्वक की जा सकती है परन्तु उनमें जिंक के कमी के लक्षण परिलक्षित होते हैं। काली मिट्‌टी मे बोरान, मालीबेडनम इत्यादि की पर्याप्त मात्रा उपलब्ध होती है। महाराष्ट्र के कुछ क्षेत्रों में इस मिट्‌टी में बोरान की विषाक्तता भी देखी गयी है। अधिक पीएच मान वाली काली मिट्‌टी में नत्रजन और फास्फोरस अनुपलब्ध हो जाते हैं अतः इनके प्रबन्धन पर विशेष ध्यान देना चाहिए।

5. जलोढ़ मिट्‌टी (Entisol)

इस वर्ग में साधारणतया नदियों द्वारा बहा कर लायी हुई एवं परत–दर–परत जमा की हुई मिट्टियाँ आती हैं जो अत्यन्त गहरी एंव उर्वर होती हैं परन्तु इनका कोई निश्चित संस्तर नहीं होता। जिस क्षेत्र में जिस प्रकार के कण और तारतम्य से मिट्‌टी जमा होती है वहाँ उसी प्रकार की जलोढ़ मृदा बनती है। उदाहरण के लिए गंगा के मैदानी भागों की जलोढ़ मिट्‌टी दोमट होती है जिसमें क्ले तत्व का प्रतिशत अधिक होता है जबकि डेल्टा क्षेत्रों की जलोढ़ मिट्‌टी में बालू का प्रतिशत अधिक होता है। जबकि जलोढ़ मिट्‌टी अम्लीय, क्षारीय अथवा लवणीय भी हो सकती है। यह मिट्‌टी लगभग सभी जलवायु क्षेत्रों में होती है अतः इसमें अनेक प्रकार की उद्यानिकी फसलें पैदा की जा सकती हैं। बलुई तथा बलुई दोमट जलोढ़ मिट्‌टी में कार्बनिक तत्वों की कमी के कारण पर्याप्त उर्वरक प्रबन्धन द्वारा फसलोत्पादन लिया जा सकता है। जलोढ़ मिट्‌टी में आम, संतरा, किन्नो, लीची, अमरुद जैसे फल तथा अनेक सब्जियाँ एवं फूल पैदा किये जा सकते हैं। सूखे क्षेत्रों

में इस मिट्टी में बेर, खजूर, आँवला, बेल इत्यादि फल, अनेक प्रकार की सब्जियाँ तथा मसाला फसलें उगाई जा सकती हैं।

6. शुष्क मिट्टी (Aridisol)

शुष्क मिट्टी प्रायः सूखे जलवायु क्षेत्रों में पायी जाती हैं और इनका मृदा संस्तर वर्ष भर सूखा रहता है। इस मिट्टी में लवणीय तत्वों की अधिकता के कारण लवण के प्रति संवेदनशील फसलों की वृद्धि प्रभावित होती है। शुष्क मिट्टी में कुछ मुख्य तत्वों की कमी और कुछ सूक्ष्म तत्वों जैसे बोरान की अधिकता होती है। इस प्रकार की मिट्टी गुजरात व राजस्थान सहित हरियाणा तथा पंजाब के कुछ हिस्सों में पायी जाती है। पर्याप्त पोषण प्रबन्धन तथा सिंचाई सुविधा द्वारा इस मिट्टी में उच्च कोटि के बेर, अनार, खजूर, अमरूद, ऑवला जैसे फसलों के साथ–साथ सब्जियों की खेती की जा सकती है।

7. कछार मिट्टी (Inceptisol)

कछार मिट्टी में बालू के कणों की अधिकता के साथ–साथ कार्बनिक तत्वों की भी पर्याप्त मात्रा होती है। किसी–किसी स्थान पर इस मिट्टी में चिकनी मिट्टी की अधिकता और लौह तत्व तथा अल्यूमिनियम आक्साइड की सूक्ष्मता अथवा नगण्यता देखी गयी है। भारत वर्ष में यह मिट्टी शुष्क मिट्टी के साथ में ही पायी जाती है और इनका मुख्य वितरण राजस्थान, मध्यप्रदेश तथा गुजरात के कुछ हिस्सों में है। कुछ स्थानों पर यह मिट्टी अधिक उर्वर तथा कहीं पर अनुत्पादक होती है।

8. कार्बनिक मिट्टी (Histosol)

इस प्रकार की मिट्टी में कार्बनिक तत्वों की मात्रा 12% से अधिक होती है। यह मिट्टी मुख्य रूप से सब्जियों और अधिक मूल्यवान फल फसलों जैसे स्ट्राबेरी, इत्यादि के लिए उपयुक्त होती है।

9. पर्वतीय मिट्टी (Spodosol)

यह मिट्टी स्पोडिक संस्तर युक्त होती है जिसके उप संस्तरों में कार्बनिक पदार्थ एवं अल्यूमिनियम आक्साइड की अधिकता तथा लौह तत्वों की अल्पता होती है। इस मिट्टी का रंग हल्का भूरा होता है जिसे 'राख' (Wood Ash) भी कहते हैं। इस मिट्टी में मोटे कणों की अधिकता तथा रिसाव अधिक होता है। यह

मिट्टी प्रायः पर्वतीय क्षेत्रों में जो वनों से ढ़के होते हैं तथा तापमान कम होते हैं, में पायी जाती है। यह मिट्टी कम गहरी जड़ वाले फल वृक्षों जैसे सेब, आड़ू, नाशपती, लोकाट तथा शीतोष्ण कटिबन्धीय सब्जियों के लिए उपयुक्त पायी गयी है। भारत वर्ष में यह मिट्टी मुख्यतः जम्मू–कश्मीर, हिमाचल प्रदेश, उत्तराखण्ड आदि राज्यों में पायी जाती है।

10. घास युक्त मिट्टी (Mollisol)

यह मिट्टी घास के मैदानी क्षेत्रों जैसे 'प्रेयरी', सवाना इत्यादि से विकसित पायी गयी है। ये मृदायें अन्य फसलों के लिए उपयुक्त होती हैं परन्तु अध्ययन का अभाव है।

इस प्रकार से यदि हम भारत वर्ष की विभिन्न मृदा समूहों का एक सिंहावलोकन करें तो पता चलता है कि देश में लगभग सभी प्रकार के मृदा समूह कमोवेश क्षेत्रफल में फैले हैं। उद्यानिकी फसलों की दृष्टि से लगभग सभी मिट्टियाँ उपयुक्त हैं परन्तु लाल, लेटराइट, जलोढ़ तथा शुष्क मृदाओं की उपयुक्तता बहुवर्षीय फलदार पौधों के लिए अधिक है। पर्याप्त पोषण एवं जलप्रबन्धन द्वारा इन मिट्टियो में अनेकानेक उद्यानिकी फसलों का उत्पादन किया जा सकता है।

❑❑❑

2

पौधों का औद्यानिक वर्गीकरण

उद्यानिकी फसलों के पौधों को उनके वृद्धि के तरीकों, सम्पूर्ण जीवन चक्र में लगने वाले समय, विभिन्न आकार एवं प्रकार तथा वानस्पतिक लक्षणों के आधार पर वर्गीकृत किया जा सकता है।

1. पौधों में वृद्धि की प्रकृति के आधार पर वर्गीकरण (Nature of growth)

वृद्धि के तरीकों एवं लक्षणों के आधार पर पौधों को निम्न भागों में विभक्त किया गया है।

अ) शाक एवं शाकीय पौधे (Herbs and Herbaceous Plant): वे पौधे जो एक मीटर से कम ऊँचाई तक बढ़ने वाले, पतले एवं शाकीय शाखाओं वाले होते हैं उन्हें शाकीय पौधे कहते हैं। ये पौधे एक वर्षीय अथवा बहुवर्षीय हो सकते हैं। इस वर्ग में मुख्यतः शोभाकारी एवं फूल वाले पौधे आते हैं।

ब) झाड़ एवं झाड़ीदार पौधे (Shrubs): ये पौधे ऊँचाई में 1–3 मीटर तक हो सकते हैं तथा इनकी शाखाएं जमीन की सतह या कुछ ऊँचाई से निकलती हैं। ये पौधे अत्यधिक काष्ठीय नहीं होते और नजदीक में लगाने से एक घनी झाड़ी बनाते हैं।

स) पेड़ (Tree) : पेड़ 3 मीटर से अधिक ऊँचाई में उगने वाले, काष्ठीय एवं मजबूत पौधे होते हैं। इनका जीवन काल कई वर्षों का होता है।

द) सहारे के साथ बढ़ने वाले पौधे (Climber) : वे पौधे जिनके तने कमजोर होते हैं और किसी जीवित या अजीवित मजबूत आधार के सहारे बढ़ते हैं लता (Climbers) कहलाते हैं। ये एक वर्षीय और बहुवर्षीय, शाकीय और काष्ठीय दोनों प्रकार के हो सकते हैं।

2. पौधों के जीवन चक्र के आधार पर वर्गीकरण (Life cycle)

बीज के उगने से लेकर बीज के बनने तक के समय को एक 'जीवन चक्र', तथा नष्ट होने के समय को पौधे का 'जीवन काल' (Life period) कहा जाता है। इसके आधार पर उद्यानिकी पौधों को निम्न समूहों में वर्गीकृत किया जा सकता है।

क) एक वर्षीय पौधे : इस वर्ग में वे पौधे आते हैं जो एक वर्ष अथवा एक मौसम में अपना जीवन चक्र पूरा कर लेते हैं। इनके समस्त जीवन का समय तीन से छः माह का होता है। गेंदा, टमाटर, मिर्च, भिण्डी इसके उदाहरण हैं। इसमें मुख्यतः फूल एवं सब्जियां आती हैं। फलों में केला तथा रसभरी इसी वर्ग में आते हैं।

ख) द्विवर्षीय पौधे : इस वर्ग में वे पौधे आते हैं जो एक मौसम में अपनी वृद्धि करते हैं तथा दूसरे मौसम में फूलते, फलते एवं बीज बनाते हैं। साधारणतया इनका जीवन काल 12 से 18 महीनों में समाप्त होता है। इसमें भी मुख्य रुप से शाकीय फसलें जैसे मूली, गोभी, प्याज, पपीता इत्यादि ही आती हैं।

ग) बहुवर्षीय पौधे : इस वर्ग में वे पौधे आते हैं जो बहुत वर्षों तक जीवित रहते हैं और बार–बार फूल और फल पैदा करते हैं। बहुवर्षीय पौधों को दो वर्गो में विभक्त किया गया है।

i. शाकीय बहुवर्षीय पौधे : इस वर्ग में वे बहुवर्षीय मुलायम प्रकृति के पौधे आते हैं जिसका सम्पूर्ण जीवन चक्र एक से अधिक वर्षो तक चलता रहता है। उदाहरण के तौर पर इस वर्ग में अधिकांशतः फूलदार पौधे जैसे बहुवर्षीय गुलदाउदी, जरबेरा आदि आते हैं।

ii. काष्ठीय बहुवर्षीय पौधे : काष्ठीय बहुवर्षीय पौधे सख्त एवं शाखायुक्त होते हैं और ये कई वर्षों तक जीवित रहते हैं तथा फूलते–फलते हैं। इस वर्ग में बड़े पेड़ जैसे फलदार एवं वानिकी पौधे, शोभाकारी वृक्ष तथा झाड़ीदार पौधे जैसे अमरुद, नींबू, शरीफा, सतालू, नाशपती, करौंदा, शोभाकारी पौधे, कुछ औषधीय पौधे (नोनी), इत्यादि तथा लतादार बहुवर्षीय पौधें व शोभाकारी लताएँ, जैसे अंगूर, पैसियन फल, कीवी फल, सेम इत्यादि आते हैं।

3. पौधों का वानस्पतिक वर्गीकरण (Botanical)

वनस्पति शास्त्र में सम्पूर्ण पादप प्रजातियों को निम्नलिखित 'Phylā' में विभक्त किया गया है।

1. एक कोशिकीय पौधे (Sahigophyta) – बैक्टीरिया, नील–हरित शैवाल
2. जटिल पौधे (Bryophyta) – मौसेस, लीवर वर्ट्स
3. विशिष्ट उच्च पौधे (Pterophyta) – विशिष्ट उच्च पौधों को पुनः 3 वर्गो में बांटा गया है –
   1. फिलीसिनी (Filicinea) : जिनमें बीज वानस्पतिक भाग पर होता है जैसे–फर्न जिसमें बीज पत्ती के किनारे होते हैं।
   2. नग्न बीज वाले पौधे (Gymnosperms) : खुले बीज पैदा करने वाले पौधे जैसे चीड़, चिलगोजा, जिमको इत्यादि।
   3. फूल वाले पौधे (Phenrogamus) : इस वर्ग में ऐसे पौधे शामिल हैं जो फूल और फल धारण करते हैं इसे एन्जियोंस्पर्म भी करते हैं। इनमें एक बीज पत्रीय (केला, बांस) तथा द्विबीज पत्रीय (मटर, आड़ू, आम, आदि) पौधे रखे गये हैं।

उच्च श्रेणी के पौधों को पुनः वर्ग (Order), परिवार (Family), वंश (Genera), प्रजाति (Species) के आधार पर वर्गीकृत किया गया है। प्रजाति वर्गीकरण की एक मौलिक इकाई है जो कुछ पौधों के एक समूह (Group of plants) के अन्तर्गत

एक दूसरे के साथ स्वतन्त्र रुप से प्रजनन करते हैं परन्तु एक वंश में मौजूद स्पेसीज के पौधे आन्तरिक एवं वाह्य आकृति तथा उत्पत्ति के विषयक विषमताओं के कारण प्रजनन करने में असमर्थ होते हैं। एक स्पेसीज से पैदा होने वाले विभिन्न पौधे आपस में बनावट तथा अनुकूलता में एक समान नहीं होते फलतः स्पेसीज की विभिन्नता को अच्छी तरह से जानने के लिए पौधे के सभी लक्षणों व भागों का अध्ययन करना चाहिए।

स्पेसीज को भौगोलिक स्थित के आधार पर उपवर्गों में बाटां गया है जिसे 'Botanical Variety' कहते हैं। प्राकृतिक रुप से होने वाले विभिन्नता को उपप्रजाति (Sub Species) तथा उपकिस्म (Sub Variety), इत्यादि में वर्गीकृत किया जा सकता है। एक स्पेसीज के देशीय पौधों (Native Plant) के प्राकृतिक विभिन्नता को 'लाइन एवं इकोटाइप'' (Line and Ecotype) में विभक्त किया जा सकता है। उत्पत्ति विषयक नियंत्रित आन्तरिक एवं वाहय गुणों में लगातार परिवर्तन से उत्पन्न प्रभाव को 'Clone' कहा जाता है। यह मुख्यतः वातावरण में लगातार परिवर्तन के कारण होता है। जब भिन्नता एक दम अन्तराल युक्त (Distinct and Discontinuous) होती है तो उसे Ecotype कहते हैं।

❑❑❑

3

फलोत्पादन के सिद्धान्त

फल बाग स्थापना एवं उससे भरपूर उत्पादन के लिए फलोत्पादन के कुछ मूलभूत सिद्धान्तों जैसे बाग स्थापना हेतु जगह का चुनाव, पौध लगाने के तौर तरीके, पौध स्थापना पश्चात् देख रेख तथा अधिक उत्पादन हेतु कुछ मुख्य सिद्धान्तों को उद्धृत किया गया है।

1. फल बाग के लिए स्थान व स्थिति का चुनाव (Site and Location)

फल बगीचों की स्थापना प्रथमतः अधिक लागत के साथ दीर्घकालीन उपक्रम है जिसमें किसी भी प्रकार की गड़बड़ी से अधिक नुकसान उठाना पड़ सकता है। अतः किसी भी फल बगीचे के लिए उसकी आवश्यकता के अनुरुप ही स्थान का चुनाव करना चाहिए। स्थान चुनाव करते समय मृदा एवं जलवायु सम्बन्धी आवश्यकता के साथ–साथ फल बिक्री की सुविधाओं, प्रसंस्करण इकाईयों की सन्निकटता, आवश्यक सामग्री की उपलब्धता, बिजली, संचार एवं परिवहन के साध ान इत्यादि को ध्यान में रखना चाहिए। स्थान चुनाव सम्बन्धी कुछ बिन्दुवार जानकारी इस प्रकार है।

1. किसी फल बाग के लिए स्थान चुनते समय यह ध्यान रखना चाहिए कि उस क्षेत्र विशेष में उस फल की खेती या तो पहले से हो रही हो या होने की पूर्ण सम्भावना हो जिससे उस फल के विषय में तकनीकी जानकारी, गुणवत्ता युक्त पौध, बाजार की सुविधा, तोड़ाई उपरान्त फल प्रबन्धन हेतु ढ़ाँचा एवं सुविधाएं जैसे– शीत भंडारण, प्रसंस्करण की मशीनें इत्यादि आसानी से उपलब्ध हो सके।
2. चूँकि फल जल्दी खराब हो जाते हैं अतः बाग लगाते समय यह घ्यान रखें कि उस स्थान पर उत्पाद की बिक्री के लिए बाजार, सड़कें, शीतित गाड़ियां इत्यादि उपलब्ध हो।
3. जहाँ तक सम्भव हो फल बगीचों को बड़े–बड़े कारखानों या औद्योगिक क्षेत्र से दूर लगायें जिससे भविष्य में पर्यावरण प्रदूषण के दुष्प्रभाव से बचा जा सके।
4. बाग को लगाने के लिए नीची जमीन या घाटी की जमीन का चुनाव न करें अन्यथा बाढ, जलभराव, पाला इत्यादि के कारण फसल प्रभावित हो सकती है।
5. जमीन की भौगोलिक सतह एवं मिट्टी के अनुरुप ही फल वृक्षों का चुनाव करें। यदि जमीन 15% से ज्यादा ढालू है तो जमीन के प्रारम्भिक उपचार जैसे कन्टूर बनाना, अर्धचन्द्राकार टेरेस इत्यादि बनाकर ही पौध रोपण करें। एसे स्थानों पर यथा सम्भव स्वस्थानिक विधि से बाग स्थापना करें।
6. बगीचा बाग मालिक के घर के नजदीक हो जिससे किसी भी प्रयोजन हेतु आसानी से सम्पर्क किया जा सके। सम्भव हो तो कुछ मुख्य माली व सुपरवाइजर बाग के भीतर ही रहें।
7. जहाँ तक सम्भव हो, प्राकृतिक विपदा ग्रसित क्षेत्र जैसे चक्रवातीय क्षेत्र, पाला तथा पत्थर पड़ने वाले स्थान, तेज एवं गर्म हवा वाले क्षेत्र फल बगीचों के लिए न चुनें।
8. पहाड़ी क्षेत्रों में बाग स्थापना के लिए 'हिल साइड' का विशेष ध्यान रखना चाहिए। ऊँचें पहाड़ों के पूर्व एंव दक्षिण दिशा में ज्यादा से ज्यादा सूर्य का विकिरण प्राप्त होता है अतः उनके मध्य में अच्छी ऊँचाई पर फसल की सम्भावना रहती है। जबकि छोटे पहाड़ों पर तेज सूर्य विकिरण के कारण उत्तर एवं पश्चिम दिशा में फल फसल उत्पादन की सम्भावना रहती है। अतः पहाड़ों पर ऊँचाई के अनुरुप स्थान और स्थिति का चुनाव करें।

उपरोक्त बिन्दु एक आदर्श फल बाग के लिए आवश्यक है परन्तु किसी स्थान विशेष पर ये सारी बातें मिलना लगभग असम्भव होता है अतः फल बाग स्थापना के लिए स्थान एवं स्थिति में सम्बंधित विसंगतियों के निराकरण के समुचित प्रबन्ध द्वारा फल बाग स्थापना की जा सकती है। कुछ एक प्राकृतिक विपदाओं जैसे बाढ़, चक्रवात, पाला, ओला इत्यादि तथा कृत्रिम परिस्थतियाँ जैसे सड़क, फैक्ट्री इत्यादि को छोड़कर अन्य सभी को बहुत हद तक तकनीकी जानकारी तथा परिश्रम से रोका जा सकता है। अतः विवेक पूर्ण निर्णय तथा परिश्रम एवं लगन से किसी भी स्थान पर सफल फल बाग लगाया जा सकता है।

2. बाड़ एवं वायुरोधी पौधे लगाना (Fencing and Wind Breaks)

बगीचों की सुरक्षा के लिए बाड़ और वायुरोधक पौधों की पट्टी लगाना उपयुक्त पाया गया है। बगीचों में चारों तरफ से सुरक्षा प्रदान करने के लिए एक ऐसी व्यवस्था करना जिससे कोई भी मनुष्य या जानवर बगीचे में घुस कर नुकसान न कर सके "बाड़ लगाना" (Fencing) कहते हैं। बाड़ लगाने का प्रमुख उद्देश्य बगीचे को सुरक्षा प्रदान करना तथा यदि सम्भव हो तो कुछ अतिरिक्त आमदनी कमाना होता है। बाड़ मुख्य रूप से तीन प्रकार के होते हैं।

1. **पक्की बाड़ (Compound Wall Fencing) :** इस प्रकार की बाड़ अत्यन्त खर्चीली होती है क्योंकि इसमें ईंट एवं सीमेंट द्वारा बाग के चारों ओर पक्की दीवार बनाई जाती है। सुरक्षा की दृष्टि से यह बहुत अच्छा माना गया है और इसका जीवन काल भी बहुत अधिक होता है। मवेशियों व मनुष्य के अधिक जनसंख्या वाले स्थानों के लिए यह सबसे उपयुक्त बाड़ माना गया है।

2. **कटीले तार की बाड़ (Barbed Wire Fencing) :** यह बाड़ अपेक्षाकृत कम खर्चीली होती है जिसमें कंकरीट अथवा लोहे के खम्भों को 5–6 मी. के अन्तराल पर लगाकर उसे 5–6 लाइन कटीले तारों से जोड़ दिया जाता है। खम्भें की ऊँचाई 2–3 मी. तथा तारों के बीच में 45–60 सेंमी. का अन्तराल होता है। छोटे जानवरों के प्रवेश को रोकने के लिए तारों के बीच का अन्तराल और अधिक कम अथवा दो तारों के बीच में एक तिरछा तार लगाया जा सकता है। तारों अथवा खम्भों के खराब होने अथवा टूट जाने से यह बाड़ भी खराब हो जाती है।

3. **काटेंदार पौधों की बाड़ (Biofencing):** यह बाड़ अत्यन्त ही किफायती तथा कम खर्चीली एवं लम्बे समय तक चलने वाली होती है। इसमें बगीचे

के चारों तरफ एक मीटर की पट्टिका में काटे दार पौधे जैसे जंगली बेर, करौंदा जैसे फलदार पौधे, पुट्स (लैन्टाना कैमरा) जैसे जलावन लकड़ी वाले पौधे, शीसल (अगेव अमेरिकाना) जैसे रेशेदार कटीले पौधे, नागफनी जैसे कटीले पौधे इत्यादि को लगाकर एक अभेद्य (Impervious) बाड़ बना दिया जाता है। इस बाड़ से समय–समय पर कुछ फल एवं जलावन लकड़ी मिल जाती है परन्तु सुरक्षा की दृष्टि से यह बहुत उपयुक्त नहीं माना जाता क्योंकि बीच–बीच में जहाँ बाड़ हल्की होती है जानवर घुस कर बगीचे को नुकसान पहुँचाते हैं। बाहरी लोग भी बाड़ से लकड़ी व फल ले जाकर असुविधा पैदा करते हैं। इस बाड़ में बाग के चारो तरफ जमीन का लगभग 2–3 मीटर चौड़ा भाग अपेक्षाकृत कम उपयोग में आता है।

Wind break

4. **खाई बनाना (Trench Fencing)** : बाग के चारो तरफ 1–2 मीटर चौड़ी और 1–2 मीटर गहरी खाई बनाना तथा उसके ऊपरी मेंड़ पर कटीले पौधे लगाने से बाग को जानवरों से बचाया जा सकता है परन्तु खाई भर जाने के बाद यह बाड़ लगभग प्रभाव रहित हो जाती है।

बगीचों के उत्तर एंव पश्चिम दिशा में तेज गति से एवं अधिक ऊँचाई तक बढ़ने वाले पौधों की दोहरी कतार लगाने को 'वायु रोधी पट्टिका' (Wind Break Plantation) कहते हैं। वायुरोधी पौधों को लगाने का मुख्य उद्देश्य बगीचे में आने वाली गर्म (लू) तथा सर्द हवाओं के प्रभाव से बाग को बचाना है। वायुरोधी पौधे हवाओं के वेग तथा उसके दुष्प्रभाव से मुख्य पौधों को बचाते हैं। वे क्षेत्र जहाँ चक्रवातीय हवाएँ, शीत लहर, गर्म तेज हवाओं, पाला इत्यादि की सम्भावना अधिक होती है, वायुरोधी पौधों की पट्टिका काफी हद तक इन्हें रोकने और फल विकास में कारगर पायी गयी है।

वायुरोधी पौधों को बाग लगाते समय अथवा बाग लगाने से पहले लगाया जा सकता है। वायुरोधी पौधों का चुनाव उनके वृद्धि एवं विकास के तरीके, पत्तियों की सघनता, तनों की मजबूती, अतिरिक्त उत्पाद की सम्भावना एवं लकड़ी के आर्थिक मूल्य इत्यादि बातों को ध्यान में रख कर किया जाता है। वायुरोधी के तौर पर साधारणतयः वे पौधे चुने जाते हैं जिनकी पत्तियाँ सघन, तने सीधे तथा ऊँचाई

अधिक होती है। बीजू आम, जामुन, जमुआ, सीमारुबा, सिलवर ओक, अशोक, शीशम, सागौन, नीम इत्यादि को वायुरोधी पौधों के रुप में चुना जा सकता है।

सावधानियाँ : वायुरोधी पौधों को लगाने से पहले एवं लगाने के बाद अनेक सावधानियाँ बरतनी चाहिए। कुछ प्रमुख सावधानियाँ निम्नवत् हैं।

1. वायुरोधी पौधों में अधिक फैलावदार तथा छाया पैदा करने वाले पौधों जैसे वट, बरगद, पाकड़, पीपल इत्यादि का चुनाव न करें।
2. वे पौधे जिनकी जड़े मिट्टी की ऊपरी सतह पर केन्द्रित होती हैं उन्हे वायुरोधी के रुप में न चुनें अन्यथा ये मुख्य फसल से प्रतिस्पर्धा करती हैं। उदाहरण–बाँस, बरगद इत्यादि।
3. वायुरोधी पौधों के मुख्य तने से लगभग 3 मीटर की दूरी पर अन्दर की तरफ 1 मीटर गहरी और 50 सेंमी. चौड़ी खाई अवश्य बनायें।
4. वायुरोधी पौधों के रूप में अच्छी लकड़ी वाले पौधे जैसे सागौन, शीशम, गम्हार आदि का चुनाव करें। इन पौधों से साल में एक बार काट–छाँट द्वारा जलावन लकड़ी भी मिल जाती है।
5. वायुरोधी पौधे क्षेत्र की मिट्टी और जलवायु के अनुरुप चुनने चाहिए।

3. बाग लगाने की विधि

फलदार पौधों से एक लम्बे समय तक, सुचारु रुप से एवं अच्छी गुणवत्ता के फल उत्पादन हेतु पौधों को समुचित दूरी पर तथा सही विधि से लगाया जाता है। हमारे देश में बाग लगाने की अनेक विधियाँ प्रचलित हैं जिनका विवरण आगे दिया जा रहा है परन्तु स्थान की स्थिति तथा रोपण के उद्देश्य के अनुसार सही विधि का चुनाव करके ही नये बाग लगाने चाहिए क्योंकि बाग की सफलता फलों की अच्छी उपज पर निर्भर करती है और अच्छी उपज का सीधा सम्बन्ध बाग लगाने की उपयुक्त विधि और उसके देखभाल से संबंधित है।

सामान्यतः बाग लगाने की अच्छी विधि वही समझी जाती है जिसमें रोपाई करने पर पौधों को विकसित होने, एवं फूलने–फलने के लिए उचित एवं पर्याप्त स्थान मिल सके और बागवानी की सभी क्रियाएं आसानी से व सफलता पूर्वक की जा सके। साथ ही साथ रोपाई की कारगर विधि वही होती है जिसमें जलवायु की परिस्थितयों तथा फल वृक्षों की आवश्यकतानुसार प्रति इकाई क्षेत्रफल में अधिक से अधिक पौधे उगाये जा सकें।

ज्यामितीय आधार पर बाग लगाने की छः विधियां प्रचलित हैं जबकि प्रति इकाई क्षेत्रफल में पौधों की संख्या एवं पौधों के आकार निर्धारण के आधार पर तीन विधियाँ प्रचलित हैं।

अ. ज्यामितीय आधार पर बाग लगाने की विधि

ज्यामितीय आधार पर बाग लगाने की विधियों का विवरण इस प्रकार है।

1. आयताकार विधि : आयताकार विधि में कतार से कतार की दूरी अधिक तथा पौधों से पौधों की दूरी अपेक्षाकृत कम होती है (चित्र 1) इस विधि में बागवानी की सभी क्रियाएं सामान्य रुप से एवं सुगमतापूर्वक की जा सकती हैं। आयताकार विधि में पौधों का विकास समुचित होता है क्योंकि पौध विकास के लिए आवश्यक सूर्य की रोशनी और हवा का संचरण सामान्य रुप से होता है। इस विधि में बाग के अन्दर सस्य फसलें केवल एक ही दिशा में हो सकती हैं तथा पौधों के बड़े होने के पश्चात् एक तरफ का क्षत्रक आपस में मिल जाता है।

Rectangular planting

चित्र 1

2. वर्गाकार विधि : बाग लगाने की यह सर्वोत्तम एंव सर्वमान्य विधि है। इस विधि में पौधों से पौधों तथा कतारों से कतारों की दूरी बराबर होती है। फलस्वरुप बाग में चारों तरफ से कृषि क्रियाएं की जा सकती है (चित्र 2) तथा शस्य फसलें उगाई जा सकती हैं। वर्गाकार विधि में आयताकार विधि की अपेक्षा पौधों का विकास अच्छा तथा चौतरफा होता है जिससे लम्बे समय तक बाग की सामान्य उत्पादकता बनी रहती है। अधिकतर बाग वर्गाकार विधि में ही लगाये जाते हैं।

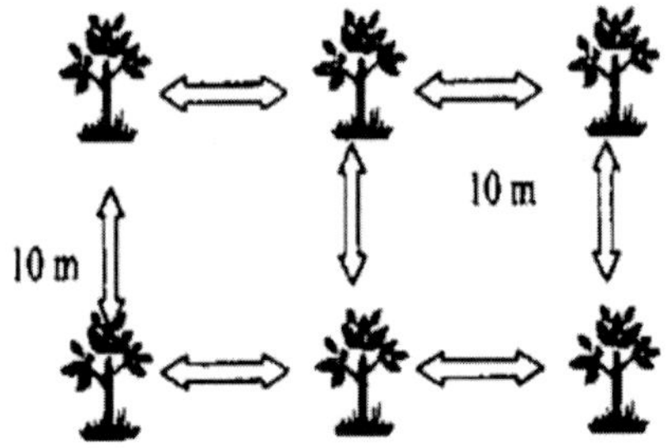

Square planting

चित्र 2

3. षटभुजाकार विधि : इस विधि को समतिबाहु विधि भी कहते हैं क्योंकि इस विधि में पौधों को त्रिभुज के तीनों कोनों पर लगाते हैं। षटभुज के आकार में छः पौधों (चित्र 3) में दर्शाये गये तरीके से लगाये जाते हैं तथा एक वृक्ष षटभुज के मध्य में लगाया जाता है। इस प्रकार से प्रत्येक इकाई षटभुज में पौधों की दूरी आपस में बराबर होती है। यद्यपि इस विधि में वर्गाकार विधि से अधिक पौधे लगते हैं परन्तु व्यवसायिक तौर पर यह विधि बहुत कम अपनायी जाती है क्योंकि इसमें मशीन द्वारा अन्तरशस्य क्रियाएं करने में परेशानी होती है। जिन स्थानों पर जमीन महँगी तथा खाद पानी की प्रचुर मात्रा उपलब्ध होती है वहाँ इस विधि से बाग लगाने की सलाह दी जाती है।

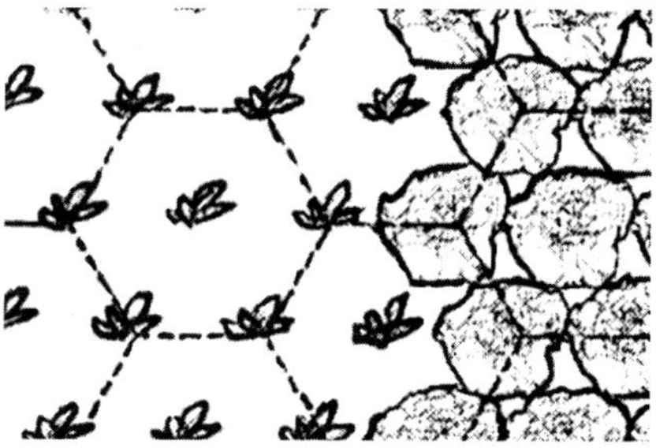

Hexagonal planting

चित्र 3

4. त्रिभुजाकर विधि : इस विधि में पौधे षटभुजाकार विधि के समान ही लगाये जाते है परन्तु एकान्तर कतारों अथवा समान अंकविभाजन वाली कतारों जैसे कतार संख्या 2,4,6,8 आदि के पौधों को अविभाज्य कतार संध्या जैसे 1,3,5,7 इत्यादि के मध्य में लगाया जाता है (चित्र 4)। इस विधि को 'स्टीगर्ड प्लान्टिग' विधि भी कहते है। बहुस्तरीय फसल प्रणाली में यह विधि अधिक उपयोगी पायी गई है।

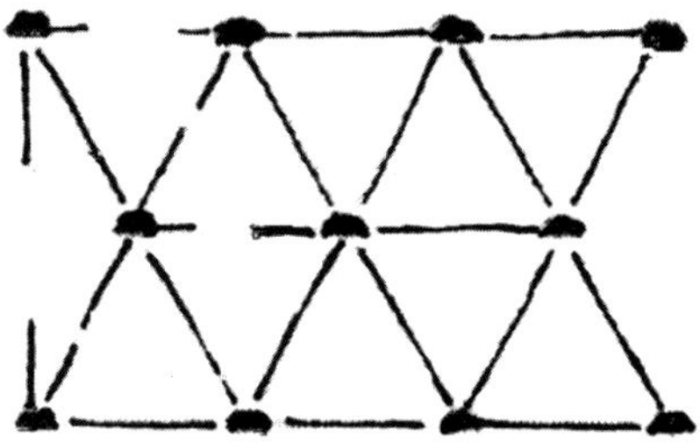

Triangular planting

चित्र 4

5. पूरक विधि : इस विधि में पौधे वर्गाकार विधि में निर्धारित रेखांकन द्वारा ही लगाये जाते हैं, परन्तु चार पौधों के बीच में एक अतिरिक्त पौधा अस्थाई रुप में लगाया जाता है जिसे 'पूरक पौधा' कहते हैं। पूरक पौधे को कुछ समय बाद निकाल दिया जाता है। इस विधि में वर्गाकार विधि की तुलना में लगभग दो गुने पौधे

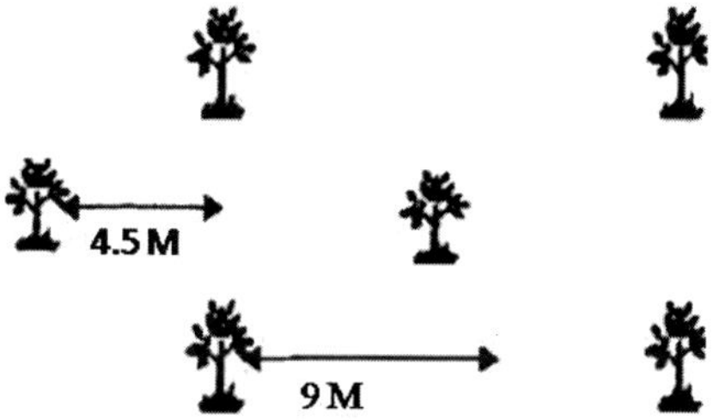

Quincunx planting

चित्र 5

लगाये जा सकते हैं परन्तु मध्य व किनारे वाले पौधों की दूरी कम हो जाती है जिससे पौधे घने हो जाते हैं और कृषि क्रियाएँ करने के लिए पर्याप्त स्थान भी मिल जाता है (चित्र 5)। पूरक विधि फल वृक्ष आधारित बहुस्तरीय फसल प्रणाली के लिए सर्वोत्तम पायी गयी है जिसमें बड़े और मझोले तथा दीर्घायु और अल्पायु वाले पौधों का सामन्जस्य होता है। पूरक पौधों के रुप में पपीता, फालसा, अमरुद, करौंदा, नींबू, सतालू आदि सर्वोत्तम पाये गये हैं। पूरक पौधों के चुनाव में विशेष ध्यान रखना चाहिए जिससे वे मुख्य पौधे के साथ पानी, पोषण, हवा एवं रोशनी के लिए प्रतिस्पर्धा न कर सकें।

6. परिरेखा विधि : पहाड़ी क्षेत्रों जहाँ जमीन समतल नहीं होती, फल बाग लगाने के लिए परिरेखा विधि का प्रयोग किया जाता है। इस विधि में ढालू खेत को सर्वप्रथम ढ़ाल के हिसाब से परिरेखाओं में विभाजित किया जाता है तत्पश्चात् ढ़ाल के विपरीत परन्तु समान ऊँचाई पर पौधों की कतारें निर्धारित की जाती हैं। यह विधि मृदा कटाव को रोकने में मददगार साबित होती है। इस विधि में पौधों से पौधों के बीच की दूरी निश्चित नहीं होती अतः उसे आवश्यकता अनुसार घटाया बढ़ाया जा सकता है (चित्र 6)।

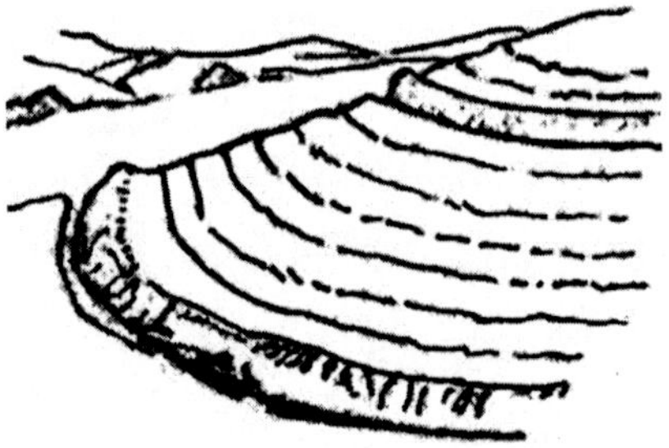

Contour planting

चित्र 6

4. बाग लगाने की योजना एवं रेखांकन

किसी भी फल बाग को लगाने से पूर्व उसकी कार्य योजना तैयार करना बहुत आवश्यक होता है। चूँकि बाग एक बार लगाने के पश्चात् उसमें कोई भी बदलाव बहुत मुश्किल एवं खर्चीला होता है अतः एक योजनाबद्ध तरीके से बाग स्थापना करना चाहिए। योजनाबद्ध बाग लगाने में स्थल का चुनाव, जमीन का उपचार, बाग लगाने के तरीके का चुनाव, समुचित रेखांकन, किस्म तथा पौधों का चुनाव, गड़ढे की तैयारी एवं भरावन मिश्रण, पौध रोपण तथा अन्तरफसल एवं बाग प्रबन्धन जैसे महत्वपूर्ण एवं अहम मुद्दे शामिल होते हैं। योजना प्रमुखतः अल्पकालिक एवं दीर्घ कालीन होती है। अन्तर सस्य फसलों का चुनाव, पौधों को पाला व धूप से बचाने के लिए झोपड़ी बनाना, कीट एंव बीमारी नियंत्रण अल्पकालीन योजना के अन्तर्गत आता है जबकि जगह का चुनाव, फसल एवं किस्म का चुनाव, पौध रोपण

तकनीक का चुनाव, पौधों को ढ़ॉचा देना इत्यादि दीर्घकालीन योजना का हिस्सा होता है। यदि सम्भव हो तो पूरी योजना का एक 'ब्लूप्रिंट' भी तैयार करना चाहिए जिसके लिए विशेषज्ञों की भी मदद लेनी चाहिए जिससे भविष्य में कोई समस्या न आये।

रेखांकन

बाग स्थापना के लिए खेत का रेखांकन करना और प्रत्येक पौधे के लिए स्थान निर्धारित करना अत्यन्त महत्वपूर्ण होता है। रेखांकन करने के लिए सर्वप्रथम आध ार रेखा (Base Line) बनाया जाता है। आधार रेखा किसी स्थाई संरचना जैसे सड़क, नाली, सम्पर्क मार्ग, (सीमा रेखा) इत्यादि के सहारे निर्धारित की जाती है। आधार रेखा सीधी होनी चाहिए। रेखाकंन के लिए आधार रेखा पर 90 अंश का कोण बनाती हुई एक लम्बवत् रेखा बनाई जाती है। इसी लम्बवत रेखा के समानान्तर कतार की दूरी के अनुसार रेखाएं खींची जाती हैं जिन पर पौधों की दूरी के अनुसार स्थान सुनिश्चित करते हैं। रेखांकन की इस विधि से परिरेखा विधि के अतिरिक्त सभी विधियों के लिए पौध स्थान सुनिश्चित किया जा सकता है। परिरेखा विधि में रेखांकन कन्टूर की ऊँचाई के अनुसार किया जाता है जो एक सीधी रेखा में नहीं होता है।

कैसे बनायें 90 अंश का कोण ?

खेत में 90 अंश का कोण बनाने के लिए पाइथागोरस के सिद्धान्त पर आधार रेखा पर एक सांकेतिक बिन्दु 'क' निर्धारित करें। आधार रेखा पर ही बिन्दु 'क' से 30 फीट की दूरी पर एक दूसरा बिन्दु 'ख' निर्धारित करें। अब बिन्दु 'ख' से 50 फीट की दूरी पर बिन्दु 'ग' का निर्धारण करें जो 'क' बिन्दु के बिल्कुल सीध में हो। अब कोण ग क ख 90^0 अंश का होगा। जाँच के लिए 'क' और 'ग' बिन्दुओं के बीच की दूरी 40 फीट होनी चाहिए और रेखा क ग आधार रेखा पर लम्बवत होगी। लम्बवत रेखा पर रेजिंग रॉड के मदद से

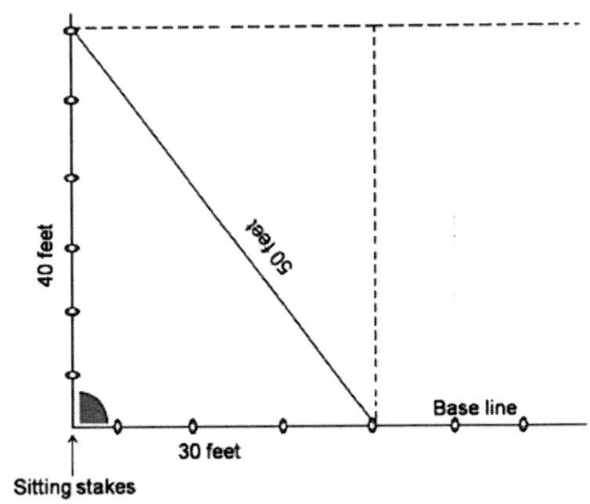

Orchard layout baswed on a triangle

चित्र 7

सीधी रेखा बना लेते हैं और फिर इसके समानान्तर रेखाएं खीच कर पूरे खेत का रेखांकन कर दिया जाता है। कोण बनाने की प्रक्रिया 'लूज टेप' के द्वारा आसानी से किया जा सकता है जिसमें टेप का प्रारम्भिक छोर और 120 फीट का बिन्दु एक साथ बिन्दु 'क' पर पकड़ लिया जाता है। बिन्दु 'ख' पर 30 फीट वाला बिन्दु और बिन्दु 'ग' पर 80 फीट वाला बिन्दु स्वतः आ जाता है और कोण 'क' 90^0 अंश का बन जाता है (चित्र 7)।

5. बाग स्थापना का सिद्धान्त एवं तकनीक

बाग स्थापना का प्रमुख सिद्धान्त पौधों की प्रारम्भिक स्थापना, उनके उत्तरोत्तर विकास एवं बढ़वार तथा लम्बे समय तक उत्पादन के आसपास घूमता है। इन्हीं प्रमुख बिन्दुओं को ध्यान में रखकर बाग स्थापना करने से अच्छा उत्पादन प्राप्त किया जा सकता है। हमारे देश में बाग लगाने की दो विधियां प्रचलित हैं, प्रथम विधि के अनुसार पौधशाला में तैयार पौधों के द्वारा बाग स्थापना तथा द्वितीय विधि में स्वस्थानिक पद्धति द्वारा बाग स्थापना। इन दोनों विधियों के बारे में विस्तृत जानकारी तथा गुण दोष का वर्णन निम्नवत् है।

1. पौधशाला में तैयार पौधों से बाग स्थापना

सामान्यतया पौधशाला में तैयार 1–2 वर्ष उम्र के 60–100 सेंमी. ऊँचाई वाले पौधों को पूर्णरुप से तैयार किये गये एवं भरे हुए गडढों में मानसून के मौसम में लगा कर बाग की स्थापना की जाती है। इन पौधों को पौधशाला में नर्सरी क्यारियों, पालीथीन की थैलियों, रुट ट्रेनर अथवा पालीथीन ट्यूब (जिसका नीचे का सिरा खुला रहता है) में तैयार किया जाता है। गौरतलब बात यह है कि पौधशाला के पौधों को जमीन से खोदते समय उनकी जड़ें कट जाती है। जिससे पौध स्थापना बुरी तरह प्रभावित होती है और लगभग 20–25% पौधे मर जाते हैं। यह समस्या तब और अधिक गम्भीर हो जाती है जब ये पौधे सूखे क्षेत्रों या विषम परिस्थितियों में लगाये जाते हैं।

पौधशाला में पालीथीन की थैलियों अथवा पालीट्यूब में तैयार किये पौधों की जड़ें या तो मुड़ करके टेड़ी हो जाती हैं या फिर जमीन में बहुत नीचे चली जाती हैं जो पौधा उठाते समय टूट जाती हैं। साधारणतया यह देखा गया है कि जो पौधा 1 मीटर ऊँचा होता है उसकी जड़ें भी 70–80 सेंमी. लम्बी होती हैं जो कि पालीथीन की थैलियों में मुड़ कर एक झुण्ड बना लेती हैं अथवा पाली ट्यूब में टूट

कर नष्ट हो जाती हैं। इससे पौध स्थापना प्रभावित होती है। एक कहावत के अनुसार पौध स्थापना की दृष्टि से ''मुड़ी हुई जड़ें खराब और कटी हुई जड़ें अति खराब होती है''।

सामान्य परिस्थितियों में पौधशाला में तैयार पौधों से बाग स्थापना सुचारु रुप से हो जाती है। सिंचाई की अच्छी व्यवस्था, पौधों की प्रारम्भिक देखरेख तथा प्रारम्भिक 'गैप फिलिंग' से इस विधि द्वारा फलों की बाग स्थापना की जा सकती है। ध्यान रखें कि पौधशाला से ज्यादा बड़े और पुराने पौधे न चुनें इनसें बाग स्थापना प्रभावित हो सकती है। जहाँ तक सम्भव हो, 60–80 सेंमी. ऊँचे और एक साल के पौधों को लेकर बाग स्थापना करें।

2. स्वस्थानिक विधि से बाग स्थापना

स्वस्थानिक विधि द्वारा बाग स्थापना की तकनीक नयी और विषम परिस्थतियों के लिए अत्यन्त कारगर पायी गयी है। इस विधि से रेगिस्तान, पठार, पहाड़ तथा ढालू एवं पथरीली मिट्टी में शत् प्रतिशत फल बाग स्थापना की जा सकती है। इस तकनीक से केवल उन्हीं फल प्रजातियों के बाग स्थापित किये जा सकते हैं जिनमें मूलवृन्त का प्रयोग होता है।

तकनीक : स्वस्थानिक विधि में बाग स्थापना के लिए निर्धारित स्थान पर 3–4 बीजों की बुवाई करके अथवा 2–3 नवजात बीजू पौधों की रोपाई करके मूलवृन्त तैयार किया जाता है। जब ये मूलवृन्त पर्याप्त मोटाई के हो जाय और वातावरण की दशा कलम करने (ग्राफ्टिंग) के अनूकुल हो तो उसमें ग्राफ्टिंग अथवा कलिकायन द्वारा अच्छी सांकुर डाली 3 का प्रत्यारोपण कर दिया जाता है। एक स्थान अथवा कलिका पर 2–3 मूलवृन्तों (आम, अमरूद) अथवा मूलवृन्त के कल्लों (बेर, आँवला, बेल) पर प्रत्यारोपण का प्रयास किया जाता है। जब पौधे एक वर्ष के हो जाते हैं तो उसमें से एक अच्छे पौधे को रखकर शेष को हटा दिया जाता है। इस विधि से बाग स्थापना करने से पौधों की जड़ें सीधी, बिना कटी व फैलावदार होती हैं और उनका विकास तीव्र गति से होता है जिससे वे विषम परिस्थितयों में भी पौधों के विकास एवं बढ़वार के लिए आवश्यक पानी एवं पोषण की आपूर्ति करने में सफल होती हैं। इस विधि से बेर, आँवला, बेल, अमरुद, आम, काजू, सेब, सतालू, सपोटा, कटहल, जामुन, इमली इत्यादि के बाग स्थापित किये जा सकते हैं। स्वस्थानिक विधि से बाग स्थापना की विधि का क्रमवार विवरण चित्र 8 में दिया गया है।

गडढ़े की तैयारी
↓
वर्षा ऋतु में 2–3 बीज की बुवाई अथवा नवजात पौध रोपण
↓
मूलवृन्त का देखरेख एवं प्रबन्ध
↓
उपयुक्त मूलवृन्त पर ग्राफ्टिंग अथवा कलिकायन
↓
प्रत्यारोपण पश्चात् सांकुर डाली को पतली पालीथीन टयूब से ढ़कना
↓
फुटान के पश्चात् पालीथीन कैप हटाना
↓
जिनमें फुटान न हुआ हो उसमें दुबारा प्रत्यारोपण करना
↓
एक स्थान पर कम से कम दो ग्राफ्ट किये हुए पौधों को सुनिश्चित करना
↓
एक वर्ष तक देख रेख, कृषि क्रियाएं, जल संग्रहण एवं संरक्षण करना
↓
एक वर्ष बाद एक स्थान पर एक अच्छा पौधा रखकर शेष पौधों को निकालना
↓
पौधों को उचित ढ़ाँचा प्रदान करना एवं उत्तरोतर देखरेख

चित्र 8 : स्वस्थानिक विधि से फल बाग स्थापना की क्रिया विधि

पौधशाला में तैयार पौधों तथा स्वस्थानिक विधि से बाग स्थापना में अन्तर

पौधशाला विधि	स्वस्थानिक विधि
1. रोपण के समय पौधे एक वर्ष या उससे अधिक उम्र के हो जाते हैं।	1. इस विधि में पौधे एक साल के भीतर ही तैयार हो जाते हैं।
2. पौधों की जड़ें कटी या मुड़ी होती हैं	2. पौधों की जड़े सीधी एंव प्राकृतिक होती हैं।
3. एक स्थान पर एक पौधा लगाया जाता है जिससे पौधों को विशेष ध्यान देने की जरुरत होती है।	3. एक स्थान पर 2–3 मूलवृन्तों पर ग्राफ्टिंग या कलिकायन किया जाता है और पूर्ण सफलता के बाद एक अच्छे पौधे को छोड़ कर अन्य को निकाल देतें हैं।
4. यह विधि सामान्य परिस्थति में अपनाई जाती है।	4. यह विधि विषम परिस्थति में भी अपनाई जा सकती है।
5. इस विधि में पौधों को पौधशाला से खरीदा जाता है जिसमें पैसा खर्च करने से आसानी से पौधा प्राप्त हो जाता है।	5. इस विधि में अच्छी किस्म की सांकुर डाली को मूलवृन्त के ऊपर प्रत्यारोपित करते हैं जिसके लिए कुशल माली की जरुरत होती है।

बाग स्थापना के लिए गडढे की तैयारी एवं भरावन मिश्रण

फलदार पौधे आकार, वृद्धि एवं विकास के आधार पर मुख्य रुप से तीन वर्गों (बड़े, मझोले तथा छोटे) में विभक्त किये जाते हैं। बड़े पौधों की जड़ें गहरी जाती है तथा अधिक फैलावदार होती हैं। अतः ऐसे पौधों को बड़े एवं गहरे गडढों की आवश्यकता होती है। बडे पौधों के लिए सामान्य मिट्टी में 1 मीटर लम्बा, 1 मीटर चौड़ा तथा 1 मीटर गहरा गडढा बनाया जाना चाहिए। मझोले पौधों की जड़ें अपेक्षाकृत कम गहरी एवं फैलावदार होती हैं अतः इनके लिए 60 सेंमी. लम्बाई, 60 सेंमी. चौडाई तथा 60 सेंमी. गहराई वाले गडढों की आवश्यकता होती है। छोटे एवं एक वर्षीय पौधों जैसे केला, पपीता, करौंदा, फालसा, इत्यादि पौधों के लिए सामान्य मिट्टी में 30–50 सेंमी. लम्बाई, चौड़ाई तथा गहराई के गडढे बनाये जाते हैं। यदि क्षेत्र की मिट्टी समस्याग्रस्त है तो उसमें उसी अनुसार गडढों के आकार में बदलाव किया जाता है। जिन स्थानों पर 1 मीटर की गहराई में कड़ी परत अथवा मुर्रम या पथरीली परत होती है वहाँ गडढे की गहराई 1.5–2.0 मीटर तक बढ़ाया जा सकता है। जबकि उन स्थानों पर जहाँ ऊपरी मिट्टी में हानिकारक तत्व जैसे नमक, क्षार इत्यादि की अधिकता होती है गडढों की लम्बाई और चौड़ाई को आवश्यकतानुसार बढ़ाया जाना चाहिए। गडढों को चौकोर अथवा गोल मुँह का बनाया जाता है। गोल गडढों में लम्बाई एंव चौड़ाई का माप गडढे के व्यास के रुप में नापा जाता है।

फलदार पौधों के लिए गडढों की खुदाई का समय, जलवायु क्षेत्रों के अनुसार अलग–अलग होता है। उष्ण एवं उपोष्ण कटिबन्धीय जलवायु क्षेत्रों में मार्च से मई का समय गडढा खोदने के लिए उपयुक्त होता है जबकि शीतोष्ण कटिबन्धीय क्षेत्रों में गडढों की खुदाई मई–जून के महीने में किया जाता है। साधारणतः गडढों की खुदाई श्रमिकों द्वारा फावड़ा, कुदाल, सावल, गैती, इत्यादि से की जाती है परन्तु कंकरीली–पथरीली एवं मुर्रम मिट्टी में मशीनों (जे.सी.बी.) से गडढा बनाया जा सकता है। मशीन से गडढा बनाते समय अत्याधिक दबाव के कारण आसपास की कड़ी परत टूट जाती है जिससे पौधों के जड़ विकास में मदद मिलती है। गडढा खुदाई के पश्चात् लगभग 1 माह तक खुला छोड़ दिया जाता है जिससे गर्मी के कारण गडढे में मौजूद हानिकारक कीट एवं बीमारियों के अण्डे एवं स्पोर (बीजाणु) इत्यादि नष्ट हो जाते हैं। गडढा खोदते समय ऊपरी सतह की आधी मिट्टी एक तरफ तथा निचले सतह की आधी मिट्टी दूसरी तरफ रखा जाता है।

प्लांटिंग बोर्ड का प्रयोग

रेखांकन के पश्चात् निर्धारित स्थान पर गडढा तैयार करने एवं पौध रोपण के लिए 'प्लांटिग बोर्ड' का प्रयोग किया जाता है। प्लांटिग बोर्ड एक साधारण यन्त्र है जो लकड़ी के 15 सेंमी. चौड़े तथा 125 सेंमी. लम्बे पटरे का बना होता है जिसके बीचो बीच एक 'V' आकार का निशान होता है तथा दोनों किनारों पर मध्य बिन्दु से 60 सेंमी. की दूरी पर 'V' आकार के दो अन्य निशान होते हैं। पटरे को उठाने और रखने के लिए दो हैंडिल की भी व्यवस्था होती है।

जिस स्थान पर गडढा बनाना है वहाँ पर लगी हुई खूंटी या निशाने पर प्लाटिंग बोर्ड का मध्य बिन्दु रखकर दोनो किनारों के 'V' आकार वाले खांचो में दो खूँटियां लगा देते हैं। अब मध्य वाली खूँटी हटाकर गडढा तैयार करते हैं और जब पौधा रोपने की जरुरत हो तो पुनः वही प्लांटिंग बोर्ड किनारे की खूटियों पर लगाकर मध्य बिन्दु आसानी से प्राप्त कर सकते हैं। इस प्रकार पौधा निर्धारित स्थान पर लगाया जा सकता है और बार–बार रेखांकन की आवश्यकता नहीं पड़ती।

गडढा भरने का मुख्य उद्देश्य प्रारम्भिक अवस्था में पौधों को स्थापित होने और विकास के लिए आवश्यक पोषक तत्व प्रदान करना होता है। इसलिए गडढा को भरते समय उसमें मिट्टी के साथ–साथ कुछ पोषक तत्व तथा कीटनाशी का प्रयोग किया जाता है। गडढा भरते समय सर्वप्रथम ऊपरी सतह की उपजाऊ मिट्टी में गोबर की सड़ी हुई खाद, खली, बोन मील या सुपर फास्फेट, दीमक नाशी पाउडर इत्यादि को मिलाकर गडढा भरा जाता है। यदि गडढे का ऊपरी भाग खाली रह जाता है तो गडढ के दूसरे तरफ रखी हुई नीचे की अनुपजाऊ मिट्टी को ऊपर से भर दिया जाता है। प्रारम्भ में गडढ को जमीन की सतह से 10–15 सेंमी. ऊँचा भरा जाता है जो एक दो बरसात या सिंचाई के बाद दब कर बराबर हो जाता है। जिन स्थानों की मिट्टी अच्छी नहीं होती, वहाँ बाहर से चिकनी मिट्टी या तालाब की मिट्टी का प्रयोग किया जाता है।

फलदार पौधों के लिए गडढे के भरावन मिश्रण में विभिन्न अवयवों (खाद, खली, बोनमील इत्यादि) का निर्धारण गडढों के आकार, उपलब्ध संसाधनों एवं मिट्टी की दशा के आधार पर किया जाता है परन्तु एक आदर्श दशा में प्रत्येक बड़े गडढे के लिए 40–50 कि.ग्रा. सड़ी हुई गोबर की खाद, 2–3 कि.ग्रा. नीम या करंज

की खली, 200 ग्रा. सिंगल सुपर फास्फेट, 50–60 ग्रा. दीमक नाशी पाउडर के साथ–साथ 1–2 कि.ग्रा. वर्मीकम्पोस्ट का प्रयोग करना चाहिए। मझोले तथा छोटे गडढों में इनकी मात्रा आनुपातिक हिसाब से कम करके प्रयुक्त करनी चाहिए। उपलब्ध संसाधन के आधार पर भरावन मिश्रण में कुछ हद तक फेर–बदल किया जा सकता है। ऊसर एवं क्षारीय भूमि में गडढों में 100–120 कि.ग्रा. तालाब की मिट्टी अथवा 6–8 कि.ग्रा. जिप्सम या पायराइट प्रति गडढा की दर से प्रयोग करने से पौधों की स्थापना, बढ़वार एवं वृद्धि अच्छी होती है।

पौधा रोपण एवं प्रारम्भिक देखरेख

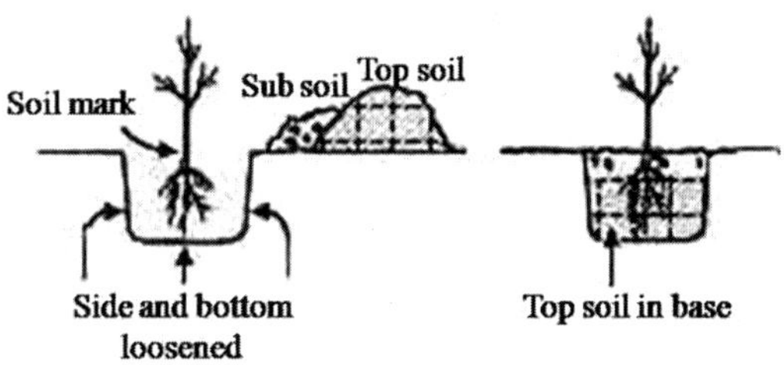

पौधा रोपण का तरीका

पूर्ण रुप से तैयार तथा भरे हुए गडढों मे पौध रोपण करने से अच्छे बाग की स्थापना होती है। पौधा रोपाई का उपयुक्त समय जलवायु क्षेत्रों के आधार पर निर्धारित किया जाता है। उष्ण एवं उपोष्ण जलवायु क्षेत्रों में पौध रोपण के लिए जुलाई–सितम्बर का समय सबसे उपयुक्त होता है जबकि शीतोष्ण जलवायु वाले फल प्रजातियों एवं अंगूर की रोपाई के लिए जनवरी–फरवरी का महीना उपयुक्त होता है। पौध रोपाई करते समय यह ध्यान रखना चाहिए कि गडढे की मिट्टी पूरी तरह से बैठ गयी है या नहीं। भरे हुए गडढों में हवा की थैलियाँ (Air Pockets) नहीं होनी चाहिए। यदि गडढा भरने के बाद 2–3 बरसात हो जाती है अथवा रोपाई के पहले गडढों में पानी भर दिया जाता हैं तो मिट्टी अच्छी तरह बैठ जाती है और पौध रोपाई के लिए उपयुक्त दशा मिल जाती है।

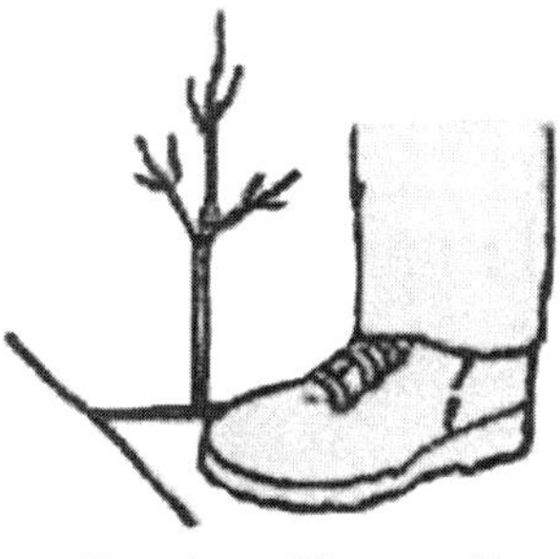
Pressing of loose soil after transplanting

पौध रोपाई करते समय, गडढे के बीचो–बीच पौधे के पिण्डी के आकार का स्थान खुरपी या कुदाली की सहायता से बनाते हैं जिसमें पौधे को सीधा रखकर चारों तरफ की मिट्टी को अच्छा से दबा दिया जाता है। ध्यान रहे कि पौधे की पिण्डी और गडढे के मिट्टी के बीच कोई हवादार जगह न रहे अन्यथा पौधों की जड़ों का विकास बाधित होता है। साधारणतः यह मान्यता है कि नया

लगाया गया पौधा उल्टे हाथ से उखाड़ने से नहीं उखड़ना चाहिए। पालीथीन की थैलियों में तैयार किये गये पौधों को लगाते समय थैली सावधानी पूर्वक हटानी चाहिए ताकि मिट्टी की पिण्डी टूटने न पाये।

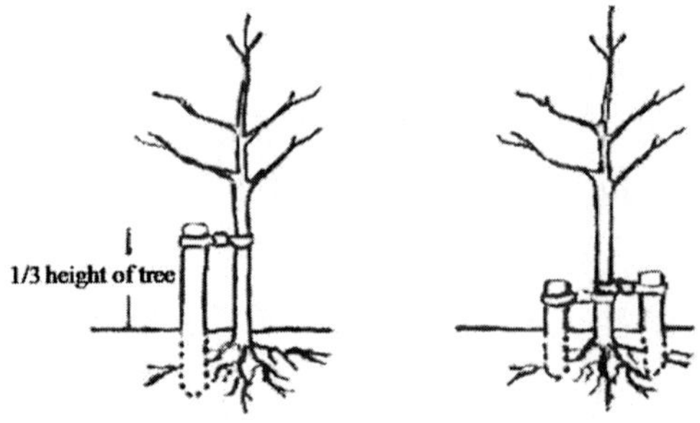

Method of Staking

Tree guard

पौध रोपने के तत्काल बाद उसके चारों तरफ 50 सेंमी. गोलाई का थाला बना देते हैं और यदि बरसात नहीं हो रही है तो 3–5 लीटर पानी डाल दिया जाता है। ज्यादा तेज हवा वाले स्थानों पर पौधों को सीधा रखने के लिए सूखे डण्डे के सहारे का प्रयोग करते हैं परन्तु दीमक द्वारा ग्रसित क्षेत्रों में इनका प्रयोग सावधानी से करना चाहिए। पौधों को सीधा रखने के लिए दो डण्डों को दोनों तरफ खड़ा गाड़ करके पौधों को रस्सी के साथ सहारा देना उचित होता है। थालों में कम से कम महीने में एक बार खरपतवार नियंत्रण जरुरी है। ग्राफ्टिंग व कलिकायन से तैयार पौधों में यदि मैट्रिक्स (Matrix) के पास पालीथीन की पट्टी लगी है तो उसे सावधानी पूर्वक हटा दें। मूलवृन्त वाले भाग से निकलने वाले कल्लों को नियमित अन्तराल पर हटाते रहने से मुख्य सांकुर शाख को बढ़ने में मदद मिलती है।

वर्षा ऋतु समाप्त होने के बाद पौधों में पोषक तत्वों की पहली खुराक देनी चाहिए। वैसे तो यह खुराक पौधों के आवश्यकतानुसार निर्धारित की जाती है परन्तु जैविक खादों का प्रयोग छोटी अवस्था के पौधों के लिए उचित होता है। चूँकि इस समय पौधों की शोषक जड़ों का विकास पूर्ण रुप से नहीं होता है अतः धीरे–धीरे घुलने वाले खादों जैसे गोबर की खाद, खली, वर्मी कम्पोस्ट आदि का प्रयोग हितकारी होता है।

नवम्बर–दिसम्बर तक पौधों में एक या दो नये कल्ले फूट जाते हैं परन्तु उनकी पत्तियाँ पूर्णतः परिपक्व नहीं हो पाती हैं। अतः सर्दियों में कम तापमान, पाला आदि

से नष्ट होने की सम्भावना रहती है। इसी प्रकार पौधों की जड़ें भी पूर्ण विकसित नहीं होतीं अतः मृदा के कम तापक्रम के कारण वे भी नष्ट हो जाती हैं फलतः पौधे सूख जाते हैं। इस परिस्थिति से निपटने के लिए उन क्षेत्रों में जहाँ तापमान शून्य अंश के आसपास आ जाता है, विशेष प्रबन्ध की जरूरत होती है। इसके लिए पौधों के ऊपर धान के पुवाल या सूखी घास का छप्पर बनाना चाहिए तथा थालों में सूखी घास या पुवाल की पलवार बिछानी चाहिए। छप्पर इस प्रकार से बनायें कि पूर्व और दक्षिण की दिशा से सूर्य की रोशनी पौधों पर पड़ती रहे। बीच–बीच में पौधों को पानी देते रहने से पौध स्थापना अच्छी होती है।

सर्दी खत्म होने के बाद पौधों में नये कल्ले फूटते हैं। यदि पौधे की बढ़वार ठीक–ठाक रहती है तो अप्रैल–मई के महीने से ही पौधों में ढ़ाँचा निर्माण की प्रक्रिया प्रारम्भ कर दी जाती है।

6. सधाई (ढ़ाँचा निर्माण) एवं काट–छाँट

फलदार पौधों को लगाने के लगभग 10–12 महीने पश्चात् ढ़ाँचा निर्माण की प्रक्रिया प्रारम्भ की जाती है। ढ़ाँचा निर्माण का मुख्य उद्देश्य पौधे की मुख्य शाखाओं एवं द्वितीयक शाखाओं के निर्माण को बढ़ावा देना है जिस पर तृतीयक शाखाओं और फल देने वाली डालियों (Fruiting Terminals) का निर्माण हो सके और पौधा वर्ष–दर–वर्ष अच्छा फलत दे सके। ढ़ाँचा निर्माण का एक उद्देश्य पौधों को यान्त्रिक शक्ति (Mechanical Strength) प्रदान करना भी है जिससे अच्छा क्षत्रक विकास, फलत तथा पौधों का उपयुक्त स्वरूप बनाये रखा जा सके। अच्छा एवं सधा हुआ ढ़ाँचा निर्माण करने से पौधों का क्षत्रक विकास जरूरत के अनुसार किया जा सकता है। ऐसे पौधों में कुछ मजबूत प्राथमिक शाखाओं, उन पर उचित दूरी पर द्वितीयक एवं तृतीयक शाखाओं के विकास से अच्छे आकार और अधिक फसल देने वाले क्षत्रक का विकास होता है जो तेज हवा व तूफान में भी बिना किसी नुकसान के उत्पादन देते रहते हैं। ढ़ाँचा निर्माण करते समय कुछ सिद्धान्तों को ध्यान में रखना चाहिए जैसे शाखाओं के आन्तरिक कोण (Croach Angle) बड़े होने से उनके टूटने की सम्भावना कम रहती है। शाखाएं जमीन से ऊपर रहने पर कृषि कार्य आसानी से हो सकते हैं। सदाबहार पौधों में बीच का भाग खुला रखने से सूर्य का प्रकाश एवं धूप तथा हवा का संचार होने से पौधों में चारों तरफ फलत होती है आदि। ढ़ाँचा निर्माण मुख्यतः दो प्रकार से किया जा सकता है। पहला पौधों को काट–छाँट कर और दूसरा शाखाओं एवं तनों की संधाई करके। वे पौधे जो काट–छाँट के बाद अच्छे कल्लों का फुटाव देते हैं, ढ़ाँचा निर्माण

बहुत आसान हो जाता है। जिन पौधों में कल्लों का विकास अधिक संख्या में और तीव्र गति से नहीं होता उनमें उपलब्ध शाखाओं को सुतली या तार से बाँध कर आवश्यक ढ़ाँचा दिया जाता है। ढ़ाँचा निर्माण का कार्य पौधा लगाने से 2–3 वर्षों के भीतर किया जाता है। यदि ढ़ाँचा निर्माण न किया जाय तो पौधा ठीक से विकास नहीं करता और उत्पादन भी अच्छा नहीं होता। तथा पौधों की शाखाएं अनियमित हो जाती है और पौधों में पर्याप्त हवा तथा रोशनी का संचार नहीं होता। इसके अतिरिक्त बिना ढ़ाँचा निर्माण के बाग के अन्दर जुताई–गुड़ाई, खाद–उर्वरक प्रयोग, दवा का छिड़काव, अन्तरफसल की खेती तथा अन्य बागवानी संबंधित क्रियाओं पर प्रतिकूल प्रभाव पड़ता है।

फलदार पौधों (आम) में ढ़ाँचा निर्माण की प्रक्रिया का क्रमवार विवरण चित्र 9 में दिया गया है।

फलदार पौधा
↓
एक मीटर तक पौधे को सीधा बढ़ने देना
↓
एक मीटर के ऊपर पौधे के शीर्ष भाग को काटना / पिंचिंग करना

] प्रथम वर्ष

↓
एक माह के भीतर 60 सेंमी. से 1 मीटर के बीच में कल्लों का आना
↓
पर्याप्त अन्तराल (कम से कम 10 सेंमी.) पर चारों दिशाओं में चार कल्लों को रखकर शेष को हटाना
↓
चुने हुए कल्लों को 50–60 सेंमी. की लम्बाई तक बिना किसी शाखा के बढ़ने देना

] द्वितीय वर्ष

↓
60 सेंमी. के बाद प्रत्येक शाखा में 2–3 द्वितीयक शाखाओं को रखकर शेष को हटाना
↓
द्वितीयक शाखाओं को 40–50 सेंमी. की लम्बाई तक बढ़ने के बाद तृतीयक शाखाओं का विकास
↓
तृतीयक शाखाओं पर चतुर्थक शाखाओं और फल डाली (Fruit Terminals) का विकास

] तृतीय वर्ष

चित्र 9 : आम के पौधे में ढ़ाँचा निर्माण प्रक्रिया का विवरण

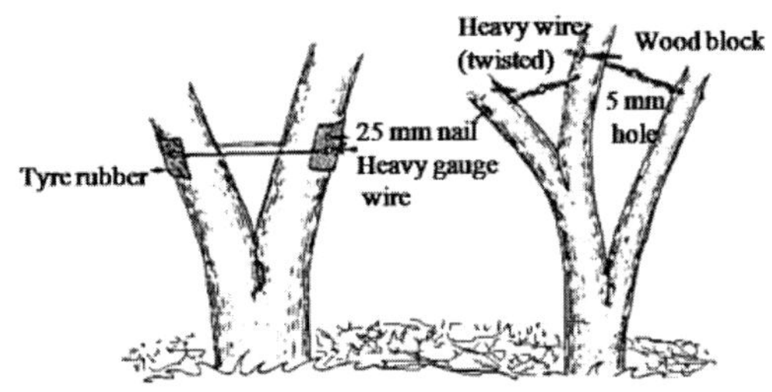

Braces to support split branches.

ढ़ाँचा निर्माण की उपरोक्त विधि में पौधों में शाखाओं के विकास के लिए काट–छाँट जरुरी होती है इसे ढ़ाँचा निर्माण हेतु काट–छाँट (Pruning for Training) भी कहते हैं। कुछ फलदार पौधों में डालियों को मनचाही दिशा एवं अन्तराल देने के लिए बंधाई करना, घुमाव देना, मोड़ाई करना आदि विधि भी अपनायी जा सकती है परन्तु यह पौधे के प्रकृति पर निर्भर करता है। फल फसलों में ढ़ाँचा निर्माण की प्रचलित विधियों का वर्णन इस प्रकार है।

ढ़ाँचा निर्माण के प्रकार

किसी फल वृक्ष में ढ़ाँचा निर्माण का प्रकार तने की प्रकृति, फलत की दशा, प्राकृतिक संसाधनों की उपलब्धता तथा किसान के पास उपलब्ध संसाधनों एवं आवश्यकता पर निर्भर करता है। उदाहरण के लिए पर्णपाती शीतोष्ण कटिबन्धीय फल वृक्षों जैसे आड़ू, सेब, नाशपाती, आलू बुखारा आदि; सदाबहार काष्ठीय पौधे जैसे आम, अमरुद, नींबू आदि, तथा शुष्क क्षेत्रीय पौधे जैसे बेर, बेल, ऑवला, गोंदा इत्यादि को एकल तने पर जबकि अंजीर, अनार, शरीफा, फालसा इत्यादि को 2–3 तनों पर ढ़ाँचा निर्माण किया जा सकता है। आरोही तने वाले पौधों (Climbers) जैसे अंगूर, पैशियन फ्रूट इत्यादि को एकल तने पर सहारा देकर ढ़ाँचा निर्माण किया जाता है। सब्जियों में लतादार सब्जियाँ, लगातार बढ़ने वाले टमाटर एंव शिमला मिर्च (Indeterminate Varieties) आदि को खुले खेत अथवा ग्रीन हाउस के अन्दर सहारा देकर ट्रेन किया जाता है।

काष्ठीय फल वृक्षों में पौध रोपण ज्यामिति के अनुसार कम ऊँचाई अथवा अधिक ऊँचाई पर ढ़ाँचा निर्माण किया जाता है। यदि सघन बागवानी करनी है तो 60–70 सेंमी. ऊँचाई तथा यदि विरल बागवानी अथवा संयुक्त फसल प्रणाली (Integrated Farming System) के अनुसार बाग स्थापित करना है तो 100–120 सेंमी. ऊँचाई से पौधों का ढ़ाँचा निर्माण प्रारम्भ किया जाता है। हाल के वर्षो में अमरुद, सेब इत्यादि में 'अतिसघन बागवानी' (Ultra Density or Mideow Orcharding) प्रणाली का विकास हुआ है जिसमें 30–35 सेंमी. की ऊँचाई से ही ढ़ाँचा निर्माण का कार्य प्रारम्भ हो जाता है। फलदार पौधों में मुख्य रुप से दो विधि से ढ़ाँचा निर्माण किया जाता है 1. सामान्य विधि, 2. विशेष विधि।

1. सामान्य विधि

इस विधि में ज्यादातर फल वृक्षों का ढ़ाँचा निर्माण किया जाता है। इनमें तीन मुख्य तरीके प्रचलित हैं।

1. **मुख्य अग्रप्रारोह विधि (Central Leader System)** : इस विधि में मुख्य तने को बढ़ने दिया जाता है जिसे मुख्य शाखा (Central Axis) कहा जाता है (चित्र 10)। इस विधि के पौधों में फलत सबसे ऊपर होती है और नीचे की शाखायें बेकार हो जाती हैं। इनमें सूर्य के प्रकाश का संचरण सुचारू रूप से नहीं होता है। इसमें पौधा स्तूप (Pyramid) का आकार ले लेता है और बाग से सामान्य उत्पादन नहीं मिल पाता।

चित्र 10 Tree thining

2. **खुला मध्य विधि (Open Central System)** : इस विधि में मुख्य तने को एक निश्चित ऊँचाई पर काट देते हैं और चारों दिशाओं में 4–5 शाखाओं को बढ़ने देते हैं (चित्र 11)। इस विधि में पौधों के क्षत्रक के भीतर सूर्य की रोशनी और हवा का संचार अच्छा होता है। इस विधि के पौधों में फलत अन्दर और बाहर दोनों तरफ होती है तथा फलों में रंग विकास भी अच्छा होता है। उपोष्ण कटिबन्धीय फल वृक्षों तथा लीची के लिए यह विधि उपयुक्त पायी गयी है परन्तु अधिक वर्फबारी होने से शाखाओं के टूटने का डर रहता है।

चित्र 11 Centre opening

3. **रूपांतरित अग्रप्रारोह विधि (Modified Central Leader System)** : ढ़ाँचा निर्माण की यह सर्वोत्तम विधि है जो लगभग सभी क्षेत्रों में अपनायी जाती है। इस विधि में मुख्य तने को 4–5 वर्षों

चित्र 12 Tree skirting

तक बढ़ने दिया जाता है तत्पश्चात् लगभग 120–150 सेंमी. की ऊँचाई पर अग्रप्रारोह काट दिया जाता है। इस प्रकार खाद्य का प्रवाह अग्र भाग में रुक जाता है और अनेक शाखाओं का विकास बगल की तरफ होने लगता है जिसमें से 4–5 शाखाओं को रखकर सम्पूर्ण ढ़ाँचा निर्माण किया जाता है। इस विधि में फलत भी अच्छी होती है और फल का गुणवत्ता विकास भी अच्छा होता है।

2. ढ़ाँचा निर्माण की विशेष विधि

विशेष परिस्थितियों में कुछ पौधों का ढ़ाँचा निर्माण अलग तरीके से किया जाता है जिसे ढ़ाँचा निर्माण की विशेष विधि कहा जाता है। इस प्रकार से ढ़ाँचा निर्माण की कुछ विधियों का वर्णन निम्मवत् है।

क) सेब के पौधों का ढ़ाँचा निर्माण

सेब तथा अन्य शीतोष्ण कटिबन्धीय फलों में ढ़ाँचा निर्माण के लिए निम्न में से कोई भी विधि अपनायी जा सकती है।

1. **कार्डन विधि** : इस विधि में मुख्य प्रारोह को 45–60 अंश के कोण पर बढ़ने दिया जाता है तथा बगल की शाखाओं को काट कर फल देने वाले स्पर (Fruting Spur) में तबदील कर दिया जाता है जिससे पौधे से अधिक उपज मिलती है। इस विधि से तैयार पौधों में पोषक तत्वों तथा हार्मोंस के बराबर वितरण के कारण पूरे पौधे में फल लगता है। इसमें पौधों को तार के सहारे संधाई करते है।

2. **स्पैलियर विधि** : इस विधि में मुख्य प्रारोह को एक निश्चित दूरी के बाद लगभग समाप्त कर दिया जाता है और बगल की शाखाओं को जमीन के समानान्तर बढ़ने का मौका दिया जाता है। बगल की शाखाओं के भार को रोकने के लिए इन्हें खम्भों पर लगे तारों के साथ बॉध दिया जाता हैं। इस विधि में प्रारम्भिक खर्च तो अधिक आता है परन्तु प्रति इकाई पौधों की संख्या अधिक तथा फलत में अधिकता एवं गुणवत्ता के कारण पहले तार को 60–70 सेंमी. दूसरे तार को 140 सेंमी. तथा अन्तिम तार को 200 सेंमी. की ऊँचाई पर खम्बों के साथ खींचते हैं। इसी प्रकार से पौधों में शाखाओं के विकास को भी प्रेरित किया जाता है। इस विधि से तैयार पौधों में फलत एवं उसकी गुणवत्ता तथा रंग अच्छा होता है।

3. **स्पिंडल झाड़ी विधि** : इस विधि में पौधों को जमीन की सतह से 15–20 सेंमी. की ऊंचाई पर काटकर 8–10 शाखाओं को निकलने दिया जाता है। इन शाखाओं को लगभग जमीन के समानान्तर बढ़ने दिया जाता है जिन पर फूल और फल आते है। यह विधि सेब की बौनी किस्मों के लिए ज्यादा उपयुक्त पायी गयी है।

4. **पामेटा विधि (Palmeta System)** : इस विधि में पौधों में हथेली (Palm) की तरह चपटी और चारों तरफ फैलने वाली शाखाओं को विकसित किया जाता है जिसके लिए प्रथम शाखा समूह 60 सेंमी. की ऊँचाई पर, द्वितीय शाखा समूह 120 सेंमी. की ऊँचाई पर तथा तृतीय शाखा समूह 180 सेंमी. की ऊँचाई पर जमीन के समानान्तर विकसित किया जाता है। आवश्यकतानुसार इन शाखाओं को तारों की सहायता भी दी जा सकती है। अच्छे ढ़ाँचें के लिए एकान्तर शाखाओं को बढ़ाते हैं तथा उनकी लम्बाई तथा द्वितीयक शाखाओं की संख्या में एक सामंजस्य रखते हैं।

5. **पिरामिड विधि (Pyramid System)** : ढ़ाँचा निर्माण की स्तूप विधि पौधों को मजबूती प्रदान करती है अतः किसी सहारे की जरुरत नहीं पड़ती। इस विधि में मुख्य प्रारोह को सीधा रखते हैं और इन पर जमीन के लगभग समानान्तर शाखाओं को विकसित करते हैं। नीचे की शाखाओं को लम्बी तथा ऊपर की शाखाओं को धीरे–धीरे छोटी करते जाते हैं जिससे स्तूप (Pyramid) की शक्ल आ जाती है। इस विधि में पौधों को 2.5–3.0 मीटर ऊँचाई तक बढ़ने देते हैं।

6. **सेलेन्डर स्पिंडल विधि** : इस विधि में पौधे के मुख्य प्रारोह को 70–80 सेंमी. की ऊँचाई पर काट कर पार्श्व शाखाओं का विकास किया जाता है। इसमें शाखाएं जमीन के समानान्तर (Horizental Branches) या कोणीय हो सकती हैं। आवश्यकतानुसार शाखाओं को छोटा या बड़ा भी किया जा सकता है। यह विधि बौनी किस्मों के लिए उपयुक्त पायी गयी है।

7. **हेज रो विधि (Hedge row System)** : इस विधि में पौधे एक कतार में नजदीक लगाये जाते हैं तथा दो कतारों के बीच की दूरी थोड़ा ज्यादा होती है। इसे एक 'क्षत्रक एवं अनेक जड़' विधि (Single Canopy with Multiple Root System) भी कहा जाता है। इस विधि का मुख्य उद्देश्य प्रति इकाई क्षेत्रफल में अधिक पौधे लगाना है और यान्त्रिक काट–छाँट प्रक्रिया को

Hedgerow planting

अपनाना है। हेज रो विधि में पौधों को प्रथम वर्ष में 70 सेंमी. ऊँचाई पर काट देते हैं। तत्पश्चात् बगल से निकलने वाली शाखाओं में से चुनिन्दा शाखाओं को मुख्य शाखा के रुप में बढ़ने देते हैं। ध्यान रहे की जमीन से 30 सेंमी. की ऊँचाई तक कोई शाखा न हो। मुख्य शाखाओं के अग्रप्रारोह को प्रति वर्ष काटते रहें जिससे पौधें की ऊँचाई 2 मी. से अधिक न हो और द्वितीयक शाखाओं और 'फ्रूटिंग स्पर' का विकास हो सके। इस विधि में पौधें एक समान रुप से विकसित होते हैं और उनसे अच्छे गुणवत्ता के सेब पैदा किये जा सकते हैं।

ख) अंगूर के पौधों का ढ़ाँचा निर्माण

अंगूर के पौधों से अच्छी उपज लेने के लिए उन्हें सहारे की जरुरत होती है। पौधों को सहारा देने की विधि के अनुसार ही अंगूर में ढ़ाँचा निर्माण किया जाता है। चूँकि पौधों का तना कमजोर होता है अतः उसे सहारे के साथ ही बढ़ाते हैं और एक निश्चित ऊँचाई तक एक तना ही रखते हैं। उसके पश्चात शाखाओं को आवश्यकतानुसार बढ़ने दिया जाता है। अंगूर में ढ़ाँचा निर्माण की निम्न विधि प्रचलित है।

1. **खम्भा विधि (Head System)** : इस विधि में पौधे को एक बाँस या लोहे के खम्भे के सहारे रखते हैं और जमीन से 75 सेंमी. की ऊँचाई तक कोई शाखा नहीं रखते। पौधे की कुल ऊँचाई 1.5 मीटर से अधिक नहीं रखते तथा शाखाओं की लम्बाई भी 50 सेंमी. के अन्दर ही रखते हैं। इस विधि में मुख्यतः 'स्पर किस्मों' की सधाई की जाती है। यह बहुत ही कम खर्चीली विधि है परन्तु उत्पादन भी ज्यादा नहीं होता क्योंकि प्रति पौधा गुच्छों की संख्या कम होती है।

2. **निफिन विधि (Kniffin System)** : अंगूर सधाई की इस विधि में पौधों को 2 या 3 तारों और खम्भों की मदद से विकसित किया जाता है। सर्वप्रथम लोहे या पत्थर या सीमेन्ट के खम्भों पर जमीन से 90 सेंमी., 150 सेंमी. तथा 210 सेंमी. की ऊँचाई पर 3 तारों को खींचा जाता है फिर इसी तार के नीचे

पौधों को निश्चित दूरी पर एक कतार में लगाया जाता है। जब पौधा 1 मी. से अधिक बढ़ जाता है तब उसके अग्रभाग को काट देते हैं और उससे निकलने वाली शाखाओं में से दो शाखा को तार के सहारे बढ़ने के लिए बाँध देते हैं। और एक शाखा को सीधा बढ़ने देते है। पुनः जब पौधा 160 सेंमी. की ऊँचाई पर पहुँच जाता है तब उसके अग्रभाग को काट कर दो अन्य शाखाओं को तारों पर बढ़ने के लिए तैयार कर लेते हैं। इसी प्रकार 210 सेंमी. की ऊँचाई पर भी दो शाखाओं की सधाई करते हैं। इस विधि में ऊपर की शाखाओं में सूर्य की किरणों के सीधे पड़ने के कारण प्रकाश संस्लेषण अच्छा होता है जबकि नीचे की शाखाओं पर छाया पड़ती है। अतः निफिन विधि तैयार करते समय इसे पूरब से पश्चिम दिशा की तरफ लगायें जिससे पौधों को पर्याप्त धूप एवं रोशनी मिल सके।

3. **टेलीफोन विधि (Telephone System)** : इस विधि में भी पौधों की खम्भों और तारों द्वारा ही संधाई करते हैं परन्तु इसमें खम्भों के ऊपरी शिरों पर लगभग एक मीटर लम्बा 'एंगिल आयरन' लगाकर उसे टेलीफोन के खम्भें की तरह बना लेते हैं। जिस पर बराबर दूरी पर तीन समानान्तर तार खींच कर ढ़ाँचा बनाते हैं। पौधों को तार की ऊँचाई तक सीधा बढ़ने देते हैं और उसके बाद शाखाओं को विकसित कर तारों पर बढ़ने के लिए बाँध दिया जाता है।

4. **बावर विधि (Bawer System)** : अंगूर में सधाई की इस विधि को 'परगोला' या पण्डाल विधि भी कहते हैं। इस विधि में अगूंर की पत्तियाँ ज्यादा से ज्यादा प्रकाश संस्लेषण करती हैं जिससे पौधों की उत्पादन क्षमता अन्य सधाई विधियों से अधिक होती है। साथ ही साथ गुच्छे पण्डाल के नीचे लटके रहने से वे सूर्य की सीधी धूप से बच जाते हैं और उनमें उच्च गुणवत्ता का विकास होता है। पण्डाल के नीचे पर्याप्त स्थान होने के कारण बगीचे में जुताई, गुड़ाई, दवा छिड़काव इत्यादि आसानी से किया जा सकता है। पण्डाल विधि में सधाई के लिए 2.25–2.50 मी. ऊँचे लोहे या पत्थर के खम्भों को 5 मी. की दूरी पर वर्गाकार विधि में खड़ा किया जाता है और इनके ऊपरी भाग में जमीन से 2 मी. की ऊचाँई पर 12 गेज मोटाई के गल्वोनाइज्ड तार को 50–50 सेंमी. की दूरी पर बाँध कर एक पण्डाल तैयार किया जाता है। पौधों को सधाई के लिए 2 मी. की ऊँचाई तक सीधा बढ़ने दिया जाता है तत्पश्चात् चार शाखाओं को चारों दिशा में तार के सहारे चढ़ाया जाता है। इन चारों शाखाओं से 12–16 द्वितीयक शाखाओं को बढ़ाया जाता है जो

धीरे–धीरे पूरे पण्डाल पर फैल कर अपना विकास करती हैं। प्रत्येक पौधे में 70–80 'फ्रूटिंग स्पर' या 'फ्रूटिंग केन' के द्वारा अंगूर उत्पादन किया जाता है। अंगूर के अतिरिक्त पण्डाल विधि पैशन फल के लिए भी लगाई जा सकती है। यह विधि थोड़ा खर्चीली अवश्य होती है परन्तु इस विधि से तैयार अंगूर के गुच्छों का वजन अधिक और गुणवत्ता अच्छी होती है।

काट–छाँट (Pruning)

काट–छाँट का मुख्य उद्देश्य फलदार पौधों के वानस्पतिक वृद्धि एवं फलोत्पादन के बीच एक सामन्जस्य स्थापित करना होता है। सधाई तथा ढ़ाँचा निर्माण प्रक्रिया के दौरान किया गया काट–छाँट भी इसका एक महत्वपूर्ण हिस्सा है जिसे 'प्रूनिंग फार ट्रेनिंग' अथवा 'फारमेटिव प्रूनिगं' कहा जाता है। जब कोई पौधा फल उत्पादन के लिए पूर्ण विकसित होकर एक मजबूत अवस्था में आ जाता है तो काट–छाँट का मुख्य उद्देश्य पौधे की उन शाखाओं को विकसित करना होता है जिनमें अगले वर्ष फल लग सके। काट–छाँट के अन्य उद्देश्यों में पौधों के आकार को छोटा रखना, सूखे तथा रोग ग्रसित डालियों को हटाना, क्षत्रक के अन्दर सूर्य की रोशनी और हवा के आवागमन को बढ़ावा देना तथा फसल को नियमित करना इत्यादि प्रमुख है। काट–छाँट के कुछ प्रमुख उद्देश्यों का उल्लेख निम्नवत् है।

1. पौधों को सही आकार देना।
2. फल वृक्षों को मजबूत ढ़ाँचा देना।
3. वृक्षों में उचित वृद्धि तथा विकास को बढ़ावा देना।
4. फल देने वाली शाखाओं को पर्याप्त प्रकाश एंव हवा उपलब्ध कराना।
5. संकरी, घनी एंव कैंची शाखाओं को निकालना।
6. वानस्पतिक वृद्धि एवं फलन में सतुंलन बनाये रखना।
7. फल वृद्धि एवं उच्च गुणवत्ता विकास के लिए पर्याप्त संसाधन प्रेषित करना।
8. फल उत्पादन में तारतम्यता स्थापित करना।
9. पुष्प एवं फल विरलन करना।
10. रोग एवं कीट ग्रसित शाखाओं को निकालना।
11. जल कल्लों (Water Sprouts) को निकालना।
12. फल वृक्षों में बहार नियंत्रण करना।

विभिन्न फल फसलों में काट–छाँट (Pruning) के सिद्धान्त, विधि, गहनता तथा समय का निर्धारण पौधों के प्रकार, उनकी दशा एवं उसकी आवश्यकता पर निर्भर होता है। साधारणतः यह माना जाता है कि सदाबहार पौधों में काट–छाँट नहीं किया जाता है परन्तु हाल के शोध कार्यो से यह निष्कर्ष निकाला गया है कि सदाबहार पौधे भी काट–छाँट के द्वारा सकारात्मक परिणाम देते हैं, उदाहरण के तौर पर आम, लीची इत्यादि। काट–छाँट के कुछ प्रमुख सिद्धान्त इस प्रकार हैं

1. पौधों की सुषुप्ता अवस्था में ही काट–छाँट करनी चाहिए।
2. कटे हुए शिरों पर फफूंदनाशी का लेप (बोर्डो मिश्रण) लगायें जिससे कोई रोग उसके अन्दर न पनप सके।
3. वे पौधे जो काट–छाँट के बाद दूध (Latex) निकालते हैं उनमें कम से कम काट–छाँट करें।
4. काट–छाँट से बहुत सारा पोषक तत्व नष्ट होता है। अतः इस बात का ध्यान जरूर रखें कि अनावश्यक रूप से काट–छाँट न हो। यथासम्भव पोषण संचय प्रक्रिया अपनायें।
5. अन्तरशस्य क्रियाओं के लिए मुख्य तने को कुछ ऊँचाई तक शाखा रहित रखें।
6. सम्पूर्ण शाखा को हटाने के लिए शाखा को मुख्य तने से सटा कर काटें।
7. कटाई करते समय शाखा को सफाई से काटें तथा मुख्य तने या डाली के छाल को हानि न पहुँचने दें।
8. छँटाई करते समय फलत न देने वाली शाखा की भी हल्की काट–छाँट करें।

वैसे तो हर पौधे की काट–छाँट की आवश्यकता फल पौधों की किस्म पर निर्भर करती है परन्तु कुछ प्रमुख फलों में काट–छाँट का विवरण नीचे दिया जा रहा है।

1. **बेर के पौधों की काट–छाँट :** बेर के फूल और फल नई विकसित हुई शाखाओं पर आते हैं अतः प्रत्येक वर्ष नये कल्लों के विकास हेतु नियमित काट–छाँट किया जाता है। बेर एक शुष्क क्षेत्रीय फल है जो वर्षा ऋतु में उपलब्ध जमीन की नमी और वातावरण की आर्द्रता का भरपूर उपयोग करते हुए सितम्बर–अक्टूबर में फूल और नवम्बर से फरवरी के बीच फल विकास एवं परिपक्वता की प्रक्रिया पूरी करता है। बेर के 80–100 दिन पुरानी

शाखाओं के कक्ष में पुष्प गुच्छ एवं फल विकसित होते हैं इसलिए इसमें काट–छाँट का समय इसी प्रकार निर्धारित किया जाता है। साधारणतः बेर के पौधे जब सुषुप्तावस्था (मई–जून) में होते हैं तब इनके एक वर्ष पुरानी शाखाओं के लगभग 50% ऊपरी भाग को काट दिया जाता है जिससे 8–10 नई टहनियां जुलाई के महीने में निकलती हैं। इन टहनियों में से नीचे के तरफ बढ़ने वाली टहनियों को अगस्त माह में काट कर हटा दिया जाता है और प्रत्येक शाखा में 4–5 नई टहनियों को बढ़ने दिया जाता है जिन पर फूल और फल आते हैं। यह प्रक्रिया प्रत्येक वर्ष की जाती है साथ ही साथ हर तीसरे वर्ष लगभग आधी द्वितीयक शाखाओं को उनके उद्गम स्थान से काट देतें है जिसे 'बैक प्रूनिंग' (Back Pruning) कहते हैं। 'बैक प्रूनिंग' करने से पौधों के क्षत्रक विकास एवं फलत में एक सामन्जस्य बना रहता है।

2. **सेब के पौधों की काट–छाँट** : सेब के पौधों में फूल और फल एक से दो वर्ष पुराने शाखाओं पर पनपने वाले छोटे–छोटे खूँटी नुमा रूपान्तरित शाखाओं जिन्हें 'स्पर' (Spur) कहते हैं, पर आते हैं। ये 'स्पर' विशेषकर द्वितीयक शाखाओं के आधारीय भाग (Basal Portion) पर ज्यादा केन्द्रित होते हैं अतः सेब मे काट–छाँट करते समय इस बात का ध्यान रखा जाता है कि शाखाओं पर पनपने वाले 8–10 'स्पर' को छोड़ कर ही कटाई करें। ऐसा करने से पौधे की पूरी ऊर्जा उन्हीं 'स्पर' पर लगने वाले फूलों और फलों पर केन्द्रित रहती है जिससे भरपूर उत्पादन लिया जा सकता है।

   सेब में काट–छाँट का उपयुक्त समय दिसम्बर–जनवरी का महीना होता है। फरवरी–मार्च में तापमान बढ़ने के साथ–साथ प्रत्येक 'स्पर' पर गुच्छों मे फूल आते हैं। तत्पश्चात् उनकी वानस्पतिक वृद्धि होती है। इन्हीं फूलों से फल विकसित होते हैं जो जुलाई–अगस्त तक पक कर तैयार हो जाते हैं। कुछ नई शाखाएं जो प्रायः कटी हुई शाखाओं के अग्र भाग से निकलती हैं, अगले वर्ष के लिए 'स्पर' का निर्माण करती हैं। पौधों के वानस्पतिक विकास एवं फलत में तालमेल रखने के लिए सेब में भी 'बैक प्रूनिंग' की प्रक्रिया अपनाई जाती है। अन्य शीतोष्ण कटिबन्धीय फल प्रजातियों जैसे आड़ू, नाशपाती तथा आलूबुखारा इत्यादि में भी इसी सिद्धान्त के अनुसार काट–छाँट किया जाता है।

3. **अंगूर के पौधों में काट–छाँट** : अंगूर के पौधों में फलत तथा गुच्छों की गुणवत्ता एंव शाखाओं के ओज (Vigour of Vine) के लिए प्रत्येक वर्ष

काट–छाँट एक मौलिक प्रक्रिया है, चूँकि अंगूर के गुच्छे उसी मौसम की लगभग 1 माह पुराने कल्लों पर लगते हैं। पूर्ण विकसित एवं संधाई किये हुए पौधों में दिसम्बर–जनवरी का महीना काट–छाँट के लिए सर्वोत्तम होता है। इस समय पौधों पर पत्तियाँ नहीं होतीं और शाखाएं सुषुप्तावस्था में होती हैं क्योंकि एक बार पौधों में नये कल्ले निकलने अथवा कलिका विकास प्रक्रिया प्रारम्भ होने के पश्चात् काट–छाँट करने से कटे शिरों से रसस्राव होने लगता है जो पौधे के लिए नुकसानदायक होता है।

अंगूर में फलत की दृष्टि से मुख्यतः दो प्रकार की किस्में होती हैं। एक वे जिनमें किसी शाखा के आधार की 2–4 कलियां ही गुच्छे धारण करती हैं (जैसे– परलेट, ब्यूटी सीडलेस आदि) को 'स्पर प्रून' किस्में तथा दूसरी वे जिनमें शाखा के चौथे से नवें स्थान की कलियाँ गुच्छे धारण करती हैं (जैसे थाम्पसन सीडलेस, पूसा सीडलेस, आदि) को 'केन प्रून' किस्में कहते हैं। अतः अंगूर में काट–छाँट की गहनता किस्मों के आधार पर निर्धारित की जाती है। प्रत्येक पौधे में कुल द्वितीयक शाखाओं की संख्या सधाई के तरीके पर निर्भर करती है। उदाहरण के तौर पर परलेट किस्म में खम्भा विधि में 8–10 द्वितीयक शाखाएं, निफिन विधि में 16–20 शाखाएं, टेलीफोन विधि में 32–40 शाखाएं एवं पण्डाल विधि में 40–50 शाखाएं विकसित की जाती है और प्रत्येक शाखा पर 2–3 कली को छोड़कर शेष को काट दिया जाता है। जबकि थामसन सीडलेस किस्म में निफिन विधि में 16–20 शाखाएं, टेलीफोन विधि में 32–40 शाखाएं एवं पण्डाल विधि में 40–50 द्वितीयक शाखाएं रखते हुए प्रत्येक शाखा पर 8–9 कलियों को छोड़ कर काट–छाँट किया जाता है। इस प्रकार यह स्पष्ट हो जाता है कि समान द्वितीयक शाखाएं होते हुए भी 'स्पर प्रून' किस्मों में 'क्रेन प्रून' किस्मों की अपेक्षा कम गुच्छे लगते हैं। अंगूर में भी फलत सामन्जस्य के लिए 'बैक प्रूनिंग' किया जाता है।

4. **सदाबहार फल पौधों में काट–छाँट** : आम एंव लीची जैसे सदाबहार पौधों में काट–छाँट से सकारात्मक परिणाम मिले हैं। पूर्ण रूप से विकसित एवं फल देने वाले पौधों की उन टहनियों, जिनमें कि उस वर्ष फल अथवा मंजर लगा हो, के 15–20 सेंमी. ऊपरी भाग को काट देने से उनमें अनेक नवीन कल्लों का विकास होता है। यही कल्ले पर्याप्त दैहिक परिपक्वता (Proper Physiological Maturity) के पश्चात् अगले वर्ष मंजर और फूल–फल पैदा करते हैं। इसके साथ ही साथ सदाबहार पौधों के भीतरी भाग में सूर्य

का प्रकाश तथा वायु संचरण सुनिश्चित करने के लिए केन्द्रीय शाखाओं, जो कि सीधा ऊपर की तरफ बढ़ रही हों, को भी उनके उद्गम स्थान से काट देते हैं। इसी समय सूखी, रोग ग्रसित तथा अनुत्पादक शाखाओं एवं टहनियों को भी काट दिया जाता है।

सदाबहार पौधों में काट–छाँट का उपयुक्त समय फल तोड़ाई के तुरन्त बाद (मई–जुलाई) होता है परन्तु अगर अधिक मोटी शाखाओं को काट कर पौधों का जीर्णोद्धार करना है तो नवम्बर–दिसम्बर का महीना उपयुक्त होता है।

कुछ अन्य फल प्रजातियों में काट–छाँट सम्बन्धी जानकारी का तालिकाबद्ध विवरण निम्न सारणी में दिया गया है।

सारणी : विभिन्न फलदार वृक्षों में काट–छाँट का समय, सघनता एवं विधि

फल	काट–छाँट का समय	गहनता	संधाई का तरीका
आंवला	जनवरी–फरवरी	15–20 सेंमी. शीर्ष भाग	रूपान्तरित प्रारोह प्रणाली
नींबू	फल तोड़ाई के बाद	डाली का ऊपरी 1/3 भाग	अग्र प्रारोह प्रणाली
संतरा	दिसम्बर–जनवरी	डाली का ऊपरी 1/3 भाग	अग्र प्रारोह प्रणाली
मौसम्बी	दिसम्बर–जनवरी	डाली का ऊपरी 1/3 भाग	अग्र प्रारोह प्रणाली
फालसा	दिसम्बर–जनवरी	एक वर्ष पुरानी डाली का 50–60% ऊपरी भाग	झाड़ी विधि
अमरूद	प्रत्येक बहार में फल लगने के 60 दिन बाद	फल लगने के स्थान से 3–4 कली के बाद का ऊपरी भाग	रूपान्तरित प्रारोह प्रणाली
अनार	जून–जुलाई	3–4 वर्ष पुराने अनुत्पादक शाखाओं का 60–70% भाग	एकल/बहुतनीय पौधे
आड़ू	दिसम्बर–जनवरी	तृतीयक शाखाओं तथा द्वितीयक शाखाओं का ऊपरी 40–50% भाग	रूपान्तरित प्रारोह प्रणाली
बेल	फल तोड़ाई के बाद	सूखी डालियां एवं फलों के ठूँठ से ऊपर का भाग	रूपान्तरित प्रारोह प्रणाली
कटहल	फल तोड़ाई के बाद	फलों का ठूँठ तथा सूखी डालियां	रूपान्तरित प्रारोह प्रणाली
काजू	जून–जुलाई	मंजर लगने वाली डालियों का 20 सेंमी. ऊपरी भाग	रूपान्तरित प्रारोह प्रणाली
जामुन	फल तोड़ाई के बाद	टूटी हुई डालियां	रूपान्तरित प्रारोह प्रणाली

7. बाग प्रबन्ध (Orchard Management)

फलदार पौधों की स्थापना एवं ढ़ाँचा निर्माण के पश्चात् पौधों से उपज मिलना प्रारम्भ हो जाता है। उपज देने वाले बगीचों से नियमित एवं निरंतर उत्पादन के लिए, पौधों में तथा बगीचों की सतह पर अनेक कृषि क्रियाएं की जाती हैं जिन्हें बाग प्रबन्ध (Orchard Management) की संज्ञा दी गयी है। बाग प्रबन्ध की प्रमुख क्रियाओं में पौधों की सिंचाई एवं जल सरंक्षण, खाद एवं उर्वरक प्रयोग, बाग सतह प्रबन्ध एवं अन्तर फसल उगाना, कीट एंव दैहिक व्याधि निवारण आदि है। जिनका प्रत्यक्ष एवं परोक्ष रुप से पौधों के स्वास्थ्य एवं आने वाले समय में उनकी उत्पादकता पर प्रभाव पड़ता है। फलदार पौधों में की जाने वाली बाग प्रबन्ध की अनेक क्रियाओं जैसे अन्तरसस्य की विधि, खरपतवार नियंत्रण, सिंचाई व जल संरक्षण के तरीके, खाद एवं उर्वरक प्रयोग, दैहिक व्याधियों तथा कीट एवं रोग के नियंत्रण सम्बन्धी मूलभूत जानकारी इस अंश में दिया जा रहा है।

अन्तर शस्य (Inter Cropping)

प्रारम्भिक अवस्था में फलदार पौधों के पंक्तियों एवं पौधों के मध्य बहुत सारा स्थान रिक्त पड़ा रहता है जिससे कुछ लाभकारी एवं परस्पर सहयोगी फसलों की खेती करके बाग की दशा एवं उससे होने वाले आमदनी में सुधार किया जाता है। अन्तर सस्य की दो विधियां अपनाई जा सकती हैं प्रथम सम्पूर्ण खेत में फसल लगाना एवं द्वितीय दो कतारों के मध्य 50–60% जमीन में खेती करना (पट्टी विधि)।

सम्पूर्ण खेत में अन्तर शस्य लगाना : वैज्ञानिक दृष्टि से यह बहुत ठीक विधि नहीं हैं परन्तु आमदनी के नजरिये से यह विधि शुरूआत के 3–4 वर्षों तक अधिक लाभकारी होती है। इस विधि में 20–25% ज्यादा उपज मिलती हैं परन्तु मुख्य बगीचे के पौधों पर प्रतिकूल प्रभाव पड़ता है। इस विधि में पौधों की कतारों के बीच दोनों तरफ से फसल लगाते हैं और जहाँ पौधे होते हैं वहाँ 1–3 वर्ग मीटर स्थान छोड़ दिया जाता है।

पट्टी विधि से अन्तर सस्य करना : यह विधि वैज्ञानिक दृष्टि से अत्यन्त अच्छी है। इसमें पौधों की दो कतारों के बीच वाले भाग में एक पट्टीनुमा खेती की जाती है। जिससे मुख्य पौधों के लिए अपने आप एक पट्टी तैयार हो जाती है।

ऐसा करने से मुख्य पौधों की अच्छी देखरेख तथा उनमें भी कृषि क्रियाएं आसानी से की जा सकती हैं।

अन्तर फसल चुनाव करते समय कुछ सिद्धान्तों का पालन जरुर करना चाहिए जिससे आने वाले समय में बगीचे से भरपूर पैदावार ली जा सके।

1. अन्तर फसल एवं मुख्य फसल एक दूसरे के सहयोगी होने चाहिए।
2. अन्तर फसल और मुख्य फसल में पोषण, सूर्य की रोशनी इत्यादि के लिए कोई प्रतियोगिता नहीं होनी चाहिए।
3. मुख्य फसल एवं अन्तर फसल के जड़ विभिन्न स्तर पर होने चाहिए जिससे जमीन के अन्दर विभिन्न स्तरों पर उपलब्ध पोषक तत्वों का भरपूर उपयोग हो सके।
4. अन्तर फसल अत्यधिक पोषक तत्व ग्रहण करने वाली नहीं होनी चाहिए। जहाँ तक सम्भव हो दलहनी फसल को अन्तर सस्य के रूप में लगाया जाए।
5. मुख्य फसल एवं अन्तर फसल में पानी की आवश्यकता एवं सिंचाई का समय एक दूसरे के अनुरुप होना चाहिए। ऐसी फसल का चुनाव न करें जिसमें उस समय पानी की आवश्यकता हो। जब मुख्य फसल को पानी की आवश्यकता न हो। जैसे आम के बगीचे में गेहूँ या मटर इत्यादि।
6. अन्तर सस्य के कीट एंव बीमारी मुख्य फसल को प्रभावित न करें।
7. अधिक उम्र के बगीचों में छाया प्रेमी फसलें लगायें।

अन्तर फसल के कुछ सफल उदाहरण है, आम के साथ सब्जियां, ओल, अनन्नास; काजू के साथ अनन्नास, मटर, ओल; आंवला के साथ उरद, मूँगफली, शकर कन्द, सरसो; लीची के साथ ग्लैडियोलस, मक्का, सरसो आदि।

8. बागवानी की बहुस्तरीय फसल प्रणाली

भारत वर्ष के वर्षाश्रित क्षेत्रों में कृषि योग्य ऊपरवार भूमि में केवल वर्षा ऋतु में प्रायः धान अथवा मोटे अनाजों की खेती की जाती है। इन फसलों की उत्पादन क्षमता कम होने के साथ–साथ वर्ष की शेष अवधि में भूमि खाली पड़ी रहती है। मध्य एवं पूर्वी भारत के परिप्रेक्ष्य में अगर देखा जाय तो यहाँ की खाद्यान्न आवश्यकता का मात्र आधा भाग ही राज्यों में उत्पादित होता है तथा शेष अन्य

राज्यों से आयात किया जाता है। अतः इन राज्य में बढ़ती जनसंख्या के दबाव एवं उसके अनुरुप रोजगार सृजन न हो पाने के कारण अन्य प्राकृतिक संपदा का ह्रास भी तीव्र गति से हो रहा है। सरकार द्वारा इन क्षेत्रों में बड़े पैमाने पर जलछाजन कार्यक्रम चलाये जा रहे है, जिनके अन्तर्ग्त वर्षा जल को संचित कर कृषि में उपयोग पर बल दिया जा रहा है। जलछाजन क्षेत्रों में बागवानी की अपार संभावनाओं एवं इन फसलों की उत्पादन क्षमता को दृष्टिगत करते हुए यहाँ कार्यरत शोध संस्थानों ने फल आधारित कृषि प्रणाली का विकास करने का प्रयास किया है। इसके द्वारा पूर्ण विकसित एवं नए बागों के लिए अन्तरासस्यन प्रणालियाँ विकसित कर प्रति इकाई क्षेत्रफल उत्पादकता स्तर में सुधार पर बल दिया गया जिसके फलस्वरूप मानकीकृत फल आधारित बहुस्तरीय फसल प्रणालियाँ विकसित की गयी हैं।

बहुस्तरीय फसल प्रणाली का मुख्य आधार प्राकृतिक संसाधनों का सघन उपयोग कर उत्पादकता बढ़ाना है, जिसमें अपेक्षाकृत लम्बी विकास अवधि एवं बड़े आकार वाले फल पौधों जैसे – आम, लीची, कटहल, आँवला, आदि की प्रारम्भिक अवस्था में, बीच की उपलब्ध भूमि में कम बढ़वार एवं अल्प विकास अवधि वाले पूरक फलों – (अमरूद, शरीफा, आडू (सतालू), पपीता, नींबू वर्गीय फल आदि) की रोपाई की जाती है। तत्पश्चात् फल पौधों की रोपाई के उपरांत उपलब्ध शेष स्थान में वर्षाश्रित अथवा सिंचित मौसमी फसलें (जैसे– सब्जियाँ, पुष्प, दलहन, तिलहन अथवा खाद्य फसलें) लगाकर जमीन का भरपूर उपयोग किया जाता है।

Cover crop in litchi orchard

कालान्तर में आधार फल पौधों का आकार बढ़ने पर पूरक फल पौधों को हटा दिया जाता है जिससे आधार वृक्षों का समुचित विकास होता रहता है। इस अवस्था में पेड़ों के बीच की खाली जमीन में अपेक्षाकृत कम प्रकाश में उगाई जा सकने वाली फसलों (जैसे– हल्दी, अदरक, ओल इत्यादि) की खेती की जाती है। इस प्रकार बाग की प्रारम्भिक अवस्था से ही सतत् आय प्राप्त की जा सकती है एवं भू–क्षरण की समस्या का काफी सीमा तक निदान किया जा सकता है। भूमि की उर्वरता एवं पर्यावरण सुरक्षा जैसी महती आवश्यकताओं के सुधार में भी बहुस्तरीय फसल प्रणाली द्वारा योगदान सम्भव है।

सफल परीक्षण : लीची और आम के बाग में पौधों से पौधों तथा कतारों से कतारों के बीच 10 मी. की दूरी रखने की आवश्यकता होती है। प्रारम्भिक अवस्था में इनके बीच में अमरूद के पौधों की 5 मी. पर रोपाई की जाती है। इस प्रकार एक हैक्टेयर भूमि में 100 लीची अथवा आम तथा 300 अमरुद के पौधों की रोपाई की जाती है। शेष लगभग 70–80% भूमि को सब्जियों, दलहनी फसलों, तिलहन फसलों आदि के अन्तर सस्यन हेतु प्रयोग किया जाता है। लीची/अमरूद के नये बाग में वर्षाश्रित बोदी के अन्तरासस्यन से 25–30 क्वि. प्रति हैक्टेयर की औसत पैदावार ली जा सकती है। जिससे लगभग 10,000 रूपये का अतिरिक्त आय तथा आम+अमरूद के नये बाग में वर्षाश्रित बोदी के अन्तरासस्यन से 36.30 क्वि. प्रति हेक्टेयर उत्पादन तथा लगभग रू0 14000.00 प्रति हेक्टेयर शुद्ध लाभ लिया जा सका है।

पूरक (अमरुद) पौधों से दूसरे वर्ष में फल मिलने प्रारम्भ हो जाते हैं जिनके योगदान से प्रति इकाई क्षेत्रफल से और अधिक आमदनी मिल जाती है। जब पौधे पूर्ण विकसित हो जाते हैं तब उनमें छायादार स्थान पर पैदा होने वाली फसलों (जड़ एंव कन्द्रीय फसलें) को बढ़ावा दिया जाता है। आम के पूर्ण विकसित बगीचों में हल्दी का अन्तर सस्य उत्पादकता एवं शुद्ध लाभ के दृष्टिकोण से सर्वोत्तम पाया गया है।

बहुस्तरीय फसल प्रणाली की तकनीक

1. **आधार एंव पूरक फलों की उन्नत किस्मों का चुनाव** : बहुस्तरीय फसल प्रणाली के लिए आधार एवं पूरक फसलों की उन्नत एवं क्षेत्र विशेष के लिए उपयुक्त किस्मों का चुनाव किया जाता है। पूर्वी भारत के लिए इस पद्धति में उपयोगी आम, लीची एवं अमरूद की उन्नत किस्मों तथा उनके परिपक्वता समय का विवरण निम्नवत् तालिका में दिया गया है।

फसल	परिपक्वता समय	उन्नत किस्में
आम (मुख्य फसल)		
अगेती	20–30 मई	नीलाचल केसरी, बाम्बे ग्रीन, रानी पंसद, जर्दा, जरदालू
मध्य	1–25 जून	हिमसागर, गोपाल भोग, किशन भोग, प्रभाशंकर, लंगड़ा, दशहरी, सफेद माल्दह, मल्लिका, बैंगन पल्ली, महमूद बहार
पिछेती	25 जून–20 जुलाई	आम्रपाली, सीपिया, चौसा, फजली
लीची (मुख्य फसल)		
अगेती	10–22 मई	शाही, अझौली, ग्रीन
मध्यम	20–30 मई	रोज सेंटेड, अर्ली बेदाना, स्वर्ण रूपा
पिछेती	1–15 जून	चाइना, लेट बेदाना, पूर्वी, कस्बा
अमरूद (पूरक फसल)		
फसल चुनाव के अनुसार	सितम्बर से जनवरी	सरदार, इलाहाबाद सफेद, अर्का मृदुला, अर्का अमुल्य, हिसार सफेद, पन्त प्रभात

2. **पौध रोपण एवं देखरेख :** अप्रैल–मई में आम और लीची के लिए 90×90×90 सेंमी. एवं अमरुद के लिए 60×60×60 सेंमी. आकार के गडढे खोदकर छोड़ दिए जाते हैं। गडढों को 15–20 दिन खुला छोड़ने के बाद 2–3 टोकरी गोबर की खाद (25–30 कि.ग्रा.), 2 कि.ग्रा. करंज/नीम की खली, 1 कि.ग्रा. सिंगल सुपर फास्फेट एवं 15–20 ग्रा. फ्यूराडॉन–3 जी प्रति गडढे की दर से सतह की ऊपरी मिट्टी में मिला कर भर दिया जाता है। एक दो बारिश होने के साथ जब गडढे की मिट्टी दब जाए तब पौधों की रोपाई की जाती है। पौध रोपाई के बाद पौधों की समुचित देख–रेख करने के साथ–साथ अन्तरशस्य की फसलें ली जाती है। बहुस्तरीय फसल प्रणाली देश के अनेक भागों जैसे– रांची (झारखण्ड), कोरापुट (उड़ीसा), अम्बिकापुर (छत्तीसगढ़) एवं जबलपुर (मध्य प्रदेश) में अच्छी पायी गयी है जहाँ पर लीची + अमरूद तथा आम + अमरूद के नए बगीचों में बोदी, उरद तथा अरहर की वर्षाश्रित खेती सर्वश्रेष्ठ पायी गयी है। इन स्थानों पर पूर्ण विकसित आम के बगीचों में हल्दी तथा अदरक की वर्षाश्रित खेती ज्यादा लाभप्रद रही।

9. सिंचाई एंव जल प्रबन्ध (Irrigation & Water Management)

बगीचों की सफलता के लिए सिंचाई एक महत्वपूर्ण कृषि कार्य है। सूखे एवं गर्म महीनों तथा सर्दी के दिनों में सिंचाई अत्यधिक महत्वपूर्ण हो जाता है क्योंकि पानी की कमी से पोषक तत्वों की उपलब्धता और पौधों की बढ़वार तो प्रभावित होती ही है, साथ ही साथ नवजात फलों का वानस्पतिक विकास बाधित होना, उनका समय से पहले गिरना आदि भी बाग की उत्पादकता को प्रभावित करता है। सर्दी के दिनों में पौधों में पर्याप्त जल प्रबन्ध न होने से उनमें पाले का प्रभाव, जड़ के आसपास तापमान में अत्यधिक गिरावट इत्यादि समस्या देखी गयी है जो पौधों के स्वास्थ्य पर विपरीत प्रभाव डालते हैं। पानी की उपलब्धता समान रूप से न रहने से कई फलों में फलों का फटना, झड़ना, इत्यादि भी देखा गया है।

सैद्धान्तिक रूप से जब पौधों के जड़ों के पास की मिट्टी में पानी की मात्रा 33% से कम हो जाती है तब सिंचाई करनी चाहिए परन्तु व्यवहारिक रूप से इनके कई मानदण्ड निर्धारित किये गये हैं जो वातावरण की दशा, फल बढ़वार की अवस्था, फसल के प्रकार आदि पर आधारित होते हैं। उदाहरण के लिए आम के पौधों में 3–4 सिंचाई क्रमशः मटर के दाने जैसे फल होने पर, जाली पड़ते समय, परिपक्वता के समय पर करनी चाहिए। शाकीय फलों जैसे केला, पपीता, अनन्नास तथा सब्जियों एवं मसाला फसलों में एक नियमित अन्तराल पर सिंचाई करने से अच्छा उत्पादन मिलता है। सिंचाई करते समय पानी की मात्रा एवं सिंचाई का अन्तराल मृदा के प्रकार, पौधों के घनत्व तथा वर्षा की मात्रा एवं वितरण के तरीके पर निर्भर करता है। बगीचों में सिंचाई करने की अनेक विधियां प्रचलित हैं। जिनका विवरण इस प्रकार है।

1. **भराव विधि** : इस विधि में पूरे बगीचे को एक बार में ही जल तृप्त किया जाता है। इसमें पानी की ज्यादा आवश्यकता होती हैं और पानी का अधिकतर भाग वाष्पोत्सर्जन या अन्य कारणों से नष्ट हो जाता है।

2. **क्यारी विधि** : इस विधि में प्रत्येक पौधे या कुछ पौधों के समूह को लेकर छोटी–छोटी क्यारियाँ बना कर पानी दिया जाता है। इसमें भी पानी की आवश्यकता ज्यादा पड़ती है।

3. **नाली विधि** : इस विधि में एक कतार में आने वाले सभी पौधों को एक साथ पानी दिया जाता है। जिसके लिए पौधों के दोनों तरफ लगभग 1 मीटर की

दूरी पर मेढ़ बना कर नाली तैयार की जाती है। इस विधि में पानी की मात्रा अपेक्षाकृत कम लगता है लेकिन मृदा जनित रोगों के एक पौधे से दूसरे पौधों में फैलने का खतरा रहता है।

4. **थाला विधि** : बगीचे की सिंचाई हेतु यह एक उत्तम विधि है जिसमें प्रत्येक पौधे के पास 1–2 मीटर व्यास का थाला बनाया जाता है और उसमें बाल्टी या पाइप के द्वारा पानी दिया जाता है। इसमें पानी की मात्रा तो कम लगती है परन्तु सिंचाई करने में शारीरिक श्रम ज्यादा लगने के कारण खर्चा बढ़ जाता है।

5. **रुपान्तरित थाला विधि** : यह विधि बाग की सिंचाई के लिए अधिक उत्तम एवं कम खर्चीली पायी गयी है। इसमें पौधों के दो कतारों के मध्य एक नाली बनाई जाती है और दोनों कतारों के प्रत्येक पौधे को इस नाली से एक–एक करके जोड़ दिया जाता है। पानी नाली में प्रवाहित करते हैं और प्रत्येक पौधे के पास बने थालों में भरकर सिंचाई करते हैं। इस विधि में रोग एंव कीट के प्रसारण एवं संक्रमण की सम्भावना बहुत कम होती है तथा पानी का बचाव भी होता है।

6. **फौवारा सिंचाई** : सिंचाई की यह एक नयी विधि है जिसमें पानी का खर्च कम लेकिन कुल सिंचाई लागत अधिक होती है क्योंकि प्रारम्भ में पाइप, मोटर, नॉजल इत्यादि का खर्चा ज्यादा लगता है। पानी की कमी को देखते हुए इस विधि को स्थापित करने के लिए अनेक सहायता भी उपलब्ध है लेकिन यह विधि केवल छोटे आकार के फलों (जैसे अनन्नास), सब्जियों एंव फूल फसलों के लिए ज्यादा लाभकारी है। इस विधि में पानी को मोटर की सहायता से तेज दबाव के साथ मुख्य पाइप पर लगे 'राइजर' जिनके ऊपरी भाग पर नॉजल फिट होता है, में भेजा जाता है और फिर तेज दबाव के साथ यही पानी छोटी–छोटी बूँदों के रूप में बाहर निकलता है और फसल पर पानी की वर्षा करता है। फौवारा विधि से बाग के आस–पास का वातावरण भी नम हो जाता है जिससे फसल विकास पर अनुकूल प्रभाव पड़ता है परन्तु आर्द्रता ज्यादा होने से कभी–कभी रोग एवं कीटों की संभावना बढ़ जाती है।

7. **बूँद–बूँद सिंचाई विधि** : बागवानी फसलों जैसे फल, सब्जियों, फूलों, कन्द फसलों, औषधीय पौधों के लिए यह सिंचाई की एक नवीनतम एवं किफायती विधि है। इसमें पानी का नुकसान लगभग शून्य के बराबर होता है क्योंकि इस विधि से पानी पौधों के जड़ों के पास बूँद–बूँद करके दिया

जाता है। यह विधि इजराइल देश में विकसित की गयी जहाँ पानी की अत्यधिक कमी थी और मिट्‌टी बलुई होने के कारण अन्य विधियों से सिंचाई लगभग असम्भव पायी गयी थी। अतः उन स्थानों पर जहाँ पानी की कमी एवं मिट्‌टी की जलधारण क्षमता कम हो, तथा उन फसलों जिनमें पानी की आवश्यकता बार–बार पड़ती हो, यह विधि अति उत्तम पायी गयी है।

बूँद–बूँद सिंचाई पद्धति स्थापित करने के लिए प्रारम्भ में अधिक खर्च लगता है जिसके लिए सहयोग भी उपलब्ध है। इस विधि के मुख्य उपकरणों में मोटर, फिल्टर, बेंचुरी, मेन पाइप, सबमेन पाइप, लेटरल पाइप, ड्रिपर आदि हैं जिसका अलग–अलग कार्य है। मोटर द्वारा जलस्रोत से पानी निकलने के बाद फिल्टर एंव बेंचुरी के माध्यम से मेन पाइप में एक निश्चित दबाव के साथ भेजा जाता है, जो सबमेन से होता हुआ लेटरल पाइप में पहुँचता है और उन पर लगे हुए ड्रिपर के द्वारा पौधों के जड़ो, के पास बूँद–बूँद करके टपकता है। अतः इसे 'टपक सिंचाई विधि' भी कहते हैं। इस विधि में एक सुविधा और भी है कि यदि पानी के साथ घुलनशील उर्वरक भी पौधों को देना हो तो उसमें एक 'फर्टीलाइजर टैंक' के द्वारा सिंचाई पानी में मिलाकर दिया जा सकता है। इस प्रक्रिया को 'फर्टीगेशन' कहते हैं।

बूँद–बूँद सिंचाई में खरपतवार बहुत कम उगते हैं अतः फसल प्रबन्ध का खर्च कम हो जाता है तथा जब पौधों को पानी की अवश्यकता हो तब सिंचाई करने से उत्पादन बढ़ जाता है परन्तु इसमें बिजली की आपूर्ति तथा किसानों का जागरूक होना निहायत ही जरुरी होता है।

10. जल संरक्षण

उद्यानिकी फसलों में पानी देने के साथ–साथ यदि वर्षा जल एकत्रीकरण एवं मृदा जल संरक्षण की तकनीक भी अपनाई जाय तो जल उपलब्धता काफी हद तक बढ़ाई जा सकती है। बागवानी फसलों में विशेषकर फलदार पौधों में स्वस्थानिक (in situ) विधि द्वारा वर्षा जल संग्रहण तथा पलवार (मल्चिग) द्वारा नमी को संरक्षित करके उनका उत्पादन बढ़ाया जा सकता है।

स्वास्थानिक वर्षा जल संग्रहण क्या है?

प्रत्येक फलदार पौधे को एक निश्चित दूरी पर रेखांकन करके लगाया जाता है। अर्थात प्रत्येक पौधे को कुछ क्षेत्रफल निर्धारित किया जाता है जैसे 10X10 मी.

की दूरी पर लगाये गये पौधे को 100 वर्ग मीटर का क्षेत्रफल निर्धारित है। अब यदि किसी फल पौधे में उसके आस–पास के 100 वर्ग मीटर क्षेत्रफल में होने वाले वर्षा को उसी पौधे के जड़ों के पास एकत्रित कर लिया जाय तो उसे 'स्वास्थानिक जल संग्रहण' कहते हैं। वर्षा जल को इकट्ठा करने के लिए पौधों के चारों तरफ की जमीन को ढ़ालू कर दिया जाता जिससे वर्षा जल आसानी से इकट्ठा हो सके। प्रत्येक पौधे के जल संग्रहण के लिए निर्धारित क्षेत्रफल को 'कैचमेन्ट क्षेत्रफल' (Catchment Area) कहते है। वर्षा जल को फुल मून टेरस, हाफ मून टेरस, ट्रेन्च विधि, तथा कप व सासर विधि से इकट्ठा किया जा सकता है।

पलवार का क्या अर्थ है?

पलवार का अर्थ है किसी भी कार्बनिक अथवा अकार्बनिक पदार्थ से भूमि को इस प्रकार ढ़कना जिससे मृदा जल का वाष्प के रूप में कम–से–कम नुकसान हो, भू–क्षरण न हो, पौधों की जड़ों पर वातावरण के न्यूनतम व अधिकतम तापक्रम का कम–से–कम प्रभाव पड़े और खरपतवार का नियंत्रण हो सके।

पलवार में उपयोग होने वाली सामग्री

पलवार के रूप में वे सभी प्रकार की वस्तुएं उपयोग में लाई जाती हैं, जो फसल को नुकसान पहुँचाए बिना नमी संरक्षण करें। पलवार का चुनाव बागवानी फसल पर निर्भर करता है। पलवार उसी खेत में प्रयोग किया जा सकता है, जिसमें कुछ जगह खाली हो या फसल कतार से दूर–दूर बोई गयी है। फैलकर बढ़ने वाली फसलें जैसे लतादार सब्जियाँ स्वयं ही पलवार का काम करती हैं। फल वृक्षों में सभी प्रकार के पलवार का उपयोग किया जा सकता है। परन्तु इसका चुनाव इस बात पर निर्भर करता है, कि किसान के पास कौन सी सामग्री आसानी से उपलब्ध है जो वह पलवार के रूप में उपयोग कर सकता है।

पलवार करने का उचित समय

यदि पलवार उचित समय पर नहीं किया जाय तो उसका लाभ कम हो जाता है। विभिन्न फसलों में पलवार बिछाने का समय एवं उद्देश्य भिन्न–भिन्न होता है। खरीफ की फसल में पलवार करने का मुख्य उद्देश्य भू–क्षरण रोकना है, जबकि रबी की फसल में इसका मुख्य उद्देश्य नमी बनाये रखना है। छोटे बीज वाली फसलों की बीजशय्या में पलवार द्वारा नमी बचाया जाता है जिससे बीज जमाव जल्दी एवं समान रूप से होता है। फलदार पौधों में पलवार अन्तिम वर्षा के समय करते हैं, जिससे भूमि में नमी लम्बे समय तक बनी रहे।

पलवार का महत्व

आज के प्रदूषित वातावरण तथा जल संकट की भयावह स्थिति में अधिकतम उत्पादन बनाये रखने में पलवार की महत्वपूर्ण भूमिका है, जो इस प्रकार है–

मृदा में नमी संरक्षण : बीज अंकुरण से लेकर पौधे में फल–फूल लगने एवं पकने तक नमी की आवश्यकता होती है। नमी की कमी के कारण अनेक सब्जियों में अंकुरण कम होता है तथा फलियों में दाने कम बनते हैं। फल वृक्षों में नमी की कमी अथवा असंतुलन के कारण फल झड़ तथा फट जाते हैं। पलवार भूमि में एक परत बना देता है जिससे मृदा जल का वाष्प के रूप में हानि कम हो जाता है और पौधों को सूखे में भी लम्बे समय तक जल उपलब्ध होता है।

भूमि की संरचना और गठन में सुधार : कार्बनिक पलवार से जहाँ बलुई मिट्टी के कण आपस में बंध जाते हैं, वहीं चिकनी मिट्टी में ढेले बनने के स्वभाव में कमी आती है। इससे बलुई मिट्टी में जलधारण क्षमता बढ़ती है और चिकनी मिट्टी में मृदा वायु संचरण में वृद्धि होती है। दूसरी तरफ पलवार भूमि में सड़–गल कर, जीवांश रूप में परिणित हो जाता है जिससे मृदा गठन में सुधार होता है। आज कल रासायनिक उर्वरक का अधिक उपयोग हो रहा है, जिसके कारण मृदा अम्लीय या क्षारीय होती जा रही है। फलस्वरुप मृदा जीवाणु में कमी और पोषक तत्वों की अनुपलब्धता बढ़ती जा रही है। पलवार मृदा पी.एच. को परिवर्तित कर उदासीन बनाता है जिससे मृदा में मौजूद पोषक तत्व पौधों को आसानी से उपलब्ध हो जाते हैं।

भूक्षरण से बचाव : वर्षा की बूँदें मिट्टी के कण को अलग करके जल की धारा के साथ बहा ले जाती हैं। यह प्रक्रिया खुले क्षेत्रों में अधिक होती है। यदि पलवार कर दिया जाये तो इस प्रकार की समस्या से बचा जा सकता है, क्योंकि वर्षा की बूँदें सीधे मृदाकण पर न पड़ कर पलवार पर पड़ती हैं और धीरे–धीरे मिट्टी में सोख ली जाती हैं। पलवार से बनी परत के कारण नमी संरक्षित रहती है, जिसके कारण मृदाकण भारी तथा आपस में चिपके रहते हैं और सीधे वायु वेग के सम्पर्क में नहीं आते जिससे वायु–क्षरण से भी बचाव होता है।

मृदा उर्वरता में वृद्धि : कार्बनिक पलवार में उपयोग किये जाने वाले पदार्थ व फसल अवशेष सड़कर मिट्टी में मिल जाते हैं जो पौधों को पोषक तत्व प्रदान करते हैं। इन अवशेषों के मिट्टी में मिलने से भूमि में जीवांश पदार्थ में वृद्धि होती है। जीवांश पदार्थ में सभी प्रकार के आवश्यक मुख्य तथा सूक्ष्म पोषक तत्व रहते

हैं जो सड़ने के बाद मिट्टी में मिल जाते हैं। विभिन्न वनस्पतियों में नाइट्रोजन, फास्फोरस और पोटाश की मात्रा निम्न तालिका में दिया गया है।

पलवार में उपयोग होने वाले शस्यावशेष में उपलब्ध पोषक तत्व

शस्यावशेष	N%	P_2O_5%	K_2O%
गेहूँ का भूसा	0.53	0.10	1.10
जौ का भूसा	0.57	0.26	1.20
गन्ने की पत्तियाँ	0.35	0.10	0.60
गन्ने की खोई	2.25	0.12	–
जई का तना	0.72	0.19	1.20
धान का पुआल	0.36	0.08	0.70
राई का तना	0.57	0.28	1.40
मक्का की करवी	0.47	0.57	1.65
ज्वार की करवी	0.40	0.28	2.17
बाजरे की करवी	0.65	0.75	2.50
मूंगफली का छिलका	0.40	0.25	0.40
धान की भूसी	0.70	0.48	1.40
आलू का तना	0.52	0.09	0.85
केले का तना	0.61	0.12	1.00
तम्बाकू का डन्ठल	0.12	0.84	0.80
मटर की सूखी पत्तियाँ	0.35	0.12	0.36
करंज की सूखी पत्तियाँ	2.65	0.41	2.42
वृक्ष की सूखी पत्तियाँ	1.50	0.45	2.50
पालीथीन	0.00	0.00	0.00

फसल को खेत में जला देने तथा रासायनिक उर्वरकों के प्रयोग से मृदा के लाभदायक जीवाणु की संख्या में निरन्तर कमी हो रही है। जिसके कारण पौधों को पोषक तत्व उपलब्ध नहीं हो पाता है। पलवार मृदा को उदासीन बनाता है, उचित वायु संचार बढ़ता है और मृदा विषाक्तता में कमी करता है। जिसके कारण भूमि में लाभदायक जीवाणुओं की संख्या में वृद्धि होती है। पलवार द्वारा किसानों के मित्र कहे जाने वाले केचुओं की संख्या में वृद्धि होती है जो मिट्टी को उपजाऊ बनाते हैं। पॉलिथीन सीट (0.03 mm) की पलवार बिछाने से 5–10 सेंमी. गहराई तक भूमि का तापक्रम 69^0 सेन्टीग्रेड तक बढ़ जाता है और वाष्पन द्वारा पानी की छोटी–छोटी बूँदें पालीथीन सीट के निचली सतह पर जमा हो जाती है। ये सूर्य की किरणों को वापस नहीं जाने देती हैं तथा बूँदों द्वारा अवशोषित ऊर्जा, मिट्टी का ताप बढ़ाती है। फलस्वरूप रोग उत्पन्न करने वाले कवक व कीटाणुओं की संख्या में कमी हो जाती है।

खरतपतवार नियन्त्रण : पलवार एक तरफ तो खरपतवार के बीज को उगने नहीं देता। वहीं दूसरे तरफ उगे हुए खरपतावरों में प्रकाश संश्लेषण की क्रिया को अवरुद्ध कर देती है जिसके कारण भोजन के अभाव में वे नष्ट हो जाते हैं। इस प्रकार पलवार द्वारा 20 से 50% तक खरपतवार द्वारा उत्पादन में कमी से बचा जा सकता है। लीची की बाग में अनुसंधान द्वारा पता चला है कि पालीथीन के मल्च से एक भी खरपतवार नहीं उगा। वहीं पुआल के पलवार में प्रति वर्गमीटर 5–10 खरपतवार थे और बिना पलवार वाले पौधों के नीचे प्रति वर्ग मीटर में 100 से 200 तक खरपतवार उगे।

पैदावार में वृद्धि : फसल उत्पादन के लिये पानी, प्रकाश तथा पोषक तत्व मुख्य कारक हैं, जिसमें पानी तथा पोषक तत्व की पूर्ति कुछ हद तक पलवार से हो जाती है। पलवार की हुई फसल में प्रति पौधा फल/दाने की संख्या तथा वजन में वृद्धि होती है। पानी के अभाव में फसल पूरी तरह बढ़ने तथा पकने से पहले ही सूखने लगती है। लीची के बाग में पानी की कमी के कारण प्रति पौधा कम फल लगता है। नमी के अभाव में फल आरम्भ से ही झड़ने लगते हैं और अन्त में फटने की समस्या भी ज्यादा हो जाती है। पलवार किये गये पौधों में प्रति 100 फल में 2–4 फल फटे मिलते हैं, जबकि बिना पलवार वाले पौधों में 8–10 फटे फल मिलते हैं।

पलवार के प्रकार

पलवार सामान्यतया तीन–चार प्रकार के होते हैं।

1. **घासफूस की पलवार या कार्बनिक पलवार** : इसके अन्तर्गत घास, पुवाल भूसा, पत्ती, पौधों के अवशेष आदि पलवार के रूप में उपयोग में लाये जाते हैं जो मृदा में 30 सेंमी. गहराई तक नमी संरक्षण करते हैं। समय–समय पर हल्की वर्षा होने से भी इस पलवार द्वारा मृदा नमी बनी रहती है। भूमि के उर्वरा शक्ति के विकास, भू–क्षरण में कमी, नमी संरक्षण, मृदा ताप संतुलन, खरपतवार नियंत्रण तथा जीवांश में बढ़ोत्तरी की दृष्टि से यह एक सर्वोत्तम पलवार है।

2. **प्लास्टिक पलवार या अकार्बनिक फलवार** : इसके अर्न्तगत 200–500 माइक्रोन मोटाई की काली, सफेद, या रंगीन पालीथीन द्वारा पलवार तैयार की जाती है। यह पलवार मृदा ताप नियंत्रण, खरपतवार नियंत्रण तथा नमी संरक्षण के लिए तो उपयोगी है परन्तु मृदा की भौतिक तथा रासायनिक दशा

सुधार, मृदा जीवांश की मात्रा, तथा जड़ों के विकास पर प्रतिकूल प्रभाव डालता है।

3. **सतृण पलवार** : इसके अर्न्तगत पहले घासों को बगीचे में उगने दिया जाता है फिर उसे काट कर पलवार के रूप में उपयोग किया जाता है। यह विधि सतृण खेती (Sod Culture) का एक हिस्सा है जो वर्षाश्रित बगीचों तथा ढालू जमीन के बागानों के लिए उपयोगी पायी गयी है। यह पलवार कार्बनिक पलवार के समतुल्य है परन्तु मृदा उर्वरता वृद्धि तथा जीवांश की मात्रा में सहायक नहीं होती। यह केवल भू–क्षरण को रोकने में अत्यधिक कारगर है।

4. **बालू पलवार** : इस पद्धति में पौधों के जड़ों के पास बालू की एक मोटी परत बिछा देते हैं जो मृदा जल के वाष्पीकरण को रोकता है। यह विधि मुख्यतः रेगिस्तानी क्षेत्रों में अपनाईं जाती है जहां संसाधनों का अभाव है और नमी संरक्षण प्रमुख वरीयता है।

11. पोषण प्रबन्ध (Nutrient Management)

फलदार पौधों के उचित वृद्धि एवं विकास, बढ़वार एवं फलत तथा गुणवत्तापूर्ण उत्पादन के लिए इनके माँग के अनुरूप खाद एवं उर्वरक का प्रयोग किया जाता है जिसे 'पोषण प्रबन्ध' कहते हैं। पोषण प्रबन्ध में दों प्रमुख बातें आती हैं। 1. पौधों के लिए उपयुक्त पोषक तत्वों की आवश्यकता की जानकारी (Diagnosis) तथा 2. जानकारी के अनुसार तत्वों की पूर्ति की व्यवस्था तथा प्रयोग (Application)।

विभिन्न बागवानी फसलों को पोषक तत्वों की आवश्यकता पौधों के आकार, पौध घनत्व, जड़ों के विकास, पुष्पन की प्रक्रिया एवं उपज पर आधारित होता है। बहुवर्षीय फल वृक्षों में यह आवश्यकता पौधों की आयु के अनुसार अलग–अलग होती है जो पौधों के पूर्ण विकसित होने के बाद स्थिर हो जाती है। जबकि शाकीय फसलों में यह मात्रा एक फसल के लिए निर्धारित की जाती है। फलदार पौधों में पोषक तत्वों का निर्धारण मिट्टी के प्रकार, पौधों से होने वाले पोषक तत्वों के ह्रास या नुकसान तथा उत्पादन के लिए अतिरिक्त पोषक तत्वों की माँग पर निर्भर करता है जिसे प्रायः मृदा परीक्षण द्वारा पता लगाया जाता था। परन्तु पौधों की जड़े काफी दूर तक फैली होने के कारण काफी दूर–दूर से पोषक तत्व ग्रहण करती हैं अतः मृदा परीक्षण के आधार पर बहुवर्षीय फलों में पोषक तत्व निर्धारण ज्यादा वैज्ञानिक नहीं रह जाता। इसको दूर करने के लिए विभिन्न फल प्रजातियों के लिए 'पत्र ऊतक विश्लेषण तकनीक' (Leaf Tissue Anaylsis Technique) का मानकीकरण

किया गया है और इसी के आधार पर पोषण देना उपयुक्त पाया गया है। इस तकनीक से पत्तियों में उपस्थित पोषक तत्वों की मात्रा ज्ञात की जाती है जो पौधों के बढ़वार और उत्पादन के लिए जरूरी होता है। यदि पोषक तत्व एक निश्चित सीमा तक उपलब्ध होते हैं तो पौधों का विकास और उत्पादन सन्तोषजनक होगा तथा यदि यह मात्रा क्रान्तिक स्तर (Critical Limit) से नीचे है तो पोषण देने की आवश्यकता होती है। पत्तियों के नमूना लेने की तकनीक को 'Leaf Sampling Technique' कहते हैं। पोषक तत्वों के विश्लेषण हेतु नमूना पत्तियों की स्थिति (Location of representative leaf), नमूना लेने का समय (Time of leaf sampling) व अवस्था (Stage of leaf sampling), तथा नमूने के आकार (Sample size) का विवरण इस प्रकार है।

फल	अभिसूचक ऊतक	अवस्था/समय	स्थिति का विवरण	नमूने का आकार
नीबू	पत्ती	सितम्बर–अक्टूबर	3–5 माह पुराने डालियों	30 पत्ती
केला	पर्णवृन्त	कलिका विभेदीकरण (16 पत्तियों वाली अवस्था)	ऊपर की तीसरी पत्ती के मध्य भाग से मध्य शिरा के दोनों ओर से 20 सेमी. पत्ती का भाग	15 नमूनें
बेर	पत्ती	काट–छाँट के 2 माह बाद	द्वितीयक एवं तृतीयक डालियों से ऊपर से छठी पत्ती	40 पत्ती
शरीफा	पत्ती	नयी वृद्धि के दो माह बाद	ऊपर से पाँचवी पत्ती	20 पत्ती
अंजीर	पत्ती	अप्रैल	ऊपर से नौंवी पत्ती	20
अंगूर	पर्णवृन्त	कलिका विभेदीकरण के 40 दिनों बाद	नई डाली में नीचे से पाँचवां पर्णवृन्त	200
अमरूद	पत्ती	अगस्त या दिसम्बर	ऊपर से तीसरी जोड़ी पत्ती	30
लीची	पत्ती	नवम्बर–दिसम्बर (फसल के छः महीने बाद)	ऊपर से द्वितीय जोड़ी का संयुक्त पत्रक	30
आम	पत्ती	परिपक्व पत्ती	पाँच महीने पुराने प्रारोह से मध्य वाली पत्ती	30
पपीता	पर्णवृन्त	लगाने के छः महीने बाद	ऊपर से छठा पर्णवृन्त	20
अनार	पत्ती	अप्रैल एवं अगस्त में कलिका विभेदीकरण अवस्था पर	ऊपर की आठवीं पत्ती	50
चीकू	पत्ती	सितम्बर	ऊपर से दसवीं पत्ती	30

विभिन्न फल वृक्षों के पत्तियों में मुख्य एवं गौण पोषक तत्वों का मानकीकृत क्रान्तिक स्तर निम्नवत् है जिससे कम पोषक तत्व होने पर पौधों को अतिरिक्त खुराक देने की आवश्यकता पड़ती है।

फल	नत्रजन (%)	फॉस्फोरस (%)	पोटाश (%)	कैल्शियम (%)	मैग्नीशियम (%)	सल्फर (%)	लोहा (पीपी एम)	मैंगनीज (पीपी एम)	जिंक (पीपी एम)	कापर (पीपी एम)
आम	1.23	0.06	0.54	1.71	0.91	0.12	171	66	25	12
सन्तरा	2.08	0.09	0.78	2.88	0.25	–	100	54	31	15
	–2.90	–0.18	–2.08	–4.60	–0.47	–	–	–220	–82	–177
बेर	0.77	0.18	1.69	1.07	0.37	–	–	–	–	–
	–3.32	–0.32	–1.96	–1.36	–0.50	–	–	–	–	–
पपीता	1.52	0.36	4.93	1.00	0.40	–	25	20	19	4
				–3.00	–1.20	–	–100	–150	–40	–10
अंगूर	1.24	0.47	2.51	1.18	0.87	0.12	67	125	67	7.5
नींबू	2.20	0.10	1.00	1.50	0.20	–	60	20	20	5
	–2.70	–0.30	–2.00	–4.00	–0.50		–100	–200	–50	–100
अंजीर	2.00	0.10	1.00	3.00	0.75	–	–	20	–	4
	–2.50	–0.30	–	–	–	–	–	–	–	–
केला	2.50	0.18	2.30	0.70	0.25	0.26	100	200	13	6
	–3.00	–0.40	–4.00	–1.40	–0.40	–0.50	–300	–200	–50	–30
सेब	1.90	0.14	1.50	1.20	0.25	–	–	20	18	4
	–2.60	–0.40	–2.00	–1.60	–	–	–	–	–	–
अनन्नास	1.50	0.10	2.20	0.80	0.30	–	100	50	–	10
	–1.70	–	–3.30	–1.20	–	–	–200	–200	–	–

फलदार पौधों के लिए पोषक तत्वों का निर्धारण

विभिन्न फलदार पौधों में पोषक तत्वों का निर्धारण फसल के प्रकार, पौधे की जरूरत, मिट्टी की दशा, फलत की मात्रा तथा उपलब्ध संसाधनों के आधार पर किया जाता हैं। इस उद्देश्य के लिए फलदार पौधों को दो वर्गों में बाँटा गया है। प्रथम, बड़े पौधे जैसे आम, लीची, आँवला तथा द्वितीय, छोटे पौधे जैसे अमरूद, नींबू, चीकू, सेब, आड़ू, शरीफा इत्यादि। बड़े पौधों में प्रतिवर्ष लगभग 100 ग्रा. नत्रजन, 50 ग्रा. फॉस्फोरस तथा 50 ग्रा. पोटाश प्रतिवर्ष दिया जाता है। यह मात्रा प्रतिवर्ष बढ़ाकर दिया जाता है तथा 10 वर्षों तक लगातार बढ़ाया जाता है। जब पौधा 10 वर्ष का हो जाता है तो इसे पूर्ण विकसित मान कर मात्रा को स्थिर कर दिया जाता

है। उस समय प्रत्येक पौधे को 1000 ग्रा. नत्रजन (2–2.25 कि.ग्रा. यूरिया), 500 ग्रा. फॉस्फोरस (3–3.5 कि.ग्रा. सिंगल सुपर फास्फेट) तथा 500 ग्रा. पोटाश (1 कि.ग्रा. म्यूरेट आफ पोटाश) प्रतिवर्ष प्रति पौधा के दर से दिया जाता है। इसके साथ ही साथ कार्बनिक खादें जैसे खली, गोबर खाद, वर्मीकम्पोस्ट, इत्यादि की भरपूर मात्रा देने से गुणवत्ता पूर्ण उत्पादन प्राप्त किया जा सकता है। छोटे पौधों में पोषक तत्वों की मात्रा उतनी ही रहती है परन्तु उसे केवल 5 वर्षों तक ही बढ़ाया जाता है और छठे वर्ष से केवल 500 ग्रा. नत्रजन, 250 ग्रा. फॉस्फोरस, तथा 250 ग्रा. पोटाश प्रति पौधा की दर से दिया जाता है। सूक्ष्म तत्वों तथा कार्बनिक खादों की मात्रा अतिरिक्त रूप से दिया जाता है।

खाद एवं उर्वरक प्रयोग का सर्वोत्तम समय फसल तोड़ाई के बाद जुलाई–अगस्त माह का होता है परन्तु शीतोष्ण फलों में यह कार्य काट–छाँट के बाद जनवरी–फरवरी में किया जाता है। खाद एवं उर्वरक प्रयोग करते समय मृदा में पर्याप्त नमी होनी चाहिए जिससे उर्वरक पौधों को आसानी से उपलब्ध हो सकें। साधारणतया उर्वरकों का प्रयोग 2 बार में करना चाहिए। पहला फसल तोड़ाई के बाद और दूसरा फल लगने के तुरन्त बाद। ऐसा करने से फलत तथा गुणवत्ता में सुधार होता है। परन्तु कार्बनिक खादों का प्रयोग एक बार में मानसून के मौसम में ही किया जाना चाहिए। खाद एवं उर्वरक प्रयोग पौधों के क्षत्रक के ठीक नीचे गोलाई में एक खाई (30 सेंमी. चौड़ी, 30 सेंमी. गहरी) बनाकर करें जिससे उनका पूरा उपयोग पौधों के विकास एवं फलत के लिए हो सके। सूक्ष्म पोषक तत्वों का पर्णीय छिड़काव ज्यादा लाभप्रद होता है।

फलदार पौधों के लिए पोषण की आवश्यक मात्रा का निर्धारण करने के पश्चात् संतुलित मात्रा में पोषक तत्व देना अत्यधिक महत्वपूर्ण होता है। आवश्यकता के आधार पर पोषक तत्व मुख्यतः दो प्रकार के होते हैं। 1. मुख्य पोषक तत्व 2. गौण पोषक तत्व। मुख्य पोषक तत्व जिनमें नत्रजन, फॉस्फोरस, पोटाश, सल्फर, कैल्शियम तथा मैग्नीशियम जैसे तत्व आते हैं पौधों को अधिक मात्रा में जरूरत होती है। इन तत्वों की आवश्यक मात्रा पौधों के उम्र के साथ बढ़ती जाती है जो छोटे पौधों में 5 वर्ष तक एवं बडे पौधों में 10 वर्ष तक बढ़ाया जाता है और उसके बाद स्थिर मात्रा प्रत्येक वर्ष दी जाती है। मुख्य पोषक तत्व पौधों के जड़ो के पास मृदा में दिया जाता है। नत्रजन मुख्य रूप से वृद्धि एवं बढ़वार, फास्फोरस फूल और फल लगने तथा पोटाश फलों में गुणवत्ता विकास के लिए जरूरी होता है। सल्फर, कैल्शियम तथा मैग्नीशियम जैसे मुख्य तत्व पौधों के विकास एवं फलों की गुणवत्ता

तथा निरन्तरता के लिए जरूरी होते हैं। गौण पोषक तत्व जिनमें लोहा, मैंगनीज, बोरान, जिंक इत्यादि प्रमुख हैं, पौधों को मजबूती प्रदान करने तथा रोग एवं दैहिक व्याधियों से छुटकारा दिलाते हैं। इनकी कमी से पौधों में अनेक विकार उत्पन्न हो जाते हैं और उपज तथा गुणवत्ता के साथ–साथ पौध विकास भी प्रभावित होता है। प्रमुख फलों में सूक्ष्म तत्वों की कमी के लक्षण पहचान कर उनके समुचित निदान द्वारा फलोत्पादन बढ़ाया जा सकता है।

1. आम

आम के पौधों में जस्ता, ताँबा, मैंगनीज इत्यादि की कमी से उपज प्रभावित होती है जिसका लक्षण एवं निदान इस प्रकार हैः–

1. **जस्ता** : इसकी कमी के लक्षण कम आयु की मुलायम तथा छोटी पत्तियों पर दिखाई देते हैं। प्रभावित पत्तियाँ मोटी व असामान्य हो जाती हैं। जैसे–जैसे पत्तियाँ बड़ी होती हैं उनके किनारे लहरदार होकर मुड़ जाते हैं तथा अग्र भाग झुक जाता है। उग्रता की दशा में शिरायें पीली होकर स्पष्ट दिखाई देती हैं। शिराओं के बीच का भाग या तो हरा रहता है अथवा उसमें धब्बे बन जाते हैं। प्रभावित पौधों की पत्तियों का आकार साधारण पत्ती का लगभग आधा होता है और विकृत पत्ती दबाने से जल्द टूट जाती है। प्रभावित टहनियाँ मर जाती हैं। नये पौधों में इसकी कमी से बढ़वार प्रभावित होती है तथा पौधे बौने हो जाते हैं। फूल के गुच्छों के साथ जो पत्तियाँ निकलती हैं वे बहुत छोटी तथा असामान्य आकार की होती हैं और प्रायः इनमें पुष्पक्रम विकृत हो जाते हैं।

   इस विकार को दूर करने के लिए प्रभावित पेड़ के क्षत्रक के नीचे 100–150 ग्रा. जिंक सल्फेट का प्रयोग अन्य खाद एवं उवर्रकों के साथ मिला कर वर्षा प्रारम्भ होने पर करना चाहिए। कम प्रभावित पौधों पर जिंक सल्फेट के 0.5% (5 ग्रा./ली.) घोल का छिड़काव 15 दिन अन्तर पर 2 से 3 बार करें।

2. **ताँबा** : इस तत्व की कमी के लक्षण आम के पुराने पौधों की अपेक्षा छोटे पौधों पर शीघ्र दिखाई देते हैं। भूमि में इसकी उपलब्धता कम होने पर शीर्ष पर निकलने वाली टहनियाँ झुकी हुई कमजोर दिखाई देती हैं और आगे चल कर सूख जाती हैं जिसके कारण पैदावार में कमी आ जाती है।

इस तत्व की पूर्ति के लिए कॉपर सल्फेट (तूतिया) या ताम्रयुक्त फफूँद नाशक दवा जैसे–कॉपर ऑक्सीलोराइड का 0.2% (2 ग्रा./ली.) की दर से घोल बनाकर पौधों पर 2 से 3 बार 15 दिन के अन्तर पर छिड़काव करना चाहिए।

3. **मैंगनीज** : इस तत्व की कमी से पौधों की वृद्धि में कमी आती है। कमी के लक्षण एक महीने पुरानी मुलायम किन्तु पूर्ण विकसित पत्तियों पर परिलक्षित होते है। इन पत्तियों का रंग हरा–पीला हो जाता है जिन पर हरी शिराओं की एक महीन जालीनुमा आकृति दिखाई देती है। ये लक्षण अधिकतर ऊपरी सतह पर ही दिखाई देते हैं। पुरानी पत्तियाँ अपेक्षाकृत मोटी हो जाती हैं तथा इनका अग्रभाग गोलाकार हो जाता है। इसके उपचार के लिए मैंगनीज सल्फेट के 0.2% (2 ग्रा./ली.) घोल का 2 से 3 बार 15 दिन के अन्तराल पर छिड़काव करना उचित होता है।

2. लीची

लीची के पौधों पर जस्ता, बोरान एवं मैंगनीज तत्त्वों का प्रभाव अधिक देखा गया है। इसकी कमी से अनेक विकार दिखाई देते हैं जिनका पहचान करके उचित समय पर निदान फलोत्पादन बढ़ाने में लाभदायक होता है।

1. **जस्ता** : इस तत्व की कमी से पत्तियाँ कांसे के रंग सदृश दिखाई देती हैं। शिराओं के मध्य में पत्ती पीली होने लगती है जबकि शिरायें हरी रहती हैं। टहनी में गाठों के बीच की दूरी अधिक हो जाती है। इस तत्व की तीव्र कमी होने पर फूल झड़ने लगते हैं, फलों का आकार छोटा हो जाता है जिसके फलस्वरूप पैदावार पर प्रतिकूल असर होता है। फलों में शर्करा की मात्रा घटने के परिणामस्वरूप गुणवत्ता का ह्रास होता है। इस विकार के प्रबंधन के लिए पौधों पर जिंक सल्फेट के 0.5% (5 ग्रा./ली.) घोल का छिड़काव 15 दिन के अन्तर पर दो–तीन बार करना चाहिए।

2. **लोहा** : लोहे की कमी की दशा में पहले नवजात पत्तियों में असामान्य रूप से हरिमाहीनता (हरे रंग की कमी) दिखाई देती है, जो आगे चल कर पुरानी पत्तियों में भी दिखाई देने लगती है और पौधों की बढ़वार रूक जाती है। इस तत्व की पूर्ति के लिए लोहे के चिलेट का प्रयोग किया जा सकता है अथवा 0.4 से 0.8% (4 से 8 ग्रा./ली.) फेरस सल्फेट के घोल का 2 से 3 बार छिड़काव करना लाभप्रद होता है।

3. **बोरॉन** : इस तत्व की कमी से पत्तियों का आकार छोटा हो जाता है और पत्तियाँ सूखने लगती हैं। पत्तियों के वृन्त मोटे हो जाते हैं। फल गिरने लगते हैं और पैदावार कम हो जाती है। बोरॉन की कमी के निदान हेतु बोरिक अम्ल का 3 से 4 ग्रा. प्रति लीटर की दर से पानी में घोल बनाकर छिड़काव करना चाहिए।

4. **ताँबा** : लीची में ताँबे की कमी के लक्षण सर्वप्रथम पत्तियों पर दिखाई देते है। इसकी कमी से पत्तियों में शिराओं के मध्य का भाग पीला हो जाता है और वे सामान्य आकार से छोटी हो जाती हैं। पौधों के नवजात शीर्ष भाग सूखने लगते हैं जिससे बढ़वार पर प्रतिकूल असर होता है तथा पैदावार घट जाती है। ताँबे की कमी के निदान के लिए 0.2% (2 ग्रा./ली.) कॉपर सल्फेट का घोल बनाकर चूने से उदासीन कर लें। इस घोल का 15 दिन के अन्तराल पर 2 से 3 बार प्रयोग करना लाभदायक रहता है।

5. **मैंगनीज** : इस तत्व की कमी से लीची की पत्तियों में शिराओं के मध्य का भाग पीला पड़ने लगता है एवं पत्तियों का आकार छोटा हो जाता है जिससे वे असामान्य दिखाई देती हैं। इसके उपचार के लिए मैंगनीज सल्फेट के 0.2% (2 ग्रा./ली.) घोल का 15 दिन के अन्तराल पर दो बार छिड़काव करना उचित होता है।

3. केला

केला एक वर्षीय शाकीय पौधा है अतः इसके पौधों पर सूक्ष्म तत्वों की कमी से होने वाले प्रभाव की सूचना एवं उनकी पहचान करके निदान अति आवश्यक होता है।

1. **जस्ता** : जस्ते की कमी से पत्तियों की शिराओं के समानान्तर पीली धारियाँ बनती हैं जो बाद में अधिक चौड़ी एवं सफेद हो जाती है। ये पट्टियों के हरे भाग के समानान्तर रहती हैं। नवजात पौधों की पत्तियाँ छोटी तथा नुकीली हो जाती हैं और इनकी निचली सतह में सफेद धब्बे दिखाई देते हैं। पत्तियों की मध्य शिराओं पर बैंगनी–लाल रंग के गोलाकार धब्बे दिखाई देते हैं। जस्ते की कमी के कारण पुष्प–विभेदन क्रिया एवं पैदावार पर विपरीत प्रभाव पड़ता है। इस तत्व की पूर्ति के लिए 20 कि.ग्रा. प्रति हेक्टयर की दर से जिंक सल्फेट, अन्य खाद एवं उर्वरकों के साथ मिलाकर प्रयोग करें। शीघ्र लाभ के लिये पौधों पर 0.5% (5 ग्रा./ली.) जिंक सल्फेट के घोल का छिड़काव 15 दिन के अन्तराल पर 2 से 3 बार करना चाहिए।

2. **बोरॉन** : इसकी कमी के कारण अत्यधिक विकृति होने पर नयी पत्तियाँ आकार में अत्यन्त छोटी हो जाती हैं और कभी–कभी इनकी केवल मुख्य शिरा ही दिखाई देती है। पत्तियों का आकार असामान्य हो जाता है, इनके किनारे लहरदार हो जाते हैं। मुख्य शिरा के साथ नीचे की ओर शिराओं के बीच पीला समकोण आकृति का धब्बा दिखाई देता है। यह बदरंग धब्बा कई छोटे धब्बों के एक साथ मिलने के कारण बनता है। अधिक कमी की दशा में पौधे की सभी प्रकार की वृद्धि रूक जाती है। इसकी कमी के लक्षण पौधों में गंधक की न्यूनता के लक्षणों से बहुत मिलते जुलते हैं। इस विकार के प्रबंधन के लिए 8 से 10 कि.ग्रा. बोरेक्स प्रति हेक्टेयर का प्रयोग, अन्य खाद एवं उर्वरकों के साथ मिलाकर करना चाहिए। त्वरित लाभ के लिए 1 से 2 ग्रा. बोरिक अम्ल प्रति लीटर की दर से पानी में घोल कर पर्णीय छिड़काव करना अच्छा रहता है।
3. **मैंगनीज** : इस सूक्ष्म तत्व की कमी से क्रमशः दूसरे, तीसरे और चौथे स्तर की नयी से पुरानी पत्तियाँ पीली पड़ जाती हैं। तत्पश्चात् बहुत तेजी से नई एंव पुरानी पत्तियाँ विकारग्रस्त होने लगती हैं। कमी के लक्षण पहले किनारों पर दिखाई देते हैं जो मध्य शिरा की ओर तेजी से बढ़ते हैं। दो शिराओं के बीच के भाग अधिक समय तक हरे रहते हैं। जिससे कि पत्ती पर कंघी के दाँतों जैसे आकार दिखाई देते हैं। आगे चलकर पूरी पत्ती गंदा–पीलापन लिए हरी हो जाती है। इस अवस्था में पौधों पर रोग का आक्रमण हो सकता है। मैंगनीज की अधिक कमी की अवस्था मे पैदावार में काफी कमी आती है। इस तत्व की पूर्ति के लिये मैंगनीज सल्फेट के 0.2% (2 ग्रा./ली.) घोल का 15 दिन के अन्तराल पर 2 बार छिड़काव करना लाभदायक रहता है।

4. नींबू वर्गीय फल

नींबू वर्गीय फलों में सूक्ष्म तत्वों का अत्यधिक महत्त्व है। इसकी कमी से उपज प्रभावित होने के साथ पौधे सूखने लगते हैं। नींबू प्रजाति के फलों में सूक्ष्म तत्वों की कमी तथा उनके उपचार का विवरण इस प्रकार है।

1. **ताँबा** : ताँबे की न्यूनता से पीड़ित वृक्षों की पत्तियाँ गहरी हरी दिखाई देती हैं। साथ ही अधिकतर पत्तियाँ असामान्य रूप से बढ़े हुए प्रारोह पर पायी जाती हैं तथा इन पर अंग्रेजी के अक्षर 'एस' (S) के आकार की छाईंयाँ दिखती हैं। अधिक प्रभावित होने पर शिराओं के बीच का भाग पीला हो जाता

है। छाल तथा तने से गोंदनुमा चिपचिपा स्राव निकलने लगता है। इस विकार के प्रबंधन के लिए 0.4% (4ग्रा./ली.) कॉपर सल्फेट (तूतिया) का घोल चूना से उदासीन करके 15 दिन के अन्तराल पर दो–तीन बार प्रयोग करना चाहिए। तूतिया की जगह 0.2% (2 ग्रा./ली.) कॉपर आक्सीक्लोराइड का प्रयोग भी किया जा सकता है।

2. **लोहा** : लोहा की कमी होने पर प्रारम्भिक अवस्था में पत्तियाँ हल्की पीली हो जाती हैं जो उग्र अवस्था में गहरी पीली दिखाई देती हैं। इन पत्तियों में शिराओं का जाल हरा रहता है। इसके उपचार के लिए लोहे की किलेट का प्रयोग करें अथवा 0.4 से 0.8% (4 से 8 ग्रा./ली.) फेरस सल्फेट के घोल का 2 से 3 बार छिड़काव करके भी पीलिया दूर किया जा सकता है।

3. **बोरॉन** : बोरॉन की कमी के लक्षण सर्वप्रथम पत्तियों पर प्रकट होते हैं। प्रभावित पौधों की पत्तियाँ हल्के भूरे रंग की हो जाती हैं और मुड़ जाती हैं। पत्तियों में शिराएँ पीली एवं कॉर्क के सामान हो जाती हैं। पौधा कमजोर हो जाता है और उसमे सूखे के प्रति सहनशीलता कम हो जाती है तथा नमी की कमी की अवस्था में भी वह शीघ्र सूख जाता है। फल के छिलके के सफेद भाग में भूरे या काले धब्बे दिखाई देते हैं तथा वे रूखे हो जाते हैं। इस समस्या के निदान के लिए बोरिक अम्ल अथवा बोरेक्स का 0.1% (1 ग्रा./ली.) की दर से छिड़काव करें। इसके अतिरिक्त 8 से 10 कि.ग्रा. बोरेक्स प्रति हैक्टयर की दर से मिट्टी में मिलाना भी लाभदायक पाया गया है।

4. **मैंगनीज** : इस तत्व की कमी की अवस्था में पाये जाने वाले पीले धब्बे जस्ते की कमी की भाँति पूरी तरह पत्ती पर नहीं फैलते तथा पत्तियों का आकार ज्यादा छोटा नहीं होता। प्रारोह निकलते समय ये लक्षण अपेक्षाकृत कम उग्र होते हैं परन्तु पत्तियाँ बढ़ने पर मुड़ने लगती हैं और धब्बे गहरे लगते हैं। वृक्ष के छाया वाले भाग में लक्षण अधिक स्पष्ट होते हैं। इसके उपचार के लिए 0.4 से 0.6% (4 से 6 ग्रा./ली.) मैंगनीज सल्फेट के घोल का 2 से 3 बार छिड़काव किया जा सकता है।

5. **जस्ता** : नींबू प्रजाति के फल वृक्षों में जस्ते की कमी के लक्षण केवल नई वृद्धि पर प्रकट होते हैं। इसकी कमी के कारण पत्तियाँ पीली हो जाती हैं। कम न्यूनता होने की दशा में पत्तियों तथा टहनियों का आकार अपेक्षाकृत कम घटता है परन्तु अधिक कमी होने पर पत्तियाँ बिल्कुल छोटी तथा टहनी

की बढ़वार अत्यधिक कम हो जाती है। पत्तियाँ गुच्छे के रूप में लगी हुई दिखाई देती हैं। पौधे का धूप की ओर का भाग अपेक्षाकृत अधिक प्रभावित होता है। इस विकार के प्रबंधन के लिए 0.4 से 0.6% (4 से 6 ग्रा./ली.) जिंक सल्फेट के घोल का छिड़काव करना लाभप्रद पाया गया है। जस्ते की अधिक कमी वाले क्षेत्रों में वर्ष में दो से तीन बार छिड़काव की आवश्यकता पड़ती है।

5. अनन्नास

अनन्नास के फलों के भरपूर उत्पादन एवं गुणवत्ता के लिए सूक्ष्म पोषक तत्व अत्यन्त ही उपयोगी होते हैं। अनन्नास के पौधों पर सूक्ष्म तत्वों की कमी के लक्षण एवं उसके उपचार की जानकारी निम्नलिखित है।

1. **मैंगनीज** : इस तत्व की कमी से अनन्नास के पौधे हल्के पीले दिखाई देते है तथा पत्तियों की बढ़वार रूक जाती है और पौधों का पूर्ण विकास नहीं होता। फलों की वृद्धि पर भी मैंगनीज की कमी का कुप्रभाव पड़ता है। मैंगनीज की कमी से पौधों की संवर्धन क्रिया (सकर एवं स्लिप पैदा करना) भी प्रभावित होती है। इसकी पूर्ति के लिए 0.4% (4 ग्रा./ली.) मैंगनीज सल्फेट का 15 दिन के अन्तराल पर दो से तीन बार छिड़काव करना चाहिए।

2. **बोरॉन** : बोरॉन की कमी से पौधों की फलोत्पादन क्षमता पर प्रतिकूल प्रभाव पड़ता है तथा फल का वजन एवं आकार दोनों ही असामान्य रूप से कम हो जाते है तथा फल फट जाते हैं। पौधों में सकर उत्पादन में कमी आती है। मुख्य जड़ें भूरी हो जाती है तथा सिरों पर सड़ जाती हैं। इसकी कमी के कारण पौधों में पोषक जड़ें कम बनती हैं। इसके निदान के लिए 8 से 10 कि.ग्रा. बोरेक्स प्रति हेक्टयर की दर से भूमि में प्रयोग करना चाहिए अथवा फसल पर 0.3 से 0.5% (3 से 5 ग्रा./ली.) बोरेक्स का छिड़काव 2 से 3 बार करना चाहिए।

3. **ताँबा एवं जस्ता** : अनन्नास पर इन दोनों तत्वों की कमी के लक्षण लगभग एक समान दिखाई देते हैं। सबसे पहले मध्य क्रम की पत्तियाँ मुड़ने लगती हैं। जिन पत्तियों का बाद में विकास होता है वे विशेष रूप से पहले हल्के

हरे से पीले रंग की हो जाती है और इन पर मोम जैसी एक मोटी परत बन जाती है। ताँबे एवं जस्ते की अत्यन्त कमी होने से पौधों के बीच में पत्तियों का गुच्छा बन जाता है और वे झुक जाती हैं। इनकी पूर्ति के लिए 0.4% (4 ग्रा./ली.) कॉपर सल्फेट का घोल तथा 0.5% (5 ग्रा./ली.) जिंक सल्फेट का घोल 2 से 3 बार फसल पर छिड़कें।

4. **लोहा** : लोहे की कमी के कारण पत्तियों में हल्के हरे रंग के साथ–साथ कुछ लालिमा आ जाती है। प्रायः लोहे की कमी के लक्षण नए पत्तों पर दिखना प्रारम्भ होते हैं। फल अपरिपक्व अवस्था में पकने लगते हैं। जिन क्षेत्रों में मिट्टी का पी एच मान 8 से अधिक होता है वहाँ सामान्यतः लोहे की कमी देखी जाती है। इसकी पूर्ति के लिए लोहे के किलेट का प्रयोग करना चाहिए। इसके अतिरिक्त 0.4 से 0.8% (4 से 8 ग्रा./ली.) फेरस सल्फेट के 2 से 3 छिड़काव से भी पीलापन दूर किया जा सकता है।

एकीकृत पोषण प्रबन्ध (Integrated Nutrient Management)

मृदा उर्वरता स्तर को बढ़ाने तथा उत्पादन एवं उत्पादकता में सुधार के लिए कुल 16 प्रकार के पोषक तत्व इंगित किये गये हैं जो विभिन्न स्रोतों से प्राप्त होते है। उपलब्धता के स्रोतों के अनुसार पोषक तत्व प्रमुखतः वायुमंडल (कार्बन, हाइड्रोजन, ऑक्सीजन) तथा खादों एवं उर्वरकों (नत्रजन, फॉस्फोरस, पोटैशियम, कैल्शियम, मैग्नीशियम, गन्धक, जिंक, लोहा, मैंगनीज, ताँबा, मालीबेडनम तथा क्लोराइड) से प्राप्त किये जा सकते हैं। तीन आवश्यक (कार्बन, हाइड्रोजन ऑक्सीजन) पोषक तत्वों के अलावा छः प्रकार के पोषक तत्व (नत्रजन, फॉस्फोरस, पोटैशियम, कैल्शियम, मैग्नीशियम तथा सल्फर अथवा गंधक) पौधों को ज्यादा मात्रा में आवश्यक होते हैं अतः इन्हें मुख्य पोषक तत्व (Macro Nutrient) तथा शेष छः प्रकार के पोषक तत्वों पौधों को थोड़े मात्रा में जरूरत होती है अतः इन्हें सूक्ष्म पोषक तत्व (Micro Nutrient) कहते हैं। इन पोषक तत्वों की कमी अथवा अधिकता की स्थिति में इनके लक्षण स्पष्ट तौर पर पौधों पर परिलक्षित होते हैं। इन तत्वों का आंकलन पौधों को देखकर, मृदा नमूनों के परीक्षण तथा पौध नमूनों के परीक्षण से किया जा सकता है। इन तत्वों की कमी को पूरा करने के लिए खाद एवं उर्वरकों का अतिरिक्त प्रयोग किया जाता है जिसे मृदा मिश्रण (मुख्य पोषक तत्वों) अथवा पर्णीय छिड़काव (सूक्ष्म तत्वों) द्वारा दिया जाता है।

पोषक तत्वों को उपलब्ध कराने वाला वह माध्यम जो प्राकृतिक संसाधनों अथवा कार्बनिक अवयवों के द्वारा तैयार किया जाता है 'खाद' कहलाता है जबकि ऐसे माध्यम जो रासायनिक प्रक्रिया द्वारा तैयार होते हैं 'उर्वरक' कहलाते हैं। खादों के द्वारा दिये गये पोषक तत्व मृदा में धीरे–धीरे घुलते हैं तथा मृदा की भौतिक दशा में सुधार के साथ–साथ सूक्ष्म जीवों के क्रियाशीलता पर सकारात्मक परिणाम डालते हैं। इसके अन्तर्गत सड़े हुए गोबर तथा जानवरों के मूत्र, पौधों तथा पत्तियों को सड़ा कर बनाये हुए कम्पोस्ट एवं पौधों तथा जानवरों के अवशिष्ट से तैयार अन्य खादें शामिल हैं। विभिन्न प्रकार की खलियां, केचुओं की खादें तथा हरी खादें भी इसी श्रेणी में आती हैं। इन खादों में नत्रजन 0.2–0.8%, फॉस्फोरस 0.07–0.22% पोटैशियम 0.4–0.54%, कैल्शियम 0.07–0.42% तथा मैग्नीशियम 0.04–0.11% तक पाया जाता है।

पौधों को त्वरित गति से पोषक तत्वों को उपलब्ध कराने के लिए विभिन्न उर्वरकों का प्रयोग किया जाता है। उर्वरक मुख्य रूप से कारखानों में बनाये जाते हैं और ये नत्रजन धारी (यूरिया, अमोनियम सल्फेट), फॉस्फोरस धारी (सिंगल सुपर फास्फेट), पोटाश धारी (म्यूरेट आफ पोटाश, पोटैशियम सल्फेट) तथा मिश्रित (डाई–अमोनियम फॉस्फेट, कैल्शियम अमोनियम नाइट्रेट, एन.पी.के., जिंक सल्फेट) इत्यादि प्रकार के होते हैं। जिप्सम (कैल्शियम सल्फेट), पायराइट तथा चूना प्राकृतिक तौर पर उत्पादित उर्वरकों की श्रेणी में आते हैं।

हरी खाद कार्बनिक श्रेणी की खाद है जिसकी फसल सीधे खेत में ही उगाई जाती है और एक निश्चित समय पर पलट कर मिट्टी में मिला दिया जाता है। इसके लिए मुख्यतः दलहनी फसलें जिनके जड़ों में वायुमंडलीय नत्रजन इकत्र करने वाली ग्रन्थियां होती हैं का चुनाव किया जाता हैं। ये पौधे मिट्टी में सड़ने के बाद उसकी भौतिक तथा रासायनिक दशा में सुधार लाते हैं। सनई, ढैंचा, बोदी, आदि हरी खाद के लिए उपयुक्त फसलें हैं।

फलोत्पादन में एकीकृत पोषक तत्व प्रबंधन, ''सतुंलित मात्रा में खाद एवं उर्वरकों के प्रयोग करने की वह आधुनिक विधि है जिसमें रासायनिक उर्वरकों तथा स्थानीय स्तर पर उपलब्ध कार्बनिक खाद एंव जैविक खाद का प्रयोग इस अनुपात में किया जाता है कि पैदावार अधिक लाभप्रद एवं टिकाऊ हो तथा पर्यावरण एवं मिट्टी की भौतिक दशा पर कोई विपरीत प्रभाव न पड़े''। यहाँ पर यह आवश्यक है कि कार्बनिक खाद स्थानीय स्तर पर कम लागत में आसानी से उपलब्ध हों, सामाजिक रूप से स्वीकार्य हो एवं उसके उपयोग से पर्यावरण संतुलन कायम रहें।

भूमि का स्वास्थ्य ठीक रहे इसके लिये संतुलित मात्रा में उर्वरकों का प्रयोग, कार्बनिक खाद जैसे हरी खाद, कम्पोस्ट खाद, प्रेसमड, उपचारित स्लज, मुर्गी की बिछावन की खाद, जानवरों के मल–मूत्र, बिछावन, जीवाश्म की खाद, जैविक खाद इत्यादि का प्रयोग विकल्प है, इनके प्रयोग से मृदा में निम्न परिवर्तन पाये जाते हैं

1. मृदा का रंग गहरा हो जाता है, उपजाऊपन बढ़ता है और भौतिक दशा सुधरती है।
2. मृदा के कणों को आपस में बाँधने की क्षमता बढ़ता है जिससे कटाव कम होता है।
3. मृदा में जल धारण की क्षमता बढ़ती है।
4. मृदा का स्थूल घनत्व घट जाता है।
5. क्षारीय भूमि में सुधार होता है।
6. पी. एच. मान लगभग समान रहता है।
7. इन खादों में लगभग सभी 16 पोषक तत्व पाये जाते हैं जो पौधो एवं सूक्ष्म जीवों के पनपने एवं बढ़ाने में सहायक होते है।

असुंतलित पोषण प्रबन्ध की दशाऐं

1. असुंतलित मात्रा में खाद एंव उर्वरकों का प्रयोग।
2. अत्यधिक मात्रा में रासायनिक उर्वरकों का प्रयोग।
3. उपयुक्त फसल चक्र नहीं अपनाना।
4. जरूरत से ज्यादा मात्रा में सिंचाई करना।
5. जल निकास का उचित प्रबन्ध न होना।
6. भूमि में लोहा, प्लास्टिक, शीशा, औद्योगिक अपशिष्ट का प्रयोग कर प्रदूषित करना।
7. भूमि की ऊपरी परत का प्रयोग ईंट एवं अन्य कार्य के लिये करना।
8. हमेशा एक ही गहराई पर जुताई करने से कठोर परत का बनना।

संतुलित पोषण प्रबन्ध के लिए सुझाव

1. मिट्टी की जाँच के उपरान्त ही खाद एवं उर्वरकों का प्रयोग।
2. एकीकृत पोषक तत्व प्रबंधन अपनाना।

3. खेतों में कार्बनिक खादों का अधिकाधिक प्रयोग।
4. दलहनी फसलों के साथ फसल चक्र अपनाना तथा हरी खाद का प्रयोग।
5. फसल की आवश्यकतानुसार सिंचाई करना।
6. मिट्टी में कूड़ा, कचरा, शीशे, प्लास्टिक इत्यादि न फेंकना।
7. मिट्टी की ऊपरी परत का क्षरण रोकना।

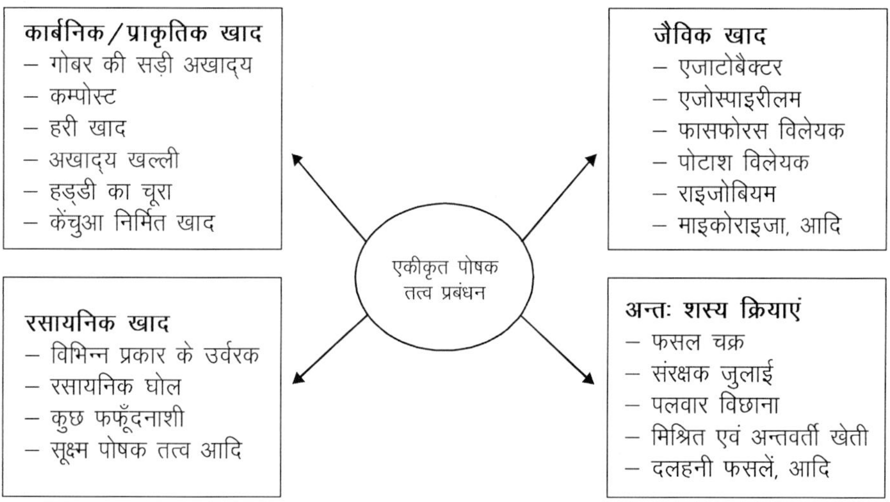

चित्र 10 : एकीकृत पोषक तत्व प्रबन्धन के प्रमुख घटक

पोषक तत्वों का पर्णीय छिड़काव

उद्यानिकी फसलों को पोषक तत्वों के भरपूर उपयोग तथा उनसे मिलने वाले त्वरित लाभ के लिए पर्णीय छिड़काव किया जाता है। इस विधि से पानी में घुलनशील पोषक तत्वों विशेषकर सूक्ष्म (जिंक, कॉपर, लोहा, बोरान, मैंगनीज इत्यादि) तथा अतिसूक्ष्म तत्वों का घोल बनाकर पौधों के पत्तीयों पर छिड़काव किया जाता है। प्रायः ऐसा देखा गया है कि बहुत से पोषक तत्व मिट्टी में प्रयोग करने के बाद पौधों को नहीं मिल पाते या धीरे–धीरे मिलते हैं। कुछ विषम परिस्थितियों में तो वे मृदा में स्थिर हो जाते हैं और मृदा स्वास्थ्य पर विपरीत प्रभाव डालते हैं। एसी दशा में पोषक तत्वों का पर्णीय छिड़काव लाभकारी होता है।

छिड़काव से पहले पोषक तत्वों को पानी में अच्छी तरह घोल कर छान लेते हैं। तत्पश्चात उसमें थोड़ा स्टार्च या साबुन मिलाते हैं जिसे 'स्टीकर' (Sticker)

कहते हैं। स्टीकर के प्रयोग से घोल की क्षमता बढ़ जाती है और पौधों में उसका शोषण बढ़ जाता है। घोल को स्प्रेयर के माध्यम से पौधों के पत्तियों पर छिड़कते हैं। छिड़कते समय यह ध्यान रहे कि पत्तियों का ऊपरी एवं निचला भाग अच्छी तरह भीग जाए। पर्णीय छिड़काव के लिए शाम का समय सबसे उपयुक्त होता है क्योंकि ठन्डे वातावरण में घोल का पृष्ठ तनाव (Surface Tension) कम होने के कारण पत्तियों की सतह पर देर तक रूकता है और शोषित होता है। अम्लीय रसायनों के माध्यम से प्राप्त होने वाले सूक्ष्म पोषक तत्वों के छिड़काव के लिए (जिंक सल्फेट, कॉपर सल्फेट, फेरस सल्फेट आदि) घोल को सामान्य करके ही छिड़काव करें। मंहगे एवं कम मात्रा में दिये जाने वाले पोषक तत्वों को पर्णीय छिड़काव द्वारा प्रयोग करने से ज्यादा लाभ मिलता है।

पोषक तत्वों का फर्टिगेशन द्वारा प्रयोग

प्रमुख तथा सूक्ष्म पोषक तत्वों को बूँद–बूँद सिंचाई पद्धति के जल के साथ भी दिया जा सकता है जिसे 'फर्टिगेशन' कहते है। फर्टिगेशन का तात्पर्य है सिंचाई जल के साथ उर्वरक प्रयोग (Fertilizer Application with Irrigation)। यह विधि बूँद–बूँद सिंचाई पद्धति के साथ आसानी से प्रयोग में लाई जा सकती है। इससे पोषक तत्वों का भरपूर उपयोग होता है और उनका नुकसान बिल्कुल नहीं के बराबर होता है।

फर्टिगेशन के लिए आवश्यकता एंव विधि

फर्टिगेशन पद्धति के लिए निम्न आवश्यकता होती है।

1. बूँद–बूँद सिंचाई की सम्पूर्ण पद्धति की स्थापना।
2. उर्वरक मिश्रण टैंक जो एक वाल्व के द्वारा मुख्य पाइप से जुड़ा हो।
3. तरल अथवा पानी में घुलनशील उर्वरक।

इस विधि में घुलनशील उर्वरकों को मिश्रण टैंक में घोल लेते हैं। सर्वप्रथम बूँद–बूँद सिंचाई पद्धति चला कर सिंचाई करते हैं। 10–15 मिनट सिंचाई के बाद उर्वरक मिश्रण टैंक के वाल्व को खोल देते हैं जिससे तरल उर्वरक मिश्रण सिंचाई जल में मिश्रित होकर पौधों के जड़ों के पास गिरता है। उर्वरक की आवश्यक मात्रा देने के बाद थोड़े समय के लिए सादा पानी से सिंचाई करते हैं। जिससे पूरी पाइप से उर्वरक धुलकर पौधों के जड़ों के पास चला जाय एवं पानी की पाइप लाइन भी साफ हो जाये।

फर्टिगेशन एक आधुनिक विधि है जिसका प्रयोग फलों (स्ट्राबेरी, अनार, अंगूर, सेब, केला इत्यादि), फूलों (गुलाब, कारनेशन, लिली, एन्थूरियम, जरबेरा आदि) सब्जियों (शिमला मिर्च, मिर्च, टमाटर, बैगन, गोभी, आदि) तथा औषधीय एवं अन्य फसलों में किया जाता है। इसमें समय एवं संसाधनों की बचत होती है तथा फसल प्रबन्ध आसान होता है। परन्तु यह विधि खर्चीली होने के साथ–साथ अधिक तकनीकपूर्ण है जिसके लिए विभिन्न स्तरों पर अनुदान एवं प्रशिक्षण की पर्याप्त व्यवस्था की जा रही है।

❑❑❑

4

फलोत्पादन में नये आयाम

कृषि को अत्यधिक लाभकारी एवं रोजगार परक बनाने के लिए भारत सरकार ने अस्सी के दशक में कृषि विविधीकरण को महत्वपूर्ण स्थान दिया क्योंकि ऐसा माना जा रहा है कि अधिकतर आवश्यकताओं की पूर्ति के लिये उद्यानिकी फसलों की खेती एक उचित उपाय है। इनके कई लाभ भी हैं। ये फसलें विभिन्न जलवायु के लिये अनुकूल हैं तथा शस्य फसलों की तुलना में प्रति इकाई क्षेत्रफल से अधिक उत्पादन देने की क्षमता रखती हैं। विभिन्न कृषि क्षेत्रों, जैसे शुष्क कृषि क्षेत्र, वर्षा पर निर्भर कृषि एवं पहाड़ी क्षेत्र, रेगिस्तानी और तटीय क्षेत्रों में रहने वाले गरीब लोगों के लिये फलोत्पादन अत्यधिक लाभकारी सिद्ध हो रहा है। बागवानी द्वारा ऊसर, बंजर एवं परती पड़ी भूमि का योजनाबद्ध विकास संभव है। वर्तमान आँकड़ों के अनुसार उद्यानिकी फसलों का सकल घरेलू उत्पाद में कृषि के अन्तर्गत 27.8 का महत्वपूर्ण योगदान है जबकि इन फसलों की खेती सम्पूर्ण कृषिरत भूमि के मात्र 8.5 क्षेत्रफल पर ही की जाती है। उद्यानिकी फसलों की इन्हीं उपयुक्तताओं के मद्देनजर फलोत्पादन को अधिक से अधिक लाभदायक बनाने की विभिन्न विधाओं का संकलन ही इस अध्याय का मुख्य उद्देश्य है।

1. उन्नत किस्मों का विकास एवं चयन

आज के परिप्रेक्ष्य में जलवायु के अनुरूप उपयुक्त किस्मों का चयन एवं विकास की आवश्यकता है। प्रमुख फलों की सुधरी हुई उन्नत अथवा संकर किस्में नीचे तालिका में दी जा रही हैं। इनमें से कुछ पुरानी किस्में भी है जो व्यावसायिक गुणवत्ता के मद्देनजर आज भी बागवानी में प्रचलित हैं तथा कई मुख्य नव विकसित किस्में हैं जो विपणन प्रतिस्पर्धा के दौर में देश एवं विदेशों के आधुनिक बाजार में निर्यात हेतु अपना स्थान सुनिश्चित करने में सफल हो रही हैं।

फल	किस्में
आम	अम्बिका (आम्रपाली x जर्नादन पसन्द), अलफजली (अल्फांसो x फजली), आम्रपाली, (दशहरी x नीलम), बाम्बे ग्रीन (सरौली), सुन्दरजा, पूसा सूर्या, चौसा, कोकन रूची, रामकेला, मल्लिका, दशहरी–51, दशहरी, अर्का अनमोल, अर्का अरूणा, अर्का नीलकिरण, अर्का पुनीत, मनजीरा, निलेशान, निलेश्वरी, नीलफान्सो, पी के एम–1, पी के एम–2, रत्ना, सिंधु, सुभाष, सुन्दर लगड़ा, अर्का नीलाचल केसरी, इत्यादि।
अंगूर	पूसा उर्वशी, फ्लेम सीडलेस, पूसा नवरंग, पूसा सीडलेस, अर्का वती, अर्का चित्रा, अर्का हंस, अर्का कंचन, मैजिस्टी, अर्का नीलमणि, अर्का श्याम, अर्का सोमा, अर्का तृष्णा, इत्यादि।
अमरूद	अर्का अमूल्या, अर्का मृदुला, धारीधार, ललित, श्वेता, पंत प्रभात, इलाहाबाद सफेदा, लखनऊ–49 (सरदार), कोहिर सफेदा, सफेद जाम, हिसार सुर्खा, हिसार सफेदा इत्यादि।
लीची	रोज सेन्टेड, शाही, चाइना, बम्बई, सबौर मधु, स्वर्णरूपा, इत्यादि।
नाशपाती	पत्थरनख, गोला, लिकान्टे, बागूगोशा, पंजाब ब्यूटी, कीफर, इत्यादि।
आड़ू	फ्लोरीड़ा सन, फ्लोरीड़ा प्रिन्स, पंत पीच–1, प्रभात, शर्बती, शाने पंजाब, इत्यादि।
आलू बुखारा	पंत प्लम–1, सतलुज परपल, काला अमृतसरी, तितरों, फ्लेम जामुनी, अलूचा ब्लैक, अलूचा परपल, इत्यादि।
सेब	आमरेड, आमरिच, आमरायल, आम स्टारकिंग, चौबटिया अनुपम, चौबटिया प्रिन्सेस, रेड डिलीशियस, रायल डिलीशियस, रिचा –ई–रेड, इत्यादि।
बेर	बनारसी, कड़ाका, उमरान, गोला, थार सेविका, थार भुवराज, गौमा कीर्ति, इत्यादि।
नींबू एवं कागजी नींबू	पंत लेमन, प्रमालिनी, विक्रम, सॉंई शर्बती, जयादेवी, इत्यादि।
बेल	नरेन्द्र बेल–5, नरेन्द्र बेल–9, सीआईएसएच–बी–1, सीआईएसएच–बी–2, पंत अर्पणा, पंत उर्वशी, पंत शिवानी, पंत सुजाता, इत्यादि।
आँवला	कृष्णा, कंचन, नरेन्द्र आँवला–6, नरेन्द्र आँवला–7, नरेन्द्र आँवला–10, लक्ष्मी–52, गुजरात–1, इत्यादि।

2. जैव प्रौद्योगिकी का उपयोग

उद्यान विज्ञान के विकास में जटिल से जटिल उद्यानिकी समस्याओं का समाधान जैव प्रौद्योगिकी द्वारा संभव होना पाया गया है। चाहे मूलवृन्त सांकुर शाख असंगत पौधे का प्रर्वधन हो या अद्यतन गुणों से सम्पन्न किस्मों का विकास हो, जैव प्रौद्योगिकी द्वारा आसानी से सम्पन्न किया जा सकता है। फलोत्पादन में जैव प्रौद्योगिकी के अनेक विधाओं के समावेश से उपयोगी परिणाम मिले हैं जिनकी रूपरेखा नीचे चित्र में वर्णित है।

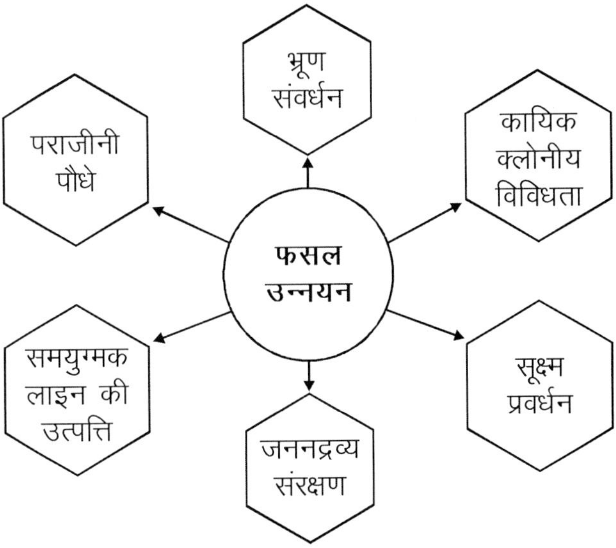

चित्र : फसल उन्नयन में जैव प्रौद्योगिकी का उपयोग

फसल उन्नयन में जैव प्रौद्योगिकी के क्रिया क्षेत्र

उद्यानिकी फसलों के फसल सुधार एवं बढ़ावा देने के लिए जैव प्रौद्योगिकी तकनीक काफी कारगर साबित हो रही है। कुछ क्षेत्रों जैसे सूक्ष्म प्रवर्धन, जनन द्रव्य संरक्षण एवं पहचान आदि के क्षेत्र में यह तकनीक बहुत ही लाभदायक पायी गयी है।

क) सूक्ष्म प्रवर्धन (Micro Propagation)

फलदार वृक्षों की नई प्रजाति विकसित एवं प्रचलित करने में अधिक समय लगता है। परन्तु सूक्ष्म प्रवर्धन तकनीक के माध्यम से त्वरित क्लोनीय गुणन संवर्धन विधि द्वारा कम समय में छोटे ऊतक द्वारा (एक कर्लोउत्तक से 106 पौधे),

पूरे वर्ष क्लोनीय प्रवर्धन चक्र चलने आदि से बड़ी संख्या में पौधे तैयार किये जा सकते हैं। सूक्ष्म प्रवर्धन की एक अन्य विधि कायिक भ्रूणजनन ज्यादा प्रचलित है। इस विधि में एक कायिक कोशिका विभाजित होकर कोशिका समूह में विकसित होती है, जिससे भ्रूणजनिक कोशिका पुंज भविष्य में परिपक्व कायिक भ्रूण में परिवर्तित होता है।

सूक्ष्म प्रवर्धन द्वारा कम समय एवं स्थान में अधिकतम पौधे तैयार कर सकते हैं जिनकी लागत भी कम होती है तथा यह विषाणुमुक्त भी होते हैं। विभिन्न फसलों जैसे केला, स्ट्राबेरी, खजूर, कारनेशन, जरबेरा एवं आर्किड आदि के पौधों का व्यावसायिक प्रवर्धन इस विधि से हो रहा है।

ख) कायिक क्लोनीय विविधता (Soma Clonal Variation)

सूक्ष्म प्रवर्धन के दौरान क्लोनीय विविधता अच्छी नहीं मानी जाती हैं परन्तु विशेष परिस्थितियों में विविधता नये उपयोगी गुण ला सकती है। इस प्रकार के पौधों में गुणात्मक एवं मात्रात्मक विविधतायें पायी जाती हैं। इस प्रकार से चयनित किस्में आलू, टमाटर, गन्ना, सरसों आदि में पायी गयी हैं परन्तु इनका असली उपयोग आने वाले वर्षों में कोशिका चयन द्वारा लवण सहिष्णु, प्रतिजैविक रोधी, शाकनाशी रोधी आदि पौधों की उत्पत्ति में हो सकता है।

ग) भ्रूण संवंधन (Embryo Culture)

नई किस्म के विकास के लिए उपलब्ध जननद्रव्य से संकर बनाने की विधि बहुत प्रचलित है परन्तु आनुवांशिक या अन्य असामंजस्य के फलस्वरूप नये संकर समुचित रूप से परिपक्व नहीं हो पाते हैं क्योंकि इनके भ्रूणपोष के उपह्रासन के फलस्वरूप संकर भ्रूण का ह्रास हो जाता है। परिवर्धित पर संवर्धित करने को भ्रूण संवर्धन (Embroy Culture) कहते है। पपीता में वायरस रोग रोधी (रेन बो) एवं पाला रोधी किस्मों के प्रजनन एवं अंगूर में सीडलेस किस्मों के विकास में यह तकनीक प्रयोग में लायी जा रही है।

घ) समयुग्मज प्रजातियों का विकास

पराग कोष संवर्धन (Pollen Culture) या अंतरास्पीशीज संकरण (Interspecific Hybridization) द्वारा प्राप्त अगुणितों के गुणसूत्र द्विगुणन द्वारा गुणसूत्र द्विगुणन–अगुणित पौधों की प्राप्ति होती है, जो पूर्णतया समयुग्मज होते हैं। फलदार वृक्षों में विशेषकर पपीते में इसकी असीम सम्भावनायें हैं।

च) जननद्रव्य संरक्षण (Germplasm Conservation)

नयी किस्मों के विकास के लिये पादप प्रजनक की पहली आवश्यकता जनन द्रव्य में आनुवांशिक विविधता होती है। जननद्रव्य के अनावश्यक एवं अवांछित शोषण द्वारा जननद्रव्य में दिन प्रतिदिन ह्रास हो रहा है। इसमें विभाज्योत्तकी, भ्रूणों एवं कोशिकाओं का तरल (Liquid) नेत्रजन में भण्डारण अथवा विभाज्योत्तकी संवर्धकों की धीमी वृद्धि (Cryopreservation) अवस्था में रखना सम्मिलित होता है।

इसके लिए राष्ट्रीय पादप आनुवांशिक सम्पदा ब्यूरो, नयी दिल्ली में ऊत्तक संवर्धन रिपोजिटरी बनायी गयी है।

छ) पराजीनी पौधे (Genetically Modified Plants)

ये ऐसी विशिष्ट किस्में हैं जिनमें किसी दूसरे पौधे से वांछित गुणवत्ता युक्त जीन प्रविष्ट कर उन्हें विभिन्न रोगों, कीटों और प्रतिकूल परिस्थितियों के प्रति प्रतिरोधी बनाया जाता है। कुछ विशिष्ट गुणों वाली पराजीनिक किस्में हाल ही में विकसित की गई है जैसे टमाटर की फ्लेवर सेवर एवं एंडलैस समर (देर से पकने वाली), आलू की कीट रोधी किस्म 'न्यूलीफ' एवं पपीते में पपाया रिंग स्पाट वाइरस (Papaya Ring Spot Virus) की रोकथाम हेतु हवाई, ताईवान, संयुक्त राज्य अमेरिका इत्यादि देशों में पराजीनी पौधे विकसित करने का कार्य किया जा रहा है और रेन बो (Rain bow) नामक किस्म का विकास भी हुआ है।

3. उच्च गुणवत्ता युक्त पौधों का विकास

फलदार पौधों की निरन्तरता अर्थात् एक से अनेक होने के कार्य को प्रवर्धन कहा जाता है। पौध प्रवर्धन के लिए मातृ वृक्ष, प्रसारण तकनीक, एवं पौध विकास के लिए उपयुक्त वातावरण की आवश्यकता होती है। गुणवत्ता युक्त पौधों के विकास के लिए सर्वप्रथम मातृ खण्ड स्थापित करना चाहिए। जहाँ श्रेष्ठ पौधों को मातृवृक्ष के रूप में लगाया जा सके, जिससे इन वृक्षों से शिशु पौधे तैयार किये जा सकें और अन्ततः उन्हें वहाँ पहुँचाया जा सके जहाँ से उद्यानिकी विकास की यात्रा आरम्भ होती है। उच्च गुणवत्ता के पौधों के लिए मानक पौधशाला की स्थापना अत्यन्त आवश्यक होता है।

मानक पौधशाला स्थापना (Model Nursery)

पौधशाला एक ऐसा स्थल है जहाँ पर पौधों को तैयार करने और तैयार पौधों की देखभाल, पालन–पोषण तथा संरक्षण का कार्य किया जाता है। फलदार

पौधों की पौधशाला का महत्व उसमें किये जाने वाले कार्य, उत्पादित किये जाने वाले पौधों की गुणवत्ता व स्वरूप को निम्न बिन्दुओं के आधार पर समझ सकते हैं।

क) उत्तरजीविता की समस्या का हल : उत्तरजीविता अर्थात् पौधों को उद्यान में लगाने के पश्चात् जीवित रहने की समस्या भी अत्यन्त जटिल है। उद्यान में लगाये गये पौधों की मृत्यु संख्या बढ़ जाने के कई कारण हैं जैसे– परिवहन, मूलतंत्र एवं वाष्पोत्सर्जन क्षति आदि। पौधशाला से प्राप्त पौधे सरलता से उद्यान में लगाये जाते हैं इसलिए नर्सरी विकास की गति उद्यान विकास को सीधा प्रभावित करती है।

ख) उत्तम गुणों के पौधों में स्थायित्व : उत्तम गुणों से युक्त किस्मों में स्थायित्व बनाये रखना भी उद्यान विकास की एक महत्वपूर्ण आवश्यकता है। गुणवत्ता में ह्रास को कम करने के लिए मानक पौधशाला का होना अत्यन्त आवश्यक है जिससे कृषकों को उत्तम गुणवत्ता वाले पौधे प्राप्त हो सके।

ग) स्थानीय उन्नत किस्मों का चयन एंव विकास : देश में जलवायु विभिन्नता होने के कारण फलों की अनेक किस्में उपलब्ध हैं जिनका अभी भी आर्थिक रूप से अध्ययन नही किया गया है। कुछ प्रजातियाँ तो लुप्त होती जा रही है। इस समस्या के निदान के लिए नर्सरी का बड़ा महत्व है जहाँ ऐसी महत्वपूर्ण स्थानीय प्रजातियों का संचयन एवं प्रवर्धन किया जा सकता है।

घ) रोग तथा कीट के विस्तार की सम्भावना कम करने में भूमिका: नर्सरी से प्राप्त पौधे रोग व कीटों से मुक्त होने चाहिए क्योंकि नर्सरी में उपयोग की गई सामग्री संगरोध परीक्षण के बाद समय–समय पर परीक्षण, उपचार व निदान वैज्ञानिक ढंग से करने के कारण रोग विस्तार की समस्या कम रहती है।

च) विश्वसनीय रोपण सामग्रियों की उपलब्धता : पौधशाला एक अमूल्य धरोहर है जहाँ पर उचित मातृ वृक्षों का संचयन कर, उचित मूलवृन्तों का उपयोग कर एवं उत्तम गुणों से युक्त पौध सामग्री उपलब्ध कराने का कार्य किया जाता है।

छ) उद्यान परीक्षण, प्रदर्शन, प्रशिक्षण व परामर्श सेवा : स्थानीय जनता में नवीन किस्मों तथा उद्यानिकी क्रियाओं का प्रदर्शन एवं प्रशिक्षण पौधशाला द्वारा सुगमता से किया जा सकता है। इस तरह से स्थानीय पौधशाला में प्रवर्धित पौधों के बारे में सामान्य कृषकों को जानकारी तो होगी ही साथ में उद्यानिकी के प्रति लगाव उत्पन्न होगा जो उद्यानिकी विकास में सहायक होगा।

ज) उचित आपूर्ति व विक्रय व्यवस्था : पौधशाला द्वारा ही फल पौधों की माँग को निर्धारित समय में पूरा किया जाना सम्भव है तथा इसे पंजीकृत व्यापारिक इकाई के रूप मे कृषक अपने अनुसार आपूर्ति व विक्रय में सामंजस्य बैठा सकता है।

मानक पौधशाला की आवश्यकताएं

किसी भी फल की पौधशाला शुरू करने से पहले निम्न प्रबन्ध कर लेना अति आवश्यक होता है।

भूमि प्रबंधन : पौधशाला के लिए पर्याप्त क्षेत्र होना जरूरी है। पौधशाला मुख्य सड़क व शहर या कस्बे के आस–पास हो तो ठीक रहता है। भूमि का चुनाव करते समय हमेशा दोमट या बुलुई दोमट मिट्टी तथा पानी के उचित निकास वाली भूमि ही चुननी चाहिए। बलुई मिट्टी कदापि न चुनें, क्योंकि पौधों को निकालते समय इसकी पिण्डी नहीं बन पाती है। एक एकड़ भूमि में लगभग 40–45 हजार कलमी पौधे तथा 80 हजार से 1 लाख बीजू पौधों का उत्पादन किया जा सकता है। क्यारियाँ बनाते समय दो तरह की क्यारियाँ बनाई जानी चाहिए। प्रथम, खुले में ऊँचे स्थान पर जहाँ पौधों को सूर्य की पर्याप्त रोशनी मिल सके तथा प्रवर्धन का कार्य किया जा सके। ये प्रवर्धन क्यारियाँ कहलाती है। द्वितीय, तैयार पौधों को तेज धूप, लू तथा पाले से बचाव के लिए आंशिक छायादार स्थान पर ये पौध बदलने एवं पौध कठोर बनाने वाली क्यारियाँ कहलाती हैं।

सिंचाई प्रबंधन : पौधशाला में सिंचाई का साधन ऐसी जगह होना चाहिए जहाँ से पानी सभी जगह तक पहुँच सके। सिंचाई की नालियाँ यदि पक्की बनाई जायें तो अधिक अच्छी रहती हैं। पानी की जाँच कराने के बाद ही नर्सरी में किस प्रकार के पौध तैयार किये जायें, इसका निर्णय करना चाहिए। अधिक विद्युत चालकता, वाले पानी जिसमें क्लोराइड एवं फ्लोराइड अधिक पाये जाते हैं वहाँ पर आम के पौध तैयार नहीं कर सकते हैं।

पैकिंग व भण्डारण प्रबंधन : पैकिंग क्षेत्र को हमेशा कार्यालय व भण्डार के समीप बनाना चाहिए जिससे पैंकिग की सामग्री जैसे टोकरी, पुराने अखबार, अल्काथिन, रस्सी, पुवाल, आदि वस्तुएँ आसानी से मिल सकें। भण्डार–गृह मुख्य सड़क पर होना चाहिए ताकि पौधों का परिवहन आसानी से किया जा सके।

नर्सरी यंत्र प्रबंधन : नर्सरी में जुताई, निराई–गुड़ाई के लिए हैरो, कल्टीवेटर, फावड़ा, कुदाली, फोर्क आदि का होना जरूरी है। प्रसारण हेतु चाकू, सिकेटीयर,

आरी तथा छिड़काव हेतु स्प्रे–मशीन, बाल्टी, हजारा आदि का उचित रख–रखाव करना जरूरी है।

पौधशाला में क्या करें

1. गमला क्षेत्र को दो भागों में बांटकर रखना चाहिए। एक भाग आंशिक छाया में तथा दूसरा भाग खुले स्थान में। खुले स्थान में बीज से उगाये हुए तथा छायादार स्थान में वानस्पतिक विधियों से प्रसारित पौधों के गमले रखने चाहिए।
2. मातृ पौधे पूर्णतः रोग मुक्त एवं उत्तम किस्म के होने चाहिए तथा नर्सरी के खुले क्षेत्रफल का 40% भाग मातृ वृक्षों के अन्तर्गत होना चाहिए। इन्हीं से अन्य पौधों का उत्पादन किया जाता है। सांकुर शाख उन्हीं पौधों से लेनी चाहिए जिनकी फलत एवं गुणवत्ता की जाँच कर ली गई हो।
3. भूमि में झाड़ियाँ या अन्य खरपतवार का समुचित प्रबन्ध करना चाहिए।
4. नर्सरी की बाड़बन्दी अवश्य करें तथा नाजुक पौधों को ग्रीष्म ऋतु की तेज हवाओं व शरद ऋतु की ठण्डी हवाओं से बचाने के लिए पश्चिम व उत्तर की ओर सघन तथा ऊँचे वृक्षों की वायुरोधी कतारें लगानी चाहिए।
5. यदि भूमि लीज पर ली जा रही हो तो ध्यान रखें कि स्थान मुख्य सड़क के पास तथा 5–10 वर्ष से कम अवधि के लिए न हो क्योंकि सही आमदनी 4–5 वर्ष बाद ही शुरू हो पायेगी।

पौधशाला में क्या न करें

1. रोग एवं कीट ग्रसित शाखाओं से सांकुर शाखों का चयन (जैसे–आम में गुम्मा, उपोष्ण एवं शीतोष्ण फलों में विषाणु रोग)
2. किशोरावस्था (मातृवृक्ष में बिना फलत देखे) में पौधों से सांकुर शाखों का चयन।
3. एक ही क्यारी में कई वर्षो तक एक ही प्रकार के फल वृक्षों का प्रर्वधन।
4. बिना जानकारी के मातृवृक्षों से सांकुर शाख का लेना।
5. पिण्डी के साथ पौधों का बेचना, जिससे परिवहन में कठिनाई होती है तथा नर्सरी से लगातार अच्छी मिट्टी का ह्रास होता रहता है।

6. पिण्डी के साथ कीट एवं बीमारी एक स्थान से दूसरे स्थान तक पहुँचती हैं अतः पिण्डी को बनाने के लिए रोग ग्रसित घास का प्रयोग।
7. प्रति इकाई क्षेत्र से कम पौधों का उत्पादन।
8. वर्ष के उपयुक्त महीनों में ही पौधों का प्रसारण सम्भव होता है। अतः बेमौसम में पोधों को बनाने का कार्य।
9. फलों के प्रवर्धन हेतु मूलवृन्तों के प्राप्ति स्रोत की अज्ञानता उनकी गुणवत्ता को प्रभावित कर सकती है अतः अनजाने मूलवृन्त का प्रयोग।

इन सब कठिनाइयों को दृष्टिगत रखते हुए अब यह समय आ गया है कि सत्यापित मातृवृक्ष खण्डों के साथ ही हाई–टेक नर्सरी की स्थापना हो, जिसमें विभिन्न प्रकार की नवीनतम संरचनायें हों जिससे पौधों को, उच्च कोटि के प्रवर्धन माध्यम में पॉलीथीन बैग या पॉलीथीन के गमलों में साल भर तैयार किया जा सके।

पौधशाला के मुख्य घटक

मानक पौधशाला के निम्नलिखित मुख्य घटक होते हैं।

1. मातृवृक्ष (Mother Plant)

मातृवृक्ष अथवा मातृवृक्ष खण्ड (Mother Plant Block) किसी भी फल प्रजाति का पूर्ण सत्यापित, जाँचा परखा पौधा होता है जिसमें उस किस्म के समस्त गुण मौजूद होते हैं और वह रोग–कीट मुक्त भी होता है। अच्छी गुणवत्ता के पौधे तैयार करने के लिए चिन्हित मातृ वृक्षों से ही सांकुर डाली का चुनाव करना चाहिए। किसी भी नर्सरी की सफलता उच्च कोटि के मातृवृक्षों पर निर्भर करती है अतः मातृवृक्ष की निम्न विशेषताएँ होनी चाहिये।

1. 3–5 वर्षो तक उच्च उत्पादन।
2. गुणवत्तायुक्त फलों का उत्पादन।
3. बीमारियों एवं कीटों से मुक्त।
4. वृक्ष की पूर्ण फलन की अवस्था।

इसके अतिरिक्त मातृवृक्षों की समुचित देखभाल, खाद एवं उर्वरकों का समुचित प्रयोग, सिंचाई, निराई–गुड़ाई एवं अंतरशस्य क्रियाएँ, कटाई–छँटाई एवं कीट–व्याधि प्रबंधन पर ध्यान देना चाहिए।

2. हरित गृह (Green House)

हरित गृह हाई–टेक नर्सरी में प्रयुक्त होने वाली एक आवश्यक संरचना एवं मानक पौधशाला का मुख्य घटक है जिनका उपयोग साल भर पौधे तैयार करने हेतु किया जाता है। इनका उपयोग मुख्यतः पौधों के मुलायम भाग से कलम द्वारा प्रवर्धन एवं गूटी या स्टूलिंग द्वारा परिवर्धित पौधों को उचित वातावरण प्रदान करने हेतु किया जाता है। ग्रीन हाउस का आकार पौधशाला की आमदनी एवं आवश्यकता पर निर्भर करता है। साधारणतः कंकरीट और सीमेन्ट की चाहरदिवारी पर गल्वनाइज्ड लोहे के पाइप द्वारा संरचना बनाकर अथवा प्लास्टिक के तारों की जाली का घरनुमा जाल बिछा दिया जाता है। इस प्रकार से बने घर के अन्दर सिंचाई के लिये नालियों द्वारा पानी की व्यवस्था की जाती है। आदर्श पौध घरों में मिस्ट सिंचाई (कुहासा) की भी व्यवस्था की जाती है।

3. काँच घर (Glass House)

काँच घर का उपयोग बीजों के अंकुरण, कलम द्वारा पौध प्रवर्धन व ऊतक सम्वर्धित पौधों के अनुकूलन हेतु किया जाता है। काँच घर का निर्माण कई बातों पर निर्भर करता है जिसमें पौधशाला का आकार, आवश्यकता एवं लागत आदि प्रमुख हैं। आधुनिक काँच घरों में तापमान व आर्द्रता पर पूर्ण नियंत्रण हेतु तापमान एवं आर्द्रता मापक एवं नियंत्रक यन्त्र की व्यवस्था होती है। शुद्ध हवा के आवागमन एवं गर्म हवा के निष्कासन हेतु पंखों एवं खिड़कियों का प्रबन्ध होता है। ठण्डे क्षेत्रों में गर्म व्यवस्था हेतु बिजली से संचालित तापक का प्रयोग किया जाता है एवं पर्याप्त नमी हेतु कुहासे मिस्टिंग का प्रयोग किया जाता है।

4. प्लास्टिक घर (Poly House)

प्लास्टिक घर छोटी–छोटी पौधशालाओं के लिये अत्याधिक उपयोगी होते हैं और इसी कारण इनका प्रयोग मुख्य रूप से बीज बोने या फलदार पौधों के प्रवर्धन हेतु बढ़ रहा है। इसके लिये 200 माइक्रोन की मोटी पॉलीथीन का प्रयोग किया जाता है। यह प्लास्टिक बाँस के डण्डों या लोहे के बनाये गये फ्रेम के ऊपर बिछा दी जाती है। ध्यान देने योग्य बात यह है कि ऐसे घरों में दिन का तापमान व रात को आर्द्रता बढ़ने की सम्भावना रहती है, अतः प्लास्टिक घर को आंशिक छायादार स्थान पर बनाना उचित होता है। दिन में प्लास्टिक के दोनों किनारों को थोड़ी देर के लिए खोल देना चाहिये और दोपहर चार बजे के बाद बंद कर देना चाहिये ताकि पौधों को दिन के झुलसने वाले तापमान से बचाया जा सके और रात्रि का तापमान भी कम न हो सके।

5. मिस्ट घर (Mist Chamber)

अत्यधिक विकसित देशों में आधुनिक पौधशाला में सापेक्षिक आर्द्रता बनाये रखने हेतु कुहासे (मिस्ट) की व्यवस्था की जाती है। जैसे ही पौधों की पत्तियों से पानी सूख जाय, कुहासे द्वारा पानी का छिड़काव शुरू हो जाना चाहिए। अतः कुहासे के अंतराल हेतु टाइमर की व्यवस्था होती है जो प्रायः 30–45 मिनट के अन्तराल पर 5–10 सेकेण्ड के लिये पानी का छिड़काव करता है और बाद में बंद हो जाता है। सतत् कुहासे में पानी का छिड़काव लगातार होता रहता है परन्तु सविराम कुहासे में एक निश्चित अंतराल पर पानी का छिड़काव होता है।

6. गर्म क्यारी (Hot Bed)

शीतोष्ण फलों के प्रवर्धन हेतु गर्म क्यारी का प्रयोग अत्यन्त लाभकारी होता है। इसका प्रयोग कलमों में जड़ें निकालने हेतु किया जाता है। इसके बनाने के लिये सबसे पहले कच्चे गोबर की मोटी तह बिछा दी जाती है, जिसके ऊपर 20–25 सेंमी. मोटी मिट्टी या अन्य मिश्रण फैला दिया जाता है। क्यारी के चारों ओर नल द्वारा गर्म पानी या गर्म हवा प्रवाहित करके क्यारी का तापमान बढ़ाया जाता है। आजकल ऐसी क्यारियों में तापक का प्रयोग किया जा रहा है।

7. तली ऊष्मक क्यारी (Bottom Heat Chamber)

बाटम हीट चैम्बर कलम द्वारा पौध प्रसारण का एक प्रमुख यन्त्र है जिसमें लगभग 1.5X1.0X1.0 मी. आकार के लोहे के टैंक का प्रयोग होता है। चैम्बर के निचले भाग में ऊष्मा प्रदान करने के लिए बल्ब या एलीमेंट लगे होते है और ऊष्मा को नियंत्रित करने के लिए थर्मोस्टेट होता है। चैम्बर के ऊपरी आधे भाग में आवश्यक मिश्रण भरा होता है जिसमें कलमों को लगाया जाता है। आवश्यकतानुसार मिश्रण के तापक्रम को कम या ज्यादा करके कलमों में जड़ों के निकलने के लिए उचित ताप उपलब्ध कराया जाता है।

8. गमला घर (Potting Shade)

एक मानक पौधशाला में लगभग 12X20 मी. आकार का ढ़का हुआ गमला घर अवश्य होना चाहिए जहाँ मिश्रण बनाने के लिए आवश्यक वस्तुओं का संग्रहण किया जा सके और जरूरी होने पर थैलियां भी भरी जा सकें।

9. पौधशाला भण्डार (Nursery Store)

रोजाना उपयोग में आने वाली सामग्री रखने के लिए पौधशाला भण्डार अधिक जरूरी होता है।

इसके अलावा पौधशाला में कम्पोस्ट इकाई, वर्मीकम्पोस्ट इकाई, मूलवृन्त क्यारी, बीज शय्या इत्यादि का प्रबन्ध होना चाहिए।

अच्छी गुणवत्ता युक्त पौधे तैयार करने हेतु पॉलीथीन की थैली या डिब्बों में उच्च कोटि का मूलन मिश्रण भरा जाना चाहिये। अच्छा मूलन मिश्रण तैयार करने के लिए मिट्टी, बालू, गोबर की खाद, वर्मी कम्पोस्ट, नाडेप कम्पोस्ट के मिश्रण को 1.5 माह तक (अप्रैल–जून) सफेद पॉलीथीन से ढककर अथवा 2% फार्मलीन द्वारा उपचारित कर जीवाणु रहित करना चाहिये। तत्पश्चात उसे अच्छी तरह मिलाकर थैलियों में भरना चाहिए।

4. सघन बागवानी

प्रति इकाई क्षेत्रफल में अधिक से अधिक पौधे समायोजित करके उनसे सफल फलोत्पादन को सघन बागवानी (High Density Orcharding) कहते हैं। सघन बागवानी में पौधों को सामान्य विधि की अपेक्षा ज्यादा संख्या में लगाते हैं और उन्हें काट–छाँट कर इस प्रकार नियंत्रित करते है कि प्रति इकाई क्षेत्रफल से ज्यादा उत्पादन लिया जा सके। सघन बागवानी केवल उन्हीं फलदार पौधों में सम्भव होता है जो –

1. काट–छाँट के प्रति सकारात्मक हो।
2. जिनमें फलन के लिए नये कल्लों की जरूरत हो।
3. जिनके अन्दर प्राकृतिक रूप से बौनापन हो।
4. जो पर्णपाती हों तथा सुषुप्ता अवस्था में जा सकें।

व्यवसायिक तौर पर सघन बागवानी शीतोष्ण कटिबन्धीय फल प्रजातियों जैसे सेब, नाशपाती, आड़ू, चेरी आदि में की जाती रही है लेकिन हाल के वर्षों में सदाबहार एवं अपेक्षाकृत कठोर उष्ण एवं उपोष्ण कटिबन्धीय फलों जैसे आम, अमरूद, अनार, केला, पपीता आदि में भी इसे सफलता पूर्वक किया जा सका है। सघन बागवानी की कुछ प्रमुख मान्यतायें इस प्रकार हैं।

1. पौधों को कम दूरी पर लगाना जिससे अधिक पौधे लग सके।
2. पौधों को इस प्रकार व्यवस्थित करना जिससे उनका उत्पादन सम्भव हो सके जैसे आयताकार या वर्गाकार विधि।
3. पौधों को उचित ढ़ाचा निर्माण करना तथा काट–छाँट करके छोटा रखना।

4. मशीनों के प्रयोग को बढ़ावा देना।
5. संसाधनों का अधिक उपयोग करके भरपूर पैदावार लेना जैसे बूँद–बूँद सिंचाई, फर्टीगेशन आदि।

सघन बागवानी के प्रकार

सघन बागवानी फलोत्पादन का एक विशेष तरीका है जो अनेक फलों में कई नामों से जाना जाता है। सेब में मिडो आरचर्डिंग (Medeow Orcharding), अमरूद में अल्ट्रा डेन्सिटी प्लांटिंग (Ultra Density Planting), आम में सघन बागवानी (High Density Planting) आदि कुछ प्रमुख प्रकार है।

1. **मिडो आर्चर्डिंग** : सेब के पौधों में स्पर फ्रूटिंग होती है और ये एक वर्ष पुरानी शाखाओं पर लगते हैं। एक बार फलत के बाद जब पौधों का काट–छाँट किया जाता है तो उसमें अगले वर्ष फल नहीं लग पाता अतः मिडो आर्चर्डिंग में एक साथ दो प्लाट लगाये जाते हैं। एक वर्ष प्रथम प्लाट में फलत लेने के बाद कटाई किया जाता है तो दूसरे वर्ष दूसरे प्लाट से फलत प्राप्त करते हैं और तीसरे वर्ष पुनः प्रथम प्लाट से फलत लेते हैं इसी प्रकार यह सिलसिला चलता रहता है। इस विधि में पौधा नजदीक लगाते हैं और उसे ओपेन सेन्टर अथवा कार्डन विधि में ट्रेनिंग करते हैं जिसके कारण सूर्य का प्रकाश पूर्ण रूप से मिलता है और अच्छी गुणवत्ता का फल प्राप्त होता है। अच्छे फलत के लिए बागीचे का विशेष घ्यान दिया जाता है और सभी कृषि क्रियाँए एक समयबद्ध तरीके से की जाती हैं।
2. **अतिसघन बागवानी (Ultra Density Planting)** : यह विधि हाल के वर्षों में अमरूद एवं आम जैसे फलों में विकसित की गयी है। इसमें पौधों को 2×1 मी. (अमरूद) तथा 2.5×2.5 मी. (आम) में लगाया जाता है। पौधों का ढ़ाँचा निर्माण प्रारम्भ से ही ऐसा किया जाता है कि वे ज्यादा न बढ़े और प्रति वर्ष फलत देते रहें। इसके लिए उनकी समय पर कटाई तथा अन्य कृषि क्रियाओं का ध्यान रखा जाता है। अमरूद के फल तो 60–70 दिन पुराने कल्लों पर आते हैं अतः उसमें सामान्य परिस्थियों में अच्छे फल लग जाते हैं। आम में कुछ रसायनों जैसे पैक्लोब्यूट्राजाल (कल्तार) आदि का प्रयोग करके प्रति वर्ष फलत लिया जा सकता है। आम के मामलों में बौनी तथा कम बढ़ने वाली प्रजातियों में अति सघन बागवानी ज्यादा सफल पायी गयी है जिसमें आम्रपाली, दशहरी आदि प्रमुख हैं।

5. फलों का गिरना

जब फल विकास की अवस्था में समय से पहले ही गिर जाते हैं तो यह समस्या अत्यन्त गम्भीर मानी जाती है जिसे फलों का झड़ना (Fruit Drop) कहते हैं। फलों के झड़ने के कई कारण होते हैं जो एक फल से दूसरे फल में अलग–अलग होते हैं। कहीं पर फल अनिषेचन के कारण तो कहीं पर हार्मोन के असंतुलन के कारण गिरते हैं। फल झड़ने की समस्या आम, लीची, नींबू, आँवला, नारियल, इत्यादि फलों में ज्यादा देखा गया है। फल गिरने के निम्नलिखित कारण हो सकते हैं।

1. फलों के विकास के लिए पर्याप्त पोषक तत्व न मिलने के कारण कुछ फल पीले होकर गिर जाते हैं। यह प्रकिया फल लगने के 1–1.5 माह तक देखी जाती है।
2. अप्रर्याप्त परागण अथवा अपूर्ण निषेचन के कारण भ्रूण विकास प्रर्याप्त नहीं होता जिसके कारण फल पीले होकर गिरने लगते है। इस तरीके के फल प्रारम्भिक अवस्था में ही गिर जाते है।
3. विपरीत परिस्थतियों जैसे सूखा, नमी की कमी, तेज आँधी, तूफान इत्यादि के कारण विकसित हो रहे फल समय से पूर्व ही गिर जाते हैं। यह प्रक्रिया किसी भी समय हो सकती है परन्तु प्रारम्भिक अवस्था में इसका असर ज्यादा देखा गया है। उदाहरण के लिए आम, लीची, आदि।
4. कुछ फलों में विकास के समय हार्मोन के असंतुलन के कारण फलों का सामान्य विकास बाधित होता है और फल समय से पूर्व ही गिर जाते हैं। उदाहरण आम, लीची, नींबू।
5. कुछ फलों के प्रारम्भिक अवस्था में कीट एवं बीमारियों द्वारा ग्रसित होने के कारण वे कमजोर पड़ कर गिर जाते हैं। इस प्रकार के फल मुख्यतः छोटी अवस्था में ही गिरते हैं जैसे आम में चूर्णिल आसिता रोग अथवा फुदका कीट द्वारा फलों का गिरना।

फल गिरने की प्रक्रिया

सामान्य दशा में फल एक फलवृन्त द्वारा मंजर या पुष्पक्रम से जुड़े होते हैं। जब तक फलों के लिए आवश्यक पोषक तत्व, हार्मोन तथा नमी का प्रवाह मुख्य वृक्ष से फलों में होता रहता है तब तक फल विकसित होते रहते हैं। जब इनके प्रवाह अथवा आपूर्ति में बाधा पहुँचती है तब फल वृन्त के जुड़ाव वाले स्थान (Peduncle)

पर एक रोधी सतह बन जाती है जिसे एबसीसन लेयर (Abcission Layer) कहते हैं। इस सतह के बनने के बाद फल मुख्य पौधे से अलग होकर गिर जाते हैं। जब हार्मोन का अंसतुलन होता है, विशेषकर आक्सीन की कमी और वृद्धि रोधक तत्वों (Growth Inhibitors-Abcissic Acid) की अधिकता होती है तो यह प्रक्रिया तेज हो जाती है।

फलों की गिरने की अवस्था

फलों के गिरने की अवस्था फल प्रजातियों पर निर्भर करती है। कुछ फलों में यह प्रक्रिया फल लगने से लेकर पकने तक चालू रहती है जैसे आम, आँवला आदि परन्तु कुछ फलों में यह प्रक्रिया एक अवस्था के बाद समाप्त हो जाती है जैसे लीची में फलों का गिरना बीज बनने के बाद बन्द हो जाता है। आम के फलों के झड़ने की अवस्था को 4 खण्डों में बाँटा जा सकता है।

1. **सरसो अवस्था** : इस अवस्था में फल सरसो के दानों के बराबर होते ही गिर जाते हैं। पूर्ण रूप से परागण और निषेचन न होना इस अवस्था के फलों के गिरने का मुख्य कारण माना गया है।
2. **मटर अवस्था** : जब फल मटर के दानों के बराबर हो जाते हैं तब उसमें एबसीसन सतह बन कर फल गिर जाते हैं। इस अवस्था में फलों के गिरने का मुख्य कारण हार्मोन का असंतुलन एवं नमी की कमी होती है। यह अवस्था फल लगने के 15–20 दिनों के भीतर आती है।
3. **मार्बल अवस्था** : इस अवस्था के फलों में बीज बनना प्रारम्भ हो जाता है परन्तु पोषक तत्वों की अपर्याप्तता तथा आक्सीन जैसे वृद्धि नियामकों के असंतुलन के कारण इस अवस्था के फल गिरते हैं।
4. **परिपक्वता से पूर्व की अवस्था** : कुछ ही फलों (जैसे आम, आँवला) में इस अवस्था में फल गिरते हैं। यह मुख्यतः वाह्य कारकों के कारण होता है जिससे किसानों को भारी क्षति उठानी पड़ती है।

फलों को झड़ने से बचाव

फलों को झड़ने से बचाने के लिए उनके कारणों का पता लगाना और उसका सही समय पर उचित उपाय करना बहुत आवश्यक होता है। बचाव के कारणों में पोषक तत्व प्रबंध, सूक्ष्म पोषक तत्वों एवं हार्मोन का पर्णीय छिड़काव, समन्वित कीट एव रोग प्रबन्ध इत्यादि प्रमुख हैं। फलों को झड़ने से बचाने के लिए कुछ कारगार तकनीकों का वर्णन निम्नवत् है।

1. परपरागित प्रजातियों में सामान्य रूप से पराग वृक्षों को लगाना।
2. पराग के लिए पहचाने गये कीटों की पर्याप्त संख्या सुनिश्चित करना।
3. फल लगने से पहले सूक्ष्म पोषक तत्वों जैसे बोरान, जिंक तथा फल लगने के बाद हार्मोन जैसे नेफ्थलीन एसिटक अम्ल (एन.ए.ए.) का छिड़काव करना।
4. फूल आने से पहले कीट एवं रोग नियंत्रण के लिए एहतियाती छिड़काव करना और फल लगने के बाद आवश्यकतानुसार कीट एवं रोग नियंत्रण करना।
5. मृदा नमी के उतार–चढ़ाव एवं कमी को सिंचाई एवं पलवार बिछाकर नियंत्रित करना।

6. फल वृक्षों में एकान्तर फलन (Alternate Bearing in Fruit Crops)

जब कोई फल वृक्ष एक बार फलन में आने के बाद अगले वर्ष अथवा अगले कई वर्षों तक फलत में नही आता है तो उसे एकान्तर फलन अथवा अनियमित फलन (Alternate or Irregular Bearing) कहते हैं। यह कुछ फल वृक्षों (जैसे आम) की मुख्य समस्या है जबकि कुछ फलों (जैसे लीची, आँवला, इत्यादि) की आंशिक समस्या है।

एकान्तर फलन के कारण

एकान्तर फलन के मुख्य कारणों में फल प्रजाति के अलावा प्रभेद, बाग प्रबन्ध, जैसे काट–छाँट एवं पोषण प्रबन्ध, तथा पौधो की दशा इत्यादि प्रमुख हैं जिसका विवरण निम्नवत् है।

1. **फल प्रजाति** : कुछ फल प्रजातियाँ जैसे आम में एकान्तर फलन की समस्या गम्भीर है जबकि लीची, आँवला, इत्यादि में यह समस्या कम होती है। नींबू वर्गीय फल, अमरूद, बेर इत्यादि फलों में यह समस्या बिल्कुल नहीं होती है।
2. **प्रभेद** : एकान्तर अथवा अनियमित फलन कुछ किस्मों मे ज्यादा होता है जैसे आम के लंगड़ा, चौसा, फजली, दशहरी आदि जबकि कुछ प्रजातियों जैसे आम्रपाली, अर्का नीलाचल केसरी, अर्का नीलकिरण, अर्का अनमोल में यह समस्या बहुत कम है। लीची की चाइना किस्म में एकान्तर फलन एक प्रमुख समस्या होती जा रही है जबकि शाही किस्म में यह समस्या नहीं है।

3. **बाग प्रबंध** : बाग प्रबंध के विभिन्न क्रियाओं जैसे खाद एवं उर्वरक का नियमित प्रयोग न करना, सूक्ष्म पोषक तत्वों की कमी, फल तोड़ाई के बाद काट–छाँट न करना, कीट एवं रोगों को सही ढ़ंग से नियंत्रित न करना, इत्यादि अनियमित फलन की समस्या को बढ़ा देते हैं। उदाहरण के लिए आम के पौधों में फलों की तोड़ाई के बाद बहुत से खाली मंजर पड़े रहते हैं जो नये कल्लो के विकास को बाधित करते हैं। यदि इन पुराने मंजरों को तोड़कर या काट कर हटा दिया जाए तो कल्लों का अच्छा विकास होता है और फलत नियमित हो सकता है। इस प्रकार सही समय पर सही विधि से खाद एवं उर्वरक का प्रयोग द्वारा फलत को नियमित करने में सहायता मिलती है।

4. **पौधों की दशा** : पौधों और उनमें निकलने वाले कल्लों की दशा, उनके स्वास्थ्य तथा उनमें उपलब्ध कार्बन नाइट्रोजन अनुपात, हार्मोन का संतुलन इत्यादि किसी डाली में फूल व फल लगने की प्रक्रिया को प्रेरित करते हैं। यदि आम के पौधों की बात करें तो उसमें केवल वे ही कल्ले मंजर धारण करते हैं जिनकी उम्र छः माह से अधिक हो, नाइट्रोजन की अपेक्षा कार्बन का अनुपात अधिक हो, जिब्रेलिन की अपेक्षा आक्सीन हार्मोन ज्यादा हो या पर्याप्त संतुलन में हो। यदि इसमें से कोई भी परिस्थिति अनुकूल नहीं होती है तो आम में मंजर की जगह कल्ले फूट जाते है और पौधा उस साल फल नहीं देता।

नियमित फलन प्राप्त करने के उपाय

किसी भी फल प्रजाति में नियमित फलन प्राप्त करने के लिए निम्नलिखित बातों का ध्यान रखना चाहिए।

1. सही किस्म का चुनाव।
2. फल तोड़ाई के बाद उचित काट–छाँट तथा कल्ला विकास को प्रेरित करना।
3. खाद एवं उर्वरक का सतुंलित मात्रा में, सही समय पर एवं उपयुक्त विधि द्वारा प्रयोग करना।
4. हार्मोन संतुलन के लिए सितम्बर माह में आम के पौधों मे पैक्लोब्यूट्राजाल (Growth Retardent) की उचित मात्रा में सही ढ़ंग से प्रयोग।
5. समुचित बाग प्रबन्ध एवं आवश्यकतानुसार सिंचाई जल का प्रयोग करना।

7. नींबू वर्गीय पौधों में ह्रास (Cirtus Decline)

सामान्यतः ऐसा देखा जाता है कि नींबू वर्गीय फल वृक्ष समय से पहले ही सूखने लगते हैं अथवा उनकी उत्पादकता एवं गुणवत्ता में कमी आने लगती है। इस प्रक्रिया को नींबू पौधा का निरन्तर ह्रास या सिट्रस डिक्लाइन (Citrus Decline) कहते हैं। इसे सिट्रस डाइबैक (Citrus Dieback) भी कहते हैं क्योंकि इसमें शाखाऐं ऊपर से नीचे की तरफ सूखना प्रारम्भ करती हैं और धीरे–धीरे पूरी डाली, तत्पश्चात पूरी शाखा और अन्त में पूरा पेड़ सूख कर मर जाता है। यह एक जटिल समस्या हैं जिसके कई कारण होते हैं। इस समस्या से ग्रसित पौधे पहले पाँच–छः वर्षों तक अच्छी बढ़वार एवं वृद्धि करते हैं और सामान्य फलत देते हैं। उसके बाद धीरे–धीरे पौधों का विकास रूक जाता है और उत्पादन कम होने लगता है तथा अन्त में पौधा आर्थिक दृष्टि से लाभकारी नहीं रह जाता। ग्रसित पौधा सर्वप्रथम पीला पड़ने लगता है, पत्तियाँ कम हो जाती हैं पत्तियाँ झड़ने लगती हैं और टहनियाँ सूखने लगती हैं। अपरिपक्व फल गिरने लगते हैं अथवा ठीक से नहीं पकते। खाद एवं पानी चूसने वाली पोषक जड़े कम हो जाती हैं, और काली हो जाती हैं। सिट्रस डिक्लाइन का प्रभाव प्रारम्भ में कुछ टहनियों फिर कुछ पौधों और बाद में पूरे बगीचे पर पड़ता है।

सिट्रस डिक्लाइन के कारण

1. बगीचे में उचित जल निकास न होने की दशा में शोषक जड़ों में पूर्ण श्वसन न होने के कारण वे नष्ट होने लगती हैं और पौधा सूखने लगता है।
2. जमीन के अन्दर कठोर परत या चट्टान आ जाने से पौधों के जड़ों का विकास रूक जाता है और जड़ें पोषक तत्वों के शोषण में असमर्थ हो जाती हैं।
3. मुख्य तथा सूक्ष्म पोषक तत्वों की कमी के कारण पत्तियों में पीलापन आ जाता है और उनकी प्रकाश संश्लेषण क्रिया प्रभावित होती है। जिंक की कमी सिट्रस डिक्लाइन का मुख्य कारण माना गया है जो अधिक मृदा पी. एच. एवं लवणता की दशा में ज्यादा घातक हो जाता है।
4. बगीचों की समुचित देखरेख न करने तथा खाद एवं उर्वरक के संतुलित मात्रा में प्रयोग न करने से यह समस्या ज्यादा बढ़ जाती है।
5. ग्राफ्टिंग तथा कलिकायन द्वारा तैयार पौधों में मूलवृन्त एवं सांकुर डाली में आपसी सामंजस्य न स्थापित होने के कारण भी सिट्रस डिक्लाइन की समस्या आती है।

6. कीड़ों तथा बीमारियों के भीषण प्रकोप और उनके समुचित एवं समय पर नियंत्रण न करने के कारण यह समस्या बहुत अधिक बढ़ जाती है। पौधों पर सिट्रस शैला, एफिड, लीफ माइनर जैसे कीट, कैंकर, गमोसिस, सोरोसिस, जाइलोसोरोसिस, इक्जोकार्टिस जैसे रोग तथा रूट नाट एवं बारोइंग जैसे सूत्रकृमि सिट्रस डिक्लाइन समस्या के मुख्य कारण माने गये हैं।

सिट्रस डिक्लाइन का नियंत्रण

सिट्रस डिक्लाइन एक जटिल समस्या है जिसे रोकने के लिए एहतियाती उपाय एंव रोकथाम के तरीकों को मुस्तैदी से लागू करने की जरूरत होती है। रोकथाम के प्रमुख उपाय निम्नवत् हैं।

1. पर्याप्त जल निकास की व्यवस्था करना तथा अधिक सिंचाई न करना।
2. संतुलित मात्रा में खाद एवं उर्वरक तथा सूक्ष्म पोषक तत्वों का प्रयोग।
3. बगीचों को साफ सुथरा रखना तथा रोग मुक्त पौधों से बाग की स्थापना करना।
4. कीटों, बीमारियों तथा सूत्रकृमियों के नियंत्रण के लिए सही तकनीक एवं दवाओं का प्रयोग करना।
5. प्रारम्भिक अवस्था में सूखी डालियों को काटना तथा कटे सिरों पर कॉपर आक्सीक्लोराइड के पेस्ट की पेंटिग करना।

8. सन्तरों का दानाकरण (Granulation)

मीठे वर्गीय नींबू प्रजाति के फलों जैसे संतरा, मोसम्बी, ग्रैपफूट, चकोतरा, डाब, आदि के फांकों के अन्दर की रस ग्रन्थियों (Juice Vesicles) में रस सूखने और उनके दानेदार होने की समस्या को दानाकरण (Granulation) कहते हैं। यह एक दैहिक व्याधि है जिसमें फलों के तने से लगे हिस्सों (Stem End) की फाकों के अन्दर की रस अंगुलिकाऐं (Juice Sacs) सूख कर कठोर एवं दानेदार हो जाती हैं। इस समस्या से ग्रसित फल असंतुलित एवं असमान विकास करते हैं जिसके कारण फांकें फट जाती है और मोटी चमड़े नुमा हो जाती हैं। उग्रता की दशा में जूस कोशिकाओं का लिगनीफिकेशन हो जाता है और 'स्केलरनकाइमा ऊतक' का निर्माण हो जाता है।

दानाकरण की प्रक्रिया सर्वप्रथम फांकों में ऊपर के हिस्से में होता है जिसके कारण कुछ आवश्यक जैव रासायनिक तत्वों (Metabolites), वृद्धि नियामकों (Growth Regulators) एवं आवश्यक अवयवों (Essential Elements) का आवागमन बाधित होता है। इस व्याधि से ग्रसित फलों एवं फाकों में जूस और मिठास का सर्वथा अभाव रहता है और फल खाने योग्य नहीं होता है। इसके रस में कैल्शियम, मैग्नीशियम, सोडियम और पोटैशियम की अधिकता पायी जाती है जिससे यह स्पष्ट होता है कि ये तत्व इसमें जमा होते हैं।

दानाकरण के कारण

दानाकरण व्याधि के अनेक कारण माने जाते हैं जिनमें से कुछ प्रमुख कारण इस प्रकार है।

1. किस्मों का आनुवांशिक गुण (Genetic Makeup of Variety / Species) : कुछ किस्में जैसे डैन्सी टैंजरिन, मोसम्बी, हैमलिन एवं जाफा में यह व्याधि अधिक पायी जाती है जबकि किन्नो और सन्तरा में इसे बहुत कम देखा गया है।
2. वृद्धि नियामकों (जिब्रलिक अम्ल) तथा खनिज लवणों (कैल्शियम) का असंतुलित वितरण।
3. पौधों की अधिक वृद्धि।
4. लगातार सिंचाई एवं जल की अधिकता।

रोकथाम के उपाय

1. GA_3 (15 पीपीएम) या NAA (200 पीपीएम) का छिड़काव करने से समस्या में कमी आती है।
2. पौधों को 30 दिन के अन्तराल पर सिंचाई करने से ग्रेनुलेशन में कमी आती है।

9. फल पौधों में अफलन की समस्या (Unfruitfulness)

जब फलदार पौधों में फलन बिल्कुल न हो या बहुत कम हो अथवा वृक्ष के कुछ ही भाग में फलन हो या फल लगने के पश्चात छोटी अवस्था में ही गिर जायें तो ऐसी स्थित को अफलन कहते हैं। प्रायः फल उत्पादकों के सामने ऐसी समस्या आती रहती है जिससे उन्हें भरपूर लाभ नहीं मिल पाता। इस समस्या से निपटने के लिए सर्वप्रथम अफलन के सही कारणों का पता लगाना आवश्यक होता है

जिससे इसका निवारण करके समस्या से निजात पाया जा सके। अफलत के दो प्रमुख कारण हैं।

1. आंतरिक कारण (Internal Causes)
2. बाह्य कारण (External Causes)

आंतरिक कारण (Internal Causes) : ऐसे कारण जो पौधों की भीतरी परिस्थितियों से सम्बन्धित होते हैं उन्हें आंतरिक कारण कहा जाता है। आंतरिक कारण मुख्य रूप से बंध्यता (Sterility) का होना है। बंध्यता की स्थित तब आती है जब फूल में नर या मादा दोनों अंग उपस्थित नहीं होते हैं अथवा फूल में नर या मादा कोई एक अंग उपस्थित होता है अथवा नर तथा मादा दोनों अंग उपस्थित तो होते हैं किन्तु उनमें से कोई एक अंग अपना दायित्व निभाने में असक्षम होता है।

बंध्यता के कारण (Causes of Sterility)

1. **अपूर्ण फूल (Imperfect Flower)** : जब पुष्प में नर या मादा कोई एक भाग (एक लिंग) उपस्थित होता है जैसे पपीता व खजूर।
2. **अंगों की ऊँचाई में भिन्नता (Heterostyle)** : पुष्प के नर व मादा अंगों की ऊँचाई में काफी भिन्नता होने पर स्वयं निषेचन न होने के कारण गर्भाधान व फलन नहीं हो पाता। यह समस्या डेलीसियस सेब व बड़े फूल वाली नींबू की किस्मों में आती है।
3. **अंगों के पकने में भिन्नता (Dicogamy)** : कुछ वृक्षों में नर व मादा तो होते हैं किन्तु वे अलग–अलग समय में सेचन योग्य तैयार होते हैं। उदाहरण के लिए जब पराग पराग कोष से डिस्चार्ज होता है उस समय स्टिगमा पराग को ग्रहण करने में सक्षम नहीं होता अथवा जब स्टिगमा सक्षम होता है तब पराग कण उपलब्ध नहीं होते जिससे परागण नहीं हो पाता है।
4. **अपूर्ण फूलों का गिरना (Dropping of Incomplete Flower)** : कभी–कभी पुष्प पूर्ण रूप से विकसित होने के पूर्व ही गिर जाते हैं।
5. **नपुंसक पराग (Impotent Pollen)** : कभी–कभी पराग में गर्भधान की क्षमता नहीं होती है।

6. **मिलने में असमर्थता (Incompatibility)** : कुछ किस्में ऐसी होती है जिनके पराग कण उसी किस्म के मादा फूलों में गर्भधान करने में सक्षम नहीं होते जैसे– आँवला।
7. **भीतरी परिस्थितियां (Physiological Condition)** : भीतरी परिस्थितियों के अन्र्तगत पराग नलिका की धीमी वृद्धि, पराग का मरना, गर्भाशय का खराब होना आदि कारक जिम्मेदार होते हैं।

बाह्य कारण (External Causes)

मृदा, वातावरण तथा पौध प्रबन्ध सम्बन्धी अनेक बाहरी कारण पाये गये हैं जो अफलन की समस्या में महत्वपूर्ण भूमिका अदा करते हैं।

1. **पोषक तत्वों की असंतुलित मात्रा (C:N Ratio) :** जब नत्रजन की मात्रा अधिक तथा कार्बोहाइड्रेट की मात्रा कम हो जाती है तो फलन नहीं होता और यदि कार्बोहाइड्रेट की मात्रा अधिक होती है तथा नत्रजन की मात्रा कम होती है तो फलन अच्छा होता है (जैसे आम)।
2. **कृन्तन (Pruning) :** कृन्तन की मात्रा व समय फलदार पौधे की प्रवृति के अनुसार होनी चाहिए। अंगूर, बेर व फालसा में जहाँ अधिक कटाई करते हैं वहाँ नींबू वर्गीय फल तथा आँवला में कम छंटाई करते हैं तथा कुछ वृक्षों में केवल रोगी, या एक दूसरे से सटने वाली शाखाओं की ही छंटाई करते हैं। अतः सही ढ़ंग व समय पर कृन्तन न करने से भी फलत प्रक्रिया प्रभावित होती है।
3. **उर्वरता (Fertility) :** पोषक तत्वों जैसे कि फॉस्फोरस व पोटाश की कमी भी फलत को प्रभावित करती है।
4. **तापक्रम (Temperature) :** शीतोष्ण फलों जैसे सेब, नाशपाती, चेरी आदि में 10^0 सेन्टीग्रेड के कम तापमान पर परागण व गर्भधान नहीं हो पाता।
5. **प्रकाश (Light) :** बाग के अत्यधिक घने होने पर प्रकाश संश्लेषण (Photosynthesis) की प्रक्रिया बाधित होती है व पत्तियों में खाद्य पदार्थ नहीं बन पाते।
6. **मौसम व वातावरण (Season and Locality) :** फलदार पौधों को अनुकूल मौसम व वातावरण न मिलने पर पौधे फल देने में असमर्थ हो जाते हैं।

7. **पौधे की उम्र तथा शक्ति (Age and Vigour of Plants) :** पौधे की उम्र अधिक होने व शक्ति क्षीण होने पर वे फलत देने में असमर्थ हो जाते हैं।

8. **वर्षा, पाला, ओला, हवा (Rain, Hail and Wind) :** परागण के समय वर्षा होने पर पराग बह जाते हैं। पाले के कारण फल झड़ने के लिए बाध्य हो जाते हैं। ओले फूल व फल को गिरा देते हैं। अधिक तेज हवा के कारण फल गिर जाते हैं।

9. **रोग व बीमारियां (Disease and Pest) :** मौसम आर्द्रता अधिक होने पर आम में पाउडरी मिल्ड्यू नामक बीमारी का प्रकोप बढ़ जाता है तथा कई कीट (गुजिया, फुदका) भी पुष्पन व फलन को प्रभावित करते हैं।

10. **फूल आने के समय छिड़काव (Spraying at Flowering Stage)** : पुष्पण के समय कीटनाशी का छिड़काव करने से पराग कण बह जाते हैं तथा परागण में सहयोगी कीट जैसे मधुमक्खी आदि मर जाते हैं।

11. **निराई–गुड़ाई में कमी (Lack of Interculture)** : निराई–गुड़ाई न करने से जड़ें गहराई तक नहीं जा पाती तथा खरपतवार की समस्या बढ़ जाती है।

12. **पानी की कमी (Shortage of Water) :** नमी की कमी के कारण पुष्प फलन के पूर्व ही झड़ जाता है।

अफलन नियंत्रण के उपाय (Control Measures of Unfruitfulness)

अफलत को लगभग पूरी तरह नियंत्रित करने के लिए आंतरिक कारण व वाह्य कारण दोनों पर ध्यान देना चाहिए। अफलत के कारणों की जानकारी लेने के पश्चात् उनके रोकथाम के उचित तथा व्यवस्थित उपाय करने से इस समस्या को काफी हद तक कम किया जा सकता है।

आन्तरिक कारण पर नियंत्रण (Control to Internal Causes)

आन्तरिक कारणों को दूर करने के लिए पौधों में परागण व निषेचन की प्रकृति जानना अति आवश्यक है विभिन्न फल वृक्षों में परागण व निषेचन की समस्या को नियंत्रित करने का उपाय फलदार पौधों के अनुसार विभक्त किया गया है।

पपीता : इसकी अधिकतर प्रजातियाँ जैसे पूसा डवार्फ, पूसा नन्हा, पूसा जायन्ट, हनीड्यू आदि एकलिंगी (Dioecious) हैं अतः परागण व फलन के लिए 10% नर पौधों को उगाना चाहिए।

आम : आम की अधिकतर प्रजातियां स्वयं अनिषेचय है इसलिए अच्छी फलत के लिए दशहरी के साथ 10% बम्बई हरा तथा लंगडा व चौसा के साथ 10% दशहरी किस्म लगाना चाहिए।

आंवला : आँवला की अधिकतर किस्में अपने ही प्रजाति के साथ परागण व निषेचन नहीं करतीं इसलिए बाग में 10% अन्य किस्मों के पौध लगाने चाहिए।

सेब : सेब में दो प्रकार की किस्में द्विगुणित (Diploid) तथा त्रिगुणित (Triploid) होती हैं द्विगुणित किस्में बहुत कम पराग रखती हैं इसलिए त्रिगुणित किस्मों के साथ 10% द्विगुणित किस्में रोपित करना चाहिए। काक्स ओरेन्ज पीपिन किस्म के साथ 10% डेलीशियस रेड या डेलीशियस येलो किस्म लगाते हैं।

अंगूर : पंधारी साहबी किस्म स्वयं अफलित है इसलिए इस किस्म के साथ कोई अन्य किस्म का समावेश करना चाहिए।

बाह्य कारण पर नियंत्रण (Control to External Causes)

1. **छँटाई (Pruning)** : फल वृक्षों की शाखाओं का कृन्तन उनके फलने की प्रवृति के अनुसार आवश्यक मात्रा में तथा समय से करना चाहिए।
2. **पोषण (Nutrition) :** वृक्षों में फलन के लिए कार्बोहाइड्रेट व नत्रजन के अनुपात को ठीक बनाने के लिए मुख्य तने से 75 सेंमी. की दूरी पर जड़ों को खोलकर महीन जड़ों की छँटाई कर देनी चाहिए तथा कुछ दिनों पश्चात गोबर की खाद व मिट्टी मिश्रण से भराई करके सिंचाई कर देनी चाहिए। ऐसा करने से वृक्षो में कार्बोहाइड्रेट की मात्रा बढ़ जाती है।
3. **छाल परिकर्तन (Ringing) :** वृक्षों की शाखाओं के चारों तरफ 1 सेंमी. चौड़ाई में अंगूठी के आकार में कृन्तन कर देने से पत्तियों द्वारा बनाया गया कार्बोहाइड्रेट वलय के ऊपरी भाग में इकट्ठा होता रहता है।
4. **किनारे की शाखाओं को प्रोत्साहित करना** : वृक्षों के बीच की मुख्य शाखा को काट देने से किनारे की शाखाओं का विकास अधिक होता है और इनमें फलत अधिक आती है।
5. **मधुमक्खियों की व्यवस्था (Bee Keeping) :** मधुमक्खियां परागण में सहायक होती है इसलिए मधुमक्खियों के बक्सों को बाग में उचित संख्या में रखना चाहिए।

6. **कर्षण क्रियाएं (Cultural Operation) :** सिंचाई, खाद का प्रयोग विशेष रूप से फास्फोरस व पोटाश युक्त, निराई–गुड़ाई, पर्याप्त मात्रा में व समय से करना चाहिए।

7. **रोग व कीट पर नियंत्रण (Control of Disease and Pest)** : रोग व कीट के कारण फूल व फल नष्ट हो जाते हैं अतः इनसे बचाव के उपाय करने चाहिए।

8. **वायुवृत्त का रोपण (Planting of wind break) :** लू तथा ठण्डी हवाओं व आँधियो से बचाव के लिए वायुवृत्ति वाले पौधों का रोपण करना चाहिए।

9. **प्रकाश व वायु की व्यवस्था (Arrangement of Light and Wind) :** पौधों के घने हो जाने की दशा में उनके आन्तरिक भाग में प्रकाश एवं वायु का संचार नहीं होता जिससे अफलन की समस्या बढ़ जाती है। ऐसी परिस्थिति में वृक्ष को बीच से काटा जा सकता है या आवश्यकतानुसार कुछ शाखायें काट कर हटाई जा सकती हैं जिससे पूरे वृक्ष में प्रकाश व हवा का संचार हो सके।

10. **उचित किस्मों का रोपण (Planting of Proper Variety) :** प्रतिवर्ष तथा अच्छी फलत वाली किस्मों का रोपण करना चाहिए।

11. **हार्मोन व रासायनिक तत्वों का छिड़काव (Use of Hormone or Chemical)** : नेफ्थलीन एसीटिक एसिड व 2,4–D का प्रयोग करने से आम, लीची आदि में फलत को बढ़ाने में सहायता मिलती है।

12. **शिखर रोपण (Top Working) :** कम फलत देने वाले या पुराने वृक्ष की कटाई करके नई निकलने वाली शाखाओं पर उन्नत किस्मों के कलिकायन या ग्रैफ्टिंग कर देने से उन्हें कुछ समय में उत्पादक वृक्ष के रूप में तैयार किया जा सकता है।

10. पादप वृद्धि नियामक एवं फलोत्पादन में उनका उपयोग

पादप वृद्धि नियामक, पोषक तत्वों के अतिरिक्त वे कार्बनिक पदार्थ हैं जो पौधों में प्राकृतिक रूप से विद्यमान रहते हैं अथवा कृत्रिम रूप से दिये जाते हैं तथा बहुत कम सांद्रता पर वृद्धि अनुक्रियाओं को नियंत्रित करते हैं। यद्यपि पौधों में अनुक्रियाओं का समन्वय करने के लिए जन्तुओं के समान सुस्पष्ट अंतःस्रावी तन्त्र नहीं पाया जाता है, फिर भी इनमें कुछ विशिष्ट रसायनिक पदार्थ होते हैं जो

विभिन्न अनुक्रियाओं को नियंत्रित करते हैं, जिन्हें 'पादप वृद्धि नियामक' (Plant Growth Regulator) कहते हैं। ये कार्बनिक रसायन पौधों के निश्चित भागों में सूक्ष्म मात्रा में उत्पन्न होते हैं और स्थानान्तरित होकर अन्य भागों में जाकर अपना प्रभाव दिखाते हैं। पौधों में प्राकृतिक रूप से संश्लेषित होने वाले इस प्रकार के रसायनों को 'पादप हॉर्मोन' (Plant Hormone) कहते हैं, जबकि प्राकृतिक एवं कृत्रिम दोनों तरह के रसायनों को सम्मिलित रूप से 'वृद्धि नियामक' (Growth Regulator) कहा जाता है।

पादप वृद्धि नियामकों के प्रकार

पादप वृद्धि नियामक मुख्य रूप से पाँच प्रकार के होते हैं।

1. ऑक्सिन (Auxin)
2. जिब्रेलिन (Gibberelline)
3. साइटोकाइनिन (Cytokinine)
4. एबसिसिक अम्ल (Abscisic Acid)
5. इथिलीन (Ethylene)

वृद्धि नियामकों के प्रभाव के आधार पर इन्हें दो वर्गों (वृद्धिकारक एवं वृद्धि अवरोधक) में वर्गीकृत किया जाता है। ऑक्सिन, जिब्रेलिन एवं साइटोकाइनिन का प्रभाव वृद्धि को बढ़ाने वाला होता है, अतः इन्हें वृद्धिकारक (Growth Promoter) जबकि एबसिसिक एसिड का कार्य वृद्धि को रोकना है अतः इन्हें वृद्धि अवरोधक (Growth Inhibiters) कहते हैं। कुछ पादप वृद्धि नियामक वृद्धि दर को धीमा कर देते हैं जिन्हें 'वृद्धि रोधक' (Growth Retardents) कहते हैं।

पादप वृद्धि नियामक पौधों में उनकी वृद्धि अवस्था, उपयोग एवं सांद्रता के अनुसार विभिन्न प्रभाव परिलक्षित करते हैं। एक ही वृद्धि नियामक सांद्रता के अनुसार वृद्धिकारक भी होता है तथा वृद्धि अवरोधक भी होता है। उदाहरणार्थ – ऑक्सिन कम सांद्रता पर वृद्धिकारक की तरह व्यवहार करता है, जबकि अधिक सांद्रता पर वृद्धि रोधक का कार्य करता है। ये वृद्धि नियंत्रक, पौधों की वृद्धि की विभिन्न अवस्थाओं में अलग–अलग कार्य करते हैं। जैसे– ऑक्सिन कलमों में जड़ें निकालने का कार्य करता है, शिखाग्र कलिका की अवस्था पर शीर्ष प्रमुखता (Apical Dominance) दर्शाता है, पुष्पन एवं फलन के समय इन्हें झड़ने से रोकता है, फल बनने की अवस्था में बीज रहित फलोत्पादन में सहायक है तथा खरपतवारों

के नियंत्रण का कार्य भी करता है। अतः वृद्धि नियामक बीज अंकुरण से लेकर फलों के पकने तक विभिन्न तरह से पौधों की क्रियाविधि को नियंत्रित एवं नियमित करते हैं। एक वृद्धि नियामक के प्रभाव को दूसरे वृद्धि नियामक की सांद्रता भी प्रभावित तथा रूपान्तरित करती है। उदाहरण के लिए आम के कल्लों में यदि जिब्रेलिन की मात्रा ज्यादा हो जाती है तो वह ऑक्सिन के प्रभाव को दबा देती है और उसमें वानस्पतिक वृद्धि को बढ़ावा देती है।

फलोत्पादन में वृद्धि नियामकों का उपयोग

विभिन्न वृद्धि नियामक फलोत्पादन को किसी न किसी रूप से प्रभावित करते हैं। वृद्धि नियामको के कार्यों का विवरण इस प्रकार है।

ऑक्सिन के कार्य : इण्डोल एसिटिक अम्ल (IAA) एवं फीनोल एसिटिक अम्ल (PAA) प्राकृतिक ऑक्सिन हैं, जबकि नेफ्थलीन एसिटिक अम्ल (NAA), इण्डोल–3–प्रोपियोनिक अम्ल (IPA) तथा 2,4–डाईक्लोरो फिनोक्सी एसिटिक एसीड (2,4–डी) आदि कृत्रिम ऑक्सिन के उदाहरण हैं। इण्डोल ब्यूटाइरिक अम्ल कृत्रिम एवं प्राकृतिक दोनों ही रूप में पाया जाता है। ऑक्सिन का प्रयोग पौधों में विभिन्न कार्यो में होता है, इनमें प्रमुख हैं– तने एवं कोलिओप्टाइल (Coleoptile) कोशिकाओं की लम्बाई में वृद्धि, जड़ों का शीघ्र निर्माण, शीर्ष प्रमुखता (Apical Dominance), पुष्प एवं फल झड़न को रोकना, बीज रहित फलों का निर्माण, खरपतवार नियंत्रण, आदि। ऑक्सिन के कार्य इस प्रकार हैं–

1. इण्डोल एसिटिक अम्ल (IAA) कोशिका को बढ़ाकर पौधों की वृद्धि करता है।
2. इण्डोल ब्यूटाइरिक अम्ल (IBA) को जड़ें निकालने वाला हार्मोन (Root Hormone) भी कहते हैं। प्रवर्धन के लिए कलमों को इण्डोल ब्यूटाइरिक अम्ल से उपचारित करने पर जड़ों एवं सहायक जड़ों का निर्माण शीघ्र होता है तथा जड़ों की वृद्धि भी तेजी से होती है।
3. शीर्ष प्रमुखता के सिद्धान्त पर आधारित शिखाग्र कलिका (Apical Bud) के प्रभावशाली कार्य में इण्डोल एसिटिक अम्ल (IAA) का प्रयोग उपयोगी है।
4. फूलों एवं फलों को झड़ने से रोकने के लिए नेफ्थलीन एसिटिक अम्ल (NAA) एवं 2,4–डी का उपयोग किया जाता है।

5. बीजरहित फलों के निर्माण में इण्डोल एसिटिक अम्ल का उपयोग कर सकते हैं।
6. 2,4–डी का उपयोग चौड़ी पत्ती वाले खरपतवारों को नष्ट करने में किया जा रहा है।

जिब्रेलिन के कार्य : जिब्रेलिक अम्ल (GA_3) का अविष्कार सर्वप्रथम याबुता एवं सुमिकी ने 1938 में बकाने रोग से ग्रसित धान के पौधों से किया था। वर्तमान में 92 से अधिक जिब्रेलिन्स को पहचाना जा चुका है, जिन्हें GA_1, GA_2, GA_3, GA_{33}, GA_{92} के रूप में लिखा जाता है। सबसे अधिक उपयोग में अपने वाला जिब्रेलिक अम्ल GA_3 है। जिब्रेलिन उच्च पादपों में सामान्य रूप से बहुतायत में पाये जाते हैं, जबकि कवक एवं जीवाणु की कुछ ही प्रजातियों में ये पाये जाते हैं। तना शीर्ष, नई पत्तियाँ एवं बीजों में इनकी सांद्रता अधिक होती है। जिब्रेलिन्स के प्रमुख कार्य निम्न है।

1. जिब्रेलिन तने, टहनियों तथा पत्तों की लम्बाई में वृद्धि करता है तथा बौने पौधों को सामान्य ऊँचाई तक वृद्धि करने में सहायक है। यह इन्टरनोड (Internode) की लम्बाई बढ़ाता है।
2. यह शीर्ष मेरिस्टेम (Apical Meristem) को डॉर्मिन (Dormin) नामक वृद्धिरोधक के प्रभाव से बचाता है।
3. जिब्रेलिन हाइड्रोलाइटिक एन्जाइम (Hydrolytic Enzyme) प्रोटीएज (Protease) एवं अल्फा–एमाइलेज (α-Amylase) के संश्लेषण को बढ़ाता है, जिससे बीजों का अंकुरण बढ़ता है।
4. जड़ों की वृद्धि पर जिब्रेलिन का कोई प्रभाव नहीं होता है।
5. सेब, नाशपाती, टमाटर आदि में बीज रहित फलों के उत्पादन में यह सर्वाधिक प्रभावी होता है।
6. बीज और कलिकाओं की सुषुप्तावस्था को समाप्त करने में सहायक है।
7. दीर्घ प्रकाश अवधि वाले पौधों (Long Day Plants) में पुष्पन को बढ़ाता है तथा पुष्पों में नर के अनुपात को भी बढ़ाता है।
8. जिब्रेलिन की भूमिका फलों का आकार बढ़ाने में अत्यन्त प्रभावशाली रहती है।

साइटोकाइनिन के कार्य : जेबलोनसकी एवं स्कूग ने 1954 ई0 में सर्वप्रथम बताया कि पिटू कोशिकाओं तत्पश्चात मिलर एवं सहयोगियों ने 1956 यह सिद्ध किया कि यह पदार्थ कोशिका विभाजन को बढ़ाने में अति प्रभावशाली होता है तथा इसे 'काइनेटिन' (Kinetin) नाम दिया। बाद में लेथाम (1963) ने 'साइटोकाइनिन' (Cytokinine) शब्द दिया जो काइनेटिन की तरह के रसायनों जैसे– काइनेटेनोएड, फाइटोकाइनिन, फाइटोसाइटोनिन आदि के लिए सम्मिलित रूप से काम में लिया जाता है। साइटोकाइनिन का प्रमुख कार्य निम्नवत हैं।

1. यह कोशिका विभाजन के कार्य में सहायक है।
2. यह पादप ऊत्तक संवर्धन द्वारा पौधों के विभिन्न भागों के निर्माण में सहायक है।
3. अग्रस्थ कलिका के प्रभाव का प्रतिरोध करता है।
4. जड़ों, प्ररोहों एवं रेशों के निर्माण कार्य में सहायक है।
5. बीज तथा कलिकाओं की सुषुप्तावस्था को समाप्त करने में यह सहायक होता है।
6. यह जीर्णता (Senescence) को रोकता है।
7. क्राउन गाल (Crown Gall) के नियंत्रण में इसका महत्वपूर्ण योगदान है।

एबसिसिक अम्ल के कार्य : रोबिनसन एवं वीरिंग ने 1963 में एक वृद्धि रोधक पदार्थ को पौधों से निकाला तथा इसे 'डोर्मिन' (Dormin) नाम दिया, क्योंकि ये सुषुप्तावस्था (Dormancy) में सहायक था। ओकहुमा एवं सहयोगियों ने 1965 में कपास में एक बहुत ही प्रभावशाली वृद्धि रोधक को खोज निकाला जिसे एबसिसिन नाम दिया। बाद में 1967 में यह पाया गया कि एबसिसिन एवं डोर्मिन एक ही हैं तथा इन्हें 'एबसिसिक अम्ल' (Abscisic Acid) कहा गया। एबसिसिक अम्ल (ABA) के प्रमुख कार्य इस प्रकार है।

1. पौधों में जीर्णता (Senescence) को बढ़ाता है।
2. बीज तथा कलिकाओं में वृद्धिजनक पादप नियंत्रक (Plant Growth Regulators) के प्रभाव को निष्क्रिय करता है अर्थात् बीज तथा कलिकाओं की वृद्धि को रोकता है।
3. GA_3 द्वारा अल्फा–एमाइलेज संश्लेषण को रोककर बीजों के अंकुरण को रोकता है।

4. एबसीसिक अम्ल (ABA) जिब्रेलिन विरोधी (Anti-Gibberelline) का कार्य भी करता है।
5. पत्तियों की जीर्णता के लिए प्रभावी होते हैं।
6. प्रोटीन संश्लेषण को कम करते हैं।
7. गार्ड कोशिकाओं में K एवं Na के उद्ग्रहण को प्रभावित करके पत्तियों में रंध्रों को बन्द करते हैं तथा पौधों में जलीय संबंध (Water relationship) को प्रभावित करते हैं।

इथिलीन के कार्य : यह एक गैस है जो पानी में अघुलनशील है तथा कोशिकाओं के बीच की जगह में वाष्प के रूप में चली जाती है। इस गैस को 1971 में पादप वृद्धि नियामकों की श्रेणी में सम्मिलित किया गया था। पौधों में यह मिथियोनिन नामक अमीनो अम्ल के द्वारा संश्लेषित की जाती है। यह कोशिका में पारगम्यता को बढ़ाता है जिससे फल मुलायम बनते हैं। इथीलीन के प्रमुख कार्य निम्न है।

1. फलों को पकाने में सहायता प्रदान करता है।
2. एपिनेस्टी (Epinasty) एवं पर्ण जीर्णता को बढ़ाता है।
3. सुषुप्तावस्था को समाप्त करता है।
4. तनों एवं जड़ों की लम्बाई में वृद्धि को रोकता है।
5. पत्तियों के वियोजन को बढ़ाता है।
6. फलों के हरे रंग को कम करके उन्हें पका हुआ वास्तविक रंग प्रदान करता है।

वृद्धि नियामकों के प्रमुख वर्गो के साथ–साथ कुछ अन्य रसायन भी हैं जो किसी न किसी रूप में फलदार पौधों की बढ़वार, उत्पादन क्षमता तथा गुणवत्ता को प्रभावित करते हैं। इनमें बेंजाइल एड़ीनिन (ऊतक संवर्धन), पैक्लोब्यूट्राजाल (फूल एवं फलन), साइकोसेल (फल परिपक्वता एवं भंडारण क्षमता) आदि के लिए उपयोगी पाये गये हैं।

वृद्धि नियामकों का पौध प्रसारण में उपयोग

विभिन्न फलदार पौधों में बीज अंकुरण एवं जड़ों के विकास के लिए पादप हार्मोन का अनेक उपयोग है। बीज अंकुरण के लिए जिब्रेलिक अम्ल तथा साइटोकाइनिन तथा जड़ों के विकास के लिए 'ऑक्सीन' हार्मोन अधिक कारगर पाये गये हैं। प्रर्वधन की विभिन्न विधियों में उपयोग में लाये जाने वाले वृद्धि नियामकों की साद्रता निम्न तालिका में दिया जा रहा है।

प्रवर्धन में उपयोग में लाये जाने वाले वृद्धि नियामकों की मात्रा

कार्य	वृद्धि नियामक	सांद्रता (पी.पी.एम.)
पपीता के बीजों में अंकुरण	GA_3	200
अंगूर के बीजों में अंकुरण	GA_3, काइनेटिन	1500 एवं 2500
विभिन्न बीजों में सुषुप्तावस्था तोड़ना	काइनेटिन	100
शीतोष्ण फलों में चिलिंग अवधि के स्थान पर उपयोगी	GA_3	200–500
आम में गूटी द्वारा प्रवर्धन	आई.बी.ए.	2,500–5,000
आम में कलम द्वारा प्रवर्धन	आई.बी.ए.	5,000–10,000
आम में स्टूलिंग द्वारा प्रवर्धन	आई.बी.ए.	5,000
अमरूद में कलम द्वारा प्रवर्धन	आई.बी.ए.+बी.ए.	5,000 एवं 200
अमरूद में गूटी द्वारा प्रवर्धन	आई.बी.ए.	5,000
नींबू प्रजाति में गूटी द्वारा प्रवर्धन	आई.ए.ए./एन.ए.ए.	100
अंगूर में कठोर काष्ठीय कलम द्वारा प्रवर्धन	आई.बी.ए.	2,500
अनार में कठोर काष्ठीय कलम द्वारा प्रवर्धन	आई.बी.ए.	2,500
नींबू में कलम द्वारा प्रवर्धन	आई.बी.ए.	200
लोकाट में गूटी द्वारा प्रवर्धन	आई.ए.ए.	2,000
कटहल में गूटी द्वारा प्रवर्धन	आई.बी.ए.	10,000
सीताफल में स्टूलिंग द्वारा प्रवर्धन	आई.बी.ए.	20,000
लीची में गूटी द्वारा प्रवर्धन	इथरेल+आई.बी.ए. +बी.ए.	250+5,000+200

पादप वृद्धि नियामकों के अन्य उपयोग

1. आम में गुम्मा रोग (Malformation) की समस्या को रोकने के लिए अक्टूबर माह में नेफ्थेलीन एसिटिक अम्ल (NAA) को 200 मि.ली. प्रति लीटर

पानी में घोल कर छिड़काव करने से इस समस्या की रोकथाम की जा सकती है।

2. आम में एकान्तर फलन (Alternate Bearing) की समस्या से निजात पाने के लिए पैक्लोब्यूट्राजॉल / ट्राइकोन्टानोल / कल्टार को 5 ग्रा. मूल तत्व (Active Ingradient) प्रति वृक्ष की दर से मिट्‌टी में अक्टूबर माह में मिलाने से हर वर्ष फलत मिलती है।

3. अनन्नास में इथेफोन 25 पीपीएम + यूरिया 2% + सोडियम कार्बोनेट 0.04% के घोल का छिड़काव करके एक समान पुष्पन लिया जाता है।

4. नींबू वर्गीय फल वृक्षों में फल झड़न एक गंभीर समस्या है। इनमें फल लगने के बाद गिर जाते हैं तथा गर्मियों में अधिक संख्या में गिरते हैं। इसके बाद परिपक्वता की अवस्था में भी फल गिरते रहते हैं। इसे रोकने के लिए 4–25 मि.ग्रा. 2,4–डी एक लीटर पानी में घोलकर छिड़काव करना चाहिए। नागपुरी संतरे के अपरिपक्व फलों को गिरने से बचाने के लिए 20 मि.ग्रा. 2,4–डी को एक लीटर पानी में मिलाकर छिड़काव करना चाहिए।

5. लीची के वृक्षों में पुष्पन बढ़ाने के लिए नेफ्थेलीन एसिटिक अम्ल (50 पीपीएम) का उपयोग लाभदायक पाया गया है। इससे छाल हटाने की क्रिया (Girdling) की आवश्यकता नहीं होती है।

6. अमरूद में सर्दी के मौसम में अधिकतम फल प्राप्त करने के लिए अप्रैल–मई में अमरूद के वृक्षों पर लगे फूलों पर नेफ्थेलीन एसिटिक अम्ल के 600 पीपीएम साद्रता के घोल का छिड़काव करके गिराया जा सकता है।

7. जिब्रेलिन का प्रयोग अंगूर में फल लगने, फल विकास एवं फल गुणवत्ता को बढ़ाने में किया जाता है। पूसा सीडलेस किस्म की मंजरियों के 80% फूल खिलने की अवस्था में GA_3 45 मि.ग्रा. प्रति लीटर पानी (45 पीपीएम) में घोल कर छिड़काव करने से अंगूर की उपज में वृद्धि के साथ–साथ उनके आकार तथा शर्करा की मात्रा में भी वृद्धि होती है।

8. आडू एवं सेब के वृक्षों में कली सुषुप्तावस्था एक समस्या है, जिसके निदान के लिए GA_3 का उपयोग किया जाता है।

9. फालसा में 60 पीपीएम GA_3 के छिड़काव से फलोत्पादन बढ़ाया जा सकता है।

10. अंगूर में पकने की अवस्था में फलों का रंग परिवर्तन न होना एक समस्या है। इसके लिए रंग परिवर्तन की अवस्था पर फल गुच्छों को 250 पीपीएम इथेफॉन में डुबोने अथवा इस घोल के छिड़काव करने से अच्छा रंग आता हैं।

11. कागजी नींबू में 15 दिन के अन्तराल पर साइकोसेल 500 पीपीएम के घोल के दो छिड़काव करने पर 15–20 दिन पहले फल परिपक्व हो जाते हैं।

12. नींबू में पकने के बाद भी हरा रंग बना रहता है, जिससे बाजार भाव कम मिलते हैं। हरे रंग को पीले रंग में परिवर्तित करने के लिए फलों को 100 पीपीएम इथेफॉन से उपचारित करने से समान रूप से पीला रंग विकसित होता है।

13. सेब के बगीचों में फलों का उचित आकार प्राप्त करने के लिए लगे हुए फलों का विरलन करने की आवश्यकता होती है। इसके लिए 4,6–डाईनाइट्रो–ऑर्थो–क्रिसोल का छिड़काव लाभदायक होता है।

14. पपीता में पुष्पन देर से होना एवं पौधे की लम्बाई में वृद्धि होने के बाद फूल आना एक जटिल समस्या है। परन्तु पौधों पर बेंजोथायोएजोल–2–ऑक्सीएसीटिक एसिड का छिड़काव करने से पुष्पन जल्दी तथा कम ऊँचाई से प्रारम्भ हो जाता है।

15. बेर की गोला किस्म में GA_3 के 30 पीपीएम या एनएए के 30 पीपीएम के घोल के छिड़काव से फल नहीं गिरते।

16. सेब के वृक्षों में फल की लम्बाई : व्यास अनुपात को बढ़ाने, अफलन को कम करने, कलिका प्रसुप्ता तोड़ने तथा शाखा का तने से कोण बढ़ाने (Croach Angle) के लिए बेंजीन एडीनिन (BA) तथा GA_{47} के मिश्रण का उपयोग किया जाता है।

□□□

5

पौध प्रवर्धन एवं पौधशाला प्रबन्ध

पौधशाला यानी कि नर्सरी, एक ऐसा स्थल है जहाँ पर फल, सब्जी, पुष्पों तथा अन्य शोभायमान पौधों का उत्पादन या प्रवर्धन तथा पालन पोषण किया जाता है। पौधशाला की जरूरतों, उसके लिए उपयोगी संरचनाओं, पौधा तैयार करने की विधियों तथा पौध रखरखाव के बारे में विस्तृत जानकारी इस अध्याय में दिया जा रहा है।

1. पौधशाला का महत्व (Importance of Nursery)

जिस तरह किसी भी देश का भविष्य वहां के बच्चों पर निर्भर करता है, उसी तरह फल, सब्जी तथा शोभायमान पौधों तथा वन विकास का भविष्य वहाँ की नर्सरी में तैयार किये गये पौधों पर निर्भर करता है। अग्रेंजी में एक कहावत है, कि "Nurse the Baby, Protect the Child and Free the Adult" इसका तात्पर्य है कि यदि पौधों को पौधशाला में सही तरीके से तैयार किया जाय एवं उनकी देखरेख की जाय तो बड़े होने पर उनकी सफलता निश्चित है। नर्सरी का महत्व निम्न बिन्दुओं से स्पष्ट होता है।

1. उचित दर पर पौधों की उपलब्धता
2. किस्म या जाति की विश्वसनीयता
3. उत्तर जीविता की समस्या का हल
4. रोग व कीट के विस्तार को रोकने में सहयोग
5. उत्तम किस्मों का विकास
6. समय पर आवश्यकतानुसार पौधों की उपलब्धता

2. पौधशाला के मुख्य अवयव (Component of Nursery)

नर्सरी को स्थापित करने के लिए चुने हुए स्थान की जलवायु, भूमि, सिंचाई की व्यवस्था इत्यादि के साथ–साथ उस स्थान का सड़क से लगा होना अति आवश्यक है जिससे कि पौधे खरीदने वाले लोग आसानी से पहुँच सकें तथा पौधों की ढुलाई करने वाली गाड़ियाँ सीधे नर्सरी पर पहुँच सकें। नर्सरी के अन्तर्गत आने वाले सभी कार्यो के सम्पादन के लिए आवश्यक जरूरतें व कार्य स्थल निम्नानुसार हैं।

1. आवास, कार्यालय, भण्डार
2. सड़क एवं रास्ते
3. मातृ वृक्ष
4. बीज बोने की क्यारियाँ
5. पैकिंग स्थल
6. खाद के गड्ढे
7. कार्य स्थल
8. नलकूप स्थल
9. गमला स्थल
10. बीजू पौध/मूलवृन्त की क्यारियाँ

1. **आवास, कार्यालय, भण्डार** : निवास स्थान सुविधानुसार बनाते हैं। कार्यालय जहाँ तक सम्भव हो रोड से सटा हुआ बनाते हैं तथा कार्यालय के साथ ही भंडार गृह भी बनाया जाना चाहिए जिससे नर्सरी के लिए आवश्यक सामग्री बीज, खाद, स्प्रेयर मशीन, हजारे, पैकिंग सामग्री आदि भंडार में रखे जा सकें तथा उपलब्ध वस्तुओं की जानकारी कार्यालय को होने में सुविधा रहे। कार्यालय में निम्न रजिस्टर का रखरखाव किया जाना चाहिए।

(क) नर्सरी की वार्षिक रूप रेखा

(ख) मातृ पौधों की वंशावली, किस्म, संख्या आदि

(ग) तैयार पौधों की संख्या, किस्म तथा उम्र की सूची

(घ) बीजू तथा कलमी पौधों की संख्या

2. **सड़क एवं रास्ते** : नर्सरी की मुख्य सड़क से नर्सरी के अन्य भागों तक पहुचनें व क्रिया कलाप सम्पन्न होने के लिए रास्ते बनाये जाने चाहिए। पौधशाला की लागत को कम करने के लिए कच्चे परन्तु सीधे रास्तों के विकास पर जोर देना चाहिए।

3. **मातृवृक्ष** : जितने किस्म के पौधे तैयार करने हों, उन सभी किस्मों के मातृ पौध नर्सरी में लगाये जाने चाहिए। मातृ पौधे का स्थान नर्सरी में ऐसे स्थल पर रखना चाहिए जहाँ से उपलब्ध अच्छी किस्मों के लगे हुए फल को जनसामान्य आसानी से देख सकें।

4. **बीज बोने की क्यारियां** : मूलवृन्त के लिए या बीज द्वारा पौध तैयार करने के लिए बीज पहले बीज क्यारी में बोया जाता है बाद में उन्हें अन्य क्यारियों अथवा पालीथीन की थैलियों में रोपित किया जाता है। बीज क्यारियाँ सतह से 10–15 सेंमी. ऊँची बनायी जानी चाहिए तथा इनकी चौड़ाई 1 मी. तथा लम्बाई आवश्यकता अनुसार होनी चाहिए। क्यारियों को सिंचाई व्यवस्था के समीप बनाना चाहिए।

5. **पैंकिग स्थल** : पैकिंग स्थल यथासम्भव भण्डार गृह तथा मुख्य सड़क के पास बनाया जाना चाहिए। जिससे पौधों के परिवहन में आसानी होती है।

6. **खाद के गडढें** : नर्सरी उत्पादन के लिए कार्बनिक खाद जैसे गोबर की सड़ी खाद, कम्पोस्ट, वर्मी कम्पोस्ट व पत्ती की खाद अति आवश्यक होती है। नर्सरी में पीछे की तरफ इनको स्थान दिया जाना चाहिए।

7. **कार्य स्थल** : नर्सरी के विभिन्न क्रिया कलाप जैसे गमले भरना, फलों से बीज निकालना, छिड़काव के लिए घोल बनाना, कलम तैयार करना आदि के लिए कार्यस्थल को टिन या छप्पर से बनाया जाना चाहिए तथा छायादार वृक्ष लगा देना चाहिए जिससे स्थल ठण्डा रहे।

8. **नलकूप स्थल** : पूरे नर्सरी में सिंचाई व्यवस्था के लिए नलकूप स्थल नर्सरी में ऊँचे स्थान पर व्यवस्थित किये जाने चाहिए। यह भी प्रयास किया जाना

चाहिए कि नलकूप नर्सरी के लगभग बीच में रहे जिससे कि पूरे नर्सरी में आसानी से सिंचाई किया जा सके।

9. **गमला स्थल** : बीज से तैयार किये जाने वाले फल जैसे पपीता व फालसा तथा फूल इत्यादि के पौधों को पालीथीन की थैलियों में तैयार किया जाता है। इनका स्थान भी सड़क के समीप होना चाहिए जिससे इनकी बिक्री में आसानी रहे।

10. **बीजू पौध व मूलवृन्त की क्यारियां** : बीजू पौध या मूलवृन्त के लिए क्यारियाँ बनायी जानी चाहिए। इन क्यारियों में लगे हुए मूलवृन्त पर ग्राफ्टिंग व कलिकायन किया जाता है। अतः इनके किनारे पक्के होने चाहिए जिससे रखरखाव तथा ग्राफ्टिंग कार्य में सुविधा होती है।

पौध प्रसारण

पौध प्रर्वधन अथवा प्रसारण एक तकनीक एवं कला है जिसके माध्यम से विभिन्न बागवानी फसलों के पौधे तैयार किये जाते हैं। पौध प्रवर्धन तकनीक को मुख्य रूप से दो वर्गों में विभक्त किया जा सकता है।

1. लैंगिक प्रवर्धन (Sexual Propagation)

लैगिक प्रर्वधन, पौध प्रसारण की वह विधि है जिसमें नये पौधों का निर्माण अथवा सृजन बीज या बीजाणु द्वारा होता है। ये पौधे मातृ एवं पितृ पुष्पों के संयोग से बनने वाले बीजों द्वारा तैयार किये जाते हैं अतः इनमें माता और पिता (Male and Female Parents) दोनों के गुण आ जाते हैं।

इस विधि में बीज को उपयुक्त वातावरण में बुवाई करके पौधा तैयार करते हैं जिसे 'बीजू पौधा' (Seedling) कहते हैं। बीजू पौधों में कई अवगुण होते हैं अतः इन्हें व्यवसायिक प्रवर्धन विधि के रूप में उपयोग नहीं किया जाता। बीजू पौधों का अधिकांश उपयोग कायिक प्रवर्धन के लिए मूलवृन्त हेतु अथवा उन प्रजातियों, जिनमें कायिक प्रवर्धन सम्भव नहीं है जैसे पपीता आदि में किया जाता है। बीज द्वारा तैयार मूलवृन्त अत्यधिक कठोर होते हैं जो विभिन्न विषम परिस्थितियों में सफल पाये गये हैं। इस विधि का प्रयोग नयी किस्मों के विकास के लिए भी किया जाता है। सेब, नींबू और आम के बहुभ्रूणीय प्रजातियों के पौधे बीज द्वारा तैयार किये जा सकते हैं। बीज द्वारा फैलने वाले रोगों जैसे नींबू का सोरोसिस, आड़ू का पत्रकुंचन रोग इत्यादि का फैलाव लैंगिक प्रवर्धन द्वारा बढ़ जाता है।

बीजू पौधों को पौधशाला या थैलियों में तैयार किया जाता है। बीज को तैयार क्यारी या थैली में बीज के आकार के तीन गुना अधिक गहराई में बोया जाता है। पर्याप्त सिंचाई एवं देखरेख के पश्चात् बीज जमते हैं और पौधे तैयार किये जाते है जिसको विभिन्न उद्देश्यों के लिए प्रयुक्त किया जाता है।

लैंगिक प्रवर्धन से तैयार पौधों के गुण

1. बीज के मूलांकर से जड़ का विकास होने के कारण बीज द्वारा तैयार पौधों में मूसला जड़ का विकास होता है जो जमीन में ज्यादा गहराई तक जाकर पानी और पोषण ग्रहण करता है तथा पौधों को मजबूती देता है।
2. बीज द्वारा तैयार पौधे आकार में बड़े होते हैं तथा अधिक फल पैदा करते हैं।
3. ये पौधे आसानी से तैयार किये जा सकते हैं।
4. शाकीय पौधों जैसे पपीता, अनेकों सब्जियों एवं फूलों के पौधे बीज द्वारा ही तैयार किये जाते हैं।
5. कायिक प्रवर्धन के लिए मूलवृन्तों को इसी विधि से तैयार किया जाता है।

लैंगिक प्रवर्धन के दोष

1. इस विधि से तैयार पौधों में एकरूपता (Uniformity) नहीं होती क्योंकि उनमें परपरागण से उत्पन्न बीजों में विभिन्नता पायी जाती है।
2. बीज द्वारा तैयार पौधे देर में फलन प्रारम्भ करते हैं।
3. पौधे बड़े होने के कारण बागवानी सम्बन्धी कार्य जैसे कटाई–छँटाई, छिड़काव, तोड़ाई इत्यादि करने में परेशानी होती है।

2. अलैंगिक अथवा कायिक प्रवर्धन (Vegetative Propagation)

कायिक प्रवर्धन पौध प्रसारण की वह विधि है जिसमें पौधों का विकास बीज के अतिरिक्त मातृ पौधे के किसी भी भाग से किया जा सकता है। कुछ बीजों जिनमें बहुभ्रूणता (Polyembryony) पाया जाता है, में नाभिकीय भ्रूण (Nuclear Embryo) से विकसित होने वाले पौधे के अतिरिक्त अन्य भ्रूणों से तैयार पौधे भी अलैंगिक पौधों की श्रेणी में आते हैं।

कायिक प्रवर्धन के गुण

वर्तमान समय में पौधा तैयार करने की कामिक प्रवर्धन एक व्यवसायिक एवं सर्वमान्य विधि हैं जिसके गुणों का वर्णन निम्नवत् है।

1. कायिक विधि से तैयार पौधे मातृ वृक्ष के अनुरूप होते हैं क्योंकि इसमें वनस्पतिक भाग का प्रयोग होता है जिससे पौधे पूर्ण सत्यरूपता (Totipotency) वाले होते हैं।
2. पौधे बौने होते हैं क्योंकि इसमें झकड़ा जड़ें होती हैं तथा ग्राफ्टिंग/कलिकायन वाले पौधों में खाद्य पदार्थ संचरण में बाधा उत्पन्न होती है।
3. कायिक विधि से तैयार पौधे जल्दी फलत में आ जाते हैं क्योंकि इनमें प्रयुक्त सांकुर डाली परिपक्व होती है।
4. जिन पौधों में बीज नहीं बनते (अनन्नास, केला, आदि) या बीजों का जमाव नहीं होता, वहाँ कायिक विधि का ही प्रयोग किया जाता है।
5. इस विधि में मूलवृन्त के प्रयोग से समस्याग्रस्त मिट्टी जैसे लवणीय, क्षारीय अम्लीय आदि, व सूखा ग्रस्त क्षेत्रों तथा कीट, रोग या सूत्रकृमि प्रभावित क्षेत्रों में फलदार पौधों की बागवानी सम्भव हो सकती है।
6. कायिक विधि द्वारा खराब गुणवत्ता के पौधों को शीर्ष कलम रोपण (Top Working) द्वारा अच्छे किस्म में बदला जा सकता है।
7. कायिक विधि द्वारा कम समय में ज्यादा से ज्यादा संख्या में तथा अच्छी गुणवत्ता के पौधों को तैयार किया जा सकता है।
8. एक पौधे पर एक से ज्यादा किस्मों का प्रत्यारोपण वानस्पतिक विधि द्वारा ही सम्भव हो सकता है।

कायिक प्रवर्धन के दोष

1. वानस्पतिक विधि से तैयार पौधों की आयु कम होती है।
2. इन पौधों का मूलवृन्त एवं सांकुर डाली का जोड़ कमजोर होता है तथा तने अपेक्षाकृत कमजोर होते हैं जिनके टूटने की सम्भावना रहती है।
3. मूलवृन्त एवं सांकुर डाली में परस्पर पर्याप्त संयोग न होने के कारण (Vegetative Incompatibility) कायिक विधि से तैयार पौधे धीरे–धीरे कमजोर हो जाते हैं जिससे उनकी उत्पादन एवं उत्पादकता प्रभावित होती है।

कायिक प्रवर्धन
(Vegetative Propogation)

- अनाभिकीय भ्रूण से तैयार पौधे (आम व सेब की कुछ प्रजातियाँ जैसे बेलाइकोलम्बन, ओलुर, बप्पाकाई, आदि)
- स्वतः अलग होने वाले भागों से तैयार पौधे
  - कन्द (Tuber)–आलू
  - मूलक कन्द (Root tuber)– शकरकन्द, ककरोल
  - प्रकन्द (Rhizome)– अदरक, हल्दी
  - घनकन्द (Corm)– जिमीकन्द, अरवी, ग्लैडियोलस
  - शल्क कन्द (Bulb and Bulbil)–प्याज, लहुसन
  - भूस्तारी (Runner)– स्ट्राबेरी, पुदीना
  - उप–भूस्तारी (Off Shoot)– खजूर
  - अन्तः भूस्तारी (Sucker)–अनन्नास, केला, रसभरी
  - क्राउन (Crown)– अनन्नास
  - स्लिप (Slip)–अनन्नास
  - तने के टुकड़े (Stem bits)– अनन्नास
- मानव द्वारा पौधों के वानस्पतिक भागों से तैयार पौधे
  - जड़ द्वारा
    - जड़ कलम (सेब, आड़ू, अमरूद)
  - तने द्वारा
    - अपने जड़ पर तैयार पौधे
      - जड़ निकलने से पहले मातृ पौध से अलगाव कलम (Cutting)
        - शाकीय कलम
        - मुलायम कलम
        - अर्ध कठोर कलम
        - कठोर कलम
          - साधारण कठोर कलम (Simple)
          - एड़ीदार कठोर कलम (Heal)
          - छालदार कठोर कलम (Mallat)
        - उत्तक सम्वर्धन
      - जड़ निकलने के बाद मातृ पौध से अलगाव बाद कलम (Layering)
        - साधारणदाब (Ground Layering)
        - सर्पिलदाब (Serpentine Layering)
        - खाई दाब (Trench Layering)
        - स्टूल दाब (Stool Layering)
        - गूटी (Air Layering)
    - दूसरे के जड़ों पर तैयार पौधे
      - ग्राफ्टिंग
      - कलिकायन
  - पत्ती द्वारा
    - पत्ती कलम (ब्रायोफायलम, बिगोनिया)

क्रमशः

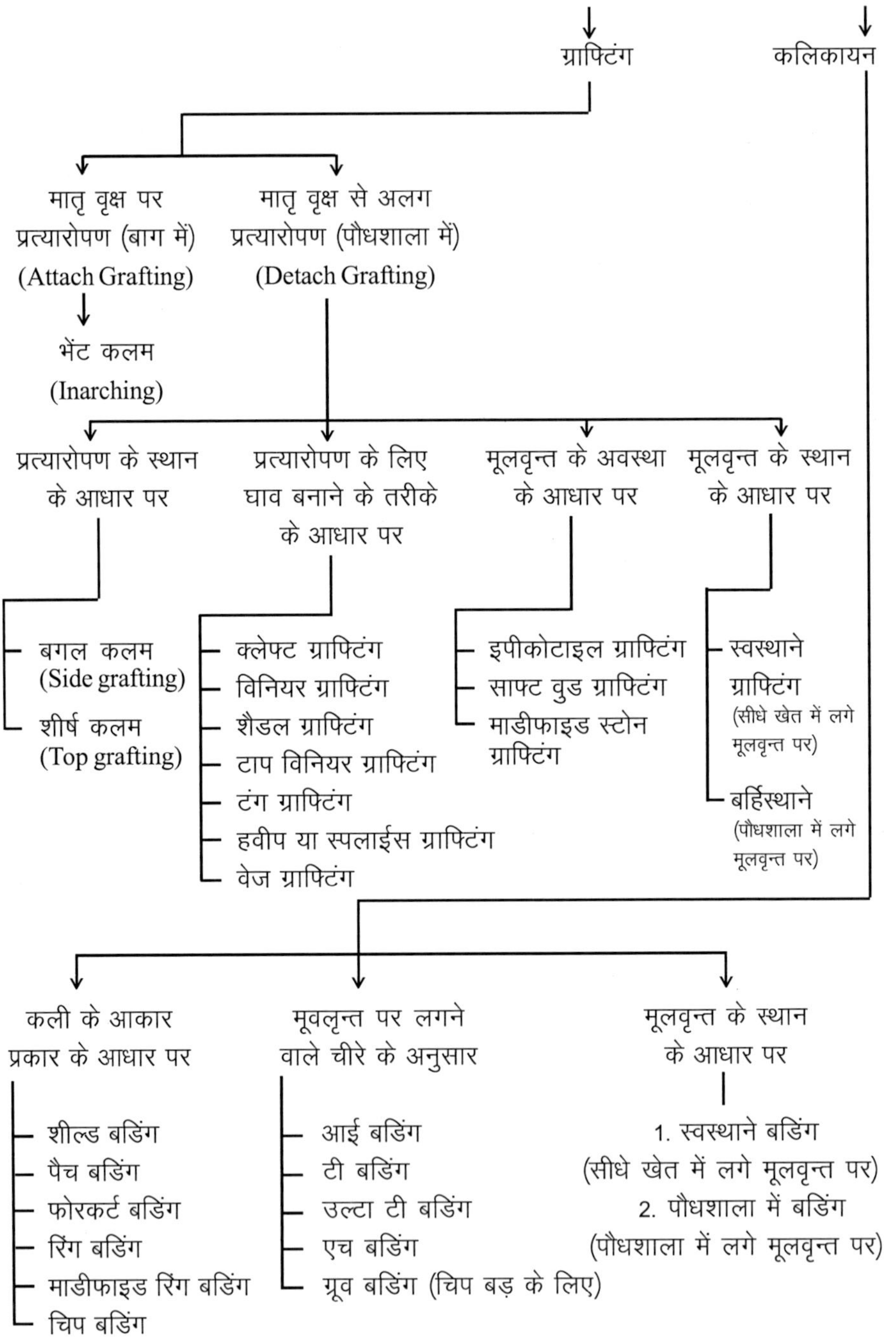

चित्र : कायिक प्रवर्धन की विधियों का प्रारूप

वनस्पतिक प्रवर्धन की विधियाँ

कायिक अथवा वनस्पतिक विधि से पौधे तैयार करने की विधियों को कई भागों में बाँटा जा सकता है इन विधियों का एक प्रारूप (चित्र) और इनका संक्षिप्त विवरण आगे दिया जा रहा है।

(अ) अनाभिकीय भ्रूण (Apomicsis) से तैयार पौधे : कुछ उद्यानिकी फसलों जैसे आम, सेब इत्यादि के कुछ प्रजातियों में एक से अधिक भ्रूण पाये जाते हैं जिन्हें बहुभ्रूणता (Polyembryony) कहते हैं। इन भ्रूणों में से एक भ्रूण नर और मादा भागों के मिलन (Sexual) से तैयार होता है जिसे लैगिंक भ्रूण (Nucellar Embryo) कहते हैं। इस भ्रूण तथा इससे तैयार होने वाले पौधों में नर और मादा पौधों के गुणों का सम्मिश्रण होता है। अतः यह बीजू पौधों के समतुल्य होता है। परन्तु लैंगिक भ्रूण के अतिरिक्त, विकसित होने वाले अन्य भ्रूण विशेषकर वनस्पतिक प्रवृति के होते हैं और उनमें मातृ वृक्ष के गुण होते हैं जिन्हे ''एपोमिक्टक भ्रूण (Apomictic Embryo) कहते हैं तथा इस प्रक्रिया को 'Apomicsis' कहते हैं। आम के वेलाइकोलम्बन, बप्पाकाई, ओलुर, गोवा, कुरूकुन तथा अनेक किस्मों तथा सेब के मैलस सिकमेंसिंस, मैलस टरंग्वाइडिस, मैलस सरजेन्टाई इत्यादि प्रजातियों में बहुभ्रूणता की दशा पायी जाती है। Apomictic पौधों को बौने एवं वनस्पतिक मूलवृन्त के रूप में प्रयोग किया जा सकता है।

(ब) स्वतः तैयार (Natural separation) होने वाले पौधे : कुछ उद्यानिकी फसलों में प्राकृतिक तौर पर यह व्यवस्था होती है कि मुख्य पौधे के वृद्धि एवं विकास के साथ ही साथ उनके अगले वंश के लिए नये पौधों का निर्माण स्वतः हो जाता है और उनका वंश उत्तरोत्तर गति से चलता रहता है। चूँकि यह विकास वनस्पतिक भाग से होता है अतः वनस्पतिक प्रवर्धन की श्रेणी में रखा गया है। इन विकसित भागों को समूचा या टुकड़ो में विभक्त करके पौध प्रसारण के लिए प्रयोग किया जा सकता है। ऐसे कुछ प्रसारण तरीकों का विवरण निम्नलिखित है।

1. **कन्द** : कन्द एक रूपान्तरित तना है जिस पर आँखें पायी जाती हैं इन्हें समूचा अथवा एक आँख के साथ काट कर लगाने से पौधे तैयार किये जा सकते हैं। उदाहरण– आलू।
2. **मूलकन्द** : कुछ पौधों के जड़ो में भोजन संचय के कारण उनमें फुलाव आ जाता है और वे कन्द के रूप में दिखती हैं जिन्हें मूलकन्द (Root Tuber) कहा जाता है। वस्तुतः ये जड़ें ही होती हैं जिन पर तने से जुड़े भाग (Joints with Stem) पर कुछ कलियाँ होती हैं जो नये पौधों को जन्म दे सकती हैं।

ऐसे मूल कन्दों को यदि एक या दो आँख के साथ काट कर एवं उपचारित करके लगाया जाय तो नये पौधे तैयार किये जा सकते हैं। उदाहरण के लिए शकरकन्द, ककरोल, खेखसा आदि को इस विधि से तैयार कर सकते हैं।

3. **प्रकन्द** : प्रकन्द भी एक रूपान्तरित तना है जिसको समूचे तौर पर लगाकर अथवा उनके बगल से निकलने वाले शाखीय प्रकन्दों को लगा कर पौधा तैयार कर सकते हैं। उदाहरण– अदरक, हल्दी, रजनीगंधा आदि।

4. **घनकन्द** : घनकन्द एक रूपान्तरित तना है जिस पर अनेक गाठें (आँखें) होती है। घनकन्द को समूचे अथवा आँखों के साथ काटे हुए टुकड़ों को लगा कर पौधा तैयार कर सकते हैं। उदाहरण– जमीकन्द, बण्डा, ग्लैडियोलस, आदि।

5. **बल्ब एंव बलबिल** : बल्ब तथा बलबिल भी रूपान्तरित तने होते हैं। बल्ब में पूरा शल्कपत्र डिस्क के ऊपर एक चक्र में अवस्थित होता है तथा विकास बिन्दु डिस्क के मध्य स्थित होता है। उदाहरण– प्याज। जबकि बलबिल में प्रत्येक शल्कपत्र अलग होकर एक मांसल भाग बना लेता है परन्तु ये सभी डिस्क के ऊपर ही अवस्थित होते हैं और सबसे नया शल्क डिस्क के केन्द्र में होता है। उदाहरण– लहसुन। बल्ब तथा बलबिल को भी वनस्पतिक प्रवर्धन के तौर पर प्रयोग किया जाता है।

6. **रनर** : इसे ऊपर भूस्तरी कहते हैं। ये एक ऐसे कमजोर तने होते हैं जो जमीन पर रेंगते हैं। इनके प्रत्येक गांठों में जड़ पैदा करने की क्षमता होती है जिन्हें यदि उपयुक्त माध्यम दिया जाय तो अपस्थानिक जड़ें पैदा करते हैं जिन्हें अलग करके एक पौध के रूप में विकसित किया जा सकता है। उदाहरण– स्ट्राबेरी, कालीमिर्च, परवल, इत्यादि का प्रसारण इस विधि से किया जाता है।

7. **अधोभूस्तरी या आफशूट** : मातृ पौधों से जमीन की सतह अथवा उसके थोड़ा ऊपरी भाग पर उपस्थित सुषुप्त कली से जो फुटाव होकर पौधे बनते हैं उन्हें 'आफ शूट' कहा जाता है। इन्हें भी वनस्पतिक प्रवर्धन हेतु प्रयोग किया जाता है परन्तु आफशूट पैदा करने में मातृ पौधों की क्षमता कम होने के कारण इनका प्रसारण दर बहुत कम होता है। उदाहरण के तौर पर खजूर का एक पौधा पूरे जीवन काल में 10–15 आफसूट ही पैदा कर पाता है।

8. **सकर** : मातृ पौधों के पत्तियों के कक्षों अथवा प्रकन्दों के ऊपर मौजूद कलियों से निकलने वाले कल्लों को भी वनस्पतिक प्रवर्धन के लिए प्रयोग किया जा सकता है जिन्हें 'सकर' कहते हैं। इस प्रकार से सकर दो प्रकार के हुए। प्रथम वे जो पत्तियों के कक्षों से निकलते हैं, जिन्हें 'एरियल सकर' कहा जाता है जैसे– अनन्नास में तथा दूसरे वे जो प्रकन्दों पर मौजूद कलियों के फुटाव से निकलते हैं जिसे 'ग्राउन्ड सकर' कहा जाता है जैसे– केला, अन्ननास। एरियल सकर में साधारणतयः जड़ें नहीं होतीं परन्तु इनमें जड़ पैदा करने की क्षमता होती हैं जबकि केले के ग्राऊंड सकर में कुछ जड़ें तथा संचित भोज्य पदार्थ मौजूद होता है।

9. **क्राऊन** : अनन्नास के फलों के ऊपर पत्तियों का एक सघन गुच्छा होता है जिसे 'क्राऊन' कहते हैं। क्राऊन के शल्क पत्रों के कक्ष में बहुत से प्रीफार्मड रूट इनीसियल (Preformed Root Initials) मौजूद होते हैं जिन्हें उपयुक्त वातावरण देने पर अच्छी जड़ों का विकास करके नये पौधे तैयार किये जा सकते हैं।

10. **स्लिप** : अनन्नास के फलों के नीचे फल वृन्तों पर अनेक छोटी–छोटी कलिकायें विकसित होती हैं जिन्हें 'स्लिप' कहा जाता है। अनन्नास के फल विकास के समय ही इन कलिकाओं का प्रार्दुभाव होता है परन्तु प्रारम्भ में ये इतने विकसित नहीं होते। जब फल परिपक्वता के स्तर पर पहुँचता है और उसमें गुणवत्ता का विकास प्रारम्भ होता है उसी समय पोषण का कुछ अंश 'स्लिप' में भी परवर्तित हो जाता है और इनका विकास होता है। फल तोड़ाई के लगभग 20–25 दिन पश्चात जब ये स्लिप 8–10 सघन पत्तीदार वाले हो जाते हैं तब उन्हें अलग करके बालू में लगा देते हैं जिससे स्वस्थ्य जड़ विकास होता है और पौधा तैयार हो जाता है।

(स) **वनस्पतिक भागों से कृत्रिम विधि (मानव द्वारा) से तैयार पौधे** : पौधों में मुख्य रूप से तीन वनस्पतिक भाग होते हैं जड़, तना और पत्ती। मनुष्य ने अपने ज्ञान कौशल एवं आवश्यकतानुसार इन तीनों भागों से पौधे तैयार किये हैं जिसके बारे में चर्चा की जा रही है।

1. **जड़ द्वारा पौधा तैयार करना** : बहुत ही सीमित मात्रा में कुछ ही प्रजातियों में जड़ द्वारा पौधे तैयार किये जाते हैं। जैसे सागौन, शीशम, बेल, अमरूद, इत्यादि। इस विधि से पौधा तैयार करना अपेक्षाकृत आसान होता

है। जड़ द्वारा पौधा तैयार करने में मूलतः 'जड़ कलम' का ही प्रयोग किया जाता है। आवश्यकता होने पर अपस्थानिक (Advanticious) जड़ो के विकास के लिए हार्मोन का प्रयोग किया जा सकता है।

2. **पत्ती द्वारा पौधा तैयार करना** : कुछ एक प्रजातियों विशेषकर शाकीय पौधों जिनके पत्तियों के पत्र फलक (Leaf Lamila) के लहरदार अथवा कटावदार किनारों पर अपस्थानिक कलिकायें होती हैं अथवा वहाँ पर अपस्थानिक जड़ों के पैदा होने की क्षमता होती है, को यदि उपयुक्त माध्यम और वातावरण दिया जाता है तो वे जड़ें और फिर तने पैदा करके नये पौधों को बनाती हैं। उदाहरण के लिए ब्रायोफाइलम, विगोनिया, आदि। पत्ती द्वारा पौधा तैयार करने के लिए सम्पूर्ण पत्ती अथवा इसके टुकड़ो को बालूयुक्त नम माध्यम में रखा जाता हैं जिससे इनमें जड़ और कल्लों का विकास होता है।

3. **तने द्वारा पौधा तैयार करना** : व्यवसायिक स्तर पर तने अथवा तने के भागों के प्रयोग से वनस्पतिक विधि से पौधे तैयार किये जाते हैं। जहाँ एक तरफ कलम, लेयरिंग, ग्राफ्टिंग, बडिंग विधि में सीधे तौर पर तने का प्रयोग होता है वहीं दूसरी तरफ ऊतक सर्म्वधन विधि में अग्रप्रारोह (Apical Meristem) अथवा शीर्ष कली (Apical Bud) का प्रयोग किया जाता है। तने द्वारा पौधा तैयार करने की विधि को मोटे तौर पर दो भागों में विभक्त कर सकते हैं। (क) वे पौधे जो अपने जड़ पर तैयार होते हैं तथा (ख) वे पौधे जो दूसरों के जड़ पर तैयार होते हैं।

(क) पौधे जो अपने जड़ पर तैयार होते हैं : इस विधि से तैयार पौधों में मुख्य रूप से अपस्थानिक जड़ का विकास होता है क्योंकि इनमें जड़ें तने पर उपस्थित कलियों से विकसित होती हैं। इस विधि में जड़ों के उद्‌भव तथा विकास (Auxin) तथा तनों के विकास (Cytokinine) को प्रेरित करने वाले हार्मोन का प्रयोग लाभदायक होता है। सामान्य वातावरण में उगाये जाने वाले फलदार पौधे, झाड़ीदार पौधे, एंव शोभाकारी तथा औषधीय पौधे इस विधि से तैयार किये जा सकते है। अध्ययन में सहूलियत के हिसाब से इसे भी दो वर्गों मे बाँटा जा सकता है प्रथम, वे पौधे जिन्हें मातृपौधों से अलग करने के बाद उपयुक्त वातावरण एवं पादप हार्मोन प्रदान करके जड़ विकास तथा तना वृद्धि के लिए प्रेरित किया जाता

है जैसे कलम, ऊतक संवर्धन, इत्यादि तथा दूसरे वे जिनमें जड़ विकास को उसी समय प्रेरित किया जाता है जब पौधे मातृवृक्ष में लगे ही रहते हैं उदाहरण के लिए लेयरिंग। दूसरे शब्दों में, प्रथम वे जो जड़ निकलने के पहले मातृ वृक्ष से अलग किये जाते हैं तथा द्वितीय वे जो जड़ निकलने के बाद मातृ वृक्ष से अलग किये जाते हैं।

(1) जड़ निकलने से पहले अलग किये जाने वाले पौधे : इस विधि में मुख्य रूप से कलम तथा ऊतक संवर्धन विधि आता है। जिसका विवरण इस प्रकार है–

कलम : पौधे के किसी भी भाग को काट कर लगाने से यदि उसमें दोनों आवश्यक भागों (जड़ और तने) का विकास हो जाता है तो उसको कलम कहते हैं। इस परिभाषा में जड़ कलम तथा पत्ती कलम भी शामिल हैं। यहाँ पर यह बताना आवश्यक है कि जड़ कलम में पौधों को केवल तने का विकास करना है जो अपेक्षाकृत आसान है क्योंकि जड़ कलम में या तो कुछ जड़े या पूर्वरचित जड़ कलियां (Preformed Root Initials) उनमें मौजूद होते हैं। इसी प्रकार तने से कलम तैयार करना भी आसान समझा जाता है क्योंकि उसमें केवल जड़ का विकास जरूरी होता है तथा तने पर कुछ कलियाँ पहले से ही मौजूद रहती हैं। पत्ती कलम में न तो जड़ होता है और न ही तना। अतः पत्ती कलम से पौधा तैयार करना ज्यादा मुश्किल माना जाता है और केवल कुछ शाकीय पौधों में ही यह विधि सफल पायी गयी है।

तना कलम मुख्यत : उन प्रजातियों में प्रयुक्त होता है जो आसानी से जड़ पैदा कर देती है। तना कलम बनाने के लिए एक डाली का चुनाव किया जाता है। डाली के आयु, कठोरता, जड़ निकलने की क्षमता तथा प्रजाति की उपयुक्तता के आधार पर इन्हें चार मुख्य भाग में बाटा गया है।

1. **शाकीय कलम** : जब तने की उम्र मात्र 15 से 30 दिन हो। जैसे– गैंदा, गुल्दाउदी।
2. **मुलायम कलम** : जब डाली की उम्र 1–6 महीना हो। जैसे– शोभाकारी पौधे, अमरूद, आदि।
3. **अर्ध कठोर कलम** : जब डाली की उम्र 6–12 माह हो और उसमें काष्ठीय भाग का विकास प्रारम्भ हों। जैसे वोगनविला, उड़हुल, अमरूद, आदि।
3. **कठोर कलम** : जब डाली की उम्र एक वर्ष के ऊपर हो और उसमें काष्ठीय भाग का पूर्ण विकास हो चुका हो। उदाहरण– अंगूर, अनार, अंजीर, आदि।

कठोर कलम का प्रयोग कुछ फलों तथा अनेक शोभाकारी पौधों में प्रचलित है। काष्ठीय कलम की सफलता के लिए इसके काटने के तरीके जैसे–एड़ीदार, या छाल दार या साधारण तरीके; रूट हार्मोन का प्रयोग जैसे– आक्सीन (IAA, IBA, NAA) रूटिंग फ्रेम क्यारी जैसे– हाट बेड, बाटम हीट चैम्बर; कलम काटने के पूर्व के उपाय जैसे– इटियोलेशन, छल्लाकरण इत्यादि का प्रयोग किया जाता है। कलम लगाने में उनके तरीके (Methods and Orientation), पोलरटी (Polarity), इत्यादि तथा कलम तैयार करते समय उनकी लम्बाई, काटने की विधि, गाँठों की संख्या, पत्तियों की संख्या (शाकीय एवं मुलायम कलम में) का विशेष ध्यान रखा जाना चाहिए।

ऊतक संवर्धन (Tissue Culture) : पौधा तैयार करने की यह एक नवीनत्म विधि है जिसमें ''एक कोशिका अथवा ऊतक द्वारा कृत्रिम तरीके से पूर्णतः नियंत्रित वातावरण (Controlled Enviornment) के अन्दर, सूक्ष्म जीव रहित दशा (Aceptic Condition) में पूर्ण सत्यता (Toti Potency) वाले पौधे तैयार किये जाते हैं।'' इसके लिए मातृ पौधे तथा उसके भाग (Explant) का चयन तथा उसके विभिन्न स्तरों पर शुद्धीकरण एवं प्रयोग का अत्यन्त महत्व होता है। इस विधि से पौध तैयार करने के लिए कोशिका को एक उदासीन तथा उपयुक्त (Suitable Netural Medium) माध्यम में संरक्षित करके उसमें आवश्यक हार्मोन के प्रयोग द्वारा जड़ तथा तनों का विकास किया जाता है। यह विधि कुछ फलदार पौधों जैसे– केला, पपीता, खजूर आदि, सब्जियों जैसे– परवल, आलू, जिमीकन्द, आदि, फूल फसलें जैसे– जरबेरा, कारनेशन, एन्थूरियम, आर्किड आदि, मसाला फसलें जैसे–काली मिर्च, अदरक, आदि तथा औषधीय पौधे जैसे– 'स्टीविया, नोनी, इत्यादि में व्यवसायिक स्तर पर अपनाई जा रही है।

(2) जड़ निकलने के बाद अलग किये जाने वाले पौधे : इस विधि में मुख्य रूप से लेयरिंग द्वारा तैयार किये गये पौधे आते हैं। जिन पौधों में जड़ों का विकास थोड़ा मुश्किल होता है उनमें लेयरिंग के माध्यम से यह प्रयास किया जाता है कि उनमें किसी तरीके से जड़ का विकास उसी समय हो जाय जब वह (डाली जिससे पौधा बनना है) मातृ वृक्ष से लगा रहे, क्योंकि ऐसा करने से जड़ों के प्रार्दुभाव तथा विकास के लिए आवश्यक भोजन/पोषण लगातार मिलता रहता है। लेयरिंग में रूट हार्मोन के प्रयोग तथा अन्य क्रियाओं जैसे छाल हटाना (Ringing / Girdling) आदि के माध्यम से जड़ विकास सुनिश्चित किया जा सकता है। जब पौधों में जड़ निकल जाय तब उन्हें अलग करके उपयुक्त वातावरण में लगा कर

पौधा तैयार किया जा सकता है। स्थान एवं तरीकों के आधार पर लेयरिंग को कई भागों में विभक्त किया जा सकता है जिसका विवरण निम्नवत् है।

साधारण दाब (Ground Layering) : इसे साधारण लेयरिंग या ग्राउन्ड लेयरिंग भी कहते हैं। इसमें एक 30–60 सेंमी. लम्बी स्वस्थ्य डाली को नीचे झुका कर उसके मध्य में मिट्टी या खाद और मिट्टी का मिश्रण रख देते हैं जिससे डाली के प्रत्येक गाँठ से जड़ निकल जाती है। एसे पौधों को वर्षा ऋतु में तैयार किया जाता है तथा सितम्बर–अक्टूबर में काट कर पौधशाला में लगा दिया जाता है। इसमें हार्मोन की ज्यादा आवश्यकता नहीं होती परन्तु अच्छे जड़ विकास के लिए आई.बी.ए. (2000 पीपीएम) का पेस्ट लगाना लाभकारी होता है। यह विधि नींबू, अमरूद, शहतूत, आदि में ज्यादा सफल पायी गयी है।

सर्पिल दाब (Serpentine Layering) : ग्राउन्ड लेयरिंग की यह एक अन्य विधि है जिसमें चुनी हुई डाली को झुका कर 2–3 स्थान पर छाल हटा कर मिट्टी द्वारा दबाया जाता है। इस विधि में एक ही साथ कई पौधे तैयार हो जाते हैं। नींबू, अंगूर व कई शीतोष्ण कटिबन्धीय फलों के प्रसारण में यह तकनीक सफल पायी गयी है।

ट्रेन्च लेयरिंग (Trench Layering) : यह विधि शीतोष्ण फलों जैसे सेब, चेरी, नाशपाती आदि में ज्यादा सफल है। इस विधि में चुनी हई डाली को सुषुप्ता अवस्था में 15–20 सेंमी. गहरी खाई में ढ़क देते हैं। 2–3 महीने में प्रत्येक गाँठ के ऊपर जड़ें आ जाती हैं जिसे अलग करके पौधशाला में थैलियों में लगा कर नये पौधे तैयार कर लेते हैं।

शिरा दाब (Tip Layering) : इस विधि में शाखा के ऊपरी हिस्से से लगभग 15–20 सेंमी. नीचे छाल हटाकर मिट्टी में दबा दिया जाता है। कुछ शाकीय फल जैसे ब्लैक बैरी, रसभरी, आदि में यह विधि सफल पायी गयी है।

स्टूल लेयरिग (Stool Layering) : इसे माउन्ड लेयरिंग भी कहते हैं। यह ग्राउन्ड लेयरिंग की ही एक तकनीक है जिसमें एक साथ कई डालियों को चुन कर, छल्ला बना कर, रूट हार्मोन लगा कर मिट्टी या मिश्रण से ढ़क कर एक माउन्ड बना देते हैं। यह विधि अमरुद, लीची, आदि में काफी हद तक सफल पायी गयी है। सर्वप्रथम मातृ पौधे को (जो लेयरिंग से तैयार हों) जमीन में 2×2 मी. अथवा 2×1 मी. की दूरी पर लगाते हैं। जब पौधा स्थापित हो जाय तब लगभग 1 साल बाद उसे जमीन से 15 सेंमी. ऊपर से काट देते हैं। ऐसा करने से 1–2 महीने के

भीतर अनेक कल्ले निकलते हैं। यही कल्ले जब लगभग 8–10 महीने के हो जाय तब 1–2 कल्लों को छोड़ कर (नर्स सूट) सभी कल्लों के निचले भाग पर लगभग 2–3 सेंमी. चौड़ाई की गोलाई में छाल हटा (Ringing) देते हैं। छल्ले के ऊपरी भाग पर 5000 पीपीएम का आई.बी.ए. का लेप लगा कर कल्लों को खाद तथा मिट्टी के मिश्रण से ढ़क देते हैं और लगातार पानी से सिंचाई करते रहते हैं। लगभग 2–2.5 महीने में प्रत्येक छल्ले के ऊपरी भाग से जड़ें निकलती हैं। जड़ सुनिश्चित करने के बाद इन पौधों को काटकर पौधशाला की क्यारी या थैलियों में लगा कर पौधा तैयार कर लेते हैं।

एअर लेयरिंग या गूटी (Air Layering) : बहुत से फलदार वृक्षों में जमीन की सतह पर डालियाँ न मिलने के कारण, हवा में ही लेयरिंग करने की तरकीब विकसित की गयी, जिसे 'एयर लेयरिंग' कहते हैं। चूँकि लेयरिंग के स्थान पर रूटिंग माध्यम तथा पोषण देने के लिए एक 'अन्टा' या 'गूटी' का शक्ल बन जाता है अतः इसे अन्टा या गूटी भी कहते हैं। गूटी से मुख्य रूप से नींबू, लीची, अमरूद, अनार तथा अनेक शोभाकारी पौधे व्यवसायिक स्तर पर तैयार किये जाते हैं। गूटी बनाने के लिए 1–2 वर्ष पुरानी पेंसिल की मोटाई की 45–60 सेंमी. लम्बी स्वस्थ्य डाली का चुनाव करते हैं। चुनी हुई डाली पर ऊपर से लगभग 45 सेंमी. की दूरी पर दो गाँठों के बीच की छाल को छल्ले के शक्ल में निकाल देते हैं। पुनः छल्ले के ऊपरी भाग पर नम घास (Moist Sphagnum Moss) लपेट कर 400 गेज मोटी 15X20 सेंमी. आकार की सफेद पालीथीन से घुमा कर सुतली की सहायता से बाँध देते हैं। आवश्यकतानुसार 2000–5000 पीपीएम के आई.बी.ए. के लेप लगाने से अच्छी जड़ों का विकास हो सकता है। यह प्रक्रिया वर्षा ऋतु के प्रारम्भ में करने से सितम्बर–अक्टूबर (2–2.5 माह) तक उसमें जड़ें निकल आती हैं जो ऊपर से दिखाई देती हैं। अब गूटी की पूरी शाखा को काट कर, सावधानी पूर्वक पालीथीन हटा कर, जड़ों को बाविस्टीन तथा 1000 पीपीएम आई.बी.ए. के घोल में उपचारित करके रूट ट्रेनर अथवा पालीथीन अथवा क्यारी में लगा कर पौधा तैयार किया जाता है।

(ख) पौधे जो दूसरे पौधों के जड़ों पर तैयार होते हैं : अपने जड़ पर वनस्पतिक विधि से तैयार पौधों में अपस्थानिक जड़ अथवा झकड़ा जड़ों (Fibrous/ Advanticious Roots) का विकास होता है जो अनेक विपरीत परिस्थितियों जैसे सूखा, मृदा लवणता एवं क्षारकता, जलभराव इत्यादि के स्थिति में अधिक सफल नहीं हो पातीं। साथ ही साथ सांकुर डाली (Scion Shoot) के अधिक खपत के

कारण इनसे बहुत ज्यादा मात्रा में पौधे भी नहीं बनाये जा सकते। कभी–कभी बाहरी वातावरण उपयुक्त न होने की दशा में उन विधियों, विशेषकर लेयरिंग में अधिक सफलता नहीं मिलती। अतः ऐसी विधि का विकास अवश्यसम्भावी हो गया जिसमें कठोर अथवा शक्तिशाली बीजू पौधे को मूलवृन्त (Root stock) तथा मनचाही किस्म को सांकुर डाली (Scion) के रूप में प्रयोग करके नये पौधे का निर्माण किया जा सके। इस प्रकार से पौधा तैयार करने की विधि को रोपण/प्रत्यारोपण (Grafting) अथवा कलिकायन या चश्मा करना (Budding) कहते हैं तथा जिस स्थान पर जुड़ाव होता है उसे प्रत्यारोपण बिन्दु (Matrix Point) कहा जाता है।

(क) प्रत्यारोपण (Grafting)

दूसरे पौधों के जड़ों के ऊपर मनचाही किस्म के पौधे तैयार करने के लिए परस्पर सहयोगी मूलवृन्त (Compateble Rootstock), सांकुर डाली (Scion Stick), उपयुक्त परिस्थितियां (Congenial Conditions) तथा उनके बीच में आपसी सामान्जय (Mutual Compatebility) की आवश्यकता होती है। साथ ही साथ इस प्रक्रिया को करने के लिए सधे हुए हाथ (Skill Hands) की अत्यधिक आवश्यकता होती है क्योंकि इस विधि की सम्पूर्ण सफलता ग्राफ्टिंग करने वाले माली के कार्य दक्षता पर निर्भर करता है। चूँकि इस विधि में दो पौधों (मातृ वृक्ष की डाली तथा मूलवृन्त) के सहयोग से पौधा तैयार करना होता है, अतः दोनों को एक साथ एवं एक स्थान पर होना जरूरी हो जाता है जिसके लिए या तो मूलवृन्त पौधे को मातृ वृक्ष के पास ले जाया जाय या मातृवृक्ष की डाली को मूलवृन्त पौधे के पास ले जाया जाय। इसी के आधार पर इसे दो भागों में विभक्त किया गया।

1. भेंट कलम विधि (Attach Method of Grafting) – इनारचिंग
2. अलगाव कलम विधि (Detach Method of Grafting) – ग्राफ्टिंग एंव बड़िंग

1. **भेट कलम (Inarching)** : इसे इनारचिग विधि कहते हैं। इस विधि में मूलवृन्त को चुनी हुई सांकुर डाली के पास ले जाकर दोनों के छाल को थोडा छील कर आपस में सटाकर सुतली की सहायता से बाँध देते हैं। अतः इसे बिहार में 'साटा' भी कहते हैं। इस विधि से सपोटा, आम, आँवला आदि में पूर्ण सफलता मिलती है परन्तु सबसे परेशानी की बात है कि मूलवृन्त को बड़े पौधों के ऊपरी भाग में मौजूद डालियों के पास कैसे पहुँचाया जाय तथा सूखे मौसम में मूलवृन्त के जड़ों में पानी कैसे दिया जाय। इसके लिए मंच अथवा मचान बना कर कुछ पौधे तैयार किये जा सकते हैं परन्तु यह तरीका

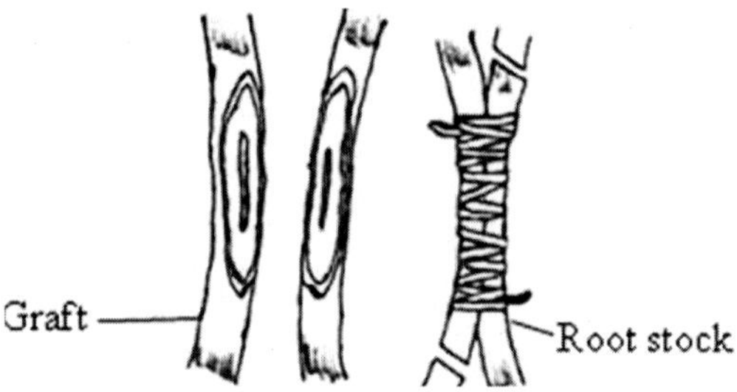

Approach grafting

अत्यधिक खर्चीला होता है और इसमें अधिक श्रमिकों की आवश्यकता होती है। कुछ स्थानों जैसे मलिहाबाद (उ.प्र.) एवं सबौर (बिहार) में आम तथा राजमुंद्री (आन्ध्र प्रदेश) में आंवला, सपोटा, जामुन आदि के लिए मातृ वृक्ष को जमीन की सतह पर ही विकसित किया गया है और मूलवृन्त को उन्हीं पौधों के इर्द–गिर्द लगाया जाता है जिससे पूरे खेत में पानी देने से अच्छा प्रबन्ध हो जाता है। परन्तु ऐसे पौधों में मातृवृक्ष का सत्यापन, एवं उनकी गुणवत्ता विशेषकर 'जुबेनिलटी फैक्टर' (Juvenilty Factor) का ध्यान देना चाहिए। लगभग 2–3 माह बाद जब मूलवृन्त और सांकुर डाली के कैम्बियम सतह आपस में मिलकर संयोग स्थापित कर लें तो सांकुर डाली को मातृ वृक्ष से अलग करके मूलवृन्त के ऊपरी भाग को काट दें और इस प्रकार भेंट कलम से पौधा तैयार हो जाता है।

2. **अलगाव कलम विधि** : इसे Detach Method of Grafting कहते हैं क्योंकि इस विधि में सांकुर डाली को मातृ पौधे से अलग करके एक स्थान पर तैयार किये गये मूलवृन्त पर ग्राफ्टिंग किया जाता है। अगर मूलवृन्त पौधशाला में तैयार है तो एक ही स्थान पर बैठकर आसानी से पौधा बनाया जा सकता है। कुछ विपरीत परिस्थितियों में 'स्वास्थाने बाग की स्थापना' (in situ orchard establishment) के लिए निर्धारित स्थान पर मूलवृन्त विकसित करके वहीं पर मनचाही प्रजाति का बाग स्थापित किया जा सकता है। जो केवल Detach Method से ही सम्भव हो सका है। अलगाव विधि द्वारा पौधा तैयार करने के लिए मूलवृन्त की तैयारी तथा सांकुर डाली की तैयारी पर विशेष ध्यान देने की जरूरत होती है।

मूलवृन्त की तैयारी : स्वस्था एवं पर्याप्त मोटाई के मूलवृन्त तैयार करने हेतु जहाँ तक सम्भव हो देशी किस्म के बीजों द्वारा ही मूलवृन्त विकसित करें। ऐसे मूलवृन्तों की रोधक क्षमता अधिक तथा जड़ मजबूत होता है। मूलवृन्त को थैलियों या ऐसे गमलों में तैयार करें जिससे परिवहन एवं विपणन में आसानी हो। मूलवृन्त तैयार करने के लिए अन्य प्रबन्ध सामान्य रखना चाहिए।

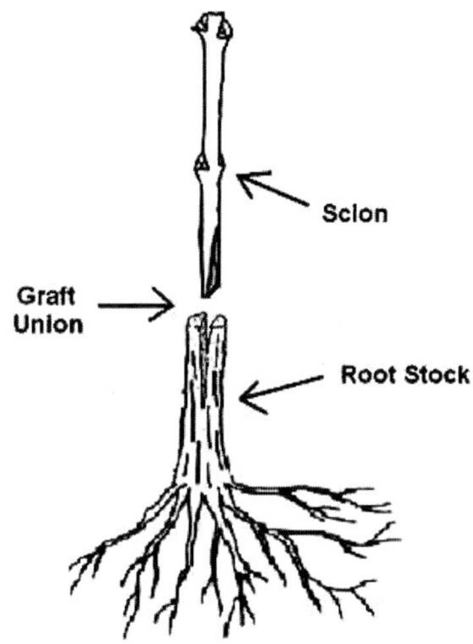

Grafting Process

सांकुर डाली की तैयारी : Detach Method द्वारा पौधा तैयार करने में सफलता की प्रथम कुंजी है सांकुर डाली की तैयारी। यदि सांकुर डाली का चुनाव, उनका विपत्रीकरण (Defoliation) तथा कटाई एंव रख–रखाव ठीक ढ़ग से किया जाता है तो इस विधि में सफलता की दर काफी ऊँची होती है। स्वस्थ एवं सामान्य दशा में निर्धारित मोटाई एवं उम्र की डाली का चुनाव करके उनके पत्रफलक (Leaf Blade) को सिकेटियर द्वारा लगभग एक सप्ताह पूर्व हटा देते हैं। जब इन डालियों के पर्णवृन्त (Petiole) अपने आप गिरने लगें तथा उनका अग्रभाग फूल (Swell) जाय तब उन्हें काट कर, नम मॉस घास या बोरे के टुकड़ों में लपेट कर नर्सरी में लाते हैं और ग्राफ्टिंग का कार्य करते हैं। विपत्रीकरण (Defoliation) करने से एक तो सांकुर डाली पर कोई घाव नहीं होता और द्वितीय अग्रभाग में विकास प्रक्रिया शुरू हो जाने से अच्छी सफलता मिलती है। नर्सरी में सांकुर डाली को बाविस्टीन के घोल से उपचारित करने पर किसी बीमारी का भी खतरा नहीं रहता है। मूलवृन्त एवं सांकुर डाली की तैयारी के बाद ग्राफ्टिंग करने की बारी आती है। ग्राफ्टिंग का मुख्य सिद्वान्त है कि ''मूलवृन्त का कैम्बियम सतह सांकुर डाली के कैम्बियम सतह से इस प्रकार मिले कि दोनों का आपस में जुड़ाव होकर एक कैम्बियम बन जाय जिससे 'जायलम' भाग भी एक होकर एक सम्पूर्ण पौधे का निर्माण कर सके।'' यह तभी सम्भव हो सकता है जब मूलवृन्त और सांकुर डाली की अवस्था एक जैसे विकास की हो, उनकी मोटाई समान हो, उनमें आपस में सामन्जस्य हो तथा उनको विकसित होने के लिए उपयुक्त वातावरण उपलब्ध हो। इस प्रक्रिया को सुनिश्चित करने के लिए ग्राफ्टिंग एवं बडिंग विधियों एवं अनेक प्रकार के तकनीकों का प्रयोग किया जाता है। जिसका क्रमवार विवरण नीचे दिया जा रहा है।

2.1 प्रत्यारोपण के स्थान के आधार पर : ग्राफ्टिंग के स्थान (Location of Matrix) के आधार पर ग्राफ्टिंग दो प्रकार के होते हैं।

(i) बगल में ग्राफ्टिंग (Side Grafting) : इस तरीके में मूलवृन्त पर 15–20 सेंमी. की ऊँचाई पर एक तिरछा घाव बनाते हैं और सांकुर डाली में भी उसी के बराबर का उल्टा घाव बनाते हैं तथा दोनों को आपस में मिलाकर जोड़ देते हैं। मूलवृन्त और सांकुर डाली के जुड़ाव के पश्चात् मूलवृन्त का ऊपरी भाग काट दिया जाता है। विनियर विधि की ग्राफ्टिंग, साइड ग्राफ्टिंग की एक तकनीक है। इस विधि में केवल दो सतहों में जुड़ाव होता है।

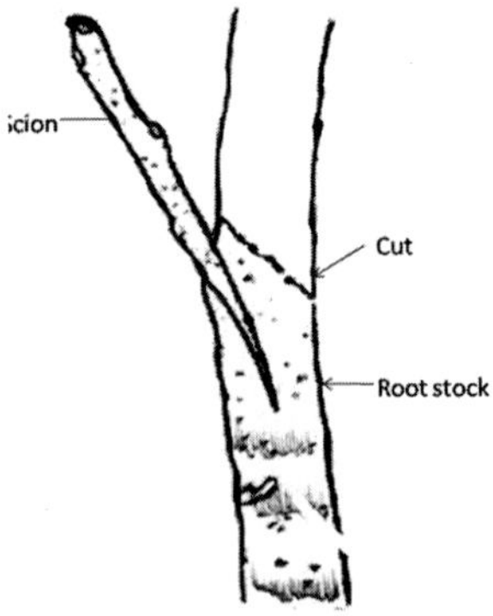

Slide grafting

(ii) शीर्ष कलम बंधन (Top Grafting) : इस तरीके में मूलवृन्त को 15–20 सेंमी. की ऊँचाई पर काट कर उसपर विभिन्न तरीकों से सांकुर डाली को प्रत्यारोपित किया जाता है। इस विधि में चार सतहों में जुड़ाव होता है अतः जोड़ काफी मजबूत होता है और पौधा सीधा बढ़ता है। परन्तु इसमें मूलवृन्त का केवल एक ही बार प्रयोग हो पाता है।

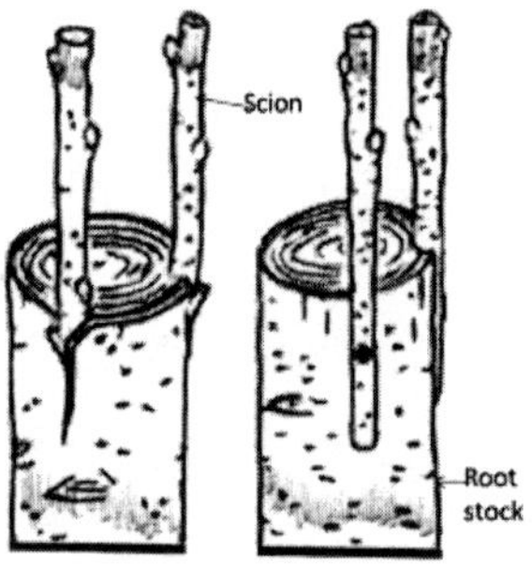

Top grafting

2.2 प्रत्यारोपण के स्थान पर घाव बनाने के तरीके के आधार पर : घाव बनाने के तरीकों के आधार पर ग्राफ्टिंग की निम्न विधियाँ हैं जिनमें से कुछ ही प्रचलित है।

(i) क्लेफ्ट ग्राफ्टिंग : इस विधि में मूलवृन्त को ऊपर से काट देते हैं और उसके बीचो बीच 'V' के शक्ल का चीरा लगाते हैं। सांकुर डाली को भी दोनों तरफ से पतला करके कलम की शक्ल में बना लेते हैं और मूलवृन्त पर बने 'V' आकार के खांचे में घुसाकर 100 गेज की पालीथीन की पट्टी के द्वारा बाँध दिया जाता है। यह विधि अत्यधिक प्रचलित एवं सफल है।

(ii) शैडल ग्राफ्टिंग : यह टाप ग्राफ्टिंग का एक तरीका है। इस विधि में मूलवृन्त में 'Λ' शक्ल का नोक बनाते हैं और सांकुर डाली में 'V' आकार का चीरा देते हैं और दोनों को परस्पर घुसा कर बाँध देते हैं। चूँकि मूलवृन्त पर शैडल (घोड़े की काठी) का आकार दिया जाता है अतः इसे 'शैडल ग्राफ्टिंग'

कहते हैं। यह विधि अधिक प्रचलित तो नहीं है परन्तु शीतोष्ण फलों में सुषुप्ता अवस्था में ग्राफ्टिंग के लिए इसे प्रयोग किया जाता है।

(iii) विनियर ग्राफ्टिंग : यह साइड ग्राफ्टिंग का एक तरीका है जिसमें मूल वृन्त पर तिरछा 'L' के शक्ल का काट लगाते हैं जो मूलवृन्त के लगभग आधी मोटाई तक जाता है। सांकुर डाली में उसी के सामान एक तरफ से काट देते हैं और दोनो के कटे भागों को परस्पर मिलाकर 100 गेज की पालीथीन की पट्टी की सहायता से बाँध देते हैं। जब इनका जोड़ हो जाता है तब मूलवृन्त को ऊपर से काट देते हैं।

(iv) टाप विनियर ग्राफ्टिंग : यह एक नई तकनीक है जिसमें चीरा तो विनियर ग्राफ्टिंग के तरह करते हैं परन्तु उसे मूलवृन्त के ऊपरी भाग पर करते हैं। अतः इसे 'टाप विनियर ग्राफ्टिंग'कहते हैं। इस विधि में दोनों तरीकों के गुणों का लाभ उठाया जा सकता है।

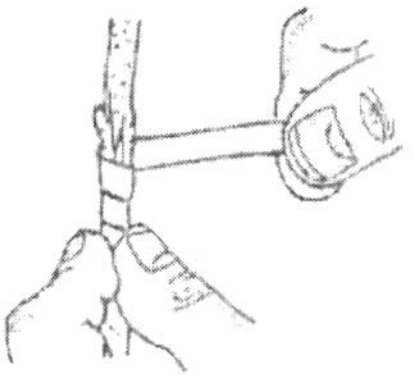
Whip grafting

(v) जिहवा कलम बन्धन या टंग ग्राफ्टिंग : टाप विनियर ग्राफ्टिंग के तरह ही यदि मूलवृन्त और सांकुर डाली के कटे हुए हिस्सों पर एक अन्य चीरा उल्टी दिशा में लगा दिया जाए जिससे उस पर एक जिहवा (Toung) की शक्ल पैदा हो जाय तो इसे टंग ग्राफ्टिंग कहते हैं। यह विधि शीतोष्ण फलों में ज्यादा लाभदायक होती है।

2.3 मूलवृन्त के अवस्था के आधार पर : मूलवृन्त की अवस्था एवं उम्र के अनुसार ग्राफ्टिंग के तीन मुख्य तरीके हैं।

(i) स्टोन ग्राफ्टिंग अथवा इपीकोटाइल ग्राफ्टिंग : जब मूलवृन्त की उम्र मात्र 15 दिन हो और उसमें गुठली लगी रहे तथा तने एवं पत्तियों का रंग ताम्र हो। इस विधि द्वारा पौधे तैयार करने के लिए मोटे मूलवन्तों एवं अधिक वायुमंडलीय आर्द्रता की आवश्यकता होती है यह विधि केवल कोंकण क्षेत्र में आम में व्यवसायिक तौर पर प्रयुक्त हो रही है।

(ii) माडीफाइड स्टोन ग्राफ्टिंग : यह विधि आम के लिए विकसित की गयी है। इस विधि में मूलवृन्त की उम्र 45–60 दिन का होता है और ग्राफ्टिंग टाप विधि में क्लेफ्ट तकनीक से किया जाता है। उन क्षेत्रों में जहाँ स्टोन ग्राफ्टिंग के लिए पर्याप्त मोटाई नहीं मिल पाती वहाँ पौधों को अच्छा पोषण देकर इस विधि से 70–75% सफलता प्राप्त की जा सकती है। यदि मूलवृन्त की उम्र 6 माह तक हो जाती है, तब इस विधि में पत्तियों के एक चक्र के ऊपर तने

के कोमल भाग पर ग्राफ्टिंग द्वारा शत प्रतिशत सफलता प्राप्त होती है। इसमें पत्तियों को तब तक रखते हैं जब तक सांकुर डाली पूर्ण विकसित होकर भोजन निर्माण में सफल नहीं हो जाती। आम तथा काजू के लिए यह अत्यन्त कारगर विधि है।

(iii) कोमल शाख कलम बन्धन (Soft Wood Grafting) : यदि मूलवृन्त 1 वर्ष या उससे ज्यादा पुराना हो जाता है तो उसके कोमल भाग (Soft Wood) पर ग्राफ्टिंग करके पौधा तैयार कर सकते हैं। इस विधि में ग्राफ्टिंग की ऊँचाई बढ़ सकती है। आम व काजू इत्यादि के स्वस्थानिक बगीचे इस विधि से तैयार किये जा सकते हैं।

2.4 मूलवृन्त के स्थान के आधार पर : मूलवृन्त के तैयार करने के स्थान के आधार पर ग्राफ्टिंग के दो तरीके प्रमुख हैं।

(i) वर्हिस्थान विधि : यदि मूलवृन्त पौधशाला में तैयार किया गया है और उस पर तैयार पौधा मुख्य खेत में लाकर लगाया जाता है तो इस विधि को वर्हिस्थान पौधा तैयार करने की विधि कहते हैं। यह काफी प्रचलित एवं व्यवसायिक तरीका है।

(ii) स्वास्थाने विधि : यदि मूलवृन्त को मुख्य खेत में उसी स्थान पर उगाया जाय जहाँ पौधा लगाना है तथा ग्राफ्टिंग का कार्य सीधे खेत में ही किया जाय तो इसे 'स्वास्थाने विधि' कहते हैं। इस विधि में पौधों के जड़ों का विकास अच्छा होता है अतः विपरीत परिस्थितियों तथा ऊबड़–खाबड़ जमीन के लिए यह एक अच्छी विधि है।

(ख) कलिकायन (Budding)

कलिकायन भी अलगाव विधि द्वारा पौधा तैयार करने की एक विधि है जो ग्राफ्टिंग से थोड़ा अलग है। इसमें सांकुर डाली को विपत्रित (Defolicate) नहीं किया जाता बल्कि ताजी डाली पर मौजूद कली को लेकर मूलवृन्त पर विभिन्न प्रकार से प्रत्यारोपण किया जाता है। इसमें सांकुर डाली की मात्रा कम लगती है अतः कम मातृवृक्ष से अधिक पौधे तैयार कर सकते हैं। कलिकायन में दो मुख्य बातें हैं। प्रथम, सांकुर डाली से कली को निकालना तथा द्वितीय, उसी कली को मूलवृन्त पर सही स्थान पर प्रत्यारोपित करना जिससे पौधा तैयार हो सके। अतः इसे निम्न प्रकार से विभक्त किया जा सकता है।

1. **कली के शक्ल एवं आकार–प्रकार के अनुसार**

   1. **ढ़ाल या शील्ड बड़िंग :** ढ़ाल के आकार की कली, उदाहरण गुलाब, सन्तरा, किन्नों, बेर आदि।
   2. **पैबन्द या पैच बड़िंग :** पैबन्द के आकार की आयताकार कली, उदाहरण ऑवला, अमरूद, बेल, अखरोट आदि।
   3. **छल्ला या रिंग बडिंग :** छल्ला के आकार की गोलाकार कली, उदाहरण बेर।
   4. **रूपान्तरित छल्ला या माडीफाइड रिंग बड़िंग :** पीछे से कटा हुआ छल्ला जिसे लगाने में आसानी हो, उदाहरण बेर, अमरूद, ऑवला आदि।
   5. **चिप बडिंग :** बड वुड के साथ तिकोनी कली, उदाहरण अंगूर।
   6. **फोरकर्ट बडिंग :** चौकोर शक्ल की कली, उदाहरण आम, रबर आदि।

2. **मूलवृन्त पर लगने वाले चीरे के अनुसार**

   1. **'आई' बडिंग :** जब चीरा 'I' के तरह से बनाकर बड़िंग किया जाय और बड की शक्ल शील्ड या पैच जैसी हो। उदाहरण गुलाब।
   2. **'टी' बडिंग :** जब चीरा 'T' के तरह का लगाया जाय और बड की शक्ल शील्ड या पैच जैसी हो। उदाहरण गुलाब।
   3. **'उल्टा टी' बडिंग :** जब चीरा '⊥' के तरह का लगाया जाय और बड की शक्ल शील्ड चा पैच जैसी हो। उदाहरण गुलाब।
   4. **'एच' बडिंग :** जब चीरा 'H' के तरह लगाया जाय और बड की शक्ल आयताकार या पैच जैसी हो। उदाहरण गुलाब।
   5. **पैच बडिंग :** जब चीरा चौकोर या आयताकार लगाया जाय और उसी आकार की बड लेकर बडिंग किया जाय तो उसे 'पैच बडिंग' कहते हैं। उदाहरण अमरूद, ऑंवला, बेल आदि में यह व्यवसायिक विधि है।
   6. **ग्रूव बडिंग :** चिप बड के लिए उसी के आकार का ग्रूव बनाकर उसमें 'बड' को फिट किया जाता है तो उसे ग्रूव/चिप बडिंग कहते हैं। उदाहरण अंगूर।

3. **मूलवृन्त के लगाने के स्थान के आधार पर** : मूलवृन्त को तैयार करने के स्थान के आधार पर कलिकायन को दो भागों में बाँटा जा सकता है।

   1. **पौधशाला में तैयार पौधे** : जब मूलवृन्त को पौधशाला के अन्दर क्यारियों अथवा पालीथीन की थैलियों में तैयार करके उस पर कलिकायन द्वारा पौधा तैयार किया जाता है तो उसे बर्हिस्थाने तैयार पौधा या पौधशाला में तैयार पौधा कहते हैं। यह एक सामान्य प्रक्रिया है और अधिकतर पौधे इसी विधि से तैयार किये जाते हैं।

   2. **स्वास्थाने तैयार पौधे** : जब मूलवृन्त को उसी स्थान पर उगाया जाता है जहाँ पौधा लगाना होता है और बडिंग प्रक्रिया सीधे खेत में ही कर दी जाती है तो उसे 'स्वास्थाने पौधा तैयार करना' (In situ Orchard Establishment) कहते हैं। यह विधि खराब मिट्टी की दशा एवं दुस्तर क्षेत्रों के लिए ज्यादा उपयुक्त पायी गई है जहाँ पौधशाला में तैयार पौधों के स्थापना में समस्या होती है। बेर, आँवला, अमरूद, बेल इत्यादि फलों में यह तरीका सफल पाया गया है।

सामान्यतः स्वास्थाने विधि में रेखांकन के अनुसार पौधों के लिए निर्धारित स्थान पर मूलवृन्त के पौधे या बीज बो दिये जाते हैं जिससे उनकी जड़ें गहरी एवं पूर्ण विकसित हो जाती हैं। एक स्थान पर 2–3 मूलवृन्त तैयार करते हैं और जब मूलवृन्त कलिकायन योग्य हो जाते हैं तब कम से कम 2 मूलवृन्त पर बडिंग करते हैं और एक वर्ष तक विकास के बाद जो पौधा सबसे अच्छा होता है उसे रख कर शेष पौधों को हटा देते हैं। इस प्रकार एक स्थान पर केवल एक ही पौधा रखते हैं।

उपरोक्त वर्णित विधियों के अलावा कुछ अन्य प्रसारण के तरीके भी हैं जिन्हें आवश्यकता अनुसार उपयोग किया जाता है। इन तरीकों का सिद्धान्त भी प्रसारण के सिद्धान्तों पर ही आधारित होता है। इनमें से कुछ एक विधियों का वर्णन निम्नवत् है।

1. **सेतु कलम बन्धन (Bridge Grafting)** : घायल पौधों के सुधार के लिए यह विधि अपनाई जाती है। इसमें 2–3 लम्बी डाली को मूलवृन्त तथा सांकुर डाली वाले हिस्सों में ग्राफ्टिंग द्वारा जोड़ दिया जाता है जिससे पौधों में पुनः खाद्य एवं पोषण तथा पानी इत्यादि का आवगमन स्थापित हो सके। चूँकि यह मूलवृन्त और सांकुर डाली के बीच में एक पुल का कार्य करता है अतः

इसे 'सेतु कलम बन्धन' कहते हैं। यह शीतोष्ण कटिबन्धीय फलों में ज्यादा प्रयुक्त होता है।

2. **चोटी कलम बन्धन (Top Working)** : पुराने तथा आर्थिक रूप से कमजोर बाग को सुधारने के लिए उनकी शाखाओं को थोड़ा काट कर नये कल्ले निकाले जाते हैं और फिर उन्हीं कल्लों पर उन्नत प्रभेद की सांकुर डाली की ग्राफ्टिंग अथवा बडिंग करके अच्छे पौधों में परिवर्तित कर दिया जाता है। चूँकि यहाँ पर ग्राफ्टिंग या बडिंग पौधों के ऊपरी हिस्से पर होता है अतः इसे 'चोटी कलम बन्धन' कहते हैं।

3. **सूक्ष्म शीर्षस्थल कलम बन्धन (Micro Shoot Tip Grafting)** : यह एक नवीन विधि है जिसमें ऊतक सम्बर्धन द्वारा तैयार किये जा रहे मूलवृन्त के शीर्ष पर एक छोटी सी सांकुर डाली उसी अवस्था में प्रत्यारोपित करके पौधा तैयार करते हैं। अतः इसे 'सूक्ष्म शीर्षस्थल कलम बन्धन' कहते हैं। यह विधि नागपुर सन्तरा में रोग मुक्त पौधा तैयार करने के लिए विशेष तौर पर प्रयोग की जा रही है।

❑❑❑

6

फलों की परिपक्वता एवं तुड़ाई उपरान्त प्रबन्ध

उद्यानिकी फसलों से अच्छी आमदनी प्राप्त करने के लिए जहाँ एक तरफ उत्पादन की तकनीकों पर ध्यान देना जरूरी है वहीं दूसरी तरफ फलों की सही अवस्था पर तोड़ाई तथा तोड़ाई के पश्चात् उनके उचित प्रबन्धन एवं सम्भलाव की भी आवश्यकता होती है। इस विषय में विस्तृत जानकारी नीचे दिया जा रहा है।

1. फल परिपक्वता (Fruit Maturity)

परिपक्वता फलों की वह अवस्था है जब उसमें अधिकतम् विकास एवं गुणों का सृजन हो जाता है। फलों की परिपक्वता का निर्धारण उनके प्रकार तथा उपयोग की आवश्यकता पर निर्भर करता है। परिपक्वता के अनुसार फल मुख्य रूप से दो प्रकार के होते हैं, प्रथम क्लाइमेक्टेरिक (Climacteric) जो तोड़ने के बाद पकते हैं जैसे केला, आम, सपोटा, पपीता आदि तथा द्वितीय नान क्लाइमेक्टेरिक (Non-Climacteric) जो पेड़ पर ही पक जाते हैं जैसे अंगूर, लीची, बेर, अनार, संतरा, आड़ू, सेब आदि। फलों के पकने में इथिलीन (Ethylene) नामक हार्मोन जो मुख्यतः गैस के रूप में होता है जिम्मेदार पाया गया है। वस्तुतः यही हार्मोन का उत्पादन

जब फलों के भीतर होता है तो उनमें सामान्य परिपक्वता आती है। अतः फलों में सम्पूर्ण आवश्यकता गुण विकास के पश्चात् ही उनकी तोडाई की जानी चाहिए।

परिपक्वता निर्धारण के मानदण्ड

फलों के ठीक परिपक्व होने का समय ज्ञात करने की कई कसौटियाँ हैं जिनका वर्णन निम्नलिखित है :

1. **दृष्टिगत विधि (Visual Observation)**

   इस विधि से फल की परिपक्वता का निर्धारण उसके बाहरी रंग, आकार एवं बीज के रंग को देख कर किया जाता है।

   लाभ : यह परिपक्वता निर्धारण की सबसे आसान एवं साधारण विधि है।

   सीमाएँ : बड़े स्तर पर वैज्ञानिक रूप से परिपक्वता निर्धारण न हो पाने से निर्यात हेतु इस विधि का उपयोग नहीं कर सकते।

2. **भौतिक विधि (Physical Methods)**

   इस विधि द्वारा परिपक्वता निर्धारण में पके हुए फलों का वृक्ष से गिरना (टपकना), गूदे का गठन (Texture of pulp), विशिष्ट गुरूत्व (Specific Gravity), रस की मात्रा, जैसे भौतिक मानदण्डों का प्रयोग करते हैं। ये भौतिक मानदण्ड फलों के प्रकार एवं उनके उपयोग के आधार पर निर्धारित किये जाते हैं।

   लाभ : दृष्टिगत विधि से अधिक सही है। जिसमें बिना किसी अधिक प्रयास के परिपक्वता का निर्धारण किया जाता है।

   सीमाएँ : फलों के आकार–प्रकार व किस्मों से प्रभावित होती है।

3. **रासायनिक विधि (Chemical Methods)**

   इस विधि में परिपक्वता निर्धारण घुलनशील ठोस पदार्थ (TSS), अम्ल (Acidity), घुलनशील ठोस पदार्थ एवं अम्ल अनुपात (TSS : Acidity), स्टार्च (Sugar / Starch), तेल की मात्रा (Fat quantity), इत्यादि के आधार पर किया जाता है। इस विधि में फसलों के नमूने लेकर उनका प्रयोगशाला में विश्लेषण किया जाता है।

   लाभ : रासायनिक विधि ज्यादा सही व वैज्ञानिक है, जो निर्यात के कोडेक्स स्टैण्डर्स (Codex Standards) के मापदण्ड को पूरा करती है।

सीमाएँ : यह विधि कठिन है तथा इसमें विशेष मानकता की आवश्यकता होती है। यह मृदा, जलवायु, पोषण सम्बन्धित कारकों के साथ जैव नियंत्रकों के उपयोग से काफी प्रभावित होती है।

4. **गणना विधि (Computation Method)**

इस विधि द्वारा परिपक्वता का अनुमान किसी फसल में फूल आने से पकने की अवधि, कुल गर्मी की ईकाइयाँ (Heat Unit Submission) का संग्रहण, कलैण्डर दिवस इत्यादि के आधार पर किया जाता है। वैज्ञानिक तौर पर यह परिपक्वता निर्धारण की उचित विधि मानी गयी है।

लाभ : परिपक्वता का सही निर्धारण होता है बशर्ते जलवायु कारकों में कम विविधता हो।

सीमाएँ : हर फसल व किस्म का मानकीकरण करना आवश्यक है।

5. **शरीर क्रियात्मक विधि (Physiological Methods)**

इस विधि द्वारा परिपक्वता निर्धारण श्वसन दर (Rate of respiration) एवं इथलीन क्रियाशीलता (Activity of ethylene) के आधार पर की जाती है।

लाभ : ईष्टतम शरीर क्रियाशीलता द्वारा सही–सही परिपक्वता का निर्धारण किया जा सकता है। इस विधि द्वारा केला, आम, पपीता, चीकू जैसे क्लाइमेट्रिक फलों की परिपक्वता का सही निर्धारण हो जाता है।

सीमाएँ : वैज्ञानिक संसाधनों व यंत्रों की आवश्कता होती है।

परिपक्वता को प्रभावित करने वाले कारक

परिपक्वता की कसौटियाँ कई कारकों जैसे पोषण, फल का आकार, जलवायु, मिट्टी, वृक्ष पर फलों की स्थिति व कटाई–छँटाई तथा वृद्धि नियामक पदार्थो के छिड़काव इत्यादि से प्रभावित होती हैं जिससे तुड़ाई की सही अवस्था में कुछ विभिन्नता हो सकती है। अतः एक विधि पर निर्भर न रहकर विभिन्न कसौटियों के संयोग से परिपक्वता की सही अवस्था का निर्धारण करना उचित माना गया है। कुछ मुख्य फलों में व्यावहारिक रूप से इस्तेमाल किये जाने वाले तरीकों का वर्णन नीचे दिया गया है।

आम : गूदे का रंग हल्का पीला, फल का विशिष्ट गुरूत्व 1.01 से 1.02 तक, गुठली पर रेशों का बनना, फल का घुलनशील ठोस 12^0 ब्रिक्स होने पर तुड़ाई के लिए उपयुक्त समझा जाता है।

केला : केले की अंगुलियों का तीन–चौथाई भाग का परिपक्व होना, कोणापन (Angulation) का लुप्त होना, गूदे और छिलके का अनुपात 1.1 से 1.4 होना उचित परिपक्वता के लक्षण हैं यह अवस्था साधारणतः फल बनने के 115 से 130 दिन के भीतर आती है।

नींबू वर्गीय फल : फलों का हरापन विलुप्त होकर फसल व किस्म के अनुसार कैरोटिन का विकास तथा चीनी व अम्ल का अनुपात लगभग 10 से 12% होना सन्तरा इत्यादि एवं हल्का पीला रंग आना, नींबू के परिपक्वता के लक्षण हैं।

अमरूद : रंग परिवर्तन अवस्था पर फलों की तुड़ाई करते हैं, जब गहरा हरा रंग पीले रंग में परिवर्तित हो तथा फल का विशिष्ट गुरूत्व 1 से कम (0.98 से 0.99) तब अमरूद में परिपक्वता आती है।

पपीता : फल के ऊपर वाले हिस्से में या धानियों के मध्य वाले भाग में पीलापन शुरू होना, डण्ठल से तोड़ने पर दूध का पानी की तरह का निकलना, फलों का 33% भाग पीला पड़ना तथा कम से कम 11.5% घुलनशील ठोस पदार्थ की मात्रा होना पपीता के परिपक्वता के लक्षण हैं।

अंगूर : घुलनशील ठोस पदार्थ व अम्ल का निर्धारित अनुपात (थोम्पसन सीडलेस में 28–32, डिलाईट में 15–30, परलेट में 22–25 तथा ब्यूटी सीडलेस किस्म में 20–25%) होने पर फलों की तुड़ाई करते हैं। अंगूर का फल नॉनक्लाइमेट्रिक फल होने के कारण इसे पकने के बाद ही तुड़ाई करते हैं।

सीताफल : पूर्ण विकसित फलों का रंग जब गहरे हरे रंग से पीला हरा होने लगे तब तुड़ाई कर सकते हैं। इस अवस्था में फल की आँखें ऊभर जाती है। घुलनशील ठोस पदार्थ की मात्रा 16–17% तक होती है।

बेर : फलों के रंग परिवर्तन की अवस्था पर तुड़ाई करते हैं, विशिष्ट गुरूत्व 1 से कम होना तथा घुलनशील ठोस पदार्थ 17–18% के आसपास होने पर परिपक्वता की उपयुक्त दशा आती है।

फालसा : फलों का रंग गहरा लाल पड़ जाये तब परिपक्व होते हैं। फलों की परिपक्वता पर घुलनशील ठोस पदार्थ की मात्रा 19% तथा अम्ल की मात्रा 34% होती है।

अनार : अनार के पकने पर उसके दाने में किस्मानुसार रंग आता है। परिपक्व फलों में 12 से 16% चीनी तथा 1.5 से 2.5% तक अम्ल होता है।

साधारणतया फलों को थपथपाने पर धातु सदृश्य आवाज आये तो समझना चाहिए कि फल परिपक्व हैं।

अंजीर : फलों के पकने पर अपनी किस्म के अनुसार इनका रंग बैंगनी पीला या बैंगनी भूरा पड़ जाता है। गूदे का रंग स्ट्राबेरी के रंग की तरह हो जाता है। अंजीर में परिपक्वता पर 17% चीनी होती है।

आँवला : फल का रंग गहरे हरे रंग से हल्का रंग, विशिष्ट गुरूत्व किस्मानुसार परन्तु (बनारसी में 1.02 तथा चकैया में 1.10) तथा घुलनशील ठोस पदार्थ तथा अम्ल के अनुपात 1.1 होने पर तुड़ाई की अवस्था होती है।

खजूर : पूर्ण विकसित, पूर्ण रंग लिए फल (डोका अवस्था) परिपक्वता की सही अवस्था है।

बेल : फल पकने पर रंग पीला पड़ जाता है तथा फल वृन्त आसानी से अलग हो जाता है। फल की परिपक्वता पर पेड़ की पत्तियाँ पूर्ण रूप से गिर जाती है।

चीकू : फल भूरे रंग का आलू की तरह चिकना पड़ जाता है, ऐसे फलों को नाखून से छीलने पर हरा ऊत्तक एवं दूध नहीं दिखाई पड़ता है।

2. फलों की तुड़ाई

फल की तुड़ाई की अवस्था का उसके रंग, आकार, स्वाद, परिवहन तथा संग्रहण की अवधि पर गहरा प्रभाव पड़ता है। यदि फल को अपरिपक्व अवस्था पर तोड़ लिया जाए और फिर पकाया जाये तो इनका रंग व स्वाद अच्छा नहीं होगा। फल को सही परिपक्वता की अवस्था पर तुड़ाई करने पर उसका रंग, स्वाद व सुगन्ध का पूर्ण विकास होता है तथा उन्हें अधिक समय के लिए भंडारित किया जा सकता है। फलों की तुड़ाई के लिए निम्नलिखित सावधानी बरतनी चाहिए।

1. तुड़ाई सही परिपक्वता अवस्था पर एवं उचित तरीके से करें।
2. अच्छी गुणवत्तायुक्त उत्पाद प्राप्त करें।
3. तुड़ाई किये गये फलों पर कम से कम खरोंच व नुकसान होने दें।
4. फलों की तुड़ाई करते समय 2 सेंमी. तक फलवृन्त अवश्य रखें। ऐसा करने से फलों की भण्डारण अवधि अधिक रहती है तथा भण्डारण के दौरान कम से कम फल खराब होते हैं और फलों की गुणवत्ता बनी रहती है।
5. फलों की तुड़ाई सुबह एवं शाम के समय करें जिससे प्रक्षेत्र गर्मी (Field heat) कम से कम हो।

तुड़ाई उपरान्त फल सम्भलाव

भारत वर्ष में लगभग 60 मिलियन टन फल का उत्पादन हो रहा है परन्तु लगभग 20% फल, बाग तथा उपभोक्ता के बीच विभिन्न अवस्थाओं में नष्ट हो जाते हैं। एक सर्वेक्षण के अनुसार लगभग 25,000 करोड़ रूपये की हानि फलों के सड़ने, सूखने एवं व्याधि ग्रस्त होने के हारण हो जाती है। हाल के वर्षो में विश्व व्यापार संगठन के माध्यम से खुले व्यापार की व्यवस्था हो गयी है जिसके अर्न्तगत किसी भी देश में उत्पादित फल किसी भी देश में निर्यात किया जा सकता है। अतः यह भारतवर्ष के लिए एक अनुपम उपहार है। यहाँ प्रकृति द्वारा प्रदत्त सुविधाओं का लाभ उठाकर उच्च उत्पादकता तथा प्रबन्ध द्वारा अधिक से अधिक फल तथा इनसे निर्मित उत्पादों का निर्यात किया जा सकता है।

फल विनाशशील (Perishable) होते हैं। अन्य जीवों की भांति ताजे फलों में सामान्य जीवन क्रियाएँ जैसे श्वसन, उत्स्वेदन आदि होती रहती हैं। इन क्रियाओं को एकदम नहीं रोका जा सकता परन्तु उचित प्रबन्ध से इनकी गति धीमी जरूर की जा सकती है। फलों की तुड़ाई के लिए परिपक्वता का सही ज्ञान, उचित श्रेणीकरण, पैकेजिंग, अच्छे परिवहन तथा भण्डारण आदि की उचित व्यवस्था उपलब्ध कराकर विभिन्न अवस्थाओं में होने वाले क्षति को कम किया जा सकता है।

फलों के खराब होने के कारण

तुड़ाई के उपरान्त फलों में भौतिक तथा रसायनिक क्रियाऐं होती रहती हैं जिसके परिणामस्वरूप इनके भार, रंग–रूप, सुगन्ध, स्वाद, गठन तथा पोषक तत्वों पर प्रभाव पड़ता है। इनके गुणों में ह्रास तथा सड़न के कारण फल खराब हो जाते हैं। खराब होने के कई कारण हो सकते हैं, जैसे– परिपक्वता, खरोंच, रसायनिक क्षति, तापक्रम, आर्द्रता, उप–ऑक्सीकरण, वाष्पशील पदार्थ, पैकेजिंग, उपचारित फल, फलों के गुण व बनावट, व्याधि आदि जिनके बारे में विस्तार से नीचे दिया गया है।

1. **परिपक्वता** : फलों का सूखना, सड़ना, गलना आदि उनकी परिपक्वता पर काफी निर्भर करता है। परिपक्वता के पहले तुड़ाई करने पर फल भण्डारण के समय में सूख जाते हैं तथा उनमें उच्च गुणवत्ता नहीं आ पाती है। तुड़ाई में विलम्ब होने से विभिन्न प्रकार की बीमारियों की सम्भावना बढ़ जाती है। फलों को यदि तुड़ाई उपरान्त भण्डारण करना हो तथा दूर की मण्डी में

भेजना हो तो नुकसान से बचाने के लिए फलों की तुड़ाई पकने के थोड़ा पहले करनी चाहिए। ऐसे फल जो तुड़ाई के उपरान्त पकते हैं (क्लाइमैट्रिक फल) का रसायनिक उपचार किया जाना चाहिए जिससे परिपक्वता की गति धीमी पड़ जाए।

2. **श्रेणीकरण** : फलों की तुड़ाई एवं सम्भलाव के समय कम से कम घाव लगे इस बात पर विशेष ध्यान दिया जाना चाहिए। फलों की तुड़ाई उपरान्त टोकरी में एकत्रित करने एवं श्रेणीकरण तथा पैकेजिंग के समय थोड़ी–सी असावधानी होने पर चोट या खरोंच लगने के कारण कई व्याधियों का संक्रमण हो जाता है। श्रेणीकरण सावधानीपूर्वक करना चाहिए जिससे फलों को कम क्षति पहुँचे। श्रेणीकरण के समय चोट खाये, चिड़ियों की चोंच लगे, कटे–फटे, कूबड़ या रोग ग्रस्त फलों को निकालकर अलग कर दिया जाना चाहिए अन्यथा इन फलों के सम्पर्क में आने से अच्छे फल भी खराब हो जाते हैं। घाव द्वारा फैलने वाले रोग को रोकने के लिए तुड़ाई उपरान्त शीघ्र ही फलों को कवकनाशी रसायन थायोबेण्डाजॉल, बिनोमिल आदि से उपचारित किया जाना चाहिए।

3. **फलों का गलत उपचार** : बीमारियों के रोकथाम हेतु फलों की तुड़ाई से पूर्व तथा भण्डारण के समय कई रसायनों का उपयोग किया जाता है। इन रसायनों की साद्रता अधिक होने पर फलों में घाव हो जाते हैं जिससे फल शीघ्र खराब हो जाते हैं। भण्डारण के समय शीतगृह में अमोनिया गैस के कारण भी फलों का रंग खराब हो जाता है। इसी प्रकार गन्धक से धूमन करने से फलों का रंग उड़ जाता है। इस प्रकार उत्पन्न विकार के निदान हेतु प्रयोग किये जाने वाले रसायन की सही सान्द्रता तथा समय पर उपयोग किया जाना चाहिए।

4. **तामपान में भिन्नता** : फलों के भण्डारण के लिए एक उचित तापमान की आवश्यकता होती है। इससे अधिक या कम तापमान पर फलों के भण्डारण से गुणवत्ता पर प्रतिकूल प्रभाव पड़ता है। अधिक तापमान से फलों की भौतिक तथा रसायनिक क्रियाओं की गति बढ़ जाती है जिसके परिणामस्वरूप पानी का वाष्पोत्सर्जन अधिक होता है तथा फल सिकुड़ जाते हैं। उनका वजन कम हो जाता है और कभी–कभी फल फटने लगते हैं। कुछ रोगजनक बीमारियाँ अधिक तापमान पर तेजी से फैलती हैं जिसमें आम, केला, पपीता में एन्थ्रेक्नोज तथा नींबू प्रजाति में काला कवक रोग एवं सेब में राइजोपस रोग आदि प्रमुख हैं।

इन विकारों से निदान हेतु फलों की तुड़ाई उपरान्त एवं भण्डारण तथा परिवहन से पहले पूर्व शीतलन (Precooling) करना लाभदायक होता है। जब आम के फलों की तुड़ाई की जाती है तो फलों के अन्दर का तापमान बाहर की हवा से अधिक होता है। अतः इसे कम करने हेतु कुछ समय तक फलों को कम तापमान पर अनुकूलन किया जाना चाहिए। इससे फलों में श्वसन की गति धीमी पड़ जाती है, वाष्पोत्सर्जन कम हो जाता है जिससे हानिकारक कवकों की वृद्धि धीमी पड़ जाती है, फलरूवरूप परिवहन तथा भण्डारण के समय कम नुकसान होता है।

पूर्व शीलतन के अनेक तरीके प्रचलित हैं जिनमें जल द्वारा, ठण्डी हवा तथा फलों को बर्फ के सम्पर्क में रखकर करना प्रमुख है। पूर्व शीलतन (Precooling) हेतु अलग से कक्ष भी बनाया जा सकता है। जिसमें तापक्रम एवं आर्द्रता को नियंत्रित किया जा सकता है फलों के पूर्व शीतलन हेतु 4.4^0 सेन्टीग्रेड तापक्रम उपयुक्त होता है।

मोम के इमल्शन या वैक्साल (6–12%) से फलों को उपचार करके भण्डारण करने पर फलों की श्वसन गति धीमी पड़ जाती है। वाष्पोत्सर्जन कम हो जाता है परिणामतः फलों को लम्बे समय तक भण्डारित किया जा सकता है। इमल्शन में कवकनाशी रसायन जैसे सोडियम ओफीनाइल फीनेट या कैप्टान (0.25%) मिलाकर उपचारित किया जा सकता है। इसी प्रकार अधिक तापमान से फलों को होने वाले नुकसान से बचाने हेतु शीत संग्रहण भी किया जा सकता है।

पूर्व–शीतलन, मोम इमल्शन तथा शीत संग्रहण द्वारा फलों की भण्डारण अवधि बढ़ जाती है। विकसित देशों में फलों को कूल चेन (Cool Chain) द्वारा अधिक दिनों तक भण्डारित किया जाता है परन्तु भारतवर्ष में अभी इसकी सुविधा उपलब्ध नहीं हो पायी है।

5. **हिमीकरण एवं अभिशीतन क्षति** : फलों को 0 से 4.4^0 सेन्टीग्रेड पर रखने से हिमीकरण क्षति (Freezing Injury) तथा उससे अधिक परन्तु निर्धारित तापक्रम से कम तापमान पर भंडारित करने पर अभिशीतन क्षति (Chilling injury) होती है। हिमीकरण क्षति केले और आम में -1^0 सेन्टीग्रेड तथा सेब एवं माल्टा में -1^0 सेन्टीग्रेड के नीचे होती है जबकि अभिशीतन क्षति, केले में 12^0 सेन्टीग्रेड तथा आम में 10^0 सेन्टीग्रेड से कम एवं संतरे में 2.7^0 सेन्टीग्रेड पर होती है। शीत क्षति के नियंत्रण हेतु फलों को प्रशीतन (Precooling) करके उनको उचित तापक्रम पर भण्डारण करना चाहिए।

6. **आर्द्रता** : अधिकांश फलों के भण्डारण में 85 से 90% सापेक्ष आर्द्रता (Relative Humidity) की आवश्यकता रहती है। इसकी कमी से श्वसन एवं वाष्पोत्सर्जन की दर में वृद्धि के कारण फलों के भार में कमी आ जाती है, फलस्वरूप फल खराब हो जाते हैं। 90% से अधिक सापेक्ष आर्द्रता होने पर भी कवक रोगों के प्रकोप से फल खराब हो जाते हैं। इसके निवारण हेतु भण्डारण में कैल्शियम क्लोराइड के उपयोग से सापेक्ष आर्द्रता कम की जा सकती है तथा आर्द्रता कम होने पर पानी के बारीक कुहासे (Fog) से बढ़ाई जा सकती है।

7. **श्वसन** : श्वसन एक ऑक्सीकरण प्रक्रिया है। भण्डार गृह में ऑक्सीजन की मात्रा में कमी एवं कार्बन–डाई–ऑक्साइड की मात्रा में वृद्धि होने पर श्वसन दर घट जाती है और यदि ये मात्रा बहुत अधिक हो जाए तो श्वसन क्रिया पूर्ण रूप से रूक जाती है। इस स्थिति को अनाआक्सीय (Anaerobic) श्वसन कहते हैं जिसके परिणामस्वरूप दैहिकीय विकार उत्पन्न हो जाते हैं जैसे सेब में ब्राउन हार्ट। इसके अतिरिक्त जैव वाष्पशील पदार्थ (इथलीन, एस्टर, एल्डिहाइड, कीटोन) भण्डारण के दौरान उत्पन्न होते हैं तथा फलों को खराब कर देते हैं। पैकेजिंग के समय यदि ध्यान न दिया जाए तो भी फल खराब हो जाते हैं। यदि हम फलों का उपचार गर्म पानी में करते हैं तो फलों के भार में कमी के साथ–साथ बीमारियों की ग्रहणशीलता बढ़ जाती है।

3. फलों का श्रेणीकरण

फलों को आकार, रंग एवं गुणवत्ता के अनुसार अलग–अलग भागों में बांटने को श्रेणीकरण कहते हैं। फलों के श्रेणीकरण का मुख्य उद्देश्य कटे–फटे या असंतोषजनक फलों को छाँटकर अलग कर देना तथा उन्हें अलग–अलग वर्गो में विभक्त करना होता है। कटे–फटे फलों को स्वस्थ फलों के साथ रखने पर अन्य फल भी प्रभावित हो जाते हैं। फलों का श्रेणीकरण किस्म, आकार, बाहरी रंग एवं गुणवत्ता आदि के आधार पर किया जाता है। अधिकांश फलों को इनके व्यास तथा वजन के अनुसार श्रेणीकृत किया जाता है। श्रेणीकृत किये हुए फल देखने में लुभावने तथा रंग चमकदार होते हैं जिनसे अच्छा मूल्य मिलता है।

विभिन्न फलों के श्रेणीकरण के मानक अलग–अलग हैं। सेब के श्रेणीकरण में आकार के अनुसार 1. सुपर लार्ज या 2. सुपर एक्स्ट्रा लार्ज या 3. स्पेशल 4. लार्ज

या फैन्सी 5. मीडियम या सलेक्टेड 6. स्माल कामर्शियल तथा 7. एक्स्ट्रा स्माल या जनता एवं 8. पिट्टू आदि श्रेणी होते हैं। इसी प्रकार अन्य फलों को आकार के अनुसार तीन या चार वर्ग में श्रेणीकृत किया जाता है एवं उनके मानक के अनुसार फलों को अलग–अलग बक्सों में भर कर विपणन किया जाता है।

4. फलों की पैकेजिंग

श्रेणीकरण के बाद फलों के संग्रहण, परिवहन तथा विपणन के लिए पैकेजिंग अतिआवश्यक होता है। भारत वर्ष में पैकेजिंग के क्षेत्र में पिछले कुछ वर्षो में काफी सुधार हुआ है जिसके फलस्वरूप फल के व्यवसाय पर बहुत अधिक प्रभाव पड़ा है और उनमें बढ़ोत्तरी हुई है। पैकेजिंग के तीन प्रमुख कार्य हैं–

क. **रखना** : पैकेजिंग के अन्दर फलों को सुविधाजनक स्थान तथा सहारा मिलता है और दूसरे वस्तु के प्रवेश में रूकावट होती है जिसके फलस्वरूप फल दूषित होने से बचे रहते हैं।

ब. **संरक्षा करना** : अच्छी तरह से पैकेजिंग किये गये फल परिवहन तथा संग्रहण के दौरान, टूटने, फटने, चोट लगने, खरोंच, रोग, कीट आदि से बचे रहते हैं। अतः फल अधिक समय तक सुरक्षित रहते हैं। इसके अलावा परिवहन तथा संग्रहण के दौरान फलों का जलवायु सम्बन्धित आपत्तियाँ जैसे– नमी, ऑक्सीजन, प्रकाश, तापक्रम से बचाव होता है। इन कारकों के बचाव से फलों में सिकुड़न तथा सड़न–गलन कम होती है।

स. **बिक्री में सुविधा** : पैकेजिंग से विक्रेता तथा उपभोक्ता दोनों को ही सुविधा रहती है क्योंकि अच्छी पैकेजिंग से फलों की गुणवत्ता तथा परिमाण का पता चल जाता है। इसके अतिरिक्त पैकेजिंग उपभोक्ता को आकर्षित करती है जिसके फलस्वरूप फलों का उचित मूल्य प्राप्त होता है।

पैकेजिंग से फलों की गुणवत्ता में सुधार नहीं किया जा सकता है। बल्कि गुणों को एक निश्चित समय के लिए कायम रखा जा सकता है। अतः ध्यान रखा जाना चाहिए कि पैकेजिंग ज्यादा महंगी न हो परन्तु मजबूत और स्वच्छ हो जिससे परिवहन के दौरान फलों को किसी प्रकार की चोट या खरोंच न लगे। पैकेजिंग करते समय उसमें हवा के आदान–प्रदान के लिए पर्याप्त व्यवस्था होनी चाहिए जिससे फल देरी से पकें और खराब होने से बचे रहें।

पैकेजिंग हेतु उपयोग की जाने वाली वस्तुएँ

पैकेजिंग के लिए जो वस्तुएं प्रयोग की जाती हैं उसकी उपयोगिता भिन्न–भिन्न स्थानों पर विभिन्न फलों के लिए हो सकती है। इस कार्य के लिए निम्न प्रकार की वस्तुएं प्रयोग में लायी जाती हैं।

अ. **टोकरियाँ** : हमारे देश में अधिकतर फल टोकरियों में पैक किये जाते हैं। ये टोकरियाँ बाँस, अरहर, झाऊ, शहतूत, फालसा की लकड़ी आदि से तैयार की जाती है। विभिन्न स्थानों में विभिन्न माप व आकार की टोकरियाँ प्रयोग में लाई जाती है। टोकरी के माप का कोई मानकीकरण नहीं है। टोकरियाँ पैकेजिंग के लिए बहुत सस्ती पड़ती हैं लेकिन दूर के परिवहन के लिए ये उपयुक्त नहीं होती हैं क्योंकि ये मजबूत नहीं होती है।

ब. **बक्से व पेटियाँ** : लकड़ी तथा कार्डबोर्ड के बक्से भी पैकेजिंग के लिए प्रयोग में आते हैं। फलों को दूर भेजने के लिए लकड़ी विशेषकर गत्ते तथा प्लास्टिक के बक्से ज्यादा उपयोगी होते हैं। सेमल तथा सफेदा की लकड़ी से बने बक्से पैंकिग के लिए बहुत सस्ते पड़ते हैं। बक्से भी विभिन्न माप के होते हैं पर फलों की लुभावनी पैकिंग कार्डबोर्ड के बक्सों में की जाती है। इनमें हवा के आदान–प्रदान के लिए छिद्र होते हैं। इनके अन्दर का भाग मोम से लेप किए हुए होता है। हवाई जहाज से फलों को दूर भेजने के लिए ऐसे बक्सों का प्रयोग किया जाता है।

स. **थैले** : आधुनिक काल में पॉलीथीन के थैले, हल्के भार वाले कार्टून, प्लास्टिक तथा विशेष कागज या कपड़े के थैले पैकेजिंग के लिए अधिक प्रयोग में लाये जा रहे हैं।

द. **प्री–पैकेजिंग वस्तुएँ** : फलों को फुटकर स्टोर पर उपभोक्ताओं को बेचने के लिए एक विशेष इकाई वाले पैकेज में पैक किया जाता है जिसे प्री–पैकेजिंग कहते हैं। इस प्रकार की पैकेजिंग के लिए पॉलीथीन के थैले अधिक उपयोगी सिद्ध हुए हैं। यह पारदर्शक, नमी प्रतिरोधक तथा गैस के आदान–प्रदान में सहायक होते हैं। इसके अतिरिक्त ये मजबूत, भार में हल्के तथा सुविधाजनक होते हैं और इन पर आसानी से छपाई भी की जा सकती है। थैले की साइज 25 x 30 सेंमी. तथा मोटाई 200 गेज की उचित मानी गई है। इसमें हवा के आदान–प्रदान के लिए 0.6 सेंमी. व्यास के 20 से 24 छिद्र होने चाहिए।

आम व सेब के फलों को दो किलोग्रा. के पॉलीथीन के थैले में प्री–पैक करके फिर इसे कार्टून या कार्ड बोर्ड के बक्सों में पैक करके फुटकर दुकानों पर बेचने के लिए भेजा जाता है। प्री–पैकेजिंग करने से फलों के बारे में ग्राहक से कम बातचीत करनी पड़ती है, विभिन्न फलों के लिए आजकल विभिन्न प्रकार की पॉलीथीन की पैकेट बनाई जा रही है, ताकि फलों को अधिक से अधिक समय तक सुरक्षित रखा जा सके।

य. **पुनेट** : छोटे–छोटे तथा अति कोमल (Delicate) फलों को 100 ग्रा. या 1 दर्जन आदि के हिसाब से प्लास्टिक या गत्ते के छोटे–छोटे डिब्बों (Punnets) में भरकर बिक्री किया जाता है। जैसे स्ट्राबेरी, चेरी, जामुन, गूज बेरी, करंट आदि। ये फल आजकल डिपार्टमेंटल स्टोर पर आसानी से देखे जा सकते हैं।

पैकेजिंग में अस्तर का प्रयोग

टोकरियों तथा बक्सों या पेटियों में फलों को रखने से पहले विभिन्न पदार्थो के अस्तर (Lining) का प्रयोग किया जाता है। इसमें प्रमुख हैं पुवाल, कागज व कपड़े की कतरन, अखबारी कागज, सूखी घास, फलों के पत्ते एवं लकड़ी का बुरादा आदि। इन पदार्थो को कुशनिंग या पैडिंग पदार्थ भी कहते हैं। इन पदार्थों से फलों में खरोंच लगने की सम्भावना नहीं रहती है अतः फल खराब होने से बचे रहते हैं। अस्तर के लिए कागज की कतरन, सूखी घास से अपेक्षाकृत ज्यादा उपयोगी होती है। ध्यान रखना चाहिए कि किसी भी दशा में भीगे पुवाल का उपयोग न किया जाए। वर्तमान में फलों को लपेटने के लिए टिशू पेपर तथा अस्तरों के लिए पॉलीथीन का प्रयोग कुछ विशिष्ट प्रकार के फलों के लिए किया जा रहा है।

य. भंडारण

तोड़ाई के पश्चात् फलों को अधिक या कम समय के लिए रखना, भंडारण कहा जाता है। भंडारण कई प्रकार के होते हैं जैसे, प्राकृतिक भंडारण, सामान्य भंडारण, शीत संग्रहण, नियन्त्रित वायुमण्डल भडांरण तथा वायुमण्डल समानित दाब भंडारण।

अ. **प्राकृतिक भंडारण (Natural Storage) :** कुछ फलों की गुणवत्ता वृक्ष पर ही अधिक दिनों तक बनी रहती हैं, अतः ऐसे फलों को वृक्ष पर ही कुछ दिनों

के लिए छोड़ा जा सकता है। उदाहरण स्वरूप ऐवोकेडो के फलों को परिपक्वता के बाद 6 महीने तक वृक्ष पर ही रखा जा सकता है। इसी प्रकार केला, बेल व ग्रेपफ्रूट के फलों को भी पेड़ पर ही कुछ समय के लिए सुरक्षित रखा जा सकता है।

ब. **सामान्य भंडारण (General Storage) :** यद्यपि सामान्य भंडारण बहुत सस्ता होता है लेकिन तापक्रम व सापेक्ष आर्द्रता पर उचित नियन्त्रण न होने के कारण यह बहुत से फलों के लिए अनुपयुक्त है। ऐसे भडांरण में फलों को थोड़े समय के लिए भंडारित किया जाता है। इसमें वातावरण के तापक्रम का उपयोग किया जाता है और उस स्थान का चुनाव किया जाता है जहाँ प्राकृतिक तापक्रम बहुत कम हो। आर्द्रता को अधिक रखने के लिए कच्चा फर्श उपयुक्त समझा जाता है। इस विधि के कई रूप हैं जैसे–

1. **संवातन युक्त कमरा (Air Tight Room) :** भारतीय परिस्थितियों में फलों के संग्रहण की यह एक प्रमुख विधि है। ऐसे कमरों में उष्मारोधक तथा संवातन की सुविधाएँ होती हैं। फलों को कमरे के अन्दर पेटियों में भरकर या ढेर लगाकर रखा जाता है।

2. **जमीन की सतह पर फलों की तह को ढ़ककर (Surface Storage):** ठण्डे जलवायु वाले प्रदेशों में फलों को पेड़ के नीचे तह लगाकर रखते हैं। फलों को हिमीकरण से बचाने के लिए भूसे की करीब 30 सेंमी. मोटी तह से ढक दिया जाता है। सेब के भण्डारण में यह विधि प्रचलित है।

3. **गड्ढा या खाई बनाकर (Pit or Trench Storage) :** इस विधि में ठंडी जगह पर गडढे या खाइयाँ बनाकर फलों को पेटियों में भरकर रखा जाता है। गडढे की गहराई लगभग 30 सेंमी. तथा चौड़ाई एक से दो मीटर होती है। इन गडढों में फल की पेटियों को रखने के बाद उसे भूसे की तह से ढक कर मिट्टी की एक पतली परत से ढक दिया जाता है जिससे हवा द्वारा भूसा उड़ नहीं पाता है।

4. **शून्य ऊर्जा शीत गृह भंडारण (Zero Energy Cool Chamber Storage) :** यह विधि भारतीय कृषि अनुसंधान संस्थान, नई दिल्ली द्वारा विकसित की गयी है। इसे Evaporative Cooling पद्धति द्वारा भण्डारण भी कहते हैं। इसमें ठण्डे स्थान पर ईंट की सहायता से 3 मी. लम्बा, 5 मी. चौड़ा और 1.5 मी. गहरा दो दीवार वाला चैम्बर बनाते हैं। दोनों

दीवारों के बीच तथा चैम्बर के नीचे बालू भर देते हैं। ढ़कने के लिए बास का ढ़क्कन बनाते हैं जिसे गीले टाट या बोरे से ढ़क देते हैं। चैम्बर के अन्दर फल एवं सब्जियों को 5–7 दिनों तक भंडारित रख सकते हैं।

शीत भंडार में विभिन्न फलों के लिए तापक्रम

फल	तापक्रम (^{0} सेन्टीग्रेड)	सापेक्ष आर्द्रता	भण्डारण अवधि
आम	12.7	85–90	4 सप्ताह
केला	12.8	85–90	3–4 सप्ताह
माल्टा	5.5–7.2	85–90	4 माह
संतरा (किन्नौ)	2.2–4.4	85–90	3 माह
नींबू	11–12.8	85–90	7–8 सप्ताह
लेमन	5.5–7.2	85–90	6 सप्ताह
अमरूद	8–10	85–90	4–5 सप्ताह
पपीता	8.3	85–90	2 सप्ताह
अंगूर	00.00	92	2 सप्ताह
लीची	8.6	85–90	10 सप्ताह
अनन्नास	8.3–10	85–90	6 सप्ताह
शरीफा	3.9–5.5	85–90	6 सप्ताह
बेर	10.00	85–90	4–6 दिन
अनार	00–8.6	85–90	11 सप्ताह
अंजीर	00–1.6	85–90	7 सप्ताह

स. **शीत भंडारण (Cold Storage) :** फलों को भंडारित करने की आधुनिक विधि शीत भंडारण विधि है। इस विधि में तापक्रम व सापेक्ष आर्द्रता को इच्छानुसार नियन्त्रित किया जाता है, जिससे बाहर के तापक्रम का फलों पर कोई प्रभाव नहीं पड़ता है। इस भंडारण का सिद्धान्त न्यून तापक्रम पर फल की स्वाभाविक जैविक क्रियाओं की गति को कम कर देना और साथ ही जीवाणुओं द्वारा होने वाली क्षति को रोकना है। न्यून तापक्रम से फलों में श्वसन दर की गति धीमी पड़ जाती है तथा फलों के पकने की गति मन्द पड़ जाती है जिससे क्षति पहुँचाने वाले जीवाणुओं की क्रिया धीमी पड़ जाती है और फल स्वाभाविक रूप से अधिक समय तक अच्छी स्थिति में बने रहते हैं। अतः इस विधि से फलों को अधिक समय तक संग्रह किया जाता है, जैसे सेब शीत भण्डारण के कारण ही अधिकांश महीनों में उपलब्ध होता है।

द. **नियन्त्रित वायुमण्डल भंडारण (Controlled Atmospheric Storage):** इस प्रकार के भडांरण में प्रमुख रूप से ऑक्सीजन तथा कार्बन–डाई–ऑक्साइड गैस की सान्द्रता को नियन्त्रित किया जाता है। साधारणतः वायुमण्डलीय संगठन की अपेक्षा नियन्त्रित वायुमण्डल में ऑक्सीजन का स्तर कम तथा कार्बन–डाई–ऑक्साइड का स्तर अधिक होता है। जब गैसों का नियंत्रण मशीन द्वारा किया जाता है तो इस तरह के भण्डार को 'नियन्त्रित वायुमण्डल भंडारण' कहते हैं परन्तु जब मशीनों का प्रयोग नहीं होता और गैसों का अनुपात उसमें रखे फलों द्वारा परिवर्तित होता है तो उसे रूपान्तरित वायुमण्डलीय भण्डारण (Modified Atmospheric Storage) कहते हैं।

नियन्त्रित वायुमण्डल के सिद्धान्त का उपयोग बन्द फिल्म अस्तरों का प्रयोग करके किया जा रहा है। इसमें कार्बन–डाई–ऑक्साइड व ऑक्सीजन दोनों ही भिन्न–भिन्न ढंग से अस्तरों के अन्दर प्रवेश करती है जैसे– पॉलीथीन की फिल्म में ऑक्सीजन, कार्बन–डाई–ऑक्साइड की अपेक्षा लगभग पाँच गुना अधिक प्रवेश करती है। जब सेब को पॉलीथीन के बन्द अस्तरों में रखा जाता है तो श्वसन के परिणामस्वरूप अस्तरों में भरी हुई ऑक्सीजन कम हो जाती है और कार्बन–डाई–ऑक्साइड 2–12% हो जाती है। गैस की साद्रता कई कारकों जैसे– फल की किस्म, फिल्म के प्रकार, घनत्व, तापक्रम एवं फल के भार से काफी प्रभावित होती है। फिल्म की मोटाई बढ़ा देने से प्रसारणशीलता घट जाती है जिसके फलस्वरूप ऑक्सीजन कम और कार्बन–डाई–ऑक्साइड अधिक हो जाती है। जब कार्बन–डाई–ऑक्साइड की मात्रा बहुत अधिक हो तो पॉलीथीन में छिद्र करके कम किया जा सकता है, लेकिन अधिक छिद्र नही होने चाहिए अन्यथा ऑक्सीजन का स्तर बढ़ जाने से संग्रहण काल पर विशेष प्रभाव नहीं होता। बंद फिल्म अस्तरों के प्रयोग से फलों का संग्रहण काल बढ़ जाता है। सेब तथा केले में इसका विशेष प्रभाव पाया गया है। आधुनिक समय में नियन्त्रित वायुमण्डल भण्डारण का प्रयोग फलों को रेल, ट्रक तथा नाव द्वारा भेजने के लिए किया जा रहा है।

य. **कम दाब भंडारण (Low Pressure Storage)** : इस प्रणाली में ऑक्सीजन तथा इथलीन के आंशिक दाब को कम कर दिया जाता है। ऑक्सीजन के कम हो जाने से फलों की श्वसन दर घट जाती है और इथलीन गैस के कम हो जाने से परिपक्वता की क्रियाऐं धीमी पड़ जाती है जिसके फलस्वरूप फल कई दिनों तक सुरक्षित रहते हैं। इस प्रकार के संग्रहण से आम, केला,

अनन्नास, अमरूद, सेब, नाशपाती, आड़ू व खूबानी, ऐवोकैडो तथा नींबू के फलों का भंडारण अधिक अवधि तक किया जा सकता है। फलों के परिवहन में भी इस प्रणाली की बड़ी उपयोगिता है।

❑❑❑

7

प्रमुख फल फसलों की वैज्ञानिक खेती

भारत वर्ष के प्रमुख फल फसलों को चार भागों में बाँट कर इस अध्याय में प्रस्तुत किया गया है। विद्यार्थियों की सुविधा एवं समझ के लिए निम्नलिखित जलवायु क्षेत्रों के अनुसार फल फसलों का वर्गीकरण किया गया है।

अ. उष्ण कटिबन्धीय फल

ब. उपोष्ण कटिबन्धीय फल

स. शीतोष्ण कटिबन्धीय फल

द. शुष्क क्षेत्रीय फल

अ. उष्ण कटिबन्धीय फल

1. आम (Mango)

आम जिसका वनस्पतिक नाम मैंजीफेर इंडिका (*Mangifera indica* L.) एनाकारडियेसी कुल का एक प्रमुख सदस्य है। आम भारत वर्ष का एक देशज फल है परन्तु इसकी खेती उष्ण एवं उपोष्ण कटिबन्धीय देशों में बड़े पैमाने पर की जाती है। हमारे देश के प्रायः सभी प्रदेशों में आम की खेती की जाती है जिसके कारण इसे 'फलों का राजा' भी कहते हैं। भारत वर्ष में लगभग 20 लाख हेक्टयर क्षेत्रफल में आम की खेती होती है परन्तु सर्वाधिक क्षेत्रफल उत्तर प्रदेश (37.5%), आन्ध्रप्रदेश (19.9%) एवं अविभाजित बिहार राज्य (14.7%) में है। विश्व के कुल आम उत्पादन का लगभग 43.4% भाग भारत में उत्पन्न होता है।

आम के पके हुये फल अत्यधिक पौष्टिक, स्वादिष्ट एवं गुणकारी होते हैं। इसके फलो में विटामिन–'ए' व कैरोटिन प्रचुर मात्रा में पाया जाता है। ताजा उपयोग के अतिरिक्त आम के फलों से अनेक परिरक्षित पदार्थ बनाये जाते हैं। कच्चे फलों का उपयोग अचार, अमचूर इत्यादि के लिए किया जाता है जबकि पके फलों से जूस, शरबत, स्क्वैश, पेय पदार्थ एवं अमावट (मैंगौलेदर) आदि बनाये जाते है।

भूमि एवं जलवायु

आम की सफल बागवानी के लिए अच्छी जलधारण क्षमता वाली गहरी बलुई दोमट मिट्टी उपयुक्त होती है। आम के लिए उष्ण एवं आर्द्र जलवायु सर्वोत्तम होता है। फूल आने के समय अधिक वायुमंडलीय आर्द्रता नुकसानदायक तथा फल विकास के समय शुष्क मौसम हानिकारक होता है। जिन स्थानों पर जनवरी–फरवरी में आसमान साफ रहता हैं एवं जलवायु शुष्क होती हैं वहाँ आम में फल अन्य स्थानों से 10–15 दिन पहले तैयार हो जाते हैं। देश के उपरवार एवं बंजर जमीन में आम की सफल बागवानी की जा सकती हैं क्योंकि ऐसी जमीन या तो परती पड़ी रहती है या केवल मानसून के मौसम में कम उत्पादकता वाली फसलें उगाने के काम में लाई जाती हैं ऐसी जमीन में आम की खेती के साथ–साथ मोटे अनाज जैसे–मडुआ, उपरवार धान, दलहनी फसलें जैसे अरहर, उरद, मूँग, तिलहनी फसलें जैसे–सरगुजा, सरसों इत्यादि की खेती अंतः शस्य के रूप में की जा सकती है।

उन्नत किस्में

देश में आम की लगभग 1000 किस्में प्रचलित हैं परन्तु व्यापारिक दृष्टि से 40–50 किस्में ही विभिन्न क्षेत्रों में उगायी जाती हैं। आम की विभिन्न समय में परिपक्व होने वाली किस्मों का विवरण नीचे तालिका में दिया गया है।

परिपक्वता वर्ग	पकने का समय	किस्में
अति अगेती किस्में	15 मार्च–30 अप्रैल	अर्का नीलाचल केसरी
अगेती किस्में	15–30 मई	बाम्बे ग्रीन, रानी पसन्द, जरदालू, जर्दा (गोरजीत), गुलाब खास।
मध्य अगेती किस्में	1–15 जून	बैंगनपल्ली, हिमसागर, कृष्ण भोग, वजीर पसन्द, प्रभाशंकर, महमूद बहार।
मध्य समय की किस्में	15–30 जून	मालदह, लंगड़ा, दशहरी, मनकुराद, अर्का नीलकिरण, अर्का पुनीत, दशहरी–51
मध्य देर वाली किस्में	20 जून–10 जुलाई	मल्लिका, नीलेशान, नायाब
देर से पकने वाली किस्में	1–15 जुलाई	आम्रपाली, चौसा, सिपिया, फजली तोतापरी
अति देर से पकने वाली किस्में	15 जुलाई–10 अगस्त	कतकी, लतरा, बारामासी, बथुआ निंरजन

आम की प्रमुख किस्मों को कई वर्गों में बाँटा गया है।

1. आम के चयनित क्लोन (Clonal Selection)

हाल के वर्षों में आम की व्यवसायिक किस्मों के बगीचों में से उत्पादन एवं गुणवत्ता के आधार पर कुछ विशिष्ट क्लोन (Elite Clone) को चुना गया है जिसे क्लोनल सेलेक्शन भी कहते हैं। इनमें प्रमुख हैं।

दशहरी–51 : केन्द्रीय उपोष्ण बागवानी संस्थान, लखनऊ के दशहरी के बगीचे से इस किस्म का चयन किया गया है। इस किस्म में उत्पादन अधिक तथा नियमित फलन देखा गया है।

अर्का नीलाचल केसरी : केन्द्रीय बागवानी परीक्षण केन्द्र, भुवनेश्वर द्वारा गुलाब खास प्रजाति से इस क्लोन का चयन किया गया हैं, यह प्रजाति अत्यधिक अगेती तथा नियमित फलन देती है। इसके फल सुन्दर, लाल–पीले रंग के होते हैं। पौधे मध्यम बड़े तथा फलों का मिठास $19–20^0$ ब्रिक्स होता है।

नंदीराज : इन्दिरा गाँधी कृषि विश्वविद्यालय, रायपुर द्वारा इस किस्म का विकास किया गया है। इसके फल अधिक गूदेदार एवं मीठे होते हैं। यह किस्म मध्य समय में पक कर तैयार होती है।

2. आम की संकर किस्में (Hybrids)

विभिन्न किस्मों के अच्छे गुणों को एक किस्म में समायोजन के लिए आम में अनेक संकर किस्मों का विकास किया गया है। जिनमें से कुछ संकर किस्मों का विस्तृत विवरण इस प्रकार है।

मल्लिका : यह संकर किस्म भारतीय कृषि अनुसंधान संस्थान, नई दिल्ली द्वारा नीलम × दशहरी किस्मों के समायोजन से तैयार की गयी है जिसके फल बहुत बड़े (औसत वजन 600 ग्रा.), गुठली पतली एवं गूदा अधिक मीठा तथा स्वादिष्ट होता है। पकने पर इसके फल आकर्षक पीले रंग के हो जाते हैं। इसके फलों की भंडारण क्षमता भी अधिक है। यह देर से पकने वाली बहुत ही अच्छी निर्यातोन्मुख किस्म है। यह किस्म खाने एवं प्रंसस्करण के लिए भी अत्यधिक उपयुक्त मानी जा रही है। एक पूर्ण विकसित वृक्ष से 100–150 कि.ग्रा. फल प्राप्त हो सकता है।

आम्रपाली : यह संकर किस्म दशहरी × नीलम किस्मों के समायोजन से भारतीय कृषि अनुसंधान संस्थान, नई दिल्ली द्वारा तैयार की गई है जिसके पेड़ अपेक्षाकृत बौने होते हैं। आम्रपाली के पेड़ों से फलत अपेक्षाकृत जल्दी एवं नियमित रूप से प्राप्त होती है परन्तु फलों का आकार छोटा–बड़ा होता है। यह एक देर से पकने वाली किस्म है जिसके फल जून के अन्त में पककर तैयार होते हैं। यह किस्म सघन बागवानी पद्वति के लिए बहुत ही उपयुक्त है जिससे लगभग 20–25 टन प्रति हेक्टेयर उपज प्राप्त किया जा सकता है।

अर्का पुनीत : भारतीय बागवानी अनुसंधान संस्थान, बंगलौर द्वारा बैंगनपल्ली × अल्फान्सो किस्मों के समायोजन से इस किस्म का विकास हुआ। यह एक बड़े वृक्ष आकार वाली किस्म है जिसके फल निर्यात के लिए अच्छे पाये गये हैं।

रत्ना : कोंकण कृषि विद्यापीठ, डपोली द्वारा नीलम × अल्फान्सो किस्मों के संयोग से इस संकर किस्म को विकसित किया गया है। यह अत्यधिक मीठी किस्म है।

सिन्धु : रत्ना × अल्फान्सो किस्मों के संयोग से इस किस्म का विकास किया गया। इसका बीज बहुत छोटा होता है अतः इसे 'सीडलेस आम' भी कहते हैं।

मंजीरा : फल अनुसंधान केन्द्र, संगारेड्डी से रूमानी × नीलम किस्मों के संयोग द्वारा इस संकर किस्म का विकास किया गया है। यह नियमित फलन देने वाली किस्म है इसके फल गोल होते हैं।

प्रभाशंकर : फल अनुसंधान केन्द्र, सबोर द्वारा बाम्बे ग्रीन × काली पड्डी के संयोग से इस किस्म का विकास किया गया है। यह एक नियमित फल देने वाली किस्म है जिसके फल पकने पर बहुत मीठे एवं हरे रंग के होते हैं।

3. उपयोग के अनुसार किस्में (Varieties on the basis of Use)

आम के उपयोग के आधार पर भी किस्मों को वर्गीकृत किया गया है जो इस प्रकार है।

अ. **पके फल खाने के लिए किस्में** : वे सभी किस्में जिनका गूदा कठोर होता है। जैसे– मालदह, दशहरी, मल्लिका, बैंगनपल्ली आदि।

ब. **चूसने के लिए किस्में** : वे किस्में जिनमें रस तथा रेशा ज्यादा और गूदा कम होता हैं जैसे– लखनऊ सफेदा, देशी, सुकुल।

स. **अचार के लिए किस्में** : वे किस्में जो देर से पकती हैं, रेशा अधिक तथा गूदा कम होता है जैसे– बथुआ, केतकी आदि।

4. आम की प्रचलित किस्में (Commercial Varieties)

प्रत्येक राज्य में आम की अनेक प्रचलित किस्में हैं जिनका व्यवसायिक उत्पादन होता है। राज्य के अनुसार प्रचलित आम की प्रमुख किस्में निम्नलिखित तालिका में वर्णित हैं।

राज्य	किस्में
आन्ध्र प्रदेश	बैंगनपल्ली, बंगलोरा, मलगोवा, स्वर्ण रेखा, हिमायुद्दीन, नीलम, चेरूकुराशम, कलाश, जहाँगीर, आलमपुर, बेनेशान, हिमायत पसंद, कोबारी
बिहार	लंगड़ा, बम्बई, हिमसागर, किशनभोग, जरदालू, सिपिया, गुलाबखास, मिठुवा, फजली, चौसा, तैमुरिया, बथुआ, सुकुल
गोवा	मानखुर्द, हिलैरियो, फरनानडीन, मनकुराद
गुजरात	केसर, अल्फान्सो, राजापुरी, वनराज, जमादार, सरदार, दोमदियो, करनजियो
हरियाणा	बाम्बे ग्रीन (सिरोली), दशहरी, लंगड़ा
कर्नाटक	अल्फान्सो, बंगलौरा, मलगोवा, नीलम, पैरी, रसपुरी, भुण्डापा, बैंगनपल्ली
केरल	प्रायर, कालापैडी, पैरी, बेनेट, अल्फान्सो

क्रमशः

मध्य प्रदेश	अल्फान्सो, बम्बई, लंगड़ा, दशहरी, सुन्दरजा, चौसा, सिरौली, सफेदा, दैहद, करेला, मधुकुप्पी, स्वर्णरेखा, बेनेशान
महाराष्ट्र	अल्फान्सो, केसर, मनकुराद, पैरी, वनराज, मलगोवा
उड़ीसा	बैंगनपल्ली, लगड़ा, नीलम, स्वर्ण रेखा
पंजाब	दशहरी, लगड़ा, समरबहिस्त चौसा
राजस्थान	केसर, दशहरी, लगड़ा, चौसा, मल्लिका, आम्रपाली, बाम्बेग्रीन, बाम्बे येलो
तमिलनाडु	मलगोवा, नीलम, रूमानी, बंगलौरा, बैंगनपल्ली, पिहर
उत्तर प्रदेश	दशहरी, गौरजीत, लगड़ा, लखनऊ, फजली, समर बहिस्त, चौसा, गुलाब जामुन, रतौल, सफेदा, खासुलखास
पं बंगाल	बम्बई, हिमसागर, किशनभोग, लंगड़ा, जरदालू, रानी पसन्द, फजली, अश्वनिया, लखनभोग

आम की कुछ प्रचलित किस्मों का विस्तृत विवरण नीचे दिया जा रहा है।

बम्बई हरा : इसके फल मध्यम आकार के एवं नीचे से चपेट होते हैं छिलका पतला, चिकना व हरा तथा गूदा रेशे रहित, सुगन्ध युक्त एवं गुठली मध्यम आकार की होती है। इसके फल मई में पकते हैं। यह एक अगेती किस्म है। उत्तर भारत में इस किस्म को अधिक लगाया जाता है और इसे सिरौली तथा बिहार में सबुजा के नाम से जानते हैं।

केसर : इसके फल मध्यम आकार के होते हैं। विदेशों में निर्यात की जाने वाली यह किस्म गुजरात के सौराष्ट्र क्षेत्र में बहुतायत से उगायी जाती है। इसके फल भी मई–जून में पकते हैं। इसका फल मध्यम वजन तथा आकार में लम्बा होता है। फल का छिलका मोटा होने के कारण इसे अधिक दिनों तक संग्रहित किया जा सकता है।

दशहरी : यह उत्तर भारत की प्रमुख व्यवसायिक किस्म है। इसके फल आकार में मध्यम एवं लम्बाई वाले होते हैं। इनका छिलका मोटा व पीला, गूदा पीला व रेशा रहित होता है। अच्छी मिठास वाली इस किस्म के फलों की गुठली पतली होती है। इसकी भंडारण अवधि अधिक होती है।

लंगडा : इसका फल मध्यम आकार वाला एवं गोलाकार होता है। इसका फल जून में पककर तैयार होता है। इसका छिलका पतला, चिकना, तेल ग्रन्थि युक्त एवं हरा तथा गूदा सख्त, कम रेशे वाला, पीला, अधिक मिठास एवं सुगन्ध युक्त होता है। इसकी गुठली मध्यम आकार की होती है। बिहार एवं बंगाल में इस किस्म को मालदा के नाम से जाना जाता है।

समर बहिस्त चौसा : आम की इस किस्म की उत्पत्ति उत्तर प्रदेश के हरदोई जनपद के संडीला नामक स्थान से एक बीजू पेड़ से चयनित करके की गई। इसके फल मध्यम आकार के होते हैं। छिलका मोटा व पीला तथा गूदा रेशा रहित होता है। इस किस्म के फल जुलाई के अन्त तक पकते हैं।

फजली : यह बंगाल एवं बिहार की एक प्रमुख किस्म है। इसका आकार बड़ा, छिलका औसत से अधिक मोटा व हरा गूदा रेशा रहित, सुगंधित तथा गुठली बड़ी होती है। फजली किस्म के फल अगस्त में पकते हैं।

अल्फान्सो : इसे बदामी, गुन्डू, अप्पास, सादर, कागजी हापुस तथा हापुस के नाम से भी जाना जाता है। निर्यात की दृष्टि से यह आम की सर्वोत्तम किस्म है जिसे महाराष्ट्र, गुजरात तथा कर्नाटक राज्यों में व्यवसायिक स्तर पर पैदा किया जाता है परन्तु सबसे अच्छा अल्फान्सों महाराष्ट्र राज्य के रत्नागिरि के पहाड़ी क्षेत्रों में उत्पादित होता है। इस किस्म के फलों का आकार मध्यम, तिरछा व अण्डाकार तथा रंग पीला एवं कन्धों पर नांरगी होता है। गूदे में मिठास तथा खट्टापन के उपयुक्त अनुपात के कारण इसकी गुणवत्ता बहुत अच्छी होती है। भारत द्वारा इसके फलों का निर्यात अमेरिका, यूरोप तथा मध्य–पूर्व के राष्ट्रों को किया जाता है।

बंगलौरा : इसे तोतापरी, कल्लाभाई, किलीमुक्कु, बरमोदिल्ला, कलेक्टर, इत्यादि नामों से भी जाना जाता है। दक्षिण भारत की यह एक व्यवसायिक किस्म है। इसके फलों का आकार साधारण लम्बा तथा रंग सुनहरा पीला होता है। देर से पकने वाली इस किस्म का प्रयोग प्रसंस्करण उद्योग में किया जाता है।

बैंगनपल्ली : यह आन्ध्र प्रदेश, तमिलनाडु व पूर्वी तटीय क्षेत्रों की व्यवसायिक किस्म है। इसे चपटा, सफेदा, बेनेशान और चपटाई आदि नामों से भी जाना जाता है। यह मध्य मौसम में पकने वाली किस्म है जो डिब्बा बन्दी के लिए उपयुक्त पायी गई है। इसके फल गोलाकार, चपेटे, छिलका मध्यम पतला, तथा गूदे का रंग गहरा पीला होता है। इसकी भण्डारण क्षमता अधिक होती है। अतः इसे देश के आन्तरिक बाजार के लिए बहुत ही उपयुक्त पाया गया है।

हिमसागर : इसका फल चपटा या अण्डाकार, हरा–पीला रंग लिए हुए मध्यम आकार का होता है। गूदे का रंग सिंदूरी–पीला तथा मिठास अधिक होता है। यह किस्म जल्दी पककर तैयार हो जाती है। यह पश्चिम बंगाल की प्रसिद्ध किस्मों में से एक है।

किशनभोग : इस किस्म के फल गोल, हरे–पीले रंग के होते हैं तथा गूदे की गुणवत्ता अच्छी होती है। छिलका मोटा होने के कारण इसे काफी दिनों तक संरक्षित रखा जा सकता है। इस किस्म की अधिकतर खेती पश्चिम बंगाल के मुर्शिदाबाद जिले में की जाती है।

मलगोवा : यह दक्षिण भारत की एक व्यावसायिक किस्म है। इसके फल बड़े एवं तिर्यक गोलाकार होते हैं। इसके फलों का रंग पीला तथा भंडारण क्षमता अच्छी होती है। यह देर से पकने वाली किस्म है।

नीलम : यह तमिलनाडु राज्य की प्रमुख किस्म है। यह देर से पकने वाली किस्म है। इसके फल की गुणवत्ता अच्छी तथा भंडारण क्षमता सर्वोत्तम है। यह एक नियमित फलन वाली किस्म है। जिसके कारण इस प्रजाति का उपयोग नियमित फलन हेतु संकरण (Hybridization) में किया जाता है।

स्वर्ण रेखा : इसे सुन्दरी, स्वर्ण रेखा तथा चिन्न स्वर्ण रेखा आदि नामों से भी जाना जाता है। यह एक अगेती–मध्य किस्म है। इसके फलों के कन्धों पर लाल रंग होता है। आन्ध्र प्रदेश की यह एक महत्वपूर्ण किस्म है। इसकी गुणवत्ता मध्यम तथा भण्डारण क्षमता अच्छी होती है।

वनराज : यह गुजरात की महत्वपूर्ण किस्म है। इसके फल मध्यम आकार में, तिरछे एवं अण्डाकार होते हैं जिन पर बहुत ही खूबसूरत लाल रंग आता है। जिसके कारण इसे रंगयुक्त किस्म विकास हेतु पुरूष पितृ (Male Parent) के रूप में प्रयोग किया जाता है। इस किस्म के फलों की गुणवत्ता तथा भंडारण क्षमता अच्छी होती है। यह मध्यम मौसम में तैयार होने वाली किस्म है।

जरदालू : इसके फल आकार में मध्यम, लम्बे, सुनहरे पीले, सुवासयुक्त तथा अच्छी गुणवत्ता वाले होते हैं। फलों की भंडारण क्षमता मध्यम होती है। बिहार राज्य की यह एक प्रमुख किस्म है जो मई में पककर तैयार होती है।

प्रसारण तकनीक

आम के पौधे बीज तथा वनस्पतिक विधि से तैयार किये जाते हैं परन्तु व्यवसायिक खेती के लिए पौध प्रवर्धन वनस्पतिक विधि से ही करना उचित होता है। इस विधि से तैयार पौधे पैतृक गुणों वाले होते हैं एवं फलत भी जल्दी आ जाती है। वनस्पतिक विधियों के माध्यम से आम के पौधे भेंटकलम एवं विनियर, स्टोन, माडीफाइड स्टोन, कोमल शाखा एवं शूट-टिप ग्राफ्टिंग विधियों द्वारा

व्यवसायिक स्तर पर तैयार किये जाते हैं। ग्राफ्टिंग के लिए मूलतः बीजू पौधों को मूलवृन्त (Root Stock) के तौर पर प्रयोग किया जाता है परन्तु कुछ विपरीत परिस्थितियों में बहुभ्रूणीय अथवा क्लोनल मूलवृन्त का भी प्रयोग किया जाता है। आम के पौधों को तैयार करने की प्रमुख एवं प्रचलित विधियों की विस्तृत जानकारी निम्नवत् है।

विनियर ग्राफ्टिंग : इस विधि में 6–8 माह पुराने मूलवृन्त पर जमीन से 20 सेमी. ऊँचाई पर 30–40 मि.मी. का एक तिरछा चीरा अन्दर की तरफ लगा करके मूलवृन्त का टुकड़ा निकाल लिया जाता है। अब इसी के बराबर का कलम सांकुर डाली पर उल्टी दिशा में बनाते हैं और दोनों चीरों को मिलाते हुए 100 गेज वाली सफेद पारदर्शी पालीथीन की पट्टी से अच्छी तरह बाँध देते हैं। ग्राफ्टिंग के पश्चात् मूलवृन्त को ऊपर से काट दिया जाता है। इस प्रकार 20–25 दिनों में सांकुर डाली मूलवृन्त से जुड़ जाती है। विनियर ग्राफ्टिंग द्वारा अधिक सफलता के लिए सांकुर डाली को एक सप्ताह पहले मातृ वृक्ष में ही पत्तारहित कर दिया जाता है एवं ग्राफ्टिंग के पश्चात पालीथीन की टयूब से सांकुर डाली को ढ़क दिया जाता है। सांकुर डाली फूटने के बाद टयूब को हटा दिया जाता है।

स्टोन ग्राफ्टिंग : इस विधि में 15 दिन पुराने आम के अमोलों पर जमीन से 8–10 सेंमी. ऊँचाई पर ग्राफ्टिंग किया जाता है। इसमें अमोलों (मूलवृन्त) को नई पत्ती के नीचे से काट कर उसके बीचों–बीच 3–5 सेंमी. लम्बा लम्बबत् चीरा लगाते हैं तथा सांकुर डाली को दोनों तरफ से कलम बनाकर अन्दर घुसा कर सफेद पारदर्शी पालीथीन की पट्टी से अच्छी तरह बांध देते हैं। यदि नवजात पौधों की मोटाई पर्याप्त न हो तो दो अमोंलो को जोड़कर भी स्टोन ग्राफ्टिंग की जा सकती है। यह विधि अधिक आर्द्रता वाले क्षेत्रों में तथा मोटे मूलवृन्त वाले पौधों में ज्यादा सफल होती है।

शूट टिप ग्राफ्टिंग अथवा माडीफाइड स्टोन ग्राफ्टिंग : आम के वनस्पतिक प्रसारण के लिए शूट टिप ग्राफ्टिंग या माडीफाइड स्टोन ग्राफ्टिंग तकनीक का विकास सबसे पहले बागवानी एवं कृषि वानिकी शोध कार्यक्रम, राँची द्वारा किया गया है। यह तकनीक स्टोन ग्राफ्टिंग की अपेक्षा अधिक आसान है एवं इससे पौधे अच्छे एवं स्वस्थ्य जड़ वाले तथा कम समय में बनते हैं। इस तकनीक में आम के नवजात पौधों (ताम्र पत्र वाले 7–8 दिन पुराने) को 25×12×8 सेंमी. आकार के 400 गेज मोटी काली पालीथीन की थैलियों जिनमें मिट्टी एवं खाद का मिश्रण भरा हो, जुलाई के महीने में लगा दिया जाता है। जब पौधे 40–45 दिन के

हो जाते हैं तब उनमें पर्याप्त मोटाई आ जाती है। ऐसी अवस्था मे पौधों को 8–10 सेंमी. ऊँचाई पर सीधा काट देते हैं। अब स्टोन ग्राफ्टिंग की ही भाँत्ति उनके बीचों–बीच में चीरा लगाकर तथा सांकुर डाली को दोनों तरफ से कलम बनाकर ग्राफ्टिंग करके पौधों को आंशिक छायादार स्थान पर रखकर पौधा तैयार किया जाता है। यदि मूलवृन्त में यह प्रक्रिया प्रथम पत्र चक्र के ऊपर के तने पर की जाती है तो उसे 'शूट टिप ग्राफ्टिंग' कहते हैं। प्रथम चक्र की पत्तियाँ रहने से पौधों में सफलता शत प्रतिशत होती है। परन्तु इस विधि में ग्राफ्टिंग की ऊँचाई 25–35 सेंमी. तक हो जाती है।

बाग स्थापना

साधारण दशाओं में आम के पौधों को 10×10 मी. की दूरी पर लगाया जाता है परन्तु सघन बागवानी तथा अच्छे प्रबन्ध द्वारा कुछ किस्मों को कम अन्तराल पर भी लगाया जा सकता है। पौधे को लगाने से पहले खेत को रेखांकित करके पौध लगाने का स्थान सुनिश्चित कर लिया जाता है। तत्पश्चात् 90×90×90 से.मी. आकार के गडढे खोद कर मिट्टी फैला देते हैं। गडढा अप्रैल–मई में बनाते हैं तथा 15–20 दिनों तक खुला रखने के बाद वर्षा प्रारम्भ होते ही, जून के महीने में 2–3 टोकरी गोबर की सड़ी खाद (कम्पोस्ट), 2 कि.ग्रा. करंज/नीम की खली, 1 कि. ग्रा. हड्डी का चूरा अथवा सिंगल सुपर फास्फेट एवं 100 ग्रा. क्लोरोपायरीफास (10% धूल), या 20 ग्रा. फ्युराडान 3 जी/थिमेट 10 जी को खेत की ऊपरी सतह की मिट्टी में अच्छी तरह मिलाकर गडढों को जमीन की सतह के ऊपर तक भर देते हैं। दो–तीन वर्षा के बाद जब गडढों की मिट्टी दब जाय तब गडढों के मध्य में अथवा पूर्व चिन्हित स्थान पर खुरपी की सहायता से पौधे के पिंडी के आकार की जगह बनाकर पौधा लगा देते हैं। पौधा लगाने के बाद आस–पास की मिट्टी को अच्छी तरह दबा कर एक थाला बना देते है एवं उसमें 2–3 बाल्टी (25–30 ली.) पानी डाल दिया जाता है। वर्षा न होने की दशा में पौधे की पूर्ण स्थापना होने तक पानी देते रहते हैं एवं थालों में उगने वाले घास को साफ करते रहते हैं।

आम के पौधे लगाने के पश्चात् प्रथम के 3–4 वर्षो तक समुचित देख–रेख करने की आवश्यकता पड़ती है। प्रारम्भिक वर्षो में उचित देखरेख खासतौर से जाड़े में पाले एवं ग्रीष्म ऋतु में 'लू' से बचाव के लिए घास–फूस के छप्पर बनाने एवं उचित सिंचाई का प्रबन्ध करने तथा कीड़ों एवं बीमारियों से रक्षा के लिए समुचित प्रबन्ध करने से स्वस्थ बागों की स्थापना की जा सकती है।

संधाई एवं काट–छाँट

आम के पौधों में मजबूत ढ़ाँचा तैयार करने एवं आवश्यकतानुसार आकार देने के लिए प्रारम्भ के 3–4 वर्षों तक पौधों की अवांछित शाखाओं को निकाल कर उनमें मुख्य शाखाओं, द्वितीयक शाखाओं एवं क्षत्रक विकास का कार्य किया जाता है। जमीन से लगभग 80 सेंमी. ऊँचाई तक की शाखाओं को निकाल देते हैं जिससे मुख्य तने का उचित विकास होता है। तत्पश्चात् 3–4 मुख्य शाखाओं को विकसित होने देते हैं और इन्हीं शाखाओं पर द्वितीयक एवं तृतीयक शाखायें विकसित की जाती हैं जिससे वृक्ष का आकार सुडौल, ढ़ाँचा मजबूत एवं फलन अच्छा आता है। इस प्रक्रिया को पौधों की संधाई (Training) कहते हैं। बड़े पौधों में विशेषकर जिसमें क्षत्रक घना होता है अथवा शाखायें बड़ी होकर एक दूसरे वृक्ष से मिलने लगती हैं उनमें फलत प्रभावित होता है तथा बीच की शाखाओं में फल नहीं आता। ऐसी शाखाओं को समय–समय पर काटकर निकाल देते हैं और पौधों में नियमित रूप से काट–छाँट करके यह प्रयास रखते हैं कि लम्बी अनुत्पादक शाखाओं का विकास न हो। सूखी, रोगग्रसित अथवा कैंची शाखाओं को तथा फलत खत्म होने के बाद मंजर वाली शाखाओं को 5–10 सेंमी. नीचे से समय–समय पर काटते रहते हैं जिससे स्वस्थ शाखायें निकलती हैं एवं अगले वर्ष फलत अच्छी होती है। इस प्रक्रिया को काट–छाँट (Pruning) कहते हैं। सघन बागवानी के लिए यह प्रक्रिया अत्यन्त ही जरूरी पायी गयी है।

बाग प्रबन्ध

आम के बागों की स्थापना के पश्चात् नियमित एवं अनवरत फलन के लिए समुचित एवं वैज्ञानिक तरीके से बाग प्रबन्ध अति आवश्यक होता है। इसमें सिंचाई एवं जल प्रबन्ध, पोषण प्रबन्ध, अन्तर शस्य एवं बाग सतह प्रबन्ध, कीट एवं रोग प्रबन्ध तथा दैहिक व्याधि प्रबन्ध आदि प्रमुख हैं।

जल प्रबन्ध : आम के सफल उत्पादन के लिए बगीचे में जल प्रबन्ध बहुत ही आवश्यक होता है। जब तक पौधा फलन में नहीं आता तब तक पौधों के उचित बढ़वार एवं विकास के लिए सर्दी के मौसम में 15–20 दिनों के अन्तराल पर एवं गर्मी के मौसम में 8–10 दिनों के अन्तराल पर हल्की सिंचाई की जाती है। जिससे जड़ों के पास पर्याप्त नमी रह सके। बड़े विकसित पौधों में मंजर आने के लगभग 3 माह पहले से फल बनने के समय तक पानी नहीं दिया जाता है। यदि

अन्तरशस्य की फसल ली जा रही है तो उसमें भी इस समय पानी रोक देते हैं या ऐसी फसल का चुनाव करते हैं जिसमें इस समय सिंचाई की आवश्यकता न हों। वर्षा ऋतु समाप्त होने के पश्चात् मृदा में मौजूद नमी को संरक्षित बनाये रखने तथा नमी की मात्रा में समरूपता रखने के लिए पौधों के तनों के चारों तरफ सूखे खरपतवार या काली पालीथीन की मल्चिंग/पलवार (Mulching) बिछा दिया जाता है। आम के पौधों में फल विकास के समय पानी की अधिक आवश्यकता होती है। मटर आकार के फल होने से लेकर फलों की पूर्ण परिपक्वता तक सिंचाई करने से फलत एवं गुणवत्ता में वृद्धि देखी गई है। सिंचाई के लिए रूपान्तरित थाला विधि अति उत्तम पायी गयी है। इसमें पानी का बचत व खाद का संचय होता है एवं मृदा जनित बीमारियाँ एक पौधे से दूसरे पौधे में नहीं फैलती हैं।

पोषण प्रबन्ध : प्रारम्भ के 2–3 वर्षो तक आम के पौधों को 20–30 कि.ग्रा. सड़ी हुई गोबर की खाद, 2 कि.ग्रा. कंरज या नीम की खली, 200 ग्रा. यूरिया, 300 ग्रा. सिंगल सुपर फास्फेट तथा 150 ग्रा. म्यूरेट आफ पोटाश प्रति पौधा प्रति वर्ष की दर से दिया जाता है। तत्पश्चात् पौधे की बढ़वार के साथ–साथ खाद की मात्रा में वृद्धि करते जाते हैं। प्रत्येक वर्ष पौधों में लगभग 10 कि.ग्रा. सड़ी हुई गोबर की खाद, 150 ग्रा. कंरज की खली, 150 ग्रा. यूरिया, 100 ग्रा. सिंगल सुपर फास्फेट, 50 ग्रा. म्यूरेट आफ पोटाश प्रति पौधा की दर से वृद्धि करते हैं और जब पौधा लगभग 15 वर्ष बाद पूर्ण विकसित वृक्ष का रूप ले लेता है तब उसमें स्थायी रूप से 80–100 कि.ग्रा. गोबर की खाद, 3–4 कि.ग्रा. कंरज की खली, 2 कि.ग्रा. यूरिया, 3 कि.ग्रा. सिंगल सुपर फास्फेट एवं 1 कि.ग्रा. म्यूरेट आफ पोटाश प्रति पौधा प्रति वर्ष की दर से देते रहते हैं। पूरी खाद एवं आधे उर्वरकों को जून तथा शेष उर्वरकों को सितम्बर में वृक्ष के क्षत्रक के नीचे गोलाई में नाली पद्धति द्वारा देकर अच्छी तरह से मिला कर ढ़क देते हैं। खाद देने के बाद यदि वर्षा नहीं होती है तो सिंचाई करने से उनकी उपलब्धता बढ़ाई जा सकती है। अम्लीय मृदा में 10–15 कि.ग्रा. बुझा हुआ चूना, क्षारीय मृदा में 2–3 कि.ग्रा. जिप्सम/पायराइट प्रति वृक्ष एक वर्ष के अन्तराल पर देने से उपज मे वृद्वि देखी गई है। जिन बगीचों में जिंक अथवा बोरान की कमी के लक्षण दिखाई दें उनमें 150–200 ग्रा. जिंक सल्फेट तथा बोरेक्स प्रति वृक्ष की दर से सितम्बर माह मे अन्य उर्वरकों के साथ देना लाभकारी पाया गया है। फल विकास के समय सूक्ष्म पोषक तत्वों के घोल (0.2%) के पर्णीय छिड़काव करने से अच्छी गुणवत्ता के फल पैदा किये जा सकते हैं।

पूरक पौधे एवं अन्तरशस्य : सामान्य दूरी पर लगाये गये आम के वृक्षों के पूर्ण रूप से विकसित होने में लगभग 15–16 वर्षों का समय लगता है, अतः प्रारम्भिक अवस्था में पौधों के बीच की खाली पड़ी जमीन का सदुपयोग अन्य फलदार पौधों, दलहनी एवं तिलहनी फसलों तथा सब्जियों इत्यादि को लगाकर किया जा सकता है। इससे कास्तकार को अतिरिक्त लाभ मिलता है साथ ही साथ मृदा की उर्वरा शक्ति का भी विकास होता है। आम के बगीचों में पूरक पौधों के रूप में अमरूद, नींबू, शरीफा, एवं पपीता जैसे फल वृक्ष लगाए जा सकते हैं जो दो पौधों तथा पंक्तियों के बीच में रेखांकन करके लगायें जाते हैं। इसके अतिरिक्त शेष पड़ी हुई लगभग 60–70% जमीन में अन्तरशस्य के रूप में दलहनी एवं अन्य फसलों जैसे– अनन्नास, लोबिया, फ्रेंचबीन, भिण्डी, मूँगफली, आदि की खेती की जा सकती है। इस प्रकार एक हैक्टर जमीन में आम के 100 पौधे तथा 300 पूरक पौधे लगाए जा सकते हैं। इस प्रकार की खेती को बहुस्तरीय फसल प्रणाली भी कहते हैं। जब पौधों के क्षत्रक पूर्ण रूप से विकसित हो जाते हैं तब पूरक पौधों को काटकर हटा देते हैं और केवल पंक्तियों के बीच की लगभग 40–50% जमीन में छाए में होने वाली फसलें जैसे–अनन्नास, अदरक, हल्दी एवं जिमीकन्द की खेती अन्तरशस्य के रूप में लाभकारी पायी गयी है।

कीट प्रबन्ध : आम के पौधों में अनेक कीड़े नुकसान करते हैं जिनमें मधुआ, सिल्ला, गुजिया, फल मक्खी, फल बेधक तथा बीज का घुन व्यवसायिक रूप से क्षति पहुँचाते हैं। आम में कुछ प्रमुख कीड़ों का विवरण निम्नवत् है।

शूट गाल या सिल्ला कीट : सिल्ला कीट पत्तियों के निचले सतह पर मध्य शिरा के पास अण्डे देती है जिनसे अगस्त महीने में सूक्ष्मदर्शी नवजात निकल कर पत्तियों के अक्ष की ओर बढ़ते हैं और यहाँ इनके रस चूसने से नुकीली गाँठें बनना आरम्भ हो जाती हैं। ये गाँठें कीट के लिए सुरक्षित आश्रय भी बनाते हैं। गाँठ आरम्भ में पत्तियों या मंजर निकलने की भ्रांति पैदा करते हैं परन्तु इसमें मौजूद कीट रस चूसकर पौधे को क्षति पहुँचाते रहते हैं। इनकी रोकथाम के लिए 5–10 अगस्त के बीच क्वीनालफॉस (2 मि.ली./ली.) का 10–15 दिनों के अन्तराल पर 3 छिड़काव एवं कीट प्रभावित टहनियों या नुकीले गाँठों की छँटाई करना लाभप्रद पाया गया है। यह प्रक्रिया 2–3 वर्षो तक नियमित रूप से करने पर कीट से होने वाली क्षति से बचा जा सकता है।

फुदका या मधुआ : छालों के अन्दर छुपे रहने वाले इस कीट के नवजात (Nymph) मंजर तथा नर्म टहनियों के रस चूसकर वृक्ष को सर्वाधिक क्षति पहुँचाते

हैं। इनकी उग्रता की स्थिति में मधुस्राव होता है जो पत्तियों एवं फलों पर काली फफूँद को बढ़ावा देता है। मंजर सूखने से फूल एवं फल कम लगते हैं या झड़ जाते हैं। इसके प्रबन्धन के लिए सायपरमेथ्रिन (2 मि.ली./ली.) या मोनोक्रोटोफास (1.5 मि.ली./ली.) दवा को पानी में मिलाकर एक बार फूल खिलने के पहले तथा दो बार मटर आकार के फल बनने के बाद छिड़काव करें।

गुजिया (मिलीबग) : पत्तियों की निचली सतह, टहनियों तथा फलों से रस चूसने वाले सफेद कीट के कपासनुमा शरीर (Wooly Body Surface) होने के कारण इनका पहचान तो हो जाता है परन्तु इन पर किसी दवा का ज्यादा प्रभाव नहीं पड़ता। उग्रता की स्थिति में टहनियाँ सूखने लगती हैं तथा मधुस्राव के कारण पत्तियों पर काजली फफूँद विकसित हो जाती है। इनके प्रबन्धन के लिए क्वीनालफॉस 2 मि.ली./ली. या मोनोक्रोटोफास 1.5 मि.ली./ली. का मार्च–अप्रैल में छिड़काव करना चाहिए। नवम्बर–दिसम्बर माह में तनों के चारों ओर गुड़ाई एवं क्लोरोपायरीफॉस या मिथाइल पैराथियॉन के 200 ग्रा. धूल का भुरकाव अथवा पॉलीथीन के चादर से तने पर 30 सेंमी. की पट्टी एवं ग्रीस लगाने से इसके नवजात को फाँस कर इस कीट का नियंत्रण किया जा सकता है।

फल मक्खी : मादा फल मक्खी परिपक्वता के पहले फलों पर अंडे दे देती है जिसके नवजात (Maggot) अन्दर ही अन्दर क्षति पहुँचाते रहते हैं। परिपक्व फलों में इनके पिल्लुओं (Maggots) की उपस्थिति से सड़न आरम्भ हो जाती है। देर से पकने वाली किस्मों पर इनका प्रकोप सर्वाधिक होता है। इसके प्रबन्धन के लिए अप्रैल–मई में वयस्क मादा कीटों को फँसाने के लिए फन्दा/ट्रैप (Trap) का इस्तेमाल उपयोगी पाया गया है। इसमें गुड़ का शीरा या ताड़ी में 0.2 % कार्बेरिल मिलाकर खुले डिब्बों में पेड़ पर टाँग देते हैं जो मादा व्यस्कों को अपनी ओर आकर्षित करता है तथा वे कीटनाशक के कारण मर जाती हैं। उग्रता की अवस्था में मोनोक्रोटोफॉस दवा का (1.25 मि.ली./ली. पानी की दर से) 2–3 छिड़काव दोपहर के समय में करना चाहिए। फल मक्खी के नर वयस्क को फँसाने के लिए हाल में ही नयी तकनीक विकसित की गयी हैं जिसमें 5×5×1.2 सेंमी. के प्लाईवुड के टुकड़ों पर 4–5 बूँद मिथाइल युजीनाल सेक्स फेरोमोन एवं 2 बूँद मैलाथियान डालकर किलर ब्लाक तैयार करते हैं। इसे एक लीटर पानी वाली बोतल में, जिसके गर्दन के पास 4 सेंमी. का छेद हो, के अन्दर लटका देते हैं। अब इस बोतल को पेड़ की टहनी पर 10 बोतल प्रति हैक्टर के दर से टांग देते हैं। इस विधि से नर कीटों को मार कर उसके प्रजनन प्रक्रिया को रोका जाता है और फसल को नुकसान से बचा लेते हैं।

तना बेधक : कभी–कभी मोटी टहनियों या तने में इसका प्रकोप देखा जाता है। बड़े आकार के पिल्लू तने के अन्दर घुसकर भीतरी भाग को खाते हैं और उसी में अपनी विष्ठा भी निकालते हैं जिससे उनके पेड़ पर होने का संकेत मिलता है। इसके प्रकोप से या तो टहनियाँ सूख जाती हैं या टूट जाती हैं। नियंत्रण के लिए नुवाक्रान के घोल (10 मि.ली./ली. पानी) या पेटोल की 2–3 बूँद जीवित छिद्र में डालकर टहनियों के सभी छिद्रों को गीली चिकनी मिट्टी से बन्द कर देते हैं। इस प्रकार वाष्पीकृत गंध के प्रभाव से पिल्लू को खत्म किया जा सकता है और तने को बचाया जा सकता है।

रोग प्रबन्ध : आम के पौधों में कई रोग हानि पहुचाँते हैं। परन्तु मंजर एवं फलों पर लगने वाले रोगों से अधिक नुकसान होता है। कुछ प्रमुख रोगों की पहचान एवं रोकथाम इस प्रकार है।

चूर्णिल आसिता, (पाउडरी मिल्ड्यू) : चूर्णिल आसिता फफूँद के बीजाणु आम के पत्तों पर जीवित रहते हैं जो मंजर निकलने तथा फूल खिलने की अवस्था में सक्रिय होकर पौधे को क्षति पहुँचाते हैं। अनुकूल वातावरण में फफूँद मंजर पर सफेद धूसर रंग की मखमली सतह की तरह दिखते हैं जिनके कारण मंजरों का सूखना, फूलों एवं फलों का झड़ना प्रारम्भ हो जाता है। इसके रोकथाम के लिए दिसम्बर–जनवरी माह में या मंजर निकलने के साथ ही कैराथेन (2 मि.ली./ ली.) या सल्फेक्स (2 ग्रा./ली.) का तीन छिड़काव 10–15 दिनों के अन्तराल पर किया जाता है।

श्यामवर्ण (एन्थ्रेक्नोज) : इस रोग के कारण नये पत्तों, टहनियों एवं फलों पर काली, फुंसी चित्तियाँ बनती हैं जिन पर सुई की नोक के आकार के जैसी काले–काले कोयले के बुरादेनुमा धब्बे देखे जा सकते हैं। इसकी रोकथाम के लिए नये पत्तों एवं बढ़ते फलों पर क्लोरथैलोनिल (कवच) या इंडोफिल एम.–45 नामक फफूँदनाशी के 2 ग्रा./ली. घोल का 2–3 छिड़काव किया जाता है। रोग ग्रसित टहनियों तथा इसके प्रभाव से झड़े पत्तों को जलाना या गाड़ देना लाभकारी पाया गया है।

कज्जली फफूँदी (शूटी मोल्ड) : इस रोग के प्रभाव से पत्ते, टहनियाँ तथा फल काले फफूँद से ढ़क जाते हैं। मधुआ या अन्य रसस्रावी कीटों के मधुस्राव करने पर इन फफूँदों की बढ़वार होती है। उग्रता की स्थिति में पत्तियों की प्रकाश संश्लेषण की क्रिया बाधित होती है तथा फलों की गुणवत्ता में गिरावट के कारण आर्थिक क्षति होती है। इसकी रोकथाम के लिए रसस्रावी कीटों का समय पर

नियंत्रण करें। रोग की उग्रता की स्थिति में व्यवसायिक स्टार्च या मॉड या गोंद के 3% के घोल में 1.25 मि.ली./ली. मोनोक्रोटोफास या रोगार मिलाकर 15 दिनों के अन्तराल पर 3 बार छिड़काव करें।

टहनियों का सूखना (पिंक रोग) : फफूँद जनित पिंक रोग के कारण पूर्ण विकसित पेड़ों की टहनियाँ एक–एक करके सूखने लगती हैं। इसके नियंत्रण के लिए सूखी टहनियों को 15 सेंमी. नीचे से छाँटकर उसके कटे भाग पर कॉपर आक्सीक्लोराइड का लेप लगायें तथा इसी फफूँद नाशी के 2 ग्रा./ली. के जलीय घोल का 2–3 छिड़काव लाभदायी होता है।

जीवाणु कैंकर (बैक्टीरियल कैंकर) : पत्तों, टहनियों एवं फलों पर धब्बों का बनना तथा उन पर छोटे–छोटे चमकीले कणों का दिखना इसका प्रारम्भिक लक्षण है। उग्रता की स्थिति में फलों का झड़ना, टहनियों का सूखना तथा फलों का सड़ना देखा जा सकता है। इसके बचाव के लिए स्ट्रेप्टोमाइसिन के 200 पीपीएम या कॉपर आक्सीक्लोराइड के 2 ग्रा./ली. के घोल का 7 दिनों के अन्तर पर 3–4 छिड़काव आवश्यक होता है।

दैहिक व्याधि प्रबन्ध : कीड़े एवं रोगों के अतिरिक्त आम के पौधों एवं फलों पर अनेक दैहिक व्याधि का प्रकोप देखा गया है जिससे उनके उत्पादन पर विपरीत प्रभाव पड़ता है। कुछ प्रमुख दैहिक व्याधियों का विवरण एवं निंयत्रण तकनीक का विवरण इस प्रकार है।

आम का गुम्मा विकार (Mango Malformation) : आर्थिक रूप से हानि पहुँचाने वाली व्याधियों में गुम्मा विकार प्रमुख है। यह विकार साधारणतः पूरे उत्तरी भारत में देखने को मिलता है, परन्तु इसका वृहदप्रभाव अधिकतर पंजाब, उत्तर प्रदेश एवं दिल्ली में देखा गया है। इसके कारण के बारे में कई वैज्ञानिकों का मत है कि यह विकार हारमोन के असंतुलन के कारण प्रकट होता है। कारण चाहे जो भी हो, शायद ही उत्तरी भारत मे कोई ऐसा वृक्ष हो जो इस विकार के प्रभाव से अछूता रहता हो। इस विकार का प्रभाव या प्रबलता 8–10 वर्ष यानि कम आयु के वृक्षों में अधिक देखने को मिलती है। आम का गुम्मा विकार साधारणतः दो तरह का होता है। प्रथम, वनस्पतिक एवं दूसरा, पुष्पीय। वनस्पतिक गुम्मा विकार का प्रभाव पौधों की प्रारंभिक अवस्था में नर्सरी में शुरू हो जाता है। इसमें पौधों में छोटी–छोटी पत्तियाँ एक स्थान से निकल कर एक गुच्छा–सा बना लेती है। जिससे पौधों की बढ़वार रूक जाती है। पुष्पीय विकार में साधारणतः पूरा मंजर या कभी–कभी मंजर

का कुछ भाग ही ग्रस्त होता है। पुष्प गुम्मा विकार से ग्रसित मंजरों में फल नहीं लगते क्योंकि उनकी मुख्य या गौण शाखायें (Paracladia) मोटी एवं छोटी हो जाती हैं तथा साधारण मंजरों की अपेक्षा बड़े फूलों से भरी रहती हैं। इस विकार से ग्रसित मंजर हरे एवं गुच्छेनुमा हो जाते हैं जो पेड़ पर दूर से ही पहचाने जा सकते हैं और अगले वर्ष फलन आने तक भी पेड़ों पर देखें जा सकते हैं। इसकी रोकथाम की उपाय निम्न है–

1. इस विकार को दूर करने के लिए एकीकृत प्रबन्धन (Integrated Management) की आवश्यकता है। जिसका विकास केन्द्रीय उपोष्ण बागवानी संस्थान, लखनऊ द्वारा किया गया है। इसमें फल की तुड़ाई के बाद पुरानी एवं गुम्मा ग्रसित शाखाओं को 50% तक काटना, अगस्त–सितम्बर एवं दिसम्बर माह में कॉपर सल्फेट (40 पीपीएम) एवं जिंक सल्फेट (100 पीपीएम) का छिड़काव तथा दिसम्बर में नेफ्थलीन एसिटिक अम्ल (200 पीपीएम) का छिड़काव शामिल है। इसके अतिरिक्त नवम्बर–दिसम्बर में इमिडाक्लोरप्रिड 1/2 मि.ली./ली. कीटनाशक का छिड़काव करने से पौधों को गुम्में के प्रकोप से बचाया जा सकता है।
2. गुम्मा से ग्रसित मंजर को प्रत्येक वर्ष तोड़कर नष्ट कर देने से इसका प्रकोप बहुत हद तक कम हो जाता है।
3. यदि आम की मिश्रित पुष्प कलिकाओं वाले मंजर में से गुम्मा रोग ग्रसित भाग की पुष्प कलिकाओं को प्रारम्भिक अवस्था में तोड़ दिया जाये तो पुनः निकलने वाली पुष्प कलिका में गुम्मा रोग नहीं पाया जाता है।
4. सितम्बर–अक्टूबर माह में पुष्प कलिका विभेदीकरण अवस्था पर एन.ए.ए. (200 पीपीएम) का छिड़काव करने से प्रभावी नियंत्रण सम्भव पाया गया है।

कोयलिया विकार (Black Tip of Mango) : आम का यह एक विशेष विकार है जिससे बगीचों को बहुत अधिक हानि होती है। बगीचों के आस–पास ईंट के भट्ठे होने से विकार की प्रबलता बढ़ती है। इन भट्ठों से निकलने वाली विषाक्त गैसें जैसे–कार्बन मोनोआक्साइड एवं सल्फर डाई आक्साइड इत्यादि इस विकार के मुख्य कारक हैं। भट्ठों से निकलने वाली गैसों का प्रभाव 3 से 4 कि.मी. क्षेत्र में पूर्व एवं पश्चिम में लगे हुए आम के बगीचों में सर्वाधिक पाया गया है। इस विकार

में फल जब मध्यम आकार के होते हैं तभी उनके निचले सिरों पर जलयुक्त निशान बन जाता है जो बाद में अधिक हरा, फिर भूरा तथा अन्त में काला पड़ जाता है। ग्रसित फलों का पूरा निचला सिरा काला एवं धंसा हुआ दिखाई देता है। उग्रता की दशा में फल फट भी जाते हैं और गिर कर नष्ट हो जाते हैं। बाजार में ऐसे फलों की कोई कीमत नहीं मिलती। दशहरी प्रजाति में इसका प्रभाव ज्यादा पाया गया है। यह विकार फलों के दूरस्थ सिरे पर अधिक होता हैं क्योंकि उस स्थान पर विभाज्योतकी ऊतक एवं लेन्टीसेल की संख्या अधिक पायी जाती हैं जिसके फलस्वरूप विषाक्त गैसें फल के अन्दर प्रवेश कर स्वतंत्र पानी से मिलकर तनु अम्ल का निर्माण करती हैं जिसके कारण वहाँ की कोशिकाएँ मृत हो जाती हैं एवं काली पड़ जाती हैं। इस रोग को कम करने के लिए निम्न उपाय किये जा सकते हैं।

1. आम का बाग ईट के भट्ठों से 5–6 कि.मी. की दूरी पर एवं उत्तर या दक्षिण दिशा में लगाने से भट्ठों से निकलने वाली विषाक्त गैस, फलों को कम प्रभावित करती हैं।
2. इस विकार से प्रभावित क्षेत्र में फल बनने के पश्चात् नियमित रूप से सिंचाई करनी चाहिए।
3. बाग की भूमि में 500 ग्रा. बोरेक्स प्रति वृक्ष की दर से खाद देते समय डालने या 2% बोरेक्स (2 कि.ग्रा. बोरेक्स प्रति 100 लीटर पानीं में) घोल का छिड़काव फल बनने के समय करने से इस विकार में काफी कमी हो जाती है। चूँकि बोरेक्स ठंडे पानी में नहीं घुलता अतः इसे थोड़े गर्म पानी में घोल कर इसका आयतन बढ़ाना लाभप्रद होता है। छिड़काव घोल में टीपोल अवश्य मिलाना चाहिए।
4. पोटेशियम हाइड्रोआक्साइड (0.5%) एवं कास्टिक सोडा (0.8%) के मिश्रण का छिड़काव भी कोयलिया विकार नियंत्रण में लाभप्रद सिद्ध हुआ है।

आम की आतंरिक निर्जीविता (Internal Necrosis of Mango) : इस विकार से प्रभावित फल परिपक्व होने के सामान्य समय से पहले ही गिर जाते हैं। इसमें फल के आंतरिक गूदे में गलन होता है तथा बाहरी छिलका गहरा भूरा पड़ जाता है एवं फल बीच से फट जाते हैं। आमतौर पर फल का आधा निचला हिस्सा इससे प्रभावित होता है। फल के फटने से इसमें कीड़े भी लग जाते हैं। यह विकार बोरॉन की कमी के कारण होता है। जिसका उपचार निम्न प्रकार से सम्भव है।

1. जिस बाग में यह रोग दिखायी देता है उसमें रोग के उपचार के लिए 250 ग्रा. बोरेक्स (सुहागा) प्रति वृक्ष की दर से प्रति वर्ष आधी मात्रा सितम्बर–अक्टूबर माह में तथा शेष आधी जनवरी–फरवरी माह में उर्वरकों के साथ डालनी चाहिए।
2. यदि बाग में रोग अधिक मात्रा में दिखायी पड़ रहा हो तो रोग की तीव्रता को देखते हुए 2% बोरेक्स (2 कि.ग्रा. 100 लीटर पानी में) का छिड़काव फलों के मटर के दाने के बराबर होने पर करने से लाभ होता है।

आम के फल का गिरना (Fruit drop of Mango) : आम के फूल एवं फल अपने जीवन के विभिन्न अवस्थाओं में गिरते हैं जिससे बागवानों को बहुत अधिक नुकसान उठाना पड़ता है। आम के पेड़ों पर मंजरों और उनमें लगने वाले फूलों की तुलना में फल बहुत ही कम लगते हैं। आम के मंजर में लगभग 1000 फूल आते हैं जिसमें मादा फूलों की संख्या लगभग 1–2% तक होती है। इन फूलों पर लगने वाले फलों में लगभग 0.1% फल औसतन 10–20 संख्या 2 फल प्रति मंजर ही परिपक्वता अवस्था तक पहुँच पाते हैं। अधिकांश फूल खिलने के साथ ही गिर जाते है जबकि कुछ फूलों में फल सरसों के दानों के बराबर (Mustard Stage) के फल होने के बाद गिरते है। कुछ फल मटर के दाने की अवस्था (Pea Stage) तक आते–आते पीले पड़कर गिर जाते हैं तो कुछ बीज बनने की अवस्था में पहुँच कर (Marval Stage) पर गिरते हैं। इसके अतिरिक्त आम के बड़े–बड़े फल भी कुछ वाह्य परिस्थतियों जैसे–आँधी, तूफान, ओला आदि के कारण गिर जाते हैं।

आम के फूल एवं प्रारम्भिक अवस्था के फल पर्याप्त परागण न होने के कारण गिरते हैं जबकि बाद के अवस्था के फल बीज न बनने, नमी की कमी, हार्मोन के असंतुलन के कारण गिरते हैं। इसके रोकथाम के लिए बगीचे में पर्याप्त संख्या में परागण कीट का होना जरूरी है। फूल आने के समय किसी दवा का छिड़काव नहीं करने तथा पौधों के थालों में समान रूप से नमी बनाये रखने से फलों के गिरने की समस्या कम हो सकती है। फल लगने के बाद प्लैनोफिक्स (2 मि.ली./5 ली.) अथवा नेफथालीन एसिटिक एसिड 10 पीपीएम के घोल का दो–तीन छिड़काव 15–20 दिनों के अन्तराल पर करने से फल गिरने की समस्या नियंत्रित की जा सकती है। वायु रोधी पौधों की कतार लगाने से आम के फलों को गिरने से बचाया जा सकता है।

ऊतक विकार रोग (Spongy Tissue) : ऊतक विकार **(Spongy Tissue)** आम का एक प्रमुख विकार है जो मुख्य रूप से महाराष्ट्र, गुजरात, कर्नाटक एवं आन्ध्र प्रदेश में पाया जाता है। आम की अलफान्सो किस्म में यह विकार अधिक आता है। इसकी मुख्य पहचान फल पकते समय गूदे का खराब होना, खट्टा होना तथा हल्के पीले रंग के गद्देदार भागों में बदल जाना होता है। स्पान्जी टिशू से प्रभावित फल खाने लायक नहीं रह जाते जो फल काटने के बाद ही पता चलता है।

ऊतक विकार के स्पष्ट कारणों का पता लगाना कठिन है परन्तु ऐसा मानना है कि यह कई कारकों से प्रभावित होता है। जिनमें किस्म, बगीचे की दशा, पौधे की उम्र, फल विकास की प्रक्रिया तथा पोषण इत्यादि प्रमुख हैं। इसके प्रभाव को कम करने के लिए एकीकृत नियंत्रण व्यवस्था करनी पड़ती है जिसमें कैल्शियम क्लोराइड (2%) घोल का 2–3 छिड़काव, पौधों के चारों तरफ पलवार बिछाना, बगीचे में कम से कम, (1–2) जुताई तथा फलों का उचित परिपक्वता पर तोड़ाई करना इत्यादि शामिल है।

पुष्पन एवं फलन

वनस्पतिक विधि से तैयार आम के पौधों में 3–4 वर्षों के बाद फूल आना प्रारम्भ हो जाता है। आम में परागण मक्खियों तथा अन्य कीटों द्वारा होता है। अतः फल आने के समय कीटनाशक दवाओं का प्रयोग न करें अन्यथा फलत प्रभावित होता है। आम के एक मंजर में 800–1000 फूल आते हैं जिनमें अधिकतर नर फूल होते हैं। इसमें नर, मादा एवं उभयलिगीं पुष्प एक ही मंजर में पाये जाते हैं जिसमें से केवल मादा एवं उभयलिंगी फूलों में ही फल बनते हैं। अतः अधिक फलन के लिए मादा पुष्पों का परागण आवश्यक होता है। पौधों के आयु के साथ–साथ फलत में वृद्धि होती है तथा 15–20 वर्ष के पौधे से अधिकतम फल प्राप्त होते हैं।

परिपक्वता एवं फल तोड़ाई

आम एक क्लाइमेक्टेरिक फल है। पूर्ण रूप से परिपक्व फलों को तोड़ने से वे समान रूप से पकते हैं। पूर्ण परिपक्वता की पहचान के लिए अनेक मानक निर्धारित किये गये हैं जिसमें सापेक्ष घनत्व (1 से कम), मिठास–खटास अनुपात, टपक कर गिरना, कुल ऊष्मा संचय विधियाँ आदि प्रमुख हैं। सामान्यतः पौधों पर जब फल हरी दशा में होते है तथा उनसे दो चार–पके हुए फल गिरने लगते हैं तो उसकी परिपक्वता आ जाती है। इसे 'टपका' या 'सीप' गिरना भी कहते हैं। इस अवस्था

में फलों को सावधानी पूर्वक जहाँ तक सम्भव हो सके उनके डण्ठल सहित तोड़ना चाहिए। आम को तोड़ने के लिए मैंगो हारवेस्टर या फ्रूट पिकर का प्रयोग किया जा सकता है। इससे फलों को नुकसान कम होता है। एसे फलों के डंठल को 2–3 सेंमी. छोड़कर काटने चाहिए। आम के फलों को कृत्रिम तरीके से पकाने एवं अन्य तोड़ाई उपरान्त प्रक्रियाओं द्वारा अच्छा लाभ प्राप्त किया जा सकता है।

आम के फलों की तुड़ाई उनके परिपक्वता वर्ग के अनुसार मार्च से अगस्त तक करते हैं। आम की विभिन्न प्रकार की प्रजातियों को विभिन्न स्थानों पर विभिन्न समय पर तोड़ा जाता है परन्तु कुछ स्थानों पर आम फल तोड़ाई का मुख्य समय निम्नवत् है।

राज्य	तोड़ाई का समय
महाराष्ट्र	अप्रैल – मई
तामिलनाडू	अप्रैल – मई
आन्ध्र प्रदेश	अप्रैल – मई
गुजरात	मई – जून
कर्नाटक	मई – जूलाई
उत्तर प्रदेश	जून – अगस्त
बिहार	मई – अगस्त
उड़ीसा	मार्च – मई

आम के फलों की तुड़ाई, फलों के रंग में परिवर्तन एवं आन्तरिक परिवर्तन जैसे–फलों में अम्लता एवं स्टार्च का अनुपात, सापेक्ष घनत्व, आदि जाँचने के बाद करना ज्यादा बेहतर होता है।

उपज

आम के पूर्ण विकसित वृक्षों से औसतन 60–100 कि.ग्रा. फलों का उत्पादन किये जा सकते हैं।

तोड़ाई उपरान्त फल प्रबन्ध

आम के फलों की तोड़ाई के पश्चात् अनेक क्रियाऐं की जाती हैं जिससे फलों की गुणवत्ता अच्छी होती है। इन क्रियाओं में श्रेणीकरण, पैकिंग, प्रीकूलिंग, परिवहन एवं भंडारण इत्यादि प्रमुख हैं। तोड़ाई उपरान्त फल प्रबन्धन का संक्षिप्त विवरण इस प्रकार है।

श्रेणीकरण : फलों के आकार, रंग–रूप, चमक, वजन, इत्यादि के आधार पर आम के फलों को 4 श्रेणियों में विभक्त किया जाता है। ज्यादा पके, छोटे, चोटिल फलों को विशेषतौर पर अलग कर दिया जाता है जिससे आगे कोई नुकसान न हो। यद्यपि श्रेणीकरण आम के किस्म पर निर्भर करता है परन्तु दशहरी किस्म का विवरण इस प्रकार है।

अ. श्रेणी : इस श्रेणी के फल किस्म के पूर्णतः अनुरूप होते हैं, वजन 200–250 ग्रा. होता है और सापेक्ष घनत्व 1 से कम होता है।

ब. श्रेणी : फलों का वजन 170–200 ग्रा. तथा फल देखने में अच्छे एवं समान लगते हैं।

स. श्रेणी : इस श्रेणी के फल 170 ग्रा. से नीचे होते हैं और उनका आकार कोई निश्चित नहीं होता है।

आम के फलों का गर्म पानी से उपचार : आम के फलों को समान रूप से पकाने, अच्छी गुणवत्ता विकास, फल मक्खी के निराकरण तथा अच्छा आभास के लिए पूर्ण परिपक्व फलों को गर्म पानी से उपचारित किया जाता है।

इसके लिए 50^0 सेन्टीग्रेड तक गर्म पानी में पूर्ण परिपक्व फलों को 4–5 मिनट तक डुबोकर और छाया में सुखाकर डिब्बों मे भरा जाता है। 4–5 कि.ग्रा. क्षमता वाले गत्ते के बाक्सों जिनमें 2 सेंमी. व्यास के 4–6 छेद होते हैं, में फलों को भर कर स्थानीय अथवा दूर के बजारों में भेजा जाता है।

गर्म पानी से उपचारित फल समान रूप से पकते हैं और इससे फलमक्खी के अण्डे भी नष्ट हो जाते हैं जिससे फलों में कोई खराबी नहीं आती। इन उपचारित फलों में मिठास का समान रूप से अच्छा विकास होता है। इस उपचार से फलों के गुठली के पास का गूदा ज्यादा मुलायम नहीं होता जो अक्सर समान्य रूप से पके फलों में देखा जाता है।

भराई : आम के फलों को श्रेणी के अनुसार कागज के गत्तों या लकड़ी के बाक्सों में भर कर परिवहन एवं विपणन किया जाता है। बाक्सों की क्षमता एवं आकार अलग–अलग हो सकता है। परिवहन के समय फलों को खरोंच से बचाने के लिए धान के पुवाल, कागज के टुकड़ों या मुलायम पत्तों की एक सतह बिछाई जाती है इससे फल सामान्य रुप से पक भी जाते हैं।

परिवहन : आम के फलों को ट्रक या जीप अथवा रेलगाड़ी से एक स्थान से दूसरे स्थान को भेजा जाता है। लकड़ी के डिब्बों में भरे हुए परिपक्व आम के फलों को पैक करके ट्रकों द्वारा लगभग 500–600 कि.मी. दूरी तक आसानी से भेजा जा सकता है।

भण्डारण : फलों को लम्बे समय तक सुरक्षित रखने के लिए अनेक उपाय किये जा सकते हैं। आम के पके हुए फलों को साधारण तापमान पर 4–5 दिनों तक तथा 5–7^0 सेंन्टीग्रेड तापमान पर 15 दिनों तक भंडारित करके रखा जा सकता है।

आम के फलों का कूल चेन प्रबन्ध : आम के फलों की तोड़ाई के बाद से लेकर पैकिंग तक तथा उसके पश्चात् उसके परिवहन तक फलों की एक निश्चित तापमान पर रखा जाता है जिसे 'कूल चेन प्रबन्ध' कहते हैं। निर्यात के दृष्टि से यह विधि काफी प्रचलित और सटीक होती है क्योंकि इसमें तोड़ाई उपरान्त की सभी क्रियाऐं सामान्य से कम तापमान पर की जाती हैं।

परिरक्षण एवं मूल्य सम्वर्धन

आम के फलों को अनेक प्रकार से उपयोग में लाया जाता है। ताजे फलों के अतिरिक्त इससे अनेक परिरक्षित पदार्थ तैयार करके आम को वर्ष भर उपयोग में लाया जाता है। पके आम के प्रमुख परिरक्षित पदार्थो में गूदा, पेय पदार्थ, डिब्बा बन्दी, फाँके, जैम, अमावट आदि है। कच्चे आम के फलों से अमचुर, अचार तथा आमपना आदि परिरक्षित पदार्थ तैयार किये जाते हैं।

कुछ प्रयोगात्मक व्यवहारिक सुझाव

प्रायः ऐसा देखा गया है कि आम उत्पादक बागवान केवल फलत के समय ही आम के पौधे की देख–रेख करते हैं। शेष समय में वे आम के बगीचों की कोई देखभाल नहीं करते। परिणामस्वरूप बगीचों में अनेक कीड़ों एवं बीमारियों का प्रकोप हो जाता है जिससे फलत प्रभावित होती है। अक्सर किसान आम के पौधों में खाद एवं उर्वरक का प्रयोग नहीं करते हैं और यदि करते भी हैं तो ठीक ढंग से नहीं। काट–छाँट के बारे में भी किसानों को सही जानकारी का अभाव है। जबकि आम के बगीचों में अच्छे फूल एवं फल लगने के लिए खाद एवं उर्वरक प्रयोग, काट–छाँट, सिंचाई तथा दवाईयों के छिड़काव पर विशेष ध्यान देने की आवश्यकता है। आम के नये पौधों एवं फल देने वाले बगीचों के उचित रख–रखाव

एवं फलत के लिये नियमित देखरेख रखना बागवानों के लिए अत्यन्त उपयोगी पाया गया है। अतः इस भाग में कुछ व्यावहारिक एवं समय बद्ध जानकारी दी जा रही है।

1. नये बगीचों का प्रबन्ध एवं देखरेख

अप्रैल–मई

- मिट्टी की जाँच कराएँ।
- नया बाग लगाने के लिए खेत की अच्छी तैयारी करें। 10×10 मी. (आम्रपाली किस्म के लिए 5×5 मी.) पर रेखांकन करें।
- चिन्हित बिन्दु पर 1×1×1 मी. आकार के गडढ़े तैयार करें।
- स्थापित बाग में दोहरी जुताई करें।
- स्थापित बाग में छोटे पौधों को थाला विधि में सिंचाई करें।
- पौधों को तेज गर्म हवा (लू) से बचाने के लिए छप्पर बनायें।

जून–जुलाई

- नया बाग लगाने के लिए वर्षा प्रारम्भ होने पर तैयार गडढों को खाद एवं उर्वरक के मिश्रण से भरें। इसके लिए गोबर की खाद 20–30 कि.ग्रा. (2 से 3 टोकरी), कंरज या नीम की खली 2 कि.ग्रा., हड्डी का चूर्ण अथवा सिंगल सुपर फास्फेट 1 कि.ग्रा., डर्सबान/रडार (10% धूल) 20 ग्रा./फ्यूराडॉन 3 जी/थीमेट 10 जी. 20 ग्रा. को गड्ढों की ऊपरी सतह की मिट्टी में अच्छी तरह से मिलाकर गडढा भर दें।
- प्रारम्भ के 2–3 वर्ष तक आम के पौधों को 30 कि.ग्रा. सड़ी हुई गोबर की खाद, 2 कि.ग्रा. करंज की खली, 200 ग्रा. यूरिया, 150 ग्रा. म्यूरेट आफ पोटाश प्रति पौधा प्रति वर्ष की दर से दें।
- नये बाग लगाने के लिए एक बारिश होने पर जब गडढे की मिट्टी दब जाऐ तब नये पौधों का रोपण गडढे में बीचो–बीच करें।
- थालों की गुड़ाई करें एवं खरपतवार नियंत्रण करें।

अगस्त–सितम्बर

- आवश्यकतनुसार खरपतवार तथा दीमक का नियंत्रण करें। प्रति पौधा 50 ग्रा. लिण्डेन धूल या 3 मि.ली. क्लोरपायरीफॉस प्रति ली. पानी में घोलकर वृक्ष के मुख्य तने पर छिड़काव करें।
- यदि वर्षा नहीं हो रही है तो पौधों की हल्की सिंचाई करें।

अक्टूबर–नवम्बर

- बगीचों में खरपतवार नियंत्रण हेतु जुताई करें।
- छोटे पौधों को पाला से बचाने के लिए नियमित सिंचाई करें।
- यदि पत्ती खाने वाले कीड़े का प्रकोप देखें तो उसके नियंत्रण के लिए इमिडाक्लोरप्रिड या क्वीनालफॉस दवा का 1.5 मि.ली. प्रति लीटर पानी में घोल बनाकर 15 दिनों के अन्तराल पर 2 छिड़काव करें।
- नवजात पौधों को ठंड से बचाने के लिए झोपड़ी का निर्माण करें।

दिसम्बर–जनवरी

- आवश्यकतानुसार पौधों में नियमित सिंचाई करें।

फरवरी–मार्च

- पौधों की सिंचाई एवं दीमक नियंत्रण का कार्यक्रम जारी रखें।
- पौधों को उचित ढ़ाँचा देने के लिए कटाई–छँटाई करें।
- पत्ती खाने वाले कीड़ों के नियंत्रण के लिए क्वीनालफॉस दवा की 1.5 मि.ली. मात्रा प्रति लीटर पानी में घोल बनाकर 15 दिनों के अन्तराल पर 2 छिड़काव करें।

2. फल देने वाले बगीचों का प्रबन्ध एवं देख रेख

अप्रैल–मई

- बाग की दोहरी जुताई करें।
- खाद एवं उर्वरक प्रयोग के लिए मिट्‌टी की जाँच कराएँ।
- फल मक्खी के व्यस्क कीटों को फॅसाने के लिए ट्रेप का इस्तेमाल करें। ट्रेप के लिए गुड़ का शीरा या ताड़ी में 0.2% कार्ब्रेरिल मिलाकर खुले डिब्बों में पेड़ पर टाँग दें।

- आवश्यकतानुसार पौधों की सिंचाई करें।
- फलों की तोड़ाई करें।
- फल मक्खी के नियंत्रण करने के लिए मोनोक्रोटोफॉस दवा (1.25 मि.ली./ली.) का 2–3 छिड़काव करें।

जून–जुलाई

- फल तोड़ाई के बाद सूखी एवं रोग ग्रसित शाखाओं की कटाई–छँटाई करें। मुख्य तने से 1.5–2 मी. की दूरी पर पौधों के क्षत्रक के नीचे गोलाई में 30 सेंमी. गहरी 60 सेंमी. चौड़ी नाली/खाई बनाकर खाद एवं उर्वरक का प्रयोग करें।
- 15–20 वर्ष के पूर्ण विकसित वृक्ष में गोबर की सड़ी खाद 80–100 कि.ग्रा., करंज की खली 3–4 कि.ग्रा., यूरिया 2 कि.ग्रा., सिंगल सुपर फास्फेट 3 कि.ग्रा. एवं म्यूरेट आफ पोटाश 1 कि.ग्रा. प्रति वर्ष की दर से प्रयोग करें।
- खरपतवार का आवश्यकतानुसार नियंत्रण करें।

अगस्त–सितम्बर

- सिल्ला कीट के रोकथाम के लिए 5–10 अगस्त के बीच क्वीनालफॉस (2 मि.ली./ली.) का 10–15 दिनों के अन्तराल पर 3 छिड़काव करें। कीट प्रभावित टहनियों या नुकीले गाठों की छँटाई करें।
- जिंक की कमी के लक्षण दिखाई दे तो 150–200 ग्रा. जिंक सल्फेट प्रति वृक्ष की दर से अन्य उर्वरकों के साथ दें।

अक्टूबर–नवम्बर

- पौधों के क्षत्रक के नीचे पुवाल या घास की पलवार बिछायें जिससे नमी संरक्षण के साथ–साथ फलों की उपज एवं उनकी गुणवत्ता पर भी अच्छा प्रभाव पड़ता है।

दिसम्बर–जनवरी

- मधुआ कीट एवं पाउडरी मिल्डयू के नियंत्रण के लिए मंजर निकलने के समय कैराथेन (0.2%) तथा इमिडाक्लोरप्रिड (1.5 मि.ली./ली.) का पहला एहतियाती छिड़काव करें।

फरवरी–मार्च

- मंजर में फूल आते समय छिड़काव न करें।
- जब फल सरसो के दाने के बराबर हो जाएँ तब कैराथेन तथा इमिडाक्लोरप्रिड दवा का दूसरा तथा मटर के दाने के आकार के फल होने पर तीसरा छिड़काव करें।
- गुजिया के नियंत्रण के लिए क्वीनॉलफास (2 मि.ली./ली.) या मोनोक्रोटोफॉस (1.5 मि.ली./ली.) के घोल का 15 दिनों के अन्तराल पर दो छिड़काव करें।
- फलों को ब्लैक टिप विकार से बचाने के लिए मटर के आकार के फलों पर बोरिक अम्ल (4 ग्रा. प्रति लीटर पानी) के घोल का 15 दिनों के अन्तराल पर दो छिड़काव करें।

आम के पुराने बगीचों का जीर्णोद्वार

भारत वर्ष में आम की खेती प्राचीन काल से ही होती आ रही है। वर्तमान समय में देश के लगभग 30–35% बाग पुराने हो चुके हैं जिनका उत्पादन बहुत ही कम हो गया है। अतः इन्हें रख पाना किसानों के लिए लाभदायक नहीं रह गया है। ऐसी परिस्थिति में किसान या तो पुराने बाग को काटकर नये बाग स्थापित करें जिसमें 5–6 वर्षो बाद फल आना प्रारम्भ होगा और तब तक किसानों को लगभग 80–90 हजार रूपये प्रति हैक्टर तक खर्च करना पड़ता है या फिर पुराने ही पौधों का जीर्णोद्वार करें जिसमें किसानों को 40–50 हजार रूपये प्रति हेक्टेयर की अतिरिक्त आमदनी जलावानी (ईंधन) लकड़ी से मिल जाती है और पौधा 3 वर्षो मे पुनः फल देने लगता है। इसके अतिरिक्त खाली जमीन में सब्जी, दलहन एवं तिलहन आदि का अन्तरवर्ती फसल लगाकर आर्थिक आमदनी भी किया जा सकता है।

जीर्णोद्वार क्या है ?

जीणोद्धार का अर्थ 'पौधों को नया जीवन प्रदान करना' है। जो पौधे अधिक पुराने या किसी कारण से कम फल देने लगते हैं तथा आर्थिक दृष्टि से उपयोगी नही रह जाते हैं उन्हे वैज्ञानिक तरीकों द्वारा फल देने योग्य बना लिया जाता है।

जीणोद्धार क्यों ?

1. वर्तमान में आम की उत्पादकता वृक्षों की क्षमता के अनुसार संतोषजनक नहीं है जिसके अनेक कारण है, जैसे आम के बागों का वैज्ञानिक प्रबन्ध न करना, अनियमित फलन, पौधों में कटाई–छँटाई न करने के कारण बगीचों का अधिक घना हो जाना, विश्वसनीय किस्मों के बाग न लगाना, बीमारियों तथा कीटों से ग्रसित पौधों के तरफ किसानों द्वारा कोई ध्यान न देना इत्यादि।
2. अन्य फलदार वृक्षों की तरह आम के पौधे भी एक निश्चित आयु के बाद उपज कम देने लगते हैं। प्रायः ऐसा देखा गया है कि 45–50 साल बाद आम के बाग बहुत घने हो जाते है। फलस्वरूप पौधों को सूर्य का प्रकाश पर्याप्त मात्रा में नहीं मिल पाता, इनमें कीट एवं बीमारियों का प्रकोप काफी बढ़ जाता है और उत्पादन में भारी गिरावट आ जाती है। ऐसे बगीचों में आवश्यक कटाई–छँटाई करने से नये कल्ले निकलते हैं जिनमें अगले 2–3 वर्ष में पुष्पन एवं फलन शुरू हो जाता है।

जीणोद्धार कब और कैसे?

जिन वृक्षों का जीर्णोद्वार करना है उनकी मुख्य शाखाओं को जमीन से 3–4 मीटर की ऊँचाई पर चिन्हित कर लेते हैं। दिसम्बर माह में इन शाखाओं को चिन्हित स्थान से काटते हैं। कटाई करते समय इस बात का विशेष ध्यान रखना चाहिए कि शाखाओं को फटनें से बचाने के लिए चिन्हित जगह पर नीचे (झुकाव) की तरफ 10–15 सेंमी. गहरा सीधा काट दें। तत्पश्चात् उसी निशान पर ऊपर से कटाई करें। ठीक इसी प्रकार एक दूसरे पर चढ़ी हुई या कीट तथा रोग ग्रसित शाखाओं को भी काट कर निकाल दें। कटाई के तुरन्त बाद फफूंदी नाशक दवा (कॉपर आक्सीक्लोराइड) को करंज के तेल में मिलाकर शाखाओं के कटे हुए भाग पर लेप लगा दें। बराबर मात्रा में गोबर एवं चिकनी मिट्टी के मिश्रण से तैयार लेप का भी प्रयोग शाखाओं पर कर सकते हैं। इससे सूक्ष्म जीवाणुओं एवं रोगों का संक्रमण रोका जा सकता है।

खाद, उर्वरक एवं सिंचाई : छँटाई करने के बाद प्रत्येक वृक्ष में 2 कि.ग्रा. यूरिया, 2 कि.ग्रा. सिंगल सुपर फास्फेट, 1.5 कि.ग्रा. म्यूरेट आफ पोटाश एवं 50 कि.ग्रा. सड़ी गोबर की खाद गोलाई में नाली विधि से दें। उर्वरक की आधी तथा गोबर खाद की पूरी मात्रा जुलाई माह में एवं शेष आधी उर्वरक की मात्रा अक्टूबर में पौधों के चारों तरफ गोलाई में डालकर गुड़ाई करना चाहिए। पौधों की मार्च एवं अक्टूबर माह में पर्याप्त सिंचाई करनी चाहिए।

अन्तः फसलें : वृक्षों की कटाई के बाद बीच में काफी खुली जगह मिल जाती हैं जिसमें अन्तः फसलें जैसे–अदरक, हल्दी, शकरकन्द, आलू, नेनुआ, खीरा, आदि फसलों को उगाकर अतिरिक्त आमदनी अर्जित की जा सकती है।

नये कल्लों का विरलीकरण : काटी गई शाखाओं पर 3–4 माह (मार्च–अप्रैल) बाद बहुत से नये कल्ले निकलते हैं। उचित क्षत्रक विकास के लिए इनका विरलीकरण बहुत आवश्यक होता है। कल्लों का विरलीकरण करते समय प्रत्येक शाखा में 8–10 स्वस्थ्य कल्ले ही रखना चाहिए। ध्यान रहे इन कल्लों में उचित दूरी रखें जिससे कल्लों का विकास एवं वृद्धि अच्छा हो सके। कल्लों की उचित वृद्धि के लिए अक्टूबर माह में 2% यूरिया का पर्णीय छिड़काव करें।

कीट एवं रोग प्रबन्ध : कटाई–छँटाई के बाद आम के वृक्ष में तना बेधक कीट के नियंत्रण पर विशेष ध्यान देना चाहिए। यह कीट वृक्ष की छाल के अन्दर रहकर लकड़ी को कुतरकर बुरादा छेद से बाहर गिराता है। नियंत्रण के लिए कीड़ों द्वारा बनाये गये सुराख को लोहे के तार से साफ करके उसमें कीटनाशक दवा नुआन या केरोसिन या पेट्रोल में रूई भिगोकर, ठूँसकर छेद को गीली मिट्टी से बन्द कर दें। नये कल्लों पर पत्ती काटने वाली कीड़ों का बहुत प्रकोप होता है। इसके नियंत्रण के लिए विरलीकरण के पश्चात् जुलाई माह में कार्बेरिल (सेविन) दवा का 3 ग्रा. प्रति लीटर पानी की दर से घोल बनाकर 10–12 दिनों के अन्तराल पर 2–3 छिड़काव किया जा सकता है।

आम के वृक्षों की कटाई–छँटाई के लगभग 2–3 वर्ष बाद अच्छी वनस्पतिक वृद्धि हो जाती है जिसमें पुष्पन एवं फलन आने लगते हैं। इस प्रकार यदि पुराने बगीचों का जीर्णोद्धार किया जाय तो लगभग 5–6 वर्षो बाद उनसे 50–60 कि.ग्रा. फल प्रति वृक्ष की दर से प्राप्त किया जा सकता है।

आम के पुराने वृक्षों का जीर्णोद्धार एकं विशेष एवं विवेक कौशल पूर्ण कार्य है अतः इसको पूरे प्रतिबद्धता के साथ सही समय पर करना चाहिए। जीर्णोद्धार प्रकिया का माहवार विवरण इस प्रकार है।

क. प्रथम वर्ष

दिसम्बर–जनवरी

- अनुत्पादक बाग का चुनाव।
- डालियों को चिन्हित करना।

- डालियों की कटाई तथा कटी हुई डालियों को हटाना।
- कटे भाग पर गाय के गोबर या कापर आक्सीक्लोराइड का पेस्ट लगाना।

फरवरी–मार्च

- पूरे तने पर गाय के गोबर का लेप लगाना या चूने में कॉपर आक्सीक्लोराइड मिला कर पुताई करना।
- पौधों के नीचे गुड़ाई करके थाला बनाना।
- खाली पड़ी जमीन को जायद की फसल के लिए तैयार करना।

अप्रैल–मई

- पौधों की सिंचाई करना तथा थालों में 1 कि.ग्रा. यूरिया डालकर गुड़ाई करना।
- जायद की फसल लगाना।
- पौधों में यदि तना छेदक का प्रभाव दिखे तो उसका नियंत्रण करें।

जून–जुलाई

- कल्लों का विरलीकरण करना तथा कटे हुए भाग पर कॉपर आक्सीक्लोराइड का लेप लगाना।
- पौधों में नाली विधि से खाद एवं उर्वरक का प्रयोग करना।
- पौधों के कटे हुए शिरों पर पालीथीन बाँधना।

अगस्त–सितम्बर

- तना छेदक कीट का समय पर नियंत्रण करना।
- पत्तियों पर आने वाले कीड़ों तथा बीमारियों पर नियंत्रण करना।
- चुने हुए कल्लों के अतिरिक्त अन्य कल्लों को निकालना।
- खरीफ की फसल की बुवाई करना।

अक्टूबर–नवम्बर

- पत्तियों पर आने वाले कीड़ों तथा बीमारियों की रोकथाम करना।
- उर्वरक की बाकी बची मात्रा को थालों में देकर गुड़ाई करना तथा मेंड़ बनाना।

- थालों में पुवाल की पतवार बिछाना।
- रबी की फसल की बुवाई करना।

ख. द्वितीय वर्ष

दिसम्बर–जनवरी

- चुने हुए कल्लों के अतिरिक्त अन्य निकलने वाले कल्लों की कटाई।
- तना छेदक एवं पत्ती खाने वाले कीड़ों का समुचित नियंत्रण।

फरवरी–मार्च

- पत्तियों पर लगने वाले कीड़ों तथा बीमारियों का नियंत्रण।
- पौधों की सिंचाई करना।
- जायद की फसल के लिए तैयारी करना।

अप्रैल–मई

- थालों की गुड़ाई करके पलवार को मिट्टी में मिलाना।
- पौधों की सिंचाई करना।
- अधिक घने क्षत्रक वाले पौधों में अन्दर की तरफ वाली कुछ शाखाओं को निकालना।

जून–जुलाई

- खाद एवं उर्वरक का प्रयोग करके थाला बनाना।
- खरीफ फसल के लिए तैयारी करना।

अगस्त–सितम्बर

- नये पत्तियों पर आने वाले कीड़ों तथा बीमारियों पर नियंत्रण करना।
- थालों में पैक्लोब्यूट्राजाल (कल्तार) का प्रयोग करना।

अक्टूबर–नवम्बर

- धान के पुवाल की पलवार बिछाना।
- पौधों में सिंचाई रोक देना।
- जिंक सल्फेट (2 ग्रा./लीटर पानी) के घोल का छिड़काव करना।

ग. तृतीय वर्ष

दिसम्बर–जनवरी

- पौधों में सिंचाई रोक देना।
- चुने हुए कल्लों के अतिरिक्त अन्य कल्लों को निकाल देना।
- रबी की फसल लगाना।

फरवरी–मार्च

- मंजर निकलते समय कैराथेन (2 मि.ली. / ली.) तथा साइपरमेंथ्रीन (1 मि.ली. / ली.) के घोल का एहतियाती छिड़काव करना।

अप्रैल–मई

- फल लग जाने के बाद कैराथेन तथा इमिडाक्लोरप्रिड (0.5 मि.ली. / ली.) का दूसरा छिड़काव करना।
- फल झड़ने से बचाने के लिए प्लैनोफिक्स (2 मि.ली. / 5 ली.) का छिड़काव करना।

जून–जुलाई

- पौधो की सिंचाई तथा फलों की तोड़ाई करना।
- खरीफ फसल की तैयारी करना।
- फल तोड़ाई के पश्चात् पौधों में खाद देना।

अगस्त–सितम्बर

- पौधो में खाद देना एवं थाला बनाना।
- कल्तार (पैक्लोब्यूट्राजाल) का प्रयोग करना।
- सूट गाल सिला से प्रभावित डालियों को काट कर हटाना।

अक्टूबर–नवम्बर

- धान के पुवाल या घास–फूस की पलवार बिछाना।
- पौधों का उचित रख रखाव करना।

इस प्रकार से यदि आम के पुरानें बागों का जीर्णोद्धार किया जाए तो उनसे आगामी 25–30 वर्षों तक अच्छी उपज ली जा सकती है।

2. केला (Banana)

केला जो मूसा पैराडिसियाका अथवा मूसा सैपियन्टम (*Musa paradisiaca* or *Musa sapientum*) के नाम से जाना जाता है, जो म्यूसेसी अथवा स्कीटेमिनेसी (Musaceae or Scitaminaceae) कुल का एक प्रमुख सदस्य है। भारत वर्ष में केला एक बहुत प्राचीनतम पौधा है जिसकी उत्पत्ति दक्षिण पूर्व एशिया एवं भारतीय उपमहाद्वीप (आसाम, वर्मा, इन्डो चायना क्षेत्र) माना जाता है। भारत वर्ष में इसकी अत्यधिक जैव विविधिता मौजूद है। फलों में केले का हमारे देश में प्रमुख स्थान है। भारत वर्ष में केला आम के बाद दूसरे ही नम्बर का फल है। जहाँ पर कुल फलों क्षेत्रफल के 20% भाग में इसकी खेती की जाती है। वर्तमान में इसका कुल क्षेत्रफल लगभग 4 लाख हैक्टर है। जिससे 250–300 लाख टन फलोत्पादन प्रति वर्ष होता है। महाराष्ट्र, तमिलनाडु, आन्ध्रप्रदेश, बिहार, बंगाल, उड़ीसा आदि प्रमुख केला उत्पादक राज्य है। केले का फल बहुत पौष्टिक होता है। इसमें शर्करा एवं खनिज लवण जैसे– फॉस्फोरस तथा कैल्शियम प्रचुर मात्रा में पाये जाते हैं। केले के फलों का प्रयोग पके फल की तरह खाने में, सब्जी के रूप में, आटा, चाकलेट, फिग, चिप्स इत्यादि के रूप में किया जाता है इसके अलावा रेशा से कपड़ा उत्पादन तथा इसके फल से मधुमक्खियों द्वारा शहद उत्पादन भी किया जाता है।

भूमि एवं जलवायु

दोमट भूमि जिसका जल निकास एवं जलधारण क्षमता अच्छा हो, कार्बनिक पदार्थ की मात्रा अधिक हो और पी.एच.मान 4.5–7.5 के बीच हो, केले की खेती के लिए उपयुक्त होती है। केला उष्ण जलवायु क्षेत्र का पौधा है। अतः इसे गर्म एवं आर्द्र जलवायु की आवश्यकता होती है। पौध विकास तथा पुष्पन के समय कम तापमान या पाला हानिकारक होता है। जिन क्षेत्रों में न्यूनतम तापमान 9–10^0 सेन्टीग्रेड से कम हो तथा अधिकतम तापमान 40–45^0 सेन्टीग्रेड से अधिक हो वर्षा 170–200 सेंमी. से कम तथा आर्द्रता 70–80% से कम हो, केले के खेती नहीं करनी चाहिए। तेज हवा वाले क्षेत्रों में बौनी प्रजातियों की खेती करनी चाहिए।

उन्नत किस्में

भारत वर्ष में उगाई जा सकने वाली केले की प्रमुख किस्मों को दो भागों में बाँटा जा सकता है। प्रथम वे किस्में जो ताजे पके फलों के रूप में प्रयोग की जाती है और दूसरी वे जो सब्जी के रूप में प्रयोग की जाती हैं। ड्रवार्फ कैवेन्डिश, रोबस्टा,

मालभोग, चिनीया, चम्पा, अल्पान, जी–9, पाट कपूरा आदि पके फलों के रूप में प्रयुक्त होने वाली किस्में है जबकि मुठिया, बन्थल (मंथन), गज बन्थल तथा बत्तीसा इत्यादि सब्जी के रूप में प्रयुक्त होने वाली किस्में है। इन किस्मों के विषय में कुछ जानकारी नीचे दिया जा रहा है।

बसराई या डवार्फ कैवेन्डिश : यह सबसे प्रचलित एवं अधिक पैदावार देने वाली किस्म हैं। इस पर पनामा उकठा नामक रोग का प्रकोप नहीं होता है। इस प्रजाति के पौधे बौने होते हैं व औसतन एक घौद (Bunch) का वजन 20–22 कि. ग्रा. होता है जिसमें 160–170 फल (Fingers) होती है। एक फल का वजन 150–200 ग्रा. होता है। फल पकने पर हल्का हरा या हल्का पीला एवं स्वाद में उत्तम होता है। इसकी भंडारण क्षमता कम होने के कारण फल पकने के बाद जल्दी खराब होने लगते हैं इस वर्ग में जी–9, बसराई ड्रवार्फ इत्यादि किस्में आती है। इन किस्मों की पैदावार 40–45 टन प्रति हैक्टर होता है।

रोबस्टा या हरीछाल : इस किस्म का पौधा लम्बाई में ड्रवार्फ कैवेन्डिश से ऊँचा होता है और इसकी घौद का वजन अपेक्षाकृत अधिक (20–25 कि.ग्रा.) और सुडौल होता है। यह किस्म पर्ण–चित्ती रोग से अधिक प्रभावित होती है परन्तु पनामा उकठा के प्रति पूर्णतया प्रतिरोधी है। यह किस्म अधिक उपज देने वाली होती हैं एवं एक हैक्टर से 60–70 टन उत्पादन मिल सकता है इस वर्ग की प्रमुख किस्म हरी छाल है।

पूवन या लाल वेलची : इस वर्ग की किस्में कम पानी में भी उगायी जा सकती हैं इनका उत्पादन 30 टन प्रति हैक्टर के लगभग होता है। ये पनामा, बंचीटाप एवं पर्ण चित्ती रोग रोधी किस्में है। इनकी भण्डारण क्षमता भी अधिक होता है।

रस्थली या मालभोग : यह जाति अपने लुभावने रंग, सुगन्ध एवं स्वाद के लिये लोगों को प्रिय है। लेकिन पनामा उकठा रोग के प्रकोप से फसल को हानि होता है। इनके पौधे बड़े होते हैं। फल का आकार मध्यम और गूदा मीठा एवं पीला होता है। एक घौद (ठनदबी) का औसत वजन 15 कि.ग्रा. तथा उत्पादन लगभग 40 टन प्रति हैक्टर होता है। पादकपूरा, सोनकेल एवं अमृतपानी आदि किस्में इस वर्ग में आती हैं।

चिनिया चम्पा : यह ताजे फल के रुप में खाने के लिए उपयुक्त किस्म है जिसके पौधे बड़े किन्तु फल छोटे होते हैं। बिहार, आसाम, उड़ीसा प्रदेशों में इस किस्म को परिवार्षिक फसल के रूप में उगाया जाता है।

अल्पान : यह वैशाली क्षेत्र में उगाये जानेवाली मुख्य किस्म है। इस जाति के पौधे बड़े होते हैं जिस पर लम्बी घौद (ठनदबी) लगती है। फल का आकार छोटा होता है। फल पकने पर पीले एवं स्वादिष्ट होते हैं जिसे कुछ समय के लिए बिना खराब हुए रखा जा सकता है।

नेन्द्रन : यह एक बहुउद्देशीय किस्म है जिसे सब्जी, चिप्स, आटा, सूखे पदार्थ तथा पके फलों के रूप में प्रयोग किया जा सकता है। यह केरल की व्यवसायिक किस्म है जिसके तने गुलाबी, फल लम्बे, मोटे तथा गुच्छे फैले हुए होते हैं। एक घौद का वजन लगभग 15 कि.ग्रा. होता है तथा फलों की भण्डारण क्षमता अच्छी होती है।

ग्रास मीचेल : ताजे फलों के लिए यह एक सर्वोत्तम किस्म है जिसके तने मोटे और मजबूत होते हैं। फल लम्बे, छिलका देखने में लुभावने, गूदे की महक अच्छी तथा उसकी गुणवत्ता अच्छी होती है। यह किस्म पनामा रोग के प्रति सहनशील होती है, परन्तु खरोंच मुक्त होने के कारण इसे दूर तक भेजा जा सकता है।

जाइन्ट गवरनर : यह बंगाल की बहुत प्रचलित किस्म है जिसके पेड़ मध्यम से छोटे, फल लम्बे, हरे–पीले तथा गूदा कठोर और मीठा होता है। घौद का वजन लगभग 15–18 कि.ग्रा. होता है। यह किस्म पनामा विल्ट रोधी परन्तु पर्ण चित्तीदार रोग के प्रति सहनशील होती है।

मुठिया/कोठिया : यह सख्त किस्म है। इसकी उपज जल के अभाव में भी औसतन अच्छी होती है। फल मध्यम आकार के होते हैं जिनका उपयोग कच्ची अवस्था में सब्जी हेतु एवं पकने पर खाने के लिए किया जाता है। फल का स्वाद साधारण होता है।

बत्तीसा : यह किस्म सब्जी के लिए काफी प्रचलित है जिसकी घौद लम्बी होती हैं और एक घौद (ठनदबी) में 250–300 तक फलियाँ आती है।

प्रसारण तकनीक

व्यवसायिक स्तर पर केले का प्रसारण अधोभूस्तारी (Suckers) और ऊतक संवर्धन विधि द्वारा किया जाता है अधोभूस्तारी दो प्रकार के होते हैं–

1. नुकीली व तलवारनुमा पतली पत्तियों वाले अधोभूस्तारी (Sword Suckers)
2. चौड़ी पत्तियों वाले अधोभूस्तरी (Water Suckers)।

अघोभूस्तारी द्वारा केले के बाग लगाने के लिए तलवारनुमा नुकीली पत्तियों वाले सकर (Suckers) का प्रयोग करना चाहिए क्योंकि 2–3 माह पुरानी, तलवारनुमा पुत्तियाँ सबसे उपयुक्त होती हैं। ऊतक संवर्धन (Tissue Culture) से प्रवर्धित पौधे 6 पत्ती की अवस्था में रोपण के लिए सवोत्तम होते हैं। ऐसे पौधों में फलत शीघ्र तथा समान रूप से होती है।

बाग स्थापना

केले के बाग स्थापना के लिए 60X60X60 सेंमी. आकार के गडढे अप्रैल–मई माह में खोदे जाते हैं। इन गडढों को 15–20 दिन खुला छोड़ने के बाद गोबर या कम्पोस्ट की सड़ी खाद (20–25 कि.ग्रा. या 2–3 टोकरी) तथा क्लोरोपायरीफॉस 10% धूल (100 ग्रा.) प्रति गडढा के दर से गडढे की ऊपर की मिट्टी में मिश्रित करके जमीन की सतह से लगभग 10 सेंमी. ऊँचाई तक भरकर सिंचाई कर देते हैं। इससे पौधा लगाने से पहले मिट्टी का मिश्रण गडढे में अच्छी तरह से बैठ जाता है और पौध स्थापना बेहतर होती है। पौधा लगाने के लिए 15 मई से 15 जुलाई का समय उचित पाया गया है परन्तु जून का महीना सबसे उपयुक्त होता है। क्योंकि पूरा वर्षा ऋतु पौधों के विकास एवं बढ़वार में सहायक होता है। पौधों को 1.5X1.5 मी. की दूरी पर वर्गाकार विधि में लगाने से 4400 पौधे प्रति हैक्टर आते हैं। बड़े आकार एवं बड़ी पत्ती वाली प्रजातियों को 2X2 मी. या 2.5X2.5 मी. की दूरी पर भी लगाया जा सकता हैं।

संधाई एवं काट–छाँट

केले के बाग को खरपतवार मुक्त रखना जरूरी होता है। साथ ही साथ पौधे के बगल से निकलने वाली पुत्तियों का 20 सेंमी. तक वृद्धि करने के पहले ही

भूमि की सतह से काटकर निकालते रहना चाहिए। मई–जून के महीने में मुख्य पौधे में फूल आने के बाद हर पौधे के पास एक पुत्ती अगले वर्ष पेड़ी की फसल के लिए छोड़ देना चाहिए। फल टिकाव हो जाने पर घौद (Bunch) के अगले भाग पर लटकते नर फूल के गुच्छे को काट देने से फलों का विकास अच्छा होता है और उसकी गुणवत्ता बढ़ जाती है।

बाग प्रबन्ध

केला का पौंध केवल एक ही बार फल देकर नष्ट हो जाता है। जमीन के अन्दर मौजूद प्रकन्द से कई पुत्तियां निकलती हैं जिसमें से एक को रढा कर बाकी सभी को काट दिया जाता है। इस प्रकार केले की दूसरी फसल आती है जिसे पेड़ी फसल (Ratoon Crop) कहते हैं। केले के मुढप तथा पेड़ी फसल का प्रबन्ध अलग–अलग तरीके से किया जाता है जिसका विवरण निम्नवत है।

जल प्रबन्ध : सामान्यतः बरसात के मौसम (जुलाई–सितम्बर) तक पौधों को सिंचाई की आवश्यकता नहीं पड़ती है। सर्दियों में (अक्टूबर से फरवरी तक) 12–13 दिनों के अन्तराल पर तथा गर्मियों में (मार्च से जून तक) 5–6 दिनों के अंतराल पर सिंचाई करने से फसल अच्छी होती है। सिंचाई के लिए माडीफाइड बेसिन या फरो बेसिन विधि सबसे अच्छी पायी गयी है।

बूँद–बूँद सिंचाई विधि द्वारा प्रत्येक पौधे के जड़ के पास 2–3 ली. पानी देने से पौधों का अच्छा विकास होता है। पौधों के नीचे पुआल अथवा गन्ने की पत्ती की 8 सेंमी. मोटी परत अक्टूबर माह में बिछा देने से जड़ों के पास नमी संरक्षित रखा जा सकता है। इससे सिंचाई की संख्या में 40% की कमी हो जाती है, खरपतवार नहीं उगते तथा उपज एवं भूमि की उर्वराशक्ति बढ़ जाती है।

पोषण प्रबन्ध : केले के प्रत्येक पौधे को पहले वर्ष 300 ग्रा. नाइट्रोजन, 100 ग्रा. फास्फोरस तथा 300 ग्रा. पोटाश उर्वरक के साथ–साथ 5–10 कि.ग्रा. गोबर की खाद एवं 500 ग्रा. खली देना चाहिए। नाइट्रोजन को पाँच, फॉस्फोरस को दो तथा पोटाश को तीन भागों में बांट कर देने से उर्वरकों का पूरा लाभ पौधों को मिल पाता है। पौधों को खाद एवं उर्वरक देने का क्रमवार विवरण निम्न तालिका में दिया गया है–

तालिका : केले के पौधों में खाद एवं उर्वरक प्रयोग करने की विधि एवं समय

क्रम सं.	अवस्था/समय	खाद एवं उर्वरक
1.	पौध रोपण के समय	– पूरा खाद एवं खली तथा नत्रजन 30 ग्रा. एवं पोटाश 30 ग्रा. तथा फास्फोरस 35 ग्रा.
2.	पौध रोपण के एक माह बाद	– नत्रजन 10 ग्रा. एवं पोटाश 30 ग्रा.
3.	पौध रोपण के तीन माह बाद	– नत्रजन 10 ग्रा. एवं पोटाश 30 ग्रा. तथा फास्फोरस 25 ग्रा.
4.	पौध रोपण के तीन माह बाद	– नत्रजन 30 ग्रा. एवं पोटाश 30 ग्रा.
5.	फूल आने के दो माह बाद	– नत्रजन 30 ग्रा. एवं पोटाश 90 ग्रा. तथा फास्फोरस 50 ग्रा.
6.	फल लगने के बाद	– नत्रजन 30 ग्रा. एवं पोटाश 90 ग्रा.।

खाद एवं उर्वरक को पौधे के मुख्य तने से 10–15 सेंमी. की दूरी पर चारों तरफ गुड़ाई करके मिट्टी में मिला देना चाहिए और पौधे की तुरन्त सिंचाई कर देना चाहिए।

बाग सतह प्रबन्ध : केले के बगीचे को खरपतवार मुक्त रखना चाहिए। पौधों के बीच खाली जमीन में प्रारम्भिक अवस्था में गेंदा फूल की खेती की जा सकती है। चूँकि केले के पौधे कम दूरी पर लगाये जाते हैं अतः इनमें पूरक पौधे सामान्यतः नहीं लगाये जाते परन्तु अनन्नास के पौधों की एक–दो पंक्ति पौधों के बीच में लगाई जा सकती है।

विशेष बाग प्रबन्ध : केले के पौधों में घौद (Bunch) निकलते समय बाँस/बल्ली की कैंची बनाकर पौधों को दो तरफ से सहारा देने से पौधे हवा के दबाब में नहीं गिरते हैं। पौधों को गिरने से बचाने के लिए बरसात से पहले एक पंक्ति के सभी पौधों को दोनों तरफ से मिट्टी चढ़ाकर बांध देना चाहिए।

कीट प्रबन्ध : केले के पौधों में कुछ महत्वपूर्ण कीट आक्रमण करते हैं जो फसल को भारी क्षति पहुंचाते हैं जिनका विवरण निम्नवत् है।

पत्ती विटिल : यह कीट कोमल पत्तों तथा ताजे बने फलों के छिलके को खाता है। प्रकोप अप्रैल–मई से प्रारम्भ होकर सितम्बर–अक्टूबर तक रहता है रोकथाम के लिए इमिडाक्लोप्रिड 1/2 मि.ली. अथवा कार्बेरिल 2 ग्रा. प्रति लीटर पानी में घोलकर पहला छिड़काव फूल आने के तुरन्त बाद तथा दूसरा इसके 15 दिन बाद करना चाहिए।

केले का घुन (बनाना विविल) : इस कीट के प्रौढ़ तथा सुड़ियाँ दोनों हानिकारक होते हैं। इसका प्रकोप बरसात में अधिक होता है। भूमि सतह के पास तने अथवा प्रकन्द में छेद बनाकर मादा अंडे देती हैं। इससे सुड़ियाँ निकलकर तनें में छेद करके खाती रहती है। इसके फलस्वरूप सड़न पैदा हो जाता है तथा पौधा कमजोर होकर गिर जाता है। इसके रोकथाम के लिए स्वस्थ कंदो को लगाना चाहिए तथा कंदो को लगाने से पहले साफ करके 1/2 मि.ली. इमिडाक्लोप्रिड अथवा 1.5 मि.ली. मोनोक्रोटोफास प्रति लीटर पानी के घोल में 12 घंटे तक डूबों कर उपचारित कर लिया जाता है। अधिक प्रकोप होने पर 1 मि.ली. इमिडाक्लोप्रिड प्रति 3 ली. पानी अथवा डाईमेथोयट 1.0 मि.ली. अथवा आक्सीडीमेटान मिथाइल 1.25 मि. ली. का प्रति लीटर पानी में घोल बनाकर छिड़काव करने से प्रभावी नियंत्रण पाया जा सकता है। आवश्यकता पड़ने पर 15–20 दिन बाद यह छिड़काव दुबारा कर देना चाहिए।

रोग प्रबन्ध : केले के कुछ रोग अन्यन्त ही घातक होते हैं जिससे पूरी की पूरी फसल नष्ट हो जाती है। ऐसे ही कुछ रोगों एवं उनके नियंत्रण की जानकारी निम्नवत् है।

पनामा बिल्ट : यह रोग फ्यूजेरियम आक्सीसस्पोरम (Fusarium oxysporum) नामक कवक के कारण होता है। इसके प्रकोप से पौधों की पत्तियां पीली पड़कर डंठल के पास से नीचे झुक जाती है। अंत में पूरा पौधा सूख जाता है। रोकथाम के लिए बाविस्टीन के 1.5 मि.ग्रा. प्रति लीटर पानी के घोल से पौधों के चारों तरफ की मिट्टी को 20 दिन के अन्तर से दो बार तर (Drench) कर देना चाहिए। रोग रोधी किस्मों जैसे– बसराई ड्रवार्फ, पूवन आदि को लगाना चाहिए।

तना गलन (सूडो हर्ट राट) : यह रोग ग्लोस्पोरियम म्यूसेरम (Gloeosporium musrum) नामक फँफूदी के कारण होता है। इसके प्रकोप से निकलने वाली नई पत्ती काली पड़कर सड़ने लगती है। इससे पौधे की वृद्धि रूक जाती है और पौधा पीला पड़कर सूखने लगता है रोकथाम हेतु इण्डोफिल एम.–45 के 2 ग्रा. अथवा बाविस्टीन के 1.0 ग्रा. प्रति लीटर पानी घोल का 2–3 छिड़काव आवश्यकतानुसार 10–15 के अन्तर से करना चाहिए।

लीफ स्पाट या सीगाटोका रोग : यह रोग मैकोसफैरेला म्यूसीकोला (*Mycosphaerella musicola*) नामक कवक के कारण होता है। इसमें पत्तियों पर पीले व भूरे रंग के धब्बे बनते हैं। धब्बों के केन्द्र हल्के भूरे एवं किनारे पर गहरे भूरे

रंग के होते हैं जो आँख की संरचना बनाते है। इसके प्रकोप से पौधा कमजोर हो जाता है तथा बढ़वार रूक जाती है। रोकथाम के लिए इण्डोफिल एम–45 के 2 ग्रा. अथवा कॉपर आक्सी–क्लोराइड के 2.5 ग्रा. प्रति लीटर पानी में घोल कर 2–3 छिड़काव 10–15 दिन के अन्तराल पर करना चाहिए।

बन्चीटाप : यह विषाणु जनित रोग होता है जो माहूँ (*Pentalonia nigroner* Voso) द्वारा फैलता है। रोगी पौधों की पत्तियाँ छोटी होकर गुच्छे का रूप धारण कर लेती है एवं पौधों की वृद्धि रूक जाती है तथा फलत नहीं होता है। रोकथाम हेतु प्रभावित पौधों को उखाड़कर जला देना चाहिए। अगली फसल के रोपण हेतु रोग प्रभावित बाग से पुत्तियाँ नहीं लेना चाहिए। माहू के नियंत्रण के लिए दैहिक रसायन जैसे– डाईमेथियोटा 1 मि.ली. प्रति लीटर पानी में अथवा 1/2 मि.ली. इमिडाक्लोरप्रिड प्रति लीटर पानी के घोल छिड़काव करना चाहिए।

दैहिक व्याधि प्रबन्ध : केले के फसल में अंगुलिकाओं के फटने के अतिरिक्त कोई विशेष दैहिक व्याधि नहीं लगती है। खड़ी फसल में बोरान के प्रयोग या पर्णीय छिड़काव द्वारा इसे नियंत्रित किया जा सकता है। सूर्य के विकिरण के द्वारा केले की घौंद को नुकसान होता है अतः उसे टाट से ढ़कने से अच्छे फल तैयार होते हैं।

पुष्पन एवं फलन

केले की अधिकतर किस्में ट्रिपलोयड (Triploid) होती हैं और उनमें फल पारथेनोकारपी (Parthenocarpy) द्वारा लगते हैं जो बीज रहित होते हैं अतः इसमें परागण की आवश्यकता नहीं पड़ती। केले के पौधों में 8–10 महीने बाद फूल आना प्रारंभ होता है और अगले 3–4 महीने बाद फल का विकास और परिपक्वता होती है। केला में फल विकास इनफीरियर ओवरी द्वारा होता है। अतः फल के नीचे फूल के कुछ हिस्से लगे रहते हैं। घौद के अन्त समय बाद गुच्छों को फल लगने के कुछ समय बाद काट देने से फलों का विकास अच्छा होता है।

परिपक्वता एवं फल तोड़ाई

केले का फल एक क्लाइमेक्टेरिक फल है जो पूर्ण परिपक्व अवस्था में तोड़ाई करने के बाद पकता है अतः जब फलों के कोने बराबर हो जाय और फल गोलाई लेने लगे तब घौद काट लेना चाहिए। ऐसी घौदों को किसी बन्द कमरे में रखने से 4–5 दिनों में वे पककर तैयार हो जाते हैं। सब्जी के लिए केलों को पूर्ण विकसित अवस्था में तोड़ा जाता है।

उपज

एक हेक्टेयर बाग से 60–70 टन उपज प्राप्त की जा सकती है जिससे शुद्ध आय 60–70 हजार तक मिल सकती है।

तोड़ाई उपरान्त फल प्रबन्ध

ताजे कटे केले के घौदों को एक स्थान से दूसरे स्थान तक कच्ची अवस्था में ही ट्रकों में भरकर ले जाया जाता है। घौदों के ऊपरी 3–5 हत्थों जिनमें अच्छी गुणवत्ता के फल होते हैं ज्यादा दाम पर बेचा जा सकता हैं। फलों के आकार एवं गुणवत्ता के अनुसार ही आमदनी प्राप्त की जा सकती है।

परिरक्षण एवं मूल्य सम्बर्धन

केले से अनेक प्रकार के परिरक्षित पदार्थ जैसे–चिप्स, जैम, पेय आदि बनाए जा सकते हैं। केले के तनों के भीतरी भाग को सब्जी के रूप में प्रयोग कर सकते हैं। सब्जी वाले प्रजातियों से अनेक प्रकार के खाद्य सामग्री तैयार की जा सकती है।

3. पपीता (Papaya)

पपीता जिसका वैज्ञानिक नाम कैरिका पपाया लिन. (*Carica papaya* L.) है जो कैरोकेसी (*Caricaceae*) का एक महत्वपूर्ण सदस्य है। यह उष्ण एवं उपोष्ण कटिबंधीय (Tropical and Sub-tropical) क्षेत्रों का प्रमुख फल है जिसे संसार के लगभग सभी क्षेत्रों में ताजे फल के रूप में खाया जाता है। पपीता की उत्पत्ति 'उत्तरी अमेरिका' में हुई है, तथा भारत में इसे 'सोलहवीं' सदी में लाया गया है। वर्तमान में इसकी खेती लगभग सभी प्रकार की जलवायु वाले देशों जैसे–आस्ट्रेलिया, हवाई, ताइवान, पेरू, फ्लोरिडा, टेक्सास, कैलीफोर्निया, गोल्ड कोस्ट, मध्य एवं दक्षिण अफ्रीका के बहुत सारे भाग, पाकिस्तान, बंग्लादेश एवं भारत में की जाती हैं। भारतवर्ष में पपीता की खेती हिमालय की तलहटी से प्रारम्भ होकर दक्षिण के राज्यों तक की जाती है। छोटानागपुर के पठारी क्षेत्रों के जंगलों तथा पूर्वी भारत के गर्म एवं नम स्थानों पर पपीता की अधिक जैव विविधता पायी जाती है।

पपीते का उपयोग ताजे पके फल के साथ–साथ जैम, पेय पदार्थ, आइसक्रीम एवं सीरप इत्यादि बनाने में भी किया जाता है। इसके बीज भी औषधीय गुणों के लिए महत्वपूर्ण है। कच्चे फल सब्जी के रूप में उपयोग किए जाते हैं। जावा द्वीप में पपीते के 'अपरिपक्व पत्ते' भी सब्जी के रूप में प्रयोग किये जाते है। पपीते के

अधपके फलों के सूखे लेटेक्स (सफेद तरल पदार्थ) से पपेन तैयार किया जाता हैं। यह एक प्रोटियो लिटिक एन्जाइम (पाचक एन्जाइम) है जो पेप्सिन की तरह कार्य करता है। इसका प्रयोग माँस को मुलायम करने, च्यूंगिगम (Chewing gum) तथा सौन्दर्य प्रसाधन बनाने में किया जाता है। इसे पाचकीय औषधि के रूप में काम में लाया जाता है। पपीता के परिपक्व फल में 0.5% प्रोटीन 9.5% वसा 0.4% लौह तत्व, 2020 आई यू प्रति 100 ग्रा. विटामिन ए. 250 मि.ग्रा. प्रति 100 ग्रा., राइबोफ्लेबिन तथा अन्य खनिज प्रदार्थ व विटामिन पाये जाते है।

भूमि एवं जलवायु

पपीते की खेती के लिए दोमट मिट्टी जिसमें कार्बनिक पदार्थ की मात्रा अधिक हो, बनावट एक समान (Uniform texture) हो तथा गहराई लगभग 1.8 मी. हो सबसे उत्तम पायी गयी है। जलोढ़ (एल्यूवियल) मिट्टी व नदियों के किनारे की मिट्टी भी पपीते की खेती के लिए अच्छी समझी जाती है। दक्षिणी भारत में इसको काली मिट्टी में भी उगाया जाता है। पपीते के लिए मिट्टी में जल निकास की उचित व्यवस्था होना अत्यन्त आवश्यक है क्योंकि जल भराव की दशा में तना विगलन से पौधे मर सकते हैं। उष्ण कटिबंधीय जलवायु पपीते के पौधो के लिए लाभदायक है यह बहुत हद तक गर्मी सहन कर सकता है लेकिन निम्न तापमान पौधो के विकास एवं फलों की बढ़ोत्तरी तथा पकने की क्षमता को कम कर देता है। पाला पड़ने से पपीते की फसल अधिक प्रभावित होती है अतः पाला प्रभावित क्षेत्रो में इसकी खेती नहीं करनी चाहिए।

उन्नत किस्में

पपीते की अनेक किस्में हैं जिनमें से कुछ का विवरण इस प्रकार है।

वाशिंगटन : पपीता की इस किस्म का फल गोल से अण्डाकार होते हैं। इनका आकार मध्यम से बड़ा होता है जो लगभग 20 सेंमी. लम्बा और 40 सेंमी. चौड़ा गोलाकार होता है फल का औसत वजन 1 किलो तक हो सकता है।

हनीड्यू : यह किस्म उत्तरी भारत में काफी प्रचलित है। इसके एक वृक्ष में फलों की संख्या काफी अधिक तथा बीजों की संख्या काफी कम होती है। इस किस्म के फल अत्यधिक स्वादिष्ट होते हैं।

कुर्ग हनीडयू : यह एक उभयलिंगी प्रजाति है जो कर्नाटक के कुर्ग क्षेत्र से विकसित की गयी है। इसके फल गोल तथा प्रति पेड़ फलो की संख्या अधिक होती है। अच्छी गुणवत्ता के कारण यह एक लोकप्रिय किस्म मानी जाती हैं।

सूर्या : भारतीय बागवानी अनुसंधान संस्थान, बंगलौर से विकसित इस डायोसियस किस्म के फल छोटे परन्तु प्रति पेड़ उत्पादन क्षमता अधिक होती है। गूदे का रंग लाल तथा बनावट कढोर होने के कारण बाजार में अधिक माँग है। यह दक्षिण भारत के लिए एक उपयुक्त किस्म है जिसे सघन बागवानी में लगाया जा सकता है।

सी0 ओ0–1 : यह तमिलनाडु कृषि विश्वविद्यालय, कोयम्बटतूर से विकसित किस्म है जिसके फल गोल अथवा अण्डाकार होते हैं। फल पकने पर इसका रंग सुनहरा पीला हो जाता हैं तथा गूदे का रंग नांरगी रंग का हो जाता है।

सी0 ओ0–2 : यह किस्म भी तमिलनाडु के पेरियाकुलम फल अनुसंधान केन्द्र द्वारा स्थानीय किस्मों के जनद्रव्य से चुनी गयी है। इसके पौधों की उँचाई मध्यम से लम्बी हो सकती है। यह फल तथा पपेन उत्पादन के लिए उपयुक्त किस्म है।

सी0 ओ0–3 : यह एक संकर प्रजाति है जो सी. ओ.–2 **X** सनराइज सोलो के संकरण (क्रासिंग) द्वारा तैयार की गई है। यह एक गायनोडायोसियस किस्म है जिसके पौधे लम्बे तथा स्वस्थ होते है।

सी0 ओ0–4 : यह भी एक संकर प्रजाति है जो सी. ओ.–1 **X** वाशिंगटन के संकरण (क्रासिंग) द्वारा तैयार की गई है इसके पौधे डायोसियस, तने बैंगनी चित्तेदार, फल बड़े एवं मोटे गूदे वाले होते हैं। इसे काफी दिनो तक भण्डारित किया जा सकता हैं।

पंत पपीता–1 : यह किस्म जी.बी. पंत कृषि एवं प्रौद्योगिकी विश्वविद्यालय, पंत नगर द्वारा विकसित की गयी है। यह एक बौनी प्रजाति हैं। जिसके फल गोलाकार, मध्यम आकार एवं चिकनी त्वचा वाले होते हैं। इस किस्म में फल जमीन से 40–45 सेंमी. की उँचाई से ही लगना प्रारम्भ कर देते हैं। फलों का औसत वजन 1.0 से 1.5 कि.ग्रा. तक होता है तथा उपज 40–45 फल प्रति पौधे होते है। यह प्रजाति पपीते के सधन बागवानी के लिए उपयुक्त है।

पंत पपीता–2 : यह भी पंतनगर द्वारा विकसित की गई प्रजाति है। इसके पौधे मध्यम उँचाई के होते हैं। इसके पौधो में फल 50–60 सेंमी. की ऊँचाई पर लगते हैं। फल लम्बे आकार के होते हैं तथा उनका औसत वजन 1.5 कि.ग्रा. होता है। प्रति पौधा फलों की संख्या 30–35 तक हो सकती है।

पूसा डेलीशियस : उभयलिंगी फूलों वाली इस किस्म के फल लम्बे, वजन लगभग 1–1.5 कि.ग्रा. तथा उत्पादन अधिक होता है। गूदे का रंग गहरा लाल या नारंगी तथा स्वाद बहुत अच्छा होता है।

पूसा मेजिस्टी : यह एक उभयलिंगी फूलों (गायनोडायोसियस) वाली किस्म है जिसे आई.ए.आर.आई. के क्षेत्रीय केन्द्र, पूसा, समस्तीपुर से विकसित किया गया है। इसके फल मध्यम एवं लम्बोतरे होते है। जिसे लम्बे समय तक भण्डारित करके रखा जा सकता है। पौधों में जीवाणु जनित रोग रोधी तथा सूत्र कृमि रोधी क्षमता होती है।

पूसा जायन्ट : यह एक डायोसियस प्रजाति है। तथा पौधों में फल 1 मीटर की ऊँचाई पर लगते हैं। फलों का आकार बड़ा एवं गोलाकार होता है।

पूसा ड्वार्फ : यह भी एक डायोसियस किस्म है परन्तु अधिक उत्पादन क्षमता के कारण यह एक व्यवसायिक किस्म मानी गयी है। पौधों का आकार छोटा होता है और उसमें लगभग 25 से 30 सेंमी. की ऊँचाई पर फल लगने शुरू हो जाते हैं। फल अण्डाकार, लगभग 1–2 कि.ग्रा. के होते हैं। यह प्रजाति सघन बागवानी, पोषक वाटिका तथा गृह वाटिका के लिए उपयुक्त है।

पूसा नन्हा : यह प्रजाति अत्यन्त बौनी होती है जिसे पूसा डवार्फ से म्यूरटेशन द्वारा चयनित व विकसित किया गया है।

उपरोक्त अतिरिक्त पपीते की अनेक संकर किस्में (रेड लेडी, फिलीपाइन्स, सोलो, सनराइज सोलो आदि) विकसित की गयी है। जिनका व्यवसायिक उत्पादन किया जा रहा है।

प्रसारण तकनीक

पपीते का प्रसारण बहुधा बीज के द्वारा किया जाता है। यह एक पर परागित (क्रास–पालीनेटेड) फसल है। अतः इसका बीज उत्पादन सावधानीपूर्वक करना चाहिए। जिसमे गुणवत्ता बनी रहे। पपीते में अनेक प्रकार के लिंग भेद है अतएव हर प्रकार के प्रजाति का बीज उत्पादन अलग–अलग प्रकार से करने पर मिश्रण की सम्भावना कम होती है। बीज उत्पादन हमेशा पके हुए किस्म के अनुरूप फलों से करना चाहिए। बीज के ऊपर की झिली (Sarcotesta) को हटा कर बीज को छाया में सुखाने से जमाव अच्छा होता है।

बीज से नर्सरी तैयार करना : एक हेक्टेयर में पौधा लगाने के लिए 500 ग्रा. बीज की आवश्यकता होती है। मध्य जून से अक्टूबर के अंत तक नर्सरी तैयार करने का सही समय होता है। बीज में अंकुरण 15–20 दिनों में शुरू हो जाता है और 45–60 दिन पुराने पौधे रोपाई के लिए उपयुक्त होते है। बीज बोने से पूर्व क्यारी को खास तौर पर तैयार करना चाहिए और क्यारी की मिट्टी को हल्का करने के बाद ही बीज बोया जाना चाहिए। क्यारी में नमी की भरपूर मात्रा होनी चाहिए और उसे खरपतवार से ढ़ककर रखना चाहिए जिससे की मृदा की नमी बनी रहे। जब पौधे 8–10 सेंमी. के हो जाए तो उन्हें उखाड़कर एक दूसरे से 15 सेंमी. की दूरी पर अलग क्यारी में लगाया जा सकता है।

क्यारी विधि में पौधा तैयार करने के लिए पपीता के पौधे पॉलीथीन की थैलियों तथा पौधशाला की क्यारियों में तैयार किए जा सकते हैं। 12X8 सेंमी. आकार की 200 गेज मोटी काली या सफेद थैलियों को मिट्टी, खाद, बालू के बराबर अनुपात के मिश्रण से भर कर पौधे तैयार करना अच्छा होता है। एक थैली में डायोसियस किस्म के 3 बीज तथा गाइनोडायोसियस किस्म के एक बीज बोकर पौधे तैयार करते हैं। बीजों को 1–1.5 सेंमी. गहराई में बोकर ऊपर से वर्मी कम्पोस्ट डाल दे और नियमित नमीं बनाये रखें। आवश्यकतानुसार सिंचाई करते रहने से पौधशाला में पौधों का विकास अच्छा होता है। जब ये पौधे 20 सेंमी. के हो जाए तो इन्हें निश्चित स्थान पर लगाया जाना चाहिए। डायोसियस किस्म के पौध लगाते समय एक स्थान पर 3 पौधो को लगाना चाहिए। पालीथीन में पौधा तैयार करने से पपीते के बाग स्थापना में काफी सहूलियत रहती है।

बाग स्थापना

पपीते का बाग लगाने के लिए 2X2 या 2.5X2.5 मी. की दूरी पर वर्गाकार विधि में रेखांकन करके जनवरी–फरवरी में गडढा तैयार करने से मार्च–अप्रैल में पौधे रोपण किया जा सकता है। गडढे का आकार 45X45X45 सेंमी. अथवा 60X60X60 सेंमी. रखने तथा उसे खाद एवं उर्वरक के मिश्रण से भरने पर बाग स्थापना अच्छा होता है। एक गड्ढ़े में 5 कि.ग्रा. गोबर की खाद के साथ 100 ग्रा. नत्रजन, 200 ग्रा. फॉस्फोरस एवं 100 ग्रा. पोटाश गडढा भरते समय ही दें। पौधा लगाने का उचित समय मार्च–अप्रैल (ज्यादा वर्षा वाले क्षेत्रों में) होता है। मार्च से अप्रैल में पौधा लगाने से ये जुलाई–अगस्त तक पूर्ण स्थापित हो जाते हैं और सितम्बर–दिसम्बर तक फल पैदा करते हैं जो फरवरी–मार्च में पक जाते हैं। नर पौधे एक पोलिनेटर के रूप में कार्य करते हैं इस लिए डायोसियस प्रजातियों में

प्रत्येक 20 मादा पौधों के साथ एक नर पौधे (5–10%) को लगाया जा सकता है। गायनोडायोसियस किस्मों में नर पौधों की जरूरत नहीं पड़ती परन्तु अच्छे फलन के लिए कुछ नर पौधों को बार्डर की पंक्ति पर लगाया जा सकता है।

संधाई एवं काट–छाँट

पपीते का पौधा एक तने वाला शाकीय पौधा होता है। अतः इसमें संधाई तथा काट–छाँट की आवश्यकता नहीं पड़ती। परन्तु एक लिंगी प्रजातियों के बगीचों में जहाँ एक स्थान पर एक से अधिक पौधे लगाये जाते हैं, में फूल आने के पश्चात् केवल 10% नर पौधों को छोड़ कर शेष को हटा दिया जाता है। इस प्रकार एक स्थान पर एक नर अथवा एक मादा पौधे को ही रखा जाता है।

बाग प्रबन्ध

पपीते का पौधा एक वर्ष में फल देने वाला होता है अतः उसमें विशेष बाग प्रबन्ध की आवश्यकता होती है।

जल प्रबन्ध : नमी की कमी और अधिकता के कारण पपीते में फल उत्पादन प्रभावित हो जाता है, इसलिए जाड़े के दिनों में 15 दिन के अंतराल पर तथा गर्मी के दिन में 7–10 दिन के अंतराल पर सिंचाई करनी चाहिए। जब पेड़ फल से लदा हो तो उस समय सिंचाई करना अति आवश्यक है। थालों में घास–फूस की पलवार बिछाने तथा बूँद–बूँद सिचाई व्यवस्था द्वारा जल प्रबन्ध करने से पपीते में अच्छा उत्पादन मिलता है।

पोषण प्रबन्ध : पौध रोपण के 4–5 महीने के बाद प्रति पौधा उर्वरक देना उचित रहता है। प्रत्येक पौधे को 150–200 ग्रा. नत्रजन, 200–250 ग्रा. फास्फोरस तथा 100–150 ग्रा. पोटाश को 2–3 खुराक में पौधा लगाने के पहले, फूल आते समय तथा फल लगने के समय दे देते हैं तब पौधों का विकास एवं पैदावार अच्छा होता है।

बाग सतह प्रबन्ध : पपीते की जड़ें ऊपर सतह में फैली रहती है अतः इसके बाग में खरपतवार नियंत्रण बहुत जरूरी होता है। समय समय पर खरपतवार को हटा देना चाहिए ऐसा नहीं करने से पौधा कमजोर हो जाता है और फल उत्पादकता घट सकती है। प्रथम वर्ष गहरी जुताई बहुत जरूरी है क्योंकि खरपतवार ज्यादा होने से पानी खेत में जमा हो जाता है और पौधे मर जाते हैं। वर्षा शुरू होने के पहले प्रत्येक पेड़ पर 30 सेंमी. व्यास से मिट्टी चढ़ा देना चाहिए जिससे पेड़ सीधा रहे और हवा से न गिरे।

कीट एवं रोग प्रबन्ध : पपीता में कोई कीड़ा नहीं लगता परन्तु अधिक संख्या में नये पौधे कालर राट, पपीता रिंग स्पाट वायरस जैसी समस्याएं/बीमारियाँ पौधों को प्रभावित करती है और उत्पादन कम कर देती है।

तना विगलन (कालर राट) : कालर राट के प्रकोप से पौधे जमीन की सतह से ठीक ऊपर गल कर गिर जाते हैं। इसके नियंत्रण के लिए पौधशाला से पौधों को रिडोमिल (2 ग्रा./ली.) में दवा का छिड़काव करें, खेत में जलभराव न होने दें और जरूरत पड़ने पर खेत में लगे पौधों में भी रिडोमिल (2 ग्रा./ली.) के घोल से जड़ सिंचन करें।

पपीता मोजैक या रिंग स्पाट वायरस : यह एक ज्वलन्त समस्या है जो पूरे पौधे तथा फसल को प्रभावित कर देती है यह बीमारी एफिड द्वारा फैलाई जाती है। इस बीमारी से ग्रसित पौधे की पत्तियां छोटी तथा चितकबरी हो जाती है। इस बीमारी के धब्बे फलों पर भी दिखाई देते हैं और फल आकार विहीन हो जाते हैं और समान रूप से नहीं होते। यह बीज जनित रोग बताया जाता है लेकिन एफिड वेक्टर इसे एक पौधे से दूसरे पौधे में फैलाता है। नतीजन एफिड नियंत्रण के लिए इमिडाक्लोरप्रिड 1 मि.ली./ली. या अन्य कीट नाशी का प्रयोग कर सकते है। पपीते के खेत के चारों तरफ केला लगाने, पौधों को प्रारम्भिक अवस्था में अच्छा पोषण देने तथा बाग की साफ सफाई रखने से कम से कम एक फसल वायरस मुक्त हो सकती है। फसल चक्र अपनाये तथा एक स्थान पर एक बार ही पपीते की फसल लगाये। फसल अवशेषों को नष्ट करके भी बीमारी के वायरस को कम कर सकते हैं।

दैहिक व्याधि प्रबन्ध : पपीते के पौधों मे फलो का झड़ना फलों का अनियमि आकार का होना, फलों के अन्दर प्लेसेन्टा (Placenta) का मोटा होना जैसे दैहिक विकार आते हैं जिनका मुख्य सम्बन्ध परागण एवं निषेचन प्रक्रिया से जुड़ा होता है। अतः सुचारू रुप रो परागण एवं बाग प्रबन्ध के तरीके अपना कर इससे छुटकारा पाया जा सकता है।

पुष्पन एवं फलन

फूल निकलने की दृष्टि से पपीता एक अदभुत पौधा है। इसमें नर, मादा एवं उभय लिंगी पौधों के अलावा लगभग 8 प्रकार के लिंग भेद (Sex forms) पाये जाते हैं

पपीते में लिंग भेद

पपीता एक पॉलीगैमस (Polygamous) पौधा है जिसमें मुख्य रूप से 3 प्रकार के लिंग पाये जाते हैं।

1. नर पुष्प (Staminate)– ये स्थिर नहीं रहते और जलवायु के अनुसार परिवर्तित होते रहते हैं।
2. उभयलिंगी पुष्प (Bisexual)– ये भी जलवायु के अनुसार परिवर्तित होते रहते हैं।
3. मादा पुष्प (Pistillate)– ये स्थिर रहते है।

जलवायु परिवर्तित होने के फलस्वरूप होने वाले लिंग तथा फूलों में परिवर्तन के आधार पर पपीते में लगभग 8 प्रकार के लिंग भेद होते हैं।

1. स्टेमिनेट – नर पौधों पर लगते हैं।
2. टेट्रालोजिक स्टेमिनेट – लिंग परिवर्तित नर पौधों पर लगते हैं।
3. रेडयूसड इलांगेटा– उभयलिंगी पौधों पर लगते हैं।
4. इलांगेटा–उभयलिंगी पौधों पर लगते हैं।
5. कारपेलायेड इलांगेटा –उभयलिंगी पौधों पर लगते हैं।
6. पेन्टैन्डिया– उभयलिंगी पौधों पर लगते हैं।
7. कारपेलोयड पेन्टैन्डिया– उभयलिंगी पौधों पर लगते हैं।
8. पिस्टलेट – मादा पौधों पर लगते हैं।

परिपक्वता एवं फल तोड़ाई

पपीता के परिपक्व फल, एक दिन के अंतराल पर पक जाते हैं तथा उसके छिलके का रंग हरे से पीले में परिवर्तत हो जाते हैं। जब फल का तरल पदार्थ (लेटेक्स) पानी की तरह हो जाए तो समझ लेना चाहिए कि फल तैयार हो गया है। 12–14 महीने के अन्दर फल की पहली तुड़ाई हो जाती है। उत्तरी भारत में फल बसंत ऋतु एवं गर्मी में तैयार हो जाता है। पहाड़ी क्षेत्रों में फरवरी से मई के महीनों में फल तैयार होते है।

उपज

पपीते के पौधों से पहले दो वर्ष, अधिक उपज प्राप्त होती है। यदि पौधा वायरस से ग्रसित हो जाता है तो एक फसल ही लेनी चाहिए। प्रत्येक पेड़ में

30–50 फल लगते हैं जिससे प्रतिवृक्ष 70–80 कि.ग्रा. फल एवं प्रति हैक्टेयर 20–25 टन फल पैदा होता है। विदेशों में 30–50 टन प्रति हैक्टेयर की पैदावार प्राप्त होती है। अच्छे बाग प्रबन्ध एवं किस्मों के चुनाव से भारत वर्ष में भी पपीते की पैदावार बढ़ाई जा सकती हैं यदि पूसा नन्हा किस्म को 1.25X1.25 मी. की दूरी पर लगाये तो इससे 60–65 टन प्रति हैक्टेयर उपज प्राप्त की जा सकती है।

तोड़ाई उपरान्त फल प्रबन्ध

पपीते के फल को एक सतही कार्टून बक्से में पैक किया जाता है। जिसके अन्तर्गत दो फलों के बीच पैकेजिंग मेटेरियल को रखकर पैक किया जाता है। फलों के पकने तथा स्टोरेज (भण्डारण) के लिए लगभग 20° सेंन्टीग्रेड तापमान उपयुक्त होता है।

परिरक्षण एवं मूल्य सम्वर्धन

पपीते से जैम, कैन्डी, टाफी, शर्बत तथा अनेक पेय पदार्थ बनाये जा सकते हैं। वैसे तो इसे ताजे रूप में ही प्रसन्द किया जाता है परन्तु परिरक्षित पदार्थ बनाने के लिए छोटे तथा टेड़े–मेढ़े फलों का उपयोग करके उसमें मूल्य सम्वर्धन किया जा सकता है।

पपीते से पपेन उत्पादन

अपरिपक्व पपीते में दूधिया तरल पदार्थ पाया जाता है जिसके सूखे स्वरूप को पपेन कहा जाता है। औद्योगिक क्षेत्र में इसकी काफी महत्ता है जैसे– औषधीय मिल एवं टेनिन उद्योग में। इसका उपयोग क्रीम, दन्तमंजन, सिल्क तथा रेऑन के कपड़ों को डिगमिंग करने में होता है। आमाशय तथा आंत के कैंसर को पता लगाने में भी पपेन का उपयोग होता है। यह डिपथेरिया के इलाज में भी सहायक होता है। पपेन उत्पादन विभिन्न कारकों द्वारा प्रभावित होता है। जो इस प्रकार है–

1. फल का आकार

पपेन निकालने में फल का आकार एक महत्वपूर्ण भूमिका अदा करता है। यह पाया गया है कि अण्डाकार फलों में पपेन की मात्रा अधिक होती है। 14.3 सेंमी. लम्बे तथा 10.9 सेंमी. चौड़े फल में पपेन की सबसे अधिक मात्रा पायी गयी है।

2. फलों की परिपक्वता

अधपके परन्तु पूर्ण रूप से तैयार फल में अत्यधिक पपेन की मात्रा होती है। ढाई महीने या 75 दिन पुराने फल में पपेन की मात्रा अधिक पायी जाती है।

3. मौसम

तरल पदार्थ (लेटेक्स) का प्रवाह न्यूनतम तापमान (10° सेंन्टीग्रेड) में अधिक होता है। जबकि केन्द्रीय खाद्य तकनीक अनुसंधान संस्थान (मैसूर) के एक रिपोर्ट के अनुसार पपेन की मात्रा अक्टूबर महीने में अधिक पायी जाती है।

4. प्रजाति

पपेन की मात्रा पपीते की प्रजाति पर भी निर्भर करती है। सी.ओ.–2 नामक पपीते की प्रजाति में 100–120 कि.ग्रा. पपेन प्रति एकड़ पाया जाता है। 6 महीने के अतंराल में सी.ओ.–2 प्रजाति द्वारा लगभग 686.29 ग्रा. (700 ग्रा.) प्रति पौधे पपेन निकाला जाता है।

5. इथरेल का प्रभाव

वैज्ञानिकों ने पाया है कि पपीते की कुछ प्रजातियों पर 200 पीपीएम इथरेल का छिड़काव, तरल पदार्थ (लेटेक्स) के प्रवाह को 172% तक बढ़ा देता है।

6. पपेन उत्सर्जन

पपीते के वैसे फल जो करीब 90–100 दिन पुराने हो (पूर्णतः परिपक्व परन्तु पके नहीं) को चुन लिया जाता है। सुबह के समय लगभग 10 बजे पपीते को काटकर इसके लेटेक्स को एक बर्तन में जमा कर लिया जाता है, जिसे धूप में (50–55° सेन्टीग्रेड) पर सुखाया जाता है। सुखाने से पहले पोटेशियम मेटाबाइसल्फेट (0.05%) लेटेक्स में मिलाया जाता है ताकि उसका भण्डारण अवधि बढ़ जाए। सूखे पपेन को चूर्ण बना कर उसे बर्तन में संरक्षित कर लिया जाता है।

पपेन की मात्रा (उपज)

एक पपीते का पेड़ 227 ग्रा. तक पपेन देता है। प्रति एकड़ 45.4 कि.ग्रा. पपेन का उत्पादन होता है।

4. अमरूद (Guava)

अमरूद जिसका वैज्ञानिक नाम सीडियम गुआजावा (*Psidium guajava*) है जो मैरिटेसी (Myrtaceae) कुल का एक प्रमुख सदस्य है। यह भारत वर्ष के उष्ण एवं उपोष्ण कटिबन्धीय क्षेत्रों का एक महत्वपूर्ण कल है। अमरूद मूलतः उत्तरी अमेरिका के मैक्सिको का देशज फल है परन्तु भारत वर्ष में लगभग 15–20 लाख हेक्टेयर की जाती है जिससे भूमि में इसकी खेती लगभग 2–3 लाख मेट्रिक टन उपज प्राप्त होती है। इसकी खेती देश के लगभग सभी प्रान्तों में की जाती है परन्तु

प्रमुख रूप से उत्तर प्रदेश के इलाहाबाद, लखनऊ, आगरा, बस्ती एवं फैजाबाद ; आन्ध्रप्रदेश के तेलंगाना क्षेत्र ; झारखण्ड के रांची एवं आस–पास के क्षेत्र ; उड़ीसा तथा बंगाल के कुछ हिस्सों में सफलतापूर्वक की जाती है। अमरूद का फल मुख्यतः ताजे रूप में खाया जाता है। परन्तु इससे अनेक परिरक्षित पदार्थ जैसे– स्क्वैश, नेक्टर, साइडर तथा सीरप बनाये जाते हैं। जूस निकालने के बाद इसके बचे हुए गूदे से बीज अलग करके टॉफी बनाने के लिए भी प्रयोग किया जाता है। अमरूद के फलों में विटामिन 'सी', लौह एवं अन्य खनिज तत्व प्रचुर मात्रा में पाये जाते हैं।

भूमि एवं जलवायु

अमरूद की सफल खेती के लिए उचित जल निकासयुक्त बलुई–दोमट मिट्‌टी अत्यधिक उपयुक्त पायी गई है। साधारणतः अमरूद के लिए 7–8 पी.एच. मान वाली मिट्‌टी उपयुक्त होती है। परन्तु नदी के कछार तथा पठारी क्षेत्रों की उपरवार मिट्‌टी जिसका पी.एच. मान सामान्य या उससे थोड़ा कम भी होता है अमरूद की खेती के लिए उपयुक्त पाया जाता है।

यह एक उष्ण–उपोष्ण कटिबन्धीय फल वृक्ष है। जो कम आर्द्रता वाले क्षेत्रों में भी सफलतापूर्वक उगाया जा सकता है। उपोष्ण जलवायु में अमरूद के फल साल में 2–3 बार आते हैं और लम्बे समय तक उपलब्ध रहते हैं। परन्तु मृग बहार के फल जो शरद ऋतु में पककर तैयार होते हैं सबसे अच्छे माने जाते हैं। उष्ण जलवायु में अमरूद के पौधों में फूल मध्य मार्च से आने प्रारम्भ हो जाते हैं। जो रूक–रूक कर सितम्बर तक आते रहते हैं एवं इसके फल अगस्त के मध्य से मार्च के अन्त तक प्राप्त होते रहते हैं। यदि नवम्बर से मार्च तक अमरूद में सिंचाई की जाये तो इसके उच्च गुणवत्ता के फल प्राप्त किये जा सकते हैं।

उन्नत किस्में

सरदार (लखनऊ–49) : इस किस्म के वृक्ष मध्य ऊँचाई एवं फैलाव वाले होते हैं। यह एक व्यवसायिक किस्म है जिसके फल अण्डाकार, हल्के हरे पीले तथा सर्दियों में चित्तीदार होते हैं। इसमें गूदा अधिक एवं बीज कठोर होता है। इसकी उत्पादन क्षमता ज्यादा होती है और यह विपरीत परिस्थिति में भी अच्छी उपज देती है।

इलाहाबाद सफेदा : इस किस्म के वृक्ष मध्यम आकार और अधिक फैलावदार होते हैं। फल का आकार गोल से चपटा गोल होता है जो पकने पर

हल्के पीले रंग का होता है। इस किस्म के फलों में बीज मुलायम तथा मिठास अधिक होता है। यह एक व्यवसायिक किस्म है जो इलाहाबाद के गंगा तटीय मैदान में बहुत प्रचलित है।

अर्कामृदुला : यह इलाहाबाद सफेदा के बीजू पौधे से चयनित किस्म हैं जो भारतीय बागवानी अनुसंधान, संस्थान बंगलौर द्वारा विकसित की गयी है। इसके वृक्ष छोटे, मध्यम आकार वाले एवं फैलावदार होते है। इस किस्म के फल गोल एवं चपटे आकार के होते हैं जिसमें बीज कम एवं मुलायम होता है। इसका गूदा अधिक मुलायम, मीठा एवं स्वादिष्ट होता है।

उपरोक्त किस्मों के अलावा देश के विभिन्न संस्थानों से अमरूद की अनेक किस्मों का विकास किया गया हैं। जिसमें उपोष्ण बागवानी अनुसंधान संस्थान, लखनऊ की ललित एवं श्वेता, भारतीय बागवानी अनुसंधान संस्थान बंगलौर की अर्का अमूल्य, हिसार कृषि विश्वविद्यालय की हिसार सफेदा एवं हिसार सुर्खा, गोविन्द बल्लभ पन्त कृषि विश्वविद्यालय, नैनीताल की पन्त प्रभात तथा कृषि अनुसंधान संस्थान, इलाहाबाद की संगम आदि किस्में प्रमुख है। अमरूद के कुछ किस्मों का विवरण निम्न तालिका में दिया गया है।

तालिका : अमरूद की किस्मों का तुलनात्मक विवरण

किस्म	फल वजन ग्रा.	फल की लम्बाई (सेंमी.)	फल की चौड़ाई (सेंमी.)	कुल घुलन शील ठोस (बिक्स)	अलता (%)	विटामिन 'सी' (मि.ग्रा.) 100 ग्रा.	बीज का गुण
लखनऊ 49	235	6.2	6.7	9.5	0.77	150.6	कठोर
इलाहाबाद सफेदा	210	5.0	5.9	11.6	0.98	120.4	मुलायम
अर्कामृदुला	225	5.7	6.0	11.9	0.91	115.8	अति मुलायम
चित्तीदार	285	6.2	7.0	10.5	0.70	149.2	कठोर
एपल कलर	155	5.2	5.9	8.2	0.91	10.0	कठोर
बनारसी	170	5.6	5.0	10.0	0.84	110.5	मुलायम
संगम	145	4.2	4.5	9.2	0.98	100.6	कठोर
बेहद कोकोनट	210	4.2	6.2	11.2	0.84	120.0	कठोर
पियर शेप्ड	175	4.4	5.0	9.0	0.91	115.0	कठोर
मुस्तफापुर	145	5.4	5.9	9.0	0.98	150.0	कठोर

प्रसारण तकनीक

अमरूद के पौधे बीज एवं वनस्पतिक विधि से तैयार किये जा सकते हैं परन्तु व्यावसायिक खेती के लिए वनस्पतिक विधि से ही पौधे तैयार किये जाने चाहिए। इस विधि से तैयार पौधों में फलन जल्दी होता है और किस्म की सत्यरूपता बनी रहती है। वनस्पतिक विधियों में गूटी (एयर लेयरिंग) स्टूल दाब (स्टूल लेयरिंग) पैबन्द चश्मा बाँधना (पैच बडिंग) तथा शीर्ष कलम बन्धन (वेज/टॉप ग्राफ्टिंग) प्रमुख है।

गूटी : गूटी तैयार करने के लिए जून–जुलाई के महीने में चुनी हुई डाली पर शीर्ष से 40–50 सेंमी. पहले किसी गाँठ के नीचे 2 सेंमी. की छाल उतार कर छल्ला बनाते है। छल्ले के ऊपरी सिरे पर 1000 पीपीएम, आई.बी.ए. का लेप लगाकर छल्ले के ऊपर नम मॉस लपटेकर सुतली से कसकर बाँध देते हैं। गूटी बाँधने के करीब 2 माह के अन्दर जड़े निकल आती है। अतः इस समय गूटी वाली डाली को मुख्य पौधे से अलग कर लेते हैं और उसकी लगभग आधी पत्ती और जड़ों के ऊपर की पालीथीन हटाकर रूट ट्रेनर अथवा पालीथीन की थैलियों या पौधशाला की क्यारियों में आशिंक छायादार स्थान पर लगा दिया जाता है। मॉस घास के स्थान पर तालाब की मिट्टी (40 कि.ग्रा.) पटसन के बोरे का सड़ा हुआ टुकड़ा (10 कि.ग्रा.) तथा करंज की खली (2 कि.ग्रा.) के सड़े मिश्रण का भी प्रयोग कर सकते है।

स्टूल लेयरिंग : स्टूल लेयरिंग करने के लिए गूटी द्वारा तैयार पौधों को 2X2 मी. की दूरी पर नर्सरी में लगाते हैं। जब पौधा एक से दो वर्ष पुराना हो जाये तो उसे मार्च–अप्रैल महीने में जमीन से 10–15 सेमी. की ऊँचाई पर काट देते हैं। पौधे के ठूँठ पर मौजूद सुसुप्त कलियों से अनेक कल्ले निकलते हैं। इन कल्लों पर जमीन से 5–6 सेंमी. की ऊँचाई पर गूटी की भांति ही छल्ला बनाकर 1000 पीपीएम, आई.बी.ए. पेस्ट लगाते हैं। तत्पश्चात् गोबर की सड़ी खाद तथा मिट्टी को अच्छी तरह मिलाकर छल्ले को ठक देते हैं। पौधे की आवश्यकतानुसार समय–समय पर सिंचाई करते रहते हैं। स्टूल लेयरिंग में 2 माह के अन्दर जड़ें निकल आती हैं जिनको मुख्य पौधे से अलग करके छायादार स्थान पर लगा दिया जाता है। स्टूलिंग करते समय एक 'नर्स–शूट' (बिना छल्ला की हुई डाली) छोड़ देते है जो पौधे को भोजन देता रहता है।

पैच बडिंग : पैच बडिंग द्वारा पौधा तैयार करने के लिए एक साल पुराने बीजू पौधों को मूलवृन्त के रूप में प्रयोग किया जाता है। जून–जुलाई तथा फरवरी–मार्च का महीना अमरूद में पैच–बडिंग के लिए सबसे उपयुक्त पाया गया है।

टाप ग्राफ्टिंग : टाप या क्लेफ्ट या वेज ग्राफ्टिंग अमरूद के पौधों को तैयार करने का एक नया तरीका हैं जिसमें 8–10 माह पुराने बीजू पौधों को मूलवृन्त के रूप में प्रयोग किया जाता है। अर्ध कठोर डाली को सांकुर शाख के रूप में प्रयुक्त किया जाता है जिसे लगभग 5–7 दिन पहले पेड़ पर ही पत्ररहित (डिफोलिएट) कर दिया जाता है। ग्राफ्टिंग के लिए मूलवृन्त को 15–20 सेंमी. ऊँचाई पर काट देते है और उसके बीचों–बीच सीधा चीरा लगा देते हैं। सांकुर डाली के निचले भाग में दोनों तरफ से कलम बनाते हैं और उस मूलवृन्त के चीरे में घुसाकर 100 गेज की पालीथीन की पट्टी से कसकर बाँध देते है। सांकुर डाली की लम्बाई 10–15 सेंमी. रखते हैं। ग्राफ्टिंग के बाद सांकुर डाली को पॉलीथीन की नली से ढ़क देते हैं। जिससे उसमें फुटाव जल्दी आता है।

बाग स्थापना

बाग स्थापना से पहले खेत के चुनाव, उसकी साफ–सफाई एवं जुताई करके प्रारम्भिक तैयारी करने से बाग स्थापना सुगमता पूर्वक किया जा सकता है। अमरूद का पौधा अपेक्षाकृत कठोर प्रवृत्ति एवं छोटे कद का होता है अतः इसे 5X5 मी. की दूरी पर वर्गाकार विधि में लगाते हैं। यदि उच्च प्रबन्धन (Hitech Management) में अमरूद की खेती करनी हो तो इसे सघन बागवानी अथवा अति सघन बागवानी प्रणाली में भी इसकी खेती की जा सकती है। इस विधि में पौधों को 2X1 मी. की दूरी अथवा 5X2.5X2.5 मी. की दूरी पर (डबल हेज रो पद्धति) लगाया जा सकता है परन्तु इसकी अच्छी देखभाल एवं काट–छाँट की आवश्यकता पड़ती है। मध्यम–छोटे कद के पौधे होने के कारण अमरूद के पौधों को आम, लीची, आंवला और कटहल के बाग में पूरक पौधों के रूप में लगाया जा सकता है। पौधा लगाने के लिए जुलाई से सितम्बर का समय अत्यन्त उपयुक्त पाया गया है। जिन क्षेत्रों में सिंचाई की सुविधा उपलब्ध हो वहां फरवरी–मार्च में भी पौध रोपण किया जा सकता है। पौधा लगाने के एक माह पहले निर्धारित दूरी पर 60X60X60 सेंमी. आकर के गडढे तैयार कर लिया जाता है तथा गडढे को 15 दिन तक खुला छोड़ने के बाद गडढे के ऊपर की भुरपुरी मिट्टी में 15–20 कि.ग्रा. गोबर की सड़ी खाद, 1 कि.ग्रा. करंज/नीम की खली तथा 60 ग्रा. एन.पी.के. का मिश्रण मिलाकर गडढे को अच्छी तरह भर दिया जाता है। एक बरसात के बाद जब गडढे में मिट्टी

दब जाती है। तब जुलाई के महीने में पौधों को गड्ढे के बीचो–बीच में लगाया जाता है। पौधा लगाने के बाद उसके चारों किनारों की मिट्टी से अच्छी तरह दबा देते हैं और पौधे के चारों तरफ एक थाला बनाकर 10–15 ली. पानी दे देते हैं। बरसात न होने की दशा में पौधों को पूर्ण रूप से स्थापित होने तक 5–7 दिनों के अन्तराल पर पानी देते रहने से एक वर्ष में ही बाग स्थापित हो जाता है।

संधाई एवं काट–छाँट

अमरूद के पौधों में सुंदर एवं मजबूत ढाँचा देने के लिए 2–3 वर्ष तक कटाई–छँटाई की जाती है। ढाँचा देते समय यह ध्यान रखना चाहिए कि जमीन से 30–40 सेंमी. तक मुख्य तने पर कोई शाखा न हो। उसके बाद मुख्य तने से 3–4 शाखाओं को चारों तरफ समान रूप से निकलने देना चाहिए। तदोपरान्त् पौधे के आकार नियमित रखने एवं अच्छी पैदावार के लिए समय–समय पर आवश्यक काट–छाँट करते रहना चाहिए। चूँकि अमरूद का पौधा उसी मौसम की 30–45 दिन पुरानी शाखाओं पर फल देता है। अतः ऐसी शाखाओं के विकास के लिए पौधों की एक नियमबद्ध तरीके से काट–छाँट की जाती है। फलन तथा वनस्पतिक बढ़वार में संतुलन बनाये रखने के लिए तथा उपयुक्त बहार की फसल लेने के लिए काट–छाँट का समय एवं गहनता (Time and severity of Pruning) निर्धारण करके अमरूद से अच्छी पैदावार प्राप्त की जा सकती है।

बाग प्रबन्ध

अमरूद के पौधे मध्यम आकार के होते हैं तथा जल्दी फलत देने लगते हैं अतः इसमें सघन बाग प्रबन्ध की जरूरत पड़ती है।

जल प्रबन्ध : अमरूद के छोटे पौधे को सर्दियों में 20–25 दिन तथा गर्मियों में 10–15 दिन के अन्तराल पर परिवर्तित थाला विधि से नियमित सिंचाई करते रहने से पौधों का विकास अच्छा होता है। सिंचाई के बाद समय–समय पर थालों की गुड़ाई एवं घास निकालते रहने तथा अक्टूबर माह में पुवाल या घास की पलवार बिछा देने से फल की उपज और गुणवत्ता पर अच्छा प्रभाव पड़ता है। जब पौधा फलन में आ जाता है तो निर्धारित मौसम की फसल लेने के लिए आवश्यकतानुसार सिंचाई करने एवं पलवार बिछाने से अच्छी उपज प्राप्त होती है।

पोषण प्रबन्ध : अमरूद के बाग से अच्छी गुणवत्तायुक्त अधिक फलोत्पादन के लिए संतुलित मात्रा में खाद एवं उर्वरक का प्रयोग आवश्यक होता है। प्रत्येक क्षेत्र के लिए एवं पौधों के उम्र के अनुसार खाद एवं उर्वरक की मात्रा भिन्न–भिन्न

होती है परन्तु साधारण तौर पर प्रत्येक पौधे को 50:25:25 ग्रा. एन.पी.के. की मात्रा प्रति वर्ष देने की संस्तुति है। यह मात्रा पौधे के उम्र के अनुसार बढ़ाई जाती है और 5 वर्ष पश्चात् स्थिर कर दी जाती है। पूर्वी भारत एवं मैदानी क्षेत्रों के लिए खाद एवं उर्वरक की संस्तुत मात्रा तालिका में दिया गया है। जिसे दो भाग में बांट कर पहला भाग जून–जुलाई तथा दूसरा भाग अक्टूबर माह में देने से अच्छी पैदावार मिलती है। जून–जुलाई में गोबर की सड़ी खाद, फास्फोरस तथा पोटाश की पूरी मात्रा तथा यूरिया की आधी मात्रा तने से एक मी. दूरी पर पौधों के क्षत्रक के नीचे गोलाई में 15 सेंमी. गहरी नाली/खाई में देकर मिट्टी से ढ़क दे। यूरिया की बची आधी मात्रा को अक्टूबर में पेड़ों के क्षत्रक के नीचे देकर मिट्टी में मिला दें। यदि बरसात न हो रही हो तो खाद के बाद पानी देना आवश्यक होता है जिससे नमी बनी रहें।

तालिका : अमरूद के पौधों में खाद एवं उर्वरक की निर्धारित मात्रा

पौधों की आयु (वर्ष)	गोबर की सड़ी खाद (कि.ग्रा.)	यूरिया (ग्रा.)	सिंगल सुपर फास्फेट (ग्रा.)	पोटेशियम सल्फेट (ग्रा.)
1	15	260	375	100
2	30	500	750	200
3	45	780	1125	300
4	60	1050	1500	400
5 वर्ष से अधिक	75	1300	1975	500

बाग सतह प्रबन्ध : अमरूद के पौधे मध्यम दूरी पर लगाये जाते हैं अतः बीच की खाली जमीन को अन्तर फसल के लिए उपयोग किया जा सकता है। इसमें सब्जियों एवं दलहनी फसलों की खेती से किसानों को अच्छा लाभ मिलता है। समय–समय पर खरपतवार नियंत्रण से बगीचे में स्वच्छता बनी रहती है और पैदावार पर अनुकूल प्रभाव पड़ता है।

कीट एवं रोग प्रबन्ध : अमरूद के पौधों एवं फलों में अनेक कीट एवं बीमारियों का प्रकोप होता है जो अधिक क्षति पहुँचाते हैं। इनमें से कुछ प्रमुख कीटों एवं बीमारियों का विवरण इस प्रकार है–

फल मक्खी : इस कीट के नवजात भीतरी भाग को खाते हैं इसकी मादा परिपक्व फलों को छेदकर अण्डे देती हैं। 2–3 दिन बाद अंडे से सूंडी निकलकर

गूदे को खाना शुरू कर देती हैं। प्रभावित फल सड़कर गिर जाते हैं। सूड़ी 12–15 दिन बाद फलों के अन्दर या भूमि में प्यूपा में बदल जाती है और बाद में मक्खी बनकर उड़ जाती है। बरसात के फलों को यह मक्खी के नियंत्रण के लिए साइपरमेथ्रिन 2.0 मि.ली. प्रति ली. या मोनोक्रोटोफॉस 1.5 मि.ली. प्रति ली. की दर से पानी में घोल बनाकर फल परिपक्वता के पूर्व 10 दिनो के अन्तर पर 2–3 छिड़काव करें। प्रभावित फलों को तोड़कर नष्ट कर देना चाहिए तथा बगीचे में फल मक्खी के व्यस्क नर को फंसाने के लिए फेरोमोन ट्रेप लगाने चाहिए।

तना बेधक : यह अमरूद का एक हानिकारक कीट है जिसका प्रकोप उन बागों में अधिक होता है जिनकी देख–रेख ठीक से नहीं की जाती है। इस कीट की सूड़ी मुलायम प्रोरोहों के ऊपरी भाग को छेद कर नुकसान पहुँचाती है इसके रोकथाम हेतु तने के छिद्रों को साफ कर नुवान (2 मि.ली. / ली. पानी) के घोल में रूई भिगो कर छिद्रों में भर कर गीली मिट्टी से बन्द कर देते हैं।

उकठा रोग : उकठा रोग फ्यूजेरियम नामक फफूँद के प्रभाव से होता है। रोगग्रस्त पौधे 2–4 सप्ताह में मुरझा कर मर जाते हैं। कभी–कभी आंशिक मुरझा क्लान्ति से कुछ डाल सूख जाते है तथा कुछ हरे रहते है पर ऐसे पेड़ भी अगले वर्ष पूर्ण रूप से सूख जाते है इसकी रोक–थाम के लिए कालीसेन (एस्पर्जिलस नाइजर) के व्यवसायिक स्वरूप नामक जैव कीटनाशी का पौध रोपण के समय प्रयोग करने से आंशिक सफलता मिली है। इस जैव कीटनाशी की 50 ग्रा. मात्रा व 5 कि.ग्रा. सड़ी हुई गोबर की खाद के साथ गड्ढे में मिलाकर पौध रोपाई करें। पौधों में पोटैशियम एवं करंज की खली के प्रयोग से उकठा रोग की उग्रता में कमी पायी गयी हैं।

दैहिक व्याधि प्रबन्ध : अमरूद के पौधो में सूक्ष्म पौषक तत्व जनित दैहिक व्याधियां प्रमुख रुप से होती हैं जिसमें से जस्ता की कमी सबसे नुकसान देह है। जस्ता तत्व की कमी होने के कारण अमरूद की पत्तियों का पीला पड़ना छोटा होना तथा पौधे की बढ़वार कम हो जाने के लक्षण मिलते हैं। इसके नियंत्रण के लिए 2% जिंक सल्फेट का छिड़काव अथवा 200 ग्रा. जिंक सल्फेट को पौधे की जड़ो में देना लाभप्रद पाया गया हैं।

पुष्पन एवं फलन

साधारणतः अमरूद के पौधो में साल में तीन बार फूल और फल लगते हैं जिसे 'बहार' कहा जाता है। पहली फसल के फूल फरवरी मार्च में होता है जिनके फल मई–जून मे पककर तैयार होते हैं। चूँकी ये फूल आम के फूलों के साथ आते है। अतः इसे 'अम्बे बहार' कहा जाता है। जिन स्थानों पर सिंचाई की समुचित व्यवस्था हो और गर्मी में तापमान सामान्य हो वहाँ पर 'अम्बे बहार' की फसल से अच्छा लाभ कमाया जा सकता है। दूसरी फसल के फूल मई–जून में आते हैं जो मृगिश्रा नक्षत्र के समय होता है अतः 'मृग–बहार' कहा जाता हैं। इस बहार के फल बरसात के मौसम में पककर तैयार होते है। इन फलों की गुणवत्ता उतनी अच्छी नहीं होती है। और उसमें फल मक्खी कीट (Fruit fly) के साथ–साथ अनेक बीमारियों के भी प्रकोप अधिक होते हैं। परन्तु सूखे एवं सिंचाई की सुविधा न होने पर इस बहार के फलों की अनुशंसा की जाती है। तीसरी फसल के फूल अक्टूबर–नवम्बर में आते है हस्त (हथिया) नक्षत्र के समय आते है अतः इसे 'हस्त–बहार' कहा जाता है। इस फसल के फल जाड़े में (जनवरी–फरवरी) तैयार होते हैं। इस फसल में अपेक्षाकृत अधिक उपज एवं गुणवत्ता वाले फल प्राप्त होते है। उपोष्ण जलवायु में 'हस्त–बहार' की फसल की अपेक्षा किसानों को अन्य किसी भी फसल की अपेक्षा अधिक गुणवत्ता के फल एवं ज्यादा उपज प्राप्त होती है। किसी भी स्थान पर मौजूद प्राकृतिक दशा एवं सुविधाओं के अनुसार उपयुक्त बहार की ही फसल लेना लाभकारी होता है। अन्य फसलों (बहारों) के फूलों एवं फलों को समय रहते ही नियंत्रित कर लिया जाता है जिसे बहार नियंत्रण (Bahar treatment) कहते हैं। ऐसा देखा गया है कि 'मृग–बहार' की फसल को नियंत्रित करने से 'हस्त–बहार' की फसल अच्छी होती है। जिसके लिए एक फसल नियमन तकनीक का भी विकास किया गया है। जो व्यवसायिक दृष्टि से सरल–एवं लाभप्रद है। इसके अन्तर्गत अप्रैल–मई में 10 दिनो के अन्तराल पर पौधों पर यूरिया के 10–15% घोल का दो छिड़काव कर दिया जाता है। जिससे आने वाले फूल एवं पत्तियाँ गिर जाती हैं। तत्पश्चात पर्णीय शक्ति से 'हस्त–बहार' की फसल में अधिक ओजपूर्ण फूल और फल आते हैं जिससे उपज में वृद्धि होती हैं।

परिपक्वता एवं फल तोड़ाई

अमरूद एक नान–क्लाइमेक्टेरिक फल है जो पेड़ पर ही अच्छी तरह पकता है अतः पूर्ण रूप से परिपक्व फलों की ही तोड़ाई की जाती है। फल लगने के 60–120 दिनो के अन्दर फल तोड़ने लायक हो जाते हैं। चूँकि सभी फल एक साथ

नही पकते इसलिए जैसे–जैसे फल पकते जाते हैं फल तोड़ाई करते रहते हैं। कुल मिलाकर 6–7 तोड़ाई करने से पौधे से अच्छी उपज प्राप्त हो जाती हैं। जब फलों का रंग गहरे हरे से परिवर्तित होकर हल्के पीले रंग का हो जाय तथा उसमें $10–12^0$ ब्रिक्स टी. एस. एस. हो जाय तब वे तोड़ने के लिए उपयुक्त होते है। कच्चे अथवा अपरिपक्व फलों को तोड़ने से उसमें सिकुड़न आ जाती है और उनका मिठास एवं स्वाद अच्छा नही होता है।

उपज

अमरूद के एक विकसित पौधे से औसतन 40–45 कि.ग्रा. फल प्रतिवर्ष प्राप्त किये जा सकते हैं। अधिक घनत्व वाले बगीचों से प्रति पौधा उपज तो कम मिलती है परन्तु प्रति इकाई क्षेत्रफल से अधिक उत्पादन प्राप्त किया जा सकता है। साधारण दूरी 5X5 मी. पर लगाये गये अमरूद के बगीचे से 15–17 मैट्रिक टन प्रति हेक्टर की पैदावार प्राप्त की जा सकती है।

तोड़ाई उपरान्त फल/प्रबन्ध

अमरूद के फल अधपके अवस्था में ही पसन्द किये जाते हैं अतः फलों के रंग एवं गूदे की कठोरता के अनुसार ही तोड़ाई करना चाहिए। दो पत्ती सहित फलों की तोड़ाई 2–3 दिनों के अन्तराल पर करने से बाजार में अच्छी कीमत प्राप्त होती है। फलों को आकार एवं परिपक्वता के आधार पर श्रेणीकृत करके बॉस या अरहर के टोकरियों में अखबार के एक तह पर रखकर बाजार में भेजा जा सकता है।

परिरक्षण एवं मूल्य सम्वर्धन

अमरूद के छोटे अधपके तथा अन्य फलों को विभिन्न प्रकार से परिरक्षित करके मूल्य सम्वर्धन किया जा सकता है। अमरूद के उत्पादों में जैली तथा स्क्वैस प्रमुख है इसके अतिरिक्त आर.टी.एस., नेक्टर, सीरप आदि पेय पदार्थ भी तैयार किये जा सकते हैं।

5. सपोटा (Sapota)

सपोटा या चीकू का वैज्ञानिक नाम अचरस जपोटा लिन. (*Achras zapota* L.) है जो कि सपोटेसी (Sapotaceae) कुल का सदस्य है जो वैसे तो मैक्सिको का देशज पौध है परन्तु भारत के गुजरात, महाराष्ट्र, कर्नाटक तथा तमिलनाडु राज्यों में समतुल्य जलवायु एवं मृदा होने के कारण बड़े क्षेत्रफल में इसकी खेती की जाती

है। सपोटा के फलो की त्वचा मोटी व भूरे रंग की होती है। इसके प्रत्येक फल में एक या दो काले रंग के बीज पाये जाते हैं। पूर्वी भारत के गर्म एवं नम जलवायु में सपोटा की खेती करने की काफी अच्छी संभावना है। वर्तमान में इन क्षेत्रो में सपोटा का आयात गुजरात से किया जाता है जो कि ऊँचे दाम पर बिकता है। अतः यदि इसकी खेती उड़ीसा, झारखण्ड़, आन्ध्रप्रदेश आदि राज्यों में शुरू की जाय तो यहाँ के किसानों की अच्छी आमदनी प्राप्त हो सकती है। सपोटा के फलों को उपजाने के लिए बहुत ज्यादा सिंचाई और अन्य रख–रखाव की जरूरत नहीं पड़ती है और थोड़े ही खाद और कम पानी में इसके पेड़ फलने–फूलने लगते हैं। सपोटा का फल एक विशेष सुगन्धयुक्त तथा अधिक मीठा होता है। इसमें मुख्य रूप से अनेक खनिज तत्व, तथा अन्य विटामिन पोषक तत्व प्रचुर मात्रा में पाये जाते है। इसके फलों को मुख्य रूप से पके फल के रूप में प्रयोग किया जाता है। इससे जैम, मिक्स जैम तथा कुछ घरेलू पेय जैसे सपोटा सेक, सपोटा आइसक्रीम आदि तैयार किया जा सकता है।

भूमि एवं जलवायु

सामान्य पी.एच. मान वाली भूमि जिसमें मृदा की गहराई सामान्य हो सपोटा के लिए उपयुक्त होती है। काली दोमट एवं लाल–दोमट मिट्टी जिसमें जलभराव की समस्या न हो सपोटा के लिए सर्वोत्तम मानी जाती हैं। कंकरीली–पथरीली जमीन में पर्याप्त प्रबन्ध द्वारा इसकी खेती कर सकते हैं। सपोटा एक उष्ण कटिबन्धीय फल है अतः गर्म एवं नम जलवायु क्षेत्र जहाँ सर्दी का तापमान 12^0 सेन्टीग्रेड से ऊपर रहता है सपोटा के लिए अधिक उपयुक्त है। 800–1400 मि.मी. वर्षा वाले क्षेत्रों में इसकी अच्छी पैदावार ली जा सकती हैं। पाला पड़ने वाले क्षेत्रों में इसकी खेती सावधानी पूर्वक करनी चाहिए।

उन्नत किस्में

देश में सपोटा की कई किस्में प्रचलित है। उत्तम किस्मो के फल बड़े, छिलके पतले एवं चिकने, गूदा मीठा और मुलायम होता है क्रिकेट वाल, काली पत्ती, भूरी पत्ती, पी.के.एम. 1, ड़ी.एस.एच.–2, झुमकिया, मुरब्बा आदि सपोटा की प्रमुख किस्में हैं। जिसका विवरण निम्नवत है–

काली पत्ती : यह कर्नाटक, गुजरात व महाराष्ट्र की प्रमुख प्रजाति है। इसकी पत्तियाँ छतरी से अधिक गहरी व फल छतरी के समान होते है। फलों में 1–2 बीज पाये जाते हैं। यह अगेती किस्म है।

क्रिकेट बाल : इसको कलकत्ता लार्ज के नाम से पुकारते है। इसकी खेती आन्ध्रप्रदेश, पश्चिम बंगाल, महाराष्ट्र, कर्नाटक तथा तमिलनाडु में होती है। इसकी पत्तियाँ हल्की हरी, फल गोल एवं बड़े होते हैं। फलों का स्वाद कम मीठा होता है।

भूरी पत्ती : यह गुजरात, महाराष्ट्र की प्रचलित प्रभेद है इसकी पत्ती घनी एवं फल गहरा भूरा तथा मिठास कम होता है।

पी.के.एम.–1 : तमिलनाडु कृषि विश्व विद्यालय से चयनित इस किस्म के पौधे बौने तथा जल्दी फलत देने वाले होते हैं। इस प्रभेद का बागवानी सभी स्थानों पर की जा सकती है। प्रायः फलों का रंग हल्का भूरा एवं स्वाद मीठा होता है।

डी.एस.एच.–2 : धारवाड़ कृषि विश्व विद्यालय से विकसित यह सपोटा की संकर किस्म है जिसके पौधे बढ़वार वाले तथा घने होते हैं। इस किस्म के बाग महाराष्ट्र में अधिक हैं इसके फल गोल एवं मीठे दलदार होते हैं।

झुमकिया : इसके फल ज्यादा पैदावार वाले एवं फलों की संख्या अधिक होती है। फल कुछ छोटे एवं गोल होते हैं।

मुरब्बा : इस किस्म का पौध अधिक सहनशील तथा कठोर प्रकृति का होता है। इसके फल प्रायः गोल होते हैं। यह एक अधिक फलत वाला प्रजाति है।

प्रसारण तकनीक

सपोटा की व्यवसायिक खेती के लिए शीर्ष कलम बंधन तथा भेंट कलम विधि द्वारा पौधा तैयार किया जाता है। भेंट कलम विधि द्वारा पौधा तैयार करने के लिए जुलाई–अगस्त तथा शीर्ष कलम बन्धन के लिए मार्च–अप्रैल का समय सबसे उपयुक्त पाया जाता है। खिरनी (Manilkhara hexandra) के 1–2 साल के बीजू पौधे जिनकी मोटाई पेंसिल जितनी होती है, उन्हें मूलवृत्त के रूप में प्रयोग किया जा सकता है। शीर्ष कलम बंधन के लिए सांकुर डाली को सप्ताह भर पहले पत्ती रहित कर देते हैं। सांकुर डाली को क्लेफ्ट विधि द्वारा रोपित करने के पश्चात् उसे पॉलीथीन की पतली नली द्वारा ढकने से अधिक सफलता मिलती है।

बाग स्थापना

सपोटा लगाने का सबसे उपयुक्त समय वर्षा ऋतु का होता है। परन्तु सिंचाई की सुविधा होने से इसे मार्च–अप्रैल में भी लगाया जा सकता है। रोपाई के लिए लगभग दो माह पूर्व गडढे की खुदाई करते हैं। वर्षा ऋतु में पौध रोपण के लिए

मई–जून में गडढे तैयार करने चाहिए। सपोटा की रोपाई वर्गाकार विधि में 7–8 मी. की दूरी पर करते हैं। सामान्य दशा में 90X90X90 सेंमी. आकार के गडढे तैयार करते हैं परन्तु जहाँ मिट्टी पथरीली हो वहाँ गडढों की गहराई ज्यादा कर लेना चाहिए। गडढा भरते समय मिट्टी के साथ लगभग 30 कि.ग्रा. गोबर की सड़ी खाद, 2 कि.ग्रा. करंज या नीम की खली एवं 5–7 कि.ग्रा. हड्डी का चूरा प्रत्येक गडढे की दर से मिला कर भर देते हैं। एक–दो बरसात के बाद जब गडढे की मिट्टी दब जाये तो गडढे के बीचों–बीच पौधा लगा देते हैं। पौधा लगा देने के बाद चारों ओर की मिट्टी अच्छी तरह से दबा कर थाला बना देने से पौध स्थापना अच्छी होती है। पौधरोपण के बाद थाले में थोड़ा पानी (3–4 ली.) डालना चाहिए।

सपोटा के पौधे की शुरूआत में दो–तीन साल तक विशेष रख–रखाव की जरूरत होती है। उसके बाद वर्षों तक इसकी फसल मिलती रहती है। ग्रीष्म ऋतु में उचित सिंचाई एवं शीत ऋतु में पाले से बचाव के लिए विशेष प्रबन्ध करना चाहिए। पूर्वी भारत के वे क्षेत्र जहाँ शीत ऋतु का तापमान कम होता है छोटे पौधों को पाले से बचाने के लिए उन्हें पुआल या घास के छप्पर से इस प्रकार ढक दिया जाता है कि वे तीन तरफ से ढके रहते हैं और दक्षिण–पूर्वी दिशा धूप एवं प्रकाश के लिए खुला रहता है।

संधाई एवं काट–छाँट

सपोटा का पौधा सदाबहार एवं बहुत सुन्दर दिखाई देता है। इसका तना चिकना होता है और उसमें चारों ओर लगभग समान अंतर से शाखायें निकलती है जो भूमि के समानान्तर चारों ओर फैल जाती है। प्रत्येक शाखा में अनेक छोटे–छोटे प्ररोह होते हैं जिन पर फल लगते हैं। ये फल उत्पन्न करने वाले प्ररोह प्राकृतिक रूप से ही उचित अंतर पर पैदा होते हैं और उनके रूप एवं आकार में इतनी सुडौलता होती है कि उनको काट–छाँट की आवश्यकता नहीं होती। पौधों की रोपाई करते समय मूलवृंत्त भाग से निकलने वाले कल्लों को काटकर साफ कर देने से क्षत्रक भूमि से 1 मी. ऊँचाई पर बनाने से अन्तः क्रियाऐ आसानी से की जा सकती है। अतः प्रारम्भिक अवस्था में नीचे की शाखाओं को न बढ़ने दें। जैसे–जैसे पेड़ बड़ा होता जाता है, उसकी निचली शाखायें झुकती चली जाती है, और अन्त में भूमि को छूने लगती हैं तथा पेड़ की ऊपर की शाखाओं से ढ़क जाती है। पूर्ण विकसित अवस्था में ऐसी शाखाओं को काट–छाँट कर निकाल देने से फलत पर अनुकूल प्रभाव पड़ता है।

बाग प्रबन्ध

सपोटा का बगीचा लगभग हर प्रकार की मिट्टी में लगाया जाता है। अच्छे फलत के लिए स्थान विशेष पर भिन्न प्रकार के बाग प्रबन्ध की आवश्यकता होती है परन्तु सामान्य तौर पर अपनाये जाने वाले बाग प्रबन्ध तकनीकों का विवरण निम्नलिखित है।

जल प्रबन्ध : सपोटा गर्म एवं नम जलवायु में पैदा होता है अतः उचित जल प्रबन्ध द्वारा अच्छी पैदावार ली जा सकती है। छोटे पौधों को सूखे मौसम में नियमित सिंचाई की जरूरत होती हैं जबकि बरसात के मौसम में इनमें सिंचाई की कोई आवश्यकता नहीं पड़ती है। साधारणतः गर्मी में 7 दिनों एवं ठंडी में 15 दिनों के अन्तराल पर पौधों की सिंचाई करने से सपोटा में अच्छी फलन एवं पौध वृद्धि होती है। वर्षा जल के संरक्षण एवं पलवार का प्रयोग करके सपोटा में अच्छी पैदावार ली जा सकती है।

पोषण प्रबन्ध : सपोटा के पेड़ से लगातार फल मिलते रहते हैं अतः पौधों में प्रति वर्ष आवश्यकतानुसार खाद डालते रहना चाहिए। जिससे उनकी वृद्धि अच्छी हो और उनमें फलन अच्छी रहें। रोपाई के एक वर्ष बाद से प्रति पेड़ 4–5 टोकरी गोबर की खाद, 2–3 कि.ग्रा. नीम/अरंडी/करंज की खली एवं 50:25:25 ग्रा. एन.पी.के. प्रति पौधा प्रति वर्ष डाला जाता है। यह मात्रा 10 वर्ष तक लगातार बढ़ाते रहते हैं और अन्त में 500:250:250 ग्रा. एन.पी.के. की मात्रा प्रति वृक्ष प्रति वर्ष स्थिर कर देते हैं। खाद एवं उर्वरक देने का उपयुक्त समय जनू–जुलाई है। सूक्ष्म तत्वों की कमी की दशा में 200 ग्रा. जिंक सल्फेट तथा 100 ग्रा. बोरेक्स का प्रयोग प्रति पौधों में कर सकते हैं। खाद को पेड़ के फैलाव की परिधि के नीचे 50–60 सेंमी. चौड़ी व 15 सेंमी. गहरी नाली बनाकर डालने से अधिक फायदा होता है।

बाग सतह प्रबन्ध : सपोटा के पौधों को लगाने के बाद से लगभग 10 वर्षों तक उनके अन्दर खाली पड़ी जमीन में अन्तर फसलें आसानी से ली जा सकती है। दलहनी एवं तिलहनी फसलें जो ज्यादा ऊँचाई की न हो इसमें आसानी से ली जा सकती हैं। पौधों के थालों के पास घास–फूस न उगने दें और गर्मी तथा सर्दी के मौसम में खेत की जुताई करने से खरपतवार नष्ट हो जाते हैं और मृदा की दशा अच्छी बनी रहती है।

रोग एवं कीट प्रबन्ध : सपोटा के पौधों पर रोग एवं कीटों का आक्रमण कम होता है। लेकिन कभी–कभी उपेक्षित बागों में पर्ण दाग रोग तथा कली बेधक, तना

बेधक, पत्ती लपेटक एवं मिली बग आदि कीटों का प्रभाव देखा जाता है। पत्ती पर दाग के नियंत्रण के लिए मैंकोजेब 2 ग्रा./ली. तथा कली बेधक कीट की लिए साइपरमेथ्रीन 1.5 मि.ली./ली. पानी के घोल का 2–3 छिड़काव करने से इनके आक्रमण में कमी लाई जा सकती है। तना बेधक कीट के नियंत्रण के लिए उनके छिद्रों को साइकिल की तीली से साफ करके उसमें नुवाक्रान या पेट्रोल से भीगीं रूई ठूस कर गीली मिट्टी से बन्द कर देते हैं इससे कीट अन्दर ही मर जाता है। पत्ती लपेट कीट के लिए उनके जालों को नियमित रूप से साफ करते रहें।

दैहिक व्याधि प्रबन्ध : सपोटा में मुर्गकल्गी (काक्स काम्ब) नामक दैहिक व्याधि होती है जिसमें ऊपर की ओर बढ़ने वाली शाखाएँ चिपटी होकर पर्ण गुच्छे के रूप में परिवर्तित हो जाती हैं। इसके मूल कारण तथा नियंत्रण पर शोध कार्य चल रहा है। ऐसी शाखाओं को काट कर हटा देने और कटे सिरे पर बोर्डो पेस्ट का लेप लगा देने से समस्या पर नियंत्रण पाया जा सकता है।

पुष्पन एवं फलन

वनस्पतिक विधि द्वारा तैयार सपोटा के पौधों में दो वर्षों के बाद फूल आना आरम्भ हो जाता है। इसमें फल साल में दो बार आता है, पहला फरवरी से जून तक और दूसरा सितम्बर से अक्टूबर तक। फूल लगने से लेकर फल पककर तैयार होने में लगभग चार महीने का समय लग जाता है। सपोटा में फूल गिरने से रोकने के लिए पुष्पन के समय फूलों पर जिब्रेलिक अम्ल के 50 से 100 पीपीएम अथवा फल लगने के तुरन्त बाद प्लैनौफिक्स 2 मि.ली./5 ली. पानी के घोल का छिड़काव करने से फलन में वृद्धि होती है एवं फल गिरने मे कमी आती है।

परिपक्वता एवं फल तोड़ाई

सपोटा के फल लगने के 120–125 दिनों के अन्दर पूर्ण परिपक्व हो जाते हैं। चूँकि यह एक क्लाइमेक्टैरिक फल है अतः इसके पूर्ण परिपक्व फल तोड़ाई के 4–5 दिन के भीतर पक जाते हैं। किस्म के मानदण्डों के अनुसार समान आकार के फल हाथ द्वारा ही तोड़े जाते हैं।

उपज

सपोटा में रोपाई के दो वर्ष बाद फल मिलना प्रारम्भ हो जाता है जैसे–जैसे पौधा बढ़ता जाता है। उपज में वृद्धि होती जाती है। एक 30 वर्ष के पेड़ से 80–100 कि.ग्रा. तक फल प्रति वर्ष प्राप्त हो जाते हैं।

तोड़ाई उपरान्त फल प्रबन्ध

सपोटा के फल को तोड़ कर उल्टा रख दिये जाते हैं जिससे उससे निकलने वाला दूध बन्द हो जाय। तत्पश्चात् आकार के अनुसार श्रेणीकरण करके गत्ते के डिब्बों या प्लास्टिक के कार्टून में भरकर दूर बाजार तक विपणन हेतु भेजा जाता है।

परिरक्षण एवं मूल्य सम्वर्धन

सपोटा मुख्य रूप से ताजे पके फलों के रूप में ही खाया जाता है। कुछ फलों को मिक्स फ्रूट चाट, सपोट सेक, आर.टी.एस. के रूप में प्रयोग किया जाता है। सपोटा के फलों से जैम इत्यादि पदार्थ विकसित किए जा सकते हैं एवं ग्लूकोज बनाने में प्रयोग करते हैं।

6. अनन्नास (Pineapple)

अनन्नास जिसका वैज्ञानिक नाम अनन्नास कोमोसस सान. एनैन्सस सेटाइबस (*Anannas comosus* syn. *Anasas sativus*) ब्रोमेलियसी (Bromeliaceae) कुल का एक सदस्य है। दुनियाँ के उष्ण कटिबन्धीय फलों में अनन्नास का महत्वपूर्ण स्थान है। इसके पौधे शीघ्र फलत करने लगते हैं। अनन्नास सघन बागवानी एवं बागवानी–बागवानी पद्धति (Horticulture- Horticulture System) के लिए एक अच्छा फलदार पौधा है। इसे लघु फल प्रजाति (Miniature fruit plant) कहा गया है जो कि आम, काजू इत्यादि के बगीचों मे अन्तर फसल (Inter cropping) के लिए अच्छा पाया गया है। अनन्नास का पौधा मुख्य पौधों में बिना किसी क्षति के शुरूआती समय में अच्छा उत्पादन देता है और जमीन तथा अन्य प्राकृतिक संसाधनों जैसे–सूर्य की रोशनी, धूप, हवा आदि का भरपूर उपयोग करके अतिरिक्त आमदनी देता है।

अनन्नास की उत्पत्ति ब्राजील से हुई है और यह विश्व के उष्ण कटिबन्धीय क्षेत्रों में बहुतायत से उगाया जाता है। विश्व में प्रमुख रूप से अनन्नास घाना, केन्या, ब्राजील, ताइवान, मैक्सिको, आस्ट्रेलिया, द.अफ्रीका तथा भारत में की जाती है। भारत वर्ष में इसे सन् 1548 में लाया गया और तब से इसे आसाम, त्रिपुरा, मणीपुर, महाराष्ट्र, पश्चिम बंगाल, आन्ध्रप्रदेश तथा कर्नाटक राज्यों के लगभग

25000 हैक्टर भूमि में उत्पन्न किया जा रहा है। हाल के वर्षों में कुछ नये क्षेत्रों में अनन्नास का भरपूर उत्पादन देखा गया है जिसमें उड़ीसा तथा झारखण्ड प्रमुख है। डिब्बा बन्दी (Canning) उद्योग में इसकी अधिक खपत होने से इसकी खेती बढ़ती जा रही है। फलों में विटामिन A, B, तथा C के साथ–साथ कैल्शियम भी प्रचुर मात्रा में उपलब्ध रहता है। फॉस्फोरस तथा लौह की भी अच्छी मात्रा पायी जाती है। इसमें एक विशेष प्रकार का 'ब्रोमेलीन' मिलता है जो प्रोटीन को पचाने में सहायक है। अनन्नास का फल खाने के अतिरिक्त स्कवैस, रस, जैम, एल्कोहल, कैन्डी, सिरका, इत्यादि बनाने के लिए प्रयोग किया जाता है। फिलीपीन्स तथा ताइवान में इसकी पत्तियों के रेशे से कपड़ा तैयार किया जाता है।

भूमि एवं जलवायु

अनन्नास की खेती अच्छे जल निकास वाली सभी प्रकार की भूमियों में सम्भव होती है लेकिन बलुई दोमट मिट्टी सर्वोत्तम होती हैं। उचित जल निकास की सुविधा का अभाव तथा ऊँचा जल स्तर दोनों ही हानिकारक होते हैं। इसके लिए मिट्टी का पी.एच. मान 5.5–6.0 होना चाहिए। अनन्नास उष्ण जलवायु का फल है लेकिन इसकी खेती उपोष्ण जलवायु वाले क्षेत्रों में भी की जा सकती है। इसकी खेती के लिए 15.5–32.5^0 सेन्टीग्रेड तापक्रम उपयुक्त होता है। यह समुद्र तल से 1500 मी. ऊँचाई तक भी पैदा किया जाता है। परन्तु घनी छाया, अत्यन्त सर्दी, बहुत तेज चमकीली धूप अनन्नास के पौधों के लिए हानिप्रद होती है। आर्द्र जलवायु इसके लिए ठीक होती है। सिंचाई की समुचित सुविधा के साथ यह शुष्क एवं हल्की मिट्टी वाले क्षेत्रों में भी उत्पन्न किया जाता है।

उन्नत किस्में

भारतवर्ष में अनन्नास एक विदेशी फल (Exotic fruit) हैं अतः यहाँ जो भी किस्में अथवा जनन द्रव्य उपलब्ध है वे या तो बाहर से आये हैं या फिर यहाँ के वातावरण के कारण परिवर्तित होकर कुछ भिन्न प्रकार के पौधे और फल पैदा करते हैं। विश्व में अनन्नास के किस्मों को 5–6 वर्गो में बाँटा गया है जिसका विवरण तालिका में दिया गया है परन्तु भारत के परिपेक्ष्य में इसकी दो प्रजातियाँ हैं। प्रथम देशी प्रजाति जो भिन्न–भिन्न क्षेत्रों में प्रचलित है तथा दूसरी व्यवसायिक किस्में जिनकी बड़े पैमाने पर खेती की जाती है।

तालिका : अनन्नास की विभिन्न किस्मों का वर्गीकरण

वर्ग	विशेषतायें	किस्में
1.स्पैनिस	– फल लम्बोतरे, आँखे बड़ी, एवं गहरी, छिलका गहरा लाल, वजन 0.9–1.2 किग्रा0, गूदा हल्का पीला, रेशेदार, स्वाद खट्टा–मीठा। – पत्तियों के किनारे दाँतेदार, पौधे मिलीबग सृजित उकठा रोग रोधी। – निर्यात एवं ताजे फलों के रूप में उपयोग के लिए उपयुक्त	रेड स्पैनिश, सिंगापुर स्पैनिश, हरा सेलांगर, कैसटिला, कैवेजोना, पी.आर. 1–67
2.क्वींन	– फल शंक्कवाकार, आँखें गहरी, फल वजन 0.6–1.2 कि.ग्रा., छिलका पतला – गूदा गहरा पीला, मिठास ज्यादा, अम्लता कम, गूदा कम रेशेदार। – पौधा कठोर, रोगरोधी, पत्तियों के किनारे दाँतेदार। – ताजे फलों एवं प्रसंस्करण के लिए उपयुक्त।	क्वीन, जेड क्वीन, मैकग्रेगर, नताल, रिपले, एलेक्जन्ड्रिया, जल धूप वारवत
3.एवाकाक्सी	– फल शंक्वाकार, वजन 1.0–1.4 कि.ग्रा., छिलका पीला, गूदा, हल्का पीला या सफेद, मीठा, रसदार। – पत्तियों के किनारे दाँतेदार, पौधा रोग रोधी। – ब्राजील की व्यवसायिक किस्म परन्तु फल बहुत अच्छे स्वाद के नहीं होते।	येरोला, एवाका, सुगर लूफ, पापेलान, अमरिला, वेनेजोलान, वरमिल्हो आदि।
4.कैनी	– फल बेलनाकार, आंखे चपटी, वजन 2–3 कि.ग्रा., छिलका गहरा नारंगी, गूदा हल्का पीला, मीठा, थोड़ा खट्टा, रेशा कम, रसदार। – पत्तियों के किनारे चिकते, तथा शिरे काँटेदार, पौधे मिलीबग, उकठा रोग के सहिष्णु। – फल डिब्बा बन्दी तथा ताजे फलों के लिए उपयुक्त	जाइन्ट क्यू, क्यू, मारीशस, स्मूथ–कैनी टाइफोन, वोरानरूप चाइल्ड, स्मूथ ग्वाटे मालन, सेन्ट माइकल आदि।

क्रमशः

5.मैपुरे	– फल बेलनाकार, 0.8–2.4 कि.ग्रा. वजन, नारंगी–लाल छिलका, गूदा सफेद, मीठा, रेशेदार, रसदार। – पत्तियाँ चिकनी। – फल ताजे खाने व प्रसंस्करण के लिए उपयुक्त।	मैपुरे, बोमनगेसा, पिपमबदे, पेरोलेरा, मोन्टेलीरो आदि।

1. देशी प्रजातियाँ

ये मुख्यतः स्थानीय किस्में है जिसके फल छोटे, अधिक खट्टे तथा निम्न स्तर के होते हैं इसमें त्रिचुर लोकल, जलधूप, सिंम्हाचलम, लाखट तथा कल्लरो लोकल आदि सम्मिलित है।

2. व्यवसायिक प्रजातियाँ

अनन्नास की व्यवसायिक किस्में विदेशी वर्गो से ही ली गयी हैं। उनके गुणवत्ता एवं उत्पादन क्षमता के अनुसार भारत वर्ष के लिए कुछ किस्में ही अच्छी पायी गयी हैं जिसका विवरण निम्नवत है।

क्वीन : इसके पौधे छोटे, पत्तियाँ छोटी, तीखे दाँतेदार किनारे वाली होती है। फल मध्यम–छोटे तथा 0.8–1.2 कि.ग्रा. वजन वाले होते हैं। जिनकी आँखे गहराई तक जाती है। इस किस्म के फल पकने पर पीले या सुनहरे पीले रंग के हो जाते हैं। गूदा रसदार, मीठा, सुनहरा पीला अच्छे स्वाद व सुवास वाला होता है। यह शीघ्र पकने वाली अंग्रेजी किस्म हैं।

मारीशस : इसकी पत्तियाँ दाँतेदार, फल मध्यम–बड़े आकार, 1.5–2.0 कि. ग्रा. वजन के, गूदा पीला तथा मीठा हेाता है। यह मध्यम समय में पकने वाली किस्म है।

जायन्ट क्यू : इसको क्यू के नाम से भी जाना जाता है। इसके फल बेलनाकार, बड़े, चपटे आंखों वाले तथा 2.0–3.0 कि.ग्रा. वजन वाले होते हैं। यह आसाम तथा द. भारत में अधिक उगाई जाती है। इसकी पत्तियाँ सीधी, ऊपरी सिरे सीधे, चिकने तथा किनारे गैर दाँतेदार होते हैं। इसके फल पकने पर हरे–पीले रंग के होते हैं तथा गूदा हल्का पीला या मलाई (Creamy) रंग का एवं रसदार होता है। यह देर से पकने वाली पछेती किस्म हैं। जिसमें मिठास कम होता है तथा डिब्बाबंदी के लिए उपयुक्त है।

प्रसारण तकनीक

अनन्नास का प्रसारण स्लिप, सकर, क्राउन, तने के टुकड़ों इत्यादि से किया जा सकता है परन्तु अच्छे उत्पादन के लिए अनन्नास से पुत्तियों (Suckers) या स्लिप (Slip) को लगाना चाहिए, क्योंकि इससे पौधे लगाते समय उसमें 6–8 पत्तियाँ एवं पूर्ण विकसित जड़ रहने से पौधे अच्छी तरह पनपते हैं और उसमें 14–16 महीनों के भीतर फूल एवं फल आ जाते हैं। पुत्तियों का वजन 350–450 ग्रा. से कम रहने पर फलत में देरी होती है। क्राउन द्वारा तैयार पौधे 18–20 महीने बाद फल देते हैं तथा तनों के टुकड़ों को लगाने से लगभग 2 वर्ष का समय लगता हैं अतः व्यवसायिक उत्पादन के लिए 6–8 पत्तियों वाले ओजपूर्ण एरियल सकर अथवा पूर्णरूप से जड़ विकास की हुई स्लिप को लगाना उचित रहता है।

बाग स्थापना

अनन्नास के बागवानी के लिए स्थापना से पूर्व खेत की अच्छी तरह जुताई की जाती है तत्पश्चात् उसमें 30–40 टन/हैक्टर की दर से गोबर की खाद एवं 10 कुन्तल/हैक्टेयर की दर से नीम या करंज की खली को अच्छी तरह मिलाते हैं खेत को पूर्णतः समतल करके उसमें एकल पंक्ति विधि (Single row System) या दो पंक्ति विधि (Double row system) में रेखांकन किया जाता है। व्यवसायिक उत्पादन के लिए दो पंक्ति विधि अच्छी मानी जाती है क्योंकि इसमें कार्य करने में आसानी होती है और उत्पादन भी अधिक मिलता है। दो पंक्ति विधि के लिए 100–120 सेंमी. दूरी पर 50–60 सेंमी. चौड़ा तथा 15–20 सेंमी. गहरी खाई (Trench) बनाया जाता है। खाई के दोनों तरफ 40–50 सेंमी. की दूरी पर अनन्नास के स्लिप (Slip) या पुत्तियों (Suckers) की रोपाई की जाती है। रोपाई के पश्चात् पौधों के जड़ों के पास मिट्टी चढ़ाने से पुत्तियां सीधी रहती है और जड़ जल्दी पकड़ लेती है। खरपतवार नियंत्रण तथा पुत्तियों (Suckers) को सीधा रखने के लिए समुचित प्रबन्ध करते रहने से पौधों की वृद्धि एवं बढ़वार अच्छी होती है। अनन्नास के पौधों को लगाने का सबसे उपयुक्त समय वर्षा ऋतु का होता है। जुलाई से अक्टूबर माह के मध्य पौधों को लगाने से अच्छी फसल होती है। परन्तु तेज वर्षा के समय पौध रोपण नहीं करना चाहिए। अगर सिंचाई का समुचित साधन उपलब्ध हो तो बाजार के माँग के अनुसार वर्ष भर अनन्नास के पौधों का रोपण किया जा सकता है।

संधाई एवं काट–छाँट

अनन्नास का एक पौधा केवल एक बार फल देता है वह पौधा जितना ओजपूर्ण एवं विकसित होगा उतना ही बड़ा और अच्छा फल पैदा करेगा। अतः अच्छे उत्पादन के लिए अनन्नास के मुख्य पौधों से एक साल तक पुत्तियों को नहीं बढ़ने देना चाहिए यदि ऐसा होता है तो उनको समय–समय पर काटते रहना ही उचित होगा, क्योंकि इनकी वृद्धि अधिक होने पर मुख्य पौधे पर बुरा प्रभाव पड़ेगा। अगर पेड़ी (Ratoon) की फसल लेनी हो तो प्रत्येक पौधे के पास कम से कम दो पुत्तियों (Suckers) को एक वर्ष बाद छोड़ना आवश्यक होता है। जिसमें से एक पुत्ती को अगस्त–सितम्बर में निकाल कर पौधों के रूप में उपयोग किया जा सकता है।

फल तोड़ाई के बाद मुख्य पौधों को काटकर हटा दें और उसके साथ निकलने वाले स्लिप व छोटे सकर को पौधशाला में लगाकर पौध सामग्री बनाया जा सकता है। अनन्नास की फसल कटाई के बाद एक बार पौधों एवं बाग की सफाई बहुत जरूरी होता है इससे अगली फसल बहुत अच्छी होती है।

बाग प्रबन्ध

अनन्नास के सफल बागवानी एवं गुणवत्तायुक्त फलोत्पादन के लिए बागों की उचित देख रेख, जल प्रबंध, पोषण प्रबंध आदि कार्यो का विशेष महत्व है जिसकी विवेचना निम्नवत् की गई है।

जल प्रबन्ध : अनन्नास की जड़े झकड़दार (Advantatious) होती है जो भूमि के ऊपरी धरातल पर ही रहती है, अतः इनको सूखे मौसम में हल्की परन्तु जल्दी–जल्दी सिंचाई की आवश्यकता होती है। यदि पानी की कमी हो तो इसे माइक्रोस्प्रींकलर के मदद से सिंचाई करके अच्छी फसल ली जा सकती है। मृदा जल संरक्षण तथा खरपतवार को दबाने के लिए अनन्नास के पौधों के नीचे धान के पुवाल या सूखी घास की पलवार अक्टूबर माह में बिछा देने से बिना पानी के अच्छी फसल पैदा हो जाती है।

पोषण प्रबन्ध : अनन्नास का पौधा 1–1.5 वर्ष के अन्दर ही फल दे देता है। अतः अच्छे पोषण की जरूरत होती है। इसके प्रत्येक पौधे को 12–16 ग्रा. नत्रजन, 2–4 ग्रा. फॉस्फोरस एवं 12–16 ग्रा. पोटाश पहले वर्ष तथा 12 ग्रा. नत्रजन, 2 ग्रा. फॉस्फोरस एवं 12 ग्रा. पोटाश द्वितीय एवं तृतीय वर्ष में देना चाहिए। 500:250:500 कि.ग्रा. नत्रजन, फॉस्फोरस, पोटाश प्रति हैक्टयर की दर से देने से अच्छी उपज मिलती है। अगर सूक्ष्म तत्वों की कमी हो तो 0.5 से 1.0% बोरॉन, जिंक तथा

सल्फर के मिश्रण का पर्णीय छिड़काव करना लाभदायक होता है। समुचित उपयोग के लिए उर्वरकों को 2–3 बार में देना चाहिए। जिसका निर्धारण 'डी पत्ती परीक्षण (D-Leaf test)' द्वारा किया जा सकता है। पूर्ण रूप से विकसित सबसे नयी परन्तु कार्यिकी की दृष्टि से परिवक्व (Physiologically mature) पत्र चक्र की पत्तियाँ जो पौधे के मुख्य तने के साथ 'D' जैसे अर्धवृत्त बनाता है उसे 'डी' लीफ कहते हैं। यह पौधे की सबसे लम्बी पत्ती होती है। जिनकी आयु लगभग 4–5 माह होती है। पूरे चक्र में ऐसी पत्तियों की संख्या 3–4 होती है। जो पौधे में मौजूद पोषक तत्वों को स्पष्ट रूप से एवं सही–सही दर्शाते हैं। इसके साथ ही अनन्नास के लिए 'ड्रिस पद्धति (DRIS- Diagnosis and Recommendation System) का भी विकास किया गया है जिसके आधार पर फसल में खाद एवं उर्वरक का प्रयोग करना उचित होगा।

बाग सतह प्रबन्ध : अनन्नास के पौधों से समय–समय पर खरपतवार निकालते रहना चाहिए। खरपतवार नियंत्रण का कार्यक्रम खाद एवं उर्वरक के प्रयोग की प्रक्रिया के साथ करने से कम खर्च में दोनों कार्य हो सकता है। खरपतवार नाशी (डायूरान–2 कि.ग्रा. सक्रिय तत्व हे) का प्रयोग अथवा पलवार बिछाने से भी खेत को साफ सुथरा रखा जा सकता है।

कीट एवं रोग प्रबन्ध : अनन्नास के पौधों मे कीट एवं रोग का आक्रमण अन्य फलों के तुलना में कम होता है परन्तु आर्थिक दृष्टिकोण से क्षति पहुँचाने वाले कीट एवं व्याधियों का संक्षिप्त विवरण नीचे दिया जा रहा है।

मिलीबग : अनन्नास पर इसकी बहुत सी जातियों का प्रकोप होता है। प्रभावित पौधों में क्लोरोफिल की मात्रा कम हो जाती है। पौधों का रंग लालिमा के साथ पीला हो जाता है। इससे अनन्नास में उकठा रोग (White Disease) का भी प्रकोप होता है। रोकथाम के लिए पुत्तियों (Suckers) तथा स्लिप (Slip) को लगाने से पहले उसके नीचले भाग को 0.04% इकालोक्स के घोल से उपचारित कर लेना चाहिए। प्रबंधन के लिए थिमेट–10 जी का 100–125 दिन के अन्तर पर 17.5 कि. ग्रा. प्रति हैक्टर का भुरकाव करना चाहिए।

निमेटोड : इसके द्वारा अनन्नास की फसल को अधिक हानि होती है। रोकथाम के लिए रोपण से पहले मिट्टी को क्लोरोपिकरिन अथवा फार्मालीन गैस से उपचारित करना चाहिए।

पुत्तियों का तना विगलन : यह रोग फाइटोफ्थोरा पैरासिटिका कवक द्वारा पैदा होता है। भूमि की भौतिक दशाएं तथा खराब जल निकास, रोग फैलाने में सहायक होते हैं। नियंत्रण के लिए रोपण सामग्री को बोर्डो मिश्रण से उपचारित करना चाहिए तथा प्रभावित क्षेत्रों में कैप्टान का छिड़काव करना चाहिए।

मृदु विगलन, भंडारण गलन तथा फल गलन : इस रोग की रोकथाम के लिए फलों के डंठलो को एल्कोहल में तैयार किये गये 10% बेन्जोइक अम्ल के घोल से उपचारित करना चाहिए।

पर्णचित्ती : देश के पूर्वी भागों में यह रोग अधिक नम व गर्म जलवायु के कारण पैदा होता है। रोक–थाम के लिए रोपण सामग्री को बोर्डो मिश्रण से उपचारित करना चाहिए तथा प्रभावित क्षेत्र में कैप्टान का छिड़काव करना चाहिए।

दैहिक व्याधि प्रबन्ध : अनन्नास के पौधों एवं फलों में दैहिक व्याधि का प्रकोप कम पाया जाता है अतः उचित पोषण प्रबंध पर विशेष ध्यान देने की आवश्यकता है। कभी–कभी पौधों मे बहुशीर्ष (Multi crown) व चपटे शीर्ष (Flat crown) जैसी दैहिक निकार देखे गये हैं।

पुष्पन एवं फलन

अनन्नास के पौधों में लगभग 16–18 माह के बाद जब उसमें 35–40 कार्यकारी पत्तियाँ होती हैं, फूल आने की सम्भावना रहती है। फूल सामान्यतः छोटे दिवस (Short day) दशा में आते हैं। यदि इस प्रक्रिया को थोड़ा बढ़ाना हो तो एन.ए.ए. के 10–20 पीपीएम के 50 मि.ली. घोल का प्रयोग पौधों के बीचों बीच करने से समान रूप से फूल प्राप्त किये जा सकते हैं। अनन्नास के पौधों के बीचों–बीच का भाग फूलों के गुच्छों (Bunch of flowers) को धारण करता है। इसमें 70–100 के करीब फूल होता है। जो एक दूसरे से इस प्रकार जुड़े होते हैं कि वे सब मिलकर एक ही संयुक्त फल बना पाते हैं जिसे सोरोसिस (Sorosis) कहा जाता है। ये फल 90–120 दिन के भीतर पक जाते हैं। अनन्नास के फल बीज रहित होते हैं। क्योंकि इसमें पूर्ण निषेचन नहीं हो पाता है। ये फल पार्थेनोकार्पिक विधि द्वारा विकसित होते हैं क्योंकि वर्तिका की लम्बाई में भिन्नता और स्वपरागण अक्षमता (Heterostyly and self incompatibility) होने के कारण परागण एवं निषेचन प्रक्रिया बाधित होती हैं अनन्नास में ट्राइकार्पलेट इन्फेरियर अण्डाशय सहित सम्पूर्ण फलाभ (Fruit let) आपस में मिलकर विकसित होकर एवं परिपक्व होकर खाने योग्य भाग बनाता है।

वृद्धि नियामक का प्रयोग

अनन्नास में समान रूप में फल एवं फूल आने के लिए नैफ्थलीनएसिटिक एसिड (एन.ए.ए.) के 10–20 पीपीएम के घोल या प्लैनोफिक्स (1 मि.ली. प्लैनोफिक्स +4.5 ली. पानी) के 50 मि.ली. घोल को प्रति पौधा की दर से पौधों के पत्तियों के बीचों–बीच देना चाहिए। पौधों के बीचों–बीच 100 (पीपीएम) के इथरेल के घोल की 40–50 मि.ली. मात्रा देने से भी अच्छा फलत मिलता है। जब पौधों में 40 पत्तियाँ आ जाय उसी समय वृद्धि नियामक का प्रयोग करना चाहिए।

परिपक्वता एवं फल तोड़ाई

अनन्नास एक नान–क्लाइमेक्टेरिक फल है जो पौधों पर ही पकता है। पौधे लगाने के 15–20 माह पश्चात् फल तोड़ने योग्य हो जाते हैं। फल लगने के लगभग 6 हफ्तों के बाद जब फल रंग बदलने लगे तथा कुल घुलनशील शर्करा की मात्रा बढ़ जाती है। तब फलों को तोड़ लेना चाहिए। फलों को काटते समय यह ध्यान रहे कुछ भाग डण्ठल का तथा क्राउन लगा रहना चाहिए।

उपज

अनन्नास की उपज उनकी प्रजाति, प्रयोग की जाने वाली कर्षण क्रियाओं तथा पौधों की सघनता पर निर्भर होती है। वैसे इसकी पैदावार 40–50 मैट्रिक टन प्रति हेक्टर प्राप्त होती है।

तोड़ाई उपरान्त फल प्रबन्ध

अनन्नास के फलों को किसी धारदार चाकू की सहायता से सफाई से काटने के बाद आकार वजन एवं परिपक्वता के आधार पर श्रेणीकृत कर लिया जाता है। अगर फलों को दूरस्थ बाजार में भेजना है तो उसके शीर्ष भाग को न हटायें। फलों को कम तपमान पर लम्बे समय तक भण्डारित करके रखा जा सकता है। निर्यात के लिए फलों को अच्छी तरह पैक करके भेजा जा सकता है। छोटे आकार के फलों को परिरक्षण के लिए प्रयोग कर सकते हैं।

परिरक्षण एवं मूल्य सम्वर्धन

अनन्नास के फलों को ताजे रूप में ही खाया जाता है परन्तु इससे सुखे हुए टुकड़े (Osmatic dehydration), डिब्बा बन्दी किये हुए टुकड़े (Canned product),

जूस, स्क्वैश, जैम, मिश्रित फल आदि परिरक्षित पदार्थ सुगमतापूर्वक बनाये जा सकते हैं। छोटे एवं ताजे फलों के रूप में उपयोग में न आने वाले फलों को जूस के रूप में परिवर्तित करके मूल्य सम्वर्धन सम्भव है।

7. कटहल (Jack Fruit)

कटहल जिसका वैज्ञानिक नाम *आरटोकारपस हैट्रोफिलस* (*Artocarpus heterophyllus*) मोरैसी (Moraceae) कुल का एक महत्वपूर्ण सदस्य है। यह एक सदाबहार, 8–15 मीटर ऊँचा बढ़ने वाला, फैलावदार एवं घने क्षत्रकयुक्त बहुशाखीय वृक्ष होता है। यह भारत वर्ष का देशज फल है। भारत वर्ष में इसके पौधे लगभग हर जगह पाये जाते हैं परन्तु इसका बड़े पैमाने पर वृक्षारोपण पूर्वी एवं पश्चिमी घाट के मैदानों, उत्तर–पूर्व के पर्वतीय क्षेत्रों, संथाल परगना एवं छोटानागपुर के पठारी क्षेत्रों, बिहार, पूर्वी उत्तरप्रदेश एवं बंगाल के मैदानी भागों में मुख्य रूप से किये गये हैं। देश के विभिन्न भागों से इसके फल लगभग वर्ष भर मिलते रहते हैं। इससे यह पता चलता है कि इसकी पैदावार काफी अच्छी होती है। कटहल के वृक्ष की छाया में काफी, इलायची, काली मिर्च, जिमीकन्द, हल्दी, अदरक इत्यादि की खेती सफलतापूर्वक की जा सकती है। अतः इसके वृक्षारोपण को काफी बढ़ावा मिल रहा है। स्वाद एवं पौष्टिकता की दृष्टि से कटहल का फल अत्यन्त ही महत्वपूर्ण माना जाता है। इसे सब्जी तथा फल दोनों रूप में प्रयोग किया जाता है और अनेकानेक परिरक्षित पदार्थ भी तैयार किये जा सकते हैं। उत्तरी भारत में इसके फल मुख्य रूप से बसन्त ऋतु से वर्षा ऋतु तक उपलब्ध होते हैं। जबकि दक्षिण भारत में इसके फल शरद ऋतु से लेकर शिशिर ऋतु तक प्राप्त होते हैं। बसन्त ऋतु में जब प्रायः सब्जी की अन्य प्रजातियों का अभाव रहता है, कटहल के छोटे एवं नवजात मुलायम फल एक प्रमुख एवं स्वादिष्ट सब्जी के रूप में प्रयोग किये जाते हैं जैसे–जैसे फल बड़े होते हैं इनमें गुणवत्ता का विकास होता जाता है एवं परिपक्व होने पर इसके फलों में शर्करा, पेक्टिन, खनिज पदार्थ एवं विटामिन 'ए' का अच्छा विकास होता है। सम्पूर्ण फल एवं कोया (Flakes) के साथ–साथ कटहल के बीज भी प्रयोग में लाये जाते हैं। फलों एवं बीजों को सब्जी तथा पके हुए कोयों को फल के रूप में प्रयोग किया जाता है। कटहल के फल एवं बीज में पाये जाने वाले विभिन्न पोषक तत्वों का विवरण नीचे तालिका में दिया गया है–

तालिका : कटहल के फलों में पाये जाने वाले पोषक तत्व (प्रति 100 ग्रा. फल)

पोषक तत्व (प्रति 100 ग्रा.)	कच्चे फल (छिलका रहित)	पके फल (कोये)	बीज
नमी (%)	84.0	77.2	64.5
कार्बोहाइड्रेड (ग्रा.)	9.4	18.9	25.8
प्रोटीन (ग्रा.)	2.6	1.9	6.6
कुल खनिज पदार्थ	0.9	0.8	1.2
कैल्शियम (मि.ग्रा.)	50.0	20.0	21.0
फास्फोरस (मि.ग्रा.)	97.0	30.0	20.1
लौह तत्व (मि.ग्रा.)	1.5	500.0	20.1
विटामिन 'ए' (आइ.यू.)	0.0	540.0	17.0
थायमिन (मि.ग्रा.)	0.3	30.0	17.0

भूमि एवं जलवायु

कटहल के पौधे लगभग सभी प्रकार के भूमि में पनप सकते हैं। परन्तु अच्छी जल निकास की अच्छी व्यवस्था वाली गहरी दोमट मिट्टी इसके बढ़वार एवं पैदावार के लिए उपयुक्त होती हैं। मध्यम से अधिक वर्षा एवं गर्म जलवायु वाले क्षेत्र कटहल की खेती के लिए उपयुक्त होते हैं। पठारी तथा मध्य पूर्व भारत की उपरवार जमीन जिसमें मृदा पी.एच. मान सामान्य से थोड़ा कम, संरचना हल्का तथा जल का निकास अच्छा हो कटहल की खेती के लिए उपयुक्त पाया गया है।

उन्नत किस्में

कटहल एक परपरागित फल वृक्ष होने तथा प्रमुखतः बीज द्वारा प्रसारित होने के कारण इसमें प्रचुर जैव विविधता (Biodiversity) है। देश के विभिन्न क्षेत्रों में उपलब्ध प्राकृतिक जैव विविधता के प्रयोग से हाल के वर्षों में कटहल की कुछ मानक प्रजातियों का विकास किया गया है।

फलन एवं गुणवत्ता

जलवायु एवं मिट्टी की अनुकूलता तथा क्षेत्रों की आवश्यकता को ध्यान में रखते हुए विभिन्न शोध केन्द्रो ने कटहल की कुछ उन्नतशील किस्मों को चयनित किया है, जिसका विवरण नीचे की तालिका में दिया गया है–

तालिका : विभिन्न संस्थानों द्वारा चयनित कटहल की उन्नत किस्में

संस्थान	विकसित किस्में
बागवानी एवं कृषि–वानिकी शोध कार्यक्रम–रांची	खजवा, स्वर्ण मनोहर, स्वर्ण पूर्ति, (सब्जी के लिए)
नरेन्द्र देव कृषि एवं प्रौद्योगिक वि.वि. फैजाबाद	एन.जे.–1, एन.जे.–2, एन.जे.–15, एन.जे. –3
केरल कृषि वि.वि. तिरूअनन्तपुरम	मुत्तमवरक्का

खजवा : इस किस्म के फल मध्यम आकार के होते हैं जो जल्दी पक जाते हैं। उत्तरी भारत में यह ताजे पके फलों के लिए एक उपयुक्त किस्म है।

स्वर्ण मनोहर : मध्यम–छोटे आकार के पेड़े में बड़े, सुडौल, एवं अधिक संख्या में फल देने वाली यह एक अच्छी किस्म है। इसके लगभग 15 वर्ष के पेड़ की ऊँचाई 5.5 मी., तने की मोटाई 86 सेंमी., क्षत्रक फैलाव 25.4 वर्ग मी., तथा पेड़ का आयतन 71.2 घन मी. होता है। मध्यम घने क्षत्रक वाले इस किस्म में पूर्वी भारत में फरवरी के प्रथम सप्ताह में फल लग जाते हैं जिनको कच्चे अवस्था में बेचकर अच्छी आमदनी प्राप्त की जा सकती है। फल लगने के 20–25 दिन बाद इसके एक पेड़ से 45–50 कि.ग्रा. फल सब्जी के लिए प्राप्त किए जा सकते हैं। इस किस्म के पूर्ण रूप से विकसित फल की लम्बाई 45.2 सेंमी., परिधि 70 सेंमी. तथा वजन 12–15 कि.ग्रा. होता है। इसक कोये (फलैक्स) का आकार बड़ा (6.0**X**3.9 सेंमी.) संख्या अधिक (280–350 कोये/फल) तथा मिठास ज्यादा (20^0 ब्रिक्स) होता हैं यह किस्म छोटा नागपुर एवं संथाल परगना तथा आसपास के क्षेत्र के लिए अधिक उपयुक्त पाई गई है। इसकी प्रति वृक्ष औसत उपज 350–500 कि.ग्रा. (पकने के बाद) है।

स्वर्ण पूर्ति : यह सब्जी के लिए एक उपयुक्त किस्म है। इसका फल छोटा (3–4 कि.ग्रा.) रंग गहरा हरा, रेशा कम, बीज छोटा एवं पतले आवरण वाला तथा बीज का भाग मुलायम होता है। इस किस्म के फल देर से पकने के कारण लम्बे समय तक सब्जी के रूप में उपयोग किये जा सकते हैं। इसके वृक्ष छोटे तथा मध्यम फैलावदार होते हैं जिसमें 80–90 फल प्रति वर्ष लगते हैं। फलों का आकार गोल एवं कोये की मात्रा अधिक होती है।

खाजा : इलाहाबाद एवं पूर्वी उत्तर प्रदेश

रूद्राक्षी : दक्षिण भारत में उपजाये जाने वाली अन्य प्रमुख किस्में हैं।

प्रसारण तकनीक

कटहल मुख्य रूप से बीज द्वारा प्रसारित किया जाता है जिनके आकार–प्रकार, फल पैदावार एवं फल गुणवत्ता में अनेक भिन्नता होती है एक समान पेड़ तैयार करने तथा उच्च गुणवत्ता के फलोत्पादन के लिए वनस्पतिक विधि द्वारा कटहल का पौधा तैयार किया जा सकता है। वनस्पतिक विधियों में पैबन्द कालिकायन (Patch Budding) तथा क्लेफ्ट ग्राफ्टिंग (Cleft-grafting) अधिक सफल पायी गयी है। इस विधि से पौधा तैयार करने के लिए कटहल के बीजू पौधों को मूलवृंत के रूप में प्रयोग किया जाता है। मूलवृंत तैयार करने के लिए ताजे पके कटहल से बीज निकालकर 400 गेज मोटाई वाली 25X12X8 सेंमी. आकर की काली पॉलीथीन की थैलियों में बुआई करना चाहिए। थैलियों को बालू, चिकनी मिट्टी या बगीचे की मिट्टी तथा गोबर की सड़ी खाद से बराबर मात्रा में मिलाकर बुवाई से पहले ही भर देते हैं। चूँकि कटहल का बीज जल्दी ही सूख जाता है। अतः उसे फल से निकालने के तुरन्त बाद थैलियों में 4–5 सेंमी. गहराई पर बुआई करने से मूलवृंत लगभग 8–10 माह में बडिंग/ग्राफ्टिंग योग्य तैयार हो जाते हैं।

कटहल के पौधे को पैच बडिंग या क्लेफ्ट ग्राफ्टिंग विधि द्वारा तैयार किया जा सकता है। पैच बडिंग के लिए मातृ वृक्ष से सांकुर डाली काटकर ले आते हैं जिसमें से 2–3 सेंमी. लम्बी कली निकालकर, मूलवृंत पर 15–25 सेंमी. ऊँचाई पर उसी के बराबर आकार की छाल हटाकर बडिंग कर देते हैं। बड़िंग के बाद कली को सफेद पॉलीथीन की पट्टी (100 गेज) से अच्छी तरह बांध देते हैं तथा मूलवृंत का ऊपरी भाग को काट देते हैं। ग्राफ्टिंग विधि से पौधा तैयार करने के लिए मातृ वृक्ष पर ही सांकुर डाली की पत्तियों को लगभग एक सप्ताह पहले पूर्णरहित कर देते हैं। ग्राफ्टिंग करने के लिए मूलवृत को 15–20 सेंमी. ऊँचाई पर काट देते हैं तथा उसके बीचो–बीच 3–4 सेंमी. लम्बा चीरा लगा देते हैं। सांकुर डाली के निचले भाग को दोनों तरफ से 3–4 सेंमी. लम्बा कलम बनाते हैं जिसे मूलवृंत के चीरे में घुसाकर 100 गेज मोटाई की सफेद पॉलीथीन की पट्टी से बाँध देते हैं बडिंग के लिए फरवरी–मार्च तथा ग्राफ्टिंग के लिए अक्टूबर–नवम्बर का महीना उचित पाया जाता है।

बाग स्थापना

कटहल का पौधा आकार में बड़ा तथा अधिक फैलावदार होता है अतः इसे 10X10 मी. की दूरी पर वर्गाकार विधि में लगाया जाता है। पौध रोपण के लिए समुचित रेखांकन के बाद निर्धारित स्थान पर मई–जून के महीने में 1X1X1 मीटर

आकार के गड्ढे तैयार किये जाते हैं। गड्ढा तैयार करते समय ऊपर की आधी मिट्टी एक तरफ तथा आधी मिट्टी दूसरी तरफ रख देते हैं इन गडढों को 15 दिन खुला रखने के बाद ऊपरी मिट्टी में 20–30 कि.ग्रा. गोबर की सड़ी खाद 1–2 कि. ग्रा. नीम या करंज की खली तथा 100 ग्रा. एन.पी.के. मिश्रण अच्छी तरह मिलाकर भर देते हैं। एक–दो बरसात के बाद जब गडढों की मिट्टी अच्छी तरह दब जाती है तब इसके बीचों–बीच में पौधे के पिण्डी के आकार का गडढा बनाकर पौधा लगा देते हैं। पौधा लगाने के बाद चारों तरफ की मिट्टी अच्छी तरह दबा देते हैं और उसके चारों तरफ थाला बनाकर पानी दे देते हैं यदि वर्षा नहीं होती हैं तो पौधों को हर तीसरे दिन एक बाल्टी (15 लीटर) पानी देने से पौध स्थापना अच्छी होती है। पौध लगाने के बाद से एक वर्ष तक पौधों की अच्छी देख–रेख करने से उनका अच्छा विकास होता है। पौधा के थालों में समय–समय पर खरपतवार निकालकर निराई–गुड़ाई करने, आवश्यकतानुसार सिंचाई करने तथा समुचित देखरेख से अच्छे बाग की स्थापना की जा सकती है।

संधाई एवं काट–छाँट

कटहल के नये पौधों में 3 वर्ष तक उचित ढाँचा देने के लिए काट–छाँट करके संधाई की जाती है। ढाँचा देते समय यह ध्यान रखना चाहिए कि तने पर 1–1.5 मी. ऊँचाई तक कोई भी शाखा न निकले जिससे बाग प्रबन्ध अच्छा हो सके। ततपश्चात् 3–4 अच्छी शाखाओं को चारों तरफ बढ़ाने से पौधों का मुख्य ढाँचा बनता है। क्योंकि एक बार ढाँचा बनने के बाद पौधों को नियमित काट–छाँट की जरूरत नहीं होती है। कटहल के पौधों के मुख्य तनों एवं शाखाओं से निकलने वाले उसी वर्ष के कल्लों (Stocks) पर फल लगता है। परन्तु फल तोड़ाई के बाद फल से जुड़े पुष्पवृत्त टहनी (Fruiting stocks) को काट देने से अगले वर्ष अच्छे कल्लों का विकास होता है और फलत अच्छी होती है पुराने पेड़ों पर पनपने वाले परजीवी जैसे–बांदा (लोरेन्थस), सूखी एवं रोगग्रस्त शाखाओं को समय–समय पर निकालते रहने से पौधा स्वस्थ्य एवं नियमित फलन में रहता है।

बाग प्रबन्ध

साधारणतः कटहल के पौधो में बाग प्रबन्ध के तरीको का प्रयोग बहुत कम होता है परन्तु कटहल के सफल बागवानी एवं अधिक मात्रा में गुणवत्तायुक्त फलों के उन्पादन लिए बाग की उचित देख–भाल के साथ–साथ जल प्रबंध, पोषण प्रबंध, कीट एवं व्याधियों के प्रबंध विशेष महत्व रखता है जिसका वर्णन नीचे दिया जा रहा है।

जल प्रबन्ध : कटहल के छोटे पौधों के पनपाने के लिए दो वर्षों तक सिंचाई की जाती है। जब पौधा स्थापित हो जाता है तो सिंचाई की आवश्यकता नहीं होती है। इस अवस्था में पौधों के जड़ों के पास सूखी घास की पलवार बिछाकर नमी संरक्षित करके उनसे अच्छी पैदावार ली जा सकती है।

पोषण प्रबन्ध : कटहल के पेड़ में प्रत्येक वर्ष फलन होती है अतः अच्छी पैदावार के लिए पौधे को पर्याप्त मात्रा में खाद एवं उर्वरक दिया जाता है। प्रत्येक पौधे को 20–25 कि.ग्रा. गोबर की सड़ी हुई खाद के साथ–साथ 50:25:50 ग्रा. नत्रजन : फॉस्फोरसः पोटैशियम (लगभग 100 ग्रा. यूरिया, 200 ग्रा. सिंगल सुपर फास्फेट तथा 100 ग्रा. म्यूरेट ऑफ पोटाश) प्रति वर्ष की दर से जुलाई माह में देने से अच्छी बढ़वार होती है। पौधों की बढवार के साथ खाद एवं उर्वरक की मात्रा में वृद्धि करते रहते हैं और जब पौधे 10 वर्ष के हो जाते हैं तब उसमें 80–100 कि. ग्रा. गोबर की खाद, 1 कि.ग्रा. यूरिया, 2 कि.ग्रा. सिंगल सुपर फास्फेट तथा 1 कि. ग्रा. म्यूरेट आफ पोटाश प्रति वर्ष देने की सलाह दी जाती है। यदि पौधों में घास की पलवार का प्रयोग किया गया है तो खाद की मात्रा में कमी कर सकते हैं। खाद एवं उर्वरक देने के लिए पौधे के क्षत्रक के नीचे मुख्य तने से लगभग 1–2 मी. दूरी पर गोलाई में 25–30 सेंमी. गहरी खाई में खाद के मिश्रण को डालकर मिट्टी से ढक देने से उर्वरकों का समुचित उपयोग पौधों द्वारा हो पाता है।

बाग सतह प्रबन्ध : कटहल के नये बगीचों में उस क्षेत्र की उपयुक्तता के अनुसार पूरक एवं अर्न्त फसलें ली जाती है परन्तु जब पौधे विकसित हो जाते हैं तो उनमें केवल छाया में उगने वाले पौधे जैसे–ओल, हल्दी इत्यादि ही लिए जा सकते हैं। पौधों के बीच की खाली पड़ी जमीन के लगभग 60–70% हिस्से में दलहनी फसलों, खाद्यान्य फसलों एवं तिलहनी फसलों की खेती की जाती है। ऐसा करने से बगीचे में खरपतवार नियंत्रण में भी मदद मिलती है।

कीट एवं रोग प्रबन्ध : कटहल के पौधों में कुछ प्रमुख कीट अधिक हानि पहुंचाते हैं और पौधों को सूखा देते हैं जबकि रोग की ज्यादा सक्रियता नहीं देखी गयी है। कुछ प्रमुख कीटों एवं रोगों का विवरण इस प्रकार है।

तना बेधक : इस कीट के नवजात पिल्लू कटहल के मोटे तने एवं डालियों में छेद बनाकर रहते हैं तथा पौधे को नुकसान पहुचाते हैं। इनके आक्रमण से

मोटी–मोटी शाखायें सूख जाती हैं एवं फसल उत्पादन को प्रभावित करती हैं। इसके नियत्रण के लिए छिद्र को किसी पतले तार से साफ करके नुवाक्रान का घोल (10 मि.ली./ली.) अथवा पेट्रोल या केरोसीन तेल से भीगी रूई को छिद्रों मे ठूंस कर गीली चिकनी मिट्टी से बन्द कर दिया जाता है। इस प्रकार वाष्पीकृत गंध के प्रभाव से पिल्लू मर जाते हैं एवं तने में बने छिद्र धीरे–धीरे भर जाते हैं।

गुलाबी धब्बा : इस रोग में कटहल की पत्तियों के निचली सतह पर गुलाबी रंग का धब्बा बन जाता है जिससे प्रकाश संश्लेषण की क्रिया प्रभावित होती है और फल विकास सुचारू रूप से नहीं हो पाता। इसके नियंत्रण के लिए कॉपर जनित फफूँद नाशी जैसे– कॉपर आक्सीक्लोराइड या ब्लू कॉपर के 0.3% घोल का पर्णीय छिड़का करना उचित होता हैं।

फल सड़न रोग : यह रोग राइजोपस आर्टोकार्पी नामक फंफूद से होता है जिसमें नवजात फल डंठल के पास में धीरे–धीरे सड़न लगते हैं। कभी–कभी विकसित फल भी इसकी चपेट में आ जाते हैं। इसके नियंत्रण के लिए फल लगने के बाद लक्षण दिखाई देते ही ब्लू कॉपर के 0.3% घोल का दो छिड़काव 15–20 दिनों के अन्तराल पर करना चाहिए।

दैहिक व्याधि प्रबन्ध : कटहल के पौधों में होने वाले दैहिक विकार मुख्य रूप से फूलों के परागण एवं निषेचन नहीं होने के कारण होते है। इसमें फूलों का झड़ना एवं फलों का गिरना, फलों का टेड़ा मेढा होना तथा कोवा (Flake) विकास समुचित न होना आदि मुख्य है।

पुष्पन एवं फलन

कटहल एक मोनोसियस पौधा है जिससे नर एवं मादा पुष्पक्रम (स्पाइक) एक ही पेड़ पर परन्तु अलग–अलग स्थानों पर आते है। नर फूल जिसकी सतह अपेक्षाकृत चिकनी होती है। नवम्बर–दिसम्बर में पेड़ की पतली शाखाओं पर आते हैं ये फूल कुछ समय बाद गिर जाते हैं। मादा फूल मुख्य तने एवं मोटी डालियों पर जनवरी–फरवरी में आते हैं। मादा फूल अधिक ओजपूर्ण वृंत, जिसे 'फ्रूटस्टॉक' कहते हैं पर एकल अथवा गुच्छे में आते हैं जिनके साथ कुछ नर पुष्प भी आते हैं। कटहल एक परपरागित फल है जिसमें परागण समकालीन नर पुष्पों से ही होता है। यदि मादा फूल में समान परागण नहीं होता है तो फल विकास सामान्य नहीं होता है परागण के पश्चात् पुष्पक्रम का आधार अण्डाशय और दलाभ (Perianth) एक साथ विकसित होकर संयुक्त–(Composit Fruit) का विकास होता हैं जिसे

सोरोसिस (Sorosis) कहते हैं। फल जनवरी–फरवरी से जून–जुलाई तक विकसित होते रहते हैं। इस समय में फल के अंदर बीज, कोया इत्यादि का विकास होता है और अन्ततः जून–जुलाई में फल पकने लगते हैं।

परिपक्वता एवं फल तोड़ाई

कटहल के फलों को विकास के साथ कई प्रकार से उपयोग में लाया जाता है। अतः इसकी परिपक्वता एवं तोड़ाई को उपयोग के आधार पर कई वर्गों में बाँटा जा सकता हैं अति नवजात एवं मध्यम उम्र के फल, जिसे सब्जी के लिए प्रयोग किया जाता है, को उस समय तोड़ा जाता है जब उसके डंठल का रंग गहरा हरा, गूदा कठोर और कोर (भीतर का काष्ठीय भाग) मुलायम हो। बाजार में माँग के आधार पर फलों की तोड़ाई को नियंत्रित कर सकते हैं। कटहल के पूर्ण विकसित फल पेड़ से तोड़ने के बाद भी पकते हैं। अतः ताजा फल खाने के लिए फलों को पूर्ण परिपक्वता पर तोड़ते हैं जबकि सब्जी के लिए अपरिपक्व फलों की तोड़ाई की जाती है। साधारणतः फल लगने के 100–120 दिनों बाद तोड़ने लायक हो जाते हैं। इस समय तक डंठल से लगीं पत्तियों का रंग हल्का पीला हो जाता है एवं काँटों का नुकीलापन कम हो जाता है। कटहल के कच्चे फल को छड़ी से मारने पर खट–खट एवं पके से धब–धब की आवाज आती है। फलों को किसी तेज चाकू से लगभग 10 सेंमी. डंठल के साथ तोड़ने से दूध का बहाव कम हो जाता है। तोड़ते समय फलों के सीधा जमीन पर गिरने से फल फट जाते हैं इसलिए फल के वृंत को रस्सी से बाँधकर धीरे–धीरे सावधानीपूर्वक नीचे उतार कर किसी छायादार स्थान पर रखते हैं। फलों के आपस में रगड़ से छिलके के भूरे होने का भय रहता है जिससे फल की गुणवत्ता पर विपरीत प्रभाव पड़ता है।

उपज

कटहल के बीजू पौधों में 7–8 वर्ष में फलन प्रारम्भ होता है जबकि कलमी पौधो में 4–5 वर्ष बाद फलन प्रारम्भ हो जाता है। जिन वृक्षों में छोटे आकार के फल लगते हैं। उनमें संख्या अधिक एवं जिन वृक्षों के फल का आकार बड़ा होता हैं उनमें फलों की संख्या कम होती है। एक पूर्ण विकसित वृक्ष से लगभग 150 से 250 कि.ग्रा. फल प्रति वर्ष प्राप्त होता है।

तोड़ाई उपरान्त फल प्रबन्ध

तोड़ाई के बाद कटहल के फलों को छायादार स्थान पर रखना चाहिए। फलों को आकार एवं वजन के अनुसार श्रेणीबद्ध करके बिक्री के लिए ट्रकों एवं लारियों

में भर कर एक स्थान से दूसरे स्थान पर भेजा जाता है। फलों को लम्बे समय तक भण्डारित नहीं किया जा सकता क्योंकि अति कच्चे फलों में सिकुड़न तथा परिपक्व फलों में पकने की समस्या आ जाती है।

परिरक्षण एवं मूल्य सम्वर्धन

कटहल के कच्चे एवं पके फलों में मूल्य सम्वर्धन के अनेक तरीके हैं। कच्चे फलों को अल्प परिरक्षण (Minimal processing) करके सब्जी के लिए प्रयोग कर सकते हैं पके फलों से जैम, फ्रूट पंच, पेय पदार्थ इत्यादि बनाये जा सकते हैं। कटहल के कच्चे फलों से खट्टे–मीठे व मसालेदार अचार बनाये जा सकते हैं।

8. कमरख (Karambola)

कमरख अथवा स्टार एपल जिसका वैज्ञानिक नाम *एवरहो करमबोला* एल (*Averrhoa carambola* L.) है, आक्जैलिसी (Oxalidaceae) कुल का एक प्रमुख सदस्य है। इसे मीठी बिलम्बींग (Sweet belimbing) भी कहा जाता है परन्तु यह बिलम्बी (*Averrhoa bilimbi*) से बहुत भिन्न होता है। कमरख मलेशिया तथा इण्डोनेशिया देश में उत्पन्न हुआ है और विश्व के गर्म एवं नम जलवायु वाले क्षेत्रों में उगाया जा सकता है। इसकी खेती मुख्य रूप से भारत, मलेशिया, इण्डोनेशिया, ताइवान, चीन, फिलीपाइन्स, आस्ट्रेलिया, पाकिस्तान तथा हवाई आदि देशों में की जाती है। जहाँ इसके पौधे गृहवाटिका एवं पोषण वाटिका में उगाये जाते हैं और सीमित पैमाने पर फल उत्पादन करते हैं। उन्नत प्रकार के फल देने वाले किस्मों एवं अधिक उत्पादन क्षमता वाले तकनीकों के विकास के कारण भारत वर्ष में कमरख की खेती बड़े पैमाने पर की जा सकती है। परन्तु इसके विपणन, प्रसंस्करण एवं उपयोग के समुचित प्रबन्ध ही आवश्यकता है। इसके फल अनेक पोषक तत्व एवं अमीनों अम्ल युक्त होते हैं जो मानव जीवन के लिए आवश्यक होते हैं। कमरख प्राकृतिक आक्जैलिक अम्ल का एक मात्र एवं प्रमुख स्रोत है। इसके अतिरिक्त कमरख के फलों में कैल्शियम (5.0 मि.ग्रा./100 ग्रा.), फास्फोरस (20 मि.ग्रा./100 ग्रा.), लौह तत्व (1 मि.ग्रा./100 ग्रा.) तथा विटामिन–सी (50 ग्रा./100 ग्रा.) प्रमुख रूप से पाये जाते हैं।

कमरख के कच्चे फलों को नहीं खाया जा सकता क्योंकि ये बहुत ही कसैले होते हैं परन्तु इसके पके फलों को ताजे फलों के रूप में सीमित मात्रा में प्रयोग

किया जा सकता हैं कमरख के पके फलों से जैम, जैली, मुरब्बा, पेय पदार्थ, अचार, चटनी आदि भी बनाया जा सकता है।

भूमि एवं जलवायु

कमरख के पौधे सभी प्रकार की मिट्‌टी में उगाये जा सकते हैं। परन्तु भारी चिकनी–दोमट मिट्‌टी जिसमें पोषक तत्व पर्याप्त मात्रा में उपलब्ध होते हैं इसके उत्पादन के लिए ज्यादा लाभदायक होते हैं। 5.2 से 6.2 पी.एच. मान वाली मिट्‌टी जिसमें जल जमाव की समस्या न हो, कमरख के लिए उपयुक्त मानी गयी है।

कमरख उष्ण एवं उपोष्ण कटिबंधीय जलवायु का पौधा है अतः पाला रहित क्षेत्र इसके लिए उपयुक्त होता है। इसके भरपूर उत्पादन के लिए 21–32^0 सेन्टीग्रेड तापक्रम, 1800–2000 मि.मी. वार्षिक वर्षा तथा अच्छी सूर्य की रोशनी वाली जलवायु सर्वोत्तम होती है। कमरख के पौधे समुद्र तल से 1200 मी. की ऊँचाई तक अच्छी तरह उगाये जा सकते हैं।

उन्नत किस्में

कमरख में मुख्य रूप से दो प्रकार की किस्में पायी जाती है। प्रथम समूह की किस्मों के फल छोटे, अधिक खट्‌टे, सुवासयुक्त तथा आक्जैलिक अम्ल वाले होते हैं जबकि द्वितीय समूह वाली किस्मों के फलों का आकार बड़ा, स्वाद खट्‌टा–मीठा तथा आक्जैलिक अम्ल की मात्रा कम होती है। कमरख की अनेकों व्यवसायिक किस्मों का विकास भी किया गया है। परन्तु भारत वर्ष में इसकी देशी प्रजातियों को ही इकट्‌ठा करके उन्नत किस्मों के विकास का कार्य किया जा रहा है। कमरख की कुछ प्रमुख किस्मों का विवरण निम्नवत है–

1. **गोल्डेन स्टार** : यह फ्लोरिडा से विकसित की गयी किस्म है जिसके फल बड़े, मीठे तथा देखने में अति सुन्दर होते हैं।
2. **अरकिन** : यह किस्म भी फ्लोरिडा तथा क्वींसलैंड में व्यवसायिक स्तर पर उगाई जाती है। इसके फलों का आकार बड़ा, वजन 100–200 ग्रा. प्रतिफल मिठास 8–11^0 ब्रिक्स तथा गूदा जायकेदार होता है।
3. **न्यूकाम्ब** : यह फ्लोरिडा की एक व्यवसायिक किस्म है जो खट्‌टे फलों के लिए मशहूर है।
4. **फ्वांग–तुंग** : इस किस्म के फल 12.5–20 सेंमी. लम्बे, पीले रंग वाले, मीठे तथा रसदार गूदे वाले एवं कम बीज वाले होते हैं।

5. **हवीलर** : इस किस्म के फल मध्यम से बड़े, लम्बोतरे तथा छिलके एवं गूदे का रंग नारंगी होता है। फलों का स्वाद मीठा तथा खुशबूदार होता है तथा पौधे अधिक उपज देने वाले होते हैं।

इसके अतिरिक्त होकू, कमांग, महा, केम्बैगन, थायर आदि किस्में हवाई, मलेशिया, अमेरिका, ताईवान एवं थाईलैण्ड में व्यवसायिक स्तर पर उगायी जाती है। अण्डमान–निकोबार द्वीप समूह के उष्ण कटिबन्धीय जलवायु क्षेत्रों में हरे और पकने पर सुनहरे पीले रंग वाले तथा खट्टे–मीठे स्वाद वाली स्थानीय किस्मों का उत्पादन किया जाता है।

प्रसारण तकनीक

कमरख के पौधों को मुख्य रूप से बीज द्वारा तैयार किया जाता है। बीज द्वारा पौधों को तैयार करना आसान होता है क्योंकि इसके पके फलों से भूरे रंग के बीज को पौधशाला में थैलियों में लगाकर पौधे बनाये जा सकते हैं परन्तु बीजू पौधों में फलत देर से आने तथा एक समान रूप से फल पैदा न करने के कारण वनस्पतिक विधि का प्रयोग करना लाभदायक होता है। ऐसी दशा में बीजू पौधों का मूलवृंत के रूप में प्रयोग करते हैं। व्यवसायिक स्तर पर वनस्पतिक विधियों में गूटी तथा ग्राफ्टिंग प्रमुख विधि है। गूटी तैयार करने के लिए एक वर्ष पुराने डालियों पर शीर्ष से 50–60 सेंमी. नीचे 1.5 सेंमी. छल्ला उतार कर 10000 पीपीएम, आई.बी.ए. के पेस्ट से उपचारित करने से लगभग शत प्रतिशत पौधे तैयार हो जाते हैं। गूटी बनाने का सबसे उपयुक्त समय जुलाई–अगस्त होता है जब वायुमंडल में आर्द्रता बनी रहती है। ग्राफ्टिंग की विधियों में वेज, ह्वीप, विनियर तथा भेंट कलम विधि सबसे सफल पायी गयी है। भारत वर्ष में भेंट कलम विधि का प्रयोग किया जाता है जबकि फ्लोरिडा में कमरख के पौधे तैयार करने के लिए विनियर ग्राफ्टिंग विधि का प्रयोग किया जाता है।

बाग स्थापना

वर्तमान में कमरख की बागवानी केवल गृहवाटिका एवं सीमित क्षेत्रफल में की जाती है। अतः इसमें बाग स्थापना से सम्बन्धित जानकारी का अभाव है। कमरख के नये बाग लगाने के लिए खेत को तैयार किया जाता है। अगर जंगल झाड़ीदार जमीन है तो उसे साफ करके जुताई करनी चाहिए। ढालू जमीन में जुताई कन्टूर रेखा के अनुरूप करते हैं। खेत की जुताई तथा समतलीकरण के पश्चात ही रेखांकन एवं गड्ढों की तैयारी की जाती है। कमरख के पौधों को 25–35 वर्ग मी.

जगह की आवश्यकता होती है अतः यदि उन्हें 5–6 मी. दूरी पर वर्गाकार विधि में लगाया जाता है तो पौधे का विकास अच्छा होता है। पौधो को 5X5 अथवा 6X4 मी. दूरी पर लगाया जाता है। पौधा रोपण के लिए 60X60X60 सेंमी. आकार के गड्ढों को मई के महीने में खोदकर 15 दिनों के लिए खुला छोड़ देते हैं। गड्ढा भरने के लिए ऊपर की मिट्टी में 15–20 कि.ग्रा. गोबर की खाद, 1 कि.ग्रा. करंज की खली, तथा दीमक नाशी चूर्ण को मिलाकर मिश्रण तैयार करते हैं। मिश्रण को भरने के बाद गडढे को ऊपर से मिट्टी से भर देते हैं। एक–दो बरसात के बाद गडढे की मिट्टी दब जाती है तो उसके मध्य में पौधों को लगाया जाता है। पौधों को लगाने के पश्चात् थाला बनाकर पानी देते हैं और पौधा पनपने तक देखरेख करते हैं। वर्षा ऋतु में थालो में खरपतवार नियंत्रण करते रहने से पौध स्थापना अच्छी होती है।

संधाई एवं काट–छाँट

कमरख के पौधों में घना क्षत्रक विकास होता है। इनकी शाखाओं के बीच का कोण बहुत पतला होता है जिसके फलस्वरूप पौधे प्रारम्भिक अवस्था में झाड़ीनुमा होते है। इस लिए पौधों की प्रारम्भ से ही संधाई करने की आवश्यकता होती है। जमीन से 60–80 सेंमी. की ऊँचाई तक बगल की शाखाओं को जिनका कोण बड़ा हो चारों तरफ बढ़ने देते हैं जो मुख्य शाखाओं का निर्माण करती है। कमरख में ज्यादा काट–छाँट की आवश्यकता नहीं होती परन्तु प्रारम्भिक अवस्था में पौधों को उचित ढाँचा देते हैं और फलत की अवस्था में फलों के वृंतो को काटकर हटा देते हैं।

बाग प्रबन्ध

कमरख के सफल व्यवसायिक बागवानी हेतु जल प्रबन्ध, पोषण प्रबंध, आदि तकनीकों को अपनाकर अधिक उत्पादन लिया जा सकता है जिनका विवरण नीचे दिया गया है।

जल प्रबन्ध : कमरख में उचित बाग प्रबन्ध की तकनीकों का प्रयोग करने से अच्छा उत्पादन लिया जा सकता है। पौधा रोपण के पश्चात् पौधों की नियमित सिंचाई तथा थालों में खरपतवार की पलवार बिछाने से पौधों की वृद्धि एवं विकास अच्छा होता है। गर्मी के दिनों में पौधों को सिंचाई की जरूरत होती है। शरद ऋतु में कमरख के फलों के विकसित होने के समय जड़ों के पास पलवार बिछाने तथा 15–20 दिनों के अन्तराल पर सिंचाई करने से फल विकास अच्छा होता है।

पोषण प्रबन्ध : कमरख के पौधो को प्रतिवर्ष वर्षा ऋतु में खाद दिया जाता है। एक वर्ष के पौधे को लगभग 15–20 कि.ग्रा. गोबर की सड़ी खाद, 500 ग्रा. खली तथा 50:25:25 ग्रा. के अनुपात में नत्रजन, फॉस्फोरस तथा पोटाश की आवश्यकता होती है। जब पौधा पूर्ण विकसित हो जाता है तब उसमें 50–60 कि. ग्रा. गोबर की खाद 2 कि.ग्रा. नीम या करंज की खली, 250 ग्रा. नत्रजन, 125 ग्रा. फॉस्फोरस तथा 125 ग्रा. पोटाश की आवश्यकता होती है। सूक्ष्म पोषक तत्वों की कमी की दशा में आवश्यकता अनुसार घोल के पर्णीय छिड़काव से नियन्त्रण पाया जा सकता है।

बाग सतह प्रबन्ध : पौधों के छोटी अवस्था में कमरख के बगीचे को खरपतवार रहित होने से पौधों का विकास अच्छा होता है। इसके लिये नियमित रूप से खेत में तथा विशेषकर थालों में खरपतवार का नियंत्रण करना जरूरी होता है। पौधों के बीच की खाली जगह में सामयिक फसलों की खेती करने से बाग साफ–सुथरा रहता है। बड़े पौधों में घनी छाया होने के कारण केवल छाया प्रेमी फसलों जैसे–हल्दी या ओल की खेती सम्भव होती है।

कीट एवं रोग प्रबन्ध : कमरख के पौधों में फल मक्खी, फल छेदक कीट, रस चूसक शलभ, माहूँ मिली बग जैसे–कीट एवं एन्थ्रेक्नोज तथा फल सड़न जैसी बीमारियों का प्रकोप होता है। भारत वर्ष में चूंकि कमरख की बागवानी विस्तृत तौर पर नहीं हो रही है अतः इन कीड़ों एवं बीमारियों के नियंत्रण का नियोजित प्रयास नहीं किया गया है। परन्तु इनके नियंत्रण के लिए प्रचलित तरीकों का प्रयोग करके अच्छी सफलता पायी जा सकती है। साथ ही साथ बगीचे की सफाई एवं उचित देखरेख द्वारा इनके प्रकोप को काफी हद तक कम किया जा सकता है।

दैहिक व्याधि प्रबन्ध : कमरख की बागवानी अभी व्यवसायिक स्तर पर बहुत कम है अतः इनमें लगने वाले विकार एवं उनके प्रबंधन का सुनियोजित प्रयास नहीं हो पाया है परन्तु फूल एवं फलों के गिरने से बचाव के लिए प्रचलित तरीकों का प्रयोग कर नियंत्रण किया जा सकता है। फलों में अच्छे रस विकास के लिए उनके विकास के समय मृदा में लगातार नमी बना रहना चाहिए।

पुष्पन एवं फलन

कमरख के पौधों में फूल गुच्छों में आतें है। यह गुच्छे पतली डालियों तथा मोटे तनों एवं शाखाओं पर लगते हैं साधारणतः कमरख में तीन बार फूल आते हैं। परन्तु जुलाई–अगस्त के फूल जिनके फल नवम्बर–दिसम्बर में पकते हैं सबसे अच्छे माने

जाते हैं। जलवायु की प्रतिकूल दशा एवं परागण में कमी के कारण 80–85% फूल एवं फल गिर जाते हैं, परन्तु अधिक मात्रा में फलत होने के कारण कमरख के पौधों से प्रतिवर्ष अच्छी पैदावार मिल जाती हैं।

परिपक्वता एवं फल तोड़ाई

कमरख के फल नान–क्लाइमेक्टेरिक प्रकृति के होते हैं अतः इन्हें पूर्ण परिपक्वता के पश्चात् ही तोड़ने से अच्छी गुणवत्ता के फल प्राप्त होते हैं। फल लगने के 90–120 दिनों के भीतर पक जाते हैं। जब फल हल्के पीले रंग के हो जाय तथा उसमें भरपूर मात्रा में रस तथा संतुलित खटास व मिठास का अनुपात हो जाये जब उन्हें पौधों से तोड़ना चाहिए। फलों को एक–एक करके तोड़कर किसी छायादार स्थान पर रखना उचित होता है।

उपज

कमरख के पूर्ण विकसित अच्छी किस्म के पौधे से 80–100 कि.ग्रा. तक फल प्रति वर्ष प्राप्त हो जाता है।

तोड़ाई उपरान्त फल प्रबन्ध

कमरख के फलों की तोड़ाई के बाद चोटिल तथा छोटे फलों को छांटकर अलग कर देते हैं। पूर्ण रूप से पके हुए समान आकार के फलों को टोकरियों या डिब्बों में बन्द करके एक स्थान से दूसरे स्थान तक भेजा जा सकता है।

परिरक्षण एवं मूल्य सम्वर्धन

कमरख के फलों को ताजे रूप में ही प्रयोग किया जाता है परन्तु इससे मिश्रित फल सलाद, चटनी, मुरब्बा, मिक्स मुरब्बा आदि तुरन्त उपयोगी परिरक्षित पदार्थ बनाये जा सकते हैं।

9. इमली (Tamarind)

इमली जिसे वैज्ञानिक भाषा में *टेमेरिन्डस इण्डिका* (*Tamarindus indica*) कहा जाता है फैबेसी अथवा लेगुमिनेसी (Fabacee or Leguminaceae) परिवार का एक सदस्य है। यह एक सदाबहार, 10–15 मी. ऊँचा बढ़ने वाला, फैलावदार एवं घने क्षत्रकयुक्त बहुशाखीय वृक्ष होता है। यह भारत वर्ष का देशज फल है। भारत वर्ष में इसके पौधे लगभग हर जगह पाये जाते हैं। परन्तु बड़े पैमाने पर इसका वृक्षारोपण पूर्वी एवं पश्चिमी घाट के मैदानों, दक्षिण भारत के पठारी क्षेत्रों, उत्तर–पूर्व

के मैदानी भागों में मुख्य रूप से किया गया है। इसका वृक्ष रोपण ब्रिटिश शासन काल में पूर्वी उत्तर प्रदेश, बिहार एवं कई राज्य के राज्य मार्गों पर छायादार वृक्ष के रूप में किया गया है। जिससे काफी अच्छी पैदावार होती है। व्यवसायिक खेती न होने के कारण इमली को गौण फलों की श्रेणी में रखा जाता है। यदि इनका वैज्ञानिक तरीके से खेती की जाये तो इनसे अच्छा उत्पादन लिया जा सकता है। इमली अपने खट्टे–मीठे स्वाद के लिए मशहूर फल है। जिसके 100 ग्रा. खाद्ययुक्त पदार्थ में मुख्य रूप से नमी 52%, प्रोटीन (3.1%), वसा (0.1%), खनिज तत्व (0.30%) एवं रेशा (5.6%) पाया जाता है। इसका उपयोग मुख्य रूप से खट्टी एवं मीठी चटनी बनाने तथा अनेक पकवान में स्वाद पैदा करने के लिए किया जाता है।

भूमि एवं जलवायु

इमली एक ऐसा फल वृक्ष है जो सभी प्रकार की भूमि में उगाई जा सकती है। वास्तव में यह ऊष्ण कटिबन्धीय जलवायु का फल वृक्ष है जो लगभग सभी क्षेत्रों के बेकार पड़ी जमीन में उगाया जा सकता है। ज्यादातर इमली के पौधे प्राकृतिक अवस्था में जंगलों एवं बेकार पड़ी खाली जमीनों में पाये जाते हैं। जिन्हें प्राकृतिक अवस्था में स्वस्थान पर ही अच्छी रख–रखाव करके भरपूर एवं नियमित पैदावार लिया जा सकता है।

उन्नत किस्में

इमली की कुछ किस्मों का चयन किया गया है जिसमें पी.के.एम.–1, प्रतिष्ठान एवं देशी–प्रजातियाँ प्रमुख है। पी.के.एम. श्रृंखला की किस्में तमिलनाडु कृषि विश्वविद्यालय के पेरियाकुलम परिसर से विकसित की गयी है जबकि प्रतिष्ठान किस्म महाराष्ट्र से निकाली गयी है।

प्रसारण तकनीक

इमली मुख्य रूप से बीज द्वारा प्रसारित किया जाता है। इमली के बीजू पौधों में फलत देर से आती है। अतः जल्दी फलन के लिए कलिकायन विधि द्वारा पौधा तैयार करने की विधि का विकास किया गया है। कलिकायन विधि से पौध तैयार करने का उचित समय जून–अगस्त होता है। इसके 8–10 माह पुराने बीजू पौधों पर पैच विधि द्वारा कलिकायन किया जाता है।

बाग स्थापना

इमली का पौधा लगाने से पहले खेत को तैयार करके 8–10 मी. कतार से कतार तथा 8–10 मी. पौध से पौध की दूरी पर वर्गाकार विधि में रेखांकन किया जाता है। रेखांकन करने के बाद मई माह में निश्चित स्थान 1 x 1 x 1 घन मी. आकार पर गडढे तैयार करके उन्हें 15 दिन तक खुला छोड़ देते हैं। गडढे भरने के लिए उसके ऊपरी भाग की मिट्टी में 25–30 कि.ग्रा. गोबर की सड़ी खाद तथा 50 ग्रा. क्लोरोपाइरिफास (10% धूल) प्रति गड्ढे की दर से मिलाकर भर देते हैं। जब गडढे की मिट्टी 1 या 2 बरसात के बाद अच्छी तरह दब जायें तब जून–जुलाई के महीनें में गड्ढे के बीचों–बीच में पौधों के पिंडी के आकार का गडढा बनाकर पौधों को लगाने से अच्छी सफलता मिलती है। पौधों को लगाने के बाद उसके चारों तरफ की मिट्टी को अच्छी तरह से दबाकर एक थाला बना देते हैं। थालों में 1 सप्ताह तक प्रति दिन एक बाल्टी पानी देते रहते हैं परन्तु यदि बरसात हो रही हो तो पानी देने की आवश्यकता नहीं होती।

संधाई एवं काट–छाँट

पौधों में 2–3 वर्ष की उम्र तक काट–छाँट करके निश्चित आकार देना चाहिए जिससे भविष्य में इनका ढाँचा मजबूत एवं आकार सुडौल बन सके। जब पौधे फलत में आ जाते हैं तब कोई विशेष काट–छाँट की आवश्यकता नहीं होती। विकसित एवं फल देने वाले पौधों में फल तोड़ाई के बाद सूखी डाली को काटकर साफ कर देने से अच्छा उत्पादन प्राप्त होता है।

बाग प्रबन्ध

वैसे तो इमली के व्यवसायिक बगीचे नहीं है परन्तु तमिलनाडु एवं दक्षिणी राज्यों में इसकी खेती के उच्चस्तरीय प्रयास जारी हैं। इमली के व्यवसायिक बाग प्रबन्ध तकनीकों में जल प्रबन्ध, पोषक प्रबन्ध एवं रोग कीट प्रबन्ध आदि प्रमुख हैं।

जल प्रबन्ध : इमली के पौधों के प्रारम्भिक अवस्था में गर्मी के मौसम में 10–12 दिन तथा सर्दी के मौसम में 15–20 दिनों के अंतराल पर सिंचाई कर देना चाहिए। पौधों के जड़ों के पास नमी का उचित स्तर बनाये रखने तथा वर्षा जल को संरक्षित रखने के लिए सितम्बर–अक्टूबर में धान के पुआल या सूखे खरपतवार की पलवार (मल्चिंग) बिछाने से पौधों की बढ़वार एवं उपज अच्छी होती है। इमली स्थानीय जलवायु के पूर्ण अभ्यस्त होते है अतः इन्हें अधिक पानी की आवश्यकता

नहीं पड़ती है, परन्तु भरपूर पैदावार के लिए पौधों को समय–समय पर आवश्यकतानुसार सिंचाई करना लाभदायक होता है।

पोषण प्रबन्ध : इमली के पौधों को उनकी बढ़वार एवं पैदावार के लिए 3 वर्षों तक 20–25 कि.ग्रा. सड़ी गोबर की खाद, 1.5–2.0 कि.ग्रा. करंज की खली, 150 ग्रा. यूरिया 150 ग्रा. सिंगल सुपर फास्फेट, तथा 150 ग्रा. म्यूरेट ऑफ पोटाश देना चाहिए। इस मात्रा को धीरे–धीरे बढ़ाते रहना चाहिए और पूर्ण विकसित होने पर पौधों को 30–40 कि.ग्रा. गोबर की सड़ी खाद, 3 कि.ग्रा. करंज की खली, 1 कि. ग्रा. यूरिया, 800 ग्रा. सिंगल सुपर फास्फेट, 400 ग्रा. म्यूरेट ऑफ पोटाश प्रति वृक्ष प्रति वर्ष देना लाभदायक पाया गया है। खाद एवं उर्वरक को जून–जुलाई में छत्रक के नीचे गोलाई में नाली बनाकर देने तथा उसे अच्छी तरह से ढक देने से अच्छा उत्पादन मिलता है। यदि बरसात नहीं हो रही है तो समुचित सिंचाई करने से पौधों को लाभ मिलता है।

बाग सतह प्रबन्ध : इमली के पौधों को काफी दूर–दूर पर लगाया जाता है जिसके कारण बीच की खाली पड़ी जमीन में अन्तरसस्य उगाने के लिए प्रयोग किया जाता है। अन्तरसस्य फसलों में खरीफ में धान दलहन व तिलहन फसलें तथा सिंचाई सुविधा होने पर कुछ सब्जियाँ आदि प्रमुख हैं। अत्यंत सूखे एवं ऊबड़–खाबड़ जमीन में खेती के लिए इमली के पौधों के पास थाला बनाकर नमी संरक्षण करना तथा थालों में पलवार बिछाना लाभदायक पाया गया है। ऐसी दशा में घासों विशेषकर दलहनी प्रजातियों (*स्टाइलो सेन्थेस*) आदि को बढ़ावा दिया जा सकता है।

कीट एवं रोग प्रबन्ध : इमली के पौधे साधारणतः कीट एवं रोग प्रतिरोधी होते हैं अतः इनमें किसी विशेष प्रबन्ध की आवश्यकता नहीं पड़ती। परन्तु यदि तना बेधक दिखाई पड़े तो टहनी एवं तने पर स्थित छिद्रों को साफ करके मिट्टी का तेल या पेट्रोल से भीगी रूई ठूंस कर चिकनी मिट्टी से लेप कर देने से उसमें उपस्थित कीट मर जाता है। यदि पत्ती खाने वाले कीट का प्रकोप देखा जाए तो मानोक्रोटोफॉस दवा के 0.1% घोल (1 मि.ली. दवा प्रति ली. पानी) के छिड़काव से नियंत्रण किया जा सकता है। फल एवं बीज वेधक कीट के नियंत्रण के लिए कार्बोटील दवा के 0.2% घोल का छिड़काव किया जा सकता है।

पुष्पन एवं फलन

इमली के बीजू पौधों में पुष्पन एवं फलन काफी देर बाद यानि 20–25 वर्षो में आता है परन्तु कलिकायन विधि से तैयार पौधों में 7–8 वर्षो में पुष्पन व फलन होने लगता है। फूल के आने का समय जुलाई–अगस्त तथा फल पकने का समय फरवरी–मार्च होता है।

परिपक्वता एवं फल तोड़ाई

इमली के फल को बाजार के माँग के अनुसार कच्चे एवं पके अवस्था में तोड़कर बिक्री करते हैं। पके फल फरवरी–मार्च में तैयार होते हैं। पके फलों की तोड़ाई करके ऊपर का छिलका और बीज निकाल कर चौकोर चक्कियों (Rectangular blocks) के रूप में भण्डारित कर सकते हैं।

उपज

इमली के कलमी पौधों से 15–20 वर्ष बाद 50–60 कि.ग्रा. फल प्रति वृक्ष प्रति वर्ष प्राप्त हो सकते है। प्राकृतिक तौर पर उगने वाले बड़े बीजू पौधों से 100–150 कि.ग्रा. तक फल प्राप्त हो जाते हैं।

तोड़ाई उपरान्त फल प्रबन्ध

फलो को तोड़ने के उपरान्त फल के ऊपरी छिलके एवं बीज को हटाकर एवं सूखा कर अच्छी तरह से भण्डारण कर सकते हैं। सूखे फलों को डिब्बा बन्दी कर बाजार माँग के अनुसार एक स्थान से दूसरे स्थान पर भेजा जाता है।

परिरक्षण एवं मूल्य संम्वर्धन

इमली के कच्चे फलों से चटनी तथा कुछ अन्य खट्टे पदार्थ बनाये जा सकते हैं जबकि पके फलों से खटाई, अचार, कैण्डी एवं अनेक प्रकार के मूल्य सम्वर्धित पदार्थ तैयार कर सकते हैं। इमली के पके फलों के गूदे को लम्बे समय तक भण्डारित कर सकते हैं और इसके प्रयोग द्वारा अनेक प्रकार के खाद्य पदार्थ तैयार किये जा सकते हैं।

ब. उपोष्ण कटिबन्धीय फल

1. नींबू प्रजाति के फल (Citrus Fruits)

नीबू प्रजाति के फलों (*Citrus species*) में दो प्रमुख समूह है, प्रथम खट्टे फल समूह (Acid group) और द्वितीय मीठे फल समूह (Sweet group) ये फल रूटेसी (Rutaceae) कुल से सम्बन्ध रखते हैं तथा पूरे विश्व में पैदा किये जाते हैं। मीठे फलों में संतरा, मुसम्बी, माल्टा, ग्रेपफ्रूट, चकोतरा तथा खट्टे समूह में नींबू, लेमन, एसिड लाइम आदि मुख्य है। उपोष्ण कटिबन्धीय क्षेत्र नींबू वर्गीय फलों की खेती के लिए उपयुक्त होते हैं परन्तु अर्ध शुष्क क्षेत्रों में भी नींबू वर्गीय फलों (सन्तरा, मुसम्बी, किन्नों, नींबू आदि) की अच्छी खेती की जा सकती है। नींबू प्रजाति के फल पौधे रोग के प्रति संवेदनशील होते हैं अतः यदि इनके बगीचों की यदि समुचित देखरेख न की जाय तो इनके पौधें उम्र से पहले ही उत्पादन देना बन्द कर देते हैं और सूखने लगते हैं जिसे 'सिट्स डिक्लाइन' कहते हैं। अतः नींबू वर्गीय फल फसलों की भरपूर पैदावार के लिए उनके उचित बाग प्रबन्धन की आवश्यकता है। नींबू प्रजाति के कुछ फल जैसे नारंगी इत्यादि उत्तरी अमेरिका के देशज हैं परन्तु कुछ फल जैसे लेमन तथा नींबू भारतीय उपमहाद्वीप में जन्में हैं। उत्पत्ति के बाधाओं को लांघते हुए ये फल विश्व के अनेक देशों जैसे चीन, मलाया, अफगानिस्तान, इजराइल, उत्तरी एवं दक्षिणी अमेरिका तथा भारतीय उपमहाद्वीप में बड़े पैमाने पर उगाये जा रहे हैं। असम के उप–पर्वतीय भागों में ये फल प्राचीन समय से उगते आ रहे हैं। यहाँ से यह संसार के दूसरे ऊष्ण तथा उपोष्ण भागों में वितरित हुए जहाँ पर इनके लिए उपयुक्त जलवायु उपलब्ध है। भारत वर्ष में आम तथा केले के बाद नींबू प्रजाति के फलों का तीसरा स्थान आता है। भारत में फलों के अन्तर्गत कुल क्षेत्रफल का लगभग 8–10% भाग नींबू वर्गीय फलों के अन्तर्गत है।

नींबू प्रजाति के फलों में माल्टा (मुसम्बी), संतरा तथा नींबू एवं लेमन व्यवसायिक रूप से पैदा किये जाते हैं। नींबू प्रजाति के फलों में विटामिन 'ए' 'बी' 'सी' तथा खनिज पदार्थ प्रचुर मात्रा में पाए जाते हैं। विटामिन 'सी' सभी जातियों में अधिकता से पाये जाते हैं। इनके फलों को ताजे रूप में खाने के अतिरिक्त इससे साइट्रिक अम्ल, परिरक्षित रस, स्क्वैश, पैक्टिन, मार्मलेड, अचार, तेल, इत्र, तथा अनेक दवाईयाँ बना सकते हैं।

भूमि एवं जलवायु

हल्की से मध्यम बलुई दोमट मिट्टी नींबू वर्गीय फलों के लिए उपयुक्त होती है। लाल एवं लेटराईट मिट्टी जिसमें जल निकास की अच्छी व्यवस्था होती है तथा पी.एच. मान अम्लीय होता है, नींबू वर्गीय फलों के लिए उपयुक्त है। इसके लिए उपोष्ण कटिबन्धीय अर्ध शुष्क जलवायु अत्यत्न ही उपयुक्त है। जिन क्षेत्रों में सर्दी लम्बे समय तक होती है और पाला पड़ने की सम्भावना रहती है, इसकी खेती के लिए उपयुक्त नहीं है। फल परिपक्व होते समय कम तापमान तथा शुष्क वातावरण में सन्तरा, मौसमी, चकोतरा आदि में अच्छी मिठास विकसित होती है। रात एवं दिन के तापमान का सामन्जस्य फलों में अच्छे रंग, मिठास, एवं गुणवत्ता के विकास में मददगार साबित होता है।

उन्नत किस्में

नींबू वर्गीय फलों में दो प्रकार के फल प्रमुख है एक तो वे जो खट्टे फल देते है और दूसरे जो मीठे फलों के लिए उगाए जाते हैं। खट्टे फलों में मुख्य रूप से लाइम और लेमन हैं जबकि मीठे फलों में सन्तरा, मौसमी, मीठा नींबू, ग्रेपफ्रूट, चकोतरा आदि प्रमुख हैं। नींबू वर्गीय फलों की उन्नत किस्में इस प्रकार है–

खट्टा नीबू (लाइम) : कागजी कलान, सीडलेस, रंगपुर लाइम, विक्रम, प्रोमालिनी।

नींबू (लेमन) : नेपाली, ओवलांग, पन्तलेमन–1, आसाम लेमन (गन्धराज), सीडलेस, बारामासी

सन्तरा : किन्नो, नागपुर सन्तरा, कुर्ग सन्तरा, खासी सन्तरा।

मुसम्बी : माल्टा, मुसम्बी, सथगुड़ी, पाइन एप्पल, बलडरेड, जाफा।

ग्रेपफ्रूट : मार्स सीडलेस, गंगा नगर रेड, डन्कन, रूबी रेड।

चकोतरा : चकोतरा, गागर, स्थानीय डाव।

किन्नो को साधारणतयः सन्तरे के वर्ग में रखा जाता है परन्तु वास्वत में यह सन्तरे और मौसमी (किंगस आरेन्ज x विल्लो लीफ) के संकरण से बनाया गया है इसका छिलका नारंगी रंग का होता है जो नारंगी की अपेक्षा सख्त होता है और इसकी फांके सन्तरे के तरह अलग होती हैं। पंजाब में इसकी व्यवसायिक खेती की जाती है।

प्रसारण तकनीक

नींबू वर्गीय फलों को मुख्यतः बडिंग एवं कुछ हद तक ग्राफ्टिंग विधि द्वारा प्रसारित किया जाता है। लेमन के पौधे गूटी, दाबा या कलम द्वारा तैयार किये जाते हैं जबकि कागजी नींबू के पौधे व्यवसायिक स्तर पर बीज द्वारा तैयार किये जाते हैं। नींबू वर्गीय फलों में डिक्लाइन की समस्या गंभीर होती है। अतः इनमें उपयुक्त मूलवृंत का प्रयोग भी किया जाता है। प्रत्येक प्रजाति के लिए अलग–अलग मूलवृन्त को चुना जाता है जिन पर बडिंग या ग्राफ्टिंग करके सन्तरा, मौसमी आदि के अच्छी गुणवत्ता के पौधे तैयार किये जा सकते हैं। माइक्रोटिप ग्राफ्टिंग तकनीक के मदद से रोगमुक्त एवं विषाणु रहित पौध तैयार करने का आधुनिक तरीका विकसित किया गया है।

बाग स्थापना

नींबू वर्गीय फलों के पौधे मध्यम आकार के होते हैं अतः इनके बगीचे लगाने के लिए 5X5 मी. की दूरी पर वर्गाकार विधि में रेखांकन करना सर्वोत्तम होता है। उचित रेखांकन करके निर्धारित स्थान पर 60X60X60 सेंमी. आकार के गड्ढे तैयार करने चाहिए। शुष्क क्षेत्रों में जहाँ की मिट्टी में मुरम या पत्थर के टुकड़ों की अधिकता है वहाँ गड्ढो की गहराई 1–1.5 मी. तक रखनी चाहिए। गडढों की खुदाई मई–जून में तथा भराई जून–जुलाई में करनी चाहिए। यदि मिट्टी में 20–25 कि.ग्रा. गोबर की सड़ी खाद 1 कि.ग्रा. करंज/नीम/महुआ की खली, 50–60 ग्रा. दीमकनाशी रसायन 100 ग्रा. सिंगल सुपर फास्फेट/डी.ए.पी. प्रति गडढे की दर से देने से बाग स्थापना अच्छी होती है और पौधों की बढ़वार भी उचित रहती है। पौधों को जुलाई–अगस्त में गडढों के बीचों–बीच उनके पिण्डी के आकार में जगह बनाकर लगाया जाता है तथा उनके चारों तरफ थाला बनाकर पानी देने से पौध स्थापना अच्छी होती है। पौधा लगाते समय यह ध्यान रखे कि उनका ग्राफ्टिंग/बांडिग का जोड़ जमीन से 10–15 सेंमी. ऊपर रहे। नींबू वर्गीय फलों के नवजात पौधों को उचित देख–रेख की आवश्यकता होती है। नये पौधों को गर्मी के मौसम में तेज धूप एवं लू तथा सर्दी के मौसम में ठण्ड एवं पाले से बचाव का समुचित प्रबन्ध करना चाहिए। पौधों के जड़ों के पास पर्याप्त नमी बनाये रखने के लिए समय–समय पर सिंचाई की व्यवस्था करनी चाहिए एवं पलवार बिछानी चाहिए। खरपतवार नियंत्रण हेतु भी थालो की समय पर गुड़ाई एवं पलवार के प्रयोग लाभकर पाया गया है।

संधाई एवं काट–छाँट

वनस्पतिक अवस्था में पौधों में उचित ढाँचा निर्माण अत्यन्त जरूरी होता है, अतः उनकी उचित काट–छाँट करके जमीन की सतह से 60–70 सेंमी. ऊँचाई शाखाओं को निकाल देते हैं। सूखी एवं रोग ग्रसित डालियों को समय–समय पर काटकर हटाते रहने तथा जल प्रारोहों (Water Sprouts) को हटाते रहने से पौधे का अच्छा विकास होता है। मुख्य तने पर लगे बोरर के छिद्रों को साफ कर उसमें केरोसिन तेल से भीगी रूई ढूंस कर गीली मिट्टी से बन्द करने, मकड़ी के जालों तथा कैंकर से ग्रसित पत्तियों को साफ करने, डालियों के कटे भाग पर ब्लू कॉपर + आरण्डी तेल का पेंट बनाकर लगाने जैसे छोटे–छोटे कार्यों से पौधों का समुचित स्वस्थ बनाये रखा जा सकता है। रोग ग्रसित पत्तियों, डालियों को इकट्ठा करके जला देने से बाग साफ सुथरा बना रहता है।

बाग प्रबन्ध

नींबू वर्गीय फसलों में बाग प्रबन्ध एक अत्यन्त ही महत्वपूर्ण हिस्सा है जिसमें कोई भी कमी नहीं आने देना चाहिए।

जल प्रबन्ध : पौधों के प्रारम्भिक अवस्था पर सिंचाई बहुत आवश्यक है। जब पौधे फल देने लायक हो जाय तब उनके जड़ों के पास पर्याप्त एवं समान रूप से नमी बनी रहनी चाहिए। इसके लिए पौधों में बूँद–बूँद सिंचाई तथा पलवार बिछाकर नमी संरक्षण अत्यन्त ही आवश्यक होता है। नमी के असंतुलन से फलों के झड़ने एवं फटने की समस्या बहुत अधिक उग्र हो जाती है।

पोषण प्रबन्ध : नींबू वर्गीय फल पौधों को पर्याप्त मात्रा में संतुलित पोषक तत्वों को देना जरूरी होता है। इसमें मुख्य तथा गौण पोषक तत्वों की कमी तुरन्त स्पष्ट होती है। अतः उनका उपयोग वांछनीय है। सन्तरा और मौसमी के प्रत्येक पौधे को 20–30 कि.ग्रा. गोबर की सड़ी हुई खाद, 1–1.5 कि.ग्रा. यूरिया, 1–1.5 कि. ग्रा. सिंगल सुपर फास्फेट तथा 0.5–0.6 कि.ग्रा. मयूरेट ऑफ पोटाश प्रति वर्ष देना चाहिए। इसके साथ ही साथ फल देने वाले पौधों को जिंक सल्फेट (200 ग्रा. प्रति पौधा) तथा बोरान (100 ग्रा. प्रति पौधा) भी दिया जाना चाहिए। उर्वरक की आधी मात्रा कल्ले निकलने के समय तथा शेष मात्रा फल लगने के बाद देने से फलों के आकार एवं गुणवत्ता में बढ़ोत्तरी पायी गयी है।

कीट एवं रोग प्रबन्ध : नींबू वर्गीय फलों में कैंकर, एन्थ्रेक्नोज, गोंद रिसाब जैसे रोगों के साथ–साथ अनेक प्रकार के विषाणु जनित रोग इक्जोकार्टिस ग्रीनिंग

लगते है। कैंकर के नियंत्रण हेतु स्ट्रेप्टोमाइसीन (500–1000 पीपीएम) का 2–3 छिड़काव 15 दिनों पर करने से नियंत्रण होता है। एन्थ्रेक्नोज के लिए बोर्डो मिश्रण (5:5:50) या बाविस्टीन/ब्लूकॉपर (3 ग्रा./ली.) का छिड़काव करें एवं विषाणु जनित रोग के नियंत्रण हेतु विषाणु मुक्त पौधों की ही बाग लगायें। विषाणु वाहक (Virus Vector) को नियंत्रित करने के लिए कीटनाशी का समय–समय पर छिड़काव करे एवं 'क्रास प्रोटेक्सन तकनीक' द्वारा तैयार पौधों को रोपित करें। क्रास प्रोटेक्सन तकनीक में किसी भी कम रोगी पौधे से वायरस की कमजोर प्रजाति (Weak strain) को छाल लेकर छोटे पौधों में लगा दिया जाता है। यह विधि उसी आधर पर कार्य करती है जैसे टीकाकरण। अतः टीकाकृत पौधों में वायरस का आक्रमण नहीं होता। इसी प्रकार सिट्स छाल खाने वाले कीट, थ्रिप्स, माइटस, नेमैटोड, मिली बाग, जैसे कीट भी नींबू वर्गीय फलों के उपज को प्रभावित करते हैं। तितली के गिडार नई पत्तियों को काटकर खा जाते हैं जबकि सैला के नवजात पत्तियों के रस चूसकर पौधों को नुकसान पहुंचाते हैं। नियंत्रण के लिए कीड़ों को चुनकर मारने तथा पौधों पर मोनोंक्रोटोफॉस/मेथाईल पैराथियान (0.2%) के छिड़काव से इन कीटों का नियंत्रण किया जा सकता है।

दैहिक व्याधि प्रबन्ध : नींबू वर्गीय फलों में दैहिक व्याधि का प्रकोप अधिक है जिसमे फलों की गुणवत्ता एवं उपज प्रभावित होती है। कुछ एक का विवरण निम्नवत् है।

फलों का झड़ना : नींबू वर्गीय फलों की सबसे विराट समस्या है फलों का झड़ना। फूल और फलों का गिरना मुख्य रूप से अण्डाशय के निष्क्रिय होने, निषेचन क्रिया न होने तथा पोषक तत्वों की कमी एवं नमी की कमी अथवा उतार–चढ़ाव के कारण होता है। परिणामस्वरूप मात्र 8–10% फूल ही फल के रूप में विकसित हो पाते हैं। अतः अच्छी फसल के लिए पौधों पर फल लगने के बाद प्लैनोफिक्स (2 मि.ली./5 ली.) एवं जिंक सल्फेट (5 ग्रा./ली.) का 2–3 छिड़काव करना लाभप्रद होता है। साथ ही साथ पौधों को पर्याप्त पोषण, नमी तथा कीड़ों एवं बीमारियों का रोकथाम भी करना आवश्यक होता है। इसके अतिरिक्त नींबू में फलों का फटना (Fruit cracking) तथा सन्तरा एवं मौसमी में जूस का ना बनना (Granulation), गोंद रिसाव (Gumosis) आदि की समस्या है जिसे पर्याप्त पोषण से ठीक किया जा सकता है।

नींबू वर्गीय पौधे की सूखने की समस्या (सिट्स डिक्लाइन) : नींबू वर्गीय फलों के पौधें जब 15–20 वर्ष के हो जाते हैं तब उनमें सूखने की समस्या

पैदा हो जाती हैं। जिसे 'सिट्स डिक्लाइन' कहते हैं। यह एक जटिल समस्या है जो बाग प्रबन्ध के तरीकों एवं तत्परता पर निर्भर करता है। इसके नियंत्रण के लिए निम्नलिखित प्रक्रिया (डिक्लाइन–नियंत्रण सिडयूल) को क्रमबद्ध तरीके से अपनानी चाहिए–

1. सफाई (Field Sanitation)

- सूखी एवं रोग ग्रसित डालियों को काट कर हटा देने से रोग का फैलाव रूक जाता है।
- मुख्य तने पर लगे तना छेदक के छिद्रों को साफ करें तथा उसमें केरोसिन तेल से भीगी रूई ठूस कर गीली मिट्टी से बन्द कर देने से पौधा पुनः कार्य करने लगता है।
- मकड़ी के जालों तथा कैंकर से ग्रसित पत्तियों को साफ करने से पौधों पर हानिकारक कीट एवं व्याधियों की संख्या कम हो जाती है।
- डालियों के कटे भागों पर ब्लू कॉपर+अरण्डी तेल का पेंट बनाकर लगाये जिससे दूसरे किसी प्रकार के फफूंदी या जीवाणु नुकसान न पहुँचा सके।

2. पोषण एवं रसायन प्रयोग (Nutrition and Use of Chemicals)

- सफाई कार्य के पश्चात् रोग ग्रसित पौधों में 40 कि.ग्रा. गोबर की खाद + 4.5 कि.ग्रा. नीम/करंज खली + 150 ग्रा. ट्राइकोडर्मा (मोनीटर) + 1 कि. ग्रा. यूरिया + 800 ग्रा. सिंगल सुपर फास्फेट + 500 ग्रा. म्यूरेट आफ पोटाश + 1 कि.ग्रा. चूना प्रति वृक्ष के हिसाब से दो भागों में बाँटकर जून–जुलाई और अक्टूबर माह में दे। यह प्रक्रिया लगातार 2 वर्षों तक अवश्य करें।
- जब पौधों पर नई पत्तियाँ आ जायें तब उन पर 200 ग्रा. नत्रजन, 75 ग्रा. फास्फेट, 125 ग्रा. पोटाश का 100 ली. पानी में घोल बनाकर 15 दिनों के अन्तराल पर 2–3 छिड़काव करें। इसी के साथ जिंक सल्फेट (2–3 ग्रा./ली.) तथा कैल्शियम क्लोराइड/कैल्शियम नाइट्रेट (5 ग्रा./ली.) का 2 छिड़काव भी करें।
- वायरस को फैलाने वाले कीड़ों के नियंत्रण का समुचित प्रबन्ध करें। इसके लिए नये कल्ले निकलते समय इमिडाक्लोप्रिड (3 मि.ली./10 ली.) या क्वीनालफास (20 मि.ली./10 ली.) या कार्बोरिल (20 ग्रा./10 ली.) का घोल बनाकर दो छिड़काव एकान्तर विधि से करें।

- मृदा जनित रोगों एवं पत्तियों पर लगने वाले रोगों के नियंत्रण का प्रबन्ध करें। फाइटोफ्थोरा के नियंत्रण के लिए 1% बोर्डो मिक्चर में 0.5% जिंक सल्फेट का घोल बनाकर वर्षा ऋतु में छिड़काव करें। कैंकर के निदान हेतु स्ट्रेप्टो साइक्लिन या पाउसामाइसिन (500 पीपीएम) का 2–3 छिड़काव नये कल्ले आते समय करें।

पुष्पन एवं फलन

नींबू वर्गीय फलों में मुख्यतः फरवरी–मार्च में फूल आते हैं, परन्तु नींबू में सितम्बर–अक्टूबर में भी फूल आते हैं। सन्तरा, मौसमी, ग्रेपफ्रूट, के फल 7–8 महीनों में तैयार होते हैं। जबकि नींबू के फल 3–4 महीनों में उपयोग के लायक हो जाते हैं।

परिपक्वता एवं फल तोड़ाई

फलों की तोड़ाई उनकी उपयोगिता, गुणवत्ता, बाजार, माँग आदि के आधार पर सुनिश्चित करना चाहिए। कागजी नींबू के फल 3–4 माह में उपयोग करने योग्य हो जाते हैं अतः बाजार में थोड़ा–थोड़ा करके पहुँचाना लाभदायक है। इस प्रकार सन्तरा, मौसमी के फल 7–8 माह में तैयार होते हैं तब बाजार में भेजे जाते हैं।

उपज

किन्नों तथा कागजी नींबू के पौधे अधिक उपज देने वाले होते हैं। किन्नों (सन्तरा) के पूर्ण विकसित पौधों से 2000–2500 फल / वर्ष तथा कागजी नींबू के पौधे से 2000–3000 फल / वर्ष प्राप्त किया जा सकता है।

तोड़ाई उपरान्त फल प्रबन्ध

नींबू वर्गीय फलों की तोड़ाई एक–एक करके किसी धारदार औजार द्वारा करनी चाहिए जिससे फलों को नुकसान न पहुंचे। परिपक्वता, फल के आकार, गुणवत्ता एवं विपणन की आवश्यकता के अनुसार फलों का श्रेणीकरण करने से अच्छा मुनाफा कमाया जा सकता है। निर्धारित श्रेणियों के अनुसार फलों का पैकिंग करके विपणन के लिए सुदूर क्षेत्रों में भेजा जाता है। संतरों तथा मौसमी को कागज या कार्डबोर्ड के गत्तों में भरकर देश के एक कोने से दूसरे कोनों को भेजा जा रहा है। फलों की भण्डारण क्षमता बढ़ाने के लिए उनका कम तापमान पर भण्डारण, प्रीकूलिंग, बैक्स चढ़ाने जैसे नये–नये तकनीकों का इस्तेमाल किया जा रहा है।

परिरक्षण एवं मूल्य सम्वर्धन

मीठे तथा खट्टे दोनों प्रकार के फलों को परिरक्षित करके अनेकों पेय पदार्थ तथा मार्मलेड अचार जैसे परिरक्षित पदार्थ तैयार किये जाते हैं। हर एक पदार्थ को तैयार करने की विधि अलग–अलग है जिसमें आवश्यकता अनुसार फेर बदल सम्भव है। संतरों के छिलकों का पाउडर, नींबू के छिलकों का अचार, छिलकों के पेक्टिन से मार्मलेड जैसे उच्च कोटि के मूल्य सम्वर्धित पदार्थ नींबू वर्गीय फलों से बनाये जा सकते हैं।

सन्तरा की खेती के लिए मासिक कार्य का विवरण

जनवरी–फरवरी

- नये पौधों की काट–छाँट करें।
- गोंद रिसाब के नियंत्रण के लिए पौधों के तनों पर लेप लगायें।
- कीड़े–मकोड़ों के नियंत्रण का प्रबन्ध करें।
- नये पौधों के थालों की सफाई तथा उनकी समस्याओं का समुचित निदान करें।
- पौधों की उम्र के अनुसार डोलोमाइट का प्रयोग करें।

मार्च–अप्रैल

- फलों की तोड़ाई समाप्त करें।
- पौधों में खाद एवं उर्वरकों का प्रयोग करें।
- कीड़ों एवं बीमारियों का नियंत्रण करें।
- नयी पत्तियाँ आने पर सूक्ष्म पोषक तत्वों का छिड़काव करें।

मई–जून

- खाद एवं उर्वरक प्रयोग का कार्य पूरा करें।
- नये पौधों को गर्मी से बचाव के लिए उपाय करें एवं नियमित पानी दे।
- मूलवृत्त से निकलने वाली जंगली कल्लों को हटायें।
- अगर नया बगीचा लगाना है तो रेखांकन, गडढा की खुदाई भराई इत्यादि का काम करें।
- पुराने पौधों में खाद एवं उर्वरक का प्रयोग करें।

जुलाई–अगस्त

- नये बाग में पौधे लगायें।
- बाग में खाद एवं उर्वरक का प्रयोग करें तथा अन्तरवर्ती फसल लगायें।
- जल निकास का सुमुचित प्रबन्ध करें।
- रोग एवं कीड़े–मकोड़ों का नियंत्रण करें।
- थालों से खरपतवार निकालें तथा नये पौधों की देख–रेख करें।
- गोंद निकलने पर पौधों के तनों पर बोर्डो पेस्ट लगाये।

सितम्बर–अक्टूबर

- नये पौधों की देखरेख करें।
- खरपतवार नियंत्रण करें।
- कीड़े एवं बीमारियों का नियंत्रण करें।
- सूक्ष्म पोषक तत्वों का छिड़काव करें।
- फलों से लदी डालियों को सहारा प्रदान करें।

नवम्बर–दिसम्बर

- सूखी डालियों को हटायें।
- नये पौधों को ठण्डी से बचाने का इन्तजाम करें।
- फलों पर लगने वाले कीड़ों तथा बीमारियों का नियंत्रण करें।
- पके फलों की तोड़ाई करें।

इसी प्रकार से नींबू वर्गीय अन्य फसलों में भी माह दर माह किये जाने वाले कार्यों को सूचीबद्ध करके उनका समय पर अनुपालन करना चाहिए। यदि बतायें गये विधियों एवं क्रियाओं का समय पर एवं सही ढंग से पालन किया जाय तो नींबू वर्गीय फसलों विशेषकर सन्तरा तथा कागजी नींबू से भरपूर पैदावार ली जा सकती है।

2. अंगूर (Grape)

अंगूर जिसका वैज्ञानिक नाम *विटिस विनीफेरा* (*Vitis vinifera* L.) है, विटेसी (Vitaceae) कुल का एक प्रमुख सदस्य है। यह भारत वर्ष में उपोष्ण जलवायु का एक महत्वपूर्ण फल है। अंगूर की उत्पत्ति एशिया महाद्वीप से हुई है क्योंकि इसके पौधे जंगली अवस्था में काकेशश पहाड़ पर उगते देखे गये हैं। एक अन्य मत के अनुसार इसकी उत्पत्ति सोवियत संघ में काले सागर के पास आरमेनिया नामक जिले में हुई है। भारत वर्ष में यह मुस्लिम आक्रमणकारियों द्वारा 1300 ई. में ईरान व अफगानिस्तान से भारत पहुँचा वर्तमान समय में भारत वर्ष में अंगूर लगभग 10,000 हेक्टेयर भूमि में पैदा किया जाता है। महाराष्ट्र, तमिलनाडु, आन्ध्र प्रदेश, हैदराबाद, कर्नाटक में इसकी खेती व्यवसायिक स्तर पर की जाती है। इसके अलावा यह कश्मीर, पंजाब व उत्तर प्रदेश के कुछ भागों में उत्पन्न किया जाता हैं। अंगूर के नई किस्मों के विकास के फलस्वरूप उत्तर प्रदेश, पंजाब एवं राजस्थान में इसका क्षेत्रफल तेजी से बढ़ रहा हैं। अंगूर के प्रति 100 ग्रा. पके फलों में 85.5% नमी, 0.8% प्रोटीन, 0.1% वसा, 0.4% खनिज पदार्थ, 3.0% रेशा, 10.2% कार्बोहाइड्रेट, 0.03% कैल्शियम, 0.02% फास्फोरस तथा 0.4% लौह तत्व पाया जाता है। इसके साथ–साथ इसमें विटामिन तथा एन्टी आक्सीडेन्ट भी अल्पमात्रा में पाये जाते हैं। अंगूर एक स्वादिष्ट एवं आनन्ददायक फल होने के कारण विश्व भर में काफी लोकप्रिय है। जिसकी उपयोगिता ताजा फल खाने, शराब बनाने तथा सुखाकर किशमिश बनाने के लिए होता है। कुल उत्पादन का लगभग 82% भाग शराब बानाने में, 9% ताजा फल खाने में तथा 9% किशमिश बनाने में होता है। इसके अतिरिक्त मुनक्का (बीजदार किस्में), परिरक्षित रस, जैली तथा सिरका आदि के रूप में भी अंगूर का प्रयोग किया जाता है। किशमिश तथा मुनक्के का प्रयोग खीर, हलुवा, चटनी, मिठाई, केक आदि में किया जाता है।

भूमि एवं जलवायु

अंगूर विभिन्न प्रकार की मिट्टियों में पैदा किया जा सकता है। अच्छे जल निकास वाली साधारण मिट्टी जिसमें सभी प्रकार की फसले उगायी जा सकें, अंगूर के लिए भी उपयुक्त होती हैं। उथली, मध्यम काली, दोमट मिट्टी जिसमें कुछ चूने की मात्रा होती है तथा गहराई 45 से 90 सेंमी. होती है, में अंगूर की खेती सफलता पूर्वक की जाती है। गंगा नदी के मैदानी क्षेत्रों की गहरी बलुई एवं बलुई दोमट मिट्टी भी अंगूर के लिए उपयुक्त होती है क्योंकि ये प्रायः अच्छी जल निकास वाली तथा बनावट में भुरभरी होती हैं। नासिक व पूना के आसपास अंगूर काली मिट्टी में पैदा किया जाता है।

अंगूर उपोष्ण जलवायु का फल है जो गर्म एवं शुष्क गर्मी का मौसम एवं ठण्ड तथा शुष्क सर्दी का मौसम चाहता है। सर्दियों के मौसम में अंगूर का पौधा पत्तियाँ गिराकर सुषुप्तावस्था में रहता है तथा बसन्त ऋतु आगमन पर इसमें नई वृद्धि एवं फलत होती है। इसका फल गर्मियों में पकता है जब वर्षा नहीं होती है। पकते फलों पर वर्षा हानिकारक होती है। अंगूर के फल 40–45^0 सेन्टीग्रेड तापक्रम तक उचित वृद्धि ले सकते हैं। इससे अधिक तापक्रम होने पर फल का छिलका मोटा पड़ जाता है।

उन्नत किस्में

विश्व में अंगूर की अनेक किस्में प्रचलित है। भारत वर्ष में भी अनेक किस्मों का चयन तथा अनुमोदन किया गया है। उपयोगिता के अनुसार अंगूर की किस्में को निम्न श्रेणियों में बांटा जा सकता है।

	उपयोग	लक्षण	किस्में
1.	ताजे फल के लिए	दानों को अच्छा होना, बीजरहित होना, ज्यादा दूर तक परिवहन एवं अच्छी भण्डारण क्षमता	परलेट, ब्यूटी सीडलेस, थोम्पसन सीड़लेस, फ्लेम सीड़लेस, शरद सीड़लेस, तास–ए–गणेश,, अनाब–ए–शाही, सोनाका
2.	किशमिश बनाने के लिए	मुलायमदार दाने अच्छी खुशबू, मिठास 20° बिक्स से ज्यादा	भोकरी, मसकट, थोम्पसन सीडलेस, डिलाइट, सुल्ताना
3.	जूस के लिए	अच्छे रंग और सुवास वाले दाने जिसमें जूस % ज्यादा हो	ब्यूटी सीडलेस, चैम्पियन कोनकार्ड, पर्ल ऑफ कसाबा
4.	शराब बनाने के लिए		
	(क) डिर्जट शराब	अधिक मिठास एवं कम खटास वाले दाने	ब्यूटी सीडलेस, अर्ली मस्कट, रूबी रेड, पी–नाट नायर, सफेद रेसलिंग
	(ख) ड्राई शराब	कम मिठास एवं अधिक खटास वाले दानें	ह्वाइट रेसलिंग अर्कावती, अर्काश्याम
5.	डिब्बा बन्दी के लिए	बीज रहित दाने	थोम्पसन सीडलेस, परलेट

अंगूर की कुछ प्रमुख किस्मों का विवरण इस प्रकार है।

भोकरी : महाराष्ट्र में 99% भाग में यह किस्म पैदा की जाती है। यह गोल, बड़े बीज, हरे रंग तथा मोटे छिलका वाली रसदार, मीठी तथा कुछ अम्लीय रस वाली होती है। इसमें कुछ घुलनशील ठोस 17–19^0 ब्रिक्स होता है।

बंगलौर ब्लू : यह किस्म कर्नाटक में अधिकतर पैदा की जाती है। इसके फल गहरे बैगनी रंग के होते हैं। फल का छिलका मोटा एवं कड़ा होता है। स्वाद मीठा एवं कुछ अम्लीय तथा रंग गाढ़ा बैगनी होता है। इसकी मिठास 17–19^0 ब्रिक्स तथा भण्डारण क्षमता अधिक होती है।

फकदी : इसके फल अण्डाकार, सफेद–हरे रंग वाले होते हैं। छिलका पतला, गूदा मुलायम तथा मीठा होता है। मुलायम होने के कारण इनको अधिक दिनों तक रखा नहीं जा सकता है।

कन्धारी : यह बैगनी अंडाकार, मध्यम आकार वाले अंगूर होते हैं। छिल्का मोटा, गूदा मीठा तथा कड़ा होता है। इसमें फलत कम होती है।

पान्डरी साहबी : इसके फल बड़े एवं सफेद रंग के होते है तथा यह अच्छी किस्म का अंगूर होता है और बहुत मीठा तथा कड़े गूदे वाला होता है। फलत बहुत कम होती है। फलों का गुच्छा मध्यम आकार वाला घना होता है।

ब्लैक प्रिन्स : यह किस्म आस्ट्रेलिया के मस्काट हेमबर्ग के समान होता है। इसके फल गोल बैगनी, कड़े छिलके वाले मीठे, मुलायम गूदे, रंग गुलाब की तरह खुशबू वाले होते हैं। यह जल्दी पकने वाली जाति है।

दाख : यह किस्म पंजाब में अधिकतर उगायी जाती है। बैगनी रंग, गोल आकृति, कड़े छिलके तथा स्वाद में कुछ अम्लीय होता है। इसमें फलत भारी होती है तथा गुच्छे घने होते हैं।

अनाब–ए–शाही : यह सफेद अण्डाकार, मीठा, पतले छिलके वाला एवं अच्छी किस्म का अंगूर होता है। यह हैदराबाद में अधिक पैदा किया जाता है। फलों के गुच्छे मध्यम घने रूप में होता है।

काली साहबी : इसके फल बैगनी, लम्बी, तथा अच्छी किस्म का होता है छिलका पतला, गूदा मीठा तथा मुलायम बीज होते हैं। फलत कम होती है। गुच्छा बड़ा लेकिन ठीला होता है।

खलीली : यह पंजाब की जलवायु में शीघ्र पकने वाली जाति है। फल जून के शुरू में पककर तैयार हो जाता है। फलों का गुच्छा छोटे से मध्यम आकार वाला तथा फल लम्बे, अण्डाकार, पीले–हरे होते हैं गूदा मीठा एवं मुलायम तथा गन्ध रहित होता है।

परलेट : यह उत्तर भारत की एक व्यवसायिक किस्म है जिसके फल हरे रंग के एवं बीज रहित होते हैं। गुच्छा घना होने के कारण इसमें सूक्ष्म दानों (Short berries) की समस्या पायी जाती है जिसे गुच्छों की प्रनिंठा करके कम किया जा सकता है।

उपरोक्त किस्मों के अलावा भारतीय बागवानी अनुसंधान संस्थान बगलौर से अर्का हंस (बंगलौर ब्लू x अनाब–ए–शाही), अर्का कंचन (अनाब–ए–शाही x क्वीन ऑफ वाइन यार्डस), अर्कावती (ब्लैक चम्पा x थामसन सीडलेस) तथा अर्काश्याम (बंगलौर ब्लू x ब्लैक चम्पा) नामक संकर किस्मों का विकास किया गया है। साथ ही साथ भारतीय कृषि अनुसंधान संस्थान, नई दिल्ली से (भारत अर्ली x भोकरी–60–20), (भोकरी x पर्ल आफ कसावा–63–32), (हूर x भारत अर्ली–62–27), (हूर x भारत अर्ली–65–21), (हूर x पूसा सीडलेस–62–80), (हूर x पूसा सीडलेस –65–56) तथा (हूर x पूसा सीडलेस–67–37) इत्यादि के संकरण से अनेक किस्मों का विकास किया गया है जिसमें पूसा नवरंग अधिक उपज देने वाली तथा बंगलौर ब्लू x रूबी रेड के संकरो से जी 47/1 तथा जी 43/3 जैसी फंफूदी से प्रतिरोधक किस्मों का विकास किया गया है।

प्रसारण तकनीक

अंगूर का प्रसारण परिपक्व डाली की कलमों (Hard wood cutting) एवं ग्राफ्टिंग द्वारा किया जाता है। एक वर्ष पुरानी टहनियों से 22.5 से 30 सेंमी. लम्बाई की कलमें तैयार कर लेते हैं। कलम काटते समय यह ध्यान रखते है कि नीचे की काट कली के बिल्कुल समीप और सीधी तथा ऊपरी काट कली से 1–2.5 सेंमी. ऊपर और तिरछा रहे। कलमों को नम रेत में एक महीने तक कैलस बनने के लिए रख दिया जाता है। कैलस बनने के बाद कलमों को क्यारी में 30 सेंमी. के अन्तर से तथा पंक्ति से पंक्ति की दूरी 75 से 90 सेंमी. देकर इस प्रकार लगा दिया जाता है कि उनकी वृद्धि करने वाली केवल एक कली ऊपर रहे तथा शेष भाग मिट्टी के अन्दर दबा रहे। कलमों को 20X10X8 सेंमी. अथवा 20X10 सेंमी. की काली पॉलीथीन की थैलियों जिसमें खाद एवं मिट्टी का अच्छा मिश्रण भरा हो लगाया जा सकता है।

बाग स्थापना

अंगूर की बागवानी के लिए भूमि की गहरी जुताई करके समतल कर दिया जाता है। तत्पश्चात पौधा लगाने के लिए रेखांकन करके गड्ढ़ा तैयार किया जाता है। अंगूर के पौधे लगाने की सघनता तथा विधि स्थान विशेष की मिट्टी एवं जलवायु, किस्म के प्रकार, कृन्तन के तरीके तथा संधाई करने के ढंग पर निर्भर करता है। साधारणतः अंगूर के पौधों को वर्गाकार विधि में ही लगाया जाता है। महाराष्ट्र में एक लकड़ी पर बेलों को ट्रेन करने के लिए 2.5X2.5 मी. की दूरी पर लगाते है। पंजाब में पौधों को 3X3 मी. की दूरी पर लगाकर बेलों को केन प्रणाली से ट्रेन करते हैं। कर्नाटक में बंगलौर ब्लू जाति को 4.5X6 मी. की दूरी पर लगाते है तथा पंडाल तरीके से ट्रेन करते हैं। पौधे लगाने के पहले निश्चित स्थान पर 45X45X45 सेंमी. आकार के गडढे खोदकर खाद तथा मिट्टी के बराबर मिश्रण से भर देते हैं तथा पौधे लगा देते हैं।

संधाई एवं काट–छाँट

अंगूर के पौधों का छोटी अवस्था में ही ढाँचा निश्चित कर दिया जाता हैं जो किस्म और बागवानी विधि पर निर्भर करता है। साधारणतः अंगूर में निम्नलिखित संधाई (Training) की विधियाँ अपनाई जाती है।

1. **एक स्टेक प्रणाली (Single Stake System)** : इस विधि में अंगूर की लताओं को किसी एक लकड़ी या लोहे के खम्भे या पेड़ के सहारे चढ़ाते हैं। इसके लिए पंगारा के पेड़ों (*Erythrina indica*) के प्रयोग किये जाते हैं। सबसे पहले पौधों को 2.00–2.50 मी. का अन्तर देकर लगाया जाता है। जब इनकी लताये 1.5 मी. लम्बी हो जाती है तो पंगारा पेड़ की 1.8 मी. लम्बी कर्तनों (Cutting) को इनके सहारे गाड़ दिया जाता है। ये अंगूर के पेड़ों से 30 सेंमी. के अन्तर पर वायु के विपरीत दिशा में लगाई जाती है। तत्पश्चात् इनसे जड़ें निकलकर नये पौधे बनकर तैयार हो जाते हैं तथा अंगूर की लतायें इन्हीं का सहारा लेकर ऊपर चढ़ती हैं। पंगारा के वृक्षों की जड़ें उथली होने के कारण अंगूर के लिए हानिकारक सिद्ध नहीं होती है। लोहे के खम्भे या लकड़ी के खम्भे भी इस कार्य के लिए प्रयोग किये जा सकते हैं।
2. **अंगूर की लताओं को टीलों पर ट्रेन करना** : अंगूर की लताओं को ट्रेन करने का यह तरीका ब्लूचिस्तान में अधिकतर प्रयोग किया जाता है।

इसके अन्दर लताओं को लगाने हेतु 6 मी. का अन्तर देकर 60 से 90 सेंमी. गहरी समान्तर खाइयाँ खोदी जाती हैं तथा खोदी हुई मिट्टी के बीच–बीच में टीलों का रूप दे दिया जाता है। इन खाइयों में अंगूर की लताओं को 1.80 से 2.10 मी. का अन्तर देकर लगा देते हैं तथा टीलों पर ट्रेन कर देते हैं।

3. **पंडाल विधि (Arbour or pergola or bawer system)** : कर्नाटक तथा तमिलनाडु में अंगूर की ट्रेनिंग के लिए इस विधि का प्रयोग अधिकतर किया जाता है। पंडाल की छत को आवश्यकतानुसार लम्बाई (9 मी.), चौड़ाई (6 मी.), और ऊँचाई (1.80 से 2.40 मी.) देकर चौरस पाली की सहायता से तैयार किया जाता है। पंडाल के दोनों तरफ 1.80 से 2.40 मी. अन्तर के साथ अंगूर के पौधों को लगा दिया जाता है। लताओं को जमीन में लगभग 2 मी. की ऊँचाई तक बढ़ने दिया जाता है। तत्पश्चात् 3–4 मुख्य शाखाओं को पंडाल के सहारे ले जाकर छत पर पहुँचा दिया जाता है और आवश्यकतानुसार द्वितीयक तथा फलन शाखाओं को बढ़ाते हैं तथा कृन्तन कार्य करते रहते हैं।

4. **ट्रेलिस विधि (Trallis system or kniffin system)** : इस विधि से अंगूर की लताओं को ट्रेन करने के लिए सबसे पहले लोहे के खम्भे गाड़ दिये जाते हैं। इन खम्भों से होते हुए जमीन के समानान्तर दो या तीन तार खीचे जाते हैं। अंगूर को 2.4 मी. के अन्तर से लगाया जाता है। इस प्रकार बेले 'खम्भों से 1.2 मी. दूर रहती है। तारों की पहली पंक्ति जमीन से 90 सेंमी. पर लगाई जाती है तथा उसके बाद 45–45 सेंमी. पर दो अन्य पक्तियां रखी जाती है। लताओं को जमीन से 90 सेंमी. की दूरी तक पहुँचाने के लिए एक टेक प्रणाली से ट्रेन कर दिया जाता है। तत्पश्चात् कृतन द्वारा इन समान्तर तारों पर बेल की मुख्य शाखाओं को ट्रेन कर दिया जाता है। अंगूर की ट्रेनिंग के लिए इस विधि को सबसे अधिक महत्व दिया जाता है।

5. **कोर्डन विधि (Cordon System)** : यह ट्रेलिस विधि की तरह होती है। इसमें समूचे पौधें को कुछ ऊँचाई तक सहारा देकर ले जाया जाता है, तत्पश्चात बधे हुए समानान्तर तार पर एक तरफ मोड़ दिया जाता है। इस प्रकार से सम्पूर्ण बेल की एक टहनी के रूप में ट्रेन करते हैं।

6. **टेलीफोन विधि (Telephone system)** : इस विधि में अंगूर की लताओं को बड़े टी के आकार के लोहे के खम्भों पर (Horizental wires) तारों की सहायता से ट्रेन किया जाता है। पौधे को लगभग 1.2 मी. तक बिना किसी

डाली के बढ़ने देते हैं। उसके बाद समानान्तर खिंचे तारों की सहायता से एक समान सतह पर पौधों को बढ़ने दिया जाता है।

7. **वाई विधि ('Y' System)** : इस विधि में पौधों को लगभग 1 मी. ऊँचाई तक सीधा बढ़ने देते है फिर दो शाखाओं को 'Y' आकार के खम्भों पर लगे 2–3 तारों के सहारे द्वितीयक शाखाओं को ट्रेन किया जाता है। यह विधि रंगीन अंगूर जैसे फ्लेम सीड्लेस, बंगलौर ब्लू, आदि के लिए अत्यन्त अच्छी पायी गयी है।

8. **हैड विधि (Head System)** : इसको पंजाब में अधिकतर प्रयोग करते है। शुरू में पौधों को 4–5 वर्ष तक सहारा देकर प्रतिपादित करते हैं तथा बाद में इनको लगभग 1.5 मी. से काट दिया जाता है। बाद में पौधे का तना मोटा हो जाने से बिना सहारे के ही खड़ा रहता है। पौधों को इस विधि से ट्रेन करने के लिए 1.80 से 2.40 मी. के अन्तर से लगाया जाता है।

अंगूर की पैदावार के लिए काट–छाँट एक महत्वपूर्ण प्रक्रिया है जो उसकी विधि एवं सघनता पर निर्भर करती है। चूंकि अंगूर नये वर्ष की शाखाओं पर फलता है अतः काट–छाँट एक नियमित प्रक्रिया हो जाती है। इसके द्वारा फसल को भी निर्धारित किया जाता है। जिससे एक अधिक फसल (Heavy crop) के बाद हल्की फसल (Light crop) न आये। साधारणतः अंगूर में काट–छाँट दिसम्बर–जनवरी में की जाती है, जब पौधे सुषुप्ता अवस्था में होते हैं। कलियों के फूटने के बाद काट–छाँट करने से पौधों से अधिक रस स्राव होने के कारण उत्पादन पर प्रतिकूल प्रभाव पड़ता है। अंगूर की विभिन्न जातियों को विभिन्न प्रकार के कृन्तन की आवश्यकता होती है जो कि उसकी शक्ति एवं फलत की आदत के ऊपर निर्भर करती है। केन प्रून किस्में जैसे– पूसा सीडलेस, थामसन सीडलेस, सोनाका आदि को 8–9 कली रखकर काटते हैं तथा स्पर प्रून किस्में जैसे– परलेट, ब्यूटी–सीडलेस, फ्लेम सीडलेस आदि में 2–3 कली रखकर शेष शाखा को काट देते हैं। किसी जाति के लिए कृन्तन की विधि एवं समय निश्चित करने हेतु देश की विभिन्न प्रकार की जलवायु में उसके वृद्धि के स्वभाव के विषय में जानकारी होना आवश्यक होता है।

उदाहरण स्वरूप पश्चिमी भारत में अंगूर की अनेक किस्मों की वृद्धि करने के दो समय होते हैं, प्रथम अप्रैल तथा द्वितीय अक्टूबर। अतः पश्चिमी भारत में मार्च के महीने में अंगूर की काट–छाँट करते हैं, अप्रैल में इन पर नये कल्ले आते हैं तथा मई तक इन पर फल आ जाते हैं जो जून–जुलाई में वर्षा प्रारम्भ से पहले पक कर

तैयार हो जाते हैं। अगस्त–सितम्बर में लतायें सुषुप्ता अवस्था में रहती हैं तथा अक्टूबर में इनकी कटाई कर दी जाती है जिन पर नवम्बर–दिसम्बर में कल्ले तथा जनवरी–फरवरी में फल आते हैं जो मार्च तक पक कर तैयार हो जाते हैं। इस प्रकार इन क्षेत्रों में साल में दो फसलों का लिया जाता है।

कृन्तन की क्रिया करने के पहले इससे सम्बन्धित निम्नलिखित बातों की जानकारी होना आवश्यक होता है–

1. टहनी (Shoot) : वर्तमान मौसम में निकली हुई डाली।
2. शाखा (Cane) : पिछले मौसम में निकली हुई डाली जो परिपक्व हो गयी है।
3. खूंटी (Spur) : कृन्तन के पश्चात शाखा का शेष भाग जिन पर वनस्पतिक शाखा या फल गुच्छे लगते है।
4. फल खूँटी (Fruiting spur) : ऐसी खूँटी जिसमें वृद्धि के लिए 3–4 कलियाँ हो और उन पर फल गुच्छे लगें।
5. आधार खूँटी (Foundation spur) : एक कलिका वाली खूटी जिसमें आगामी ऋतु में पैदा होने वाले फलों के लिए टहनियां पैदा होती है। यह अप्रैल की कृतन के बाद का शेष भाग होता है।
6. तना (Stem) : लता का मुख्य भाग जिससे सभी शाखायें पैदा होती है।

फलत वाले पौधों का कृन्तन (Pruning of bearing tree)

अंगूर के फल देने वाले पौधों में काट–छाँट के लिए मुख्य रूप से दो विधियों को अपनाया जाता है।

खूँटी विधि (Spur system) : इस विधि में शाखाओं को उनके निकलने वाले आधार से वृद्धि करने योग्य 2–3 कलियों को छोड़कर काट दिया जाता है, जिन्हें 'स्पर' कहते हैं इन्हीं 'स्पर' से नई टहनियाँ निकलती हैं जिन पर फल गुच्छे लगते हैं।

शाखा विधि (Cane system) : अंगूर की कुछ किस्मों में फल गुच्छे पिछले वर्ष की वृद्धि शाखा पर लगते हैं। इन किस्मों के पौधों में आधी शाखाओं को खूंटी विधि द्वारा काट–छाँट किया जाता है तथा शेष शाखाओं को फल प्राप्त करने के उद्देश्य से केवल ऊपर से थोड़ा ही काटते हैं। इन्हीं शाखाओं जिन पर 6–9 कलियाँ रहती है 'केन' कहते हैं। फल तोड़ाई के उपरान्त इन शाखाओं (केन) को खूंटी

विधि से तथा दूसरी शाखाओं (स्पर विधि द्वारा कुन्तित शाखाओं) को ऊपर से थोड़ा काटते हैं। इस प्रकार से प्रत्येक पौधे में पुरानी शाखायें तैयार करके प्रतिवर्ष अच्छी फलत प्राप्त करते हैं। इसको दूसरे शब्दों में शाखा–खूंटी (Cane-Spur) कृन्तन अथवा बैकवर्ड–फारवर्ड प्रूनिंग के नाम से भी पुकारते हैं।

अंगूर में कृन्तन का समय उनकी किस्मों के वृद्धि तथा फलत के समय के ऊपर निर्भर करता है। पश्चिम भारत में अंगूर की दो फसले पैदा की जाती हैं। अतः कृन्तन भी दो बार (अप्रैल तथा अक्टूबर) में किया जाता है। अप्रैल में केवल एक कलिका छोड़कर शाखाओं को काटते है, जिसे आधार खूँटी (Foundation Spur) कहते हैं और इन पर हुई वृद्धि पर फलत होती है। तत्पश्चात अक्टूबर मे शाखाओं को 3–4 कलियाँ छोड़कर काट देते हैं जिस पर वृद्धि की हुई टहनियों पर भारी फलत होती है, इसको फलत खूंटी (Fruiting Spur) कहा जाता है। यहां पर काट–छाँट का सबसे अच्छा समय 20 मार्च से 20 अप्रैल तथा 1–20 अक्टूबर होता है। वे स्थान जहाँ पर सर्दी अधिक पड़ती है जैसे उत्तरी भारत वहाँ पर सर्दी की ऋतु में लतायें सुषुप्तावस्था में रहती है। यहाँ पर जनवरी के अन्त से लेकर फरवरी के मध्य तक कृन्तन किया जाता है और मई–जून में फलत मिलती है।

बाग प्रबन्ध

अंगूर में सघन बाग प्रबन्ध की आवश्यकता होती है। व्यवसायिक उत्पादन के लिए सही समय पर और वैज्ञानिक तरीके से जल, पोषण, खरपतवार, वृद्धि नियामक, रोग एवं कीटों का प्रबन्ध करने से निर्यात योग्य गुणवत्ता के फल उत्पादन किये जा सकते हैं।

जल प्रबन्ध : अंगूर में सिचाई क्षेत्र की जलवायु तथा पौधा की आवश्यकतानुसार किया जाता हैं। महाराष्ट्र में अंगूर की लताओं को नवम्बर से जनवरी तक 12–15 दिन के अन्तर से तथा फरवरी–मार्च में 10 दिन के अन्तर से सींचा जाता है। यहाँ पर सामान्य रूप से नवम्बर से मार्च के मध्य तक लगभग 10 सिंचाईयाँ देने की आवश्यकता होती है। उत्तर भारत में अंगूर के पौधों में फरवरी–मार्च में नये कल्ले आने के बाद से फलों के पकने तक 10–15 दिनों के अन्तराल पर सिंचाई करना चाहिए। सिंचाई के लिए मोडीफाइड बेसिन विधि या बूँद–बूँद विधि सर्वोत्तम पायी गयी है। पौधों के थालों में पलवार बिछाने से जल संरक्षण में मदद मिलती है और फल की गुणवत्ता में सुधार होता है।

पोषण प्रबन्ध : अंगूर में खाद एवं उर्वरक का प्रयोग क्षेत्र की जलवायु, बागवानी की विधि, किस्मों एवं पौधों के पोषक स्तर के अनुसार दिया जाता है। साधरणतः अंगूर के पौधों में 50:25:25 ग्रा. नत्रजन, फास्फोरस, पोटाश प्रति पौधा प्रति वर्ष दिया जाता है। परन्तु यदि अंगूर की लताओं को स्वयं सहारा विधि (Self Support System) से ट्रेन करने के लिए घना (2.5X1.0 मी.) लगाया गया है तो खाद एवं उर्वरक प्रत्येक पौधे को अलग–अलग न देकर पूरी पट्टी में दिया जाता है। इसके लिए लगभग 150 गाड़ी गोबर की खाद, 40 क्विंटल अरण्डी की खली, 14 क्विंटल सुपर फास्फेट 5 क्विंटल युरिया, तथा 2 क्विंटल म्यूरेट ऑ–पोटाश प्रति हैक्टेयर के हिसाब से देना चाहिए। दक्षिण भारत के मदुरई क्षेत्र में 250 गाड़ी गोबर की खाद प्रति हैक्टेयर प्रति वर्ष अथवा 175 गाड़ी गोबर की खाद तथा 15 बोरे मछली की खाद प्रति हेक्टेयर के हिसाब से दो कृन्तनों वाली फसलों के उत्पादन हेतु एक के बाद एक में दे दी जाती है। पंजाब में प्रति पौधे के हिसाब से 22.5 कि.ग्रा. गोबर की खाद प्रतिवर्ष मार्च के महीने में दी जाती है साथ ही साथ अमोनियम सल्फेट की 1.25 कि.ग्रा. मात्रा दो किस्तों में, मार्च और अप्रैल में (फल बनने के समय) दी जाती है।

बाग सतह प्रबन्ध : अंगूर के बगीचों (Vineyard) को खरपतवार मुक्त रखने से उत्पादन पर अनुकूल प्रभाव पड़ता है। यदि पौधों की बावर विधि में ट्रेन किया गया हैं तो काट–छाँट प्रक्रिया के बाद खेत की जुताई करने से खरपतवार नियंत्रित हो जाता है। आवश्यकतानुसार वर्षा ऋतु में खरपतवार नाशी जैसे ग्लाइफोसेट 1.5 ली./हे. या डायूरान 2 ली./हे. के दर से छिड़काव करते हैं। निफिन, टेलीफोन, वाई विधि में ट्रेन किये पौधों में पंक्तियों के बीच की जगह को समय–समय पर जुताई करते रहते हैं। इन स्थानों पर कम समय में तैयार होने वाली सब्जियों या दलहनी फसलों की खेती भी की जा सकती है। नमी संरक्षण के लिए पौधों के थालों में पलवार का प्रयोग करना लाभप्रद पाया गया है।

कीट प्रबन्ध : अंगूर के पौधों को कीट अधिक नुकसान पहुँचाते हैं कुछ महत्वपूर्ण कीटों का विवरण निम्नवत है –

1. ***अंगूर का भृंग* (Grape vine bettle-*Seelodonta strigicollis*)** : पत्तियों में छेद बनाकर नुकसान पहुँचाने वाला यह छोटा एवं काले रंग का कीड़ा होता है जो कोमल पत्तियों, प्ररोहों एवं कलियों को खाकर नष्ट करता है। इन कीड़ों को किसी प्रकार से पकड़ कर नष्ट करके ही नियत्रंण पाया जा सकता है। लेड आर्सेनेट या कैल्सियम आर्सेनेट के छिड़काव द्वारा भी इनको नियन्त्रित किया जा सकता है।

2. ***काक चेफर भृंग* (Cock chafer bettle-*Adaretus species*)** : ये कीड़े रात के समय आक्रमण करके लताओं की पत्तियों को खा जाते हैं इनको हाथ से पकड़कर अथवा लैड आर्सेनेट के साथ बोर्डो मिश्रण के छिड़काव द्वारा नियंत्रित किया जा सकता है।
3. ***लीफ रोलर* (Leaf roller-*Sylepta lunalis*)** : लीफ रोलर के हल्के पीले एवं हरे रंग के चिकने सूड़ी (Catter pillar) पत्तियों को मोड़कर के तथा उनको सुखाकर नुकसान पहुँचाते हैं। कम संख्या होने पर इनको हाथ द्वारा पकड़ करके मारा जा सकता है। परन्तु अधिक संख्या होने पर लेड आर्सेनेट या इमिडाक्लोप्रिड 0.5 मि.ली./ली. घोल के छिड़काव द्वारा नियत्रित किया जा सकता है।
4. ***गर्डलिंग भृंग* (Vine girdling bettle-*Stheniar griator*)** : यह भृंग टहनियों पर गर्डिल सा बना लेता है। प्रभावित टहनियाँ सूखकर नष्ट हो जाती हैं। इन टहनियों को काटकर तथा इकट्ठा करके जला देने से इनके अन्दर उपस्थित ग्रब्स को नष्ट किये जा सकते हैं।
5. ***पर्ण जविक* (Thrips-*Rhipiphorothrips cruentatus*)** : छोटे–छोटे एवं अधिसंख्य थ्रिपप्स पत्तियों से रस चूसकर उन्हें बेकार करते हैं। जिससे पत्तियां जमीन पर गिरने लगती हैं। इनके नियंत्रण के लिए तम्बाकू के घोल को लताओं पर छिड़कने अथवा किसी भी कीटनाशी के 0.1% घोल के छिडकाव करने से इनका नियंत्रण सम्भव है।

रोग प्रबन्ध : अंगूर के नये कल्लों एवं नवजात फूलों तथा फलों पर अनेक रोग लगते हैं। जो फसल को भारी क्षति पहुँचाते हैं। कुछ प्रमुख रोगों का विवरण निम्नवत है।

1. ***पाउडरी मिल्ड्यू* (Powdery mildew-*Uncinula necator*)** : यह रोग लगभग सभी स्थानों पर पाया जाता है जो एक कवक द्वारा पैदा होता है। इसके प्रभाव से प्ररोह, पत्तियों, फूल तथ फलों पर सफेद चित्तियाँ पड़ जाती है। प्रभावित फूलों पर फल नहीं बनते हैं तथा रोग ग्रसित फलों की वृद्धि रूक जाती है और वे फटकर सड़ने लगते हैं या फिर प्रभावित फल कड़े एवं खट्टे हो जाते हैं। रोग ग्रसित भागों को काटकर हटाने तथा गंन्धक के चूर्ण के छिड़काव से इसे नियंत्रित कर सकते हैं। यह क्रिया दो–तीन बार की जाती है। कैराथेन 2 मि.ली./ली. के घोल के छिड़काव से इसको काफी हद तक रोका जा सकता है।

2. ***कालव्रण* (Anthracnose-*Gloesparium ampelophagum*)** : यह रोग कवक द्वारा पैदा होता है। जिसके प्रभाव से पौधे के तने, पत्तियों एवं फलों पर भूरे काले धब्बे हो जाते हैं जो कि बाद में काफी बड़े होकर स्पष्ट रूप से दिखाई देने लगते हैं। गहन आक्रमण के कारण पौधों पर फल पैदा नहीं होते है। रोग ग्रसित शाखाओं को काटकर जला देने तथा वर्षा ऋतु में 15–20 दिनों के अन्तराल पर 0.3% फाइटोलान के 2–3 छिड़काव से इसको नियंत्रित कर सकते हैं।

3. ***डाउनी मिल्ड्यू* (Downy mildew)** : अंगूर की यह एक घातक बीमारी है जो एक कवक द्वारा पैदा होती है। यह रोग मुख्य रूप से पत्तियों के निचले सतह पर आता है परन्तु नई शाखायें, फल तथा छोटे फल भी इस रोग से प्रभावित होते हैं। इसके प्रभाव से पत्तियाँ सूख जाती हैं तथा फलों की वृद्धि रूक जाती है तथा गहन प्रभाव पर वे नीचे गिर जाते हैं। 2% बोर्डो मिश्रण का 2–3 छिड़काव अथवा किसी ताम्रयुक्त कवक नाशी जैसे– केप्टान या डाइथेन एम–45 के 0.3–0.5% घोल के छिड़काव से इसे नियंत्रित किया जा सकता है।

दैहिक व्याधि प्रबन्ध : अंगूर फूलों के गुच्छों के अग्र भाग सूखने, फूलों एवं फलों के गिरने, फलों के फटने, गुच्छों में छोटे तथा खट्टे दानों का विकास होने (Short berries) तथा कुछ किस्मों में कम गुच्छों के लगने (Barren buds) जैसे दैहिक विकार देखे जाते हैं ये विकार मुख्य रूप से क्रमशः कैल्शियम की कमी, बोरान की कमी, गुच्छों के कसे होने, अधिक नत्रजन प्रयोग आदि कारणों से हाते हैं। पोषक तत्वों के कमी की दशा में पौधों पर सूक्ष्म तत्वों जैसे कैल्शियम नाइट्रेट (0.1%), बोरीक अम्ल (0.4%) मैग्नीशियम सल्फेट (0.2%) आदि के छिड़काव करने से इन समस्याओं को नियंत्रित कर सकते हैं। परलेट जैसी किस्मों जिनमें गुच्छे कसे होते है वहाँ उनके कुछ भाग की काट–छाँट करने, या गुच्छों को 50 पीपीएम जिब्रेलिक अम्ल के घोल में गुच्छों को 75% फूल खिलने की दशा में डुबोने तथा तनों एवं डालियों पर छल्ला बनाने (Girdling) से सूक्ष्म दानों (Short berries) की समस्या से निजात मिल सकती है। फल लगने के तुरन्त बाद 10 पीपीएम नेफ्थलीन एसिटिक अम्ल के छिड़काव से फलों के गिरने की समस्या कम हो जाती है।

पुष्पन एवं फलन

अंगूर की लताओं की देख–रेख ठीक से होने पर दूसरे वर्ष फल प्राप्त होने लगते है लेकिन अधिकतम फलत चौथे वर्ष से मिलनी शुरू होती है। भारत के उत्तरी क्षेत्र में फल मध्य मार्च से अप्रैल तक आते है तथा पके हुए फल मई–जून में मिलते है। देर से पकने वाली प्रजातियाँ जुलाई तक फल देती हैं। दक्षिणी भारत में अंगूर की दो फसलें प्राप्त होती हैं। तमिलनाडु, महाराष्ट्र, कर्नाटक आदि में फल मार्च–अप्रैल तथा सितम्बर–अक्टूबर में प्राप्त होते है। अफगानिस्तान के ब्लूचिस्तान प्रान्त में अंगूर के पके हुए फल जून से नवम्बर तक प्राप्त होते रहते हैं। अंगूर के पौधौं में फलत उसी मौसम में निकलने वाली डालियों पर आते हैं। पुष्पक्रम रूपान्तरित पार्श्व शाखाएं होते हैं जिन पर आरोही क्रम मे (Recemose) फूल आते हैं।

अंगूर के फूल 6–9 बजे सुबह खुलते हैं तथा निषेचन की प्रक्रिया परागण के 2–3 दिनों तक चलती रहती है। बीज रहित अंगूर के फल स्टेनोस्पमोकार्पी प्रक्रिया द्वारा विकसित होते हैं जिनमें परागण एवं निषेचन तो होता है परन्तु बाद में भ्रूण असक्रिय (Abortion of embryo) हो जाता है। जैसे परलेट, थोम्पसन सीडलेस अंगूर के गुच्छों में फूल खिलने के बाद अपरागित मादा फूल और निष्क्रिय दाने गिर जाते हैं तथा जो फल बचते है उन्हें 'सेट बेरी' कहते हैं ततपश्चात् फल विकास की प्रक्रिया प्रारम्भ होती है जो 'दोहरे सिमोयडल कर्ब' (Double sygmoidal curve) द्वारा होते हैं। जिसमें तीन चक्र होते हैं। इसके प्रथम चक्र में अण्डाशय का तीव्र विकास होता है परन्तु इण्डोस्पर्म एवं भ्रूण का विकास रूका रहता है। जबकि द्वितीय चक्र में भ्रूण और इण्डोस्पर्म का तेजी से विकास होता है और दानों का आकार बढ़ता है। तृतीय चक्र में मीजोकार्प (mesocarp) का तीव्र विकास होता है जिसके कारण दाने मोटे होते हैं और उनमें गुणवत्ता विकास होता है तथा पकते हैं। अंगूर के फल नान–क्लाईमेक्टेरिक होते हैं जो पकने के बाद तोड़े जाते हैं।

परिपक्वता एवं फल तोड़ाई

अंगूर के फल नान–क्लाइमेक्टेरिक होते हैं अतः गुच्छों के पूरा पकने के बाद ही तोड़ा जाता है। जब दाने कुछ मुलायम हों जाय तथा रंग बदलने लगे तो गुच्छों को कुछ डंठल सहित तेज चाकू से सावधानी पूर्वक काट लेते हैं। एक–एक कर परिपक्व गुच्छों की कटाई करते हैं।

उपज

अंगूर की पैदावार किस्मों, लता की उम्र, कृन्तन तथा अन्य बाग प्रबन्ध क्रियाओं पर निर्भर करती है। साधारणतः एक स्वस्थ्य एवं अच्छे बाग से 15–35 टन/हैक्टर की उपज प्राप्त होती है। भोकरी जाति के अंगूरों की पैदावार 12–25 टन प्रति हैक्टर तक होती है। कर्नाटक में पंडाल विधि से ट्रेन किये गये परपिल जाति की पैदावार 15 टन/हैक्टर प्राप्त होती है जबकि बंग्लौर ब्लू और 'फ्लेम सीडलेस में यह उपज 25–30 टन तक प्राप्त हो सकती है।

ताड़ाई उपरान्त फल प्रबन्ध

अंगूर के फल बार–बार छूने से खराब हो जाते हैं। अतः गुच्छे को डंठल पकड़ कर उठाना चाहिए। गुच्छों को फलों के आकार, रंग रूप एवं गुणों के आधार पर श्रेणीकरण करके टोकरियों एवं लकड़ी की पेटियों में आरामदायक पैक करके बाजार में विपणन के लिए भेजा जाता है।

परिरक्षण एवं मूल्य संवर्धन

अंगूर के पके फलों को विभिन्न प्रकार से परिरक्षित करके मूल्य सम्वर्धन किया जा सकता है अंगूर के उत्पादों में शराब प्रमुख है इसके अतिरिक्त इन्हें किशमिश तथा मुनक्के बनाये जाते है, जिनका प्रयोग खीर, हलुवा, चटनी, मिठाई, केक, आदि में किया जाता है। इसके अतिरिक्त अंगूर का उपयोग सीरप एवं अन्य दवाईयों में किया जा सकता है।

3. लीची (Litchi)

लीची के फल जिसका वैज्ञानिक नाम *लीची चाइनेनसिस* सोन (*Litchi chinensis* Sonn) है अपने आकर्षक रंग, स्वाद और गुणवत्ता के कारण भारत में ही नहीं बल्कि सम्पूर्ण विश्व में अपना विशिष्ट स्थान बनाए हुए है। यह सपिन्डेसी (Sapindaceae) कुल का एक सदस्य है जिसका उद्भव स्थल चीन देश का ग्वांडांग प्रान्त है। लीची उत्पादन में विश्व स्तर पर चीन के बाद भारत का दूसरा स्थान है। पिछले कई वर्षों में इसके निर्यात की अपार संभावनाएं विकसित हुई है, परन्तु अन्तर्राष्ट्रीय बाजार में बड़े एवं समान आकार तथा गुणवत्ता वाले फलों की ही अधिक माँग हैं। अतः अच्छी गुणवत्ता वाले फलों के उत्पादन की तरफ विशेष ध्यान देने की आवश्यकता है। इसकी खेती के लिए एक विशिष्ट जलवायु की आवश्यकता होती है जो सभी स्थानों पर उपलब्ध नहीं है। विश्व में चीन और भारत

के अतिरिक्त आस्ट्रेलिया, मैडागास्कर, द. अफ्रीका, उत्तरी अमेरिका, इजराइल, ताइवान, मलेशिया, इत्यादि देशों में लीची की बागवानी की जाती है। भारत वर्ष में लीची की बागवानी मुख्य रूप से उत्तरी बिहार, देहरादून की घाटी, उत्तर प्रदेश के तराई क्षेत्र में होती है तथा झारखण्ड, पश्चिम बंगाल, पंजाब तथा हरियाणा में इसके सफल उत्पादन का प्रयास किया जा रहा है। वर्तमान समय में लीची की कुल खेती लगभग 74 हजार हैक्टेयर क्षेत्रफल पर होती है जिसका लगभग 50% क्षेत्रफल बिहार में है। फलों की गुणवत्ता के आधार पर उत्तरी बिहार, मुजफ्फरपुर, समस्तीपुर, मोतिहारी, वैशाली ने लीची उत्पादन में अपना विशिष्ट स्थान बना रखा है। इसके फल 10 मई से लेकर जुलाई के अन्त तक देश के विभिन्न भागों में पक कर तैयार होते हैं एवं उपलब्ध रहते हैं। लीची के फल पोषक तत्व से भरपूर एवं स्फूर्तिदायक होते हैं। इसके फल में शर्करा (11%), प्रोटीन (0.7%) वसा (0.3%) एवं अनेक विटामिन प्रचुर मात्रा में पाए जाते हैं। लीची का फल मरीजों एवं वृद्धों के लिए भी उपयोगी है।

लीची के फल मुख्यतः ताजे रूप में ही खाए जाते हैं। इसके फल से अनेक प्रकार के परिरक्षित पदार्थ जैसे– जैम, पेय पदार्थ (शरबत, नेक्टर, कार्बोनेटेड पेय) एवं डिब्बा बन्द फल बनाए जाते हैं। लीची का शर्बत अपने स्वाद एवं खुश्बू के लिए लोकप्रिय होता जा रहा है। 'लीची–नट' फलों को सुखाकर बनाया जाता है जो कि चीन इत्यादि देशों में बड़े चाव से खाया जाता है। लीची के अपरिपक्व खट्टे फलों को सुखाकर खटाई के रूप में भी प्रयोग किया जा सकता है।

भूमि एवं जलवायु

लीची की खेती के लिए सामान्य पी.एच. मान वाली गहरी बलुई दोमट मिट्टी अत्यन्त उपयुक्त होती है। उत्तरी बिहार की कलकेरियस मृदा जिसकी जल धारण क्षमता अधिक है इसकी खेती के लिए उत्तम मानी गई है। लीची की खेती हल्की अम्लीय एवं लेटराइट मिट्टी में भी सफलतापूर्वक की जा रही है। अधिक जलधारण क्षमता एवं ह्यूमस युक्त मिट्टी में इसके पौधों में अच्छी बढ़वार एवं फलोत्पादन होता है। जल भराव वाले क्षेत्र लीची के लिए उपयुक्त नहीं होते अतः इसकी खेती जल निकास युक्त उपरवार भूमि में करने से अच्छा लाभ प्राप्त होता है।

समशीतोष्ण जलवायु लीची के उत्पादन के लिए बहुत उपयुक्त पायी गई है। जनवरी–फरवरी माह में आसमान साफ रहने, तापमान में वृद्धि एवं शुष्क जलवायु होने से लीची के पौधों में अच्छे मंजर आते हैं जिसमें ज्यादा फूल एवं फल लगते

हैं। मार्च एवं अप्रैल में गर्मी कम पड़ने से लीची के फलों का विकास अच्छा होता है, साथ ही अप्रैल–मई में वातावरण में आर्द्रता सामान्य रहने से फलों में गूदे का विकास एवं गुणवत्ता में सुधार होता है। समआर्द्रता से फलों में चटखन (फल फटना) भी कम हो जाता है। फल पकते समय वर्षा होने से फलों का रंग एवं गुणवत्ता प्रभावित होता है।

उन्नत किस्में

इसकी अनेक किस्में प्रचलित हैं जिसमें वबेस्टर, चकापट, खोम मारीशस, नू माई ची, आदि प्रमुख हैं परन्तु भारत वर्ष में लीची की किस्मों के तीन प्रमुख समूह हैं प्रथम–शाही ग्रुप जो जल्दी पक जाती है। द्वितीय चाइना ग्रुप जो देर से पकती है और तृतीय वेदाना ग्रुप जिसमें बीज अपेक्षाकृत छोटे होते हैं। भारत वर्ष में लीची का जननद्रव्य बहुत ही सीमित है। विश्व स्तर पर परिपक्वता के तुलनात्मक अध्ययन के आधार पर लीची की किस्मों की संस्तुति नीचे तालिका में की गई हैं।

परिपक्वता वर्ग	परिपक्ता अवधि	किस्में
अगेती	15–30 मई	शाही, त्रिकोलिया, अझौली, ग्रीन, देशी।
मध्यम	01–20 जून	रोज सेन्टेड, डी–रोज, अर्ली– बेदाना स्वर्ण रूपा।
पछेती	10–15 जून	चाइना, पूर्वी, कसबा।

कुछ प्रमुख किस्मों की संक्षिप्त जानकारी इस प्रकार है।

शाही : यह देश की एक व्यवसायिक एवं अगेती किस्म है जो अत्यन्त ही लोकप्रिय है। इस किस्म के फल गोल एवं गहरे लाल रंग के होते हैं जो 15–30 मई तक पक जाते हैं। फल में सुगन्ध युक्त गूदे की मात्रा अधिक होती है जो इस किस्म की प्रमुख विशेषता है। फल विकास के समय उचित जल प्रबन्ध से पैदावार में वृद्धि होती है। इस किस्म के 15–20 वर्ष के पौधे में 80–100 कि.ग्रा. उपज प्रति वर्ष प्राप्त की जा सकती है।

चाइना : यह एक देर से पकने वाली लीची की किस्म है जिसके पौधे अपेक्षाकृत बौने होते हैं। इस किस्म के फल बड़े, शंक्वाकार तथा चटखन की समस्या से मुक्त होते हैं। फलों का रंग लाल तथा गूदे की मात्रा अधिक होने के कारण इसकी अत्यधिक माँग है। परन्तु इस किस्म में एकान्तर फलन की समस्या देखी गई है। एक पूर्ण विकसित पेड़ से लगभग 60–80 कि.ग्रा. उपज प्राप्त होती है।

स्वर्ण रूपा : बागवानी एवं कृषि वानिकी शोध कार्यक्रम, राँची के गहन सर्वेक्षण एवं परीक्षण फलस्वरूप स्वर्ण रूपा किस्म का चयन किया गया है। यह बेदाना ग्रुप की किस्म है जिसके फल गोल और बीज छोटे होते हैं। इस किस्म के फल मध्यम समय में पकते हैं तथा चटखन की समस्या से मुक्त होते हैं। फल आकर्षक एवं गहरे गुलाबी रंग के होते हैं जिनमें बीज का आकार छोटा, गूदा अधिक, स्वादिष्ट एवं मीठा होता है।

प्रसारण तकनीक

लीची का व्यवसायिक स्तर पर प्रसारण गूटी विधि द्वारा किया जाता है क्योंकि बीजू पौधों मे पैतृक गुणों के अभाव तथा फल में देरी के कारण अच्छी गुणवत्ता के फल नहीं आते हैं। गूटी तैयार करने के लिए मई–जून के महीने में स्वस्थ एवं सीधी डाली चुनकर डाली के शीर्ष से 40–50 सेंमी. नीचे किसी गाँठ के पास गोलाई में 2 सेंमी. चौड़ा छल्ला बना लेते हैं। छल्ले के ऊपरी सिरे पर आई.बी.ए. के 2000 पीपीएम पेस्ट का लेप लगाकर छल्ले को नम माँस घास से ढ़ककर ऊपर से 400 गेज की सफेद पालीथीन का टुकड़ा लेपटकर सुतली से कसकर बाँध देते हैं। गूटी बाँधने के लगभग 2 माह के अन्दर जड़े पूर्ण रूप से विकसित हो जाती हैं अतः इस समय डाली को मातृ पौधे से अलग करके लगभग आधी पत्तियों को निकालकर नर्सरी में आंशिक छायादार स्थान पर अथवा रूट ट्रेनर में लगा दिया जाता है। माँस घास के स्थान पर तालाब की मिट्टी (40 कि.ग्रा.) सड़ी हुई गोबर की खाद (10 कि.ग्रा.), जूट के बोरे का सड़ा हुआ टुकड़ा (10 कि.ग्रा.) नीम / करंज / अरण्डी की खली (1 कि.ग्रा.) यूरिया (200 ग्रा.) के सड़े हुए मिश्रण का भी प्रयोग कर सकते हैं। पूरे मिश्रण को अच्छी तरह मिलाकर एवं हल्का नम करके एक जगह ढेर लगा देते हैं तथा उसे जूट के बोरे या पॉलीथीन से 15–20 दिनों के लिए ढक देते हैं। जब गूटी बाँधनी हो तब मिश्रण को पानी के साथ आटे की तरह गूंथ कर छोटी–छोटी लोई (200 ग्रा.) का बना लेते हैं जिसे छल्लों पर लगाकर पॉलीथीन लपेट कर सुतली से कस कर बांध देने से जड़े अच्छी तरह निकलती हैं एवं पौध स्थापना अच्छी होती है।

बाग स्थापना

लीची का पूर्ण विकसित वृक्ष आकार में बड़ा होता है। अतः इसे 10X10 मी. की दूरी पर वर्गाकार विधि में लगाया जाता है। लीची के पौधों की रोपाई से पहले खेत में रेखांकन करके पौधा लगाने का स्थान सुनिश्चित कर लेते हैं। तत्पश्चात् चिन्हित स्थान पर अप्रैल–मई माह में 90X90X90 सेंमी. आकार के गडढे खोदकर ऊपर की

आधी मिट्टी को दूसरे तरफ रख देते हैं। वर्षा प्रारम्भ होते ही जून के महीने में 2–3 टोकरी गोबर की सड़ी हुई खाद या कम्पोस्ट, 2 कि.ग्रा. करंज अथवा नीम की खली, 1.0 कि.ग्रा. हड्डी का चूरा अथवा सिंगल सुपर फास्फेट एवं 50 ग्रा. क्लोरोपाइरीफॉस 10% धूल या 20 ग्रा. फ्यूराडान–3 जी या 20 ग्रा. थीमेट–10 जी को गडढे की ऊपर सतह की मिट्टी में अच्छी तरह मिलाकर गड्ढा भर देते हैं। गड्ढे को खेत की सामान्य सतह से 10–15 सेंमी. ऊँचा भरना चाहिए। वर्षा ऋतु में गडढे की मिट्टी दब जाने के बाद उसके बीचो–बीच में खुरपी की सहायता से पौधे की पिंडी के आकार की जगह बनाकर पौधा लगाते है। पौधा लगाने के पश्चात उसके पास की मिट्टी को ठीक से दबा देते हैं एवं पौधे के चारों तरफ एक थाला बनाकर 2–3 बाल्टी (25–30 ली.) पानी डाल देना चाहिए। वर्षा न होने पर पौधों के पूर्ण स्थापना होने तक पानी देते रहना ही लाभदायक होता है। लीची के पौधों को लगाने के पश्चात् शुरूआत के 3–4 वर्षों तक समुचित देखरेख करने की आवश्यकता पड़ती है। खासतौर से ग्रीष्म ऋतु में तेज गर्म हवा (लू) एवं शीत ऋतु में पाले से बचाव के लिए कारगर प्रबन्ध करने चाहिए।

संधाई एवं काट–छाँट

लीची के पौधों में ढ़ाँचा निर्माण एवं अच्छी फलत के लिए काट–छाँट एक महत्वपूर्ण कार्य होता है जो पौधों के उम्र पर निर्धारित होता है।

1. **छोटे पौधों में काट–छाँट** : लीची के नवजात पौधों में काट–छाँट का मुख्य उद्देश्य ढ़ाँचा निर्माण होता है जिससे पौधे लम्बे समय तक सतत रूप से फल दे सकें। प्रारम्भ के 3–4 वर्षों तक पौधों के मुख्य तने की अवांछित शाखाओं को निकाल देने से मुख्य तनों का विकास अच्छा होता है और अन्तरशस्यन में भी आसानी रहती है। जमीन से लगभग 60–80 सेंमी. ऊँचाई पर चारों दिशाओं में 3–4 मुख्य शाखाएँ रखने से पौधों का ढ़ाँचा मजबूत एवं फलन अच्छी होती है। समय–समय पर कैंची व सीधा ऊपर की ओर बढ़ने वाली शाखाओं को काटते रहने से अच्छा ढ़ाँचा बनाया जा सकता है जिसमें सूर्य का प्रकाश तथा हवा का संचरण समुचित रहता है।

2. **फल देने वाले पौधों में काट–छाँट** : लीची के फलों के तोड़ाई के बाद उसमें नये कल्ले निकलते हैं जिन पर दिसम्बर–जनवरी में मंजर और फूल आते हैं। यदि फलों की तोड़ाई करते समय किसी तेज धारदार औजार (सिकेटियर) से गुच्छे के साथ–साथ 15–20 सेंमी. टहनियों को भी काट दिया जाता है तो उन्हीं डालियों से जुलाई–अगस्त में औजपूर्ण एवं स्वस्थ

कल्लों का विकास होता है जिस पर फलन अच्छी होती है। अतः यह प्रक्रिया नियमित रूप से करनी चाहिए। अगर पौधों के अन्दर में सूर्य का प्रकाश नहीं पहुँच पा रहा है तो सीधा ऊपर की ओर बढ़ने वाली केन्द्रीय शाखाओं को काट देते हैं जिसे सेन्टर ओपनिंग (Centre Opening) कहते हैं। इससे अन्दर और बाहर दोनों तरफ अच्छी फलत होती है। जिसे स्टीरियो फ्रूटिंग (Sterio fruiting) कहते हैं।

बाग प्रबन्ध

लीची में बाग प्रबन्ध अत्यन्त महत्वपूर्ण होता है जिसमें पौधों की सिंचाई एवं जल प्रबन्ध, पोषण प्रबन्ध, बाग सतह प्रबन्ध एवं कीट रोग तथा दैहिक व्याधि का सामयिक एवं कारगर नियंत्रण शामिल होता है।

जल प्रबन्ध : लीची के छोटे पौधों में स्थापना के समय नियमित सिंचाई करने की आवश्यकता होती है इसके लिए सर्दियों में 5–6 दिनों तथा गर्मी में 3–4 दिनों के अन्तराल पर थाला विधि अथवा रूपान्तरित थाला विधि से सिंचाई करनी चाहिए। लीची के पूर्ण विकसित पौधे जिनमें फल लगना प्रारम्भ हो गया हो उसमें फूल आने के 3–4 माह पूर्व (नवम्बर से फरवरी) में पानी देना बन्द कर दिया जाता है। लीची के पौधों में फल पकने के छः सप्ताह पूर्व (अप्रैल के प्रारम्भ) से ही फलों का विकास तेजी होने लगता है। अतः जिन पौधों में फलन प्रारम्भ हो गया है उसमें फल विकास के समय उचित जल प्रबन्ध एवं सिंचाई की आवश्यकता पड़ती है। पानी की कमी से फल का विकास रूक जाता है एवं फल फटने लगते हैं जिसे उचित जल प्रबन्ध द्वारा रोका जा सकता है। सिंचाई के साथ–साथ पलवार (मल्चिंग) द्वारा जल संरक्षण करना लाभदायक पाया गया है। इसके लिए पौधों के मुख्य तनों के चारों तरफ सूखे खरपतवार एवं धान का पुआल की अवरोध परत बिछाकर मृदा जल को संरक्षित किया जा सकता है। इससे मृदा के भौतिक दशा में सुधार, खरपतवार नियंत्रण एवं उपज अच्छी होती है। गुणवत्तायुक्त फलों के उत्पादन के लिए बाग के अन्दर माइक्रोस्पीकलर लगाकर नमी एवं आर्द्रता को बढ़ाने से अच्छे परिणाम आये हैं। सिंचाई हेतु बूँद–बूँद पद्धति का 2–3 घंटा प्रतिदिन के हिसाब से देने पर फलों का विकास एक समान पाया गया है एवं उत्पादन अधिक होता है।

पोषण प्रबन्ध : प्रारम्भ के 2–3 वर्षों तक लीची के पौधों को 25–30 कि.ग्रा. गोबर की सड़ी खाद, 1 कि.ग्रा. नीम या करंज की खली, 250 ग्रा. यूरिया, 150 ग्रा. सिंगल सुपर फास्फेट तथा 100 ग्रा. म्यूरेट ऑफ पोटाश प्रति पौधा प्रति वर्ष की दर

से देना चाहिए। तत्पश्चात् पौधों की बढ़वार के साथ–साथ खाद की मात्रा में वृद्धि करते रहना चाहिए। एक पूर्ण विकसित लीची के पौधों को 600 ग्रा. नत्रजन (1.5 कि.ग्रा. यूरिया), 350 ग्रा. फास्फोरस (2.0 किग्रा. सि.सु.फा.), तथा 300 ग्रा. पोटाश (0.6 कि.ग्रा. म्यूरेट आफ पोटाश), 100 ग्रा. बोरेक्स तथा 200 ग्रा. जिंक सल्फेट के साथ–साथ 50–60 कि.ग्रा. गोबर की सड़ी खाद एवं 2 कि.ग्रा. नीम या करंज की खली प्रति वर्ष दिया जाता है। करंज की खली एवं कम्पोस्ट के प्रयोग से लीची के फल की गुणवत्ता एवं पैदावार में वृद्धि होती है। लीची के पौधों में फल तोड़ाई के बाद नए कल्ले आते हैं जिन पर अगले वर्ष फलन आती है। अतः अधिक ओजपूर्ण एवं स्वस्थ कल्लों के विकास के लिए सम्पूर्ण खाद, फास्फोरस, पोटाश एवं नत्रजन की दो तिहाई मात्रा जून–जुलाई में फल की तोड़ाई एवं वृक्ष के काट–छाँट के पश्चात् दिया जाता है शेष नत्रजन फल विकास के समय में देने से फलों का आकार बढ़ता है। पूर्ण विकसित पौधों में खाद एवं उर्वरकों को तनों से 150–200 सेंटीमीटर की दूरी पर गोलाई में छत्रक के नीचे 60 सेंमी. गहरी मिट्टी निकालकर खाई (फर्टिलाइजर बैन्ड) बना कर देने से ज्यादा लाभ होता हैं। इस प्रक्रिया से पौधों में नई शोषक जड़ों (फीडर रूटस) का अधिक विकास होता है और खाद एवं उर्वरक का पूर्ण उपयोग होता है। खाद देने के पश्चात् यदि वर्षा नहीं होती है तो सिंचाई करना आवश्यक है। लीची के फलों के तोड़ाई के तुरन्त बाद खाद दे देने से पौधों में कल्लों का विकास अच्छा होता है एवं फलन अच्छी होती है। अम्लीय मृदा में 10–15 कि.ग्रा. चूना प्रति वृक्ष 3 वर्ष के अन्तराल पर देने से उपज में वृद्धि होती है।

बाग सतह प्रबन्ध : लीची के वृक्ष को पूर्ण रूप से तैयार होने में लगभग 15–16 वर्ष का समय लगता है। अतः प्रारम्भिक अवस्था में लीची के पौधों के बीच की खाली पड़ी जमीन का सदुपयोग अन्य फलदार पौधों एवं दलहनी फसलों तथा सब्जियों को लगाकर किया जा सकता है। इससे अतिरिक्त लाभ के साथ–साथ मृदा की उर्वराशक्ति का भी विकास होता है। लीची के बाग में पूरक पौधों के रूप में केला, अमरूद, शरीफा, पपीता जैसे फलदार वृक्ष लगाए जा सकते हैं। ये पौधे लीची के दो पौधों के बीच में रेखांकित करके 5X5 मी. की दूरी पर लगाने चाहिए। इस प्रकार एक हेक्टेयर जमीन में लीची के 100 पौधे तथा 300 पूरक पौधे लगाए जा सकते हैं। केला एवं पपीता को 2X2 वर्ग मी. पर लगाया जाता है और प्रति हैक्टेयर 1000–1100 पूरक पौध लगाये जा सकते है। अन्तरशस्यन के रूप में दलहनी, तिलहनी एवं अन्य फसलें जैसे बोदी, फ्रेंचबीन, भिण्डी, मूंग, कुल्थी,

सुरगुजा आदि की खेती सफलतापूर्वक की जा सकती है। बगीचे को साफ–सुथरा रखने के लिए पौधों के थालों के पास नियमित रूप से खरपतवार नियंत्रण करते रहना चाहिए तथा थालों में पलवार का प्रयोग लाभकारी होता है।

कीट एवं रोग प्रबन्ध : लीची बाग में कीटों की गंभीर समस्या है। लीची में रोगों/टयाधियों की तीव्रता कम है एवं कुछ एक दो ही रोग लगते है। इसमें लगने वाले प्रमुख कीटों का संक्षिप्त विवरण एवं प्रबंध निम्न है।

1. ***लीची की मकड़ी* (Litchi mite)** : अतिसूक्ष्म मकड़ी के नवजात और वयस्क दोनों ही कोमल पत्तियों की निचली सतह, टहनियों तथा पुष्पवृत्तों से चिपक कर लगातार रस चूसते रहते हैं, जिससे पत्तियां मोटी एवं लम्बी होकर मुड़ जाती है और उन पर मखमली (वेल्वेटी) रूआं सा निकल जाता है जो बाद में भूरे या काले रंग में परिवर्तित हो जाता है तथा पत्ती में गड्ढ़े बन जाते है। पत्तियाँ परिपक्व होने के पहले ही गिरने लगती हैं, पौधे कमजोर हो जाते हैं इसकी रोकथाम के लिए समय–समय पर रोगग्रसित पत्ती एवं टहनियों को काट कर जला देना चाहिए। सितम्बर–अक्टूबर में नई कोपलों के आगमन के समय डाइकोफाल (1.25 मि.ली./ली.) का घोल बनाकर 7–10 दिन के अंतराल पर दो छिड़काव लाभप्रद पाया गया है।

2. ***टहनी छेदक* (Shoot borer)** : इसके पिल्लू पौधों की नई कोपलों के मुलायम टहनियों से प्रवेश कर उनके भीतरी भाग को खाते हैं इससे टहनियाँ मुरझा कर सूख जाती हैं और पौधों की बढ़वार रूक जाती है। इसके निराकरण के लिए प्रभावित टहनी को तोड़कर जला देना चाहिए एवं सायपरमेथ्रिन (1.0 मि.ली./ली.) या पाडान (2 ग्रा./ली.) घोल का कोपलों के आने के समय 7 दिनों के अंतराल पर दो छिड़काव करना चाहिए।

3. **फल एवं बीज बेधक (Fruit and Seed borer)** : फल परिपक्व होने के पहले यदि वातावरण में अच्छी नमी का समावेश होता है तो फल बेधक कीट के प्रकोप की संभावना बढ़ जाती है। इसके पिल्लू लीची के गूदे के ही रंग के होते हैं जो डंठल के पास से फलों में प्रवेश कर फल एवं बीज को खाकर उन्हें हानि पहुँचाते हैं अतः फल खाने योग्य नहीं रहते। इसके प्रकोप से बचाव के लिए फल तोड़ाई के लगभग 40–45 दिन पहले से सायपरमेथ्रिन घोल का एक छिड़काव (0.5 मि.ली./ली.) तथा दूसरा छिड़काव बुवान (0.5 मि.ली./ली.) का फल तुड़ाई के 15 दिन पूर्व करने से कीट का नियंत्रण

हो जाता है। राष्ट्रीय लीची अनुसंधान केन्द्र मुजफ्फपुर द्वारा एकीकृत प्रबंधन तकनीक विकसित किया गया है जिसमें टाइकोग्रामा के 50,000 अंडे हे. को मंजर निकलने के बाद पेड़ पर टाँगने, फेरोमोन फंदा (15–20 हे.) को जनवरी–फरवरी में लगाने, आधारित कीटनाशक (5 मि.ली./ली.) के घोल का 8–10 दिनों के अंतराल पर 4–5 छिड़काव करने से कीट की आक्रमण में कमी पायी गयी है एवं फलों का बचाव पाया गया है।

4. ***लीची बग* (Litchi Bug)** : मार्च–अप्रैल एवं जुलाई–अगस्त के महीने में पौधों पर लीची बग का प्रकोप देखा जाता है। इसके नवजात और वयस्क दोनों ही नरम टहनियाँ, पत्तियों एव फलों से रस चूसकर उन्हें कमजोर कर देते हैं जिससे फलों की बढ़वार रूक जाती है। वृक्ष के पास जाने पर एक विशेष प्रकार की दुर्गन्ध से इस कीड़े के प्रकोप का पता लगाया जा सकता है। इससे बचाव के लिए नवजात कीड़ों के दिखाई देते ही मेटासिस्टाक्स (1.0 मि.ली./ली.) या इमिडाक्लोरप्रिड (0.5 मि.ली.) के घोल का दो छिड़काव 10–15 दिनों के अन्तराल पर करें।

5. ***छिलका खाने वाले पिल्लू* (Bark Eating Cater pillar)** : ये पिल्लू बड़े आकार के होते हैं जो पेड़ों के छिलके खाकर जीवन निर्वाह करते हैं एवं छिपकर रहते हैं। ये कीट दो टहनियों के जोड़ों के पास छेदकर के अपने बचाव के लिए टहनियों के ऊपर अपनी विष्टा की सहायता से जाला बनाते हैं। इनके प्रकोप से टहनियां कमजोर हो जाती है और कभी–कभी टूटकर गिर सकती है। इसके रोकथाम के लिए जीवित छिद्रों में पेट्रोल या नुवान या फार्मलीन से भीगी रूई ढूंसकर चिकनी मिट्टी से बन्द करके किया जा सकता हैं इन कीड़ों से बचाव के लिए बगीचे को साफ रखना श्रेयस्कर पाया गया है।

दैहिक व्याधि प्रबन्ध : लीची में अनेक समस्याएँ है जिनका समय पर समुचित निदान करने से ही अच्छी पैदावार प्राप्त की जा सकती है। कुछ प्रमुख समस्याओं का विवरण निम्नवत् है–

फलों का फटना : फल विकास के समय भूमि में नमी की कमी तथा तेज गर्म हवाओं के प्रभाव से फल अधिक फटते हैं यह समस्या फल विकास की द्वितीय अवस्था (अप्रैल के तृतीय सप्ताह) में आती है। जिसका सीधा संबंध भूमि में जल स्तर तथा नमी धारण करने की क्षमता से है। सामान्य तौर पर जल्दी पकने वाली

किस्मों में फल फटने की समस्या देर से पकने वाली किस्मों की अपेक्षा अधिक होती है। इसके निराकरण के लिए वायुरोधी वृक्षों को बाग के चारों तरफ लगाएँ तथा अक्टूबर माह में पौधों के नीचे घास–फूस, पुवाल या पॉलीथीन की पलवार बिछाना उचित होता है। अप्रैल के प्रथम सप्ताह से फलों के पकने एवं उनकी तोड़ाई तक बाग की हल्की सिंचाई करें और पौधों पर जल छिड़काव करें। सिंचाई के साथ–साथ फल लगने के 15 दिनों के बाद से 15 दिनों के अन्तराल पर पौधों पर बोरेक्स (5 ग्रा./ली.) या बोरिक अम्ल (4 ग्रा./ली.) के घोल का 2–3 छिड़काव करने से फलों के फटने की समस्या कम हो जाती है एवं पैदावार अच्छी होती है।

फलों का झड़ना : भूमि में नत्रजन एवं पानी की कमी तथा गर्म एवं तेज हवाओं के कारण लीची के फल छोटी अवस्था में ही झड़ने लगते हैं। खाद एवं जल की उचित व्यवस्था करने से फल झड़ने की समस्या नहीं आती है। फल लगने के एक सप्ताह पश्चात् प्लैनोफिक्स (2 मि.ली./5 ली.) या एनएए (20 मि.ग्रा./ली.) के घोल का एक छिड़काव करने से फलों को झड़ने से बचाया जा सकता है।

पुष्पन एवं फलन

गूटी द्वारा तैयार लीची के पौधों में 4–5 वर्षों के बाद फूल एवं फल आना आरम्भ हो जाता है। फूल आने के संभावित समय से लगभग तीन माह पहले पौधों में सिंचाई बन्द करने से मंजर बहुत ही अच्छा आता है। लीची के पौधों में 3 प्रकार के फूल आते हैं। शुद्ध नर फूल सबसे पहले आते हैं जो मादा फूल आने के पहले झड़ जाते हैं। अतः इनका उपयोग परागण कार्य में नहीं हो पाता है। कार्यकारी नर फूल जिनमें पुंकेसर भाग अधिक विकसित तथा अण्डाशय भाग विकसित नहीं होता है, मादा फूल के साथ ही आते हैं। इन्हीं नर पुष्पों से मधुमक्खियों द्वारा परागण होता है। लीची में उभयलिगीं मादा फूलों में ही फल का विकास होता है। इन फूलों में पुंकेसर अंडाशय के नीचे हेाता है। अतः स्वयं परागण न होकर कीटों द्वारा परागण की आवश्यकता होती है इसलिए अधिक फलन के लिए मादा फूलों का समुचित परागण होना चाहिए और परागण के समय कीटनाशी दवाओं का छिड़काव नहीं करना चाहिए इससे फलन प्रभावित होती है लीची के फल एक बीजीय ही होते हैं। इसके स्त्रीकेशर दो मुँहे (Bifid) होते हैं जिसमें से एक ही फल बनता है। कभी–कभी दोनों अण्डाशय विकसित होकर दो फल बनाते हैं जिसमें से एक लगभग बीज रहित होता है। पूर्ण परागण के पश्चात फल बढ़ने लगते हैं। सबसे पहले बीज का निर्माण होता है और धीरे–धीरे उसके ऊपर मांसल

भाग (Aril) का विकास होता है। इस अवस्था में पर्याप्त जल प्रबन्ध द्वारा अच्छी गुणवत्ता के लीची फल तैयार होते हैं।

परिपक्वता एवं फल तोड़ाई

लीची के पौधों में जनवरी–फरवरी में फूल आते हैं एवं फल मई–जून में पक कर तैयार हो जाते हैं। फल पकने के बाद गहरे गुलाबी रंग के हो जाते हैं और उनके ऊपर के छोटे–छोटे उभार चपटे हो जाते हैं। प्रारम्भिक अवस्था में लीची के पौधों से उपज कम मिलती है। परन्तु जैसे–जैसे पौधों का आकार बढ़ता है फलन एवं उपज में वृद्धि होती है।

उपज

पूर्ण विकसित 15–20 वर्ष के लीची के पौधों से औसतन 70–100 कि.ग्रा. फल प्रति वृक्ष प्रति वर्ष प्राप्त किये जा सकते हैं।

तोड़ाई उपरान्त फल प्रबन्ध

लीची के फलों को तोड़ाई के तुरन्त बाद ठण्डे स्थान पर लाये और उनकी पैकिंग करें। दूर बाजार के लिए सल्फर उपचार (60 ग्रा./क्विंटल फल) तथा अम्ल उपचार करके प्रीकूलिंग करने से भण्डारण क्षमता बढ़ाई जा सकती है। चूंकि लीची के फलों की भण्डारण क्षमता बहुत ही कम होती है अतः इसका विशेष ध्यान रखना चाहिए।

परिरक्षण एवं मूल्य सम्वर्धन

लीची से अनेक प्रकार के परिरक्षित पदार्थ जैसे जूस, नेक्टर, स्क्वैस, लीची नट आदि बनाये जा सकते हैं। लीची के फलों में मूल्य सम्वर्धन की अपार सम्भावनाऐं है जो फल के भण्डारण, श्रेणीकरण, परिवहन से लेकर उसके परिरक्षण तथा उपयोग के अनेक तरीकों तक बढ़ाई जा सकती है।

अच्छी फलत के लिए लीची बाग प्रबन्ध का माहवार कार्यक्रम

1. नये बगीचों का प्रबन्ध

लीची के नये बाग को लगाने से लेकर उनके फलन में आने तक समुचित बाग प्रबन्धन करना आवश्यक होता है। रेखांकन के पश्चात् उचित स्थान पर एवं ठीक ढंग से पौधा लगाने से पूर्व मिट्टी जाँच करा कर उसके अनुरूप खाद देने तथा

समय–समय पर संस्तुत कृषि क्रियाऐं करने से बाग से निरन्तर एवं भरपूर पैदावार ली जा सकती है। नये बगीचों के लिए संस्तुत की गयी कृषि क्रियाओं का माहवार विवरण इस प्रकार है।

जनवरी–फरवरी

- नये रोपित पौधों की एक सप्ताह के अन्तराल पर हल्की सिंचाई करते हैं।
- दीमक का नियंत्रण करें। इसके लिए 2.0 मि.ली. क्लोरोपायरीफॉस (डर्सवान/डरमेट) दवा को प्रति लीटर पानी में मिलाकर आवश्यकतानुसार सिंचाई करें।
- लीफ माइनर कीट के बचाव के लिए नुवान (1.5 मि.ली./ली.) के घोल का छिड़काव करें।

मार्च–अप्रैल

- पौधों के ऊपर शीत लहर से बचाव के लिए लगाये गये छप्पर को हटा दें एवं पौधों को उचित ढ़ाँचा देने के लिए आवश्यक काट–छाँट करें।
- पौधों के चारों तरफ गुड़ाई करके थालों में गोबर की सड़ी खाद (20 कि.ग्रा) एवं करंज की खली (500 ग्रा.) दें एवं आवश्यकतानुसार सिंचाई करें।
- लीची बग का प्रकोप होने पर मेटासिस्टॉक्स (1 मि.ली./ली.) या रोगर (1 मि.ली./ली.) या इमिडाक्लोप्रिड (0.5 मि.ली./ली.) के घोल का 10 दिनों के अन्तराल पर आवश्यकतानुसार 2–3 छिड़काव करें।

अप्रैल–मई

- पोषक तत्वों की उपलब्धता जानने के लिए मिट्टी तथा पत्तों की जाँच करायें।
- नया बाग लगाने के लिए खेत की तैयारी करें।
- रेखांकन करके गड्ढा तैयार करें। गड्ढों को 15 दिन खुला छोड़ने के बाद मिट्टी एवं खाद के मिश्रण से भर दें।

मई–जून

- पौधों को तेज गर्म हवा (लू) से बचाने के लिए छप्पर देकर अच्छी तरह सिंचाई करें।

- बगीचों में खरपतवार नियंत्रण हेतु जुताई करके मिट्टी को खुला छोड़ दें।
- बरसात होने पर पौधों के क्षत्रक के नीचे खाद एवं उर्वरक देकर अच्छी तरह गुड़ाई कर दें।
- बरसात न होने पर पौधों की सिंचाई करें।
- कटाई–छँटाई के पश्चात् तनों के पास से निकलने वाले अवांछित शाखाओं/कल्लों को काट दें।

जुलाई–अगस्त

- बरसात होने के बाद नये बाग लगाने के लिए पौध रोपण करें।
- लीची बग का प्रकोप होने पर नियंत्रण करें।
- नये कोपलों पर लगने वाले लीफ कटिंग वीविल के नियंत्रण के लिए नुवान (1.5 मि.ली./ली.) के घोल का दो छिड़काव 15 दिनों के अन्तराल पर करें।
- थालों की गुड़ाई करें तथा खरपतवार को जड़ समेत निकाल दें।
- लीची माइट के लक्षण दिखाई देते ही डाइकोफाल (1.25 मि.ली./ली.) घोल का 10 दिनों के अन्तराल पर 2–3 छिड़काव करें।

सितम्बर–अक्टूबर

- लीची माइट के पूर्ण नियंत्रण के लिए आवश्यकतानुसार एक अतिरिक्त छिड़काव करें तथा ग्रसित टहनियों को काटकर जला दें।
- पौधों के उचित ढ़ाँचा विकास के लिए आवश्यक काट–छाँट करें।
- तना बेधक तथा छाल खाने वाले पिल्लू के नियंत्रण के लिए छिद्रों में पेट्रोल या नुवान या फार्मेलीन से भीगी रूई ठूंस कर चिकनी मिट्टी से लेप करके छिद्रों को बन्द कर दें।
- बगीचे में खरपतवार नियंत्रण हेतु जुताई करें।
- पौधों के थालों की निकाई–गुड़ाई करें तथा पुआल या सूखी घास की पलवार (मल्चिंग) बिछा दें।
- लीची माइट का नियंत्रण करें।

नवम्बर–दिसम्बर

- शूट–बोरर का प्रकोप होते ही साइपरमेथ्रिन (1.0 मि.ली./ली.) या पाडान (2 ग्रा./ली.) के घोल का दो छिड़काव 7–10 दिनों के अन्तराल पर करें।
- आवश्यकतानुसार दीमक के प्रकोप को नियंत्रित करें।
- ठण्ड (पाला) से बचाव के लिए पौधों पर घास की झोंपड़ी बनायें एवं हल्की सिंचाई करें।
- पौधों की हल्की सिंचाई करें।

2. फल देने वाले बगीचों का प्रबन्ध

लीची के पौधे जब फल देना प्रारम्भ कर देते हैं तब उनका विशेष ध्यान रखना चाहिए। समय–समय पर उचित मात्रा में खाद एवं उर्वरक का प्रयोग, काट–छाँट, कीट–बीमारियों का नियंत्रण एवं दैहिक विकारों को दूर करने से फलोत्पादन में वृद्धि एवं गुणवत्ता में सुधार होता है। फल देने वाले बगीचों में विभिन्न कृषि क्रियायें निम्न प्रकार से करनी चाहिए।

जनवरी–फरवरी

- बाग की गुड़ाई करें तथा सिंचाई बिल्कुल न करें।
- जिंक सल्फेट (2 ग्रा./ली.) के घोल का पहला छिड़काव करें।
- माइट ग्रसित शाखाओं को काटकर जला दें।
- पत्तों की जाँच करायें।
- पहले छिड़काव के 15 दिन पश्चात् जिंक सल्फेट का दूसरा छिड़काव करें।
- अच्छी फलत के लिए फूल खिलते समय मधुमक्खी के छत्ते (बॉक्स) रखें।

मार्च–अप्रैल

- लीची बग के नवजात कीड़ो के दिखाई देते ही मेटासिस्टाक्स (1 मि.ली./ली.) या रोगर (1 मि.ली./ली.) या इमिडाक्लोप्रिड (0.5 मि.ली./ली.) के घोल का 2 छिड़काव 10–15 दिनो के अन्तराल पर करें।
- फूल से फल विकसित होने के एक सप्ताह बाद प्लैनोफिक्स (2 मि.ली./5 ली.) या एन.ए.ए. (20 मि.ली.ग्रा./ली.) के घोल का छिड़काव करें।

- फल लगने के 15 दिन बाद छोटे फलों पर बोरेक्स (4 ग्रा./ली.) के घोल का 15 दिनों के अन्तराल पर तीन छिड़काव करें।
- फल लगने की प्रक्रिया पूर्ण होने के पश्चात् नत्रजन की एक तिहाई मात्रा दें एवं बाग की 5–7 दिनों के अन्तराल पर नियमित सिंचाई करें।
- बगीचे में आवश्यकतानुसार सिंचाई करते रहे। सिंचाई की टपक (ड्रिप) एवं छिड़काव (स्प्रिंकलर) विधि अधिक लाभकारी है।
- फल एवं बीज बेधक कीट से बचाव के लिए फल तोड़ाई के लगभग 40–45 दिन पहले साइपरमेथ्रिन (1.0 मि.ली./ली.) के घोल का दो छिड़काव 10–15 दिन के अन्तराल पर करें।

मई–जून

- फल पकने तक नियमित अन्तराल पर पौधों की सिंचाई करते रहें।
- फलों में गहरे लाल रंग होने एवं अच्छी मिठास (T.S.S) 17–19% विकसित होने पर ही तोड़ाई करें। सुबह का समय फल तोड़ाई के लिए सबसे उपयुक्त होता है अतः धूप होने से पहले फलों की तोड़ाई करके ग्रेडिंग एवं पैकिंग के लिए पैक हाउस में यथा शीघ्र ले आवें।
- फल तोड़ाई के समय गुच्छे को 15–20 सेंमी. टहनी सहित काटें। रोग/कीट ग्रसित टहनियों तथा अवांछित शाखाओं को काट कर निकाल दें। वृक्षों की कटाई–छँटाई करके यह सुनिश्चित करें कि उनके क्षत्रक का आकार एक निश्चित सीमा से अधिक न बढ़े। पौधों की ऊँचाई 4–5 मी. से अधिक न होने दें तथा काट–छाँट द्वारा क्षत्रक के सम्पूर्ण भाग में सूर्य का प्रकाश तथा वायु संचार का समुचित प्रबन्ध करें।
- खाद एवं उर्वरक के प्रयोग के लिए मिट्टी तथा पत्तों की जाँच करावें।
- खेत की जुताई करें तथा पौधों के क्षत्रक के नीचे पावर–टिलर या छोटे–ट्रैक्टर से पत्तियों एवं मल्चिंग के अवशेष को मिट्टी में अच्छी तरह मिला दें
- क्षत्रक के नीचे पौधों के मुख्य तने से 150–200 सेंमी. दूरी पर गोलाई में 60 सेंमी. गहरी नाली बनाकर 5–6 दिन खुला छोड़ दे। तत्पश्चात् नाली को खाद, उर्वरक एवं मिट्टी के मिश्रण से भर दें। यह क्रिया प्रत्येक तीसरे वर्ष करें अन्य वर्षों में क्षत्रक के नीचे थाले में खाद एवं उर्वरक फैलाकर मिट्टी में गुड़ाई कर मिला दें।

जुलाई–अगस्त

- लीफ कटिंग वीविल के नियंत्रण के लिए रोगर (1.25 मि.ली. / ली.) या नुवान (1.5 मि.ली. / ली.) के घोल का छिड़काव करें।
- खेत की जुताई करें तथा मिट्टी में कीटनाशी (क्लोरोपायरीफॉस 10 % घूल का प्रयोग करें)।
- लीची माइट के प्रकोप होते ही उसके नियंत्रण के लिए केलथेन या डाइकोफाल (1.25 मि.ली. / ली.) के घोल का छिड़काव करें।

सितम्बर–अक्टूबर

- लीची माइट के नियंत्रण के लिए पहले छिड़काव से 10–15 दिन बाद दूसरा एवं तीसरा छिड़काव करें।
- खरपतवार नियंत्रण एवं मृदा में सुधार के लिए खेत की जुताई करें।
- पौधों के नीचे जल संरक्षण एवं खरपतवार नियंत्रण के लिए पुआल या सूखी घास से मल्चिंग करें।

नवम्बर–दिसम्बर

- शूट बोरर के रोकथाम के लिए कार्बरिल (2 ग्रा. / ली.), साइपरमेथ्रीन (1.0 मि.ली. / ली.) या पाडान (2 ग्रा. / ली.) के घोल का 7 दिनों के अन्तराल पर 2 छिड़काव करें।
- बगीचे में खाद एवं पानी का प्रयोग न करें।
- माइट ग्रसित टहनियों को काट कर नष्ट कर दें।
- इस प्रकार से यदि लीची के बगीचे की देखरेख की जाय तो उनसे प्रति वर्ष भरपूर पैदावार ली जा सकती है।

अच्छी फलन एवं गुणवत्ता के लिए सुझाव

लीची के बगीचे में अच्छी फलन एवं उत्तम गुणवत्ता के लिए निम्नलिखित बिन्दुओं पर विशेष ध्यान देना चाहिए।

1. मंजर आने के सम्भावित समय से तीन माह पहले पौधों में सिंचाई न करें तथा अन्तरशस्यन फसल न लगाएं।

2. मंजर आने के 30 दिन पहले पौधों पर जिंक–सल्फेट (2 ग्रा./ली.) के घोल का पहला एवं 15 दिन बाद दूसरा छिड़काव करने से मंजर एवं फूल अच्छे आते हैं।
3. फूल आते समय पौधों पर कीटनाशी दवा का छिड़काव न करें तथा बगीचे में पर्याप्त संख्या में मधुमक्खी के छत्ते रखें।
4. फल लगने के एक सप्ताह बाद प्लैनोफिक्स (2 मि.ली./5 ली.) या एन.ए.ए. (20 मि.ग्रा./ली.) का एक छिड़काव करके फलों को झड़ने से बचाऐं।
5. फल लगने के 15 दिन बाद से बोरिक अम्ल (4 ग्रा./ली.) या बोरेक्स (5 ग्रा./ली.) के घोल का 15 दिनों के अन्तराल पर तीन छिड़काव करने से फलों का झड़ना कम हो जाता है। मिठास में वृद्धि होती है तथा फल के आकार एवं रंग में सुधार होने के साथ–साथ फल फटने की समस्या भी कम हो जाती है।

4. लोकाट (Loquat)

लोकाट जिसका वैज्ञानिक नाम इरिबोट्राया जापोनिका लिण्डल (*Eriobotrya japonica* Lindl) है रोजेसी (Rosacae) कुल का एक प्रमुख सदस्य है। लोकाट की उत्पत्ति मध्यचीन से हुई परन्तु इसको जापानी अलूचा (Japanese-Plum or Japanese medlar) कहते हैं क्योंकि अति प्राचीन युग से यह जापान में पैदा होता चला आ रहा है। इसकी खेती चीन व जापान में बड़े पैमाने पर की जाती है। तथा यहीं से इसकी अनेक उन्नत किस्में विकसित की जा चुकी हैं जो संसार के शीताष्ण एवं उपोष्ण जलवायु क्षेत्रों में पैदा की जा रही है। व्यवसायिक दृष्टिकोण से लोकाट की खेती में डीटेरनियन क्षेत्र, आस्ट्रेलिया, दक्षिणी अफ्रीका, दक्षिणी अमेरिका तथा भारत के कुछ हिस्सों में की जाती है। भारत वर्ष में लोकाट के पौधे सबसे पहले उद्यान–प्रयोग एवं अनुसंधान केन्द्र, सहारनपुर (यू.पी.) में लगाये गये, जहाँ से यह देश के विभिन्न भागों में वितरित हुआ। भारत वर्ष में यह उत्तर प्रदेश, उत्तराखण्ड, महाराष्ट्र तथा दक्षिण के पहाड़ी क्षेत्रों में पैदा किया जाता है। इसके फलों में प्रचुर मात्रा में विटामिन–ए, बी, सी, के साथ प्रोटीन एवं लौह तत्व पाये जाते हैं। इसका फल ताजा खाने के लिए एवं जैली, जैम, चटनी, मुरब्बा इत्यादि बनाने के लिए प्रयोग किया जाता है।

भूमि एवं जलवायु

लोकाट को विभिन्न प्रकार के मिट्टी में पैदा किया जाता है लेकिन हल्की बलुई–दोमट मिट्टी सबसे अच्छी समझी जाती है। ऐसी भूमि जिसमें चूने की मात्रा अधिक होती है तथा 1.5 मी. से कम गहरी होती है, इसकी खेती के लिए उपयुक्त नहीं समझी जाती है। इसकी सफल खेती के लिए अधिक पानी तथा अच्छी जल–निकास सुविधा का होना आवश्यक समझा जाता है। लोकाट उपोष्ण जलवायु में सफलतापूर्वक पैदा किया जाता है। 60–100 सेंमी. वर्षा वाले क्षेत्र जहाँ की जलवायु थोड़ा नम हो, इसकी खेती के लिए अच्छे समझे जाते हैं। जहाँ पर ग्रीष्म ऋतु में गर्म हवायें शीघ्र चलनी शुरू हो जाती है वहाँ पर इसके फल छोटे आकार के ही रह जाते हैं तथा वह ठीक तरह से नहीं पकते। फल तेज धूप से झुलस जाता है और अगर फल पकने के समय मौसम ज्यादा ठण्डा रहता है तो फलों में मिठास तथा सुवास का अभाव हो जाता है। भारत वर्ष में उत्तर प्रदेश के मध्य तथा पश्चिमी जिले, दिल्ली तथा पंजाब की जलवायु में लुकाट व्यवसायिक रूप से पैदा किये जाते हैं महाराष्ट्र में फल अपेक्षाकृत छोटे होते हैं वही तमिलनाडु में यह अलंकृत वृक्ष की तरह उगाया जाता है जिस पर कम मात्रा में और खट्टे फल लगते हैं। यह 1800 मी. की ऊँचाई पर भी उगाया जा सकता है। लेकिन फल कम पैदा होते हैं। इसके पौधे पाला तथा सूखा से जल्दी प्रभावित नहीं होते हैं।

उन्नत किस्में

फल परिपक्वता के आधार पर लोकाट की उन्नतशील किस्मों को निम्न तीन वर्गो में विभाजित किया जा सकता है।

अ. वे किस्में जो मार्च के मध्य में पकती हैं

- गोल्डन एलो (Golden yellow)
- इम्प्रूव्ड गोल्डन एलो (Improved Golden yellow)
- थेम्स प्राइड (Thames Pride)

ब. वे किस्में जो मार्च के अन्त में पकती हैं

- पेल एलो (Pale Yelllow)
- लार्ज पेल एलो (Large pale Yellow)
- लार्ज आगरा (Large Agra)

- ❐ फायर–बाल (Fire Ball)
- ❐ मैम्मथ (Mammoth)

स. वे किस्में जो अप्रैल माह के मध्य में पकती है

- ❐ कैलीफोर्निया एडवांस (California Advance)
- ❐ टनाका (Tanaka)

संकर जातियाँ

लोकाट की संकर किस्मों में सेन्टेनाटिया प्रमुख है जो मिजुहों x मागुई के संकरण से प्राप्त की गई है।

प्रसारण तकनीक

लोकाट के पौधे मुख्य रूप से वनस्पतिक विधि द्वारा ही तैयार किये जाते हैं कुछ प्रमुख विधियों का विवरण निम्नवत् है।

1. **कर्तन द्वारा (By Cutting)** : कलम द्वारा इसका प्रसारण सम्भव है परन्तु इसका प्रयोग व्यवसायिक प्रसारण में कम किया जाता है क्योंकि इसमें सफलता कम मिलती है।

2. **दाबा (Layering)** : लोकाट का व्यवसायिक प्रसारण विधि लेयरिंग ही है जिसमें साधारण दाबा की अपेक्षा गूटी (Gootee) को अधिकतर प्रयोग में लाते हैं। यह विधि साधारण भी है तथा इसमें प्रर्याप्त सफलता भी प्राप्त होती है।

3. **कलिकायन (Budding)** : कलिकायन के अनेक विधियों में शील्ड बडिंग (Shield-budding) अथवा वर्म कलिकायन व्यवसायिक स्तर पर प्रयोग की जाती है। तीन महीने पुरानी शाख से कलिका चुनकर जनवरी–फरवरी में कलिकायन करने से 90% सफलता प्राप्त होती है।

4. **इनार्चिंग (Inarching)** : फरवरी या वर्षा ऋतु में इनार्चिंग करने से अच्छी सफलता प्राप्त होती है। इनार्चिंग तथा कलिकायन द्वारा लोकाट के पौधे तैयार करने के लिए भारत वर्ष में लोकाट के बीजू पौधों को मूलवृंत के रूप में प्रयोग किया जाता है। जबकि दूसरे देशों में क्विस (Quince) या नाशपाती (Pear) के बीजू पौधें मूलवृंत के रूप में प्रयोग किये जाते हैं।

बाग स्थापना

बाग स्थापना से पूर्व खेत की गहरी जुताई करके समतल कर दिया जाता है तथा आवश्यकतानुसार रेखांकन करके गड्ढे तैयार किये जाते हैं चूँकि लोकाट के पौधे गर्म हवाओं से शीघ्र ही प्रभावित होते हैं अतः बाग स्थापना से पूर्व पश्चिम तथा दक्षिण की तरफ वायु वृत्ति (Wind-break) लगा देना लाभदायक होता है। साधारणतः लोकाट को 7.5X7.5 मीटर के अन्तर पर वर्गाकार विधि में लगाया जाता है परन्तु अच्छी मिट्टी एवं जलवायु वाले क्षेत्रों में इसे 9X9 मी. पर लगाया जाता है। क्विंस को मूलवृंत के रूप में प्रयोग करके लुकाट के पौधों को 3.5X4.5 मी. पर लगा सकते हैं। निर्धारित स्थान पर 90X90X90 सें.मी. आकार के गडढे गर्मियों में खोद कर उनमें 1 भाग गोबर की खाद तथा 3 भाग मिट्टी मिलाकर भर देते हैं। लोकाट लगाने का सबसे उपयुक्त समय सितम्बर–अक्टूबर माह होता है परन्तु सुनिश्चित सिंचाई सुविधा होने पर इसे फरवरी माह में भी लगाया जा सकता है। पौध रोपाई उपरान्त बाँस या लकड़ी से पौधों को सहारा दे दिया जाता है।

संधाई एवं काट–छाँट

लोकाट को दूसरे सदाबहार फल वाले पौधों की तरह काट–छाँट की आवश्यकता नहीं होती है। जब पौधे छोटे होते हैं उस समय मूलवृंत से निकलने वाली किसी भी प्रकार के कल्लों को काट देते हैं। बड़े पौधों की सूखी एवं रोगग्रसित शाखा को प्रत्येक वर्ष काटते रहते हैं। पौधों का क्राउन जमीन से केवल 60–90 सेंमी. की ऊँचाई से ऊपर रखने का प्रयास रखें।

बाग प्रबन्ध

लोकाट के भरपूर उत्पादन के लिए वैज्ञानिक तरीके से बाग प्रबन्ध करना उचित रहता है। प्रमुख बाग प्रबन्ध तकनीक निम्न प्रकार से है।

जल प्रबन्ध : लोकाट को अधिक पानी की आवश्यकता होती है लेकिन जलमग्न दशा पौधों के लिए हानिकारक होता है। वर्षा ऋतु में पानी की आवश्यकता नहीं होती है। सर्दी एवं गर्मियों में इनकी 7–15 दिन के अन्तर पर मौसम के अनुसार सिंचाई की जाती है।

पोषण प्रबन्ध : अच्छी फलत लेने के उद्देश्य से 45 कि.लो. गोबर की सड़ी खाद, 2 कि.लो. हड्ड़ी का चूरा, 4 कि.लो. लकड़ी की राख प्रति वर्ष प्रति पौधे के हिसाब से देना उत्तम होता है। खाद का प्रयोग कम वर्षा वाले क्षेत्रों में जून में तथा

अधिक वर्षा वाले क्षेत्रों में अक्टूबर के महीने में करते है साथ ही साथ वर्षा ऋतु में बगीचें में हरी खाद की फसले को उगाकर जुताई कर दिया जाता है।

बाग सतह प्रबन्ध : बगीचे के छोटी अवस्था में पौधों के बीच पपीता, फालसा, मटर, उर्द, मूंग, चना इत्यादि को अन्तराशस्य के रूप में उगाया जा सकता है। खरपतवार का नियमित नियंत्रण एवं पौधों के थालों में पलवार का प्रयोग पौधों के लिए लाभदायक होता है।

कीट एवं रोग प्रबन्ध : लोकाट में ज्यादा हानि पहुँचाने वाले कीट एवं बीमारियाँ नहीं पायी जाती हैं। परन्तु कभी–कभी छाल खाने वाले कीट, थ्रिप्स (Thrips) एवं फल मक्खी (Fruit Fly) तथा तना गलन की बीमारी एवं तना सूखने डाई–बैंक (Stem Dieback) की बीमारी नुकसान पहुँचाते हैं। तना गलन की बीमारी के नियंत्रण हेतु सड़े हुए भाग को अलग करके बोर्डो पेस्ट लगा देना चाहिए। थ्रिप्स नियंत्रण में निर्कोटोन सल्फेट या 0.5% फिस आयल रेजिन सोप के घोल का छिड़काव करना चाहिए एवं छाल खाने वाले कैटरपिलर के नियंत्रण हेतु तने में बनाए हुए छिद्रों में पेट्रोल या 4% फार्मेलीन या पैराडाईक्लोरों–बैंजीन का चूर्ण भर कर चिकनी मिट्टी से बन्द कर देते हैं। डाईबैक रोग का आक्रमण कृन्तन किये गये भागों पर शीघ्र होता है अतः कृन्तन करने के तुरन्त बाद कटे सिरे पर चौबटिया पेस्ट लेप लगा देने से नियंत्रण हो जाता है। चौबटिया पेस्ट रेड लैड (60 ग्रा.), कॉपर कार्बोनेट (60 ग्रा.) तथा लेनोलिन (75 ग्रा.) के मिश्रण से बना होता है। लोकाट में तना गलन की बीमारी *डिपलोडिया नेटेलेंसिस* (*Diplodia natelensis*) नामक कवक से होती है। इसके आक्रमण से रोग ग्रसित भाग भूरा होकर चटकने लगता है तथा बाद में छाल कई स्थानों पर फट जाती है। इस बीमारी से वृद्धि तथा उपज पर बुरा प्रभाव पड़ता है। इसके नियंत्रण के लिए सर्वप्रथम प्रभावित छाल को चाकू की सहायता से हटा देते हैं तथा बाद में फाईटोलोन 450 ग्रा., चूना 225 ग्रा. तथा पानी 2.250 ली. के घोल लगाते हैं। लोकाट में फल फटने, बैगनी चित्तीदार, धब्बे तथा फायर विन्ड इन्जुरी जैसी दैहिक व्याधियाँ देखी गयी हैं। फायर बिन्ड इन्जूरी एवं शिशान–शो, व्याधि की दशा में फल लाल–भूरे रंग के हो जाते हैं। इसके नियंत्रण के लिए फलों को ऊपर से भूरे और नीचे से काले रंग के कागज के लिफाफों से ढकना लाभदायक पाया गया है।

पुष्पन एवं फलन

कलिकायन या गूटी विधि से उगाये गये लोकाट के पौधें से दूसरे अथवा तीसरे वर्ष से कुछ फल उत्पन्न होने लगते हैं। लेकिन 6–7 वर्ष बाद फसल अच्छी

होती है। लोकाट में फूल उसी मौसम की डाली के अग्र भाग पर गुच्छों में आते हैं। उत्तर भारत में लोकाट पर तीन बार फूल आता है– (i) अगस्त–सितम्बर (ii) अक्टूबर–नवम्बर (iii) दिसम्बर–जनवरी। अगस्त–सितम्बर के फूलों में परागण सही न होने के कारण (Non-Viable pollination) फल नहीं लगते, इस समय के फूल अधिक गर्मी एवं वर्षा के कारण परागण करने योग्य नहीं होते तथा गिर जाते हैं। पहली बार वाले फूल समाप्त होते ही अक्टूबर–नवम्बर में दूसरी बार फूल आते हैं तथा शेष शाखाओं पर तीसरी बार दिसम्बर–जनवरी में फूल पैदा होते हैं।

अगर पहली बार फूल अधिक आते हैं तो फसल लगभग असफल हो जाती है। लेकिन यदि पहली बार फूल कम आते हैं तो दूसरी बार फूल अधिक निकलने से उत्पादन अच्छा होता है। तीसरी बार की फूल से फल उत्पादन कम होता है। लोकाट में छिट–पुट मात्रा में फूल फरवरी–मार्च तक आते रहते हैं। परन्तु जून के महीने में अग्र कलिकाओं को तोड़ देने से वर्षा ऋतु में वनस्पतिक वृद्धि अच्छी होती है जिससे अक्टूबर में अधिक फूल आने से फलत अच्छी मिलती है।

परिपक्वता एवं फल तोड़ाई

साधारण परिस्थितियों में अक्टूबर–नवम्बर में लगने वाले फल मार्च–अप्रैल में पकने शुरू होते है तथा शीघ्र समाप्त हो जाते हैं। लुकाट एक नान–क्लाईमेक्टेरिक फल है अतः फलों को पूर्णतः पकने के उपरान्त ही तोड़ा जाता है। तोड़ते समय फलों को किसी प्रकार की भी क्षति नहीं पहुँचानी चाहिए, अन्यथा वे शीघ्र खराब होने लगते हैं। अगर गुच्छे के सभी फल पक गये हों तो उन्हें कैंची से सावधानीपूर्वक काट लेना चाहिए।

उपज

लोकाट के एक पौधे से औसतन 15–18 कि.लो. फल प्रति वर्ष प्राप्त होता है एवं अच्छे पौधे से उच्चतम पैदावार 35–45 कि.लो. फल प्रति पौधा तक मिल जाती है।

तोड़ाई उपरान्त फल प्रबन्ध

लोकाट के फल शीघ्र खराब होने लगते हैं अतः फल तोड़ाई सावधानी पूर्वक करना चाहिए। परिपक्वता एवं फल के आकार, गुणवत्ता एवं विपणन की आवश्यकता के अनुसार फलों का श्रेणीकरण करके बाजार से अच्छा लाभ प्राप्त किया जा सकता है। फलों को समीप वाले बाजार में भेजने के लिए इनकी भराई (Packing)

बाँस की टोकरियों में तथा दूर भेजने के लिए लकड़ी की पेटियों, बक्सों में किया जाता है। कुछ घास, पत्तियाँ या धान का पुवाल आदि पेटियों में नीचे व चारों तरफ लगाकर फलों को सावधानीपूर्वक रखकर बन्द कर दिया जाता है। फलों का विपणन अधिकतर समीप वाले बाजारों में ही किया जाता है क्योंकि ये शीघ्र खराब होने लगता है।

परिरक्षण एवं मूल्य सम्वर्धन

लोकाट के कच्चे एवं पके मीठे–फलों को परिरक्षित करके अनेक पदार्थ जैसे–जैम, जैली, अचार, चटनी, मुरब्बा इत्यादि बनाये जा सकते हैं मूल्य सम्वर्धित पदार्थ तैयार करने के लिए अनेक प्रकार की विधियों का प्रयोग किया जाता है। जो पदार्थों की मात्रा एवं तैयार पदार्थ की गुणवत्ता एवं माँग पर निर्भर करती है।

5. जामुन (*Jamun*)

जामुन जिसका वानस्पतिक नाम *साइजिजियम क्यूमिनाई* (*Syzygium cumini*) है, भारत में पाये जाने वाले विभिन्न प्रकार के फलों में से एक है, जो औषधीय गुणों से भरपूर होता है। भारत में प्रायः हर जगह पर जामुन के वृक्ष पाये जाते हैं। यह मरटेसी (Myrteceae) कुल का एक प्रमुख सदस्य है। जामुन की तीन प्रजातियाँ उगायी जाती हैं। जिन्हें जामुन, जलजामुन तथा गुलाब जामुन कहते हैं। परन्तु इनके फलों तथा पत्तियों में विभिन्नता होती है। इन सभी प्रकारों में जामुन सबसे अधिक महत्वूपर्ण है अतः इसकी व्यवसायिक खेती की अच्छी सम्भावनायें हैं। जामुन की उत्पत्ति स्थल भारत या वेस्टइंडीज है। यह भारत के उपोष्ण तथा उष्ण क्षेत्रों में तथा श्रीलंका, थाइलैण्ड, मलेशिया, फिलीपींस, आस्ट्रेलिया आदि देशों में फैला हुआ है। धीरे–धीरे जामुन का विस्तार अन्य उष्ण देशों में भी हो रहा है। वर्तमान में जामुन के क्षेत्रफल के विषय में बहुत विश्वसनीय सूचना नहीं है। क्योंकि इनके वृक्ष अन्य फलोद्यान के साथ देखने को मिलते हैं। इसके वृक्ष सड़क के किनारे–पार्क में एवं वायुवृत्त (Wind break) के रूप में लगाये जाते हैं।

जामुन के फल पोषण एवं औषधीय गुण के लिए प्रसिद्ध है। इनके फलों में नमी 84.5 से 86.4%, प्रोटीन 0.53 से 0.65%, वसा 0.10%, कैलोरिफक वैल्यू प्रति 100 ग्रा. पर 83, कुल घुलनशील ठोस पदार्थ 9 से 11.5%, मिठास 5.8 से 6.9%, अम्लता 2.1–2.5%, पेक्टिन 2.3–3.7%, विटामिन ए 73–100 आई.यू., कैल्शियम 0.02%, फास्फोरस 0.01% आदि तत्व पाया जाता है। जामुन ताजे फल के रूप में खाने के लिए काफी पसंद किया जा रहा है जामुन का सिरका व कुछ अन्य उत्पाद भी

बनाया जाता है। जामुन को अनेक प्रकार से औषधीय रूप से उपयोग में लाया जाता है। सर्दी जुकाम होने पर जामुन की 3–4 गुठली, छोटा टुकड़ा अदरक, तुलसी के पत्ते, 3–4 काली मिर्च के दाने लेकर एक कप पानी में मिलाकर काढ़ा बनाकर छानकर जरा सी मिश्री/शहद मिलाकर सुबह–शाम बनाकर निरंतर पीने से सर्दी जुकाम में आराम मिलता है। अतिसार होने पर जामुन–बबूल एवं नीम के 6–6 ग्रा. पत्ते लेकर पीस करके 2 ग्रा. शहद में मिलाकर पीने से लाभ मिलता है। जामुन की गुठली, आम की गुठली तथा भूनी हुई हरड़ प्रत्येक बराबर–बराबर मात्रा में मिलाकर बने चूर्ण को गुनगुने पानी से सेवन करने से लाभ होता है। जामुन के सम्पूर्ण फलों को सुखाकर पीसकरके सेवन करने से मधुमेह में आराम मिलता है। एक चम्मच जामुन का रस, आधा चम्मच पिसी हल्दी मिलाकर निराहार लेने से पीलिया उपचार में मदद मिलती है। इसके अतिरिक्त पेट दर्द, खाँसी एवं काली खाँसी में जामुन के सेवन से आराम मिलता है। काली खाँसी के लिए जामुन के गुठलियों को छाया में सुखाकर उसका चूर्ण बना लें इसमें थोड़ी सी काली मिर्च, 2 चुटकी पिसी हल्दी मिला लें तथा इस मिश्रण को शहद के साथ सुबह–शाम लें।

भूमि एवं जलवायु

जामुन विभिन्न प्रकार की मिट्टी में उगाया जा सकता है इसे दलदल एवं जल भराव वाले क्षेत्रो से लेकर हल्के ऊसरीले स्थानों तक आसानी से उगा सकते हैं। परन्तु गहरी दोमट, जल निकास युक्त मृदा सर्वोत्तम होती है।

जामुन उष्ण एवं उपोष्ण जलवायु में सफलता पूर्वक उगाया जा सकता है। पुष्पण एवं फलत के समय शुष्क जलवायु उपयुक्त रहती है। अग्रिम वर्षा फल वृद्धि, विकास एवं पकने के लिए लाभदायक रहती है।

उन्नत किस्में

व्यवसायिक स्तर पर उगाने के लिए जामुन के किसी उन्नत किस्मों का विकास अभी तक नहीं हो पायी है परन्तु उत्तर भारत में उगायी जाने वाली सामान्य किस्म ''राय जामुन'' है जिनके फल बड़े तथा रंग गहरा जामुनी होता है। इस तरह गुजरात में बड़े आकार की एवं मिठास युक्त किस्म ''पारस'' प्रसिद्ध है। ''केन्द्रीय उपोष्ण उद्यान संस्थान'' द्वारा सी.आई.एस.एच. जे–42 नामक किस्म का विकास किया गया है जो बीज रहित होता है और उसे उत्तर भारत में उगाया जा रहा है। इसके पौधों को गुजरात व तमिनाडु के आई.सी.ए.आर. के संस्थानों में उत्पादन के लिए भेजा गया है। परिणाम अच्छा आने पर इस किस्म को उत्पादन के लिए

अनुशंसित किया जा सकता है। इस किस्म की विशेषता यह भी है कि इसमें बीज की गुठली बहुत छोटी है और गूदे की मात्रा 50–60% मिल रहा है। हाल के वर्षों में केन्द्रीय उपोष्ण बागवानी संस्थान, लखनऊ तथा केन्द्रीय बागवानी परीक्षण केन्द्र, गोधरा से छोटे बीज वाली जामून की किसमें विकसित की गयी हैं।

प्रसारण तकनीक

अभी तक व्यवसायिक रूप से जामुन का प्रसारण बीज द्वारा किया जा रहा है। इसके बीज रिकालसीट्रैन्ट (Recalcitrent) होते हैं जो 2–3 सप्ताह के बाद तेजी से जमाव क्षमता खोने लगते हैं अतः इन्हें फल से निकालने के तुरन्त बाद पौधशाला में बो देते हैं। जामुन का वनस्पतिक प्रसारण हारमोन से उपचार करके कलम एवं गूटी द्वारा भी किया जा सकता है। बीजू जामुन के पौधों पर पैबन्द चश्मा विधि द्वारा उन्नत किस्म के पौधों को तैयार किया जा सकता है।

बाग स्थापना

जामुन को वर्गाकार विधि में लगाया जाता है। बीज द्वारा प्रसारित पौधों को 10X10 मी. पर तथा बडिंग (चश्मा) विधि द्वारा प्रसारित पौधों को 8X8 मी. पर लगाया जा सकता है। निर्धारित स्थान पर 1X1X1 मीटर के गडढे तैयार करते हैं। गड्ढों की खुदाई एवं भराई बरसात या मानसून आने से पहले कर लेते हैं। गड्ढे की भराई का कार्य कम से कम 15 दिन गडढा खुला रखने के पश्चात् करते हैं। गडढों की भराई के लिए ऊपरी सतह की मिट्टी व अच्छी तरह सड़ी हुई गोबर की खाद 3:1 मात्रा का मिश्रण उपयुक्त रहता है। दीमक से बचाव के लिए 1 कि.ग्रा. नीम की खली भी प्रति गड्ढे के दर से मिला लेते है। रोपण का कार्य जुलाई से सितम्बर में करना उपयुक्त रहता है किन्तु सिंचाई की व्यवस्था होने पर फरवरी–मार्च में भी किया जा सकता है।

संधाई एवं काट–छाँट

जामुन के पौधे आकार में बड़े होते हैं। अतः बगीचों में पौधों के समुचित ढ़ाँचा तैयार करते हैं। इसके लिए भूमि की सतह से 60–80 सेंमी. की ऊँचाई से माडीफाइड सेन्ट्रल लीडर पद्धति से संधाई किया जाता है।

जामुन को नियमित कटाई–छँटाई की आवश्यकता नहीं होती किन्तु फल देने वाले पौधों में फल तोड़ाई के बाद सूखी तथा एक दूसरे पर सटने वाली शाखाओं को काट देते हैं।

बाग प्रबन्ध

जामुन का बाग बहुत कम है व्यवसायिक उत्पादन हेतु बागों का समुचित देखभाल की आवश्यकता होती है। अतः परन्तु बागों में जल पोषण, कीट एवं रोग प्रबन्ध आदि को तकनीक का प्रयोग कर अधिक फल उत्पादन किया जाता हे।

जल प्रबन्ध : शुरू के वर्षों में मौसम एवं भूमि की किस्म के अनुसार 6–8 सिंचाई की आवश्यकता पड़ती है बाद में फलत प्रारम्भ हो जाने पर फल के विकास व परिपक्वता के दौरान मई व जून के महीने में 3–4 सिंचाई की आवश्यकता पड़ती है।

पोषण प्रबन्ध : जामुन के नये पौधों में शुरूआत में 20–25 कि.ग्रा. अच्छी तरह सड़ी हुई गोबर की खाद प्रति वर्ष प्रति पौध के हिसाब से प्रयोग करते हैं। इसे बाद में बढ़ाते हुए फलत आने तक 50–60 कि.ग्रा. तक कर दिया जाता है। कभी–कभी जमीन के अधिक उर्वर होने पर वनस्पतिक वृद्धि अच्छी होती है परन्तु फलत कम होती है। इसलिए मृदा उपजाऊ होने पर जामुन के पौधों में खाद एवं उर्वरक का प्रयोग नहीं किया जाता है। अच्छी फलत के लिए फास्फोरस युक्त उर्वरक के प्रयोग से लाभ मिलता है।

कीट प्रबन्ध : जामुन के पौधों में अनेक कीट नुकसान पहुँचाते हैं जिनमें पत्ती खाने वाली सूड़ी तथा छाल एवं तना बेधक कीट प्रमुख है। पत्ती खाने वाली सूड़ी के प्रबंधन के लिए नीम आधारित कीटनाशी या मैलाथियान 2 मि.ली. / ली. पानी के घोल का छिड़काव करते हैं।

छाल खाने वाले सूड़ी छाल के अन्दर घुसकर उत्तक को खाती है तथा अपने पीछे जालानुमा मल निकालती है इसके प्रबंधन के लिए पतले तार द्वारा छिद्र साफ करके जितना तार घुसे घुसाकर निकाल दें। फिर इसमें मिट्टी का तेल या पेट्रोल में भीगी हुई रूई का टुकड़ा घुसाकर गीली मिट्टी से (सितम्बर–अक्तूबर तथा फरवरी–मार्च के दौरान) बंद कर दें। छिद्र में डाइक्लोरोवास 2 मि.ली. / ली. पानी की दर से 5 मि.ली. घोल डाल सकते हैं।

लीफ माइनर के प्रबन्धन के लिए डाईमेथोएट 1.5 मि.ली. / ली. पानी का घोल बनाकर छिड़काव करना लाभप्रद होता है। लीफ रोलर एवं, लीफ बेबर के प्रबंधन के लिए नीम आधारित कीटनाशक (इजेडिरेक्टिन 0.15%) 2 मि.ली. प्रति ली. पानी के घोल का छिड़काव करें।

रोग प्रबन्ध : जामुन के पौधों में पत्ता धब्बा रोग (Leaf spot) तथा फल सड़न रोग (Fruit rot) का प्रकोप सबसे अधिक होता है। इस रोग में पत्तियों पर भूरे रंग के धब्बे बनते हैं। प्रभावित फल सड़ने एवं सिकुड़ने लगता है। इसके प्रबंधन के लिए जिनेब–78, 2.5 ग्रा. प्रति लीटर पानी की दर से छिड़काव करें।

दैहिक व्याधि प्रबन्ध : जामुन के फलों एवं पौधों पर दैहिक विकार की कोई गंभीर समस्या नही पायी गई है।

पुष्पन एवं फलन

बीजू पौधे 8–10 वर्ष तथा वनस्पतिक विधि से प्रसारित पौधे 4–5 वर्ष में फलने लगते हैं। जामुन में पुष्पण अन्तिम टहनियों पर पत्तियों के निकलने के स्थान पर आते हैं। पुष्पण मार्च के प्रथम सप्ताह से मई के आखिरी सप्ताह तक होता है। यह परपरागित फल है। परागण का कार्य मधुमक्खियों, घरेलू मक्खियों तथा हवा द्वारा होता है। जामुन में पुष्पण से लेकर परिपक्वता तक पुष्प एवं फल का गिराव होता है। केवल 12–15% फल ही परिपक्व अवस्था तक पहुँचते है। पुष्प व फल के अधिक गिराव होने पर जिब्रेलिक अम्ल (GA_3) के 60 पीपीएम के घोल का दो छिड़काव करते हैं। पहला छिड़काव फूल आते समय तथा दूसरा फलन प्रारम्भ होने के 15 दिन पश्चात करने से फलों का झड़ना कम किया जा सकता है और फल के गुणवत्ता में सुधार भी होता है।

परिपक्वता एवं फल तोड़ाई

जामुन का फल नान–क्लाइमेक्टेरिक प्रकृति का होता है जो पेड़ पर ही पकता है। अतः पूर्ण रूप से पके फलों को ही तोड़ा जाता है। जामुन के फल जून–जुलाई में पकते हैं। पकने पर फल किस्म के अनुसार अपने पूरे आकार में बढ़ जाते हैं तथा फल का रंग गहरे बैंगनी अथवा काले रंग का हो जाता है। फल के पकने के पश्चात जितनी जल्दी सम्भव हो तोड़ लेना चाहिए। फल को हाथ से एक–एक कर तोड़ना चाहिए। फलों के तोड़ने के लिए पिकर का प्रयोग काफी सुगम होता है। फलों को तोड़ने के पश्चात् छोटे–छोटे टोकरियों में सावधानी पूर्वक भरकर बाजार में विपणन के लिए भेज दिया जाता है।

उपज

जामुन की उपज वृक्ष की आयु तथा आकार के अनुसार होती है। पूर्ण विकसित बीजू पौधों से 80–250 कि.ग्रा. फल प्रति वृक्ष प्रति वर्ष तथा ग्राफ्टेड पौधों से 60–80 कि.ग्रा. फल प्रति वृक्ष प्रति वर्ष मिल जाता है।

तोड़ाई उपरान्त फल प्रबन्ध

जामुन का फल बहुत जल्दी खराब होने लगता है। सामान्य ताप व हवादार कमरे में इसे मात्र दो दिनों तक ही रखा जा सकता है। बाजार भेजने के लिए सी.एफ.बी. बॉक्स अथवा छिद्रदार पाली बैग का प्रयोग लाभप्रद होता है। चोटिल एवं सड़े गले फलों को छाँट देने तथा टोकरी में फलों के नीचे हरी–पत्तियों की परत बिछाने से फलों के स्थानान्तरण में सुविधा रहती है जामुन के फलों को 8–10^0 सेन्टीग्रेड तापक्रम तथा 85–90% आर्द्रता पर छिद्रयुक्त पाली बैग में 3 सप्ताह तक भंडारित कर सकते हैं।

स. शीतोष्ण कटिबन्धीय फल

1. सेब (Apple)

सेब जिसका वैज्ञानिक नाम *मैलस सैलवेस्टरिस* लि. या *मैलस पुमिला* मिल (*Malus sylvestris* L. or *Malus pumila* Mill) है, रोजेसी (Rosaceae) कुल के पोमाइडी (Pomoideae) उपकुल का एक प्रमुख सदस्य है। सेब की उत्पत्ति यूरोप महाद्वीप अथवा दक्षिणी पश्चिमी एशिया से हुई है। इसकी एक जाति को क्रेब सेब (*Malus baccata*) के नाम से पुकारते हैं, जो हिमालय की पहाड़ियों पर जंगली अवस्था में पाई गई है तथा उत्तरी मैदानों में सफलता पूर्वक पैदा की जाती है। सेब की अच्छी जाति अम्बरी (Ambri) की उत्पत्ति कश्मीर से हुई मानी जाती है। सेब की दूसरी व्यवसायिक जातियाँ जो इस देश में उगाई जाती हैं, विभिन्न समयों पर विदेशों से लाई गई हैं। विश्व में सेब की बागवानी 25 देशों में होती है, जिसमें चीन, संयुक्त राज्य अमेरिका, आस्ट्रेलिया, न्यूजीलैण्ड, जर्मनी, इंग्लैण्ड, दक्षिण अफ्रीका, पौलैण्ड, ब्राजील एवं भारत प्रमुख हैं। विश्व में सेब का सबसे अधिक उत्पादन चीन (20 मिलियन टन) में होता है। सेब उत्पादन करने वाले राष्ट्रों में भारत का नौंवा स्थान हैं, जहाँ सेब का कुल उत्पादन 1.30 मिलियन टन होता है। जिसमें सबसे अधिक योगदान (58%) जम्मू–कश्मीर, का है। भारतवर्ष के कुल सेब उत्पादन का (29%) हिमाचल प्रदेश में (12%) उत्तराखण्ड में तथा (1%) अरूणाचल प्रदेश में पैदा किया जाता है। इसके फलों में प्रोटीन, वसा, खनिज पदार्थ, रेशा, कैल्शियम, फास्फोरस, लोहा आदि प्रचुर मात्रा में पाये जाते हैं। सेब का उपयोग मुख्य रूप से ताजे फलों के खाने के अतिरिक्त सेब जूस, जैम, जैली, मुरब्बा, चटनी, सुखाये हुए सेब, आदि के रूप में होता है।

भूमि एवं जलवायु

सेब की खेती के लिए दोमट मटियार भूमि उपयुक्त समझी जाती है, जो कुछ ऊँचे स्थान पर होने के साथ–साथ जल निकास की उचित व्यवस्था वाली हो। मिट्टी का pH मान कुछ अम्लीय होना चाहिए। सेब समशीतोष्ण जलवायु का एक मुख्य फल है जिसके लिए आवश्यक शीतलन (Chilling requirement) लगभग 800 घन्टों तक होना चाहिए। जाड़े की ऋतु लम्बी तथा तापक्रम अधिक निम्न होने से फसल अच्छी होती है।

उन्नत किस्में

सेब की किस्मों को कई वर्गों में बाँटा जा सकता है।

(अ) शीघ्र पकने वाली किस्में

अर्ली शेनवरी : यह अगेती प्रजाति है। इसका फल गोल, छिलका लालपन लिए हुए पीला होता है। फल का स्वाद खट्टा मीठा होता है। जून के द्वितीय सप्ताह तक फल पककर तैयार हो जाते हैं पका फल 4 से 6 सप्ताह तक रखा जा सकता है।

फैनी : इस प्रजाति के वृक्ष कुछ अधिक ऊँचाई तक बढ़ने वाले होते हैं। फल नियमित रूप से आता है। फल गोल, चपटा, मध्यम आकार का होता है। त्वचा चिकनी पीले रंग की धारीदार होती है। गूदा कुरकुरा, हल्की खटास वाला होता है। फल जून मध्य से अन्तिम सप्ताह तक पककर तैयार हो जाता है।

बिनौनी : इस किस्म के वृक्ष की ऊँचाई अधिक होती है। फल गोल, चपटा, त्वचा चिकनी पीले रंग की होती है गूदा रसीला, खट्टा मीठा स्वाद वाला होता है। फल जुलाई के प्रथम सप्ताह में पक जाते हैं।

ग्रीन स्वीट : इसके वृक्ष मध्यम ऊँचाई तथा अधिक फैलाव वाले होते हैं। इसमें फलत अच्छी होती है। फल शंकुवाकार, त्वचा हरे रंग की जिस पर हल्के सफेद रंग के दाने पड़े होते हैं। जून के अन्तिम सप्ताह से जुलाई प्रथम सप्ताह के बीच फल पककर तैयार हो जाते हैं। यह किस्म जैम तथा मुरब्बा बनाने के लिए काफी उपयुक्त है।

रेड जून : इसके फल छोटे, गोल, एवं चपटे आकार के होते हैं। फलों का रंग लाल होता है गूदा सफेद, खट्टे स्वाद का होता है। यह डेलीशियस प्रजाति के लिए अच्छी प्रारागणकर्ता किस्म है। इसके फल जुलाई प्रथम सप्ताह में पककर तैयार हो जाते हैं।

किंग आफ पिपिन : इस प्रजाति के फल मध्यम आकार के होते हैं। त्वचा चिकनी, नारंगी पीले रंग की होती है। इसके ऊपर नारंगी रंग की धारी पायी जाती है। गूदा हल्का पीलापन लिए हुए सफेद, कुरकुरा होता है। फल का स्वाद खट्टा मीठा होता है। इसके फल जून के अन्तिम सप्ताह में पककर तैयार हो जाते हैं।

टाईडमेन अर्ली वरसिस्टर : इसका वृक्ष बड़ा, नियमित फलत वाला होता हैं यह डेलीशियस समूह के लिए अच्छी परागणकर्ता किस्म है। फल गोल मध्यम

आकार, छिलका लाल तथा गूदा कुरकुरा, सफेद अच्छी सुगन्ध वाला होता है इसके फल जून के अन्तिम सप्ताह से जुलाई के प्रथम सप्ताह तक पककर तैयार हो जाते है।

रेड स्टीकन : इसके वृक्ष मध्यम ऊँचाई तथा फैलाव वाले होते हैं। फलत नियमित होती है। फल का आकार गोल–चपटा होता है। त्वचा चिकनी, हल्की पीली गहरे लाल रंग की होती है। गूदा कुरकुरा, रसीला, खट्टे मीठे स्वाद का होता है। फल जून के अन्तिम सप्ताह में पककर तैयार हो जाते हैं।

समर गोल्डन पिपिन : इस प्रजाति के वृक्ष कुछ अधिक ऊँचाई तक बढ़ने एवं फैलने वाले होते हैं। पैदावार अच्छी होती है। फल गोल या अण्डाकार, त्वचा चिकनी सुनहरे पीले रंग की होती है। गूदा कुरकुरा, रसीला, कम खटास लिए कुछ मीठा होता है। फल जून के अन्तिम सप्ताह से जुलाई के प्रथम सप्ताह तक पककर तैयार हो जाते हैं।

(ब) मध्य समय में पकने वाली किस्में

रेड डेलीशियस : इस किस्म के वृक्ष अधिक ऊँचाई में सीधे बढ़ने वाले तथा अधिक फैलाव के होते हैं। फलत नियमित तथा पैदावार अधिक होते हैं। फल कुछ लम्बाई में गोल तथा मध्यम से बड़े आकार का होता है। त्वचा चिकनी हल्के पीली रंग पर गहरी लाल धारीयुक्त होती है। गूदा खस्ता भीनी सुगन्ध वाला काफी मीठा होता है। फल अगस्त के अन्तिम सप्ताह में पककर तैयार हो जाते हैं। फल के निचले भाग पर पाँच उभार होता है।

रॉयल डेलीशियस : इस प्रजाति में फलत नियमित एवं पैदावार अधिक होती है। फल का आकार बड़ा अण्डाकार रूप में तिकोने, निचले भाग में पाँच उभार होते हैं। फल का रंग लाल, चमकीला, गूदा नरम, रसीला एवं बहुत मीठा स्वाद होता है। इसका फल अगस्त के अन्तिम सप्ताह में पककर तैयार हो जाता है।

रिच–ए–रेड : इस किस्म के वृक्ष मध्यम ऊँचाई तथा फैलाव वाले होते हैं। फलत अच्छी होती है। फल गोल या अण्डाकार, तिकोना तथा निचले भाग पर पाँच उभार होते हैं। त्वचा चिकनी, लाल रंग की चमकीली होती है। जिसके ऊपर सफेद रंग के छोटे–छोटे बिन्दु पाये जाते हैं। गूदा रसदार, हल्का पीलापन लिए हुए एवं खाने में मीठा होता है। फल अगस्त के अन्तिम सप्ताह में पककर तैयार हो जाते हैं।

वान्स डेलीशियस : यह अधिक उपज देने वाली प्रजाति है। इसका फल शंकुवाकार एवं छिलका लाल रंग का होता है। गूदा हल्के पीले रंग का रसदार तथा स्वाद में मीठा होता है। इसके फल अगस्त के द्वितीय सप्ताह में पककर तैयार हो जाते हैं।

मैकनटोस : इसके वृक्ष का आकार बड़ा होता है। फल मध्यम आकार का गोल, हरा, पीलापन लिए हुए लाल रंग का होता है। इसका गूदा हरापन लिए हुए रसीला एवं मीठा होता है। फल जुलाई के अन्तिम सप्ताह से अगस्त के प्रथम सप्ताह के बीच पककर तैयार होते हैं।

गोल्डन डेलीशियस : इस किस्म को परागणकर्ता के रूप में लगाया जाता है। फल अगस्त के द्वितीय सप्ताह में पककर तैयार हो जाते हैं। फल का रंग पीलापन लिए हुए सफेद दानेदार होता है। गूदा क्रीम रंग का, रसदार एवं हल्की खटास लिए हुए होता है। यह प्रसंस्करण के लिए अच्छी किस्म है।

रेड गोल्ड : फल का छिलका पीलापन लिए हुए लाल रंग का होता है। गूदे का रंग क्रीम तथा स्वाद कुछ खट्टापन लिए हुए होता है। परागणकर्ता के रूप में इस किस्म का रोपण सेब के उद्यानों में किया जाता है।

टाप रेड : यह अधिक उपज देने वाली प्रजाति है। इसका फल बड़ा एवं शंकुवाकार होता है। छिलका लाल रंग का धारीदार, गूदा पीलापन लिए हुए मुलायम रस वाला, हल्का खट्टा मीठा स्वाद का होता है। फल अगस्त के द्वितीय सप्ताह में पककर तैयार हो जाता है।

स्काईलाइन सुप्रीम डेलीशियस : इस प्रजाति को मध्यम ऊँचाई से अधिक ऊँचाई वाले क्षेत्रों में उगाया जा सकता है। इसमें नियमित फलत होती है। इसका वृक्ष मध्यम ऊँचाई का होता है। फल मध्यम से बड़े आकार, शंकुवाकार लाल रंग के होते हैं। गूदा पीलापन लिए हुए सफेद, कुरकुरा, रसदार एवं अत्यधिक मीठा होता है। इसका फल अगस्त के द्वितीय सप्ताह में पककर तैयार हो जाता है।

विन्टर बनाना : इसके वृक्ष अधिक ऊँचाई तथा फैलाव वाले होते हैं। फलत नियमित एवं पैदावार अच्छी होती है। फल गोल एवं भारी होते हैं। त्वचा चिकनी, नीली तथा नारंगी धारियों वाली होती है। गूदा नरम, कुरकुरा, हल्का खटास लिए हुए मीठा होता है। फल अगस्त के मध्य में पककर तैयार हो जाते हैं।

(स) देर से पकने वाली किस्में

रायमर : इसके फल सितम्बर के प्रथम सप्ताह में पककर तैयार हो जाते हैं। छिलका पीलापन लिए हुए लाल रंग का, गूदा क्रीम रंग का, खट्टा स्वाद वाला होता है। इसके फलों का उपयोग अधिकतर जैम, चटनी, सॉस, मुरब्बा आदि बनाने के लिये किया जाता है।

बकिंघम : इसके फल सितम्बर के द्वितीय सप्ताह में पककर तैयार होते हैं। फल का छिलका हरापन लिए हुए पीला, गूदा क्रीमी रसीला व मीठा होता है। फल की भण्डारण क्षमता अधिक होती है।

एलोन्यूटन पिपिन : इसके फल सितम्बर के प्रथम सप्ताह में पककर तैयार हो जाते हैं। फल गोल तथा कुछ चपटा लिए हुए हल्के पीले रंग का होता है।

रोम ब्यूटी : इसके फल सितम्बर के प्रथम सप्ताह से मध्य तक पककर तैयार हो जाते हैं। फल का आकार बड़ा एवं लाल रंग का होता है।

ग्रेनीस्मिथ : इसके फल अक्टूबर के मध्य में पकते हैं। फल मध्यम आकार का गोल, छिलका हरा, गूदा हल्का पीलापन लिए हुए सफेद होता है।

अम्बरी : इसे अम्बरी कश्मीरी भी कहते हैं। यह प्रजाति कश्मीर में बीजू पौधों से चयनित करके निकाली गई है। फल मध्यम आकार का अण्डाकार पीलापन लिए हुए हरा ऊपर से लाल धारी वाला होता है।

(द) स्पर प्रजातियां

वे प्रजातियाँ जो छोटे–छोटे अगुलिकाओं (Spur) पर फलत देती हैं उन्हें स्पर किस्में कहा जाता है। इन किस्मों के पौधे छोटे होते हैं और इन्हें मिडो आरचर्डिंग (Meadow orcharding) के लिए उपयुक्त समझा जाता है। इस वर्ग के किस्मों का विवरण निम्न है–

आरगन स्पर : इस प्रजाति के फल आकार में बड़े एवं गहरे लाल रंग के होते हैं। इसका गूदा क्रीम रंग का बहुत मीठा, रसीला व खूशबूदार होता है। इसके फल अगस्त के प्रथम सप्ताह में पककर तैयार होते हैं।

रेड चीफ : इस प्रजाति के फलों का आकार बड़ा एवं त्वचा गहरे लाल रंग की होता है। इसका गूदा क्रीम रंग का, रसीला, हल्का व स्वादिष्ट होता है। फल अगस्त के द्वितीय सप्ताह में पककर तैयार हो जाते हैं।

समर रेड : इस प्रजाति के फल मध्यम आकार के लगभग 50% चमकीला लाल रंग लिए होते हैं। गूदा सफेद क्रीमी रंग का खूशबूदार व ठोस होता है। फल अगस्त के प्रथम सप्ताह में पककर तैयार होते हैं।

स्टार क्रिमसन : यह प्रजाति नियमित फलत एवं अधिक उपज देने वाली है। इसका फल शंकुवाकार, लाल, गूदा हल्के पीले रंग का मीठा होता है। फल जुलाई के अन्तिम सप्ताह में पककर तैयार हो जाता है।

रेड स्पर : इस प्रजाति के वृक्ष छोटे आकार के होते हैं। फल शंकुवाकार, ठोस लाल रंग का होता है। फल अगस्त के द्वितीय सप्ताह में पककर तैयार हो जाता है।

गोल्ड स्पर : इस प्रजाति का पौधा अर्द्ध बौना होता है। यह अधिक उपज देने वाला किस्म है। फल का रंग पीलापन लिए होता है। गूदा क्रीम रंग का हल्की खटास लिए हुए होता है। फल अगस्त के द्वितीय सप्ताह में पककर तैयार हो जाता है।

(य) चौबटिया शोध केन्द्र द्वारा विकसित संकर प्रजातियाँ

फल अनुसंधान केन्द्र चौबटिया (उत्तराखंड) से सेब की कुछ किस्मों का विकास किया गया है। जिसका विवरण निम्नवत है।

चौबटिया प्रिन्सेज : यह प्रजाति अर्ली सनवरी x रेड डेलीशियस के संकरण द्वारा विकसित की गई है। फल मध्यम आकार के शंकुवाकार हल्के पीले रंग के होते हैं जिसके ऊपर गहरे लाल रंग की धारियाँ होती है। फल जुलाई के प्रथम सप्ताह तक पककर तैयार हो जाते हैं।

चौबटिया अनुपम : यह प्रजाति भी अर्ली शनवरी x रेड डेलीशियस के मध्य संकरण द्वारा विकसित की गई है। फल जुलाई के प्रथम से द्वितीय सप्ताह तक पककर तैयार हो जाते हैं।

चौबटिया स्वर्णिमा : यह प्रजाति विनौनी x रेड डेलीशियस के संकरण द्वारा विकसित की गई है। इसके फल जुलाई माह के प्रथम सप्ताह से लेकर द्वितीय सप्ताह तक पककर तैयार होते हैं।

चौबटिया अलंकार : यह प्रजाति फैनी एवं रेड डेलीशियस के मध्य संकरण द्वारा विकसित की गई है। फल जुलाई माह में पककर तैयार होते हैं।

चौबटिया अनुराग : यह प्रजाति इसोपस स्पिटजनवर्ग एवं रेड डेलीशियस के मध्य संकरण द्वारा विकसित की गई है। फल अगस्त के तृतीय सप्ताह से सितम्बर के प्रथम सप्ताह में पककर तैयार होते हैं।

चौबटिया अग्रिम : यह प्रजाति अर्ली शनवरी की बडबुड पर गामा किरणों के प्रयोग द्वारा उत्परिवर्तित (Mutant) प्रजाति है। इसके फल शंकुवाकार होते हैं तथा फल जून के अन्तिम सप्ताह में पकते हैं।

प्रसारण तकनीक

सेब के पौधों का प्रसारण एक वर्ष पुराने बीजू पौधों अथवा क्लोनल मूलवृंत पर जिह्वा कलमबन्धन (टंग ग्राफ्टिंग) विधि से फरवरी–मार्च एवं ढाल चश्मा (सील्ड बडिंग) विधि से अगस्त–सितम्बर माह में किया जाता है। इन विधियों का वर्णन निम्न प्रकार से है।

जिह्वा कलम बंधन : इसमें एक वर्ष पुराने समान मोटाई के मूलवृंत और सांकुर प्रयुक्त किये जाते हैं। सांकुर 10–15 सेंमी. लम्बाई के जिसमें 4–6 कलियाँ विद्यमान होती है, चयन करना चाहिए। मूलवृंत के ऊपर सिरे पर 2–4 सेंमी. लम्बा तिरछा चीरे में एक चीरा विपरीत दिशा में सीधा बनाया जाता है। मूलवृंत पर बनाये गये जिह्वा में सांकुर को अच्छी तरह मिला दिया जाता है। यदि मूलवृंत प्रयुक्त सांकुर से मोटा हो तो कम से कम एक तरफ दोनों की बाहरी सतह अवश्य मिली रहनी चाहिए। सांकुर को मूलवृंत पर अच्छी तरह मिलाने के बाद पॉलीथीन से बाँधना चाहिए। इस विधि में दोनों भागों की जगह का छः तलों से सम्पर्क होता है। अतः मिलाप की अच्छी सम्भावना होती है।

ढाल चश्मा (शील्ड वडिंग) : इसमें नाव के आकार की कलिका मूलवृंत पर 10–25 सेंमी. की ऊँचाई पर जहाँ सतह समतल हो, प्रत्यारोपण किया जाता है। यदि मूलवृंत पर केवल सीधा चीरा लगाकर प्रत्यारोपण किया जाय तो इसे 'ढाल चश्मा' से सम्बोधित करते हैं। कभी–कभी सुविधा हेतु मूलवृंत पर लगाये गये सीधे चीरे के ऊपर एक अनुप्रस्थ चीरा लगा दिया जाता है इससे प्रत्यारोपण हेतु 'टी' (T) आकार का स्थान बन जाता है। इस प्रकार की विधि को 'टी चश्मा' के नाम से भी सम्बोधित करते हैं। यदि यही चीरा नीचे की तरफ लगाया जाय तो उल्टा 'टी' (⊥) आकार बन जाता है। इसी कारण इसे 'इनवर्टेड टी' बडिंग से जाना जाता है।

बाग स्थापना

सेब के पौधों की रोपाई से पहले खेत को अच्छी तरह तैयार करके एवं रेखाकंन करके पौधा लगाने का स्थान सुनिश्चित कर लेते हैं। सेब के पौधों की आपसी दूरी व्यवसायिक प्रजातियों हेतु 6X6 मीटर तथा स्पर प्रजातियों हेतु 5X5 मीटर निर्धारित करके रोपण हेतु गडढे की खुदाई अक्टूबर से दिसम्बर माह के बीच कर लेते हैं। निश्चित स्थान पर 1X1X1 मीटर आकार का गड्ढ़ा तैयार करते हैं। इन गड्ढ़ों को रोपण से पूर्व 30–40 कि.ग्रा. गोबर की सड़ी खाद, 800–1000 ग्रा. सिंगल सुपर फास्फेट, 300 ग्रा. म्यूरेट ऑफ पोटाश, 250 ग्रा. मैलाथियान धूल अथवा 50 ग्रा. थिमेट तथा 50 ग्रा. इण्डोफिल–एम–45 दवा प्रति गड्ढ़े की दर से भूमि की ऊपरी सतह की खुदी हुई मिट्टी में मिलाकर भूमि सतह से 10–15 सेंमी. ऊँचाई तक भर देना चाहिए। गडढे की मिट्टी दब जाने के बाद स्वस्थ पौधे का चुनाव करके रोपण किया जाता है। रोपण से पूर्व सेब के पौधों की जड़ों को इण्डोफिल एम–45, फफूँदीनाशक दवा के घोल में (2 ग्रा. प्रति ली. पानी) 5 मिनट डूबों कर उपचारित करते हैं और फिर उन्हें गड्ढ़ों के बीचों–बीच रोपित कर देते हैं। रोपण के बाद पौधों के चारों तरफ की मिट्टी अच्छी तरह दबा देते हैं एवं थाला बनाकर सिंचाई कर देते हैं। रोपण के समय सेब के बगीचे के प्रत्येक तीसरी पंक्ति में तीसरा पौधा परागणकर्ता किस्म का रोपण करना उपयुक्त होता है। रोपण करते समय इस बात का ध्यान रखना चाहिए कि ग्राफ्टिंग बडिंग वाला भाग भूमि की सतह से 10–15 सेंमी. ऊपर रहे। रोपण के बाद पौधे के किनारे पतली लकड़ी लगाकर तने को सीधा करके सुतली से बाँध देते हैं ताकि वह सीधा रह सके। पौधों को आवश्यकतानुसार सिंचाई करते रहते हैं एवं नमी संरक्षित करने के लिए मल्चिंग का प्रयोग करते हैं। मल्चिंग को वर्षा शुरू होने पर गुड़ाई करके मिट्टी में मिला देते हैं एवं समय–समय पर निराई–गुड़ाई करके खरपतवार निकालते रहते हैं। सेब का पौधा लगाने का सबसे उपयुक्त समय दिसम्बर–जनवरी होता है।

संधाई एवं काट–छाँट

सेब के पौधों में संधाई एवं काट–छाँट का विशेष महत्व है। सेब के पौधों की संघाई मुख्यतः पाँच विधियों द्वारा की जाती है।

1. **ओपेन सेन्टर** : इसे खुले केन्द्र वाली विधि भी कहा जाता है। इस विधि में मुख्य तने के शीर्ष भाग को 60–70 सेंमी. की ऊँचाई से काट दिया जाता है। नीचे से 3–4 शाखायें पौधों के चारों ओर बढ़ने दिया जाता है। अगले वर्ष उप शाखाओं से 4–5 शाखाओं को छोड़ते हुए काट देते हैं, इसमें शाखाऐ

समान रूप से पौधों को गोलाकार रूप देती है तथा पौधों का मध्य भाग खुला रखा जाता है। पौधा कम ऊँचाई में बढ़ता है परन्तु फैलाव अधिक होता है।

2. **माडीफाइड सेन्टर लीडर** : इस विधि से संधाई करने पर पौधों का मजबूत ढ़ाँचा तैयार हो जाता है। रोशनी का प्रावधान ठीक रहता है। इस विधि में मुख्य तने को हर साल रूपान्तरित करके 3–4 मी. तक बढ़ने दिया जाता है और बाद में सह शाखा को काट दिया जाता है। इस विधि द्वारा पौधों की संधाई निम्न प्रकार से की जाती है।

प्रथम वर्ष (बाग लगाते समय) : पौधे की कटाई (60–75 सेंमी.) वहाँ के वातावरण व भूमि पर भी निर्भर करती है क्योंकि ये दोनों ही कारक पौधों के प्रथम वर्ष की बढ़वार का निर्धारण करते हैं। प्रथम वर्ष की ग्रीष्म ऋतु में ही उन पौधों में 30 सेमी. से ऊपर के भाग मे 15–20 सेंमी. की दूरी पर 3 से 5 अच्छी कोपलों का चयन अलग–अलग दिशाओं में करना चाहिए तथा अन्य कोपलों को निकाल देना चाहिए, जिससे पौधों की नई शाखाओं में अच्छी वृद्धि हो। इसे पिंचिग कहते हैं।

प्रथम काट–छाँट : मुख्य तने पर 2–3 शाखाएँ जो कि एक दूसरे से लगभग 15–20 सेंमी. की दूरी पर विपरीत दिशाओं में हो, चयन करना चाहिए। शाखाओं का एक चौथाई भाग काट देना चाहिए जिससे उसकी वृद्धि ठीक हो व सह शाखाऐं भी ठीक उत्पन्न हों। मुख्य तने का भी लगभग आधा भाग काट देना चाहिए।

दूसरे वर्ष संधाई : दूसरे वर्ष के दौरान मुख्य तने और शाखाओं के ऊपरी भाग को पहले वर्ष की तरह काटना चाहिए। इस वर्ष 1–2 नई मुख्य शाखाओं का चयन कर लेना चाहिए जो लगभग 15 सेंमी. की दूरी पर विपरीत दिशाओं में हों। मुख्य शाखाओं पर उप शाखाएं विकसित होती हैं। अधिक बढ़वार वाली उपशाखाओं को काट देना चाहिए और छोटी–छोटी शाखाओं को आरक्षित करना चाहिए। जो शाखाएँ लीडर की ओर बढ़ रही हों उन्हें भी काट देना चाहिए। मुख्य शाखाओं पर साईड की ओर बढ़ने वाली शाखाएं चुननी चाहिए जबकि ऊपर व नीचे की दिशा में बढ़ने वाली शाखाओं को निकाल देना चाहिए। मुख्य शाखाओं का विकास 45^0 के कोण पर होना चाहिए जिससे वनस्पतिक वृद्धि कम हो व डालियों का विकास सही हो मुख्य

शाखा और सेन्ट्रल लीडर के बीच कोण बढ़ाने के लिए लकड़ी के टुकड़ों का प्रयोग करना चाहिए।

तीसरे वर्ष संधाई : तीसरे वर्ष के सुषुप्तावस्था में मुख्य तने और मुख्य शाखाओं के सिरों को पहले वर्ष की भाँति काटना चाहिए। अधिक बढ़वार वाली साईड की शाखा को काट देना चाहिए। सामान्य साईड की शाखा के सिर की 'हेडिंग बैक' करनी चाहिए जबकि कमजोर साइड की शाखा को बिना काटे ही छोड़ देना चाहिए।

चौथे वर्ष से 6 ठवें वर्ष की संधाई : जब पौधों का मुख्य तना लगभग 3.5 से 4 मी. की ऊँचाई प्राप्त कर ले और इस पर 10 से 12 बड़ी शाखाओं के चयन का कार्य पूरा हो जाए तो मुख्य तने (लीडर) को ऊपर से काट देना चाहिए इससे पौधा सीधा बढ़ने की अपेक्षा फैलाव की ओर बढ़ता है। 5–6 वर्ष के पश्चात पेड़ को फैलाव की ओर बढ़ाना चाहिए। इसके लिए विशेष काट–छाँट की आवश्यकता होती है। हर काटी हुई उप सह शाखा से लगभग तीन शाखाएँ फूटती है। सबसे ऊपर की आँख से एक सशक्त शाखा निकलती है जो लगभग सीधा ऊपर की ओर जाती है। इसलिए उप सह शाखाओं को काटते समय यह ध्यान रखना चाहिए कि जिस आँख पर काटें उससे नीचे की तीसरी आँख बाहर की ओर हो, इस प्रकार पेड़ का उचित फैलाव होगा। काट–छाँट सबसे पहले पेड़ की चोटी से शुरू करनी चाहिए। जिससे मुख्य तने और शेष शाखाओं के बीच की ऊँचाई का अनुपात (1:1:5) ठीक प्रकार से रखा जा सके।

3. **सेन्टर लीडर** : इस विधि में पहले वर्ष से ही पौधे को सीधा बढ़ने देने हेतु मुख्य तने से निकलने वाली अवांछित शाखाएँ काट दी जाती हैं। मुख्य तने को सीधा ऊपर ले जाया जाता है। ऐसा करने के लिए बगल की शाखायें कम बढ़ने दी जाती है इससे पौधा शीघ्र ही तीन–चार वर्ष में स्तम्भ के आकार का हो जाता है। पांचवें वर्ष हल्की छँटाई करके तथा आर–पार जाने वाली शाखाओं को काट कर अलग कर देते हैं।

4. **बुश विधि** : इस विधि में पौधों को 70 से 90 सेंमी. की ऊँचाई से काट देते हैं। इस पर बगल से 4–5 शाखायें निकाली जाती हैं जिन्हें अगले वर्ष के प्रारम्भ या जनवरी माह में फिर 30 से 40 सेंमी. छोड़ते हुए छंटाई कर दी जाती है। इससे पुनः नई शाखाएं निकलती हैं। दूसरे तीसरे वर्ष उन्हें भी

जनवरी माह में फिर 30–40 सेंमी. छोड़ते हुए छंटाई करते हैं, जिससे 2–3 शाखाएं निकल कर स्पर का निर्माण करती हैं। इससे पौधा चार वर्ष के अन्दर झाड़ीनुमा आकार ले लेता है तथा मजबूत ढ़ाँचा तैयार हो जाता है। इस विधि में दो मीटर से अधिक मुख्य तने की ऊँचाई नहीं रखी जाती है। ऐसा करने से पेड़ को तेज हवाओं से कम नुकसान होता है।

5. **स्पेंडिल बुश** : यह विधि व्यवसायिक दृष्टि से काफी महत्वपूर्ण है। बुश विधि का यह सुधरा हुआ रूप है। इस विधि से पौधों का ढ़ाँचा सुडौल तथा मजबूत हो जाता है। पौधा उगाने के उपरान्त इसे लगभग 60 से 80 सेंमी. की ऊँचाई से काट दिया जाता है तथा इस पर 4–5 शाखाओं को बढ़ने दिया जाता है।

इसके अतिरिक्त कार्डन, स्ट्रेट हेज, आवलीक कार्डन विधियों से भी सेब के पौधों का ढ़ाँचा बनाया जा सकता है।

काट–छाँट

संधाई के पश्चात् अर्थात् 6–7 वर्ष बाद सेब के सामान्य किस्म के पौधें फल देने योग्य हो जाते हैं इसके बाद विभिन्न स्थानों में विभिन्न समस्याएं पैदा हो जाती हैं। इसलिए हर एक बागवान को अपनी आवश्यकतानुसार ही पौधों की काट–छाँट करनी चाहिए। काट–छाँट का सबसे उपयुक्त समय सुषुप्तावस्था (दिसम्बर–जनवरी) होता है परन्तु सेब में ग्रीष्मकालीन काट–छाँट भी की जाती है। यदि देर ग्रीष्म (जुलाई–अगस्त) में सेब की छोटी–छोटी नई वृद्धि को 2–3 पत्ते के ऊपर से काट दिया जाय तो अगले वर्ष फल देने वाली शाखाओं व कलियों का विकास होता है।

काट–छाँट में सावधानियाँ

1. काट–छाँट उचित विधि से उचित समय पर करें।
2. काट–छाँट करने वाला व्यक्ति अभ्यासरत हो।
3. हर वर्ष काट–छाँट करने वाले व्यक्तियों को न बदलें।
4. काट–छाँट करने वाला औजार तेज धार वाला हो।
5. रोग तथा कीट ग्रस्त टहनियों को काटकर नष्ट करें।

6. काट–छाँट के बाद कॉपर आक्सीक्लोराईड के घोल का छिड़काव करें (600 ग्रा. प्रति 200 ली. पानी में)
7. ब्रश से बड़े घावों या कट स्थान पर तुरन्त चौबटिया पेस्ट लेप करें।

बाग प्रबन्ध

सेब के भरपूर उत्पादन के लिए बाग प्रबन्ध अत्यन्त जरूरी होता है जिसे समय–समय पर एवं उचित तरीके से करना चाहिए।

जल प्रबन्ध : सेब की खेती अधिकतर पहाड़ी क्षेत्रों में ढलानों पर सीढ़ीनुमा खेती की जाती है। इस प्रकार सेब के उद्यानों में सिंचाई के साधन होने पर ड्रिप सिंचाई करते हैं। अधिकतर पहाड़ों पर सिंचाई के साधन कम ही उपलब्ध होते हैं। इस प्रकार इन ढलानों पर खेती करने के लिए वर्षा जल का समुचित उपयोग करने एवं अच्छा पैदावार लेने के लिए सेब उद्यानों में जल संरक्षण की ऐसी व्यवस्था करनी चाहिए कि नमी का अधिकतम उपयोग शुष्क मौसम में जब सेब के पौधों को पानी की आवश्यकता होती हो, पूर्ति हो सके। ऐसे बाग जो प्रायः वर्षा जल पर ही आधारित हैं वहां पर तो जल संरक्षण बहुत ही जरूरी है। अधिक भू–क्षरण वाले स्थान पर जल बहाव को रोकने के लिए दो दालीय फसलों को उगाते हैं। सूखे की स्थिति में पौधों के थालों में मल्चिंग करके नमी संरक्षित रखना अत्यन्त उपयोगी होता है। सेब बागानों में वर्षा के जल का भूमि में अवशोषण बढ़ाने के लिए तथा वर्षा के जल का सतही बहाव को कम करने के लिए उन क्षेत्रों में जल संरक्षण के अभियांत्रिक उपाय जैसे– कन्टूर नालियों का निर्माण करना, सोख्ता नालियां बनाना एवं हौज अथवा थाला बनाना इत्यादि उपाय लाभकारी पाये गये हैं।

पोषण प्रबन्ध : सेब के फल वृक्षों को विभिन्न पोषक तत्वों की आवश्यक मात्रा उसकी प्रजाति, पौधों की बढ़वार, उनकी उत्पादक क्षमता, मिट्टी की भौतिक व रासायनिक दशा तथा मृदा की उर्वरा शक्ति पर निर्भर करती है। अतः इन तत्वों की पूर्ति हेतु आवश्यक उर्वरकों की मात्रा का निर्धारण पौधों की पत्तियों का रासायनिक विश्लेषण और उद्यान भूमि की मिट्टी का परीक्षण करके ही किया जाना उचित होता है। यदि मृदा की उर्वरता सामान्य हो तो सारणी में दी गयी मात्राएं पैदावार बढ़ाने में सहायक होती हैं।

तालिका : पौधों के आयु के अनुसार खाद एवं उर्वरक की संस्तुति

फल वृक्ष की आयु (वर्ष)	जैविक खाद (कि.ग्रा.)	कैल्शियम अमोनियम नाइट्रेट (ग्रा.)	अमोनियम* यूरिया फास्फेट (ग्रा.)	सिंगिल सुपर	म्यूरेट ऑफ पोटाश (ग्रा.)
1	10	280	115	225	120
2	20	560	310	445	235
3	30	840	465	665	350
4	40	1120	620	890	470
5	50	1400	775	1000	585
6	60	1680	930	1230	700
7	70	1960	1085	1550	820
8	80	2240	1240	1775	935
9	90	2520	1395	2000	1050
10 वर्ष और अधिक आयु	100	2800	1550	2215	1170

* दोनों में से किसी एक उर्वरक का प्रयोग करना चाहिए

सामान्य उर्वरता वाली और कम गहराई वाली मिट्टियों में उपरोक्त मात्राओं के स्थान पर 125 ग्रा. कैल्शियम अमोनियम नाइट्रेट या 70 ग्रा. यूरिया, 125 ग्रा. सिंगल सुपर फास्फेट और 50 ग्रा. म्यूरेट ऑफ पोटाश प्रति वृक्ष प्रति वर्ष की आयु की दर से 20 वर्ष तक बढ़ाकर और उसके बाद 20 वर्ष की मात्राओं को प्रत्येक वर्ष स्थिर रूप से प्रयोग करना उपयुक्त रहता है। कैल्शियम अमोनियम नाइट्रेट में 25% व यूरिया में 46% नत्रजन, सिंगल सुपर फास्फेट में 16% और म्यूरेट ऑफ पोटाश में 60% फास्फोरस पोटाश के आधार पर गणना की गयी है।

जैविक खादों का प्रयोग नवम्बर–दिसम्बर में उपयुक्त रहता है। इसके अतिरिक्त नत्रजन धारी उवर्रक की 3/5 भाग, फास्फोरस की सम्पूर्ण और पोटाश की आधी मात्रा फरवरी के प्रथम–द्वितीय सप्ताह में प्रयोग की जाती है। इसके पश्चात् नत्रजन का 1/5 भाग मात्रा और पोटाश की शेष आधी मात्रा अप्रैल के अन्तिम या मई के प्रथम सप्ताह में और नत्रजन को शेष 1/5 भाग मात्रा फल तोड़ने के बाद सितम्बर के अन्तिम सप्ताह में प्रयोग करते हैं। पौधों में पोषक तत्वों को उचित समय पर प्रयोग करने के साथ–साथ ठीक विधि से दिया जाना चाहिए। इसके लिए मुख्य तने से लगभग 40–45 सेंमी. स्थान छोड़कर वृक्ष के फैलाव के

नीचे 20–25 सेंमी. गहरी नाली खोद कर इन नालियों में बराबर खाद एवं उर्वरकों को मिलाकर मिट्टी से ढक देने पर वर्षा जल से पौधों को धीरे–धीरे प्राप्त होता हैं।

सूक्ष्म पोषक तत्व प्रबन्ध : सेब के पौधों को मुख्य पोषक तत्वों के अतिरिक्त आयरन, बोरान, कॉपर, जिंक, मैंगनीज, मालीब्डेनम, क्लोरीन, आदि सूक्ष्म तत्वों की आवश्यकता होती है। इन सूक्ष्म तत्वों की कमी होने पर पैदावार कम और पौधे रोगग्रस्त हो जाते हैं। सामान्यतः सेब में इन तत्वों की कमी के निम्न लक्षण प्रकट होते हैं।

1. **आयरन :** लोहे की कमी से पत्तियाँ हल्के हरे रंग की हो जाती हैं। जिससे पत्तियों की शिरायें अधिक हरी दिखायी देती हैं। पत्री का शेष भाग पीला पड़ जाता है। नई शाखाएँ और टहनियाँ चोटी से पीछे को सूखती जाती हैं।

   उपचार : किसी चिलेट रूप में रसायन का छिड़काव करें। पहला छिड़काव फूल की पंखुड़ियाँ गिरने पर तथा दूसरा छिड़काव 15 दिन के बाद करना चाहिए। मिट्टी में 1.5 कि.ग्रा. आयरन सल्फेट प्रति वृक्ष की दर से देना भी उचित होता है।

2. **बोरान :** इसकी कमी से पौधा कमजोर होकर मुरझाने लगता है। पत्तियों की संख्या कम हो जाती है। पत्तियाँ कभी–कभी मुख्य शिरा की ओर मुड़ने लगती हैं। सेब के फल कठोर व विकृत आकार के हो जाते हैं। सफेद गूदे पर बादामी रंग के धब्बे पड़ जाते हैं।

   उपचार : इसकी कमी बोरेक्स को मिट्टी में डालने या पर्णीय पौध पर छिड़काव करने से दूर की जा सकती है। 100 से 500 ग्रा. बोरेक्स प्रति वृक्ष थाले में तीन वर्ष में एक बार प्रयोग करना चाहिए। पत्तियों पर 230 ग्रा. बोरेक्स या 175 ग्रा. बोरिक एसिड 100 ली. पानी में घोल कर छिड़काव करना चाहिए।

3. **कॉपर :** ताँबे की कमी से सेब की पत्तियाँ गहरे रंग की होकर मुड़ने लगती हैं। पत्ते मुड़कर प्याले से बन जाते हैं जो बड़े वाटर शूट पर अधिक दिखाई देते हैं। ऊपर की पत्तियों में शिराओं के बीच में पीले धब्बे हो जाते हैं। वृक्ष की छाल खुरदुरी होकर फटने लगती है।

उपचार : मिट्टी में नीला थोथा (कॉपर सल्फेट) मिलाकर या इसका पर्णीय छिड़काव पौधों के ऊपर करके कॉपर के कमी का उपचार किया जाता है। 100 ग्रा. कॉपर सल्फेट 100 ली. पानी में घोल कर पतझड़ के बाद नये कल्ले निकलते समय करने से अधिक लाभ होता है। मिट्टी में यदि इसे डालना हो तो 15 से 50 कि.ग्रा. मात्रा प्रति एकड़ के लिए पर्याप्त होता है।

4. **जिंक** : इसकी कमी से शाखाओं के ऊपर के भाग में पत्तों के गुच्छे बन जाते हैं। शाखाओं के निचले भाग की कलियां खिलती नहीं है। प्रायः नयी वृद्धि पर ही लक्षण दिखायी देते हैं। जो पत्तियों की शिराओं के बीच में पीलेपन को प्रदर्शित करते हैं।

   उपचार : इसकी कमी को मिट्टी में जिंक सल्फेट डालने से तथा सर्दियों में पतझड़ के बाद लये कल्ले निकलते समय 1 से 4 कि.ग्रा. जिंक सल्फेट प्रति 100 ली. पानी में घोल कर पौधों में छिड़काव करना लाभकारी होता है।

5. **मैंगनीज** : मैंगनीज की कमी से पत्तों का रंग हल्का और कई बार पीला पड़ जाता है जबकि पत्तों की नसे हरी ही रहती है। कभी–कभी पत्तों के बीच का भाग धूमिल पड़ जाता है और उनके बाहर का क्षेत्र हरा ही रहता है। अधिकतर ऐसा प्रभाव शाखा के ऊपर और बीच के पत्तों पर होता है।

   उपचार : मैंगनीज की कमी को 300 ग्रा. मैंगनीज सल्फेट 100 ली. पानी में घोल कर फूल की पंखुड़ियां गिरने के बाद वर्ष में एक छिड़काव कर दूर किया जा सकता है।

6. **मालिब्डेनम** : मालिब्डेनम तत्व की कमी के लक्षण कुछ दशाओं में नये पत्तियों तथा कुछ में पुराने पत्तियों पर आते हैं। वृक्ष के ऊपर की पत्तियों के शिराओं के मध्य मे पीले धब्बे हो जाते हैं। नीचे की पत्तियों के किनारे का भाग जला सा हो जाता है। पैदावार कम हो जाती है।

   उपचार : इसकी कमी को दूर करने के लिए 5 ग्रा. अमोनियम मालिब्डनेट 10 ली. पानी में घोल कर पर्णीय छिड़काव करना उपयुक्त रहता है।

बाग सतह प्रबन्ध : प्रारम्भ के दो तीन वर्षो तक सेब के पौधे छोटे होने के कारण बगीचों में पौधों के बीच की भूमि खाली पड़ी रहती है तथा बगीचे से कोई आय नहीं मिलती है। इसलिए बगीचे के अन्दर सब्जियों की फसलें जैसे–मटर, फ्रेंचबीन, फूलगोभी, बन्दगोभी आदि को उगाया जा सकता है। इस प्रकार उद्यान की नियमित गुड़ाई एव सफाई होती रहती है।

कीट प्रबन्ध : सेब के पौधों में अनेक कीड़ों की समस्याएं हैं जिनके उचित देखरेख से ही अच्छी पैदावार प्राप्त की जा सकती है। कुछ प्रमुख कीटों एवं उनके नियंत्रण का विवरण निम्नवत है–

ऊली एफिस (Wooly aphis) : यह कीट प्रायः सभी सेब बागानों में देखा जाता है। मार्च से दिसम्बर तक इसकी क्रियाशीलता बढ़ जाती है। इसका आक्रमण जड़, तना, शाखाओं सहित सभी भागों पर होता है। इसमें प्रभावित भागों पर छोटी–छोटी घुण्डियाँ बन जाती हैं जिससे फलत कम हो जाती है इसके जैविक नियंत्रण के लिए एफिलीनस मैली (*Aphelinus mali*) नामक कीट पाला जाता है जो इसको नष्ट कर देता है। साथ ही साथ पौधों पर निकोटिन (90% शुद्धता) 225 ग्रा., चूना–गंधक 4.5 ली., स्टीकर 170 ग्रा., पानी 445 ली. के मिश्रण के छिड़काव से भी इसे नियंत्रित कर सकते हैं। जड़ों पर आक्रमण को नष्ट करने के लिए पैराडाईक्लोरो बैंजीन को जड़ों के पास 10 सेंमी. गहराई पर देने अथवा 0.05% मिथाइल पैराथियान या मैलाथियान या 0.05% इमिडाक्लोप्रिड के घोल का प्रयोग जड़ सिंचन के लिए करने से लाभ प्राप्त होता है।

जड़ व तना छेदक कीट (Root and Stem borer) : यह कीट जड़ एवं तने में छेद करता है जिससे पौधे सूख जाते हैं। तने के छिद्रों को साफ करके उसमें रूई में क्लोरोफार्म भरकर गीली चिकनी मिट्टी से बन्द करके नष्ट कर सकते हैं। जमीन में अण्डों को गहरी जुताई करके नष्ट कर सकते हैं। जमीन में 7.5 सेंमी. गहराई पर पैराडाईक्लोरों बैंजीन पाउडर देने से कीट के पिल्लू व अण्डे को नष्ट कर सकते हैं।

सेन जोस स्केल (San jose scale) : यह कश्मीर के सेब बागानों का मुख्य कीड़ा है। प्रभावित शाखाओं पर भूरा पाउडर सा जमा हो जाता है। जिसके समय पर नियन्त्रण न करने पर पेड़ सूख जाते हैं। जाड़े के मौसम में 0.03% डायजिनान का छिड़काव करके नियन्त्रण करते हैं।

पत्ती खाने वाला कैटरपिलर (Leaf caterpiller) : यह कीट पत्ती को खाकर बर्बाद करता है जिससे वृद्धि एवं फलत पर बुरा असर पड़ता है। नियंत्रण हेतु कीड़े को पकड़कर मारते हैं एव 0.05% मोनोक्रोटोफास या इमिडाक्लोप्रिड का छिड़काव करने से लाभ प्राप्त होता है।

रोग प्रबन्ध : सेब के बगीचों में कुछ रोग ही लगते हैं जिनका विवरण एवं नियंत्रण निम्नवत् है।

स्टैम ब्लैक (Stem black) : यह बीमारी उत्तर प्रदेश व कुमाऊँ क्षेत्र के सेब बागानों में अधिक लगती है। कृन्तन करने पर पैदा हुए घावों से फफूँद प्रवेश करता है। इसलिए यदि कृन्तनं के पश्चात् कटे हुए भाग पर 30–30 ग्रा. रेडलेड तथा कॉपर कार्बोनेट को 100 मि.ली. अलसी के तेल में घोल कर लगाया जाये तो इसका आक्रमण रूक जाता है। बसन्त ऋतु में कैल्शियम सल्फेट (0.2%) का छिड़काव दो बार करने से इसको रोका जा सकता है।

ब्राउन रॉट (Brown rot - Selenalinia fructigena) : इस बीमारी के प्रकोप से फल, खूटियाँ एवं शाखायें प्रभावित होती हैं। इससे स्पर के आधार पर व शाखाओं पर कैंकर हो जाता है। नियंत्रण के लिए प्रभावित फलों को अलग करके जमीन में गाड़ देना चाहिए। कैंकर वाली शाखाओं को काटकर जला देना चाहिए।

पाउडरी मिल्ड्यू (Powdery mildew-Podosphoera leucotricha) : इस बीमारी के प्रभाव से पत्तियाँ, तने, फूल, छोटे फल इत्यादि प्रभावित होते हैं। इसकी रोकथाम के लिए प्रभावित शाखा को काट कर जला देना चाहिए एवं चूना गंधक (1.99) या बोर्डो मिश्रण (4:4:50) घोल का फल लगने के तुरन्त बाद छिड़काव करना चाहिए।

दैहिक व्याधि प्रबन्ध : सेब के फलों में ब्राउन रॉट (Brown rot) नामक दैहिक व्याधि का प्रकोप होता है जिसके कारण फलों का गूदा खराब हो जाता है। एसे फल खाने लायक नहीं रहते है जिससे काफी नुकसान होता है। यह व्याधि मूलतः बोरान की कमी से होती है अतः पौधों में खाद एवं उर्वरक के साथ 250 ग्रा. बोरेक्स के प्रयोग से इसे नियंत्रित किया जा सकता है।

पुष्पन एवं फलन

सेब एक पर्णपाती पौधा होता है और पौधा सुषुप्ताअवस्था में चला जाता है। जब तापमान बढ़ता है तो पौधों में पहले फूल और फिर पत्तियाँ आती है। सेब के फूल एक ही दो वर्ष पुरानी टहनियों पर बनने वाली अंगुलिकाओं (Spur) या डालियों पर आते हैं। फूल साइमोज (Cymose) पुष्पक्रम में गुच्छों में आते हैं। जो पूर्ण होते हैं परन्तु कुछ किस्मों में स्वनिषेचन न होने के कारण परागक किस्मों (Pollinizer Varieties) की आवश्यकता पड़ती है। पूर्ण निषेचन के पश्चात फलों का विकास होता है जो लगभग 140–160 दिन का समय लेता है। सेब का फल झूठा

फल (False Fruit) होता है जो थैलमस का बढ़ा हुआ फूला भाग होता है। इसमें मुख्य कल ड्रूप होता है जो थैलमस के अन्दर धँसा रहता है।

परिपक्वता एवं फल तोड़ाई

सेब एक नान–क्लाइमेक्टेरिक फल है जिसे पूर्ण परिपक्व अवस्था में तोड़ा जाता है। अतः फलों को तोड़ाई से पूर्व यह जान लेना अत्यन्त आवश्यक होता है कि फल तोड़ाई के लिए तैयार है अथवा नहीं। इसके लिए फूल आने से फल परिपक्व होने के बीच के दिनों की संख्या, फलों के रंग, उनके आकार, फल का दबाव, मिठास, अम्लता, स्टार्च आदि की मात्रा के जाँच के पश्चात् ही फल तोड़ाई का निर्णय लिया जाता है। फल तोड़ाई प्रायः हाथ से करते हैं।

उपज

पहाड़ी क्षेत्रों में सेब के फलों की पैदावार 3–4 कुन्तल प्रति वृक्ष तथा उत्तरी भारत के मैदानों में 75–110 कि.ग्रा. प्रति पौधा प्रति वर्ष प्राप्त होता है। मिडो आचर्डिंग अथवा हाई डेन्सटी पौध रोपण में प्रति हेक्टयर सेब का उत्पादन साधारण बागीचों से 3–4 गुना ज्यादा होता है।

तोड़ाई उपरान्त फल प्रबन्ध

फलों को हाथ से तोड़ाई के बाद उन्हें सावधानी पूर्वक साफ–सुथरी जमीन पर एकत्र करते हैं। इसके बाद एक–एक फलों का निरीक्षण करते हुए ग्रेडिंग कर लेते हैं। सेब एक भण्डारित फल होने के कारण लम्बे समय तक एवं दूर बाजार में भेजा जा सकने वाला फल है। फलों को सुरक्षित परिवहन में ले जाने के लिए लकड़ी के बॉक्स में अच्छे से पैकिंग करते हैं। सेब की किस्म के अनुसार 0–2^0 सेन्टीग्रेड तापमान एवं 90–95% नमी पर कोल्ड स्टोरेज में रखा जा सकता है। आधुनिक कन्ट्रोल एटमास्फेयरिक (CA) स्टोरेज में 2–3% आक्सीजन एवं 1.2% कार्बन डाईआक्साइड स्तर पर रखने से सेब की गुणवता काफी अच्छी पायी गयी है।

परिरक्षण एवं मूल्य सम्वर्धन

सेब के फल से अनेक प्रकार के परिरक्षित पदार्थ जैसे सेब फल जूस, जैम, जैली, मुरब्बा, चटनी, सुखाये हुए सेब आदि बनाये जा सकते हैं। सेब फल में मूल्य सम्वर्धन की अपार सम्भावनाएं हैं।

सेब की व्यवसायिक खेती हेतु माहवार कार्यक्रम

जनवरी

- रोपण से पूर्व गड्ढ़ों को इन्डोफिल एम–45 (50 ग्रा./गडढा) से मिट्टी को उपचारित करें तथा गोबर की खाद 30–40 कि.ग्रा. + सुपर फास्फेट 800–1000 ग्रा. + म्यूरेट आफ पोटाश 250 ग्रा. + 250 ग्रा. मैलाथियान धूल मिलाकर गड्ढ़े को पुनः भर दें।
- पौध रोपण का कार्य तथा रोपण उपरान्त सिंचाई करें।
- बड़े पेड़ों की कटाई–छँटाई करें तथा चौबटिया पेस्ट लगाएं।
- मूलवृत्तों पर टंग ग्राफ्टिंग करें।
- सेब में सेनजोस स्केल कीट के नियंत्रण हेतु मिथाईल डिमेटान 0.04% (एक से डेढ़ मि.ली. प्रति लीटर पानी) का छिड़काव करें।

फरवरी

- उर्वरक का प्रयोग करें।
- ग्राफ्टिंग का कार्य यदि जनवरी माह में न हुआ हो तो करें।
- पौध रोपण का कार्य यदि जनवरी माह में न हुआ तो करें।
- रोपित पौधों में सिंचाई करें।

मार्च

- सेब के बगीचों में कर्षण क्रियाओं द्वारा सफाई रखें।
- थालों में पलवार का प्रयोग करें।
- नवरोपित पौधों की सिंचाई करें।
- सफेद चूर्ण व्याधि के नियंत्रण हेतु कैराथेन 0.1% का छिड़काव करें।

अप्रैल

- उद्यान में नमी बनाये रखें।
- उद्यान में टेन्ट कैटरपिलर कीट के नियंत्रण हेतु क्वीनालफास 0.07% (2 मि. ली./ली. पानी मिलाकर) छिड़काव करें।

मई

- पौधाशाला एवं बगीचे में नमी बनाये रखें।
- बगीचे को साफ रखें।

जून

- आवश्यकतानुसार सिंचाई करें।
- फलों की तोड़ाई, ग्रेडिंग, पैकिंग, एवं विपणन का कार्य करें।

जुलाई

- फलो की तोड़ाई, ग्रेडिंग, पैकिंग एव विपणन का कार्य करें।
- उद्यान में उगी घासों के नियंत्रण हेतु मिट्टी पलटने वाले हल से जुताई करें।

अगस्त

- फलों में तोड़ाई, ग्रेडिंग, पैकिंग एवं विपणन का कार्य करें।
- यदि घासों की पलटाई जुलाई माह में नहीं हुई है तो इस माह अवश्य करें।

सितम्बर

- फल की तोड़ाई, ग्रेडिंग, पैकिंग एवं विपणन का कार्य करें।
- जड़ छेदक कीट का नियंत्रण करें।
- गोबर/कम्पोस्ट खाद का प्रयोग तने से 25 सेंमी. दूर करें।
- नत्रजन उर्वरकों का प्रयोग करें।

अक्टूबर

- यदि जड़ छेदक कीट के नियंत्रण हेतु उपचार नहीं किया गया हो तो इस माह करें।
- बगीचे की (खुदाई करें) जुताई कर समतल करे।

नवम्बर

- रोपण हेतु वांछित दूरी पर रेखांकन करें।
- रोपण हेतु गड्ढे का खुदाई करें।

दिसम्बर

- ❐ फलत वाले पौधों के थाले में पैक्लोब्यूट्राजाल (0.4–2.0 ग्रा. प्रतिवर्ग मीटर) नामक हारमोन का प्रयोग करें। दूसरे वर्ष इस हारमोन की आधी मात्रा ही प्रयोग करें।
- ❐ आवश्यकतानुसार कटाई–छँटाई का कार्य करें तथा कटे भाग पर चौबटिया पेस्ट का लेप करें।
- ❐ रोपण हेतु गडढे भरने का कार्य करें।

2. खुबानी (Apricot)

खुबानी (Apricot) जिसका वनस्पतिक नाम *प्रूनस अरमेनियाका* (*Prunus armeniaca*) है, शीतोष्ण कटिबन्धीय गुठलीदार फल में प्रमुख स्थान रखता है। खुबानी रोजेसी (Roseceae) कूल के प्रूनोइडी (Prunoideae) उपकुल का प्रमुख सदस्य है जिसके फल का गूदा खाया जाता है। इसके फल खाने में स्वादिष्ट तथा दिखने में आर्कषक होते हैं। पर्वतीय क्षेत्रों में देशी खुबानी के वृक्ष बहुतायत से मिलते हैं। स्थानीय भाषा में इसे चुवारू, चुलू, चुश्निपारी इत्यादि नाम से जाना जाता है। खुबानी का उत्पत्ति स्थल उत्तर पूर्वी चीन है जहाँ पर जंगली खुबानी को जरदालू के नाम से जाना जाता है। यहीं से हिमाचल प्रदेश के शिमला तथा किन्नौर जिलों में इसका प्रारम्भिक विस्तार हुआ। वर्तमान समय में खुबानी को व्यवसायिक रूप से हिमाचल प्रदेश, जम्मू और कश्मीर तथा उत्तर प्रदेश के पहाड़ी भागों मे उगाया जाता है। पूर्वोत्तर भारत में भी थोड़े क्षेत्रफल में इसकी खेती की जा रही है।

खुबानी में विटामिन–ए (3600 आई.यू), कार्बोहाइड्रेट (11.06%), प्रोटीन (2.5 मि.ग्रा. फास्फोरस तथा नियासिन प्रचुर मात्रा में पाया जाता है। फलों से विभिन्न उत्पाद बनाये जाते हैं। इसकी गुठली किस्म के अनुसार मिठास युक्त या कड़वी होती है। मिठासयुक्त गुठली वादाम गिरी जैसा स्वाद प्रदान करती है। इसका उपयोग पैस्ट्रीज तथा मिठाई आदि बनाने में किया जाता है। कड़वी गुठलियों से तेल निकालते हैं।

भूमि एवं जलवायु

खुबानी की खेती विभिन्न प्रकार की भूमि में सफलतापूर्वक की जा सकती है। गहरी दोमट भूमि जिसमें जल धारण क्षमता अच्छी तथा जल निकास की व्यवस्था

हो सर्वोत्तम होती है। खुबानी के लिए पी.एच मान 6–6.8 के बीच रहने से पौधों का विकास अच्छा होता है और फलत भी अच्छी होती है।

खुबानी की सफल खेती समुद्र तल से 900–2000 मी. की ऊँचाई तक की जा सकती है। खुबानी की अच्छी किस्में को ठण्डे जलवायु की जरूरत होती है। अभी तक कम अभिशीतन वाली किस्मों का चयन नहीं किया जा सका है। अतः प्र्वतीय अंचल में ही खेती की सम्भावना है। पुष्पण के बाद पाला अथवा गर्म हवा तथा अप्रैल–मई में गर्म वातावरण का फलो के टिकाऊपन एवं बढ़वार पर प्रतिकुल प्रभाव पड़ता है। पौधों में फूल आने के लिए 300–900 घण्टे चिलिंग की जरूरत होती है। गर्मियों में औसत तापमान 17–34^{0} सेन्टीग्रेड के बीच रहना उचित होता है तथा 100 सेंमी. वार्षिक वर्षा उपयुक्त होती है।

उन्नत किस्में

खुबानी की प्रमुख किस्मों को परिपक्वता के अनुसार निम्न प्रकार से वर्गीकृत किया जा सकता है।

1. **शीघ्र पकने वाली किस्में** : सुफैदा, शिफले अर्ली, चारमग्ज, शकरपारा, बैटी, बेलाडी
2. **मध्य में पकने वाली किस्में** : कैशाल, टर्की, न्यूलार्ज अर्ली, मोर पार्क, चौबटिया अलंकार, चौबटिया मधु, चौबटिया केशरी।
3. **देर से पकने वाली किस्में** : सेट एम्ब्रियोज, रायल, अल्फ्रेड, फार मिंगडेल।

खुबानी के चारमग्ज, सुफैदा, शकरपारा किस्मों में शर्करा की मात्रा अधिक होने के कारण इसे सुखाया भी जा सकता है। लद्दाख तथा कारगिल के गावों में व्यसायिक स्तर पर खुबानी को सुखाया जाता है। जहाँ पर मुख्य रूप में चारमग्ज, कैशाः, शिपले अर्ली मोर पार्क, सेंट एम्ब्रियोस, न्यूलार्ज, न्यूकैसल अर्ली, रायल आदि किस्में उगाई जाती है।

हाल के वर्षों में केन्द्रीय शीतोष्ण बागवानी संस्थान, श्रीनगर द्वारा कुछ उन्नत किस्मों का चयन किया गया है जो हमारे देश के पहाड़ी इलाकों के लिए अच्छी साबित हो रही हैं।

किस्में	पुष्पन समय	परिपक्वता समय	संभावित उपज (टन/है.)	मिठास (ब्रिक्स)	गिरी का स्वाद
1. सी आई टी एच खुबानी–1	मार्च का दूसरा सप्ताह	106 दिन	12–15	13.86	मीठा
2. सी.आई. टी.एच खुबानी–2	मार्च का दूसरा सप्ताह	105 दिन	8–10	13.88	मीठा
3. सी.आई.टी. एच खुबानी–3	मार्च का दूसरा सप्ताह	105 दिन	7–8	15.98	मीठा
4. न्यूकैसल	मार्च का दूसरा सप्ताह	90 दिन	5–6	12.39	हल्का तीखा
5. हरकोट	मार्च का दूसरा सप्ताह	111 दिन	8–10	14.39	मीठा

प्रसारण तकनीक

खुबानी का व्यवसायिक प्रसारण वनस्पतिक विधियों द्वारा ही किया जाता है। मई–जून अथवा सितम्बर महीने में 'शील्ड' अथवा 'टी' चश्मा द्वारा इसका प्रवर्धन किया जाता है। फरवरी–मार्च माह मे जिह्वा कलम (टंग ग्राफ्टिंग) द्वारा भी प्रवर्धन करते हैं। मूलवृंत के लिए जंगली खुबानी (चूली) या जंगली आंडू के 1 वर्ष के बीजू पौधों पर सुषुप्ता अवस्था में ग्राफ्टिंग या कलिकायन किया जाता है और जब तापमान बढ़ता है तो उसमें कल्ले निकलते हैं। मूलवृंत भाग से निकलने वाले कल्लों को नियमित रूप से तोड़ते रहने से अच्छी सफलता मिलती है।

बाग स्थापना

खुबानी को प्रायः वर्गाकार 5X5 अथवा 6X6 मी. की दूरी पर लगाते हैं। निर्धारित स्थान पर 1X1X1 घन मी. के गड्ढे बनाकर/खोद कर कम से कम 15–20 दिन खुला रखते है। गड्ढे की भराई के लिए गड्ढे की ऊपरी सतह की मिट्टी में 25–30 कि.ग्रा. गोबर की सड़ी खाद, 1 कि.ग्रा. सिंगल सूपर फास्फेट, 1 कि.ग्रा. नीम की खली मिलाकर भराई करते हैं। दिसम्बर से मध्य मार्च माह के बीच रोपाई करने से पौध स्थापना अच्छी होती है क्योंकि पौधा लगाने के बाद कम

तापमान हानिकारक होता है। पौध रोपण के पश्चात् थाला बनाकर सिंचाई कर देते है। जिससे पौधों के पिण्डी और गड्ढे के मिट्टी में तारतम्यता बन सके। थाले के ऊपर घास–फूस, गोबर की सड़ी खाद, आदि से अवरोध पर्त का मल्चिंग करना काफी लाभप्रद होता है।

संधाई एवं काट–छाँट

प्रारम्भ में खुबानी के पौधों को 50–60 सेंमी. की ऊँचाई से काट करके ओपेन सेन्टर अथवा माडीफाइड सेन्ट्रल ढ़ाँचा निर्माण विधि के लिए तैयार करते हैं। तत्पश्चात् नयी निकलने वाली शाखाओं मे विरलीकरण करके 3–5 मुख्य शाखाओं को चारों दिशाओं में 10–15 सेंमी. के अन्तराल पर विकसित किया जाता है। जिससे सूर्य का प्रकाश पौधे के अन्दर पहुँच सके और शाखाओं पर फल लगने वाली गाठों (बड) का निर्माण हो जिन क्षेत्रों में वर्फवारी होती है वहाँ मॉडीफाइड सेन्ट्रल लीडर विधि अधिक उपयुक्त पायी जाती है।

खुबानी में फलन मुख्यतः एक वर्ष पुरानी अंगुलिकाओं अथवा दलपुटों (स्पर) पर आती है जो मुख्य एवं द्वितीयक शाखाओं पर आती है। अंगुलिकाओं पर ही कलिकाये (लेटरल बड या शूट) आते हैं जिन पर फलत होती है 3–4 वर्ष तक फलन के पश्चात अंगुलिकायें मरने लगती हैं तथा फल तोड़ते समय भी कुछ अंगुलिकायें टूट जाती है। अतः काट–छाँट मुख्य रूप से अंगुलिकाओं के उत्पादन एवं पौधों के विस्तार के आधार पर करना चाहिए। नये पौधों पर हल्की कटाई–छँटाई तथा पुराने पौधों पर भारी कटाई–छँटाई करने से फलत एवं वनस्पतिक वृद्धि में एक सामन्जस्य स्थापित कर सकते हैं। सूखी रोग ग्रसित शाखाओं को निकालने के बाद केवल पुरानी अंगुलिकाओं के विरलन करते रहने की आवश्यकता पड़ती है। पौधों की कटाई–छँटाई दिसम्बर–जनवरी माह में किया जाता है तथा कटाई–छँटाई के पश्चात् चौवटिया पेस्ट लगा देते हैं।

बाग प्रबन्ध

खुबानी के बाग से निरंतर फल उत्पादन हेतु निम्न प्रबन्ध क्रियाओं पर ध्यान रखना आवश्यक है।

जल प्रबन्ध : पर्वतीय क्षेत्रों में पानी की समस्या के कारण केवल आरम्भ के वर्षों में ही सिंचाई की जाती है। यदि सिंचाई की सुविधा उपलब्ध हो तो फल वृद्धि एवं विकास के दौरान (अप्रैल–जून) सिंचाई करना अधिक लाभप्रद होता है इससे फलों की बढ़वार अच्छी होती है तथा फलों के झड़ने की समस्या में भी कमी आती

है। मई व जून माह में 8–10 दिन के अन्तराल पर आवश्यकतानुसार सिंचाई लाभदायक होता है। बूँद–बूँद सिंचाई द्वारा 5 दिनों के अन्तराल पर प्रति पौधा कुल 80 लीटर पानी देकर अच्छी उपज प्राप्त की जा सकती है। सूखी घास या प्लास्टिक मल्चिंग करने से नमी का संरक्षण अधिक दिनों तक बना रहता है और फल विकास एवं वृद्धि अच्छी होती है।

पोषण प्रबन्ध : खुबानी में अच्छी वृद्धि व फलत हेतु समुचित मात्रा में गोबर की सड़ी खाद एवं उर्वरक दोनों का प्रबंध आवश्यक है। इनकी आवश्यकता वृक्ष की आयु, जलवायु, भूमि की किस्म, कर्षण पद्धति तथा क्षेत्र विशेष पर निर्भर करती है। सामान्य रूप से सात वर्ष आयु के विकसित वृक्ष के लिए 40 कि.ग्रा. गोबर की सड़ी खाद, 500 ग्रा. नत्रजन, 150 ग्रा. फास्फोरस 600 ग्रा. पोटाश की आवश्यकता पड़ती है। गोबर की सड़ी खाद, फास्फोरस व पोटाश की पूरी मात्रा दिसम्बर–जनवरी में नये कल्ले आते समय प्रयोग करते हैं तथा नत्रजन की मात्रा दो बार में आधी पुष्पण के दो–तीन सप्ताह पूर्व तथा आधी मात्रा पुष्पण के एक माह पश्चात् प्रयोग करते हैं। खाद एवं उर्वरक के प्रयोग के उपरांत सिंचाई व्यकर देने से खाद एवं उर्वरक का उपयोग अच्छा हो जाता है और उसका बेहतर प्रभाव पौधों पर पड़ता है।

कीट एवं रोग प्रबंधन : खुबानी के पौधों को कीट एवं रोग से बचाने से अच्छा उत्पादन होता है। अतः इसका कारगर उपाय करना चाहिए। वैसे तो खुबानी के पौधों में कोई विशेष कीट एवं बीमारियों का प्रकोप नहीं होता है। परन्तु कुछ पौधों में जीवाणु जनित गोंद रिसाव (गमोसिस) एक समस्या हो जाती है। इसमें रोग ग्रसित शाखाओं से गोंद निकलने लगता है तथा छोटे–छोटे धब्बे बन जाते हैं। यह मुख्यतः स्यूडोमोनास सिरिंजी नामक जीवाणु के कारण होता है। नियंत्रण के लिये रोग ग्रसित भाग को तेज चाकू से साफ करके मशोबरा पेस्ट अथवा चौबटिया पेस्ट का लेप लगा देते हैं। 100 पीपीएम स्ट्रेप्टोसाइक्लीन या 0.3% कॉपर आक्सीक्लोराइड के घोल का छिड़काव देने से भी इनका नियंत्रण हो जाता है। वर्षा प्रारम्भ होने के पूर्व यही पेस्ट दोबारा लगा देते हैं। इसके अतिरिक्त खूबानी में पर्ण कुंचन (लीफकर्ल) जो टेफरीना डिफोरमंस द्वारा, पाउड्री मिल्ड्यू जो स्फेरोथेका पेनाजा द्वारा, कोरीनियम ब्लाइट जो स्टिगमिना कारफोलिया द्वारा तथा फलों का भूरा विगलन जैसे रोगों का प्रकोप होता है। इनके नियंत्रण के लिए लक्षण स्पष्ट होते ही कॉपर आक्सीक्लोराइड के 0.3% घोल का 2–3 छिड़काव करना लाभप्रद होता है।

खुबानी के पौधों में सनजोस स्केल, हरित आडू माहू (ग्रीन पीच एफिड), सफेद ग्रब जैसे कीटों का भी प्रकोप होता है। सनजोस स्कल पौधों के छालों पर आक्रमण करता है। जब कि माहू पत्तियों का रस चूसता है। सफेद ग्रब गर्मी के दिनों में पौधों की जड़ों को काटते हैं और इनके प्रौढ़ की पत्तियों को खा जाते हैं। इनके नियंत्रण के लिए क्लोरोपाइरीफास 0.2% सक्रिय तत्व का 2–3 छिड़काव संध्या समय में करने से लाभ होता है।

पुष्पन एवं फलन

खुबानी की प्रमुख किस्में स्वनिषेचित होती हैं अतः इनमें परपरागण की आवश्यकता नहीं पड़ती है। परन्तु व्यवसायिक स्तर पर उत्पादन के लिए दो या तीन किस्मों को एक साथ रोपण करने से अच्छी फलत प्राप्त होती है।

परिपक्वता एवं फल तोड़ाई

खुबानी के फल नान क्लाइमेक्टेरिक होते हैं अतः उन्हें पकने के बाद ही तोड़ा जाता है फलों को किस्म एवं स्थान के अनुसार मई के प्रथम सप्ताह से जून तक तोड़ा जाता है। इनकी तोड़ाई हाथ से ही की जाती है। खुबानी के फल एक साथ नहीं पकते अतः इनकी 3–4 बार में तोड़ाई करते हैं। फलों के परिपक्वता की पहचान छिलके के रंग सम्पूर्ण पुष्पन से दिनों की संख्या तथा कुल घुलनशील ठोस पदार्थ के मात्रा के आधार पर किया जाता है। तोड़ाई के समय फलों में 10^0 ब्रिक्स कुल घुलनशील ठोस पदार्थ (टी.एस.एस) होना चाहिए। ताजे फलों के बिक्री की लिए फलों की तोड़ाई सम्पूर्ण पुष्पण से 100–105 दिनों पश्चात् जब छिलके का रंग हरे से पीला पड़ने लगे तब किया जाता है। जबकि डिब्बाबंदी तथा सुखाने के लिए फलों के पूर्ण परिपक्वता के पश्चात तोड़ा जाता है।

उपज

खुबानी के पौधों में 5 वर्ष से फलत प्रारम्भ हो जाता है तथा 7–10 वर्ष में पौधा पूर्ण उत्पादन देने लगता है प्रत्येक पौधे से 50–80 कि.ग्रा. उपज तथा प्रति हेक्टेयर 15–20 टन उपज प्राप्त हो जाती है। लेकिन भारतवर्ष में खुबानी की उपज 5–7 टन प्रति हेक्टेयर ही होती है जिसे उन्नत किस्मों के विकास द्वारा बढ़ाया जा सकता है।

तोड़ाई उपरान्त फल प्रबन्ध

खुबानी के फल बहुत जल्दी खराब होने लगते हैं इसलिए तोड़ाई, पैकिंग तथा यातायात के दौरान सावधानी रखनी पड़ती है। फलों की तोड़ाई सुबह के समय

करनी चाहिए तथा ग्रेडिग व पैकिंग के दौरान धूप नहीं लगना चाहिए। पैकिंग के पूर्व फलों को उनके आकार के अनुसार 'अ' 'ब' एवं 'स' वर्गों में श्रेणीकृत कर लेते हैं। तथा अ और ब श्रेणी के फलों की पैकिंग कम गहराई वाले लकड़ी के बक्शों या सी.एफ.बी. कारटून (Corrugated Fibre Board Cortoons) में करते हैं। बॉक्शों में नीचे की तरफ चीड़ या देवदार की पत्तियाँ लगा देने से फल नीचे रगड़ नहीं खाते। इसके पश्चात् फलों को लाइन से लगा देते हैं तथा ऊपरी पर्त के ऊपर पेपर बाहर लटकते हुए लगाकर बॉक्स के ढ़क्कन पर कील से ढोकते हुए बंद कर देते हैं। खुबानी के फलों को 0^0 सेन्टीग्रेड तापमान तथा 85–90% आर्द्रता पर एक से दो सप्ताह तक भण्डारित कर सकते हैं। खूबानी के फल राइजोफस फल गलन के प्रति सहिष्णु होते हैं।

फल परिरक्षण एवं मूल्य सम्बर्धन

खुबानी के 'स' श्रेणी के फलों से अच्छी गुणवत्ता के जैम, नैक्टर तथा स्क्वैश आदि प्रसंस्करित पदार्थ तैयार कर सकते हैं। 'ब' श्रेणी के फलों को डिब्बाबंदी (Canning) तथा सुखाने के लिए प्रयोग किया जा सकता है। सुखाई का अनुपात 5.5:1 (ताजा फलः सूखा फल) होता है। फलों को प्राकृतिक रूप से धूप में या डिहाइड्रेटर में सुखाया जाता है।

3. कीवी (Kiwi)

कीवी जिसका वनस्पतिक नाम *एक्टीनीडिया डेलीसियोसा* (*Actinidia deliciosa*) है, भारत वर्ष में कुछ ही साल पूर्व प्रचलित हुआ फल है। अधिक पैदावार के कारण यह व्यवसायिक रूप लेने लगा है। कीवी पर अनुसंधान व विकास करके बड़े पैमाने पर खेती की जा सकती है। कीवी की उत्पत्ति चीन में हुई। यहीं से 20वीं शताब्दी में पश्चिमी देशों में इसका विस्तार हुआ। वर्तमान में विश्व में न्यूजीलैंड, इटली, चीन, जापान, अमेरिका, इंग्लैण्ड, बेल्जियम, मिस्र, आस्ट्रेलिया, फ्रॉस, स्पेन, चिली व भारत आदि देशों में इसे व्यवसायिक रूप से उगाया जाने लगा है। भारत में बंगलौर के लाल बाग में सर्वप्रथम कीवी का पौधा लगाया गया, कीवी के उपयोग व महत्व आदि के कारण हिमाचल प्रदेश, उत्तराखण्ड, जम्मू और कश्मीर, मेघालय, अरुणाचल प्रदेश के मध्य पहाड़ियों में इसका विस्तार हो रहा है।

कीवी में विटामिन प्रचुर मात्रा में पाया जाता है। खनिज पदार्थों में पौटेशियम प्रचुर मात्रा में पाया जाता है। वीटा कैरोटिन के लिए भी कीवी अच्छा श्रोत है। कीवी

को ताजे फल व स्लाइस के रूप में पसंद किया जाता है। इसका सूप व चटनी बढ़िया बनता हैं इसका औषधीय महत्व भी है।

भूमि एवं जलवायु

कीवी विभिन्न प्रकार की भूमि में उगाया जा सकता है किन्तु हल्की अम्लीय, गहरी, उपजाऊ, बलुई दोमट भूमि जिसमें जल निकास की व्यवस्था हो तथा जीवांश पदार्थ की प्रचुरता हो आदर्श होती है। यदि मृदा का पी.एच. मान 5–6.5 हो तो पौधे की वृद्धि व उपज अच्छी होती है किन्तु पी.एच. मान 7.3 से अधिक होने पर पत्तियों में नत्रजन की कमी के लक्षण प्रकट होने लगते हैं।

कीवी पर्णपाती होता है। कीवी की अच्छी वृद्धि व फलत के लिए व जाड़े में सुषुप्तावस्था में जाने के लिए लगभग 800 घण्टे के लिए चिलिंग हेतु 7^0 सेन्टीग्रेड से कम तापमान अथवा अभिशीतन की आवश्यकता होती है। सुषुप्तावस्था के पश्चात नई वृद्धि के दौरान पाला हानिकारक है। गर्मी के दिनों में तापक्रम 35^0 सेन्टीग्रेड से अधिक तथा आर्द्रता कम होने पर पत्तियाँ झुलसने लगती है। कीवी के लिए तेज हवा नुकसानदायक होता है इसलिए तेज हवा वाले स्थानों पर बचाव हेतु वायुवृत्ति लगाना चाहिए। भारत में कीवी समुद्रतल से 800–1500 मी. की ऊँचाई वाले स्थानों पर उगाया जाता है।

उन्नत किस्में

कीवी एक लिंगाश्रयी (Dioecious) पौधा होता है इसमें नर व मादा पुष्प अलग–अलग पौधे पर आते हैं कीवी की मुख्य किस्में निम्न है।

एबाट : यह जल्दी पकने वाली किस्म है इसका स्वाद काफी मिठास लिये हुए हल्का अम्लीय होता है।

ब्रूनो : इस किस्म की फलत काफी अच्छी होती है। फल का रंग गहरा भूरा व फलों पर छोटे, घने रोंयें पाये जाते हैं। विटामिन सी प्रचुर मात्रा में होती है।

हवार्ड : यह विश्व की सबसे लोकप्रिय किस्म है फल का स्वाद काफी मीठा होता है इस किस्म में अन्य किस्मों की अपेक्षा अभिशीतन के लिए अधिक समय की आवश्यकता होती है।

मोंटी : इस किस्म में फलन काफी अच्छा होता है इसलिए गुणवत्तायुक्त फलत प्राप्त करने के लिए विरलीकरण की आवश्यकता होती है। फल मध्यम मिठास लिए हुए अम्लीय होता है।

एलीसन : यह जल्दी पकने वाली किस्म है फलत अच्छी होती है फल का स्वाद अच्छा होता है।

तोमुरी : यह किस्म अन्य व्यवसायिक किस्मों के लिए परागक (Pollinizer) के रूप में लगायी जाती है।

प्रसारण तकनीक

कीवी का पौधा व्यवसायिक रूप से वनस्पतिक विधि द्वारा प्रसारित किया जाता है। वनस्पतिक विधि के अन्तर्गत कटिंग, ग्राफ्टिंग, बडिंग विधि प्रयोग में लायी जा सकती है। किन्तु कटिंग के द्वारा कम समय में व सुगमता से पौधे तैयार किये जा सकते हैं। कटिंग में सख्त काष्ठ कलम, अर्ध सख्त काष्ठ कलम व शाकीय कलम (Shoft wood) द्वारा पौधे तैयार किये जाते हैं। कठोर कलम के लिए 1 सेंमी. मोटी, 15–25 सेंमी. लम्बी कलम सुषुप्तावस्था के दौरान बनाया जाता है। कलम के निचले भाग को आई.बी.ए. (500 पीपीएम) से शोधित करके क्यारी व थैले में लगाया जाता है कलम को शेडनेट के नीचे लगाने से अच्छी सफलता मिलती है कलम लगाने के लिए क्यारी थैली के मिश्रण में गोबर की सड़ी खाद, बालू, पत्तीयुक्त मिट्टी आदि को समान मात्रा में मिलाकर मिश्रण बनाते हैं अर्धसख्त व शाकीय कलम द्वारा पौध तैयार करने के लिए मिस्ट चैम्बर अनुकुल रहता है।

बाग स्थापना

कीवी के पौधे को रोपित करने के लिए वर्गाकार विधि में रेखांकन अधिक श्रेयस्कर होता है। पौधों के आपस की दूरी संधाई (ट्रेनिग) विधि पर निर्भर करती है। प्रायः 'टी' एवं परगोला विधि का रोपण अधिक लाभदायक होता है 'टी' या टेलीफोन पद्धति में रोपण के लिए लाइन से लाइन की दूरी 4 मी. तथा पौध से पौध की दूरी 6 मी. उपयुक्त रहता है। जबकि परगोला पद्धति में लाइन से लाइन व पौध से पौध की दूरी 6 मी. रखते हैं। गड्ढे की खुदाई तथा गोबर की सड़ी खाद व नीम की खली युक्त मिट्टी से भराई का कार्य दिसम्बर माह में करते हैं और पौध रोपण जनवरी–फरवरी में करते हैं। कीवी एक लिंगाश्रयी पौधा होता है इसलिए पौध रोपण करते समय 9–10% पौधे परागक (Pollnizer) किस्म के रूप में तोमुरी या एलीशन किस्म का लगाने की अनुशंसा है। रोपण करते समय इस बात का ध्यान रखना चाहिए कि तीसरी लाइन का तीसरी पौधा परागक हो जिससे फलत समान रूप से मिल सके।

संधाई एवं काट–छाँट

कीवी के पौधे को मजबूत ढाँचा प्रदान करते हुए किसी सहारे पर चढ़ाया जाता है जिससे फलत वाली टहनियों को सहारे पर चढ़ाया जा सके तथा मृदा प्रबंधन एवं पौधे सुरक्षा हेतु छिड़काव व फलों की तोड़ाई में सुविधा रहे। इस कार्य हेतु ट्रेनिंग की निम्न तीन विधियां प्रयोग में लायी जाती है।

1. **निफिन विधि** : इस विधि में 5–6 मी. की दूरी पर लकड़ी, लोहे या कांक्रीट के 2 मी. ऊँचाई वाले खम्भे गाड़ दिये जाते हैं तथा खम्भों के ऊपरी सिरे पर 2.5 मि.मी. मोटा तार दोनों तरफ से लगा देते हैं जिससे कीवी को मजबूत आधार मिल जाता है। इसी के ऊपर पौधों को ट्रेन करते हैं एवं लताओं को बढ़ने देते हैं।

2. **'टी' या टेलीफोन पद्धति** : इस विधि में लगाये गये खम्भों पर 'टी' (T) के आकार में 1.5 मी. लम्बा लोहे का खम्भा लगा दिया जाता है। इसी पर तीन तार समान ऊँचाई पर लगाते हैं। इस विधि में संधाई करने पर मुख्य तने से दो तना विकसित करते हुए विपरीत दिशा में चढ़ा दिया जाता है।

3. **परगोला या पंडाल विधि** : यह विधि अधिक खर्चीला होता है किन्तु इस विधि में संधाई करने पर उत्पादन अधिक मिलता है। इस विधि में खम्भों पर सपोर्ट लगाकर दोनों तरफ से कुछ दूरी पर तार लगा दिये जाते हैं। इसी पर कीवी को मजबूत आधार देते हुए संधाई कर देते हैं।

कीवी के पौधों को कांट–छांट से पहले उसके वृद्धि के तरीके को जानना अति आवश्यक है। प्रत्येक वर्ष इसकी डाली 2–4 मीटर बढ़ती है जिससे पौधा घना हो जाता है। अतः उसे गर्मी और सर्दी में काट देना उचित होता है। चूँकि इसके फल नये कल्लों पर लगते हैं अतः उन्हें हर वर्ष काट–छाँट कराने की जरूरत होती है। काट–छाँट करते समय यह ध्यान रखें कि अगले वर्ष फलत के लिए समुचित डालियों का प्रावधान बना रहे। काट–छाँट सुषुप्तावस्था में किया जाना चाहिए।

बाग प्रबन्ध

कीवी का समुचित प्रबंध कर गुणवत्तायुक्त फलों का उत्पादन लिया जा सकता है। बाग प्रबंध के अन्तर्गत जल, पोषण, रोग एवं कीट, दैविक विकार आदि कार्यो की जानकारी मिलती है।

जल प्रबन्ध : कीवी के पौधों की सिंचाई करने पर आशातीत लाभ होता है। सिंचाई का कार्य प्रारम्भिक फल वृद्धि से परिपक्वता के पूर्व तक अवश्य करना चाहिए।

पोषण प्रबन्ध : खाद एवं उर्वरक की मात्रा, पौधे की उम्र, भूमि की उर्वरता तथा फलोत्पादन पर निर्भर करता हैं। साधारणतः 20 कि.ग्रा. गोबर की सड़ी खाद थालों के आस–पास मिट्टी में मिला देते हैं। रासायनिक उर्वरक में 150 ग्रा. नत्रजन, 100 ग्रा. फास्फोरस तथा 150 ग्रा. पोटाश प्रथम वर्ष में इसके पश्चात इसी अनुपात में बढ़ाते हुए पाँचवे वर्ष में 750 ग्रा. नत्रजन, 500 ग्रा. फास्फोरस तथा 750 ग्रा. पोटाश तत्व के रूप में देते हुए इसी पर स्थिर कर दिया जाता है।

कीट एवं रोग प्रबन्ध : कीवी में रोग व कीट की कोई खास समस्या नहीं पायी गयी है। बिल्ली, हिरन, घोंघे आदि जन्तुओं द्वारा नुकसान किया जाता है। इनसे बचाना चाहिए। पौधों में आरम्भिक अवस्था में निमेटोड द्वारा जड़ सड़न की समस्या आती है। इसका आक्रमण होने पर निमेटोड नाशी दवाओं का प्रयोग करना चाहिए।

परिपक्वता एवं फल तोड़ाई

कीवी में 4–5 वर्ष में फलत मिलने लगता है किन्तु व्यवसायिक उत्पादन मिलने में 7–8 वर्ष लग जाते हैं। फलों की तोड़ाई का समय जलवायु एवं किस्म पर निर्भर करता है। फलों की तोड़ाई परिपक्व (बीज का रंग काला पड़ जाने पर) होने पर करते हैं।

उपज

कीवी से प्रति पौध 50–100 कि.ग्रा. फल मिल जाते हैं।

तोड़ाई उपरान्त फल प्रबन्ध

कीवी के फलों की तोड़ाई के पश्चात वजन व किस्म के अनुसार ग्रेडिंग कर लिया जाता है। अंतर्राष्ट्रीय बाजार में 72 से 100 ग्रा. तक फल का विपणन किया जाता है। भारत में 70–100 ग्रा. के फलों को 'ए' ग्रेड में तथा 40–70 ग्रा. के फल को 'बी' ग्रेड में रखा जाता है। पैकिंग के लिए 3–4 किग्रा. क्षमता का कार्ड बोर्ड बॉक्स उपयुक्त रहता है। कीवी फल की भण्डारण क्षमता अच्छी होती है। ये 1.5 से 2 महीने तक ठण्डे स्थानों पर बिना शीतगृह के भंडारित किये जा सकते हैं। शीत गृह में $6–8^0$ सेन्टीग्रेड तापक्रम पर प्लास्टिक के थैले में रखकर इन्हें 5–6 महीने तक भंडारित किया जाता है।

4. बादाम (Almond)

बादाम जिसका वैज्ञानिक नाम *एमाइग्डैलस क्मयुनिस* लि. या *प्रूनस एमाइग्डैलस* (*Amygdalus communis* Linn or *Purnus amygdalus*) है रोजैसी (Roseceae) कुल के प्रुनाइडी (Prunaideae) उपकुल का एक सदस्य है। सूखे एवं गिरीदार फलों (Dry Fruits) में बदाम का प्रमुख स्थान है। इसकी खेती पर्वतीय क्षेत्रों में बहुत पहले से की जाती है। लेकिन ज्यादातर बगीचे बीजू किस्म के होने के कारण भरपूर पैदावार नहीं हो पा रही है। बीजू पौधों में फलत देर से होती है तथा गुणवत्ता पर भी कोई नियंत्रण नहीं होता है। बादाम के गिरी की जहाँ पर एक तरफ स्वाद एवं पौष्टिक गुणों में उत्तम होने के कारण अच्छी माँग हैं, वहीं दूसरी ओर इनकी तोड़ाई उपरान्त सम्भलाव हेतु विशेष शस्योत्तर प्रौद्योगिकी की आवश्यकता न होने के कारण दुस्तर पहाड़ी क्षेत्रों में इसके पैदावार को बढ़ाया जा सकता है। बादाम को सामान्य दशाओं में भण्डारित एवं परिवहन किया जा सकता है जो दूर दराज के इलाकों में भी इसकी खेती की संभावनाओं को ठोस आधार प्रदान करती है। बादाम की खेती मुख्य रूप से अमेरिका, स्पेन, सीरिया, इटली, ईरान आदि भूमध्यसागरीय देशों में होती हैं। भारत वर्ष में इसकी खेती कश्मीर, हिमाचल प्रदेश एवं उत्तराखण्ड राज्यों के लगभग 24 हजार हैक्टेयर क्षेत्रफल में होती है। बादाम की उत्पादकता भारत वर्ष में बहुत कम है जिसे उन्नत किस्मों और तकनीकों से बढ़ाने की आवश्यकता है। बादाम को गिरीदार फलों में सबसे स्वास्थ्यवर्धक और पोषण युक्त पाया गया है। इसे कोलेस्ट्रल मुक्त पूर्ण संतुलित आहार माना गया है। इसके 100 ग्रा. गिरी में 575 कैलोरी ऊर्जा, 12.2 ग्रा. रेशा, 26 मि.ग्रा. विटामिन ई, 70 ग्रा. वसा, 21 ग्रा. प्रोटीन, 670 मि.ग्रा. पोटैशियम, 268 मि.ग्रा. मैग्नीशियम, 484 मि.ग्रा. फास्फोरस, 265 मि.ग्रा. कैल्शियम तथा 3.5 मि.ग्रा. लौह तत्त्व पाया जाता है। बादाम का प्रयोग सूखेफल के अतिरिक्त अनेक मिश्रित पदार्थों को बनाने में किया जाता है।

भूमि एवं जलवायु

बादाम के पौधों के लिए अच्छे जल निकास वाली हल्की दोमट मिट्टी जिसका पी.एच. मान 6.0–6.5 के बीच हो, अच्छी रहती है। उद्यान स्थापित करने से पूर्व मिट्टी की जांच कराना आवश्यक है जिससे उक्त बातों के अलावा भूमि में विभिन्न तत्वों की उपलब्धता के सम्बन्ध में जानकारी प्राप्त हो सके। भारी मिट्टी में बादाम के पौधों का विकास ठीक से नहीं होता।

बादाम की खेती घाटियों (1000–1500 मी. की ऊँचाई तक) में अधिक सफल है। बादाम के पौधों को भूमध्यसागरीय जलवायु पसन्द है अतः इसकी खेती के लिये ऐसे स्थान का चुनाव करना चाहिये जहाँ फूल व फल लगने के समय तापमान 15–20° सेन्टीग्रेड तथा फल पकने के समय तापमान 25–35° सेन्टीग्रेड हो। कम तापमान (0° सेन्टीग्रेड से नीचे) में जहाँ एक तरफ फूलों की पंखुडियाँ खराब हो जाती हैं वहीं अधिक तापमान में गिरी की भराई प्रभावित होती है। अधिक बरसात से फलत प्रभावित होने के साथ–साथ फलों में सड़ने की समस्या भी उत्पन्न हो जाती है।

उन्नत किस्में

बादाम की अनेक किस्में हैं। परीक्षण के आधार पर चयनित किस्मों का विवरण निम्न प्रकार है–

1. **कैलीफोर्निया पेपरशेल** : यह अमेरिका के कैलीफोर्निया प्रदेश की प्रसिद्ध किस्म है तथा इसका पौधा बड़ा, सीधा तथा स्वयंअफलन गुण वाला होता है। नट का आकार लम्बाई में अण्डाकार तथा औसत शुष्क भार 2.85 ग्रा. होता है। नट की लम्बाई 4.11 सेंमी., चौड़ाई 2.30 सेंमी. तथा मोटाई 1.59 सेंमी. होती है जबकि कवचं गिरी का अनुपात 1:1.42 होता है। गिरी लम्बाई में अण्डाकार, औसत भार 1.64 ग्रा., मटमैले बादामी रंग की होती है। यह स्वाद और उत्पादकता दोनों दृष्टि से ही उत्तम किस्म है तथा इसका छिलका दाँतों से तोड़ा जा सकता है।

2. **आई.एक्स.एल.** : इसका पौधा बड़ा, सीधा तथा स्वयंअफलन गुण वाला होता है। नट का आकार अण्डाकार तथा औसत शुष्क भार 2.20 ग्रा., लम्बाई 3.38 सेंमी., चौड़ाई 2.05 सेंमी. तथा मोटाई 1.38 सेंमी. होती है। कवच मुलायम तथा हल्के बादामी रंग का होता है। कवचं गिरी का अनुपात 1:1.90 होता है। गिरी भी अण्डाकार, औसत भार (1.60 ग्रा.) तथा हल्के बादामी रंग की होती है। यह एक स्वादिष्ट तथा उच्च उत्पादकता वाली किस्म है।

3. **नान पेरिल** : यह किस्म भारत में कैलिफोर्निया से लाई गई है। इसका पौधा बड़ा, मध्यम फैलाव तथा स्वयंअफलन गुण वाला होता है। नट का आकार अण्डाकार, औसत शुष्क भार 2.29 ग्रा., लम्बाई 3.06 सेंमी., चौड़ाई 1.95 सेंमी. एवं रंग मटमैला बादामी होता है। कवच अर्द्ध सख्त तथा कवचं

गिरी का अुनपात 1:1.67 होता है। गिरी का आकार अण्डाकार तथा औसत भारत 1.19 ग्रा. होता है। यह एक स्वादिष्ट एवं अधिक उत्पादन क्षमता वाली किस्म है।

4. **फ्रेग्नेस** : यह मध्यम फैलाव व स्वयंअफलन गुण वाली किस्म है, जिसमें नट का आकार बड़ा (लम्बाई 3.6 सेंमी., चौड़ाई 2.4 सेंमी. तथा मोटाई 1.8 सेंमी.) अण्डाकार तथा औसत शुष्क भार 4.6 ग्रा. होता है। नट का कवच अर्द्ध सख्त तथा कवच गिरी का अनुपात 1:1.18 होता है। गिरी का आकार सुडौल अण्डाकार तथा औसत भार 1.21 ग्रा. होता है यह स्वादिष्ट एवं अधिक उत्पादन देने वाली किस्म है।

5. **क्रिस्टोमोर्टो** : इसका पौधा बड़ा, सीधा तथा स्वयंअफलन गुण वाला होता है। नट का आकार अण्डाकार, औसत शुष्क भार 4.5 ग्रा., लम्बाई 3.5 सेंमी., चौड़ाई 2.3 सेंमी. तथा मोटाई 1.8 सेंमी. होती है। इसका कवच अर्द्ध सख्त तथा मटमैले बादामी रंग का होता है। कवचं गिरी का अनुपात 1:1.80 तथा गिरी का आकार अण्डाकार, औसत भार 1.6 ग्रा., रंग बादामी तथा आवरण सिकुड़ा होता है। इस किस्म में द्विभागी गिरियाँ भी पाई जाती हैं। यह बहुत स्वादिष्ट तथा उच्च उत्पादकता वाली किस्म है।

6. **जैको** : इसका पौधा बड़ा सीधा तथा स्वयंअफलन गुण वाला होता है। नट का आकार गोलाकार–अण्डाकार, औसत शुष्क भार 3.4 ग्रा., लम्बाई 2.7 सेंमी., चौड़ाई 2.1 सेंमी. तथा मोटाई 1.7 सेंमी. होती है। गिरी का औसत भार 1.2 ग्रा., रंग मटमैला बादामी तथा आवरण सिकुड़ा होता है। यह किस्म तेल उत्पादन एवं खाद्य दोनों दृष्टि से उत्तम है।

इसके अतिरिक्त प्रनयाज, वारिस, मखदूम, शालीमार, ड्रेक, टेक्सास, नी–प्लस–अल्ट्रा, मर्सेड तथा पियरलेस भी बादाम की प्रमुख किस्में हैं जिनका उत्पादन भारत वर्ष में किया जा सकता है।

बादाम की परागक (पालीनेटर) किस्में

बादाम की ज्यादातर व्यवसायिक किस्मों के स्वयं अनिषेच्य (Self infertility) होने के कारण परागक (पालीनेटर) किस्मों को मुख्य किस्मों के साथ हर तीसरी पंक्ति के बाद रोपण की आवश्यकता होती है। कुछ प्रमुख परागणकर्ता एवं व्यवसायिक किस्मों का विवरण निम्न है।

व्यवसायिक किस्म	उपयुक्त परागक किस्म
नान पेरिल	ड्रेक
आई.एक्स.एल.	ड्रेक
जैको	टैक्सास, फिलिपिसियो
क्रिस्टोमोर्टो	टैक्सास
कैलीफार्निया पेपरशेल	आई.एक्स.एल.
अन्य किस्में	नी–प्लस–अल्ट्रा

इसके साथ ही साथ बादाम के बीगीचों में फूल खिलने के समय प्रति हैक्टेयर 4–6 मधुमक्खी के बक्सों को रखना लाभकारी पाया गया है जिससे 12–15% फलत में बढ़ोतरी होती है।

प्रसारण तकनीक

बादाम के पौधे प्रायः 'टी' कलिकायन (T-budding) अथवा फन्नी कलम (Wedge grafting) विधि से जुलाई–अगस्त एवं फरवरी–मार्च में बीजू आडू के पौधों पर तैयार किये जाते हैं। बढ़िया आडू के बीज को एक वर्ष पूर्व तैयार पौधशाला में दिसम्बर–जनवरी में बुवाई कर स्वस्थ बीजू पौधे (सीडलिंग) मूलवृंत के रूप में उगा लिये जाते हैं। कलिकायन के लिए मूलवृंत पर जमीन की सतह से 10–15 सेंमी. ऊँचाई पर चीरा लगाकर नाव की शक्ल में 2 सेंमी. की सांकुर कलिका (Scion-bud) वांछित किस्म के मातृवृक्ष से निकालकर मूलवृंत के चीरे में अच्छी प्रकार प्रतिरोपित करके इसे प्लाटिस्क से बाँध दिया जाता है। यह क्रिया जुलाई–अगस्त में की जाती है। जब कलिका में बढ़वार प्रारम्भ हो जाय तो नियमित रूप से मूलवृंत से निकलने वाले कल्लों (Wild sprouts) की पिंचिंग करते रहते हैं जिससे कि रोपित कलिका की बढ़वार अच्छी तरह हो जाती है और पौधे 1 वर्ष के अन्दर रोपण योग्य तैयार हो जाते हैं। ग्राफ्टिंग के लिए 10–15 सेंमी. लम्बी सांकुर डाली (Scion stick) को फरवरी–मार्च में जब वह सुषुप्तावस्था में होती है, को लेते हैं एवं उसके निचले भाग में दो तरफ से कलम बनाते हैं और ठीक उसी प्रकार मूलवृंत में 15–20 सेंमी. ऊँचाई पर क्लेफ्ट बनाकर दोनों को अच्छी तरह मिला कर प्लास्टिक से बाँध दिया जाता है। टाप ग्राफ्टिंग को क्लेफ्ट ग्राफ्टिंग विधि भी कहते हैं।

बाग स्थापना

बादाम के पौधे पहाड़ी क्षेत्रों में कन्टूर विधि से तथा समतल जमीन पर वर्गाकार विधि में रेखांकन करके रोपित किये जाते हैं इसके लिए 5–6 मी. पौधे से पौधे व कतार से कतार की दूरी रखते हैं। पौधों के रोपण स्थान पर 1X1X1 घन मी. आकार के गड्ढों की खुदाई पौध रोपित करने के एक माह पूर्व (नवम्बर) में कर लेते हैं। फिर सभी गड्ढ़ों में घास–फूस जलाकर उपचारित कर लेते हैं तथा दिसम्बर में दो–तिहाई भुरभूरी मिट्टी में एक तिहाई सड़ी गोबर की खाद तथा 1.5 कि.ग्रा. डी.ए.पी. उर्वरक और 50 ग्रा. डायथेन जेड–78 फफूँदीनाशक दवा तथा 50 ग्रा. मैलाथियान धूल कीटनाशक दवा को मिश्रित करके गड्ढा भरते हैं। गड्ढों को भूमि की सतह से 10 सेंमी. ऊँचाई तक भरते हैं। एक–दो वर्षा के बाद या सिंचाई करने से जब गड्ढे की मिट्टी दब जाए तब गड्ढ़ो के बीचों बीच पौधों की रोपाई कर दी जाती है। बादाम के पौधों की रोपाई के लिए जनवरी का महीना सर्वोत्तम होता है।

पौधों की जड़ों को इण्डोफिल एम.–45 के 0.2% घोल से उपचारित करके लगाने से अच्छी सफलता मिलती है। पौधे रोपित करने के तुरन्त बाद हल्की सिंचाई कर देते हैं। यदि गीष्म ऋतु में मौसम शुष्क हो और वर्षा का अंदेशा भी न हो तो हल्की सिंचाई करके थालों को घास–फूस से ढक देना चाहिए जिससे कि मिट्टी में नमी बनी रहे। सघन बागवानी के लिए बादाम के पौधों को 4X4 मी. या 3X3 मी. (वर्गाकार विधि) या 2.5X3.5X2.5 मी. की दूरी (दो पंक्ति विधि) पर लगाते हैं।

संधाई एवं काट–छाँट

पौधों को मजबूत ढ़ाँचा प्रदान करने के उद्देश्य से मुख्य तने से लगभग 1 मीटर की ऊँचाई तक सभी शाखाओं को काटकर हटाते रहते हैं तथा उसके ऊपर मुख्य तने पर चारों ओर चार–पाँच शाखाओं को बढने देते हैं। बादाम के पौधों को ओपेन सेन्टर विधि में ढ़ाँचा दिया जाता है अतः संतुलन बनाये रखते हुए आवश्यक मुख्य शाखाओं को छोड़कर बीच की लीडर शाखा को काट देते हैं। बादाम में प्रति वर्ष नियमित रूप से कटाई–छँटाई की आवयकता होती है, प्रायः एक वर्ष पूर्व की शाखा का ऊपरी एक तिहाई भाग प्रति वर्ष काट दिया जाता है। ऐसा करने से जहाँ वृक्ष का आकार नियंत्रित होता है वहीं फल भी अधिक मात्रा में लगते हैं। बादाम के फल छोटे दल पुटों (स्पर) पर लगते हैं जो 5 वर्ष तक फल देने की क्षमता रखते हैं अतः छँटाई इस प्रकार करनी चाहिए कि फल देने वाली शाखा का 1/5 वा भाग प्रत्येक

वर्ष नया होता रहे। इसके लिए 1.5 से 3.5 सेंमी. व्यास की मोटी शाखाओं की छँटाई करते हैं। इसके अलावा रोगग्रस्त शाखाओं एवं जलीय टहनियों (Water sprouts) को समय–समय पर निकाल देना चाहिए। कटाई–छँटाई की समस्त क्रिया दिसम्बर–जनवरी माह में जब पौधा सुषुप्त होता है पूर्ण कर लेते हैं।

बाग प्रबन्ध

अच्छी फलत के लिए बादाम के बागीचों का वैज्ञानिक तरीके से बाग प्रबंध किये जाने की जरूरत है।

जल प्रबन्ध : बादाम के पौधे पहाड़ी क्षेत्र में लगाये जाते हैं जहाँ पानी की समस्या रहती है। अतः जल प्रबन्ध अत्यन्त जरूरी होता है। इसके नवरोपित पौधों में 10–15 दिनों के अन्तराल पर पानी की व्यवस्था की जाती है। विकसित पौधों में फूल फरवरी–मार्च में आते हैं तथा फल का विकास अप्रैल–जून में होता है जब मिट्टी में नमी की कमी होती है। अतः दोनों समय पानी का प्रबन्ध जरूरी है। बूँद–बूँद सिंचाई अथवा वर्षा जल के पौधों के जड़ों के पास संचित करने से बादाम की अच्छी पैदावार मिल सकती है।

पोषण प्रबन्ध : बादाम के पौधों की समुचित बढ़वार और अच्छे गुण वाले फलों की अधिक उपज लेने के लिए नियमित रूप से निर्धारित मात्रा में खाद–उर्वरक की जरूरत पड़ती है। बादाम के पौधों के लिये 20 कि.ग्रा. सड़ी हुई गोबर की खाद, 25 ग्रा. नत्रजन, 10 ग्रा. फास्फोरस एवं 25 ग्रा. पोटाश शुद्ध तत्व के रूप में प्रति पौधा प्रति वर्ष आयु के हिसाब से जनवरी में दिया जाता है। खाद तथा उर्वरक की उपरोक्त मात्रा 10 वर्षो तक नियमित रूप से बढ़ाते रहते है। तथा इसके उपरान्त बीस वर्ष तक दसवें वर्ष की मात्रा को डेढ़ गुना करके देते है तथा बीस वर्ष से तीस वर्ष तक मात्रा को दो गुना करके देते हैं। एक तिहाई नत्रजन की मात्रा फल तोड़ाई के बाद पौधों को अवश्य दिया जाना चाहिए जिससे विकास निरन्तर होता रहे। इसके अलावा 100–200 ग्रा. ट्रेसल व एग्रोसील (सूक्ष्म पोषक तत्व योगिकों) पौधों को दिये जाने से फलों में अनावश्यक विकार उत्पन्न नहीं होते हैं।

बाग सतह प्रबन्ध : बादाम के बागीचों में फलत में आने से पहले कई वर्षो तक फसलों को बीच की खाली पड़ी जमीन में लगा सकते हैं। पर्वतीय क्षेत्रों में मटर, केसर, दलहनी फसलें, शलजम, गाँठगोभी, गाजर, सरसो, प्याज, लहसुन इत्यादि शाकीय फसलों की खेती की जा सकती है। अन्तरवर्त्ती फसल लगाने से अतिरिक्त आय के साथ–साथ मृदा–उर्वरता में बढ़ोतरी एवं खरपतवार के नियंत्रण

में मदद मिलती है। शलजम तथा सरसो के बीज उत्पादन से मधुमक्खियों को बढ़ावा मिलता है। जिससे परागण में वृद्धि होती है।

कीट एवं रोग प्रबन्ध : बादाम के बाग में विभिन प्रकार के कीटों एवं रोगों का आक्रमण होता है। बाग में लगने वाले मुख्य कीटों एवं रोगों के नियंत्रण के उपाय निम्न है।

पत्ती मोड़क माहूँ : इस कीट का प्रकोप फरवरी अप्रैल से माह के मध्य में होता है। इस कीट के शिशु एवं व्यस्क पेड़ों की पत्तियों से रस चूसते हैं, जिसके कारण पत्तियाँ मुड़ जाती हैं। मुड़ी हुई पत्तियों को खोलने पर अन्दर से हरे रंग के माहूँ दिखाई देते हैं। ग्रसित पेड़ों पर फलों का विकास रूक जाता है और बाद में गिर जाते हैं। इस कीट के नियंत्रण हेतु इमीडाक्लोरप्रिड की 0.5 मि.ली. मात्रा प्रति लीटर पानी में मिलाकर छिड़काव करें तथा संक्रमित पत्तियों को हटा देने से मोड़क माहूँ का प्रकोप कम होता है।

सफेद शल्क कीट (ह्वाइट स्केल कीट) : इस कीट का आमक्रण होने से ग्रसित पेड़ों की टहनियों, शाखाओं एवं तनों पर पीलें रंग के शिशु व वयस्क कीट पाये जाते हैं जो सफेद आवरण से ढके रहते हैं और स्थिर होकर इनका रस चूसते हैं। परिणामस्वरूप ग्रसित भाग सूखने लगता है और पेड़ की बढ़वार रूक सी जाती है तथा फलत पर विपरीत प्रभाव पड़ता है। नियंत्रण हेतु अत्यधिक ग्रसित एवं पतली टहनियों को काट कर जला दें। तत्पश्चात मिथाइलं डिमेटान 1.5 मि.ली. अथवा इमीडाक्लोरप्रिड 0.5 मि.ली. दवा प्रति ली. पानी में मिलाकर छिड़काव करें।

जड़ छेदक कीट (रूट बोरर) : इस कीट की सफेद सूड़ियाँ जड़ों एवं जड़ों के ऊपरी मिट्टी में दबे तनों को खाकर क्षति पहुँचाती है। परिणामस्वरूप ग्रसित वृक्ष हिलने लगते हैं तथा तेज हवा से पौधों के गिरने की आशंका बनी रहती है। नियंत्रण हेतु क्लोरोपाइरीफांस दवा 3 मि.ली. प्रति ली. पानी में जड़ के पास सिंचाई करें

तना छेदक कीट (स्टेम बोरर) : इस कीट का प्रकोप पुराने तथा उपेक्षित उद्यानों में अधिक होता है। इस कीट की सूड़ी तनों में सुरंग बनाकर तनों को खोखला कर देती है, जिससे ग्रसित भाग सूखने लगता है और पेड़ की वृद्धि एवं फसल पर विपरीत प्रभाव पड़ता है। नियंत्रण हेतु कीट द्वारा बनाये छिद्र को नुकीले तार द्वारा साफ करके रूई में डाईक्लोरवास 2 मि.ली. प्रति ली. पानी के घोल में भिगों कर छिद्र में भर कर गीली मिट्टी से बन्द कर दें।

गोंद निकलने की बीमारी (गमोसिस) : वर्षा ऋतु में इस बीमारी का प्रकोप सर्वाधिक होता है। ग्रसित फलों, टहनियों एवं शाखाओं से गोंद निकलने लगता है एवं फलों की गुणवत्ता में कमी होने के कारण फलों का बाजार में उचित मूल्य नहीं मिलता। इस बीमारी से बादाम के पौधों पर बहुत कुप्रभाव पड़ता है। नियंत्रण हेतु 25 दिनों के अन्तराल पर कॉपर आक्सीक्लोराइड 0.3% + बोरक्स 0.3% (3+3 ग्रा. प्रति लीटर पानी में मिलाकर) के घोल का दो छिड़काव करें। दूसरा छिड़काव फल तोड़ने के 20 दिन पहले अवश्य समाप्त कर लें। इन छिड़कावों से फल सड़ने की समस्या भी नहीं आती है। इसके अतिरिक्त पत्र धब्बा रोग, लीफ कर्ल, आदि रोग भी बादाम के पौधों में आते हैं जिनका समय से नियंत्रण संभव है।

पुष्पन एवं फलन

बादाम के पौधों में फलत 4–5 वर्ष बाद प्रारंभ होता है। फूल आने के लिए पौधों को नवम्बर से जनवरी तक सुषुप्तावस्था में रहना जरूरी है। बादाम के लिए 700–800 घन्टे चिलिंग की जरूरत होती है। जनवरी–फरवरी में फूल छोटे–छोटे दलपुटों पर गुच्छों में आते हैं जिसमें समुचित परागण होने से फल बनते हैं। फलों का विकास अप्रैल से जून तक होता है और जुलाई में ये परिपक्व हो जाते हैं।

परिपक्वता एवं फल तोड़ाई

बादाम के फलों का जब बाहरी आवरण फटने लगे तथा फल फटकर गिरना आरम्भ हो जाये तो उस समय फलों की तोड़ाई कर लेनी चाहिए।

उपज

बादाम के पौधे 3–4 वर्ष की आयु में फल देना आरंभ कर देते हैं तथा 8–10 वर्ष की आयु में उनसे भरपूर फलत ली जा सकती है। इसका औसत उपज प्रति पेड़ 2 से 2.5 कि.ग्रा. शुद्ध बादाम होता है। बादाम के बाग से लगभग 2 टन प्रति हेक्टर उपज प्राप्त हो सकती है।

तोड़ाई उपरान्त फल प्रबन्ध

बादाम के फलों की तोड़ाई करके बाहरी आवरण निकालकर उसे 4 दिनों तक धूप में खूब अच्छी तरह सूखा लें और पैकिंग करके बिक्री के लिए बाजार को भेजें अथवा किन्हीं सुरक्षित स्थान में भण्डारित करके खाली समय में बाजार में बिक्री के लिए भेजें जिससे कि अच्छी आमदनी मिल सके।

परिरक्षण एवं मूल्य सम्वर्धन

बादाम के गिरी को सुखाकर भण्डारित कर सकते हैं। इसका उपयोग अनेक प्रकार के मिठाईयां एवं परिरक्षित पदार्थ बनाने में किया जाता है।

5. अखरोट (Walnut)

अखरोट जिसका वैज्ञानिक नाम *जुगलन्स रेजिया* लि. (*Juglans regia* L.) है जुगलैनडेसी (Jugalandaceae) कुल का एक सदस्य है। अखरोट का सूखे फलों (Dry Fruit) में एक अच्छा स्थान है। इसकी खेती पर्वतीय क्षेत्रों में बहुत पहले से की जा रही है लेकिन अच्छी पैदावार एवं अच्छे गुणों वाले फलों का अभाव देखा गया है। जिसका मुख्य कारण बीजू पौधों का होना पाया गया है। इनके फलों की तोड़ाई उपरान्त ज्यादा रख रखाव की आवश्यकता नहीं पड़ती है अर्थात इनका सामान्य दशाओं में ही भण्डारण एवं परिवहन किया जा सकता हैं। अतः इसका उत्पादन दूर दराज के क्षेत्रों में अधिक क्षेत्रफल में किया जा सकता है। उत्तराखण्ड में अखरोट की खेती मुख्य रूप से पिथौरागढ़, उत्तरकाशी, चमोली, अल्मोढ़ा तथा पौड़ी गढ़वाल आदि जनपदों में की जाती है। यहाँ पर गिरीदार फलों में अखरोट की बागवानी सबसे अधिक क्षेत्रफल 16723 हैक्टर में की जाती है, जिसका कुल उत्पादन 9099 मैट्रिक टन है। पिछले दो दशकों से गिरीदार फलों की खेती पर काफी ध्यान दिया गया तथा अनेक महत्वपूर्ण किस्में कैलीफोर्निया (अमेरिका), इटली, जर्मनी से आयातित करके यहाँ की मिट्टी व जलवायु में उगाने के लिए परीक्षण किया गया। कई किस्में सफलता पूर्वक उगाये जाने से इनकी खेती की व्यापक संभावनाएँ उभर कर सामने आयी है। अतः आवश्यकता है कि प्रमाणित किस्मों का वनस्पतिक प्रसारण कर इनके व्यवसायिक कास्त को बढ़ावा दिया जाय जिससे कास्तकार अच्छी गुणवत्ता के साथ–साथ अधिक पैदावार करके कम समय में अधिक लाभ प्राप्त कर सकें।

अखरोट की गिरी प्रोटीन, वसा, ताकत, इत्यादि का मुख्य स्रोत है। इसमें कैल्शियम, फास्फोरस, खनिज तत्व तथा विटामिन प्रचुर मात्रा में पाया जाता है। इसका सूखा फल खाने में तथा विभिन्न प्रकार के मिश्रित पदार्थ बनाने में उपयोग होता है।

भूमि एवं जलवायु

अखरोट के लिए उत्तम जल निकास युक्त गहरी दोमट मिट्टी अच्छी होती है। उद्यान स्थापित करने के पूर्व मिट्टी की जांच कर, भूमि में विभिन्न तत्वों की

उपलब्धता के सम्बन्ध में जानकारी प्राप्त करना आवश्यक होता है। अखरोट की खेती घाटियों तथा ऊँचे स्थानों (1500 मी. से 2400 मी. की ऊँचाई तक) पर की जा सकती है क्योंकि इसके लिए ज्यादा शीतलन की आवश्यकता होती है।

उन्नत किस्में

अखरोट के सफल बागवानी हेतु उन्नत किस्मों के जयन की आवश्यकता है जिससे अच्छी गुणवत्ता एवं अधिक उपज लिया जा सके। कुछ प्रमुख किस्मों का विवरण निम्नवत् है।

ब्लैकमोर : इसका पौधा बहुत बड़ा तथा फैला हुआ होता है। नट का आकार गोल तथा औसत भार 10.90 ग्रा. होता है। फल की लम्बाई 3.86 सेंमी. तथा अर्द्ध व्यास 3.0 सेंमी. होता है। कवच की माटाई 0.12 सेंमी., रंग बदामी तथा मुलायम होता है। गिरी का औसत भार 4.8 ग्रा. तथा कवच गिरी का अनुपात 1:0.77 होता है। खाने में बहुत स्वादिष्ट तथा इसकी उत्पादकता मध्यम है।

हार्टले : इसका पौधा बहुत बड़ा और फैला हुआ होता है। नट का आकार गोल तथा औसत शुष्क भार 8.42 ग्रा. होता है। फल की लम्बाई 3.2 सेंमी. तथा अर्द्ध व्यास 2.95 सेंमी. होता है। नट के कवच की मोटाई 0.18 सेंमी. जो मुलायम तथा बदामी रंग की होती है। गिरी का औसत भार 3.2 ग्रा. तथा कवच गिरी का अनुपात 1:0.61 होता है। खाने में बहुत स्वादिष्ट तथा अधिक उत्पादकता वाली किस्म है।

ट्रयूटेल : इस प्रजाति का पौधा बहुत बड़ा और फैला हुआ होता है। नट का आकर गोल तथा औसत भार 8.46 ग्रा. होता है। फल की लम्बाई 3.15 सेंमी. तथा अर्द्धव्यास 2.80 सेंमी. होता है। नट के कवच का रंग बदामी, मुलायम तथा मोटाई 0.1 सेंमी. होता है। गिरी का औसत भार 3.96 ग्रा. तथा कवच गिरी का अनुपात 1:0.88 होता है।

इसके अलावा वाटरलू, हेनसेन, लेक इंगलिश, गोविन्द, प्रताप आदि अखरोट की अन्य प्रमुख किस्में हैं जो भारत वर्ष में अच्छा उत्पादन कर सकती हैं।

प्रसारण तकनीक

अखरोट के पौधे टंग ग्राफ्टिंग विधि से फरवरी–मार्च में कठिया अखरोट के बीजू पौधे पर तैयार किये जाते हैं। कठिया अखरोट के बीज की बुवाई जनवरी–फरवरी में एक वर्ष पूर्व तैयार नर्सरी में की जाती है। फिर अगले वर्ष फरवरी–मार्च में टंग ग्राफ्टिंग विधि से पौधे तैयार किये जाते हैं। इसके अलावा पौधे एपीकोटाइल

ग्राफ्टिंग विधि में एक माह पुराने बीजू पौधे के कॉलर जोन पर जुलाई माह में टंग ग्राफ्टिंग विधि द्वारा एक माह पुरानी अच्छी प्रजाति के सांकुर डाली का रोपण किया जाता है। इस प्रसारण विधि को अपनाने से एक वर्ष की बचत हो जाती है।

बाग स्थापना

प्रायः पहाड़ी क्षेत्रों में कन्टूर विधि से रेखांकन करके अखरोट के पौधे रोपित किये जाते हैं। अखरोट के रोपण के लिए पौधे से पौधे व कतार से कतार की दूरी 8–10 मी. रखते हैं। पौधों के रोपण स्थान पर 1X1X1 मी0 आकार के गडढों की खुदाई पौध रोपण करने के एक माह पूर्व नवम्बर माह में कर लेते हैं। दिसम्बर माह में दो तिहाई भुरभुरी मिट्टी में एक तिहाई सड़ी गोबर की खाद तथा 1.5 कि.ग्रा. डी.ए.पी. उर्वरक और 50 ग्रा. डायथेन जेड–78 फफूँदीनाशक दवा तथा 50 ग्रा. मैलाथियान कीटनाशक दवा को मिश्रित करके गडढे को भूमि सतह से 10 सेंमी. ऊपर तक भर देना चाहिए। एक–दो वर्षा बाद जब मिट्टी बैठ जाय तो गडढे के बीचों–बीच स्थान पर पौध रोपण करना चाहिए। यह क्रिया जनवरी में करते हैं। पौध रोपित करने के तुरन्त बाद हल्की सिंचाई यदि वर्षा न हो कर देनी चाहिए।

संधाई एवं काट–छाँट

अखरोट में कोई विशेष काट–छाँट की आवश्यकता नहीं होती है। केवल सूखी व रोगग्रस्त शाखाओं एवं टहनियों को समय–समय पर काट कर निकाल देना चाहिए।

बाग प्रबन्ध

अखरोट के काग का वैज्ञानिक तरीके से बाग प्रबन्ध करके अधिक फल का उत्पादन लिया जा सकता है। बाग प्रबन्ध के अन्तर्गत मुख्य रूप से जल, पोषण, बाग सतह, कीट एवं व्याधि आदि प्रबन्ध किया जाता है। पहाड़ी एवं दुस्तर क्षेत्रों में संरक्षित बागवानी के द्वारा अखरोट के बागानों का वैज्ञानिक प्रबन्ध किया जा सकता है।

जल प्रबन्ध : नव रोपित अखरोट के बाग में 2–3 वर्षों तक सिंचाई की आवश्यकता एवं देखभाल करनी पड़ती है, व्यस्क पौधों को कोई खास पानी की आवश्यकता नहीं होती है। नवरोपित पौधों में ग्रीष्म ऋतु में मौसम शुष्क रहने पर जल संरक्षण हेतु पौधों के थालों में जड़ के पास घास–फूस से ढ़क कर पलवार कर देना चाहिए।

पोषण प्रबन्ध : अखरोट के पौधों की अच्छी बढ़वार और उससे अच्छे गुण एवं मात्रा वाले फलों को प्राप्त करने के लिए 15 किग्रा. गोबर की सड़ी खाद एवं 50 ग्रा. नत्रजन, 50 ग्रा. फास्फोरस तथा 50 ग्रा. पोटाश शुद्ध तत्व के रूप में प्रति पौधा प्रति वर्ष आयु के हिसाब से जनवरी के महीने में पौधों के थालों की मिट्टी में मिला देनी चाहिए। यह मात्रा दस वर्षों तक बढ़ाकर दें और फिर पंद्रह वर्ष की उम्र तक, दस वर्ष की उम्र में दी जाने वाली मात्रा को बढ़ाकर डेढ़ गुना कर देना चाहिए। इस बात का ध्यान रखना चाहिए कि नत्रजन का एक तिहाई भाग फलों की तोड़ाई के बाद दिया जाना आवश्यक होता है।

बाग सतह प्रबन्ध : अखरोट के बगीचों में फलन से पहले बीच की खाली जमीन में मौसम के अनुसार शाक–सब्जी, दलहनी तथा तिलहनी फसलों की खेती की जा सकती है। पर्वत्तीय क्षेत्रों में मटर, शलजम, गाँठगोभी, लहसुन एवं केसर अन्तरवर्ती फसल के रूप में लेकर अतिरिक्त आमदनी प्राप्त की जा सकती है।

कीट एवं रोग प्रबन्ध : अखरोट के प्रमुख कीटों एवं बीमारियों का विवरण निम्नवत् है।

पत्ती मोड़क माहूँ (लीफ कर्ल एफिड) : इस कीट के शिशु एवं व्यस्क पेड़ों की पत्तियों के रस चूसते हैं जिस कारण पत्तियाँ मुड़ जाती हैं और बाद में पीली पड़कर गिर जाती हैं। मुड़ी हुई पत्तियों को खोलने पर अन्दर हरे रंग के माहूँ दिखाई देते हैं। इनका आक्रमण फरवरी–अप्रैल के मध्य होता है। ग्रसित पेड़ों पर फलों का विकास रूक जाता है और बाद में गिर जाते हैं। नियंत्रण हेतु फूल खिलने के पहले 1 मि.ली. मिथाइल डिमेटान अथवा इमीडाक्लोरप्रिड की 0.5 मि.ली. मात्रा प्रति ली0 पानी में मिलाकर छिड़काव करें।

सफेद शल्क कीट (हवाइट स्केल कीट) : ग्रसित पेड़ों की टहनियों, शाखाओं एवं तनों पर पीले रंग के शिशु व व्यस्क पाये जाते हैं जो सफेद आवरण से ढके रहते हैं और स्थिर होकर इनका रस चूसते हैं। परिणामस्वरूप ग्रसित भाग सूखने लगता है। जिससे पेड़ की बढ़वार रूक जाती है तथा फलत पर विपरीत प्रभाव पड़ता है। नियंत्रण हेतु ग्रसित पतली टहनियों को काटकर जला दें। तत्पश्चात् मिथाइल डिमेटान 1.5 मि.ली. अथवा इमीडाक्लोरप्रिड 0.5 मि.ली. दवा प्रति ली. पानी में घोलकर छिड़काव करें।

जड़ छेदक कीट (रूट बोरर) : इस कीट की सफेद सूडियाँ जड़ों एव जड़ों के ऊपर मिट्टी में दबे तनों को खाकर क्षति करती है परिणामस्वरूप पेड़ के गिर

जाने की आशंका रहती है। इस कीट के नियंत्रण हेतु क्लोरोपाइरीफॉस दवा की 3 मि.ली. मात्रा एक लीटर पानी में मिलाकर जड़ों की सिंचाई करें।

सनजोस स्केल : इसके पीले रंग के शिशु व वयस्क जिनके शरीर के ऊपर स्लेटी रंग का शल्क होता है, स्थिर होकर पेड़ की पत्तियों, शाखाओं/टहनियों तथा फलों का रस चूसते हैं। इस कीट के प्रकोप से टहनियाँ सूखने लगती हैं जिससे पेड़ की बढ़वार रूक जाती है और फल देने की क्षमता क्षीण हो जाती है। नियंत्रण हेतु सेविन (कार्बोरिल) कीटनाशक दवा को 2 ग्रा. प्रति ली. पानी में घोल कर 7–10 दिनों के अंतराल पर 2 बार छिड़काव करें।

तना छेदक कीट (स्टेम बोरर) : इस कीट का प्रकोप पुराने तथा उपेक्षित बागानों में अधिक होता है। इस कीट की सूड़ी तनों में सुरंगे बनाकर तनों को खोखला कर देती है, जिससे ग्रसित भाग सूखने लगता है और पेड़ की वृद्धि एवं फलत पर विपरीत प्रभाव पड़ता है। नियंत्रण हेतु–कीट द्वारा बनाये गये छिद्रों को नुकीले तार से साफ करके, डाईक्लोश्वास 2 मि.ली. प्रति लीटर पानी के घोल में रूई को भिगोंकर छिद्रों में भर कर चिकनी मिट्टी से बन्द कर दें।

गोंद निकलने की बीमारी (गमोसिस) : वर्षा ऋतु में इस बीमारी का प्रकोप सर्वाधिक होता है। ग्रसित फलों, टहनियों एवं शाखाओं से गोंद निकलने लगता है। ग्रसित फलों का बाजार में उचित मूल्य नहीं मिलना जबकि ग्रसित पेड़ों की बढ़वार रूक जाती है। नियंत्रण हेतु 25 दिन के अन्तराल पर कॉपर आक्सीक्लोराइड 0.3% + बोरक्स 0.3% (3+3 ग्राम प्रति लीटर पानी में मिलाकर) के घोल का दो छिड़काव करें। इस छिड़काव से फल सड़न की समस्या मे भी कमी आती है।

पुष्पन एवं फलन

अखरोट मोनोशियस पौधा है, जिसमें नर तथा मादा पुष्प एक ही पेड़ पर अलग–अलग लगते हैं। यद्यपि इसमें स्वफलन का गुण होता है लेकिन पराग की परिपक्वता तथा मादा पुष्प की रिसेप्टविलिटी अलग–अलग समय पर होती है, जिससे संतोषजनक परागण न होने के कारण उपज प्रभावित होती है। अतः अखरोट की दो या तीन प्रजातियों को एक साथ लगाया जाना चाहिए। 'पैडो' अखरोट की एक उत्तम परागक किस्म है।

परिपक्वता एवं फल तोड़ाई

अखरोट के बाहरी रंग में परिवर्तन देखकर मालूम हो जाता है कि अखरोट पक गया है। जब फल गिरना शुरू हो जाता है तो उस समय फलों की तोड़ाई कर ली जाती है।

उपज

अखरोट की व्यवसायिक उपज बीजू पौधों से 18–20 वर्षों में तथा वनस्पतिक प्रसारण द्वारा तैयार पौधों से 8–10 वर्षों में प्राप्त होती है। इसकी प्रति पौधों से औसत उपज 8–10 कि.ग्रा. है।

तोड़ाई उपरान्त फल प्रबन्ध

अखरोट के फलों की तोड़ाई उपरान्त कोई खास रखरखाव की आवश्यकता नहीं होती। तोड़ाई के उपरान्त फलों को धूप में 3–4 दिनों तक सूखा लेते हैं और अच्छी तरह सूखा फल ही बाजार में भेजा जाता है। सूखे फलों को कहीं सुरक्षित स्थान पर भण्डारित करके बिक्री के लिए बाजार में भेज कर अच्छी कीमत प्राप्त की जा सकती है।

परिरक्षण एवं मूल्य सम्वर्धन

अखरोट के फलों में से निकलने वाली गिरी से अनेक प्रकार के पदार्थ बनाये जाते हैं। अखरोट का सेवन मुख्य रूप से मेवे के रूप में ही किया जाता है।

6. आलू बुखारा (Plum)

अलूचा अथवा आलू बुखारा जिसका वैज्ञानिक नाम *प्रूनस डोमेस्टिका* (यूरोपियन प्लम) (*Prunus domestica*) (European Plum) एवं *प्रूनस सलेसिना* (जापानिज प्लम) (*Prunus salicina*) (Japanese plum) है, रोजेसी (*Rosaceae*) कुल का एक सदस्य है। यूरोपियन अलूचा पश्चिमी एशिया तथा जापानीज अलूचा चीन का देशज माना जाता है। भारत के लिए यह कोई महत्वपूर्ण फल नहीं है, क्योंकि इसकी खेती बहुत कम क्षेत्रफल में होती है। इसकी खेती पहाड़ी एवं उप–पर्वतीय क्षेत्रों तक ही सीमित है। दक्षिण भारत तथा पंजाब में भी इसकी खेती कुछ क्षेत्रों में की जाती है।

इसकी खेती मैदानी भागों में अच्छी तरह सम्भव नहीं है। यहाँ पर उगाने के लिए अलूचा के फलों की अच्छी किस्म उपलब्ध नहीं है। सीमित क्षेत्रफल में इसकी

खेती देहरादून तथा उत्तर प्रदेश के सहारनपुर जिलों में तथा मैदानी क्षेत्रों में मेरठ में होती है। इसके 100 ग्रा. फल में प्रोटीन 0.7 ग्रा., वसा 0.2 ग्रा., खनिज पदार्थ 0.4 ग्रा., लोहा 0.5 ग्रा., विटामिन–सी 1.0 ग्रा. आदि प्रचुर मात्रा में पाये जाते हैं। इसके ताजे पके फलों को खाने के साथ–साथ डिब्बा बन्दी (Canning) के लिए प्रयोग किया जाता है।

भूमि एवं जलवायु

अलूचा के लिए सबसे उत्तम मिट्टी चिकनी दोमट होती है। इसकी कुछ प्रजातियां बलुई–दोमट मिट्टी में भी उगायी जा सकती हैं। मिट्टी में जीवांशपूर्ण संगठन होनी चाहिए। यह समशीतोष्ण जलवायु का फल है, इसलिए पहाड़ी क्षेत्रों पर ही अधिक ऊँचाई पर इसका उत्पादन किया जाता है। इसकी कुछ किस्मों को उप–पर्वतीय भागों में तथा अधिक सहिष्णु किस्मों को तराई क्षेत्र से सटे हुए जिलों जैसे– मेरठ, मुजफ्फरनगर में उगाये जा रहे हैं। इसकी सफल खेती के लिए ठण्डी जलवायु की आवयश्कता होती है।

उन्नत किस्में

आलू बुखारा की अनेक उन्नतशील किस्में हैं जिनका विवरण निम्नवत् है।

ब्यूटी (Beauty) : फल औसतन आकार वाले, गहरे एवं लाल स्वादिष्ट होते हैं फलत नियमित एवं अधिक होती है। फल जुलाई के प्रथम–द्वितीय सप्ताह में तैयार हो जाते हैं।

अर्ली ट्रान्सपेरेन्ट गेज (Early transparent gauge) : फल छोटा, गोल एवं स्वादिष्ट होता है। फलत नियमित एवं अच्छी होती है। फल मध्य जुलाई से पकना शुरू होता है।

ब्राइट–रेड बरबेन्क (Bright red burbank) : यह जापानी प्रजाति की किस्म है। फल गोल, गहरा लाल, गूदा मीठा तथा सुगन्ध अच्छा, फलत भारी तथा नियमित होती है। फल जुलाई–अगस्त में पकते हैं।

ग्राण्ड ड्यूक (Grand duke) : फल बड़ा, अण्डाकार, छिलका गहरा बैगनी तथा गूदा हरा नीला होता है। फलत भारी एवं पकने पर जैम बनाने के लिए अच्छा होता है। फल अगस्त के अन्त में पकते हैं।

केल्सी (Kelsy) : फल दिल के आकार का, छिलका हरा–पीला, गूदा पीला, रसदार, कड़ा एवं अच्छी किस्म का होता है। फलत अधिक होता है। फल अगस्त में पकता है।

सन्ता रोजा (Santa rosa) : फल बड़ा, गहरा बैगनी, गूदा सुनहरा–पीला, अधिक रसदार तथा मीठा होता है। फलत अधिक एवं नियमित आती है फल जुलाई–अगस्त में पकते हैं।

विक्टोरिया (Victoria) : फल बड़ा अण्डाकार एवं छिलका गहरा लाल होता है। फलत भारी एवं नियमित होती है पकने पर डिब्बा बन्दी के लिए अच्छी होती है।

विक्सन (Wickson) : फल बड़ा दिल के आकार का चैरी लाल रंग वाला होता है। गूदा रसदार, मीठा तथा खूशबूदार होता है। फलत अच्छी व नियमित होती है। फल अगस्त में पकते हैं।

मैदानी क्षेत्र के लिए किस्में

तीतरों (Titron) : मैदानी क्षेत्रों के लिए सबसे अच्छी किस्म है। फल औसतन आकार एवं बैगनी रंग वाले होते हैं। छिलका पतला, गूदा रसदार व मुलायम होता है। कुल घुलनशील ठोस पदार्थ 14.2^0 ब्रिक्स होते हैं। फल मई के दूसरे सप्ताह में पकने शुरू हो जाते हैं।

डेम्सन प्लम (Demson Plum) : फल गहरे लाल रंग वाले औसतन आकार के होते हैं। छिलका मोटा, गूदा मुलायम व कम रस वाला होता है। कुल घुलनशील ठोस पदार्थ 12^0 ब्रिक्स होते हैं। फल जून के प्रथम सप्ताह में पकते हैं।

जामुनी मेरठी (Jamuni Meeruti) : फल का आकार छोटा एवं जामुन–रंग वाला होता है। छिलका पतला, गूदा रसदार व मुलायम होता है। कुल घुलनशील ठोस पदार्थ 12^0 ब्रिक्स होता है। फल अप्रैल के अन्तिम सप्ताह में पकते हैं।

प्रसारण तकनीक

अलूचा का प्रसारण ढाल/वर्म कलिकायन (Shield budding) तथा वलय कलिकायन (Ring budding) द्वारा किया जाता है। बलुई दोमट मिट्टी में पौधों का अच्छा विकास हेतु आडू का मूलवृंत अच्छा समझा जाता है। मूलवृंत के लिए यूरोपियन जाति के अलूचा भी प्रयोग में लाये जाते हैं। एक वर्ष पूराने मूलवृंत पर

नवम्बर से दिसम्बर माह में 10–15 सेंमी. के ऊँचाई पर उन्नत किस्म के कलिकायन को ढाल या वलय विधि द्वारा प्रत्यारोपित कर 100 गेज के पालीथीन से बाँध देते है। कलिकायन में प्रस्फुटन होने के बाद पालीथीन को काट कर फेंक देते है। 5–6 माह का पौधा रोपण के लायक हो जाता है।

बाग स्थापना

अलूचा की खेती के लिए पौध रोपण से पूर्व खेत की अच्छी जुताई करके तैयार करते हैं। रेखांकन करके स्थान निश्चित कर लेते हैं। पौधे लगाने का अन्तर 5.5 से 6 मी. रखा जाता है। निश्चित स्थान पर 1X1X1 घन मी. का गड्ढ़ा तैयार करते हैं। गड्ढ़े में गोबर की सड़ी खाद 25–30 किग्रा. तथा 2 कि.ग्रा. हड्डी का चूरा 1 कि.ग्रा. सुपर फास्फेट 200 ग्रा. म्यूरेट आफ पोटाश, 50 ग्रा. दीमक नाशी कीटनाशक पाउडर को मिट्टी में मिलाकर गडढे को भर देना चाहिए। एक बरसात के बाद गड्ढ़े के बीचों–बीच स्थान पर पौध रोपण करके थाले बना देना चाहिए तथा आवश्यकतानुसार सिंचाई करते रहना चाहिए। समय–समय पर निकाई–गुड़ाई करके खरपतवार निकालते रहते हैं। प्रथम वर्ष पौध की देखरेख करना अत्यन्त जरूरी होती है।

संधाई एवं काट–छाँट

पौध रोपण उपरान्त पौधों का अच्छा ढ़ाँचा देने के लिए भूमि से 60 सेंमी. छोड़कर काट देते हैं। केवल तीन मुख्य शाखाओं को चयन करके शेष शाखाओं को काट दिया जाता है। प्रथम सुषुप्तावस्था की कृतन में मुख्य शाखाओं को ऊपर से कुछ काट देते हैं, जिससे दूसरे शाखाओं की वृद्धि हो सके। मुख्य शाखाओं तथा दूसरे शाखाओं के अतिरिक्त शेष सभी शाखाओं को काट देते हैं। यह प्रथम कृन्तन अधिक महत्त्व की होती हैं द्वितीय सुषुप्तावस्था की कृन्तन मे तिरछी बढ़ने वाली एवं अनावश्यक शाखाओं को काट देते हैं। जिससे वृद्धि ऊपर की ओर हो। अधिक फैलने वाली शाखाओं को भी काट देते हैं। कृन्तन करने से शाखाओं की वृद्धि शीघ्र होती है जिससे फल जल्दी और अधिक मात्रा में पैदा होते हैं।

फलत वाले पौधों को खुला रखने के उद्देश्य से प्रतिवर्ष काटा–छाँटा जाता है। रोगग्रस्त व घनी टहनियों को काटते रहते हैं। इससे फलत अच्छा होता है। अलूचा में फल पिछले मौसम में वृद्धि की हुई शाखाओं पर छोटी–छोटी खूटियों पर पैदा होते हैं।

बाग प्रबन्ध

आलू बुखारा के बागों का वैज्ञानिक तरीकों से बाग प्रबन्ध कर अधिक उपज एवं गुणवतायुक्त फल उत्पादन प्राप्त किया जा सकता है। बाग प्रबन्ध के मुख्य घटक जल, पोषण, बाग सतह, कीट एवं व्याधि आदि प्रबन्ध है।

जल प्रबन्ध : फलत तथा फल बढ़ने के समय पर्याप्त मात्रा में पानी देना चाहिए। उत्तर प्रदेश के उप–पर्वतीय क्षेत्रों में 6–7 दिन के अन्तर पर पौधों की सिंचाई करना चाहिए। नियमित सिंचाई करने से फलों का विकास अच्छा होता है एवं उनको गिरने से रोका जा सकता है।

पोषण प्रबन्ध : समशीतोष्ण जलवायु के सभी फलों की तरह अलूचा के पौधों को भी खाद एवं उर्वरक दिया जाता है। इसके लिए 30–40 कि.ग्रा. सड़ी हुई गोबर की खाद या कम्पोस्ट एवं 400–500 ग्रा. अमोनियम सल्फेट, 200–250 ग्रा. सुपर–फास्फेट प्रति वृक्ष प्रति वर्ष देना चाहिए। साथ ही साथ वृक्षों में हड्डी का चूरा या मछली की खाद अगर उपलब्ध हो तब उसे प्रति वृक्ष 1–2 कि.ग्रा. देने से पौधों का विकास व फलत अच्छी होती है। प्रत्येक 5 वर्ष उपरान्त 200 ग्रा. चूना प्रति वृक्ष के हिसाब से देना चाहिए।

बाग सतह प्रबन्ध : अलूचा में प्रति वर्ष एक हल्की जुताई कर देनी चाहिए। मूंग को आवरण शस्य के रूप में उत्पन्न करना लाभदायक समझा जाता है। मटर को भी अन्तरावर्ती फसल के रूप में उगाते हैं।

कीट एवं रोग प्रबन्ध : अलूचा के बाग में अधिक कीट एवं बीमारी का प्रकोप नहीं होता है परन्तु कुछ प्रमुख कीट देखे गये हैं जो निम्नवत हैं।

फल मक्खी (Fruit fly) : जिन फलों पर इनका आक्रमण हो जाता है वे स्वयं ही गिर जाते हैं इन फलों को इकट्ठा करके 3 मी. गहरे गड्ढे में डाल कर मिट्टी से ढक देना चाहिए।

लाल रंग वाला गुबरैला (Kurnmela Beetle) : यह कीट सूर्यास्त होने के बाद पेड़ों पर आक्रमण करता है तथा पत्तियों को खाता है। दिन में मिट्टी में छिप जाता है। इस कीट का व्यस्क जुलाई में अण्डा देता है तथा फिर ग्रब बनकर नीचे रहता है तथा अगली जुलाई में गुबरैला के रूप में बदल जाते हैं। नियंत्रण हेतु लेड आर्सीनेट या 5% बी.एच.सी. धुल को बुरकना चाहिए।

स्केल कीड़े (Scale insect) : यह कभी–कभी बाग में देखें जाते हैं, इसके नियन्त्रण के लिए चूना–गन्धक का प्रयोग किया जा सकता है।

पुष्पन एवं फलन

अलूचा के पौधों में फरवरी से फूल आने शुरू हो जाते हैं। जून–जुलाई माह में पके हुए फल मिलते है। इसमें अधिक फलत होने पर बीच–बीच में कुछ फलों को तोड़ने से शेष फलों के आकार एवं वजन को बढ़ाया जा सकता है।

परिपक्वता एवं फल तोड़ाई

अलूचा के पके हुए फलों की ही तोड़ाई करते हैं। फलों को हाथ से तीन–चार बार में तोड़ लिया जाता है। ध्यान रहे कि फलों को तोड़ने समय कोई घाव नहीं बनना चाहिए। दूर के बाजार को भेजने के लिए कुछ अधपके फलों को तोड़ना चाहिए।

उपज

अलूचा के प्रति वृक्ष से 300–350 फल प्राप्त होते हैं।

तोड़ाई उपरान्त फल प्रबन्ध

अलूचा के पके फल की तोड़ाई की जाती है फल बहुत ही कोमल होता है। यह फल शीघ्र ही खराब हो जाता है इसलिए फलों को सावधानी पूर्वक टोकरियों में कागज आदि लगा कर बाजार भेजते हैं। बाहर के बाजार के लिए अधपके फलों को बहुत ही सावधानी पूर्वक कागज आदि लगाकर ही ले जा सकते हैं।

परिरक्षण एवं मूल्य संवर्धन

अलूचा के फल से अनेक परिरक्षित पदार्थ जैसे–जूस, जैम आदि बनाये जाते हैं। यह फल डिब्बा बन्दी उद्योग में उपयोगी है। अलूचा के फल में मूल्य सम्वर्धन की अपार सम्भावनाएँ है।

7. नाशपाती (Pear)

नाशपाती जिसका वैज्ञानिक नाम *पायरस कमम्यूनिस* एल. (*Pyrus communis* L.) है, रोजेसी (Rosaceae) कुल के पोमाइडी (Pomoideae) उपकुल का एक सदस्य है। भारत में यह सेब से ज्यादा लोकप्रिय फल है। इसका कारण यह है कि इसे उपोष्ण जलवायु क्षेत्रों के कुछ भागों में भी उगाया जा सकता हैं। साथ ही साथ फलों की कीमत सेब की अपेक्षा काफी कम होती है। इसके पके हुए फल शीघ्र खराब हो जाते हैं अतः इसे अधिक समय तक भंडारित नहीं किया जा सकता

है। नाशपाती की उत्पत्ति ईरान के उत्तरी भाग तथा हिमाचल के उत्तरी पश्चिमी पर्वतीय प्रदेशों से हुई है। इसकी व्यवसायिक खेती अधिक न होने के कारण इन्हें गौण फलों की श्रेणी में रखा गया है। यदि इसका वैज्ञानिक तरीके से खेती की जाये तो इससे अच्छा उत्पादन लिया जा सकता है। उत्पादन बढ़ाने के साथ ही साथ इसके विपणन, प्रसंस्करण एवं उपयोग के समुचित प्रबन्ध की आवश्यकता है। इसके फल अनेक पोषक तत्वों से युक्त होते हैं जो हमारे लिए बहुत आवश्यक होते हैं। नाशपाती के फलों में नमी (83 ग्रा./100 ग्रा.), प्रोटीन (0.4 ग्रा./100 ग्रा.), खनिज (0.1 ग्रा./100 ग्रा.), रेशा (0.30 ग्रा./100 ग्रा.) खनिज तत्व (201 मिलीग्राम/100 ग्रा.) प्रमुख रूप से पाये जाते हैं। इसके पके ताजे फल को खाया जाता है। फलों को ताजा खाने के अतिरिक्त डिब्बा बन्दी (Canning) के लिए प्रयोग किया जाता है। इसकी कुछ किस्मों जैसे 'बार्टलेट' (Bartlett) की माँग केनिंग फैक्ट्री द्वारा काफी अधिक रहती है।

भूमि एवं जलवायु

नाशपाती की सफल खेती के लिए अच्छे जल निकास वाली गहरी उपजाऊ दोमट भूमि सर्वोत्तम मानी जाती है। अधिक क्षारीय भूमि इसकी खेती के लिए उपयुक्त नही होती है। नाशपाती के लिए समशीतोष्ण जलवायु उपयुक्त है। इसकी कुछ अधिक सहिष्णु किस्में उपोष्ण जलवायु में भी पैदा की जाती है। बसन्त ऋतु में अधिक पाला पड़ने से पौधों को क्षति पहुँचती है। फूल निकलने के समय तेज हवा चलने से खिले फूल नष्ट हो जाते हैं। अतः इसका प्रबन्ध करना अति आवश्यक होता है।

उन्नत किस्में

नाशपाती की किस्मों को मुख्य रूप से तीन वर्गों में विभाजित किया गया हैं–

अ. चाइना नाशपाती (China pear)

ब. यूरोपीय नाशपाती (European pear)

स. उपयुक्त दोनों के संकर (Hybrid pear)

अ. चाइना नाशपाती (China or Common pear)

चाइना : यह अधिक सहिष्णु एवं शीघ्र पकने वाली होती है। इसका उपयोग ताजे फल खाने एवं सब्जी के रूप में किया जाता है। हिमालय के तराई क्षेत्रों में यह प्रमुखता से उगाई जाती है।

सिनसिंसिस (Cinsinsis) : भारत में यह फ्लोरिडा से प्रविष्ट की गयी है। इसके फल देर से पकते हैं। तराई के क्षेत्र में तथा सहारनपुर के आस–पास इस प्रजाति के बाग हैं एवं अधिक फल उत्पादन की जाती है।

पत्थर नाख : इसका फल कढोर भूरापन लिए हुए होता है। फल जुलाई के अन्तिम सप्ताह में पक कर तैयार होता है।

ट्रवेन्टिएथ सेन्चुरी : इस प्रजाति का फल भी कढोर, भूरापन लिए एवं फल जुलाई के अन्तिम सप्ताह तक पकता है।

ब. यूरोपीय नाशपाती

इसके अन्दर निन्नवत किस्में हैं जिनकी खेती की सम्भावना भारत वर्ष में बहुत कम है परन्तु इनके उत्पादन का प्रयास होना चाहिए।

लौक्सटन्स सुपर्ब (Laxtons Supurb)
बारसेट या विलियम्स (Williams)
कांन्फेरेस (Conference)
फरटीलिटी (Fertility)
डॉ. जुल्स गूयट (Dr. Jules Guyot)
विलयम्स बोन क्रैटीन (Williams Bon Chretein)

ये किस्में अधिक कोमल, मीठी, रसदार तथा अच्छी सुवास वाली होती हैं। ये मैदानी भागों में उत्पन्न नही की जा सकती हैं। इनमें से कुछ शीघ्र तथा कुछ देर से पकने वाली होती हैं। इन किस्मों का उत्पादन पहाड़ी स्थानो पर सफलतापूर्वक किया जा सकता हैं अतः इसके लिए प्रयास की जरूरत है।

स. संकर किस्में (Hybrid varieties)

यह यूरोपीय नाशपाती की अपेक्षा कुछ अधिक सहिष्णु होती है, इसलिए इनको उप–पर्वतीय भागों में भी पैदा किया जा सकता है।

1. **लिकोंट (Leconte)** : इसके फल कुछ लम्बे, ऊपर पतले, नीचे चौड़े, मीठे, रसदार एवं अधिक स्वादिष्ट होते हैं। फल सितम्बर में पकते हैं। इसकी कुछ खेती देहरादून तथा सहारनपुर में की जाती है।
2. **स्मिथ (Smith)** : इसके फल अधिक कोमल एवं रसदार होते हैं। इसको उप–पर्वतीय भागों में उगा सकते हैं।

3. **कीफर (Kiffer)** : यह अमेरिकन नाशपाती है। इसकी फलत अधिक, फल खाने में मीठे होते हैं। इसका डिब्बा बन्दी अधिक की जाती है।
4. **सुवाने (Suwane)** : उत्तर प्रदेश के तराई भागों में यह अधिक उपज देती है लेकिन फल अच्छी तरह नही पकते। क्योंकि इसको कुछ निम्न तापक्रम की आवश्यकता होती है। यह प्रजाति फलोरिडा से प्रवेश की गई है।

प्रसारण तकनीक

चाइना प्रजाति के नाशपाती का प्रसारण कलम (Cutting) के द्वारा किया जाता है। यह कठोर नाशपाती के प्रसारण की व्यवसायिक तकनीक भी है। युरोपीय नाशपाती का प्रसारण मुख्य रूप से कलिकायन तथा ग्राफ्टिंग विधि द्वारा किया जाता हैं। ढाल कलिकायन (Shield Budding) तथा वलय कलिकायन (Ring Budding) द्वारा अप्रैल या जून–जुलाई में पौधों को तैयार किया जाता है। मार्च के अन्त में जिह्वा रोपण (Tongue grafting) करके भी नाशपाती में सफलता प्राप्त की जा सकती है। तमिलनाडु में कशा जिह्वा (Whip & Tongue Grafting) द्वारा प्रसारित की जाती है।

बाग स्थापना

नाशपाती की खेती के लिए अन्य बागवानी फसलों की तरह ही पहले खेत की अच्छी जुताई करते हुए रेखांकन कर के पौध रोपण का स्थान निश्चित करते हैं। पौधा से पौधा लगाने का अन्तर 5.5 से 7.5 मी. रखा जाता है। निश्चित बिन्दु पर 1X1X1 मी. आकार का गडढा तैयार करते हैं। इन गडढों में रोपाई से पूर्व 25–30 कि.ग्रा. गोबर की सड़ी खाद, 1 कि.ग्रा. सिंगल सुपर फास्फेट, 250 ग्रा. म्यूरेट ऑफ पोटाश तथा 50 ग्रा. दीमक नाशी कीटनाशक पाउडर का मिश्रण बना कर गडढा भर देते हैं। जब एक बरसात हो जाती है तब उसमें पौधों का रोपण करके थाला बना देते हैं। जिसमें आवश्यकतानुसार पानी देते रहते हैं एवं समय–समय पर निकाई–गुड़ाई करते रहते हैं।

संधाई एवं काट–छाँट

पौध स्थापना के बाद उनकी संधाई करना बहुत आवश्यक होता है। फलन में आने से पहले पौधों का उचित ढ़ाँचा बनाना आवश्यक होता है। नाशपाती के पौधों को पिरामिडस (Pyramids), बुसेज (Bushes), एसपेलियर्स (Espaliers) तथा कोर्डन (Cordons) पद्धति में ट्रेन किया जाता है। पौधों को पिरामिड्स आकृति में

ट्रेन करने के लिए वृक्षों का फैलाव ऊपर की तरफ होना चाहिए। इसके लिए छोटे पौधों को बिल्कुल नीचे तक सिरोहीन कर दिया जाता है तथा बाहर की तरफ बढ़ने वाली शाखाओं को बराबर काटते रहते हैं जिससे इसको ऊपर की तरफ फैलाया जा सके। शुरू के चार–पाँच वर्षों तक मुख्य शाखाओं का आधा भाग काट दिया जाता है तथा पार्श्व शाखाओं का तीन चौथाई हिस्सा काट देते हैं। वृक्ष जब पूरी तरह से प्रतिस्थापित हो जाते हैं तो केवल अग्रणी (मुख्य) शाखाओं का 1/4 हिस्सा काटने की आवश्यकता होती है। कमजोर वृक्ष की शाखाओं को अधिक मात्रा में नहीं काटना चाहिए। फलत में आने पर इसका कृन्तन सेब की तरह किया जाता है। जब पुराने फल वृक्षों की खूटियाँ (Spurs) अधिक लम्बी हो जाती हैं तब इनको काटकर छोटे रूप में कर देना चाहिए।

बाग प्रबन्ध

नाशपाती के बागों का वैज्ञानिक तरीकों से प्रबन्धन कर अधिक फलोत्पादन किया जाता है। बाग प्रबन्ध के अन्तर्गत जल, पोषण, कीट एवं व्याधि आदि घटकों पर विशेष ध्यान देने की आवश्यकता होती है।

जल प्रबन्ध : नाशपाती के पौधे को प्रथम वर्ष मार्च से जून तक पर्याप्त मात्रा में पानी देकर सिंचाई करनी चाहिए। नमी वाले दिनों में 4–5 दिन के अन्तर पर हल्की सिंचाई करते हैं। लगभग 2–3 सिंचाई के उपरान्त निकाई–गुड़ाई कर देना चाहिए एवं जल संरक्षण के लिए मल्चिंग का उपयोग करना अच्छा होता है।

पोषण प्रबन्ध : नाशपाती के लिए नत्रजन तथा फास्फोरस की मध्यम रूप से आवश्यकता होती है एक पूर्ण परिपक्व नाशपाती के वृक्ष के लिए 40–80 कि.ग्रा. गोबर की सड़ी खाद या कम्पोस्ट, 400–500 ग्रा. अमोनियम सल्फेट, 200–250 ग्रा. सिंगल सुपर फास्फेट क्षत्रक के नीचे वलय (Ring) पद्धति से दिसम्बर माह में देना चाहिए।

बाग सतह प्रबन्ध : प्रारम्भ के 2–3 वर्षों तक पौध काफी छोटे होते हैं पौधों के बीच के खाली जमीन का उपयोग नहीं हो पाता। ऐसे में नाशपाती के उद्यानों में लोबिया या मटर की अन्तराशस्य उत्पादन कर सकते हैं जिससे उद्यान की उर्वरा शक्ति को भी संचित रखा जा सकता है।

कीट एवं रोग प्रबन्ध : नाशपाती के बाग में अनेक कीट एवं रोग आक्रमण करते हैं कुछ प्रमुख कीट एवं रोग का विवरण निम्नवत है–

जड़ व तना छेद्रक कीट (Root and stem borer) : यह कीट नाशपाती के जड़ एवं तने में छेद करता है जिससे पौधे मर जाते हैं। इसके नियंत्रण के लिए छिद्रों को नुकीले तार से साफ करके रूई को क्लोरोफार्म में भीगों कर छिद्र के अन्दर डालकर बाहर से गीली मिट्टी का लेप लगाकर नष्ट कर सकते हैं। जमीन में पड़े अण्डों को गहरी जुताई करके नष्ट कर सकते हैं। जड़ों के पास जमीन में 7.5 सेंमी. गहराई पर पैराडाईक्लोरो बैंजीन पाउडर देने से अण्डें व पिल्लू नष्ट हो जाते हैं।

ऊली एफिस (Wooly aphis) : इसका आक्रमण जड़, तना, शाखाओं तथा टहनियों पर होता है। इससे संसर्गित भागों पर छोटी–छोटी घुण्डियाँ बन जाती हैं। जिससे फलत कम हो जाता है। नियंत्रण हेतु 0.05% मिथाइल पैराथियान या 0.05% इमिडाक्लोप्रिड का प्रयोग करना चाहिए।

पत्ती खाने वाला कैटर पिलर (Leaf eating caterpillar) : यह कीट पत्ती को खाकर बर्बाद करता है। जिससे वृद्धि एवं फलत पर बुरा प्रभाव पड़ता है। नियंत्रण हेतु 0.5% एंड्रीन का छिड़काव करना चाहिए।

पाउडरी मिल्ड्यू : इस बीमारी से पत्तियाँ, तने, फूल, छोटे फल प्रभावित होते हैं। इसकी रोकथाम के लिए प्रभावित भाग को काट कर जला देना चाहिए एवं डाइनोकसॅप दवा 0.05% (आधा मि.ली. प्रति लीटर पानी में मिलाकर) का छिड़काव करें।

काले धब्बे एवं बिन्दु की बीमारी (सूटी ब्लाच तथा फ्लाई स्पैक) (Shooty blotch and fly speck) : वर्षा ऋतु में फलों पर काला धब्बा, इस रोग के प्रभाव से होता हैं जिससे फलों का आकर्षण/गुणवत्ता कम हो जाती है एवं बाजार मूल्य घट जाता है। नियंत्रण हेतु डाइथेन जेड–78 0.2% (2 ग्रा. प्रति लीटर पानी) घोल का 25 दिन के अन्तर पर छिड़काव करें।

कालर एवं जड़ सड़न (कालर तथा रूट रांट) (Collar and root rot): वर्षा प्रारम्भ होते ही रोग का प्रकोप होने लगता है। ग्रसित पौधो की जड़ों में सफेद रंग की फफूँद निकल आती है। ग्रसित पौधों को उखाड़ने पर आसानी से बाहर आ जाता है। अधिक नमी पर प्रभाव अधिक होता है। नियंत्रण हेतु कार्बेन्डाजिम 0.2% (2 ग्रा. प्रति लीटर पानी में मिलाकर) से उपचारित करें तथा उपचारित मिट्टी से जड़ों को ढ़क दें।

पुष्पन एवं फलन

नाशपाती के पौधों में मार्च के महीने में फूल आते हैं जिनमें फल अगस्त–सितम्बर में पककर तैयार हो जाते हैं।

परिपक्वता एवं फल तोड़ाई

नाशपाती के फलों की तोड़ाई से पूर्व यह जान लेना चाहिए कि फल पूर्ण रूप से पक कर तैयार हैं या नहीं। इसके फल शीघ्र खराब होने लगते हैं। फलों का बाहरी रंग रूप एवं मिठास आदि जाँच कर तोड़ाई कर शीघ्र बाजार में भेज देना चाहिए।

उपज

चाइना नाशपाती की उपज अन्य जातियों की अपेक्षाकृत अधिक होती है। इससे लगभग 2 क्विंटल फल प्रति वृक्ष प्राप्त होता है। यूरोपियन नाशपाती जातियों की पैदावार 110 कि.ग्रा. फल प्रति वृक्ष होता है।

तोड़ाई उपरान्त फल प्रबन्ध

पके फलों की तोड़ाई करने के बाद बाजार भेजने के लिए सावधानी पूर्वक लकड़ी या अन्य प्रकार के बाक्स में कागज आदि लगा कर फल को बिना चोट लगे सावधानी पूर्वक बाजार भेजना चाहिए। चोट लगते ही फल शीघ्र खराब हो जाते हैं।

परिरक्षण एवं मूल्य संवर्धन

नाशपाती के फल से अनेक परिरक्षित पदार्थ जैसे– जैम, चटनी आदि बनाये जा सकते हैं। नाशपाती फल के मूल्य संवर्धन की अपार सम्भावनाऐं हैं।

8. आडू (Peach)

आडू जिसका वैज्ञानिक नाम *प्रूनस परसिका* (*Prunnus persica*) है रोजेयसी (Roseceae) कुल के प्रूनाइडी (Prunaideae) उपकुल का एक सदस्य है। आडू की उत्पत्ति चीन से हुई लेकिन यह बहुत प्राचीन समय से ईरान में उगता चला आ रहा है। इसलिए बहुत से लोग इसकी उत्पत्ति ईरान से ही मानते हैं। आडू शीतोष्ण जलवायु की प्रमुख फसल है। भारत में मुख्यतः उत्तराखण्ड, हिमाचल प्रदेश, जम्मू कश्मीर की घाटियों एवं उत्तर भारत के मैदानी क्षेत्रों में इसका

सफलतापूर्वक उत्पादन किया जाता है। देश में इसकी खेती लगभग 21608 हैक्टैयर क्षेत्रफल में की जा रही है जिससे लगभग 47426 मैटिक टन उत्पादन होता है। उत्तरांचल आड़ू उत्पादन में अग्रणी प्रदेश है। प्रदेश में 13166 हैक्टेयर क्षेत्रफल में आड़ू की खेती की जा रही है। जिससे लगभग 31715 मैट्रिक टन उत्पादन होता है। पर्वतीय क्षेत्रों में आड़ू का उत्पादन बहुत पहले से होता आ रहा है। लेकिन अधिकांश बाग बीजू किस्म के होने के कारण उससे उच्च गुणवत्ता वाले फल का उत्पादन निम्न स्तर पर प्राप्त होता है। पर्वतीय क्षेत्रों की घाटियों में आड़ू के अच्छे उत्पादन की सम्भावना को देखते हुए हाल के वर्षो में अनेक प्रयास किये गये जिसके फलस्वरूप इस फसल के क्षेत्रफल, उत्पादन एवं उत्पादकता में भी वृद्धि हुई है। अब तो पर्वतीय क्षेत्र की घाटियों से इस फल का निर्यात भी विदेशों में किया जा रहा है। जिससे किसानों को अच्छी आमदनी हो रही है। घाटियों में आड़ू के फल ऐसे मौसम (अप्रैल–मई) मे पककर तैयार होते हैं जब बाजार में ताजे फल कम होते हैं। फल अच्छे स्वाद वाले एवं देखने में आकर्षक होने के साथ–साथ काफी समय तक टिकने वाले भी होते हैं। हिमालय के तलहटी क्षेत्रों के साथ–साथ उन स्थानों पर जहाँ शीत ऋतु का तापमान 4–5^0 सेन्टीग्रेड के आसपास रहता हैं पर भी आड़ू की खेती की जा सकती है। गर्म घाटियों में जहाँ सेब, खुबानी, चेरी की बागवानी नहीं हो सकती हैं अथवा 600–900 मी. ऊँचाई वाले स्थानों पर यदि इसका बढ़ावा दिया जाय तो व्यवसायिक उत्पादन लिया जा सकता है।

इसके 100 ग्रा. फल में प्रोटीन 1.5% वसा 0.2% विटामिन सी 1% आदि प्रचुर मात्रा में पाये जाते हैं। आड़ू का उपयोग ताजे फल खाने के साथ–साथ इससे जैम, जैली, चटनी इत्यादि तैयार किये जाते हैं। आड़ू का डिब्बा बन्दी (Canning) उद्योग में अच्छा स्थान है।

भूमि एवं जलवायु

हल्की दोमट या बलुई दोमट भूमि इसके सफल उत्पादन के लिए उत्तम होता है। मिट्टी का पी.एच. मान 5.5–6.2 तक होना चाहिए साथ ही मृदा का काफी जीवांशयुक्त होना आवश्यक है। जिस भूमि में इसकी खेती की जा रही है वहाँ जल निकास का समुचित प्रबन्ध होना बहुत जरूरी है अन्यथा पौधे जड़ सड़न से ग्रसित हो जाते हैं। शीतोष्ण तथा समशीतोष्ण जलवायु इसकी खेती के लिए उत्तम है परन्तु वे क्षेत्र जहाँ पर देर से (बसंत ऋतु) में पाला पड़ता है इसके लिए उपयुक्त नहीं माने जाते हैं। आड़ू की खेती मध्य पर्वतीय क्षेत्र, घाटी तथा तराई एवं भावर क्षेत्रों में की जाती है। विभिन्न किस्मों के अनुसार समुद्रतल से 750 मी. तक की

ऊँचाई के पठारी एवं 800–1800 मी. समुद्रतल से ऊँचाई वाले पर्वतीय क्षेत्र उचित होते हैं। इसके सफल उत्पादन हेतु वातावरण में आर्द्रता की प्रतिशतता कम होनी चाहिए। सभी किस्मों में फलन के लिए 7^0 सेल्सियस या इससे कम का तापक्रम कुछ निश्चित घन्टे के लिए आवश्यक है। इससे पौधों को समुचित अभिशीतन (Chilling) मिलती है। फूल आने के समय वर्षा, पाला एवं ओला से इसकी खेती को काफी नुकसान होता है।

उन्नत किस्में

आडू के उन्नत् खेती के लिए आवश्यक है कि उत्तम किस्मों का चयन किया जाय जिससे अच्छी गुणवत्ता एवं अधिक पैदावार प्राप्त किया जा सके। आडू में मुख्य रूप से दो किस्में होती है प्रथम फ्री स्टोन किस्में जिनका गूदा बीज से चिपका नहीं रहता और द्वितीय क्लींग स्टोन किस्में जिनका गूदा बीज के साथ जुड़ा रहता है। साधारणतः क्लींग स्टोन किस्में रसदार एवं फ्री स्टोन किस्में गूदेदार होती है। परीक्षण के आधार पर आडू की चयनित किस्में एवं उनका विवरण निम्न प्रकार है

अ. ऊँचाई वाले क्षेत्रों के लिए किस्में

1. शीघ्र पकने वाली किस्में – रेडजून, फ्लोरडासन, अलेक्जैन्डर
2. मध्य में पकने वाली किस्में – अर्ली एलवर्टा, क्राफोर्ड अर्ली (तोतापुरी), पैराडिलक्स, जे.एच. हेल्स
3. देर से पकने वाली किस्में – जुलाई अलवर्टा, रेड नेक्ट्रीन, गोल्डन क्रश।

ब. पाट, तराई एवं भावर क्षेत्रों के लिए किस्में

1. शीघ्र पकने वाली किस्में – शान–ई–पंजाब, फ्लोरडाप्रिंस, सहारनपुर प्रभात, प्रताप
2. मध्य में पकने वाली किस्में – फ्लोरीडा रेड, खुरमानी, पन्त पीच–1
3. देर से पकने वाली किस्में – शरवती।

अर्ली एलवर्टा : फलत उत्तम होती है एवं फल जून के मध्य में पकने लगते हैं। फल गोल, कुछ अंडाकार, मध्यम आकार वाले, पकने पर लाल चित्तियाँयुक्त एवं हल्के पीले रंग के होते हैं। गूदा काफी स्वादिष्ट तथा गुठली गूदे से आसानी से अलग नहीं हो पाती है। यह डिब्बा बंदी के लिए अच्छी किस्म है।

अलेक्जेंडर : फलत अच्छी होती है तथा फल जून के मध्य से पकना प्रारम्भ करते हैं, फल गोल तथा बड़े परिमध्य में पकने पर हल्का पीला हो जाता है। गूदा कुरकुरा, रसीला, स्वादिष्ट एवं गुठली गूदे से आसानी से अलग की जा सकती है।

पैराडिलक्स : यह प्रजाति क्रोफोर्ड अर्ली से मिलती जुलती है। इसका पौधा मध्यम आकार का होता है। इसके फल जून के अन्तिम सप्ताह में पककर तैयार होते हैं तथा प्रति वृक्ष उपज 30–40 कि.ग्रा. तक होती है।

पैराग्रीन : इस प्रजाति में फलत अच्छी होती है तथा फल जून के मध्य में पक जाते हैं। फल गोल तथा मध्यम से बड़े आकार के होते हैं। पकने पर फल पीला हो जाता है तथा गूदा हल्का खटास लिए हुए काफी मीठा होता है। गुठली आसानी से अलग हो जाती है।

फ्लोरिडासन : फलत अति उत्तम होती है तथा फल मई के प्रारम्भ में ही पक जाते हैं। फल गोल हल्का, अण्डाकार एवं मध्यम आकार के, पकने पर लाल चित्तियाँयुक्त एवं गहरा पीला हो जाता है। गूदा रसीला, काफी मीठा एवं गुठली आसानी से अलग हो जाती है।

जे.एच.हेल : फल जून के तृतीय सप्ताह में पक जाते हैं। फल कुछ अण्डाकार, मध्यम गोल पकने पर लाल–पीला युक्त गूदा हल्का खटास लिये होता है। गुठली आसानी से अलग हो जाती है।

शान–ई–पंजाब : यह प्रजाति मई माह के मध्य तक पककर तैयार हो जाती है। गूदा पीला और गुठली से आसानी से अलग हो जाता है। डिब्बाबन्दी के लिए उत्तम किस्म मानी गयी है।

सहानपुर प्रभात : फलों का आकार बड़ा छिलका हरापन लिए लाल रंग का होता है। फल अप्रैल के अंतिम सप्ताह में पकने लगते हैं।

शरबती : इस किस्म के फल जून के प्रथम सप्ताह में पकते हैं। फल मध्यम आकार का छिलका पीलापन लिए सफेद होता है। फल के ऊपरी भाग पर लाली होती है। फल रसदार एवं मीठा होता है। औसत उपज 100–120 कि.ग्रा. प्रति वृक्ष होती है।

प्रभात : यह प्रजाति मध्य अप्रैल तक पक कर तैयार हो जाती है। फल मध्यम गोलाकार, ऊपरी भाग लाल एवं गूदे का रंग सफेद होता है। औसत उत्पादन 50 कि.ग्रा. प्रति वृक्ष होता है।

प्रताप : इसके फल अप्रैल माह के अन्तिम सप्ताह में पक कर तैयार हो जाते हैं इसके पकने में लगभग 76 दिन लगते हैं। औसत उत्पादन लगभग 70 कि.ग्रा. प्रति वृक्ष होता हैं।

फ्लोरिडा प्रिन्स : यह प्रजाति फ्लोरडा (यू.एस.एस.) से आयातित की गई है। यह अप्रैल के अन्तिम सप्ताह में पक कर तैयार होती है। पकने में 70 दिन लगते हैं। औसत उत्पादन 100 कि.ग्रा. प्रति वृक्ष होता है।

फ्लोरिडा रेड : यह एक फ्री स्टोन किस्म है जिसके गूदे का रंग सफेद होता है। यह प्रजाति जून के प्रारम्भ में तैयार होती है। इसके छिलके का रंग गहरा लाल होता है।

प्रसारण तकनीक

व्यवसायिक रूप से आडू का प्रवर्धन कलम बंधन (ग्राफ्टिंग) व कलिकायन (बडिंग) द्वारा किया जाता हैं। आडू के बीज को दिसम्बर–जनवरी में बुवाई कर मूलवृन्त तैयार कर लिए जाते है। फिर इनमें भूमि की सतह से 15–20 सेंमी. ऊँचाई पर चीरा लगाकर नाव की शक्ल में 2 सेंमी. की सांकुर कलिका (बड) मातृ वृक्ष से लेकर चिरे भाग में लगा दी जाती है। यह क्रिया सितम्बर–अक्टूबर में की जाती है। जब कलिका में बढ़वार प्रारम्भ हो जाये तो नियमित रूप से मूल वृन्त से निकलने वाले जंगली कल्लो (वाइल्ड) को तोड़ते (पिंचिंग) रहना चाहिए जिससे सांकुर कलिका की बढ़वार अच्छी तरह हो सके। ऐसा करने से अगले वर्ष तक वांछित किस्म के कलिकायित (बडेड) पौधे तैयार हो जाते हैं। क्लेफ्ट या टंग ग्राफ्टिंग विधि द्वारा आडू के पौधे तैयार करने के लिए आडू के बीज की बुवाई दिसम्बर–जनवरी में करके मूलवृन्त तैयार किया जाता है और अगले वर्ष फरवरी–मार्च में सांकुर (बड वुड) को मूलवृन्त पर क्लेफ्ट या टंग ग्राफ्टिंग विधि से बाँधा जाता है। बादाम और खुबानी के मूल वृन्त पर भी आडू के पौधे बनाये जा सकते हैं।

बाग स्थापना

पर्वतीय क्षेत्रों में आडू के पौधे कन्टूर विधि से रेखांकन करके रोपित किये जाते है तथा सामान्य बागवानी के लिए पौधे से पौधे व कतार से कतार की दूरी 5X5 मी. रखते हुए रेखांकन करते हैं। 11% परागक किस्म रोपण योजना में अपनाया जाता है। इसमें बाग में हर तीसरी पंक्ति का तीसरा पौधा परागक किस्म का लगाया जाता है। यदि दो परागक किस्में बगीचे में लगानी हो तो वह एकान्तर लगायी

जाती है (पहली परागक किस्म, पहली परागक किस्म की पंक्ति में तथा दूसरी किस्म अगली परागक किस्म वाली पंक्ति में)।

सघन बागवानी में पौघ रोपण 3X3 मीटर की दूरी पर करते हैं। रेखांकन वर्गाकार विधि से करते हैं। गड्ढ़े का आकार 1X1X1 मी. रखते हैं। गड्ढे को भरने से पूर्व उसमें घास–फूस जलाकर उपचारित कर लेते हैं। एक गड्ढ़े में 40–50 किग्रा. अच्छी तरह सड़ी गोबर की खाद, 500 ग्रा. सिंगल सुपर फास्फेट, 50 ग्रा. मैलथियान धूल, 50 ग्रा. फफूँदीनाशक अच्छी तरह मिलाकर गडढे को भूमि सतह से 10 सेंमी. ऊपर तक भर देते हैं। गड्ढ़ा भरने के पश्चात उसकी सिंचाई करें अथवा अच्छी तरह थाला बनाकर वर्षा के जल से गड्ढ़े को दबने दें। जनवरी–फरवरी माह में पौधों का रोपण करें। पौधों की पूरी जड़ गड्ढ़े के अन्दर होनी चाहिए तथा कलम बंधन के जुड़ाव वाला भाग भूमि से 15–20 सेंमी. ऊपर होना चाहिए। पौधा रोपण से पूर्व डाइथेन एम.–45 के 0.3% धोल से उपचारित करना चाहिए।

संधाई एवं काट–छाँट

आड़ू के पौधों का मजबूत ढ़ाँचा तैयार करने के लिए संधाई क्रियाऐं की जाती हैं। पहले वर्ष मुख्य तने पर तीन–चार शाखाऐं चुनी जाती हैं। दूसरे वर्ष पेड़ की आकृति में संतुलन लाने के लिए सभी मुख्य शाखाओं से दो–तीन उपशाखाओं को निकलने देते हैं। तीसरे वर्ष भी इन उपशाखाओं से पुनः दो–दो उपशाखाओं को निकालते हैं। चौथे वर्ष हल्की छँटाई करके केवल एक दूसरे से रगड़ती हुई एवं रोगग्रस्त शाखाओं या टहनियों को ही काटकर अलग करते रहना चाहिए। इस आयु में पेड़ से फलत होने लगती है तथा बाद की कटाई–छँटाई व संधाई मजबूत ढ़ाँचा बनाने एवं फलत को बढ़ाने हेतु की जाती है। आड़ू के पौधों की संधाई दो विधियों से की जाती है। प्रथम खुला मध्य विनयन विधि (ओपेन सेन्टर विधि) जिसमें पौध रोपण के बाद मुख्य तनों को 45–60 सेंमी. ऊपर से काट देते हैं और 3 से 5 टहनियाँ चारों तरफ रखी जाती हैं। इनकी आपस की दूरी 3–5 सेंमी. रखते हैं। दूसरी विधि में रूपान्तरित अग्रप्ररोह प्रणाली (मोडीफाइड सेन्टर विधि) में संधाई करते हैं। चूंकि आड़ू मे एक वर्ष पुरानी शाखाओं पर फल आते हैं एवं पेड़ के ऊपरी तिहाई भाग में सबसे ज्यादा फलत होती है। अतः प्रत्येक वर्ष पहली वृद्धि की हुई न फलने वाली शाखाओं का काट–छाँट करना आवश्यक है जिससे नई फल बनने वाली शाखाएं निकलें। ऐसी शाखाओं को ऊपर से लगभग एक तिहाई भाग काट देना चाहिए। कटी हुई शाखा के पास वाली कली बाहर की ओर होनी चाहिए

जिससे पौधे की बढ़वार बाहर की ओर हो सके। पेड़ के अन्दर की ओर जाने वाली टहनियों, रोगग्रस्त, कमजोर शाखाओं तथा अवांछित शाखाओं को काट कर अलग कर देना चाहिए।

आड़ू के पौधों में कटाई–छँटाई करते समय निम्नलिखित सावधानियाँ रखनी चाहिए।

1. काट–छाँट संस्तुत विधियाँ से उचित समय पर करें।
2. काट–छाँट करने वाला व्यक्ति अनुभवी होना चाहिए।
3. प्रत्येक वर्ष काट–छाँट करने वाले व्यक्ति को न बदलें।
4. काट–छाँट करने वाले औजार तेज धार वाले हों, ताकि काटने पर ढूंढ न रहे।
5. काट–छाँट के बाद कॉपर आक्सीक्लोराड (600 ग्रा. प्रति 200 ली. पानी में) के घोल का छिड़काव करें।
6. बड़े–कटे भागों पर चौबटिया पेस्ट (1 भाग कैल्सियम कार्बोनेट + एक भाग रेडलेड + सवा भाग अलसी का तेल) लगाना चाहिए।

बाग प्रबन्ध

आड़ू के बाग से व्यवसायिक एवं गुणवत्तापूर्ण फल उत्पादन हेतु बागों को वैज्ञानिक तरीके से प्रबन्ध करने की आवश्यकता होती है। बाग प्रबन्ध के अन्तर्गत जल, पोषण, सतह, कीट एवं व्याधि प्रबन्ध तकनीक को अपनाकर अधिक उपज प्राप्त किया जा सकता है।

जल प्रबन्ध : जहाँ पानी पर्याप्त व्यवस्था हो आड़ू के पौधों में फल लगने के पश्चात् आवश्यकतानुसार सिंचाई करनी चाहिए। थालों की निराई–गुड़ाई करके खरपतवार निकालते रहना चाहिए। पर्वतीय क्षेत्रों में नमी सरंक्षण हेतु पलवार (मल्चिंग) का प्रयोग मार्च अप्रैल से जून तक करना चाहिए। खाद एवं उर्वरक को मिलाते समय थालों की अच्छी तरह गुड़ाई करनी चाहिए। नये लगे बाग में यदि पानी की सुविधा उपलब्ध है तो गर्मी में आवश्यकतानुसार पानी देना चाहिए। जिससे पौधा सूखने न पायें।

पोषण प्रबन्ध : विकासशील तथा विकसित पौधों में फास्फोरस तथा पोटाश शाखाओं के फैलाव क्षेत्र में भूमि में 15–20 सेंमी. गहरी चौड़ी नालियाँ बनाकर देना चाहिए। नत्रजन तथा गोबर की खाद पौधे के फैलाव के अनुसार छिड़कर भूमि में

भली भाँति मिला दे। घाटी, तराई एवं भावर क्षेत्र में नत्रजन की 70 ग्रा., फास्फोरस की 40 ग्रा. तथा पोटाश की 40 ग्रा. प्रति पौधा प्रति वर्ष की आयु की अनुसार देना चाहिए। यह मात्रा 6 वर्ष बाद स्थिर कर देना चाहिए। खाद एवं उर्वरक की सम्पूर्ण मात्रा दिसम्बर–जनवरी में देना चाहिए। फलन अवस्था में पौधा में अतिरिक्त नत्रजन फल तोड़ने के पश्चात देना चाहिए।

बाग सतह प्रबन्ध : आडू के बाग में पौधों के बीच खाली स्थानों में प्रारम्भ के दो–तीन वर्षों तक दलहनी फसलों को सतही फसले के रूप में लिया जा सकता है।

कीट एवं रोग प्रबन्ध : आडू के पौधों में अनेक कीट व बीमारीयाँ लगती हैं जो पौधों को नुकसान पहुँचाते है और उत्पादन को प्रभावित करते हैं। कुछ प्रमुख कीट एवं उनका प्रबन्ध निम्नवत है।

पत्ती मोड़क माहूँ (लीफ कर्ल एफिड) : इस कीट का प्रकोप फरवरी–अप्रैल के मध्य होता है। इसके शिशु एवं वयस्क पेड़ों की पत्तियों से रस चूसते हैं, जिससे पत्तियाँ मुड़ जाती हैं और बाद में पीली पड़कर गिर जाती हैं। मुड़ी हुई पत्तियों को खोलने पर अन्दर से हरे रंग के माहूँ दिखाई देते हैं। ग्रसित पेड़ों पर फलों का विकास रूक जाता है और बाद में फल गिर जाते हैं।

सफेद शल्क कीट (ह्वाइट स्केल कीट) : पेड़ों की टहनियों, शाखाओं एवं तनों पर पीले रंग के शिशु व वयस्क पाये जाते हैं तथा स्थिर होकर इनका रस चूसते हैं। परिणामस्वरूप ग्रसित भाग सूखने लगता है और पेड़ की बढ़वार रूक जाती है तथा फलत पर विपरीत प्रभाव पड़ता है।

पत्ती मोड़क बीमारी (लीफ कर्ल डिजीज) : रोगग्रस्त पत्तियाँ किनारे से मुड़ जाती हैं। पत्तियाँ मोटी, माँसल तथा लाल रंग की हो जाती हैं। इस अवस्था में पत्तियों की पर्णवृन्त के पास से गोंद निकलने लगता है तथा पत्तियां सूख जाती है।

गोंद निकलने की बीमारी (गमोसिस) : वर्षा ऋतु में इसका प्रकोप सर्वाधिक होता हैं ग्रसित फल, टहनियाँ एवं शाखाओं मे गोंद निकलने लगता है। ग्रसति फलों का बाजार में उचित मूल्य नहीं मिलता जबकि ग्रसित पेड़ों की बढ़वार रूक जाती है।

आडू का एक्स बीमारी (पीच एक्स डिजीज) : मई के आरम्भ में आडू के पेड़ों की पत्तियों पर रोग के प्रथम लक्षण दिखाई देते हैं। पत्तियों का रंग धीरे–

धीरे पीला हो जाता है साथ ही पत्तियों पर लाल रंग के धब्बे बन जाते हैं। अंत में रोगग्रस्त पत्ते लाल रंग में परिवर्तित हो जाते हैं। रोगग्रस्त पौधे व टहनी की पत्तियों का लम्बाई में ऊपर की ओर मुड़ जाना भी रोग का प्रमुख लक्षण है। पत्ते की धमनियाँ भी लाल–पीले रंग की हो जाती हैं पौधों में लक्षण अधिकतर किसी एक टहनी या कुछ टहनियों तक सीमित रहते हैं।

आड़ू में एकीकृत नाशीजीव प्रबन्धन

आड़ू के पौधों पर लगने वाले कीड़ों एवं बीमारियों का एकीकृत प्रबन्धन करके अच्छी सफलता प्राप्त होती हैं जिसका सम्पूर्ण कार्यक्रम निम्नवत है।

जनवरी माह में कटाई–छँटाई (प्रूनिंग) करते समय कीट/रोगग्रस्त सूखी शाखाओं को काट छाँट कर जला दें तथा चौबटिया पेस्ट का लेप करें। इसके बाद लाइमःसल्फर 1:20 के अनुपात में छिड़काव करें ताकि डाईबैक, फल सड़न एवं स्कैब रोग का नियंत्रण हो सके।

फरवरी माह में आड़ू को 3–4 दिनों पर सर्वेक्षण करते रहें तथा गुलाबी कली अवस्था (फूल खिलने के पहले) आने पर मिथाइल डिमेटान की 1.5 मि.ली. मात्रा + बाविस्टीन की एक ग्राम मात्रा प्रति लीटर पानी में घोल बनाकर पेड़ों पर छिड़काव करें। इस उपचार से आड़ू में पत्ती मोड़क माहूँ (लीफ कर्ल एफिड) तथा पत्ती मोड़क रोग (लीफ कर्ल) का प्रकोप नहीं होता है उपरोक्त कीट एवं रोग नियंत्रण में छिड़काव करने का समय बहुत महत्वपूर्ण होता है। अतः समय से छिड़काव करें।

मार्च माह में पेड़ों के थालों में चारों तरफ 2 ईंच मोटी सड़ी गोबर की खाद फैला दें जिससे गर्मी में नमी संरक्षित की जा सके। जून में थालों की हल्की गुड़ाई करके गोबर की खाद को मिला दें।

मई माह में आड़ू के बाग का सर्वेक्षण करते रहें। जब आड़ू में एक्स रोग के लक्षण दिखाई दें तब एन्टीबायोटिक आक्सीटेट्रासाइक्लीन अथवा हाइड्रोक्लोराइड दवा (1 से 2 ग्रा. प्रति वृक्ष) को टीके के रूप में पौधे के अंदर डालें। इसके लिए भूमि की सतह से लगभग 30 सेंमी. ऊपर चारों ओर थोड़ी–थोड़ी दूरी पर 45^0 के कोण पर लगभग 6–8 मि.मी. दायरे के क्षेत्र में वर्मे की सहायता से छेद करें और थोड़े से पानी (10–20 मि.ली.) में दवा कर मिश्रण बूँद–बूँद कर डालें। यह टीके फल तोड़ने के बाद और पत्ते झड़ने के मध्य समय में लगाये जाते हैं। इस बीमारी का फैलाव लीफ हापर द्वारा होता है अतः उनके नियंत्रण के लिये मोनोक्रोटोफॉस

0.2% का छिड़काव करें। रोगग्रस्त भाग या पौधा को बाग से काटकर नष्ट कर देना चाहिए।

जून–जुलाई में गमोसिस के नियंत्रण हेतु 25 दिनों के अंतराल पर कॉपर आक्सीक्लोराइड 0.3% + बोरेक्स 0.3% (3+3 ग्रा. प्रति लीटर पानी में मिलाकर) के घोल का दो छिड़काव करें। दूसरा छिड़काव फल तोड़ने के 20 दिन पहले अवश्य समाप्त कर लें।

जुलाई से अक्टूबर माह में मध्य स्केल कीट का प्रकोप अधिक होता है। अतः इस अवधि में बाग निगरानी करें तथा ग्रसित पत्तियों को काटकर जला दें। प्रकोप अधिक होने की दशा में मिथाइल डिमेटान 0.15% (1.5 मि.ली. लीटर प्रति लीटर पानी मे मिलाकर) का छिड़काव करें।

अक्टूबर माह में बगीचे का खुदाई कर थाले बना दें। थालों में गोबर की सड़ी खाद 30–40 कि.ग्रा. प्रति वृक्ष की दर से डालें। थाले बनाते समय जड़ के पास मिलने वाली सूड़ियों एवं कीटों को एकत्रित कर नष्ट कर दें।

आड़ू के बगीचे में पूरे वर्ष उन्नत शस्य क्रियाओं को अपनाकर सफाई बनाये रखें तथा समय–समय पर निगरानी कर कीट–व्याधियों का स्तर देखते रहें। जिससे पौध सुरक्षा उपायों को अपनाने में सहायता मिलेगी।

पुष्पन एवं फलन

आड़ू की अधिकांश किस्मों में स्वयं परागण से फल बनते हैं परन्तु कुछ किस्में जैसे–जे–एच. हेल एवं अलेक्जेंडर के लिए परागणकर्ता किस्मों की जरूरत होती है। इन किस्मों के साथ एक ही समय पर फूलने वाली दो–तीन किस्मों को मिलाकर लगाने से पर्याप्त संख्या में पराग प्राप्त हो जाते हैं और फलत अच्छी होती है।

परिपक्वता एवं फल तोड़ाई

आड़ू एक नान–क्लाइमेक्टेरिक फल है अतः इसके पूर्ण परिपक्व फलों को ही तोड़ना चाहिए। अपरिपक्व फल स्वाद रहित होते हैं और क्रेताओं द्वारा पसन्द नहीं किये जाते हैं। फलतः उत्पादकों को इनके अच्छे मूल्य न मिलने के कारण आर्थिक हानि उठानी पड़ती है। इसके विपरीत अधिक परिपक्व हो जाने पर जब इनको वृक्षों से तोड़ा जाता है तो इनकी भण्डारण क्षमता कम हो जाती है। आड़ू को दूर के

मण्डियों में उनके वांछित मूल्य प्राप्त करने के लिए उनको ठीक समय पर तोड़कर भेजा जाना चाहिए। फल के सतह का रंग जब हरे से पीले या गुलाबी में बदलने लगे तथा छूने पर हल्का नरम लगे, उस समय दूर की मंडियों के लिये तोड़कर भेजना चाहिए। निकट के बाजार एवं मण्डियों के लिए उस समय तोड़ना चाहिए जब फल पूरी तरह हरे से पीले या गुलाबी रंग के हो जाय। आड़ू के पौधों में सभी फल एक साथ नहीं पकते हैं इसलिए तीन चार बार में तोड़ना चाहिए।

उपज

आड़ू के कलमी पौधों में चौथे वर्ष से फलत शुरू हो जाती है। प्रारम्भ में उत्पादन 8–10 कि.ग्रा. प्राप्त होता है पूर्ण वृक्ष से 30–50 कि.ग्रा. फल प्रति वृक्ष प्राप्त होते हैं।

तोड़ाई उपरान्त फल प्रबन्ध

जिस प्रकार फल की तोड़ाई में परिपक्वता का महत्व है, उसी प्रकार से रंग एवं आकार के आधार पर श्रेणीकरण अत्यन्त आवश्यक है क्योंकि उचित प्रकार से श्रेणीकृत फल बाजार में बिक्री करने से अधिक लाभ मिलता है। पैकिग से पूर्व चोट खाये, रोगग्रस्त, अपरिपक्व एवं बहुत छोटे फलों को छाँट लेते हैं। आड़ू का मुख्य रूप से आकार के अनुसार श्रेणीकरण किया जाता है फलों को बड़े, मध्यम एवं छोटे आकार में श्रेणीकृत कर लेते हैं। फलों को निर्यात करने या दूर की मण्डियों में भेजने के लिए श्रेणीकृत फलों को दो–तीन विभिन्न क्षमता वाले सी.एफ.बी. बाक्सों में पैक कर भेजना चाहिए। निकट के मण्डियों में पूर्ण पके हुए फलों को बाँस की टोकरी या लकड़ी के बाक्सों में भेजा जा सकता है। आड़ू के फल सी.एफ.बी. बाक्सों में अच्छी तरह पैककर 0–3^0 सेल्सियस तापमान एवं 85–90% आपेसिक आर्द्रता पर 20–25 दिन तक रखा जा सकता है।

परिरक्षण एवं मूल्य संवर्धन

आड़ू फल ताजे खाने के साथ–साथ इनसे जैम, जैली, चटनी इत्यादि तैयार किये जाते हैं आड़ू का डिब्बा बन्दी (Canning) उद्योग में अच्छा उपयोग है तथा इसे सूखा कर भी संरक्षित करके प्रयोग में लाया जाता है इस प्रकार आड़ू फल में मूल्य सम्वर्धन की अपार सम्भावनाएँ पायी जाती हैं।

आड़ू उत्पादन में ध्यान देने योग्य बातें

- बाग स्थापना हेतु स्वस्थ, कीट एवं व्याधि से मुक्त उन्नतशील प्रजाति के कायिक प्रवर्धन द्वारा तैयार पौधों का चयन करें।
- पौध रोपण करते समय इस बात का ध्यान रखें कि सांकुर शाखा का भाग भूमि सतह से नीचे न आने पाये।
- आवश्यकतानुसार परागणकर्ता किस्मों का रोपण अवश्य करें।
- बगीचे में परागण हेतु मधुमक्खियों के 4–5 बक्से उचित स्थान पर रखे।
- ग्रीष्म ऋतु में नवरोपित पौधों की सिंचाई करते रहें।
- मार्च माह में पौधों के थालों में अवरोध पर्त का प्रयोग अवश्य करें।
- पेड़ों की कटाई–छँटाई के उपरान्त चौबटिया पेस्ट का प्रयोग अवश्य करें।

आड़ू बाग में वर्ष भर किये जाने वाले कृषि कार्यो का विवरण

जनवरी–फरवरी

- रोपण से पूर्व गड्ढों की मिट्टी को बाविस्टीन 0.2% या डाइथेन–जेड–78 (0.3%) से उपचारित करें तथा 40–45 कि.ग्रा. गोबर की खाद + 500 ग्रा. सुपर फास्फेट + 50 ग्रा. मैथालियान धूल मिला कर गडढों को भर दे।
- पौध रोपण कार्य करें तथा रोपण उपरान्त सिंचाई करें।
- बड़े पेड़ों की कटाई–छँटाई का कार्य करें तथा चौबटिया पेस्ट लगायें।
- मूल वृंत पर टंग ग्राफ्टिंग करें।
- पुराने बाग में यदि लाइकेन बीमारी का प्रकोप हो, तो कास्टिक सोडा 1.0% (10 ग्रा./ली. पानी) का छिड़काव करें।
- पुराने पौधों में उर्वरकों का प्रयोग करें।
- आड़ू के पत्ती मोड़क कीट के नियंत्रण हेतु मिथाइल डिमेट्रान 0.04% का छिड़काव करें।

मार्च–अप्रैल

- आड़ू के बाग में कर्षण क्रियाओं द्वारा सफाई रखें।
- थालों में पलवार का प्रयोग करें।
- नवरोपित पौधों में सहारे की आवयश्कता हो तो दें।

मई–जून

- पौधाशाला एवं बाग में नमी बनाये रखें।
- बाग को साफ रखें।
- आडू पौधों के थालों में बिछाई गई पलवार को मिट्टी में मिला दें।
- आवश्कयतानुसार सिंचाई करते रहें।
- फलों की तुड़ाई, ग्रेडिंग, पैकिंग एवं विपणन कार्य करें।

जुलाई–अगस्त

- फलों की तुड़ाई एवं विपणन कार्य करें।
- बागीचे में उगी घासों की पलटाई करें।
- आडू के बाग को स्वच्छ बनाये रखें।
- कीटों एवं बीमारियों की बाग में निगरानी करते रहें एवं नियंत्रण हेतु आवश्यकतानुसार दवाओं का प्रयोग करें।

सितम्बर–अक्टूबर

- पौध प्रवर्धन के लिए बडिंग कार्य करें।
- मूलवृंत तैयार करने के लिए परिपक्व बीजों को एकत्र करें।
- बगीचे की सफाई करें।

नवम्बर–दिसम्बर

- मूलवृंत तैयार करने के लिए परिपक्व बीजों की बुवाई करें।
- आडू के बाग की जुताई का कार्य करें।
- नये बाग की स्थापना के लिये रेखांकन कार्य करें।
- रोपण हेतु गडढे की खुदाई करें एवं भरें।
- आवश्यकतानुसार कटाई–छँटाई का कार्य करें तथा कटे भाग पर चौबटिया पेस्ट का लेप करें।

द. शुष्क क्षेत्रीय फल

1. बेर (Ber)

बेर जिसका वैज्ञानिक नाम *जिजीफस मोरीशियाना* लि. (*Ziziphus mauritiana* L.), *जिजीफस जुजुबा* लि. (चायनीज बेर) (*Ziziphus jujuba* L.) (Chinese ber) है, रैमनैसी (Rhamanacea) कुल से सम्बन्धित है। इस फल का उत्पत्ति सम्भवतः दक्षिणी चीन, भारत व मलाया में हुआ। जीनस जिजिफस के अर्न्तगत लगभग 50 जातियाँ (स्पीसीज) हैं जिनमें लगभग 18–20 भारत में पायी जाती हैं। व्यवसायिक दृष्टि से कुछ ही जातियां उपयोगी हैं। हमारे देश में व्यवसायिक दृष्टि से बागवानी के लिए जिजीफस मोरीशियाना तथा चीन में जिजीफस जुजुबा का उपयोग किया जाता है। बेर की खेती भारत के सभी प्रान्तों में कुछ न कुछ क्षेत्रों में होती है किन्तु मध्य प्रदेश, उत्तर प्रदेश, बिहार, पंजाब, हरियाणा, राजस्थान, गुजरात, महाराष्ट्र व आन्ध्र प्रदेश में अपेक्षाकृत अधिक होती है। इस समय हमारे देश में इसकी खेती अनुमानतः 22,000 हैक्टेयर क्षेत्र में हो रही है तथा प्रति वर्ष विशेषकर बंजर भूमि में व्यवसायिक खेती का क्षेत्र बढ़ रहा है। बेर भारत व चीन का लोकप्रिय फल है। बेर के पौधे में कुछ ऐसे गुण हैं जिसके कारण यह शुष्क क्षेत्रों में खेती के लिए बहुत सफल फलदार वृक्ष है। इसकी जड़ मूसलादार होती है जो मिट्टी के कठोर सतह को तोड़कर अधिक गहराई तक पहुँच कर जल शोषित कर पौधों को स्वस्थ रखती है। गर्म मौसम में बेर के पौधे पतझड़ कर सुसुप्तावस्था में ले जाते हैं। और सिंचाई की आवश्यकता नहीं पड़ती है। इन्हीं गुणों के कारण बेर की बागवानी शुष्क तथा अर्धशुष्क क्षेत्रों के लिये लाभदायक प्रमाणित हो रही है।

बेर के पके फलों में विटामिन सी, ए, बी, तथा शर्करा के अतिरिक्त खनिज पदार्थ, कैल्शियम, मैग्नीशियम व जस्ता प्रचुर मात्रा में पाये जाते हैं। इसके फलों को ताजे रूप में खाने के साथ–साथ इसके पके फलों को सुखाकर छुआरा, कैन्डी व शीतल पेय के रूप में उपयोग में लाया जाता है।

भूमि एवं जलवायु

बेर की बागवानी विभिन्न प्रकार की मिट्टी जैसे–उथली, गहरी, कंकरीली, रेतीली, चिकनी, आदि में की जा सकती है। इसके अतिरिक्त बेर के पौधे लवणीय, क्षारीय अम्लीय मिट्टी की दशा में भी उगने की क्षमता रखते हैं। इसके पौधे 40–50% विनिमयशील सोडियम (क्षारीय) तथा 12–15 मिलीम्होज प्रति सेंमी.

विद्युत चालकता वाले लवणीय भूमि में सफलता पूर्वक की जा रही है। बेर की व्यवसायिक बागवानी के लिए जीवांशयुक्त बलुई दोमट मिट्टी सर्वोत्तम मानी जाती है किन्तु वे क्षेत्र जहाँ की जमीन नीची, रेतीली, उसरीली, बंजर है और जहाँ अन्य फसलें व फल वृक्ष नहीं उगाये जा सकते, वहाँ भी सीमित साधनों के साथ बेर की बागवानी सफलतापूर्वक की जा सकती है। बेर जलवायु की प्रतिकूल दशायें सहन करने की अद्भुत क्षमता रखता है। इसकी बागवानी देश के उष्ण कटिबंधीय तथा उपोष्ण क्षेत्रों में, समुद्र की सतह से लगभग 1000 मी. की ऊँचाई तक सफलतापूर्वक की जा सकती है। इसकी बागवानी वैसे तो सभी प्रकार की जलवायु में की जा सकती है किन्तु अधिक उत्पादन तथा अच्छे आकार व गुणों वाले फल उत्पादन के लिए शुष्क एवं गर्म जलवायु उपयुक्त है। इसके अतिरिक्त उन क्षेत्रों में जहाँ भूमिगत जल काफी निचली सतह पर हो, वहाँ भी बेर की बागवानी की जा सकती है।

उन्नत किस्में

देश में बेर की लगभग 125 से भी अधिक किस्में उगाई जाती हैं। इन किस्मों का विकास विभिन्न क्षेत्रों में फल के भौतिक तथा रसायनिक गुणों जैसे फल का रंग, आकार, वजन, मिठास व खटास की मात्रा के आधार पर चयन द्वारा किया गया है। व्यवसायिक किस्मों को फलों के पकने के समय के आधार पर वर्गीकृत किया गया है। बेर की कुछ किस्में अपने विशेष स्वाद, कुछ आकार व कुछ अधिक पैदावार के लिए प्रसिद्ध हैं। नरेन्द्र देव कृषि एवं प्रौद्योगिक विश्वविद्यालय में विभिन्न क्षेत्रों से बेर की लगभग 40 किस्में एकत्रित की गयी हैं जिनके अध्ययन के आधार पर यह पाया गया है कि उत्तर प्रदेश सहित पूर्वी भारत के लिए 7 किस्में (गोला, काला, गोरा, बनारसी कड़ाका, कैथली, मुड़िया मुरहरा, पोन्डा व उमरान) व्यवसायिक बागवानी के लिए उपयुक्त हैं। इन किस्मों का विवरण निम्नलिखित है–

अगेती किस्में

गोला : फल का आकार गोल, माप 3.0X2.8 सेंमी., प्रति फल औसत भार 16.5 ग्रा., पकने पर रंग हल्का पीला व चमकदार, गूदा 95.2%, मुलायम, रसीला, मीठा, सफेद, कुल घुलनशील ठोस पदार्थ 15.5%, खटास 0.12% विटमिन सी 90 मि.ग्रा. प्रति 100 ग्रा. गूदा, औसत पैदावार 80 कि.ग्रा. प्रति पौधा।

काला गोरा : फल का आकार लम्बा, माप 3.5X2.8 सेंमी., प्रति फल औसत भार 16.5 ग्रा. पकने पर रंग हल्का पीला व चमकदार, गूदा 95.2% मुलायम, रसीला, मीठा, सफेद, कुल घुलनशील ठोस पदार्थ 15.5%, खटास 0.12%, विटामिन सी 90 मि.ग्रा./100 ग्रा. गूदा, औसत पैदावार 80 कि.ग्रा. प्रति पेड़।

मध्य मौसमी किस्में

बनारसी कड़ाका : यह एक प्रसिद्ध किस्म है जिसकी बागवानी देश के अनेक भागों में काफी पहले से होती आ रही है। फल का आकार लम्बा, सिरा गठीला, माप 4.1X2.7 सेंमी., प्रति फल औसत भार 17.0 ग्रा., पकने पर रंग भूरापन लिए हुए पीला, छिलका पतला, गूदा 95.5%, मुलायम, रसीला, मक्खन की तरह सफेद, मीठा, कुल घुलनशील ठोस पदार्थ 15.0%, खटास 0.15% विटामिन–सी 128 मि.ग्रा./100 ग्रा. गूदा, औसत पैदावार 125 कि.ग्रा. प्रति पेड़।

कैथली : फल का आकार लम्बा, माप 3.5X2.5 सेंमी. प्रति फल औसत वजन 18.0 ग्रा. पकने पर रंग भूरापन लिए हुए पीला, छिलका पतला, गूदा 96.4% सफेद, मुलायम, मीठा, कुल घुलनशील ठोस पदार्थ 15.0%, खटास 0.16%, विटामीन सी 85 मि.ग्रा./100 ग्रा. गूदा, औसत पैदावार लगभग 125 कि.ग्रा. प्रति पेड़। यह बरानी क्षेत्र के लिए अच्छी किस्म है।

मुड़िया मुरहरा

फल का आकार लगभग घन्टी के आकार की तरह है। माप 4.8X3.0 सेंमी. प्रति फल औसत वजन 25.0 ग्रा., पकने पर फल का रंग पीला, गूदा 95.1%, मुलायम, मीठा, कुल घुलनशील ठोस पदार्थ 17.0%, खटास 0.13%, विटामिन–सी 90 मि.ग्रा./100 ग्रा. गूदा, पैदावार लगभग 125 कि.ग्रा. प्रति पेड़।

देर से तैयार होने वाली किस्में

उमरान : यह अधिक पैदावार देने वाली किस्म है। फल आकार में काफी बड़े माप 4.3X3.2 सेंमी., प्रति फल औसत वजन 24.0 ग्रा., पकने पर रंग भूरापन लिए हुए पीला, छिलका मोटा, गूदा 91.2% कुछ सख्त, मक्खनी रंग का तथा खाने में मीठा, कुछ घुलनशील ठोस पदार्थ 15.2%, खटास 0.21%, विटामिन सी 115 मि.ग्रा./100 ग्रा. गूदा, औसत पैदावार लगभग 150 कि.ग्रा. प्रति पेड़।

प्रसारण तकनीक

व्यवसायिक दृष्टि से बाग लगाने के लिए कायिक विधि से तैयार बेर के पौधे ही उपयोग में लाना चाहिए। बेर का प्रवर्धन चश्मा विधि द्वारा किया जाता है। चश्मा की कई विधियाँ जैसे पैबन्द–चश्मा, ढाल चश्मा, व छल्ला चश्मा प्रचलित हैं। व्यवसायिक तौर पर पौधे बनाने के लिए पैबन्द चश्मा (पैच बडिंग) सबसे सफल व प्रचलित विधि है इस विधि से पौध तैयार करने के लिए मूलवृंत (बीजू पौधा) व कलिकायुक्त टहनी (सांकुर) की आवश्यकता पड़ती है।

अ. मूलवृंत तैयार करना

मूलवृत के लिए देशी किस्म के बेर का बीज उपयोग में लाया जाता है। जंगली बेर की कई जातियाँ जैसे *जिजीफस रोटन्डीफोलिया, जिजीफस रूगोसा, जिजीफस आइनोप्लया, जिजीफस नुमूलिरया, जिजीफस जाइलोकार्पा* हैं। इन सभी में *जिजीफस रोटन्डीफोलिया* सबसे उपयुक्त है तथा यही उपयोग में लाया जाता है। हाल के वर्षों के चल रहे अनुसंधान के आधार पर *जिजीफस रोटंडीफोलिया* के अतिरिक्त, *जिजीफस मोरीशियाना* किस्म सुखावनी मूलवृंत के रूप में अच्छा परिणाम दे रही है। बीज मार्च के महीने में इकट्ठा किया जाता है। बीज के लिए पके फल रोगमुक्त पेड़ से तोड़कर इकट्ठा करते हैं। पके फलों को 2–3 दिन तक पानी में रखा जाता है। ऐसा करने से बेर की गुठली गूदे से आसीनी से अलग हो जाती है। बुआई के पहले इन गुठलियों को 17–18% नमक के घोल में डूबोना चाहिए। जो गुठली पानी में डूब जाये उन्हीं को बुवाई के उपयोग में लाना चाहिए। बुवाई के पहले गुठलियों को 5–6 मिनट के लिए शुद्ध सल्फ्यूरिक अम्ल में डुबो कर तत्पश्चात् अच्छी तरह पानी से धोकर अथवा 48 घण्टे के लिए पानी में भिगोकर बोने से शीघ्र अंकुरण होता है। मूलवृंत तीन तरह से तैयार किया जाता है। जो निम्नलिखित है।

1. **क्यारियों में बीज बोना** : इस विधि से मूलवृंत के लिए बीज की बुवाई क्यारियों में अप्रैल के प्रथम पखवारे तक कर दिया जाता है। बीज की बुआई 30 सेंमी. की दूरी पर कतारों में तथा 5 सेंमी. बीज से बीज की दूरी रखकर करते हैं। बीज की गहराई 2–3 सेंमी. रखी जाती है। बुवाई के समय क्यारी में पर्याप्त नमी का होना आवश्यक होता है। बुवाई के बाद क्यारी को घास–फूस से ढ़ककर फौवारे से आवश्यकतानुसार सिंचाई करते रहते हैं। इस प्रकार क्यारियों में तैयार किये गये पौधे 80–90 दिनों पश्चात् लगभग

पेंसिल के बराबर मोटाई (0.5 सेंमी.) के हो जाते हैं जो चश्मा के लिए उपयुक्त होते हैं।

2. **पॉलीथीन की टयूब में बीज बोना :** इस विधि से पौधे तैयार करने के लिए 300 गेज मोटाई वाली पालीथीन की 10X25 सेंमी. आकार के ट्यूब (दोनों तरफ से खुले) उपयोग में लाये जाते हैं। इन टयूबों में उपजाऊ मिट्टी+गोबर की खाद+बालू (1:1:1) का मिश्रण तैयार करके भरते हैं तथा इन्हें मिट्टी की हल्की खुदाई करके उथली क्यारी से एक साथ सटाकर 4–5 कतार में खड़ी दशा में लगा देते हैं। प्रत्येक ट्यूब में 2–3 स्वस्थ बीज की बुवाई अप्रैल के प्रथम सप्ताह में कर दी जाती है। बुवाई के बाद उथली क्यारी जिसमें ट्यूब रख गये हैं की हल्की सिंचाई करते हैं। अंकुरण पश्चात् एक स्वस्थ पौधा रखकर शेष निकाल दिया जाता है। आवश्यकतानुसार नमी बनाये रखते हैं। इस प्रकार 90–100 दिन के अन्दर पौधे चश्मा चढ़ाने योग्य तैयार हो जाते हैं।

3. **स्वस्थाने बाग में बीज बोना :** शुष्क, अर्धशुष्क, बीहड़ क्षेत्र में बेर के बाग विकसित करने की सर्वोत्तम मानी गयी है। इस विधि से बाग विकसित करने पर स्थानान्तरण के समय जड़ों को होने वाली क्षति नहीं होती। इस तरह से विकसित बाग भूमि एवं जलवायु में प्रतिकूल दशाओं के प्रति अधिक सहिष्णु होते हैं। पौध तैयार करने के लिए मार्च में ही निश्चित दूरी पर रेखांकन करके गड्ढे की खुदाई व भराई का कार्य कर लेते हैं। प्रत्येक गड्ढे में 2–3 स्वस्थ बीज की बुवाई अप्रैल में करते हैं। पौधशाला में तैयार बीजू पौधों को भी जून–जुलाई में लगाया जा सकता है। उचित देखरेख से ये पौधे जुलाई–अगस्त में चश्मा चढ़ाने योग्य हो जाते हैं।

ब. सांकुर का चयन

पौध तैयार करने के लिए कली का चयन महत्वपूर्ण है। सांकुर टहनी का चयन किस्म के अनुरूप लगातार कई वर्षों से अच्छी फलत वाले वृक्ष से किया जाना चाहिए। टहनी 2–3 माह पुरानी तथा स्वस्थ व मोटी वनस्पतिक कलियों से युक्त होनी चाहिए। कली के लिए इस प्रकार की टहनी को मातृ वृक्ष से 15–20 सेंमी. लम्बाई तक काटकर अलग कर लिया जाता है। एक टहनी पर 5–6 स्वस्थ कलियाँ मिल जाती हैं। 15 अप्रैल से 15 दिन अन्तराल पर कटाई–छँटाई करते रहने से आवश्यकतानुसार सांकुर शाखें प्राप्त होती रहेंगी। यदि कलिकायन के लिए सांकुर

टहनी को दूर भेजना हो तो इन टहनियों को नम स्फेगनम मॉस घास में लेपटकर पालीथीन की थैलियों में बंद करके आसानी से भेजा जा सकता है। इस प्रकार टहनी 2–3 दिन तक स्वस्थ दशा में बनी रहती है।

स. चश्मा चढ़ाना

चश्मा चढ़ाने के लिए पैबन्दी या विरूपित पैबन्दी विधि अपनाना चाहिए। चश्मा चढ़ाने का कार्य 15 जून से 15 सितम्बर तक अच्छी सफलता के साथ किया जा सकता है तैयार मूलवृंत पर चश्मा की क्रिया भूमि सतह से 15 सेंमी. की ऊँचाई पर किया जाता है अधिक ऊँचाई पर कलिकायन से कलियों के फुटाव मे कमी तथा अच्छा विकास नहीं होता है। पैबन्दी चश्मा विधि के लिए मूलवृंत पर उचित ऊँचाई पर आयताकार निशान (2.5–3.0 सेंमी. लम्बा व तने की आधी मोटाई तक) तेज चाकू से लगातार छिलके को आयत के आकार मे निकाल दिया जाता है।

प्रत्यारोपित किस्म की समान आकार वाली कली सांकुर टहनी के सावधानी पूर्वक निकाल कर मूलवृंत पर बनाये गये स्थान पर अच्छी तरह बैठा दिया जाता है। टहनी पर यदि पत्तियाँ हो तो पत्तियों को इस प्रकार निकालें कि पत्ती की डंठल न टूटे। कलिका को बैठाने के बाद पॉलीथीन की पट्टी से कसकर बाँध दिया जाता हैं बाँधते समय ध्यान रहे कि कली की आंख खुली रहे। चश्मा चढ़ाने के बाद मूलवृंत का ऊपरी कुछ हिस्सा काटकर निकाल दिया जाता हैं इससे कली के विकसित होने में सहायता मिलती है। जैसे ही कली का विकास शुरू हो जाय, जुड़ाव बिन्दु के ऊपर से मूलवृंत का शेष भाग पूरी तरह सिकेटियर से काटकर निकाल दिया जाता है प्रत्यारोपित कलिका जब 8–10 पत्तियों वाली टहनी बन जाय तो पौधे स्थानान्तरण योग्य हो जाते हैं। कलिकायन की इस विधि से लगभग 90% तक सफलता मिलती है। चश्मा चढ़ाने के बाद मूलवृंत पर जुड़ाव बिन्दु से नीचे जितनी भी कलियाँ निकल रही हों, उन्हें समय–समय पर निकालते रहते हैं।

द. कलमी पौधों की देख–रेख

पौधशाला में जब कलमी पौधों पर 10 से अधिक पत्तियाँ हो जाती हैं तो इस अवस्था के पौधों को अधिक दिन रखना उचित नहीं है तथा ऐसे पौधों में स्थानान्तरण पश्चात् मृत्युदर अधिक होती है। इस अवस्था में पौधों की सांकुर टहनी की वृद्धि तेजी से होती है। परिणामस्वरूप जड़ व शाखा का अनुपात बिगड़ जाता है। यदि इन पौधों को पौधशाला में रखना आवश्यक हो तो इनकी उचित

काट–छाँट तथा पौधशाला में स्थान परिवर्तन आवश्यक है। इसके लिए अक्टूबर के महीने में कलमी पौधों की जड़ाव बिन्दु से 30 सेंमी. की ऊँचाई के बाद की शाखा को काटकर निकाल देते हैं जिससे पौधों की वृद्धि में कमी हो जाती है तथा जड़ व शाखा का अनुपात भी उचित बना रहता है। इस तरह रख–रखाव से इन पौधों को आने वाली पौध रोपाई के मौसम (फरवरी–मार्च) में रोपित किया जा सकता है। इन पौधों का रोपाई पश्चात् उचित ढ़ाँचा प्रदान करने के लिए फिर संघाई की आवश्यकता पड़ती है। इसके लिए जुड़ाव बिन्दु से 10 सेंमी. की ऊँचाई से पौधों को काट देते हैं। ऐसा करने से कई नई शाखाएं निकलती हैं। इनमें से एक स्वस्थ व सीधी शाखा को रखकर उचित संधाई करते हैं तथा शेष को निकाल देते हैं।

बाग स्थापना

बेर की बागवानी करने के लिए खेत की अच्छी प्रकार से तैयारी कर मेड़ बन्दी करके खेत को समतल कर लें। यदि भूमि उसरीली है तो ठैंचा की हरी खाद द्वारा भी जीवांश की मात्रा बढ़ाकर भूमि को उपजाऊ बनाया जा सकता है। बारानी क्षेत्र में मेंड़ बन्दी आवश्यक है ताकि वर्षा के जल का समुचित उपयोग हो सके। नये बाग स्थापना के लिए रेखांकन हेतु उपजाऊ मिट्‌टी में दूरी अधिक तथा अनुपजाऊ या उसरीली मृदा में दूरी कम रखी जाती है क्योंकि पौधों का विकास कम होता है। बेर का बाग 8X8 मी. की दूरी पर लगाया जाना चाहिए। रोपण से पूर्व रेखांकित स्थान पर 1X1X1 घन मी. आकार के गड्‌ढे की खुदाई करके कठोर पर्त व कंकड़ की पर्त को तोड़कर निकालना आवश्यक है जरूरत के अनुसार गड्‌ढे की गहराई बढ़ाई जा सकती है इसके बाद गड्‌ढे की भराई के लिए यदि मिट्‌टी उपजाऊ है तो गड्‌ढे की दो तिहाई ऊपर की मिट्‌टी + 50 कि.ग्रा. गोबर की खाद + 100 ग्रा. क्लोरोपाइरीफॉस के धूल का मिश्रण का उपयोग किया जाता है। उसर प्रभावित क्षेत्रों में गडढे की मिट्‌टी के साथ 2–3 टोकरी रेत + 50 कि.ग्रा. गोबर की खाद, 5 कि.ग्रा. जिप्सम + 100 ग्रा. क्लोरोपाइरीफॉस के धूल के मिश्रण द्वारा गडढे भरे जाते हैं। पथरीली जमीन में तालाब या अच्छे खेत की मिट्‌टी का प्रयोग करें। गडढे की भराई जमीन की सतह से 10 सेंमी. ऊपर रखकर करें। वर्षा ऋतु में 2–3 वर्षा बाद मिट्‌टी बैठ जाने पर पौध रोपण शुष्क एवं अर्द्धशुष्क क्षेत्रों में (जुलाई–सितम्बर) करें। सिंचाई की सुविधा होने की दशा में बेर के पौधे जनवरी–फरवरी में भी लगाये जा सकते हैं।

संधाई एवं काट–छाँट

प्रारम्भिक अवस्था में स्वस्थ ढ़ाँचा बनाने हेतु पौधों की कटाई–छँटाई आवश्यक हैं ढ़ाँचा प्रदान करने का काम 2–3 वर्ष में पूरा कर लिया जाता है तथा चौथे वर्ष पहली फलत ली जाती है। उचित संधाई के लिए पौध लगाने के पश्चात बाँस के डंडियों की सहायता से पौधे को सीधा रखना चाहिए। भूमि से 75 सेंमी. ऊँचाई तक की शाखायें निकाल देते हैं। तथा इसके ऊपर 4–5 शाखायें जो चारों दिशाओं में विकसित हों, ढ़ाँचा बनाने के लिए चुनी जाती है। इन्हीं शाखाओं को पूरे पेड़ के रूप में विकसित किया जाता है। बेर में फूल नई बढ़वार के साथ पत्तियों के कक्ष से निकलती है। अतः स्वस्थ व उचित बढ़वार के लिए प्रति वर्ष काट–छाँट न करने से पौधे की फलन शक्ति घटती जाती है तथा फल भी अच्छे गुणों वाले नहीं मिलते। नियमित छँटाई न करने के कारण अन्दर का भाग खाली हो जाता है तथा कुछ ही वर्षों में शीर्ष फलन (Tip-bearing) होने लगती है। कटाई–छँटाई का कार्य फलों की तुड़ाई के पश्चात की जाती है। बेर में कटाई–छँटाई का सबसे अच्छा समय मई का महीना है। इस दौरान पौधे पत्ती विहीन होते हैं। यदि बाग कमजोर व कम उपजाऊ भूमि में लगाया जाता हैं तो कटाई के समय एक वर्ष पुरानी शाखाओं का 50% भाग काटकर निकाल देते हैं। यदि भूमि उपजाऊ हो तो केवल 25–30% भाग काटा जाता है। कटाई–छँटाई के समय एक दूसरे से रगड़ने वाली, सूखी व रोगी शाखाओं को भी समूल निकाल देना चाहिए। कटाई के पश्चात् ब्लाइटाक्स कवकनाशी का गाढ़ा घोल बनाकर कटे स्थान पर लगा देते हैं।

बाग प्रबन्ध

बेर के बाग से नियमित एवं अच्छी उपज प्राप्त करने के लिये काग का वैज्ञानिक तरीके से प्रबन्ध करने की आवश्यकता होती है। बाग प्रबन्ध के मुख्य अवयव में जल, पोषण, बाग सतह, कीट एवं व्याधि, आदि प्रबन्ध आते है।

जल प्रबन्ध : बेर की जड़ें मूसलाधारी एवं मरूद्रभिद् प्रकृति के होने के कारण यदि एक बार स्थापित हो जाती हैं तो इसे बहुत कम देख–रेख की आवश्यकता पड़ती है। यहाँ तक कि यह असिंचित क्षेत्रों में भी अच्छी पैदावार देने की क्षमता रखता है। बेर के बाग के चारों तरफ मजबूत मेंड़बन्दी कर देनी चाहिए जिससे वर्षा के पानी का उपयोग पौधे अच्छी तरह कर सकें। बेर के फलों की तुड़ाई अप्रैल के मध्य तक समाप्त हो जाती है। फल तोड़ाई के बाद वृक्ष धीरे–धीरे सुषुप्त–अवस्था में प्रवेश करने लगता है तथा मई–जून के महीने में पत्ती विहीन होता है। इस प्रकार अप्रैल से जून तक इन्हें पानी की आवश्यकता नहीं होती। यदि सिंचाई के साधन

उपलब्ध हो तो मध्य जून में पहली सिंचाई की जाती है तथा इसी के साथ खाद एवं उर्वरक की पहली मात्रा भी दे देते हैं। वर्षा ऋतु के प्रारम्भ के साथ पौधे में नई फुटाव शुरू हो जाती है जिसके लिए वर्षा का पानी ही पर्याप्त है। सितम्बर–अक्टूबर फूल निकलने का समय है। इस समय बाग की सिंचाई नहीं की जाती है। मध्य नवम्बर तक फलन पूरा हो जाता है। फलों की वृद्धि के लिए बाग में नमी की आवयश्कता पड़ती है अन्यथा काफी संख्या में फल गिर जाते हैं। यदि सम्भव हो तो अच्छी पैदावार के लिए इस समय एक सिंचाई आवश्यक है। इसके बाद 1–2 सिंचाई जनवरी–फरवरी में किया जाता है जो पैदावार में वृद्धि तथा अच्छे गुण वाले फल प्राप्त करने के लिए आवश्यक है। नये लगाये गये बाग की सिंचाई 15–20 दिनों के अन्तराल पर थाला विधि से करते हैं जिससे पौधे अच्छी तरह स्थापित हो जाये। प्रत्येक सिंचाई के बाद बाग से खरपतवार निकालते रहते हैं जिससे बाग की नमी व पोषण तत्व सुरक्षित रहते हैं।

पोषण प्रबन्ध : समुचित वृद्धि व लगातार अच्छे फल उत्पादन के लिए प्रतिवर्ष खाद एवं उर्वरक को निम्न मात्रा में प्रयोग करना चाहिए। एकपूर्ण विकसित पेड़ (5 वर्ष या अधिक) के लिए 40–50 कि.ग्रा. गोबर की खाद तथा 1.50–2.50 कि. ग्रा. यूरिया प्रति वर्ष की मात्रा पर्याप्त है। आयु के अनुसार इसे कम करके डाला जाना चाहिए। कम्पोस्ट या गोबर की खाद की पूरी मात्रा तथा यूरिया की आधी मात्रा जून–जुलाई तथा शेष यूरिया की मात्रा फलन के बाद नवम्बर–दिसम्बर में दी जानी चाहिए। खाद एवं उर्वरक की यह मात्रा पेड़ के तने से कुछ दूरी पर जहाँ तक पेड़ का फैलाव हो, उसके बीच छिड़ककर मिट्टी में मिला दिया जाता है। उर्वरक देने के बाद हल्की सिंचाई करनी चाहिए। यदि वर्षा की सम्भावना है या वर्षा कुछ पहले हुई हो तो सिंचाई की आवश्यकता नहीं पड़ती है। बारानी क्षेत्रों में 2% यूरिया के घोल का दो वर्णीय छिड़काव पहला फूल लगने के पहले तथा दूसरा फलन के बाद लाभदायक है। आवश्यकतानुसार फास्फोरस तथा पोटाश का प्रयोग भी किया जाना चाहिए।

बाग सतह प्रबन्ध : बेर में अच्छा फलोत्पादन हेतु प्रतिवर्ष कटाई–छँटाई करते हैं अतः दो कतारों के बीच काफी क्षेत्र खाली रहता है। वर्षा ऋतु में दलहनी फसल (मूंग, लोबिया, उड़द) वर्षाआश्रित क्षेत्रों में तथा सिंचित क्षेत्रों में रबी मौसम में सब्जी, चना, आदि को अन्तरवर्ती फसल के रूप में लिया जा सकता है। असिंचित क्षेत्रों में स्टाइलो या लोबिया की फसल से नमी एवं मृदा की उपजाऊ क्षमता बनी रहती है। इस प्रकार बेर उत्पादकों को अच्छी आय अन्तवर्ती फसल से मिल जाती है।

कीट एवं रोग प्रबन्ध : बेर के बाग के व्यवसायिक उत्पादन में उसमें लगने वाले कीट एवं व्याधि की बड़ी समस्या है अतः इसे समय पर उचित प्रबन्ध की आवश्यकता होती है। बेर के प्रमुख कीटों एवं रोगों का विवरण निम्न है।

फल की मक्खी (Corponiya vesuviana Casta) : यह बेर की सबसे हानिकारक कीट है। इस की कीट का प्रकोप फल बनने के बाद (सितम्बर–अक्टूबर) में होता है। जो फलों की तुड़ाई तक बना रहता है। सूंडी की अवस्था में फल के अन्दर रहता है तथा गूदे को खाता हैं प्रभावित फल समान रूप से नहीं बढ़ते तथा देखने में बेडौल दिखायी देते हैं। इसकी रोकथाम के लिए नवम्बर के आरम्भ में जब फल लग जाय (मटर के आकार के हो) तब पौधों पर 1500 मि.ली. मेटासिस्टॉक्स 30 ई.सी. या 1250 मि.ली. रोगार को 1250 ली. पानी में घोलकर छिड़काव किया जाता है। यह मात्रा एक हेक्टर क्षेत्र के लिए पर्याप्त हैं। गर्मियों में बाग की जुताई भी इसके प्रकोप को कम करने में सहायता है।

छाल खाने वाली सूंडी (Inderbela quadrinata walker) : कीड़े की सूंडी दिन के समय तने के भीतर सुरंग बनाकर छुपी रहती है तथा रात्रि समय निकलकर छाल को खाती है। वृक्ष पर पाये जाने वाले जालों को देखकर इसके आक्रमण का पता लगाया जा सकता है। नियंत्रण हेतु सुरंगों का पता करके सितम्बर–अक्टूबर के महीने में 10 मि.ली. मोनोक्रोटाफॉस 30 ई.सी. या मेटासिड 50 ई.सी. को 10 ली. पानी में घोल कर सुरंग में डाले तथा सुरंग को मिट्टी से बन्द कर दें। यही उपचार दुबारा फरवरी–मार्च में दुहरायें। इसके अलावा 10% मिट्टी का तेल (1 ली. मिट्टी का तेल + 9 ली. पानी + 100 ग्रा. साबुन का घोल) भी प्रभावशाली पाया गया है।

बेर का बीटल (Adoretus ballens) : इसके प्रौढ़ कीट की लम्बाई 12–15 मि.मी. रंग हल्का भूरा होता है। यह पत्तियों को खाती है तथा भंयकर प्रकोप की दशा में पेड़ पर पत्तियाँ नाम मात्र की बचती है। परिणामस्वरूप उत्पादन बहुत घट जाता है। नियंत्रण हेतु 1250 मि.ली. या कार्बोरिल (4.250 कि.ग्रा. सेबिन 50%) या मैलाथियान (750 मि.ली. मैलाथियान 50 ई.सी.) को 1250 ली. पानी में घोलकर पौधों पर छिड़काव करते हैं। दवा की यह मात्रा एक हैक्टेयर के लिए पर्याप्त है।

लाह कीट (Lac insects) : इसके कीट शाखाओं का रस चूसतें है। जिससे धीरे–धीरे शाखायें सूख जाती हैं। प्रभावित शाखाओं को काटकर जला देते हैं। पूर्ण नियंत्रण के लिए 0.1% रोगार का छिड़काव उपयोगी है।

चूर्णी फफूंद (Powdery mildew) : यह बेर के पौधों का बहुत ही घातक रोग है। इस रोग का प्रकोप अक्टूबर–नवम्बर में शुरू होता है। इस रोग से फसल को काफी हानि पहुँचती है। इस रोग के प्रकोप से पत्तियों व फलों की सतह पर सफेद पाउडर की परत दिखाई देती है। जिससे फलों का विकास रूक जाता है तथा फल देखने में गन्दा दिखायी पड़ता है। भंयकर प्रकोप की दशा में फल झड़ने भी लगते हैं। इस बीमारी के शुरूआत होते ही केराथेन 0.1% या 0.2% सल्फेक्स के घोल का छिड़काव पौधों पर करें। 15 दिन के अन्तराल पर दुबारा छिड़काव करें।

पत्तियों के काले धब्बों वाला रोग : इस रोग का कारक आइसेरिऑप्सिस नामक फफूँद है। इसकी शुरूआत सितम्बर–अक्टूबर में होती है। इस रोग से पत्तियों की निचली सतह पर गहरे रंग के धब्बे दिखायी पड़ते हैं कभी–कभी पत्ती की निचली सतह काली दिखायी पड़ती है। इस रोग के निदान के लिए पौधों पर 0.3% कॉपर आक्सीक्लोराइड नामक कवकनाशी का छिड़काव उपयोगी है।

फल सड़न रोग : यह रोग कई प्रकार के फफूँदी जैसे– अलटरनेरिया स्पीशीज, फोमा स्पीशीज, पेस्टालोशिया स्पीशीज आदि से फैलती है। इस रोग के प्रकोप से फल के निचले हिस्से पर हल्के भूरे रंग के धब्बे दिखाई पड़ते हैं जो धीरे–धीरे पूरे फल पर फैलने लगते हैं। धब्बों के ऊपर छोटे–छोटे काले धब्बे भी दिखाई देते हैं। कभी–कभी इन धब्बों पर गहरे भूरे रंग के छल्ले भी दिखाई देते हैं। इस रोग के नियन्त्रण के लिए 0.2% ब्लाइटाक्स कवकनाशी का छिड़काव रोग के लक्षण दिखाई देते ही करना लाभदायक है।

पुष्पन एवं फलन

बेर में फूल नये प्ररोहों पर पैदा होते हैं। सितम्बर–अक्टूबर फूल निकलने का समय है। मध्य नवम्बर तक फलन पूरा हो जाता है।

परिपक्वता एवं फल तोड़ाई

बेर के फलों की तुड़ाई उत्तर भारत में किस्म के अनुसार फरवरी से अप्रैल तक चलता हैं दक्षिण भारत में तुड़ाई का मौसम नवम्बर से जनवरी का महीना है। पौधों पर सभी फल एक समय पककर तैयार नहीं होते। अतः तुड़ाई 4–5 बार में की जाती है। तुड़ाई परिपक्व अवस्था पर ही करनी चाहिए। इसकी पहचान के लिए फल जब अपनी किस्म के अनुरूप रंग का हो जाय तब तोड़े जाने चाहिए। अधपके

फलों का बाजार भाव ठीक नहीं मिलता है। इस अवस्था में फलों की भण्डारण क्षमता भी कम होती है। अतः फलों की तुड़ाई सही समय पर करना आवश्यक है। तुड़ाई हाथ द्वारा की जाती है।

उपज

यह एक तेजी से बढ़ने वाला फल वृक्ष है तथा पहली फसल बाग लगाने के दो से तीन वर्ष बाद मिलता है। इसके पौधे प्रति वर्ष अच्छी पैदावार देते हैं। वनस्पतिक विधि से तैयार 8–10 वर्ष के एक पेड़ से किस्म के अनुसार 100–200 कि.ग्रा. तक फल प्रति वर्ष आसानी से मिल जाता है।

तोड़ाई उपरान्त फल प्रबन्ध

तुड़ाई उपरान्त अच्छे बाजार भाव व लम्बे समय तक भण्डारण के लिए फलों का वर्गीकरण आवश्यक है। अतः तुड़ाई के समय किस्म के अनुसार फल अलग–अलग रख जाता है। इसके बाद फलों को उसके रंग व आकार के अनुसार छटाई की जाती है। छँटाई उपरान्त फलों को बाँस की टोकरियों या लकड़ी या गत्ते के डिब्बों में भरकर बाजार भेजा जाता है।

परिरक्षण एवं मूल्य संवर्धन

बेर के पके फलों को ताजे रूप में खाने के साथ–साथ कई परिरक्षित पदार्थ जैसे–कैंडी, स्क्वैश एवं सूखा बेर आदि रूप में प्रयोग में लाया जाता है। इस प्रकार बेर फल में मूल्य संवर्धन की अपार सम्भावनाएं हैं।

2. शरीफा (Annona)

शरीफा एक मीठा व स्वादिष्ट फल है। इसे ''सीताफल'' भी कहा जाता है। इसका वैज्ञानिक नाम *अनोना स्क्वैमोसा* (*Annona squamosa*) है जो कि अनोनेसी (Annonaceae) कुल का प्रमुख सदस्य है।

शरीफा की खेती देश के सभी भागों में किया जा सकता है परन्तु झारखण्ड, महाराष्ट्र, आन्ध्र प्रदेश, उड़ीसा, आदि में इसकी खेती के लिए अत्यन्त उपयुक्त क्षेत्र है। इसकी पत्तियाँ गहरी हरे रंग की होती हैं जिसमें एक विशेष महक होने की वजह से कोई जानवर इसे नहीं खाते हैं। इसलिए इसके पौधे को विशेष देखभाल की आवश्यकता नहीं होती है। साथ ही इसके पौधों पर हानिकारक कीड़े एवं बीमारियाँ भी नहीं लगती हैं। शरीफा औषधीय महत्व का भी पौधा है इसकी पत्तियों

में टेट्राहाड्रोआइसोक्विनोसीन अल्कलायड पाया जाता है। जो हृदा रोग उपचार हेतु दवाई बनाने के काम में आता है। इसकी जड़े तीव्र दस्त के उपचार में लाभकारी होती हैं। शरीफा के बीजों से निकालकर सुखाई हुई गिरी में 30% तेल पाया जाता है। इससे साबुन तथा पेन्ट बनाया जाता है। पोषण की दृष्टि से भी शरीफा का फल काफी अच्छा माना जाता है। फलों में 14.5% शर्करा पायी जाती है जिससे ग्लूकोज की अधिकता होती है। फलों के गूदे को दूध में मिलाकर पेय पदार्थ के रूप में उपयोग किया जाता है एवं आइसक्रीम इत्यादि बनाया जाता है।

भूमि एवं जलवायु

शरीफा के पौधे लगभग सभी प्रकार के भूमि में पनप जाते हैं परन्तु अच्छे जल निकास वाली दोमट मिट्टी इसकी बढ़वार एवं पैदावार के लिये उपयुक्त होती है। कमजोर एवं पथरीली भूमि में भी इसकी पैदावार अच्छी होती है। इसका पौधा भूमि में 50% तक चूने की मात्रा सह लेता है। भूमि का पी.एच.मान 5.5 से 6.5 के बीच अच्छा माना जाता है शरीफा के पौधे के लिए गर्म और शुष्क जलवायु वाले क्षेत्र जहाँ पाला नहीं पड़ता है, अधिक उपयुक्त होता है। पाले वाले क्षेत्र में इसकी फसल को हानि होती है।

उन्नत किस्में

शरीफा की किस्में स्थान, फलों के आकार, रंग, बीज की मात्रा के आधार पर वर्गीकृत किये जाते हैं। प्रमुखतः बीज द्वारा प्रसारित होने के कारण अभी तक शरीफा की प्रमाणित किस्मों का अभाव है परन्तु फलन एवं गुणवत्ता के आधार पर कुछ किस्मों का चयन किया गया है।

बाला नगर : बालानगर, आन्ध्रप्रदेश, उड़ीसा तथा झारखण्ड के लिए एक उपयुक्त किस्म है। इसके फल हल्के हरे रंग के होते हैं।

अर्कासहन : यह एक संकर किस्म है जिसके फल अपेक्षाकृत चिकने और अधिक मीठे होते हैं।

लाल शरीफा : यह एक ऐसा किस्म है जिसके फल लाल रंग के होते हैं तथा औसतन प्रति पेड़ प्रति वर्ष लगभग 40–50 फल आते हैं। बीज द्वारा उगाये जाने पर भी काफी हद तक इस किस्म की शुद्धता बनी रहती है।

मैमथ : इसकी उपज लाल शरीफा की अपेक्षा अधिक होती है। इस किस्म में प्रति वर्ष प्रति पेड़ लगभग 60–80 फल आते हैं। इस किस्म के फलों में लाल शरीफा की अपेक्षा बीजों की संख्या कम होती है।

प्रसारण तकनीक

शरीफा मुख्य रूप से बीज द्वारा ही प्रसारित किया जाता है। किन्तु अच्छे किस्मों की शुद्धता बनाये रखने, तेजी से विकास एवं शीघ्र फलन लेने के लिये वनस्पतिक विधि द्वारा पौधा तैयार करना चाहिए। वनस्पतिक विधि में बडिंग एवं ग्राफ्टिंग से अधिक सफलता पायी जाती है। ग्राफ्टिंग के लिए अक्टूबर–नवम्बर एवं बडिंग के लिए फरवरी मार्च का महीना उचित पाया जाता गया है। शील्ड बडिंग द्वारा जनवरी से जून तथा सितम्बर से अक्टूबर के महीने में अच्छी सफलता प्राप्त होती है। शरीफा में शील्ड बडिंग के द्वारा पौधा तैयार करना सबसे आसान है। पिछली ऋतु में निकली स्वस्थ एवं परिपक्व कलिका काष्ठ का चुनाव कर लेते हैं। मूलवृंत एक वर्ष पुराना तथा पेन्सिल की मोटाई का होना चाहिए। प्रतिरोपण के बाद लगभग 15 दिन तक कलिका को पॉलीथीन की पतली पट्टी या केले के रेशे द्वारा बाँध देते हैं।

वेज ग्राफ्टिंग शरीफा पौध प्रसारण की नवीनतम एवं अत्यधिक सफल विधि है। यह विधि सी.एच.ई. भुवनेश्वर द्वारा विकसित की गयी है। जिसमें एक वर्ष पुराने मूलवृंत पर फरवरी से मार्च में क्लेफ्ट विधि से ग्राफ्टिंग करते हैं।

बाग स्थापना

शरीफा लगाने के लिए जुलाई का महीना उपयुक्त रहता है। शरीफा का बीज जमने में काफी समय लगता हैं अतः बोने से पहले बीजों को 3–4 दिनों तक पानी में भिगो देने पर जल्दी अंकुरण हो जाता है। इसके पौधे को सीधे बगीचे में जहां लगाना हो वहीं पर थाले बनाकर एक स्थान पर 3–4 बीज बोते हैं। जब पौधे लगभग 15 सेंमी. के हो जायें तो अतिरिक्त पौधे निकालकर केवल एक पौधा को बढ़ने के लिए छोड़ देना चाहिए। नर्सरी में बीज बोकर बाद में पौधों की रोपाई करने पर शरीफा का काफी पौधा मर जाता है इसको लगाने का सबसे अच्छा तरीका यह है कि पॉलीथीन के थैलियों में मिट्टी भरकर बीज की बुआई करें और जब पौधे जमकर तैयार हो जाये तब पॉलीथीन के थैलियों को नीचे से अलग कर दें। पौधे को पिंडी सहित बगीचे में तैयार गडढे में लगा दें। शरीफा के पौधे के लिए गर्मी के दिनों में 60X60X60 सेंमी. आकार के गडढे 5X5 मी. की दूरी पर तैयार किये जाते हैं। इन गडढों को 15 दिन खुला रखने के बाद ऊपरी मिट्टी में 5–10 कि. ग्रा. गोबर की सड़ी खाद, 500 ग्रा. करंज की खली तथा 50 ग्रा. एन.पी.के. मिश्रण को अच्छी तरह मिलाकर भर देना चाहिए। इसके बाद गडढे को अच्छी तरह दबा

दें और उसके चारों तरफ थाला बनाकर पानी दे दें। यदि वर्षा न हो रही हो तो पौधों की 3–4 दिनों पर सिंचाई करने से पौध स्थापना अच्छी होती है।

संधाई एवं काट–छाँट

नये पौधों में 3 वर्ष तक उचित ढ़ाँचा देने के लिए काट–छाँट करना चाहिए। काट–छाँट करते समय यह ध्यान रखना चाहिए कि तने पर 50–60 सेंमी. ऊँचाई तक किसी भी शाखा को नहीं निकलने दें उसके ऊपर 3–4 अच्छी शाखाओं को चारों तरफ बढ़ने देना चाहिए जिससे पौधों का अच्छा ढ़ाँचा तैयार होता है। शरीफा में फल मुख्यतः नई शाखाओं पर आते हैं अतः अधिक संख्या में नई शाखायें विकसित करने के लिए पुरानी, सूखी तथा दूसरे से उलझ कर निकलती हुई शाखाओं को काट देना चाहिए।

बाग प्रबन्ध

शरीफा के पौधों में विषम परिस्थिती को सहन करने की क्षमता होती है। अतः वैज्ञानिक बाग प्रबन्ध (जल प्रबन्ध, बाग सतह आदि) के तरीकों को अपनाकर अच्छी आय प्राप्त कर सकते हैं। बाग प्रबन्ध के मुख्य पहलु का विवरण प्रस्तुत है।

जल प्रबन्ध : शरीफा के पौधों को गर्मियों में पानी देना आवश्यक होता है अतः इस समय 15 दिन के अन्तराल पर सिंचाई करनी चाहिए। वर्षा की समाप्ति के बाद एक या दो सिंचाई करने से फलों का आकार बड़ा होता है।

पोषण–प्रबन्ध : शरीफा के पौधों में प्रत्येक वर्ष फलन होता है। अतः अच्छी पैदावार के लिए उचित मात्रा में सड़ी हुई गोबर की खाद एवं रसायनिक उर्वरक देनी चाहिए। शरीफा की पूर्ण विकसित पेड़ों में 20 कि.ग्रा. गोबर की खाद, 40 ग्रा. नत्रजन, 60 ग्रा. फास्फोरस, 60 ग्रा. पोटाश प्रति पेड़ प्रति वर्ष देना चाहिए।

बाग सतह प्रबन्ध : शरीफा के पौधे जब छोटे हों तो उसके बीच में सब्जियां व अन्य फसलें उगा सकते है। शरीफा के बाग में फ्रेंचबीन एवं बोदी आदि फसलें अधिक उपयुक्त पायी गयी हैं।

कीट एवं रोग प्रबन्ध : शरीफा के पौधों में कीट एवं व्याधियों का आक्रमण कम होता है अतः इसके बागवानी में कोई समस्या नहीं है।

दैहिक व्याधि प्रबन्ध : शरीफा के छोटे–छोटे अनिषेचित फलों का विकास रूक जाता है जो बाद मे काले होकर पेड़ पर लटके रहते हैं। इन्हें ममीफाइट फल कहते हैं।

पुष्पन एवं फलन

शरीफा में पुष्पन काफी लम्बे समय तक चलता है। उत्तर भारत में मार्च से ही फूल निकलना प्रारम्भ हो जाता है और जुलाई तक आता है। पुष्प कलिका के आंखों से दिखाई पड़ने की स्थिति से लेकर पूर्ण पुष्पन में लगभग एक महीने तथा पुष्पन के बाद फल पकने तक लगभग 4 महीने का समय लगता है। पके फल सितम्बर–अक्टूबर से मिलना शुरू हो जाते हैं। बीज द्वारा तैयार किये गये पौधे तीसरे वर्ष फल देना प्रारम्भ करते हैं। जबकि बडिंग एवं ग्राफ्टिंग द्वारा तैयार पौधे दूसरे वर्ष में अच्छी फलन देने लगते हैं। फूल खिलने के तुरन्त बाद 50 पीपीएम जिबरेलिक एसिड 3 के घोल का छिड़काव कर देने से फलन अच्छी होती है।

परिपक्वता एवं फल तोड़ाई

शरीफा के फल जब कुछ कठोर हों तभी तोड़ लेना चाहिए क्योंकि पेड़ पर काफी दिनों तक छूटे रहने पर वे फट जाते हैं। अतः इसकी तुड़ाई के लिए उपयुक्त अवस्था का चुनाव करना चाहिए। इसके लिए जब फलों पर दो उभारों के बीच रिक्त स्थान बढ़ जाय तथा उनका रंग परिवर्तित हो जाय तब समझना चाहिए फल पकने की अवस्था में है। अपरिपक्व फल नहीं तोड़ना चाहिए। क्योंकि ये फल ठीक से नहीं पकते और उनमें मीठास की मात्रा भी कम हो जाती है।

उपज

पौधा लगाने के तीसरे वर्ष से फल देना प्रारम्भ कर देता है। 4–5 वर्ष पुराने पौधे में 50–60 फल लगता है। जबकि विकसित पौधे से 100 फल तक उपज मिलता है।

तोड़ाई उपरान्त फल प्रबन्ध

शरीफा फल को सावधानी पूर्वक तोड़कर निकट के बाजारों के लिए बाँस की टोकरियों में पेपर या कागज के टुकड़ों को लगाकर ले जाया जाता है तथा दूर के बाजारों के लिए लकड़ी का बॉक्स या बड़ी टोकरी में कागज या पुवाल लगाकर भेजते हैं।

परिरक्षण एवं मूल्य संवर्धन

शरीफा के पके फलों को खाने के साथ–साथ आइसक्रीम बनाने एवं औषधीय गुण होने के कारण कई परिरक्षित पदार्थ बनाए जाते हैं। इस प्रकार शरीफा के फलों का परिरक्षण एवं मूल्य संवर्धन की अपार सम्भावनाएं है।

3. अनार (Pomegranate)

अनार जिसका वैज्ञानिक नाम *प्यूनिका ग्रेनेटम* लि. (*Punica granatum* L.) है, जो प्यूनीकेसी (Punicaceae) कुल का एक प्रमुख सदस्य है। अनार अथवा दाड़म पौष्टिक गुणो से भरपूर रसदार एवं स्वादिष्ट फल है। भारत वर्ष में इसकी खेती सीमित रूप से की जाती है। अनार का शुष्क वातावरण में सफलतापूर्वक उत्पादन किया जा सकता है। वास्तव में अनार के उत्पादन के लिए शुष्क जलवायु उपयुक्त है। हमारे देश में अनार का उत्पादन माँग की अपेक्षा कम है। इसकी खेती मुख्यतः महाराष्ट्र, गुजरात, राजस्थान, कर्नाटक, आन्ध्रप्रदेश, तमिलनाडु, जम्मु कश्मीर एवं उत्तर प्रदेश आदि राज्यों में करके अच्छी पैदावार ली जाती है। इसके उत्पादन के कुल क्षेत्रफल का लगभग दो तिहाई (10,773 हेक्टर) भाग अकेले महाराष्ट्र में ही है। राजस्थान में लगभग 370 हैक्टेयर क्षेत्र में अनार के बाग हैं। अनार के लाल रंग के सुंदर फूल तथा आकर्षक फल गृहवाटिका को सुशोभित करते हैं।

अनार की उत्पत्ति ईरान देश से हुई इसकी व्यवसायिक खेती ईरान, अफगानिस्तान, मिस्र, स्पेन, तथा मोरक्को में की जाती है। यह चीन, जापान, वर्मा, एवं कैलीफोरनिया में भी पैदा किया जाता है।

इसके फल में पौष्टिक तत्व, खनिज एवं विटामिन प्रचुर मात्रा में उपलब्ध होते हैं इस कारण रोगियों के आहार के लिए ये उपयुक्त है। इसके प्रति 100 ग्रा. फल में 1.6 ग्रा. प्रोटीन, 0.1 ग्रा. खनिज, 5.1 ग्रा. रेशा, 14.5 मि.ग्रा. राइबोफ्लैबिन, 0.3 मि.ग्रा. नियासिन, 16 मि.ग्रा. विटामिन सी प्राप्त होता है। प्रायः अनार के फल ताजे में खाने तथा फलों का रस पीने में उपयोग होता है। ग्रीष्म ऋतु में अनार के रस का शर्बत बहुत स्फूर्तिदायक होता है। आयुर्वेद चिकित्सा प्रणाली में दीर्घ जीवन और अच्छे स्वास्थ्य के लिए अनार को औषधि माना गया है। अनार के सेवन से पेट के रोग व विकार दूर होते हैं तथा रक्तशोधन कार्य ठीक होता है। होम्योपैथी तथा यूनानी चिकित्सा पद्धतियाँ भी रोग मुक्ति के लिए अनार के फल को प्रकृति का बहुमूल्य उपहार मानती हैं। रोगियों के लिए इसका फल समुचित आहार है फल के छिलके चूसने से खाँसी में लाभ होता है। इसके छिलकों को पानी में उबाल कर निकाला गया रस बच्चों के पेट के कृमि को नष्ट करने में सहायक होता है। दाँतों से रक्त श्राव रोकने के लिये सूखे फूलों का मंजन करना लाभप्रद माना जाता है। परिरक्षित करके रस को काफी समय तक रखा जा सकता है एवं जैली बनाने में तथा फलों के छिलके को कपड़ों की रंगाई में उपयोग करते हैं।

भूमि एवं जलवायु

अनार उपोष्ण जलवायु का फल है। 6.5–7.5 पी.एच.मान वाली गहरी बलुई–दोमट मिट्टी अत्यधिक उपयुक्त होती है इसके पौधों में लवण एवं क्षार सहन करने की क्षमता होती है। अतः क्षारीय भूमि में भी इसकी बागवानी की जा सकती है। यही नहीं खारे जल से सिंचाई करके भी अनार की अच्छी पैदावार ली जा सकती है। अनार के पौधों में सूखा सहन करने की भी क्षमता होती है। परन्तु फल विकास के समय नम जलवायु अत्यधिक उपयुक्त है। अनार का पेड़ पाला सहन करने में सक्षम है। इसके फलों के अच्छे विकास के लिए रात के समय ठण्डक तथा दिन में शुष्क गर्म जलवायु काफी सहायक होते हैं। इस प्रकार की जलवायु में इसके दानों में रंग एवं मिठास का विकास होता है। वातावरण में अत्यधिक नमी से फलों की गुणवता पर विपरीत प्रभाव पड़ता है।

उन्नत किस्में

अनार उत्पादन के लिए किस्मों का चयन क्षेत्र की जलवायु, मिट्टी और पानी के अनुसार करना चाहिए। अच्छी गुणवत्ता एवं उत्पादन के लिए उन्नत किस्मों के ही पौधे लगाने चाहिए। वैसे तो देश में अनार की अनेक किस्में उगाई जाती हैं। परन्तु राजस्थान में जालौर सीडलेस, महाराष्ट्र में गणेश, जी 137, मस्कट, पी 23 एवं पी 26 कर्नाटक मे बेसिन सीडलेस तथा ज्योति, गुजरात में धोलका और तमिलनाडु में परकाड किस्में अधिक प्रचलित है। अनार के फलों का उपयोग अनारदाना बनाने में भी किया जाता है जिसके लिए अधिक खटास वाली किस्में उपयुक्त होती है। अनार की निम्नलिखित प्रमुख किस्में हैं।

गणेश : इसके फल आकार में बड़े (औसत वजन 200–300 ग्रा.) होते हैं। दाने हल्के गुलाबी, रसदार और खाने में मीठे एवं स्वादिष्ट होते हैं। बीज छोटे तथा मुलायम होते हैं। पेड़ की औसत उपज 30–100 फल होती है। इसके फल निर्यात के लिए उपयुक्त हैं। इसके पेड़ों से जी 137 किस्म का चयन किया गया है। जिसके फलों का आकार बड़ा तथा बीज मुलायम होते हैं।

मस्कट : इस किस्म में 300–350 ग्रा. औसत वजन वाले फल लगते हैं जिनके दानों का रंग हल्का सफेद एवं बीज कठोर होते हैं। दाने स्वादिष्ट एवं मीठे होते हैं। पी. 23 एवं पी 26 किस्में इसी के पेड़ों से चयनित की गयी हैं जिनके फलों का आकार और वजन अधिक होता है, दाने गुलाबी व मीठे तथा बीज मुलायम होते हैं।

बेसिन सीडलेस : इस किस्म के फलों का वजन 275 से 325 ग्रा., आकार बड़ा तथा रंग लाल होता है। गुलाबी रंग के दाने मीठे, स्वादिष्ट, रसदार एवं मुलायम होते हैं। ज्योति (जी.के.वी. के 1) इससे चयनित की गई किस्म है जिसके दाने अधिक लाल, रसदार तथा बीज मुलायम होते हैं।

जालौर सीडलेस : फलों का औसत वजन 250–300 ग्रा. तथा उपज 70–100 फल प्रति वृक्ष होती है। इसके दाने गुलाबी, लाल, रसदार, व स्वादिष्ट तथा बीज बहुत मुलायम होते हैं। इस किस्म में फलों के फटने की समस्या भी कम पाई गई है।

धोलका : इसके फल का रंग लाल तथा वजन 300–350 ग्रा. तक होता है। हल्के गुलाबी रंग के दाने अधिक रसदार एवं मीठे होते हैं।

इन किस्मों के अतिरिक्त अधिक उपज एवं गुणवत्ता वाली संकर किस्मों का भी विकास किया जा रहा है। हाल ही में विकसित की गई किस्म मृदुला भगवा एवं अरक्ता के फल बड़े (400–425 ग्रा. वजन) दाने स्वादिष्ट, लाल एवं मुलायम होते हैं। इसी प्रकार संकर 15–9–94 (अर्का रूबी) के फल लाल, दाने रसदार, मीठे, मुलायम और रक्तवर्णी होते हैं।

प्रसारण तकनीक

अनार के पौधे बीज, कलम, गूटी एवं दाब लगाकर तैयार किये जा सकते हैं परन्तु कलम (कटिंग) और गूटी विधियाँ ही अधिक प्रचलित हैं। पौधे तैयार करने के लिए एक वर्ष पुरानी शाखाओं से प्राप्त 9–10 ईंच लम्बी कलमों को किसी पादप हार्मोन (सेरेडेक्स–बी, रूटोन, रूटेक्स) इत्यादि से उपचारित करके पौधशाला में फरवरी–मार्च अथवा जून–जुलाई (वर्षा ऋतु) में लगाते हैं। हार्मोन के प्रयोग से कलमों में जड़े जल्दी फूटती हैं तथा लगभग 8–10 माह में रोपने लायक पौधे तैयार हो जाते हैं। गूटी बाँधकर भी पौधे तैयार किये जाते हैं। बीजू पौधों की तुलना में कलमी पौधे जल्दी फल देने लगते हैं। कलमों को बालूरेत, चिकनी मिट्टी व खाद के बराबर मात्रा के मिश्रण से भरी हुई पालीथीन की नालियों (25X10 सेंमी. आकार) में अथवा अच्छी तरह से तैयार की गई क्यारी में लगाते हैं। नर्सरी में पौधों की हल्की सिंचाई आवश्यकतानुसार 4–5 दिनों के अन्तराल पर करनी चाहिए।

बाग स्थापना

तैयार कलमों को जुलाई माह में रोपण करते हैं। रोपण से पूर्व खेत के अच्छी प्रकार तैयार कर लेना चाहिए तत्पश्चात् रेखांकन करके अनार के पौधों को वर्गाकार या आयताकार विधि से 5X5 मी. की दूरी पर लगाना चाहिए। इससे पहले रेखांकित किए स्थान पर 60X60X60 सेंमी. आकार के गड्ढ़े तैयार करके ऊपर की उपजाऊ मिट्टी में 10 कि.ग्रा. सड़ी हुई गोबर की खाद तथा 50 ग्रा. मिथाइल पैराथियान कीटनाशक मिलाकर गडढे भर देना चाहिए। जब वर्षा ऋतु में मिट्टी बैठ जाए तो गड्ढे के बीचों बीच स्थान पर पौध रोपण करना चाहिए। पौध रोपण के बाद मिट्टी को अच्छी तरह दबाकर हल्की सिंचाई 3–4 दिनों तक अवश्य करना चाहिए।

संधाई एवं काट–छाँट

अनार का पौधा झाड़ीनुमा होता है। इसलिए पौधे का उचित आकार व ढ़ाँचा बनाने के लिए संधाई एवं काट–छाँट की आवश्यकता होती है। जमीन की सतह से ही हर पौधे में 3–4 मुख्य तनों को बढ़ने देना चाहिए तथा शेष को काट कर हटा देना चाहिए जिससे पेड़ की ऊँचाई अधिक नहीं जाती है एवं आसानी से उसकी देखभाल की जा सकती है। इन मुख्य तनों के पास सफाई रखने से कीड़ों, बीमारियों एवं खरपतवारों से बचाव में सुविधा रहती है। उचित कटाई–छटाई करके रोगग्रस्त व सूखी टहनियों को निकालते रहना चाहिए।

बाग प्रबन्ध

अनार के बाग को वैज्ञानिक तरीकों से जल, पोषण, बाग सतह, कीट एवं व्याधि का प्रबन्ध करके लम्बे समय तक व्यवसायिक उत्पादन लिया जा सकता है। गुणवत्तायुक्त एवं निर्यातोन्मुख फल उत्पादन हेतु निम्न प्रबन्धन तकनीकों को अपनाया जा सकता है।

जल प्रबन्ध : अनार के पौधों में सूखा सहन करने की क्षमता तो होती है परन्तु अच्छी गुणवता वाले फलों के उत्पादन के लिए पौधों में 10–15 दिनों के अंतराल पर सिंचाई करना आवश्यक होता है। अतः अनार में सिंचाई की समुचित व्यवस्था होनी चाहिए। पौध रोपण के बाद शुरू के दो–तीन वर्ष तक अधिक सावधानी की आवश्यकता होती है। सिंचाई के बाद थालों में खुरपी या 'हैण्ड हो' से हल्की गुड़ाई करना चाहिए। फल विकास के समय वातावरण में नमी के असंतुलन के कारण फल फट जाते हैं। इसके समाधान के लिए फल विकास के समय भूमि तथा वातावरण में निरंतर पर्याप्त नमी बनाए रखना चाहिए। ड्रिप द्वारा

सिंचाई की व्यवस्था इसमें सहायक होती है। इस विधि से सिंचाई करने पर पानी के किफायती उपयोग के साथ फल उत्पादन अधिक होता है। बोरेक्स के 0.2% घोल के छिड़काव से भी फलों को फटने से कुछ हद तक बचाया जा सकता है।

पोषण प्रबन्ध : पौधों में अच्छी बढ़वार और फलत के लिए उचित मात्रा में पोषक तत्व देना चाहिए। खाद एवं उर्वरक की मात्रा खेत की मिट्टी का परीक्षण करवाकर ही सुनिश्चित करना चाहिए। सामान्य उर्वरता वाली भूमि में एक वर्ष के पौधे में 10 कि.ग्रा. सड़ी हुई गोबर की खाद, 100 ग्रा. यूरिया, 250 ग्रा. सिंगल सुपर फास्फेट तथा 75–100 ग्रा. म्यूरेट ऑफ पोटाश देना चाहिए। लेकिन 5 वर्ष के बाद क्रमशः 500, 1250, 500 ग्रा. यूरिया सिंगल सुपर फास्फेट तथा म्यूरेट आफ पोटाश उर्वरक प्रति वर्ष देना चाहिए। शुष्क क्षेत्र में उर्वरक वर्षा प्रारम्भ होने के बाद देना ठीक रहता है। मध्य जनवरी से फरवरी माह के बीच में भी खाद एवं उर्वरकों का प्रयोग किया जा सकता है। पौधों के चारों तरफ एक से डेढ़ मीटर परिधि में 15 सेंमी. गहराई में खाद और उर्वरक डालकर मिट्टी में मिला देना चाहिए।

बाग सतह प्रबन्ध : बाग लगाने के बाद तीन चार वर्ष तक पेड़ों के बीच काफी जगह खाली रहती है। प्रारंभ के वर्षों से पौधों के पूर्ण फलदायी अवस्था तक लोबिया, मटर, चना, ग्वार, मूंग, मोठ उगाकर अतिरिक्त आमदनी प्राप्त की जा सकती है इसके अतिरिक्त अन्तः सस्य से मृदा कटाव रोकने, पौधों को पाले एवं तेज हवा से बचाने, मृदा की उर्वरता व जलधारण क्षमता बढ़ाने, भूमि की भौतिक दशा सुधारने तथा खरपतवार नियंत्रण में भी काफी सहायता मिलती है। जहाँ तक सम्भव हो कद्दूवर्गीय या लता वाली फसलें नहीं उगाना चाहिए। सही ढंग से चयनित अन्तः फसलें उगाने से फल वृक्षों पर कोई प्रतिकूल प्रभाव नहीं पड़ता है। बल्कि पौधों की अच्छी देखरेख हो जाती है।

रोग एवं कीट प्रबन्ध : अनार के पेड़ों व फलों को रोग व कीड़ों से काफी नुकसान होता है अतः इनकी रोकथाम करना बहुत ही आवश्यक है। कुछ प्रमुख रोगों के लक्षण, कीड़ों की पहचान एवं उनके नियंत्रण के उपाय निम्नवत हैं–

पत्ती व फल धब्बा रोग : यह रोग जीवाणु (Bacterial leaf & fruit spot) या फफूंद (Fungal leaf and fruit spot) के कारण होता है। इस रोग का प्रकोप ज्यादातर 'मृग बहार' की फसल में होता है। वर्षा काल में पत्तियों और फलों के ऊपर फफूंद के भूरे धब्बे दिखाई देने लगते हैं। इसकी रोकथाम के लिए मेन्कोजेब (3 ग्रा. दवा प्रति लीटर पानी में) या बोर्डो मिश्रण के 1% घोल के तीन–चार

छिड़काव धब्बे आने के बाद 10–15 दिन के अन्तराल पर करना चाहिए। जीवाणु जनित रोग के नियंत्रण हेतु स्ट्रैप्टोसाइक्लीन 500 पीपीएम घोल का प्रयोग करें।

फल सड़न रोग : इस रोग के प्रकोप से फल सड़ने लगते हैं। इसके नियंत्रण के लिए रोग के लक्षण आने पर बाविस्टीन नामक फँफूद नाशक दवा के 0.1% (एक ग्रा. दवा प्रति लीटर पानी में) घोल के दो तीन छिड़काव 15 दिनों के अन्तराल पर करना चाहिए।

दीमक या उदई : शुष्क क्षेत्र में अनार के पौधों की जड़ों एवं तनों में दीमक का अत्यधिक प्रकोप होता है जिससे पौधे सूखने लगते हैं। इससे बचाव के लिए पौध रोपण के समय प्रति गड्ढ़ा 50 ग्रा. मिथाइल पैराथियान चूर्ण मिलाना चाहिए। इसके पश्चात् एक वर्ष तक पौधों की सिंचाई करते समय क्लोरोपायरिफॉस (डरमेट) दवा की 5–10 बूंदे पानी के साथ थालों में देते रहना चाहिए।

अनार की तितली : यह फलों का सबसे हानिकारक कीट है। तितली द्वारा दिये गये अण्डों से निकली सूण्डियाँ फलों को छेदकर अन्दर प्रवेश करती है तथा उनके गूदे को खाती रहती है इससे बचाव के लिए वर्षा ऋतु में फल विकास के समय 0.002% डेल्टामेथ्रीन या 0.05% इमिडाक्लोप्रिड कीटनाशी दबा का 15–20 दिन के अतराल पर दो बार छिड़काव करना लाभदायक पाया गया है।

तना बेधक : वयस्क कीट नयी कोपलें, पत्तियां और टहनियाँ खाते हैं जबकि गिडार तने में सुराख बनाकर अन्तः ऊतक को खाते रहते हैं। इसकी रोकथाम के लिए 0.03% डाईक्लोरोवास घोल में भीगी रूई को कीट के प्रवेश द्वार में ठूसकर मिट्टी का लेप कर देते हैं। समुचित बाग प्रबंध से भी इन कीड़ों की रोकथाम की जा सकती है।

इसके अतिरिक्त मीलीबग, माइट, मोयला, थ्रिप्स आदि कीट भी पौधों के कोमल भागों से रस चूसते हैं जिससे कलियाँ, फूल व छोटे फल प्रारम्भिक अवस्था में ही गिरने लगते हैं। इनकी रोकथाम के लिए मोनोक्रोटोफॉस या डाइमिथोएट कीटनाशी का 0.5% घोल (5 मि.ली. या आधा चम्मच दवा 10 लीटर पानी में) का छिड़काव करना चाहिए।

पुष्पन एवं फलन

अनार में फलन के तीन मुख्य समय होते हैं जिन्हें 'अम्बे बहार' (जनवरी–फरवरी), 'मृग बहार' (जून–जुलाई) और 'हस्त बहार' (सितम्बर–अक्टूबर) कहते हैं। वर्ष में

कई बार फूल आना, उपज एवं गुणवत्ता की दृष्टि से ठीक नहीं रहता है। इसलिए "बहार नियंत्रण" करना आवश्यक हो जाता है। इसके लिए अवांछित बहार के समय सिंचाई बंद कर देते हैं एवं थालों में गहरी गुड़ाई करके कुछ समय के लिए जड़ों को खुला छोड़ देते हैं। शुष्क क्षेत्र में पानी की कमी होने से प्रायः 'मृग बहार' की फसल ली जाती है। इससे अधिकतर फल विकास वर्षा ऋतु में पूर्ण हो जाता है। कुछ अधिक वर्षा वाले प्रदेशों में 'अम्बे बहार' की फसल लेना ठीक रहता है। क्योंकि यहां 'मृग बहार' के फल अधिक नमी के कारण रोग एवं कीटों के प्रकोप से खराब हो जाते हैं। अच्छी गुणवत्ता के फल प्राप्त करने के लिए पेड़ के स्वास्थ्य के आधार पर उचित संख्या में फल रखना चाहिए। ऐसा देखा गया है कि एक पेड़ पर लगभग 50 फल रखना ठीक रहता है।

परिपक्वता एवं फल तोड़ाई

फूल आने के लगभग 5–6 माह बाद फल पक जाते हैं। कच्चे फल हरे रंग के होते हैं। जब ये फल लाल या पीले रंग के हो जाये तब उनकी तोड़ाई करनी चाहिए।

उपज

प्रारम्भिक अवस्था में अनार के पेड़ों से 20–25 फल ही प्राप्त होते हैं लेकिन पूर्ण रूप से विकसित पेड़ों से 80–100 फल प्रति वर्ष प्राप्त किये जा सकते हैं। उचित रख रखाव करने पर अनार के पेड़ 20–25 वर्ष तक अच्छी उपज देते हैं।

तोड़ाई उरान्त फल प्रबन्ध

अनार के फलों को तोड़ाई के बाद नुकसान बहुत कम होता है अतः इनको काफी दिनों तक भण्डारित करके रखा जा सकता है। तोड़ाई बाद फलों को बाजार भेजने के लिए अच्छे से कागज लगा कर पेटियों या कार्टून में रखकर बाहर भेजे जाते हैं।

परिरक्षण एवं मूल्य संवर्धन

फलों से पेय पदार्थ तथा जैली बनाए जा सकते हैं। परिरक्षित करके रस को काफी समय तक रखा जा सकता है। कपड़ों की रंगाई के लिए फलों के छिलके काम में लिए जाते हें। इस प्रकार अनार फलों एवं अन्य उत्पादों का मूल्य संवर्धन का भविष्य अच्छा है।

4. आँवला (Aonla)

आँवला जिसका वैज्ञानिक नाम *फाइलेन्थस इम्बेलिका* लि. या *इम्बलिका ओफीसिनैलिस* गैरटन (*Phylanthas emblica* L. Or *Embilica officinalis* Gaertn) है, युफोरबिएसी (Euporbiacece) परिवार का पौधा है। यह भारतीय मूल का एक महत्पूर्ण फल है। भारत के विभिन्न क्षेत्रों में इसे विभिन्न नामों जैसे हिन्दी में आँवला' संस्कृत में 'धात्री' या 'अमलकी' बंगाली एवं उड़ीसा में 'अमला' या 'अमलकी' तमिल एवं मलयालम में 'नेल्ली' तेलगु में 'अमलाकामू' गुरूमुखी में, 'अमोलफल' तथा अंग्रेजी में 'एम्बलिक' माइरोबालान या इन्डियन गूजबेरी के नाम से जाना जाता है। अपने अद्वितीय औषधीय एवं पोषक गुणों के कारण भारतीय पौराणिक साहित्य जैसे वेद, स्कन्दपुराण, शिवपुराण, पद्‌मपुराण, रामायण, कादम्बरी, चरक संहिता, सुश्रुत संहिता में इसका वर्णन मिलता है। महर्षि चरक ने इस फल को जीवन दात्री अथवा अमृतफल के समान लाभकारी माना है। अतः इसे अमृत फल तथा कल्पवृक्ष के नाम से भी जाना जाता है। हिन्दू धर्म में इसके फल वृक्षों को अत्यन्त पवित्र मानते हैं तथा इसका पौराणिक महत्व भी है। ऐसा कहा जाता है कि कार्तिक मास में इसके वृक्ष के नीचे बैठ कर विष्णु की पूजा की जाये तो, स्वर्ग की प्राप्ति होती है। यदि तुलसी का पौधा नही मिले तो भगवान विष्णु की पूजा आँवला वृक्ष के नीचे बैठकर की जा सकती है। हिन्दू धर्म में ऐसा मान्यता है कि आँवले के वृक्ष के नीचे पिण्ड दान करने से पितरों को मुक्ति प्राप्त होती है। हिन्दू धर्म के अनुसार कार्तिक मास में कम से कम एक दिन आँवले के वृक्ष के नीचे भोजन करना अत्यन्त शुभ माना जाता है जब इसके फल परिपक्व होते हैं। हिन्दू धर्म के मतानुसार आँवले के फल का लगातार 40 दिनों तक सेवन करते रहने वाले व्यक्ति में नई शारीरिक स्फूर्ति आती है तथा कायाकल्प हो जाता है।

आँवले के प्राकृतिक रूप से उगे वृक्ष भारत, श्रीलंका, क्यूबा, पोर्टरिको, हवाई, फ्लोरिडा, ईरान, इराक, जावा, ट्रिनीडाड, पाकिस्तान, मलाया, चीन और पनामा में पाये जाते हैं। परन्तु इसकी खेती भारतवर्ष के उत्तर प्रदेश प्रान्त में ज्यादा प्रचलित है। आज कल आँवले का सघन वृक्षारोपण उत्तर प्रदेश के लवणीय एवं क्षारीय मृदाओं वाले बीहड़ एवं खादर वाले जिलों जैसे आगरा, प्रतापगढ़, इटावा, फतेहपुर एवं बुन्देलखण्ड के अर्द्ध शुष्क क्षेत्रों में सफलतापूर्वक किया जा रहा है। इसके अलावा आँवले आन्ध्रपद्रेश, कर्नाटक, तमिलनाडु के अर्द्धशुष्क क्षेत्रों में हरियाणा के अरावली क्षेत्रों में, पंजाब, उत्तरांचल एवं हिमाचल में तेजी से बढ़ रहे हैं। एक नये आंकड़े के अनुसार भारतवर्ष में आँवले का क्षेत्रफल लगभग 50,000 हेक्टेयर तथा कुल उत्पादन लगभग 1.5 लाख टन आँका गया है।

आँवले के पौधों के प्रत्येक भाग का आर्थिक महत्व है। इसके फलों में विटामिन 'सी' की अत्यधिक मात्रा पायी जाती है। इसके अतिरिक्त इसके फल लवण, कार्बोहाइड्रेट, फास्फोरस, कैल्शियम, लोहा, रेशा एवं अन्य विटामिनों के भी धनी होते हैं। इसके प्रति 100 ग्रा. फल में पानी 81.2%, प्रोटीन 0.50%, वसा 0.10%, रेशा 3.40%, कार्बोहाइड्रेट 14.00%, कैल्शियम 0.05%, फास्फोरस 0.02%, लोहा 1.20 मि.ग्रा. विटामिन 'सी' 400–1300 मिलीग्रा., विटामिन बी– 30.00 माइक्रो ग्रा./100 ग्रा. में पाये जाते हैं। भारत में औषधीय गुणों से युक्त फलों में आँवलें का अत्यन्त महत्व है। यह आयुर्वेदिक औषधि के रूप में पूर्ण स्वास्थ्य के लिए प्रयुक्त होता है। इसका फल तीक्ष्ण शीतलता दायक एवं मूत्रक ओर मृदुरेचक होता है। एक चम्चम आँवले के रस को यदि शहद के साथ मिलाकर सेवन किया जाय तो इससे कई प्रकार के विकार जैसे क्षय रोग, दमा, खून का बहना, स्कर्वी, मधुमेह, खून की कमी, स्मरण शक्ति की दुर्बलता, कैंसर, अवसाद एवं अन्य मस्तिष्क विकार, इन्फ्लुएन्जा, ठंडक, समय से पहले बुढ़ापा एवं बालों का झड़ना एवं सफेद होने से बचाया जा सकता है। एक चम्मच ताजे आँवले का रस एक कप करेले के रस में मिश्रित कर दो महीने तक प्रातः काल सेवन किया जाय तो प्राकृतिक इन्सुलिन का श्राव बढ़ जाता है इस प्रकार यह मधुमेह रोग में रक्त मधु को नियंत्रित करके शरीर को स्वस्थ करता है। त्रिफला, च्यवनप्राश, अमृतकलश ख्याति प्राप्त स्वदेशी आयुर्वेदिक औषधियाँ हैं, जो आँवले से बनायी जाती हैं। इसे विभिन्न विकार एवं स्वास्थ्य को ठीक रखने में प्रयोग किया जाता है। आँवले के फलों का प्रयोग लिखने की स्याही एवं बाल रंगने के द्रव्य में भी प्रयोग है। पत्ती का प्रयोग मुँह में पड़े छाले को ठीक करता है। फूल का प्रयोग पेट साफ करने के काम आता है इसकी जड़ों का सेवन पीलिया रोग को दूर करने में सहायक होता है। विभिन्न औषधीय गुणों से भरपूर तथा विभिन्न रूपों में (खाद्य, प्रसाधन, आयुर्वेदिक) उपयोग के कारण आँवला 21वीं सदी का प्रमुख फल हो सकता है।

भूमि एवं जलवायु

आँवला एक सहिष्णु फल है और उसे बलुई भूमि से लेकर चिकनी मिट्टी तक में सफलतापूर्वक उगाया जा सकता है। गहरी, उर्वरा शक्तियुक्त बलुई दोमट मिट्टी इसकी खेती हेतु सर्वोत्तम मानी जाती है। बंजर कम अम्लीय एवं उसर भूमि (पी.एच.मान 6.5–9.5, विनिमपशील सोडियम 30–35% एवं विद्युत चालकता 9.0 म्होज प्रति सेंमी. तक) में भी इसकी खेती सम्भव है। भारी मृदायें तथा

ऐसी मृदायें जिनमें पानी का स्तर काफी ऊँचा हो, इसकी खेती हेतु अनुपयुक्त पायी गई है।

आँवला एक शुष्क उपोष्ण (जहां जाड़ा एवं गर्मी स्पष्ट रूप से पड़ती है।) क्षेत्र का पौधा है परन्तु इसकी खेती उष्ण जलवायु में भी सफलतापूर्वक की जा सकती है। भारत में इसकी खेती समुद्र तटीय क्षेत्रों से 1800 मी. ऊँचाई वाले क्षेत्रों में सफलतापूर्वक की जा सकती है। जाड़े में आँवले के नये बगीचों में पाले का हानिकारक प्रभाव पड़ता है परन्तु एक पूर्ण विकसित आँवलें का वृक्ष 0–46^0 सेन्टीग्रेड तापमान तक सहन करने की क्षमता रखता है। गर्म वातावरण, पुष्प कलिकाओं के निकलने हेतु सहायक होती है जबकि जुलाई–अगस्त माह में अधिक आर्द्रता का वातावरण सुषुप्त छोटे फलों की वृद्धि हेतु सहायक होता है। वर्षा ऋतु में शुष्क काल में छोटे फल अधिकता में गिरते हैं तथा नए छोटे फलों के निकलने में देरी होती है।

उन्नत किस्में

पूर्व में आँवला की तीन प्रमुख किस्में यथा बनारसी, फ्रान्सिस (हाथी झूल) एवं चकइया हुआ करती थी। इन किस्मों की अपनी खूबियाँ एवं कमियाँ रही हैं बनारसी किस्म में फलों का गिरना एवं फलों का कम भण्डारण क्षमता, फ्रान्सिस किस्म में यद्यपि बड़े आकार के फल लगते हैं परन्तु उत्तक क्षय रोग अधिक होता है चकइया के फलों में अधिक रेशा एवं एकान्तर फलन की समस्या के कारण इन किस्मों के रोपण को प्रोत्साहित नहीं करना चाहिए। पारम्परिक किस्मों की इन सब समस्याओं के निदान हेतु नरेन्द्र देव कृषि एवं प्रौद्योगिक विश्वविद्यालय, कुमारगंज, फैजाबाद ने कुछ नयी किस्मों का चयन किया है जिनका संक्षिप्त विवरण निम्न है–

कंचन (एन.ए.–4) : यह चकइया किस्म से चयनित किस्म है इस किस्म में मादा फूलों की संख्या अधिक (4–7 मादा फूल प्रति शाखा) होने के कारण यह अधिक फलत नियमित रूप से देती है। फल मध्यम आकार के गोल एवं हल्के पीले रंग के व अधिक गूदायुक्त होते हैं। रेशेयुक्त होने के कारण यह किस्म गूदा निकालने हेतु एवं अन्य परिरक्षित पदार्थ बनाने हेतु औद्योगिक इकाइयों द्वारा पसन्द की जाती है। यह मध्यम समय में परिपक्व होने वाली किस्म है। (मध्य नवम्बर से मध्य दिसम्बर) तथा महाराष्ट्र एवं गुजरात के शुष्क एव अर्धशुष्क क्षेत्रों में सफलतपूर्वक उगायी जा रही है।

कृष्णा (एन.ए.–5) : यह बनारसी किस्म से चयनित एक अगेती किस्म है जो अक्टूबर से मध्य नवम्बर में पक कर तैयार हो जाती है। इस किस्म के फल बड़े ऊपर से तिकोने, फल की सतह चिकनी, सफेद हरी हल्की पीली तथा लाल धारी होती है। फल का गूदा गुलाबी हरे रंग का, कम रेशायुक्त तथा अत्यधिक कसैला होता है। फल मध्यम भण्डारण क्षमता वाले होते हैं। अपेक्षाकृत अधिक मादा फूल आने के कारण, इस किस्म की उत्पादन क्षमता बनारसी किस्म की अपेक्षा अधिक होती है। यह किस्म मुरब्बा, कैण्डी एवं जूस बनाने हेतु अत्यन्त उपयुक्त पायी गयी है।

नरेद्र आँवला–6 : यह चकइया किस्म से चयनित किस्म है जो मध्यम समय (मध्य नवम्बर से मध्य दिसम्बर) मे पक कर तैयार हो जाती है। पेड़ फैलाव लिए अधिक उत्पादन देने वाले होते हैं। (फलों का आकार मध्यम से बड़ा, गोल, सतह चिकनी, हरी पीली, चमकदार, आकर्षक) गूदा लगभग रेशाहीन एवं मुलायम होता है। यह किस्म मुरब्बा, जैम एवं कैण्डी बनाने हेतु उपयुक्त पायी जाती है।

नरेद्र आँवला–7 : यह फ्रांसिस (हाथी झूल) किस्म के बीजू पौधों से चयनित किस्म है। यह शीघ्र फलने वाली, नियमित एवं अत्यधिक फल देने वाली किस्म है। इस किस्म में प्रति शाखा में औसत मादा फूलों की संख्या 9.7 तक पायी जाती है। यह मध्यम समय (मध्य नवम्बर से मध्य दिसम्बर) तक पक कर तैयार हो जाती है। यह किस्म उत्तक क्षय रोग से मुक्त है। फल मध्यम से बड़े आकार के, ऊपर तिकोने चिकनी सतह तथा हल्के पीले रंग वाले होते हैं। गूदे में रेशों की मात्रा एन. ए.–6 किस्म से थोड़ी अधिक होती है। इस किस्म की प्रमुख समस्या अधिक फलत के कारण इसकी शाखाओं का टूटना है। अतः फल वृद्धि के समय शाखाओं में सहारा देना उचित होता है। यह किस्म च्यवनप्राश, चटनी, अचार, जैम एवं स्क्वैश बनाने हेतु अच्छी पायी गयी है। इस किस्म को राजस्थान, बिहार, मध्य प्रदेश, उत्तरांचल तथा तमिलनाडु के क्षेत्रों में अच्छी तरह अपनाया गया है।

नरेन्द्र आँवला–10 : यह किस्म बनारसी किस्म के बीजू पौधों से चयनित, एवं अधिक फलन देने वाली किस्म है। फल देखने में आकर्षक मध्यम से बड़े आकार वाले, चपटे गोल होते हैं। सतह चिकनी, हल्के पीले रंग वाली गुलाबी रंग लिए होती है। फलों का गूदा सफेद हरा, रेशे की मात्रा अधिक एवं फिनाल की मात्रा कम होती है। अधिक उत्पादन क्षमता, शीघ्र पकने के कारण एवं सुखाने एवं अचार बनाने हेतु उपयुक्त होने के कारण यह व्यवसायिक खेती हेतु उपयुक्त किस्म है परन्तु इस किस्म में एकान्तर फलन की समस्या पायी जाती है।

इन सब किस्मों के अलावा लक्ष्मी–52, किसान चकला, हार्प–5, भवानी सागर आनन्द–1, आनन्द–2 एवं आनन्द–3 किस्में विभिन्न शोष संस्थाओं से विकसित की गयी हैं परन्तु इनकी श्रेष्ठता देश के अन्य भागों में अभी सिद्ध नहीं हो पाई हैं।

प्रसारण तकनीक

पारम्परिक रूप से आँवले के पौधे बीज द्वारा या भेंट कलम बंधन द्वारा तैयार किये जाते थे। बीज द्वारा प्रवर्धन आसान एवं सस्ता होता है, परन्तु परपरागित होने के कारण बीज द्वारा तैयार पौधे अधिक समय में फलत देते हैं एवं गुण, आकार में भी मातृ पौधों के समान नहीं पाये जाते हैं। इस प्रकार के आँवले के पौधे ऊपर की तरफ बढ़ने वाले होते हैं। अतः निचली सतह से बहुत कम शाख निकलती है, जिससे बीज द्वारा प्रसारित पौधे अधिक सफल नहीं हैं। भेंट कलम बंधन द्वारा बहुत सीमित मात्रा में पौधों को तैयार किया जा सकता है। अतः यह विधि भी व्यवसायिक दृष्टि से ज्यादा लाभकारी नहीं है। हाल के वर्षों में आँवले के प्रवर्धन हेतु कई कायिक विधियों का मानकीकरण किया गया है अब इसका प्रवर्धन पैबंदी चश्मा, विरूपित छल्ला विधि, विनियर कलम एवं कोमल शाखा बंधन द्वारा सफलतापूर्वक किया जा सकता है।

बीज निकालना : उत्तर भारत में बीज निकालने हेतु चकैइया या देशी किस्मों के फलों को जनवरी या फरवरी माह में एकत्र कर लेते हैं। फलों को धूप में सुखा लिया जाता है। पूरी तरह से सूखने के बाद फल अपने आप फट जाते हैं और उनके अन्दर से बीज बाहर आ जाते हैं। एक फल से प्रायः तीन बीज प्राप्त होते हैं। लगभग एक कुन्तल फल से एक कि.ग्रा. बीज प्राप्त होता है।

बीज को जमाना : बीज को बोने से पहले पानी में उसे 12 घंटे के लिए भिगो देना चाहिए जो बीज पानी में तैरने लगे उन बीजों को फेंक देना चाहिए। मार्च–अप्रैल के महीने में बीजों को जमीन की सतह से थोड़ा उठी हुई क्यारियों में बोना चाहिए। पाली हाउस में बीजों को जल्दी (फरवरी माह में) भी बोया जा सकता है। देर (मई एवं जून माह में) से बोये गये बीजों से उत्पन्न पौधे कलिकायन हेतु उपयुक्त होते हैं। मार्च–अप्रैल में बोये गये बीजों का जमाव करीब दो सप्ताह में हो जाता है। इस प्रकार की पौध करीब 35–40 दिनों तक छाया में रखकर पुनः लगाने से अधिकांश पौधे स्थापित हो जाते हैं।

कलिकायन : छः मास से एक वर्ष तक की पौधे (मूलवृंत) कलिकायन के लिए उपयुक्त होते हैं। सांकुर शाखाओं का चुनाव ऐसे मातृवृक्ष से करना चाहिए। जो

अधिक फलत देने वाला हो तथा कीड़ों एवं व्याधियों के प्रकोप से मुक्त हो। उत्तर भारतीय दशाओं में पैबन्दी चश्मा तथा विरूपित छल्ला विधि से मई से सितम्बर माह तक चश्मा करने से 60–90% तक सफलता प्राप्त होती है। जबकि दक्षिण भारतीय दशाओं में ग्रीन हाउस एवं नेट हाउस की सहायता से आँवले का प्रवर्धन साल के आठ से दस माह तक किया जा रहा है। कलिकायन के अतिरिक्त आँवला का प्रवर्धन वीनियर कलम, कोमल शाखा बंधन विधि में 70% सफलता के साथ किया जा सकता है, लेकिन कलिकायन की सहायता एवं क्षमता को देखते हुए आँवला प्रवर्धन हेतु यह विधि सर्वोत्तम पायी गयी है। आँवले के प्रवर्धन के लिए पालीथीन के थैले, पाली ट्यूब्स, रूट ट्रेनर या स्व–स्थाने बाग स्थापना (स्थापना मूल रूप से सूखा ग्रस्त क्षेत्र हेतु) आदि विधियों का भी मानकीकरण किया गया है परन्तु उनके व्यापक प्रसार की आवशकता है। आँवले की सांकुर शाखों की भीगी हुई मॉस घास या अखबार के टुकड़ों में लपेट कर 5–7 दिनों तक परिवहन/भण्डारण किया जा सकता है।

बाग स्थापना

बाग लगाने के लिए खेत को अच्छी तरह कर्षण क्रिया करके तैयार कर लेना चाहिए एवं रेखांकन करके निश्चित स्थान तय करें। आँवला बाग का रेखांकन वर्गाकार विधि से करते है इस प्रकार 8–10 मी. दूरी पर आँवला का पौधा लगाया जाता है। रेखांकन उपरान्त निश्चित दूरी पर गड्ढे की खुदाई 1X1X1 मी. करके 15–20 दिनों के लिए खुला छोड़ देना चाहिए। खुदाई करते समय ऊपरी सतह की मिट्टी एक तरफ रखें, इस प्रकार ऊपरी सतह की मिट्टी में 3–4 टोकरी (25–40 कि.ग्रा.) गोबर की सड़ी खाद एवं 1 कि.ग्रा. नीम की खली या 500 ग्रा. हड्डी का चूरा मिलाकर गड्ढ़े को सतह से 10 सेंमी. ऊपर तक भर देते हैं। 1–2 वर्षा होने पर मिट्टी बैठ जाने के बाद जुलाई–अगस्त या फरवरी के महीने में गड्ढे के बीचो–बीच में पौध रोपण कर देना चाहिए। रोपण के बाद पौधों के चारों तरफ की मिट्टी को अच्छी तरह से दबा देना चाहिए। तत्पश्चात् हल्की सिंचाई कर देना चाहिए। ऊसर भूमि के लिए रेखांकन करके सीधा बीजू पौधों को लगाना चाहिए तथा उपयुक्त आयु आने पर एक निश्चित ऊँचाई पर चश्मा चढ़ा देना चाहिए। इस विधि को स्वस्थाने कलिकायन भी कहते है। आँवले की विभिन्न किस्मों में स्व–बन्ध्यता पायी जाती है। अतः अधिक उत्पादन हेतु एकान्तर पंक्ति में दो किस्मों को लगाना चाहिए। इसके लिए सबसे उत्तम संयोग एन.ए.–6, एवं एन.ए.–7, एन.ए.–10 या कंचन एवं कृष्णा को उपयुक्त पाया गया है।

संधाई एवं काट–छाँट

आँवले के पौधों को मध्यम ऊँचाई तक विकसित करने हेतु प्रोत्साहित करना चाहिए। नये पौधों को जमीन की सतह से लगभग 75 सेंमी. से एक मी. तक अकेले बढ़ने देना चाहिए। तदुपरान्त शाखाओं को निकलने देना चाहिए जिससे पौधों के ढ़ाँचों का भली प्रकार से विकास हो सके। पौधों को रूपान्तरित प्ररोह प्रणाली के अनुसार साधना चाहिए। शुरू में अधिक कोण वाली दो से चार शाखाएं विपरीत दिशाओं में निकलने देना चाहिए। अनावश्यक शाखाओं को शुरू से निरन्तर हटाते रहना चाहिए। इसके बाद चार से छः शाखाओं को चारों दिशाओं में बढ़ने देना चाहिए। आँवले के फलत वाले वृक्षों में नियमित काट–छाँट की आवश्यकता नहीं होती है। आँवले अपने वृद्वि के अनुसार सारे सीमित प्ररोहों को गिरा देता है जो अगले वर्ष की वृद्वि को प्रोत्साहित करते हैं। कमजोर, सूखी, रोग ग्रस्त, टूटी हुई, आपस में मिली हुई शाखाओं एवं मूलवृन्त से निकली हुई कलिकाओं को समय–समय पर निकालते रहना चाहिए।

बाग प्रबन्ध

आँवला बाग को स्थापना से लेकर व्यवसायिक उत्पादन आयु एवं अधिक उपज प्राप्त करने के लिए बागों का वैज्ञानिक तरीके से प्रबन्धक करने की आवश्यकता होती है। बाग के विभिन्न वैज्ञानिक प्रबंधों की जानकारी निम्नवत है।

जल प्रबन्ध : आँवले का पौधा काफी सहिष्णु होता है। अतः इसको सिंचाई की कम आवश्यकता पड़ती है। एक पूर्ण विकसित आँवले के बाग में ज्यादातर सिंचाई की आवश्कयता नहीं होती हैं प्रायः वर्षा आधारित जल से ही सिंचाई की आवश्कयता पूरी हो जाती है यदि बाग सही किस्म की भूमि में स्थापित हो। वर्षा एवं शरद ऋतु में नये स्थापित बाग में 10–15 दिनों के अन्तराल पर सिंचाई की आवश्यकता पड़ती है। सिंचाई के लिए खारे पानी का प्रयोग नहीं करना चाहिए। फल देने वाले बागानों में पहली सिंचाई खाद देने के तुरन्त बाद जनवरी–फरवरी में करनी चाहिए। फूल आने के समय (मध्य मार्च से मध्य अप्रैल तक) सिंचाई नहीं करनी चाहिए।

सिंचाई के विभिन्न तरीकों में थाला विधि से सिंचाई करना सर्वोत्तम पाया गया है। टपक सिंचाई विधि से सिंचाई करने पर किये गये आरम्भिक अध्ययन के अच्छे नतीजे प्राप्त हुए है। इस विधि द्वारा 60% सी.पी.ई पर सिंचाई करने से 40–60% तक पानी की बचत के साथ–साथ खरपतवार प्रबंधन एवं अधिक फलत प्राप्त होती

है। पानी की कमी वाले स्थानों पर नये बागों की स्थापना में घड़ा सिंचाई विधि काफी सहायक सिद्ध हुई है।

पोषण प्रबन्ध : आँवले की पोषण आवश्यकता पर क्रमबद्ध तरीके से कार्य नहीं हुआ है। खाद की मात्रा मुख्य रूप से मृदा उर्वरता, पौधों की आयु एवं उत्पादन पर निर्भर करती है। अनुभव के आधार पर खाद एवं उर्वरक की मात्रा निम्न सारणी के अनुसार देनी चाहिए।

पौधों की आयु (वर्ष)	नत्रजन (ग्रा.)	फास्फोरस (ग्रा.)	पोटाश (ग्रा.)	गोबर की खाद (कि.ग्रा.)
1.	100	50	100	5
2	200	100	200	10
3	300	150	300	15
4	400	200	400	20
5	500	250	500	25
6	600	300	600	30
7	700	350	700	35
8	800	400	800	40
9	900	450	900	45
10 वर्ष तथा अधिक	1000	500	1000	50

गोबर की खाद की सम्पूर्ण मात्रा, नत्रजन की आधी मात्रा फास्फोरस एवं पोटाश की सम्पूर्ण मात्रा जनवरी–फरवरी माह में फूल आने से पहले डाल देनी चाहिए। शेष नत्रजन की आधी मात्रा जुलाई– अगस्त के महीने में डालनी चाहिए। गोबर की खाद एवं अन्य खादों के मिश्रण को पेड़ की छाया के बराबर बने थालों में फैला कर हल्की गुड़ाई एवं सिंचाई कर देनी चाहिए। क्षारीय मृदाओं में उपरोक्त खाद के मिश्रण के अतिरिक्त 100 ग्रा. बोरेक्स (सुहागा), जिंक सल्फेट एवं कॉपर सल्फेट (100 ग्रा. प्रत्येक का) प्रति पेड़ पौधों की आयु एवं ओज का ध्यान में रखते हुए डालना चाहिए। इसके अलावा सूक्ष्म तत्वों, जैसे बोरान, जिंक, कॉपर (0.4%) का पर्णीय छिड़काव बुझे हुए चूने के साथ मिला कर करने से फलों का गिरना कम हो जाता है तथा फलों की गुणवत्ता में सुधार होता है।

बाग सतह प्रबन्ध : आँवला गहरी जड़ों वाला एवं छितरी पत्तियों वाला एक पर्णपाती वृक्ष है। साल के 4 माह में पेड़ पर पत्तियाँ नहीं रहती हैं तथा शेष माह

में छितरी पत्तियाँ होने के कारण भूमि पर पर्याप्त मात्रा में सूर्य का प्रकाश उपलब्ध रहता है। परिणामतः इसके साथ सहफसली खेती की अनेक सम्भावनायें है। फलों में अमरूद, करौंदा, सहजन एवं बेर, सब्जियों में लौकी, भिण्डी, फूलगोभी, धनिया, फूलों में ग्लैडियोलस, गेदा एवं अन्य औषधि एवं सुंगधित पौधे, आँवले के साथ सह फसली खेती के रूप में काफी उपयुक्त पाये जाते हैं। कुछ सहफसली खेती के नमूने निम्नवत हैं–

आँवला + बेर + मोठ या मूंग

आँवला + बेर + उरद या वर्षाश्रित धान्य फसलें

आँवला + ढैंचा + प्याज + लहसुन + मेथी या बैंगन

आँवला + ढैंचा + जर्मन चमोमिल

इसके अलावा तुलसी, कालमेघ, सतावर, सर्पगन्धा की सह फसली खेती के भी अच्छे नतीजे प्राप्त हुए हैं। धान एवं बरसीम जैसे अधिक पानी चाहने वाले फसलों को बढ़ावा नहीं देना चाहिए। ऊसर या कम उपजाऊ जमीन में दलहनी फसलें एवं ढैंचा फसलों को कुछ वर्षों तक लेना लाभप्रद साबित हुआ है।

कीट प्रबन्ध

छाल भक्षी कीट (इन्डरबेला टेट्राओनिस) : यह कीट पूरे देश में पाया जाता है और बहुत से फल, फूलों वाले एवं वन वृक्षों को क्षति पहुँचाता है। आँवले के बागों में यह सामान्यतः पाया जाता है। साधारणतः जिन बागों की ठीक से देख–भाल नहीं होती, उनमें इस कीट का प्रकोप अधिक होता है। कीट का प्रकोप अप्रैल महीने से शुरू होता है। इसके लार्वे प्ररोह, शाखाओं एवं मुख्य तने की छाल को खाते एवं उनमें छेद करते हैं। अधिक प्रकोप होने पर पेड़ों की वृद्धि रूक जाती है एवं पुष्पन और फलत प्रभावित होता है। इसके प्रकोप की पहचान प्ररोहों, शाखाओं एवं तनों पर बनायी गयी अनियमित सुरंगो से होता है जो रेशमी जालों जिसमें चबायी हुई छाल के टुकड़े और इनके मल सम्मिलित होते है से ढ़की होती हैं। इनके आवासीय छिद्र विशेष कर प्ररोहो एवं शाखाओं के जोड़ पर देखे जा सकते हैं। प्ररोह सूख कर मर जाते है, जिससे पेड़ बीमार सा दिखता है। प्रबंधन के लिए –

1. बाग को साफ–सुथरा और स्वस्थ रखना चाहिए।
2. प्रकोप के शुरूआत में ही, आवासीय छिद्रों को साफकर, उनमें तार डालकर लार्वे को नष्ट कर देना चाहिए।

3. अधिक प्रकोप होने पर सुरंगों एवं आवासीय छिद्रों को साफ कर रूई के फाये को 0.025% डाइक्लोरोबास के घोल में भिगो कर छिद्रों में रखकर, गीली मिट्टी से बन्द कर देना चाहिए।
4. इसके लार्वे बेबेरिया बैसिआना नामक फफूँद से प्राकृतिक रूप से ग्रसित होते हैं। इसका प्रयोग जैविक नियंत्रण के लिए किया जा सकता है।

प्ररोह पिटिका या शूट गाल बनाने वाला कीट (बेटूसा स्टाइलोफोरा): इस कीट का प्रकोप नर्सरी के पौधों एवं पुराने फलदार वृक्षों में अधिक होता है। यह कीट जून से दिसम्बर माह तक क्रियाशील रहता है। इस कीट के लार्वे बढ़ते हुए तनों, प्ररोहो के आगे भाग में सुरंग बनाते हैं और यह भाग फूल कर गाल (पीटिका) का आकार ले लेता है। जब लार्वा इसके अन्दर क्रियाशाली रहता है तो इसके एक सिरे से लाल रंग का बुरादा सा निकलता दिखायी पड़ता है। नयी पीटिका जून से अगस्त के दौरान बनती है। पूर्ण विकसित पीटिका या गाल 2.3 से 2.5 सेंमी. लम्बी एवं 1 से 1.5 सेंमी. चौड़ी होती है। गर्मी के मौसम के शुरूआत में यह लार्वा बाहर आ जाता है और पर्णाकों (लीफलेट) के बीच प्यूपा में परिवर्तित हो जाता है। यह कीड़ा महत्वपूर्ण है क्योंकि इसका गम्भीर प्रकोप होने पर पेड़ की वृद्धि रूक जाती है। जिससे पुष्पन और फलत पर प्रतिकूल प्रभाव पड़ता है। बचाव की दृष्टि से पेड़ बहुत घने नहीं होने चाहिए। गांल वाले प्ररोहो को काट कर नष्ट कर देना चाहिए। जिन बागों में इसका प्रकोप लगातार होता रहा है उसमें 0.05% मोनोक्रोटोफास कीटनाशी का छिड़काव मौसम के शुरूआत में करें। यदि आवश्यकता हो तो 15 दिन पश्चात् दूसरा छिड़काव करें।

अनार तितली (ड्यूडोरिक्स बाइरेकोला आइसोक्रेटस) : यह अनार का प्रमुख कीट है, किन्तु आँवले और अन्य दूसरे फलो को भी हानि पहुँचाता है इस कीट का प्रकोप सितम्बर–अक्टूबर माह में फलों के मौसम में होता है। बैगनी–भूरी सी मादा तितली एक–एक करके छोटे, चमकदार, सफेद अंडे फलों पर देती है। इनमें से लार्वे निकलकर फल को छेद कर अन्दर चले जाते हैं एवं गुठली वाले भाग को खाकर खोखला कर देते हैं। यह मजबूत शरीर वाला, छोटे बालों से ढका, चपटा, लगभग 2 सेंमी. तक लम्बा होता है। यह फल के अन्दर ही या बाहर आ कर प्यूपा में परवर्तित हो जाता है। कैटरपिलर के अन्दर घुसने एवं बाहर आने वाले छिद्रों से विभिन्न प्रकार के अन्य जीवाणुओं का भी फल पर प्रकोप हो जाता है। आमतौर पर कीट द्वारा ग्रसित फल कैटरपिलर के अन्दर जाने वाले छिद्रों के पास विकृत हो जाते हैं और ऐसे फल कमजोर होकर सड़ जाते हैं, तथा पकने से पहले

ही गिर जाते हैं। ग्रसित फलों छेद में बुरादा निकलता हुआ भी दिखायी पड़ता है अधिक प्रकोप होने पर फलों को काफी हानि को सकती है। प्रबंधन के लिए

1. आँवला के बाग के साथ–अनार का बाग नहीं लगाना चाहिए, क्योंकि यह इन फलों का मुख्य नाशीकीट है।
2. ग्रसित फलों तथा जमीन पर गिरे हुए सभी फलों को एकत्रकर कीड़ों सहित नष्ट कर देना चाहिए।
3. इस कीट की रोकथाम में 0.2% कार्बेरिल या 0.04% मोनोक्रोटाफॉस कीटनाशी का छिड़काव फल के मटर के दाने के अवस्था पर तथा दूसरा छिड़काव आवश्यकता पड़ने पर 15 दिनों के अन्तराल पर करें।

मिली बग या चूर्णी बग (नाइलीकाकस वाइरीडिस) : इनका प्रकोप मार्च से जुलाई के मध्य होता है और अप्रैल–मई में इनकी संख्या अधिक होती है। मादा अण्डाकार होती है और निम्फ के बीच में आसानी से पहचानी जा सकती है। एक मादा सैकड़ों की तादाद में अंडे देती है। निम्फ पत्तियों, प्ररोहों एव पुष्प मन्जरियों पर स्थापित हो जाते हैं और इनका रस चूसते हैं। निम्फ 15–20 दिनों में वयस्क हो जाते हैं। इनके द्वारा अधिक रस चूसे जाने के कारण पत्तियों और फूल सूख–सूख कर गिर जाते है। इसका प्रभाव पेड़ की बढ़वार, पुष्पन और फलत पर पड़ता हैं ग्रसित नये प्ररोह झुके, मुड़े हुए से प्रतीत होते हैं एव पत्तियां पीली पड़ जाती है। अधिक प्रकोप होने पर टहनियाँ पत्ती रहित होकर सूखने लगती हैं इसके द्वारा काफी मात्रा में विसर्जित मधु भी देखा जा सकता है। इससे फूल सूख कर गिर जाते हैं। नियंत्रण के लिए–

1. बाग को साफ–सुथरा रखना चाहिए।
2. प्रभावित पत्तियों एवं प्ररोहों को काट कर नष्ट कर दें।
3. अधिक प्रकोप होने पर 0.05% मोनोक्रोटोफॉस या 0.05% क्वीनालफॉस का छिड़काव करना चाहिए।

आँवला एफिड (सरसीएफ्सि एम्बलिका) : इस कीट का प्रकोप जुलाई से अक्टूबर तक रहता हैं तथा सितम्बर माह में प्रकोप सबसे अधिक होता है। इनका प्रकोप पेड़ों में नये प्ररोहों के अग्रभाग पर होता है निम्फ एवं व्यस्क दोनों रस चूस कर क्षति पहुँचाते हैं। अधिक प्रकोप होने पर पेड़ की वृद्धि पर प्रतिकूल प्रभाव पड़ता है एवं पुष्पन एवं फलत प्रभावित होता है। प्रभावित पत्तियां सूखकर गिर जाती है।

प्रभावित प्ररोह के अग्रभाग झुके और मुड़े हुए से प्रतीत होते हैं। चीटियों की मौजूदगी से भी कीट के प्रकोप होने की पहचान होती है। नियंत्रण के लिए प्रकोप के शुरूआत में ही प्रभावित टहनियों को काटकर नष्ट कर देना चाहिए। अधिक प्रकोप होने पर 0.06% मोनोक्रोटोफॉस कीटनाशी का छिड़काव करना चाहिए।

गुठली भेदक (करक्यूलियों जाति) : यह कीट जून से जनवरी माह तक क्रियाशील रहता है। इस कीट का व्यस्क एक छोटा सा घुन होता है जो जून माह में बरसात शुरू होने पर जमीन के अन्दर से बाहर आता है। घुन का निकलना जुलाई–अगस्त में जारी रहता है जो आँवले के फल लगने से मेल खाता है। अण्डे फल में एक छोटा सा गडढा बनाकर वाह्य सतह से नीचे दिये जाते हैं। अण्डे देने के लिए 1.5 से 2 सेंमी. व्यास के फल पसंद किए जाते हैं। इसका लार्वा निकलने के बाद गूदे से होता हुआ गुठली को छेदता अन्दर चला जाता है और बीजों को खाकर पूर्णतः नष्ट कर देता है। पूर्ण विकसित लार्वा, फल में एक छोटा छेद करके बाहर निकल कर कर जमीन पर गिर जाता है और भूमि में घुसकर अगले मौसम आने तक वहीं पड़ा रहता है। इस कीट का प्रकोप देशी एवं बनारसी जाति के आँवले पर देखा गया है।

यह घुन जिस स्थान पर फल में अण्डे देती है। वहाँ एक छोटा भूरा धब्बा सा दिखायी पड़ता है। इसके अतिरिक्त फलों में कीड़े के बाहर निकलने वाले छेदों को देखकर भी इसके प्रकोप की पहचान की जा सकती है। नियंत्रण हेतु फल तोड़ाई के तुरन्त बाद गहरी जुताई कर लार्वा को नष्ट किया जा सकता है। अधिक प्रकोप होने पर प्रथम छिड़काव 0.2% कार्बोरिल या 0.05% मोनोक्रोटोफास या 0.05% क्वीनालफॉस कीटनाशी का फलों के मटर के दाने के बराबर की अवस्था में करना चाहिए। यदि आवश्यकता हो तो दूसरा छिड़काव 15 दिन बाद करें।

रोग प्रबन्ध

आँवले की खेती में साधारणतः कीट एवं रोगों का प्रकोप कम होता है किन्तु कुछ कीट एवं रोग ऐसे हैं जो आँवले की फसल के लिए अत्यन्त हानिकारक है जिनका विवरण निम्नवत है।

आँवला रस्ट (रेवेलिया इम्बलिकी) : आँवला रोग आँवले की एक महत्पूर्ण समस्या है। खासतौर से राजस्थान के उदयपुर जिले में यह अत्यंत गंभीर है। हाल में लखनऊ तथा प्रतापगढ़ क्षेत्र में आँवले की देशी किस्मों में फलों तथा पत्तियों पर

इस रोग का लक्षण पाया गया है। फलों पर आरम्भ में काले छोटे उभार दिखाई देते हैं जो बाद में एक दूसरे से मिलकर घेरे के रूप में विकसित हो जाते हैं। धब्बे एक दूसरे से जुड़ कर फल का काफी क्षेत्र घेर लेते हैं। इन धब्बों के ऊपर कागजनुमा चमकीली झिल्ली दिखाई देती है। यह बाद में फट जाती है। जिससे काले बीजाणु बाहर बिखर जाते हैं और फल खराब दिखते हैं तथा बाजार कीमत घट जाती है। पत्तियों पर आरम्भ में गुलाबी भूरे छोटे–छोटे उभार नजर आते हैं। जो अलग–अलग या समूह मे विकसित होते हैं। बाद में इसका रंग गहरा भूरा हो जाता है। ऐसा समझा जाता है कि रोग फल से पत्तियों एवं पत्तियों से फल पर नहीं जाता है। फफूँदी रेवेलिया इम्बलिकी के टीलियोस्पोर फल तथा पत्तियों पर रोग पैदा करते हैं। घुलनशील गंधक (0.4%) या क्लोरोथालोनिल (0.2%) का तीन छिड़काव एक माह के अन्तराल पर जुलाई से शुरू करने पर रोग पर नियंत्रण पाया जा सकता है।

उकठा (विल्ट) : हाल में आँवले के पौधों के सूखने की समस्या राजस्थान में देखी गयी है। राजस्थान मे काफी संख्या में आँवले के पौधों में छालों का फटना, पत्तियों का झड़ना तथा पौधों के सूखने की समस्या देखी गयी है। पेड़ के सूखने की समस्या ऐसे तो मुख्य रूप से पाले के कारण समझी जा रही है किन्तु ऐसे पौधों में फ्यूजेरियम जाति की फफूँदी सम्बंधित पाई गई है नियंत्रण के लिए –

1. पाले के समय छोटे पौधों को ढ़कना चाहिए तथा सिंचाई की व्यवस्था करनी चाहिए जिससे पाले का असर न हो।
2. थाले में घास–फूस या काली पॉलीथीन बिछाने तथा तने पर गाय के गोबर का लेप लगाने से रोग में कमी पाई गयी है। चूँकि पाले से रोग बढ़ता है अतः पौधों को पाले से बचाने की पूरी व्यवस्था करनी चाहिए।

काली फफूँदी : ऐसे आँवले के पौधों जिनमें स्केल कीट का प्रकोप होता है उनमें काली फफूँद का भी प्रकोप होता है। आँवले की काली फफूँदी रोग में कई प्रकार की फफूंदी देखी गई है। काली फफूँदी रोग (सूटी मोल्ड) में पत्तियों, टहनियों तथा फलों पर मखमली काली फफूँदी विकसित होती है जो कीट द्वारा उत्पन्न चिपचिपा पदार्थ के ऊपर विकसित होती है। यह फफूँदी सतह तक ही सीमित रहती है तथा पत्तियों, टहनियों तथा फूल आदि के अन्दर इसका प्रकोप नहीं होता है। काली फफूँद के प्रकोप को 2% स्टार्च के छिड़काव के द्वारा रोका जा

सकता है। यदि प्रकोप अधिक हो तो स्टार्च में 0.05% मोनोक्रोटोफांस तथा 0.2% घुलनशील गंधक मिला कर छिड़काव करना चाहिए।

नीली फफूँदी (पेनीसीलियम सिट्रिनम) : सर्वप्रथम आँवले की नीली फफूँदी को वाराणसी में देखा गया किन्तु यह रोग आँवले का एक ऐसा रोग है जो सभी आँवला उगाने वाले क्षेत्रों में आम है। आरम्भ में फलों पर भूरे जलसिक्त धब्बे बनते हैं। रोग के बढ़ने से फलों पर फफूँद के तीन प्रकार के रंग एक के बाद एक दिखाई देते हैं पहले चमकीला पीला रंग फिर भूरा रंग तथा अंत में हरा नीला रंग विकसित होता है। जो सतह पर उभरती फफूँदी के कारण होता है। फल की सतह पर पीली बूंदे भी दिखाई देती हैं। फलों से बुरी बदबू निकलती है। पूरा फल बाद में दानेदार नीली हरी फफूँद से ढ़का नजर आता है। प्रबंधन के लिए–

1. फलों की तुड़ाई अत्यन्त सावधानीपूर्वक करनी चाहिए। फलों पर चोट न लगे। चोट लगने पर नीली फफूंद का प्रकोप होने की संम्भावना रहती है।
2. भण्डारण में साफ सफाई का पूरा ध्यान रखना चाहिए तथा भण्डारण स्थल को ओजोन गैस से शोधित करना चाहिए।
3. फलों को बोरेक्स या नमक से उपचारित करने से रोग को रोका जा सकता है।
4. फलों को कार्बेन्डाजिम या थायोफनेट मिथाइल 0.1% से उपचारित करके भी रोग नियंत्रित किया जा सकता है।
5. फलों के ऊपर मेंथा के तेल के हल्के लेप से भी रोग को रोका जा सकता है।

एन्थ्रेकनोज (कोलिटोट्राइकम ग्लीयोस्पोराइडिस या ग्लोमेरेला सिंगूलाटा) : एन्थ्रेक्नोज आँवले की पत्तियों व फलों पर अगस्त–सितम्बर माह में दिखाई देता है। सर्वप्रथम इसे उदयपुर में देखा गया। पत्तियों पर पहले छोटे, गोल, भूरे पीले किनारों वाले धब्बे नजर आते हैं। धब्बों का मध्य भाग हल्का भूरा तथा काले पिन के सिरे से उभार सहित दिखाई देता है। फलों पर धंसे हुए भूरे धब्बे बनते हैं, जिनके मध्य में पिन के सिरे से गोलाई में गहरे काले उभार दिखाई देते हैं। धब्बे विभिन्न आकार एवं साइज के बनते हैं। अधिक नमी होने पर धब्बे से बीजाणु अधिक मात्रा मे निकलते हैं साथ ही फल सिकुड़े से नजर आते हैं और फिर सड़ जाते हैं।

मृदु सड़न (फोमोप्सिस फाइलेन्थाई) : आँवले की मृदु सड़न दिसम्बर से फरवरी के मध्य अधिक देखी जा सकती है। धुऐं से भूरे काले, गोल भाग पर जलसिक्त भूरे रंग का धब्बा बनता है जो पूरे फल को करीब 8 दिनों में आच्छादित कर फल के आकार को विकृत कर देता है। ऐसे तो रोग छोटे तथा परिपक्व फल दोनों को प्रभावित करता है किन्तु परिपिक्व फलों में इसका प्रकोप अधिक होता है। इस रोग के बढ़ने के लिए फलों पर चोट आवश्यक है। तुड़ाई उपरान्त फलों को डाइफोलेटान (0.15%), इण्डोफिल एम. 45 या बाविस्टीन (0.1%) से उपचारित करके भण्डारित करने से रोग की रोकथाम की जा सकती है।

फल सड़न (पेस्टेलोशिया क्रूएन्टा) : यह रोग नवम्बर माह में आमतौर पर देखा जाता है। इस रोग में धब्बे अधिकतर अनियमितकर तथा भूरे रंग के होते हैं। आरम्भ में भूरे रंग के धब्बे बनते हैं जो धीरे–धीरे बढ़ते हैं और बाद में ये धब्बे सूख जाते हैं जिनके किनारे हल्के भूरे होते है तथा ग्रसित भाग पर रूई की तरह सफेद फफूंद दिखाई देती है। संक्रामित फल का अन्दर का हिस्सा सूखा, गहरा भूरा नजर आता है।

फल सड़न– (अल्टरनेरिया अल्टरनेटा) : गिरे हुए फलों में अल्टरनेरिया अल्टरनेटा द्वारा सड़न पैदा होता है। फल सड़न को रोकने के सामान्य तरीकों में–

1. फल तोड़ने के 15 दिनों पूर्व 0.1% कार्बेन्डाजिम का छिड़काव करना चाहिए।
2. फल तुड़ाई पूरी सावधानी से करनी चाहिए, जिससे फलों में किसी प्रकार की चोट न लगे।
3. फलों को स्वच्छ पात्रों में भण्डारित करना चाहिए।
4. फलों के भण्डारण तथा परिवहन के समय पूर्ण स्वच्छता बरतनी चाहिए।
5. भण्डारण स्थान स्वच्छ होना चहिए तथा उसे ओजोन से उपचारित किया जाना चाहिए।
6. फलों का उपचार बोरेक्स या नमक से करना चाहिए जिससे रोग का प्रकोप न हो।

दैहिक व्याधि प्रबन्धन : आंवले में फल झड़ने, नेक्रोसिस, आन्तरिक सड़न, बेमौसम पुष्पण जैसे दैहिक विकार देखे जाते है जिन्हें उचित पोषण एवं बाग प्रबन्ध द्वारा नियंत्रित किया जा सकता है।

आन्तरिक सड़न : आन्तरिक सड़न आँवले के फलों में देखी गयी है। आँवले की प्रजाति फ्रान्सिस में सबसे अधिक होता है। बनारसी जाति में भी इसका प्रकोप पाया गया है। जब अन्तः ऊतक कड़ी लगती है तब यह सबसे पहले अन्दर की ओर से भूरा होना आरम्भ करती है बाद में मध्य ऊतक तथा अन्त में बाहरी भूरी काली नजर आती है। आमतौर पर सितम्बर के दूसरे तथा तीसरे सप्ताह में यह दिखाई देती है। प्रकोप बढ़ने पर ये भाग कार्कनुमा कड़ा हो जाता है तथा रिक्त स्थान बनते हैं जो गोंद से भरे होते हैं। चकइया, एन.ए.–6, तथा एन.ए.–7 में यह नहीं देखा गया हैं अतः इन प्रजातियों को लगाने हेतु बढ़ावा देना चाहिए। प्रबंधन के लिए जिंक सल्फेट 0.4% कापर सल्फेट 0.4%, बोरेक्स 0.4% का छिड़काव सितम्बर–अक्टूबर माह में करना लाभप्रद होता है।

आंवला नेक्रोसिस : यह मुख्य रूप से बोरान की कमी से होता है। फलों पर 0.4% बोरेक्स का छिड़काव व तथा नरेन्द्र आंवला–7 जैसे नेकरोसिस मुक्त किस्म लगा कर इस व्याधि से मुक्ति मिल सकती है।

पुष्पन एवं फलन

आँवले में फूल सीमित शाखाओं पर जो कि असीमित शाखाओं की गाँठ से निकलती हैं बसन्त ऋतु में आते हैं। फूलों का खिलना मार्च के अंतिम सप्ताह से शुरू होता है तथा तीन सप्ताह तक चलता हैं। बीजू किस्मों में पुष्पन की क्रिया पहले प्रारम्भ होती है, जबकि व्यवसायिक किस्मों में पुष्पन बाद में होता है। दक्षिण भारत में पुष्पन साल में दो बार होता है। पहली बार फरवरी–मार्च में और दूसरी बार जून–जुलाई में। पहली बार वाले पुष्प अच्छी फलत देते हैं परन्तु दूसरी बार के पुष्प कम फलत देते हैं। सीमित शाखाओं के निचले भाग पर पत्तियों के अक्ष से नर पुष्प गुच्छों में निकलते हैं और बाद में मादा पुष्प इन्हीं शाखाओं पर निकलते हैं। सीमित शाखाओं के अर्ध दूरस्थ भाग पर साधारणतः पत्तियाँ निकलती है। पुष्पक्रम असीमाक्षी प्रकार के होते हैं। फूल छोटे एक लिंगाश्रयी एवं छोटे वृत्तक से जुड़े होते हैं। नर पुष्प गुच्छों मे पहले प्रकट हाते हैं। परिदलपुँज 6, पीले हरे रंग से लेकर गहरे गुलाबी रंग के होते हैं एवं फलों की पंखुड़िया कार्स्पशी रूप में जुड़ी होती है। पुमंग में तीन पुंकेसर होते हैं। तंतु का जुड़ाव नीचे से होता है एवं परागकोष युक्त कोषी होती है। उनमें 5–7 भाग होते हैं, लेकिन सामान्यतः 6 भाग पाये जाते हैं। अण्डाशय जायांगधर मणिबंधिका 3–4 तीन कक्षीय, बीजांडन्यास कक्षीय एवं दो बीजांड प्रतिकोष्ठक में पाये जाते हैं। आँवला एक परपरागित फल वृक्ष है इसके परागण में मधुमक्खी/कीट महत्वपूर्ण भूमिका निभाते हैं। आँवले की

किस्मों में स्वअनिषेच्यता पायी जाती है। अतः एक से अधिक किस्मों को साथ–साथ रोपित करना चाहिए। निषेचन के तुरन्त बाद, (जो परागण के 36 घंटे बाद होता है) युग्मनज 120 से 130 दिनों तक एवं भ्रूणपोष नाभि में विभाजन के साथ फलों की सुषुप्तावस्था समाप्त हो जाती है। फलों में सर्वाधिक वृद्धि सितम्बर माह में होती है तथा उत्तर भारत की दशा में फल नवम्बर तक परिपक्व हो जाते हैं।

परिपक्वता एवं फल तोड़ाई

आँवले के फलों की परिपक्वता कई कारकों पर निर्भर करती है, जैसे स्थिति, जलवायु, मृदा प्रकार, नमी इत्यादि आँवला की व्यवसायिक किस्मों में परिपक्वता सूचकांक का निर्धारण फल लगने के उपरान्त अवधि, टी.एस.एस. एसिड अनुपात, आपेक्षिक घनत्व आदि के अनुसार किया जाता है। बनारसी एवं कृष्णा किस्मों में परिपक्वता फल लगने के 17–18 सप्ताह बाद आती है। जबकि कंचन और फ्रांसिस 20 सप्ताह बाद परिपक्व होते हैं। परिपक्वता के समय आपेक्षिक घनत्व सभी किस्मों में 1.0 से अधिक पाया जाता है। आँवले में परिपक्वता निर्धारण का सबसे अच्छा तरीका फलों के रंग में परिवर्तन (हरे से चमकदार सफेद हरा या पीला हरा) एवं बीज के रंग में परिवर्तन (हल्के पीले सफेद से भूरे रंग में) को देखकर किया जा सकता है। आँवले के फलों की तुड़ाई हाथ से करते हैं। परन्तु यह क्रिया बड़े वृक्षों में सम्भव न होने के कारण बाँस से बनी सीढ़ियों पर चढ़ कर तुड़ाई की जाती है। फलों को प्रातः काल में तोड़ना चाहिए एवं प्लास्टिक के क्रेटस में रखना चाहिए। फलों को तोड़ते समय जमीन में नहीं गिरने देना चाहिए अन्यथा चोटिल फल पैकिंग एवं भण्डारण के समय सड़ कर अन्य फलों को भी नुकसान पहुंचाते हैं।

उपज

आँवले का कलमी पौधा रोपण से तीसरे साल तथा बीजू पौधा 6–8 साल बाद फलत देना प्रारम्भ कर देता है। कलमी पौधा 10–12 साल बाद पूर्ण फलत देने लगता है तथा अच्छे प्रकार से रख–रखाव के द्वारा 60–75 साल तक फलत देता रहता है। आंवले के विभिन्न किस्मों की उपज में भिन्नता पायी जाती है। बनारसी कम फलत देने वाली, फ्रान्सिस एवं नरेन्द्र आँवला–6 औसत फलत देने वाली कंचन एवं नरेन्द्र आँवला–7 अत्यधिक फलत देने वाली किस्में हैं। आँवले की फलत को कई कारक प्रभावित करते हैं जैसे किस्म की आन्तरिक क्षमता, वातावरणीय कारक एवं प्रबंधन तकनीकी इत्यादि। एक पूर्ण विकसित आँवले का वृक्ष एक एक से तीन कुण्टल फल देता है। इस प्रकार से 15–20 टन प्रति हेक्टर उपज प्राप्त की जा सकती है।

तोड़ाई उपरान्त फल प्रबन्ध

फलों को हाथ के द्वारा तोड़ा जाता है। तोड़ते समय इस बात का ध्यान रखना चाहिए कि चोटिल या खरोंच लगे फलों में भंडारण के दौरान भूरे या काले रंग के धब्बे बनना प्रारम्भ हो जाते हैं। तुड़ाई उपरान्त नुकसान को, उचित तुड़ाई विधि, पैंकिग एवं सही भण्डारण तकनीक अपना कर कम किया जा सकता है। आँवला के फलों से अच्छा पैसा पाने के लिए तीन श्रेणियों में उनके आकार, भार, रंग एवं पकने के समय के आधार पर बाँट सकते हैं। बड़े आकार के फल (व्यास 4 सेंमी. से अधिक) को मुरब्बा बनाने में, मध्यम आकार के फल को अन्य परिरक्षित पदार्थ बनाने में एवं छोटे आकार के फलों को औषधीय उत्पाद जैसे–च्यवनप्राश, त्रिफला इत्यादि में प्रयोग किया जाता है। अपरिपक्व, चोटिल एवं व्याधिग्रस्त फलों को फेंक देना चाहिए। बाजार भेजने के लिए पेटी बन्दी अरहर के तने से बनी टोकरियाँ जिनमें अखबार की परत बिछाकर फल को रखकर पैक करके निकट बजार में भेजते हैं एवं दूरस्थ स्थान भेजने के लिए गत्ते (कारूगेटेट फाइवर बोर्ड) से बने डिब्बों में पैकिंग करके भेजा जा सकता है।

परिरक्षण एवं मूल्य संवर्धन

आँवले के फल अम्लीय एवं कसैले होने के कारण तुरन्त उपयोग हेतु उपयुक्त नहीं होते हैं। अतः फलों को परिरक्षित पदार्थ जैसे–मुरब्बा, स्क्वैश, कैंडी, आर.टी. एस.पेय, जूस आदि बनाकर प्रयोग में लाते हैं। कुछ फलों को उबाल कर बीज अलग कर गूदा सुखा कर रखते हैं एवं कुछ गूदे को पीस कर चूर्ण के रूप में प्रयोग हैं। आँवला एक औषधीय फल है अतः इससे विभिन्न पदार्थ च्यवनप्रास, त्रिफला आदि बनाने में प्रयोग होता है। इस प्रकार आँवले में मूल्य संवर्धन की अपार सम्भावनाएँ हैं।

5. अंजीर (Fig)

अंजीर जिसका वानस्पतिक नाम *फाइकस कैरिका* (*Ficus carica*), मोरेसी (Maraceae) कुल का एक सदस्य है। अंजीर का पौधा छोटे आकार का एवं पर्णपाती होता हैं इसका उत्पत्ति स्थल पूर्वी भूमध्यसागरीय क्षेत्र तुर्की, सीरिया, सउदी अरब इत्यादि माना जाता है। यहीं से अंजीर पूरे भूमध्यसागरीय क्षेत्रों तथा दुनिया के अन्य गर्म एवं शुष्क इलाकों में फैला कोलम्बस द्वारा अमेरिका की खोज के दौरान अंजीर का विस्तार पश्चिमी गोलार्द्ध के लगभग सभी उपोष्ण कटिबंधीय देशों में हुआ। परन्तु विश्व स्तर पर ग्रीस, तुर्की, इटली, ब्राजील, अल्जीरिया, स्पेन

सीरिया आदि देश अंजीर की व्यवसायिक बागवानी एवं प्रसंस्करण के लिए जाने जाते हैं। इन देशों में अंजीर को ताजे फलों एवं सूखे फलों (Dehydrated products) के लिए व्यवसायिक स्तर पर उगाया जा रहा है। भारत वर्ष में लगभग 1000 हेक्टर क्षेत्रफल में अंजीर का उत्पादन हो रहा है जो कि दक्षिण एवं पश्चिम राज्यों तक ही सीमित है। महाराष्ट्र के पुणे, सोलापुर, राहुरी जिले कर्नाटक के बंगलौर, श्री रंगापटनम, बेल्लारी व अनन्तनाग जिले तथा गुजरात, राजस्थान आदि राज्यों के कुछ क्षेत्रों में अंजीर को उगाया जा रहा है। इसके अतिरिक्त उत्तर प्रदेश के कुछ भागों में, पंजाब, बिहार व पश्चिम बंगाल के कुछ बागों व घरों के आसपास अंजीर के वृक्ष मिलते हैं। अंजीर से बहुत ही निकट सम्बन्धी प्रजाति गुलर (*Ficus glumerata*) गर्म एवं नम जलवायु वाले स्थानों तथा उत्तरी एवं पूर्वी भारत में बहुतायत से पाये जाते हैं जिनका उपयोग भी विभिन्न प्रकार से किया जा सकता है।

अंजीर के ताजे एवं सूखे फल पोषक तत्वों से भरपूर होते हैं। प्रत्येक 100 ग्रा. सूखे अंजीर के खाये जाने वाले भाग में 4 ग्रा. प्रोटीन, 69 ग्रा. कार्बोहाइड्रेट, 1 ग्रा. वसा, 200 मि.ग्रा. कैल्शियम 4 मि.ग्रा. लोहा, 100 आई.यू. विटामिन ए तथा 10 मि.ग्रा. थाइमिन प्राप्त होता है। सूखे अंजीर को पेट साफ करने के लिए औषधि (रेचक) के रूप में प्रयुक्त किया जाता है। अंजीर त्वचा रोग में भी लाभकारी है कुछ स्थानों पर दूध को जमाने के लिए अंजीर से निकले द्रव पदार्थ (लेटेक्स) का प्रयोग किया जाता है। अंजीर के फलों का प्रसंस्करण करके विभिन्न उत्पाद बनाये जाते हैं।

भूमि एवं जलवायु

अंजीर के पौधे विभिन्न प्रकार की मिट्टी में उगाये जा सकते हैं किन्तु लगभग 1 मी. गहराई वाली मध्यम से भारी दोमट, मध्यम काली मिट्टी जिसमें जलधारण क्षमता अच्छी हो तथा साथ–साथ जल निकास की उचित व्यवस्था हो इसकी खेती के लिए सर्वोत्तम होती है। इसके पौधे लवणीय तत्वों में क्लोराइड्स तथा सल्फेट्स के प्रति सहनशील किन्तु सोडियम कार्बोनेट के प्रति संवेदनशील होते हैं अतः कलकेरियस मृदा अंजीर के लिए उपयुक्त नहीं होती है। बलुई मिट्टी में पर्याप्त बाग प्रबन्ध द्वारा अंजीर की खेती सम्भव है।

अंजीर शुष्क व उपोष्ण जलवायु का फल है। अतः इसके लिए शुष्क एवं अर्धशुष्क वातावरण, गर्मी में उच्च तापमान पर्याप्त धूप व मध्यम जाड़ा उपयुक्त होता

है। वृक्ष 45^0 सेन्टीग्रेड तक का तापमान सहन कर सकता है किन्तु 39^0 सेन्टीग्रेड के ऊपर तापमान जाने से फल की गुणवत्ता खराब होने लगती है। अच्छी गुणवत्तायुक्त अंजीर के लिए फल विकास व परिपक्वता के समय शुष्क जलवायु एवं मध्यम तापमान की आवश्यकता होती है। अधिक आर्द्रता के साथ–साथ कम तापक्रम से फलों के फटने की समस्या प्रारम्भ हो जाती है। जाड़े के दौरान जब पौधे पत्ती विहीन हो जाते हैं तब वे $0–10^0$ सेन्टीग्रेड तक तापक्रम सहन कर सकते हैं। किन्तु नये रोपित पौधों के लिए सर्दी से बचाव अत्यन्त आवश्यक हो जाता है।

उन्नत किस्में

फूल खिलने की प्रकृति व परागण के तरीके के अनुसार अंजीर की किस्मों को 4 वर्गों में वर्गीकृत किया गया है।

1. सामान्य अंजीर

इस समूह की किस्मों में फलत बिना परागण व निषेचन के होता है। कैडोटा मिशन, ब्राउन टर्की, कोनाड्रिया, एड्रियाटिक आदि इस वर्ग की मुख्य किस्में हैं।

2. जंगली (कैप्री) अंजीर

इस वर्ग की किस्मों के फल छोटे होते हैं छोटी बर्र परागण करने वाले कीट के लिए शरण स्थली के रूप में जाना जाता है। साधरणतः छोटी बर्र नर पुष्पों से परागकण ले जाकर उन किस्मों, जिनमें कि फल लगने के लिए परागण आवश्यक होता है, में परागण का कार्य करती है। सैमसन, स्टेन फोर्ड, बाउले इस वर्ग की प्रमुख किस्में है। कभी–कभी जब कैप्री अंजीर के पौधे, अन्य किस्मों जिनमें कि परागण की जरूरत होती है, से दूरी पर स्थित होते हैं तब छोटी बर्र (Blastophaga) परागण में सफल नहीं होते और अंजीर की उपज प्रभावित होती है। ऐसी दशा में कैप्रीफिग (जंगली अंजीर) की एक डाली जिसमें फल लगे होते हैं और उसके अन्दर छोटी बर्र भी होती है को ले जाकर मादा अंजीर (Symryna or Sanpadro) के पेड़ों पर बांध देते हैं। जिससे कीड़े निकलकर परागण का कार्य करते हैं इस प्रक्रिया को कैप्रीफिकेशन (Caprification) कहते हैं।

3. सैमरिना वर्ग

इस वर्ग के फल बड़े होते हैं परन्तु इन किस्मों में कैप्री वर्ग के किस्मों से परागण (कैप्रीफिकेशन) के पश्चात ही फलत आती है। कैलीमिरना, जारी, तारामिन्ट, आदि इस वर्ग की मुख्य किस्में है।

4. सैनपेड्रों वर्ग

यह एक व्यवसायिक किस्म वर्ग है जिसके सफेद लम्बे फल वाली किस्मों को भूमध्यसागरीय क्षेत्रों में मुख्यतः सुखाकार प्रयोग में लाने हेतु उगाया जाता है। इस वर्ग की किस्मों में दो फलत आती है। पहली फलत बिना परागण के जब कि दूसरी फलत में परागण (कैप्रीफिकेशन) की आवश्यकता होती है। सैन पेड्रो, जेनटाइल किंग, लैम्पीरिया इस वर्ग की मख्य किस्में है। भारत वर्ष में पूना फिग एक प्रमुख किस्म है इसके अलावा कोनार्डिया, इक्सेल आदि किस्मों को भी कहीं–कहीं पर उगाया जाता है।

प्रसारण तकनीक

अंजीर का व्यवसायिक प्रसारण कठोर कलम से किया जाता है प्रवर्धन का उचित समय नवम्बर से फरवरी माह होता है। जंगली अंजीर के पौधों पर शील्ड अथवा पैबन्दी चश्मा विधि द्वारा प्रसारण किया जा सकता है।

बाग स्थापना

अंजीर के रोपण हेतु बाग का रेखांकन वर्गाकार विधि में किया जाता है। पौधों से पौधों के बीच की दूरी किस्मों के अनुसार रखी जाती है। पूना अंजीर के लिए 5X5 मीटर एवं इक्सेल तथा कोनाडिया अंजीर के लिए 2.5X2.5 मी. पर रेखांकन करते हैं। रेखांकन के पश्चात निश्चित स्थान पर 60X60X60 सेंमी. आकार के गड्ढ़े की खुदाई करके 15 दिन तक गड्ढा खुला रखते हैं इसके पश्चात गड्ढे के ऊपरी भाग की मिट्टी के साथ गोबर की सड़ी खाद या कम्पोस्ट (15–20 कि. ग्रा.) एवं 500–1000 ग्रा. खली के मिश्रण से गड्ढ़े की भराई करते हैं यदि आवश्यक समझे तो उर्वरकों का प्रयोग गड्ढ़े भरते समय पर कर सकते हैं। पौधा लगाने का सबसे उपयुक्त समय बरसात या बसंत ऋतु होती है पानी की सुविधा होने पर अंजीर के पौधों को कभी भी लगाया जा सकता है।

संधाई एवं काट–छाँट

पौधा लगाने के एक वर्ष के भीतर अंजीर के पौधों को उपयुक्त ढाँचा देना जरूरी होता हैं तने पर 50–60 सेंमी. की ऊँचाई पर चारों दिशाओं में 3–4 शाखाओं को विकसित करके मजबूत ढाँचा प्रदान किया जाता है। इन्हीं शाखाओं पर मुख्य रूप से फलत होती है। अंजीर में मुख्य शाखाओं के साथ–साथ पतली शाखाओं पर भी फूल एवं फल आते हैं अतः नियमित फलत प्राप्त करने के लिए पौधों की नियमित कटाई–छँटाई की आवश्यकता पड़ती है। पौधे की काट–छाँट जाड़े के

दिनों में की जाती है किसी डाली पर पिछले वर्ष की 4–5 गाठें छोड़कर कटाई करने से नये कल्ले निकलते हैं जिनमें पर्याप्त परिपक्वता आने के बाद फूल और फल लगते हैं।

बाग प्रबन्ध

अंजीर के बगीचों में बाग प्रबन्ध की विशेष जरूरत होती है क्योकि नियमित एवं अच्छे फलन के लिए पौधों का पोषण एवं सिंचाई आवश्यक होता है।

जल प्रबन्ध : अंजीर के पौधों को गर्मी के दिनों में सिंचाई की आवश्कयता होती है। इन दिनों में 10–12 दिनों के अंतराल पर सिंचाई करने पर पौधों की वृद्धि व फलन में सुधार होता है पौधों के थालों पॉलीथीन या घास की पलवार बिछाने से नमी समान रूप से बनी रहती है और फल विकास अच्छा होता है।

पोषण प्रबन्ध : अंजीर के पौधों को 50 ग्रा. नत्रजन 25 ग्रा. फास्फोरस व 25 ग्रा. पोटाश के साथ–साथ गोबर की सड़ी खाद 10–15 कि.ग्रा. एवं अन्य खली एवं कार्बनिक पदार्थ 500 ग्रा. प्रति पौध प्रति वर्ष के दर से 5 वर्षो तक बढ़ते हुए क्रम मे देना चाहिए। उसके बाद पौधों को 20–25 कि.ग्रा. गोबर का खाद, 800–100 ग्रा. खली 200–250 ग्रा. नत्रजन, 125 ग्रा. फास्फोरस व 125 ग्रा. पोटाश प्रति वर्ष काट–छाँट के बाद देना चाहिए। एक रिपोर्ट के अनुसार अंजीर के बगीचों मे 300 कि.ग्रा. यूरिया तथा 325 कि.ग्रा. पोटैशियम क्लोराइड प्रति हेक्टर के दर से प्रयोग करने पर 25–30% उपज एवं 35–40% फलों के वजन में वृद्धि हुई।

कीट प्रबन्ध : अंजीर में माइट, मिज, माहू, तना छेदक, स्केल, पत्ती मोड़क तथा शूट गाल मेकर आदि कीटों का प्रकोप होता है। मिज के नियंत्रण हेतु 0.1% कार्बेरिल, तथा माइट के नियंत्रण के लिए 0.05% फोजालोन का 2–3 छिड़काव किया जाता है। अन्य कीटों के प्रबन्ध के लिए नीम आधारित कीट नाशक या क्लोरो पायरीफास, कार्बेरिल आदि के घोल का छिड़काव किया जा सकता है।

रोग प्रबन्ध : अंजीर में रतुआ या रस्ट एक प्रमुख बीमारी है जो सेरोटैलियम फिसी (*Cerotelium fici*) नामक कवक से होती है। इसके प्रकोप से पत्तियाँ पीली होकर गिर जाती हैं। सभी किस्मों पर इसका प्रकोप होता है। अतः इसके नियंत्रण का कारगर उपाय करना लाभप्रद होता है। रस्ट के नियंत्रण के लिए क्लोरथैलोनिल या कवच नामक दवा के 0.2% घोल का 2–3 छिड़काव नयी पत्तियों पर करना लाभकारी पाया गया है।

दैहिक व्याधि प्रबन्ध : नये रोपित पौधों में सन वर्न की समस्या पायी जाती है। इसके लिए मुख्य तने पर चूने की पोताई कर देना चाहिए। फलों का फटना, एक अन्य समस्या है जो फल विकास के समय तापक्रम के 39^0 सेन्टीग्रेड से अधिक हो जाने व पोषक तत्वों की कमी से आती है। पोषक तत्वों में मुख्य रूप से बोरेक्स 0.5% के घोल का छिड़काव करने से फलों का फटना कम हो जाना है।

पुष्पन एवं फलन

अंजीर के पौधों में मोटी तथा पतली डालियों पर फूल एवं फल आते हैं। इनमें से कुछ किस्मों में परागण की आवश्यकता होती है। जब कि कुछ किस्मों में बिना परागण एवं निषेचन के ही फल लगते हैं। भारत वर्ष में उगाये जाने वाले अंजीर की किस्मों में फलत अभिषेजन (Parthenocarpy) द्वारा होता है अतः परागण की आवश्कयता नहीं पड़ती है। अंजीर के जिन किस्मों में परागण की आवश्यकता होती है उनमें कैप्री अंजीर की फूल वाली शाखाएं लटका दी जाती हैं। इन अंजीरों से ब्लैस्टोफैगा कीट निकलते हैं जो परागित किये जाने वाले फूल में प्रवेश करके परागण को सम्पादित करते हैं। इसी क्रिया को ''कैप्रीफिकेशन'' के नाम से जाना जाता है।

परिपक्वता एवं फल तोड़ाई

फलों की तोड़ाई पूर्ण परिपक्वता के बाद करनी चाहिए। फलों की तोड़ाई करते समय यदि तने से सफेद स्राव गिरता है तो इसका तात्पर्य है कि फल अभी अपरिपक्व है। परिपक्व फल मुलायम होकर अपने भार के कारण लटकने लगता है। फलों की तोड़ाई फरवरी से जून तक होती है।

उपज

प्रति वृक्ष 180–360 कि.ग्रा. तथा प्रति हेक्टेयर 120 क्विंटल औसत उपज प्राप्त हो जाती है।

तोड़ाई उपरान्त फल प्रबन्ध

अंजीर के ताजे फल बहुत जल्दी खराब होने लगते हैं इसलिए दूर के बाजार में भेजने के लिए पूर्ण परिपक्वता से थोड़ा पहले तोड़ना चाहिए। यदि ताजे फलों को विपणन के लिए 2–3 दिन रखना हो तो फलों को प्लास्टिक की पतली झिल्ली में लपेटकर रखना चाहिए। पूर्ण रूप से पके हुए फलों को 0^0 तापमान तथा 90% आर्द्रता पर 1 सप्ताह तक रखा जा सकता है। अनुकूल तापमान व आर्द्रता के साथ

CO_2 15–25% के स्तर पर अंजीर के ताजे फलों को 3 सप्ताह तक भण्डारित कर सकते हैं।

परिरक्षण एवं मूल्य संवर्धन

अंजीर के फलों को मुख्य रूप से सुखाकर संरक्षित किया जाता है फलों को सुखाने के पूर्व सल्फर का धुआँ दिया जाता है तत्पश्चात उसके बाद इलेक्ट्रिक ड्रायर में 70–72^0 सेन्टीग्रेड पर सुखाया जाता है। एक अन्य विधि में नमक के उबलते घोल में 30 सेकेण्ड तक डुबोकर, कुछ समय के लिए धूप में सुखाकर, फिर छायें में 7–8 दिन सुखाकर, संरक्षित किया जा सकता है।

6. करौंदा (Karonda)

करौंदा जिसका वैज्ञानिक नाम *कैरिसा करन्डास* (*Carissa carandas*) है, एपोकाइनेसी (Apocynaceae) कुल का एक प्रमुख सदस्य है। इसका पौधा सख्त, सदाबहार काँटेयुक्त एवं झाड़ीनुमा होता है जो कि बहुत कम देखरेख में पनपता रहता है तथा संतोषजनक उपज भी देता है। करौंदा को प्रायः सुरक्षा हेतु बाड़ के रूप में उगाया जाता है जिससे सुरक्षा के साथ–साथ फल भी प्राप्त हो जाता है। करौंदा का उत्पत्ति स्थल भारत माना जाता है परन्तु इसे दक्षिण अफ्रीका म्यनमार, मलेशिया, श्रीलंका, आस्ट्रेलिया आदि देशों में भी उगाया जाता है। भारत के महाराष्ट्र, पंजाब, राजस्थान, उत्तरप्रदेश, बिहार व दक्षिण भारत के राज्यों में करौंदा बहुतायत में मिलता है परन्तु इसकी बागवानी बहुत कम स्थानों पर की जाती है। पोषण वाटिका में करौंदा एक प्रमुख पेड़ होता है। करौंदा के ताजे फल के 100 ग्रा. खाये जाने वाले भाग में 91 ग्रा. नमी, 9.6 ग्रा. कार्बोहाइड्रेट, 1.5 ग्रा. रेशा, 2.3 ग्रा. प्रोटीन, 21 मि.ग्रा. कैल्शियम, 38 मि.ग्रा. फास्फोरस तथा 39.1 मि.ग्रा. लोहा मिलता है। करौंदा लौह तत्व का प्रमुख स्रोत माना जाता है।

करौंदा के पके फलों से 14–15% एल्कोहल प्राप्त होता है इसलिए इसको शराब बनाने में भी प्रयोग किया जाता हैं। करौंदा के कच्चे फलों से निकलने वाले दूध जैसे स्राव से चीविंग गम व रबर बनाया जाता है। करौंदा के कच्चे परन्तु परिपक्व फलों सें कैण्डी व अचार बनाते हैं। इसके झाडीनुमा पौधों को बाग या खेतों की सुरक्षा के लिए बायोफेन्सिंग के रूप में लगाया जाता है।

भूमि एवं जलवायु

करौंदा को विभिन्न प्रकार की भूमि में उगाया जा सकता है। परती बंजर, आदि अनुपयोगी भूमि में भी इसे सफलतापूर्वक उगाया जा सकता है। ऊसर भूमि जिसका पी.एच. मान 8 तक हो, करौंदा को उगाया जा सकता है। किन्तु गहरी दोमट भूमि इसके उत्पादन के लिए सर्वोत्तम होती है।

करौंदा शुष्क, अर्धशुष्क, उष्ण एवं उपोष्ण जलवायु में उगाया जा सकता है। करौंदा में सूखा सहन करने की अपार क्षमता होती है। अतः इसे सूखे क्षेत्रों में बारानी फसलों की तरह उगाया जा सकता है। पाला पड़ने वाले क्षेत्रों में नये पौधों के मरने की सम्भावना रहती है।

उन्नत किस्में

प्रारम्भ में करौंदा की कोई विशेष किस्म अनुमोदित नहीं थी तब इसके फलों के रंग के अनुसार हरा करौंदा, गुलाबी करौंदा एवं सफेद करौंदा के रूप में जाना जाता था। परन्तु अब विश्व विद्यालयों एवं शोध संस्थानों द्वारा इसकी अनेक उन्नत किस्में विकसित की गयी है। पन्त मनोहर, पन्त सुवर्णा, पन्त सुदर्शन, मैरून कलर एवं हवाइट पिंक ब्लस करौंदा की कुछ प्रमुख किस्में हैं।

प्रसारण तकनीक

करौंदा का व्यवसायिक प्रसारण बीज द्वारा किया जाता है। पके करौंदा को सड़ाकर बीज निकाल करके तुरंत बो दिया जाता है। करौंदा के बीज का जमाव देर से होता है। जिसमें लगभग 40–60 दिन का समय लग जाता है। अतः बीजों को जिब्रेलिक अम्ल के 25–50 पीपीएम के घोल से 24 घण्टा तक उपचारित करके बोने से बीज का जमाव जल्दी एवं पौधों की वृद्धि अच्छी होती है। सितम्बर महीना बीज बुवाई के लिए सबसे उपयुक्त होता है। पॉलीथीन के थैलियों में पौध तैयार करने से पौधे की हैण्डलिंग व ट्रांसपोर्ट में सुविधा रहती है।

वनस्पतिक विधि के अन्तर्गत करौंदा के पौधों को कलम व गूटी द्वारा तैयार किया जा सकता है। कलम के लिए 500 पीपीएम एवं गूटी के लिए 1000 पीपीएम आई.बी.ए. के उपचार से अच्छी सफलता मिलती है। किन्तु वनस्पतिक विधियाँ ज्यादा प्रचलित नहीं हैं।

बाग स्थापना

करौंदा के पौधों को वर्गाकार विधि में 2X2 मी. की दूरी पर लगाया जाता है। पौधा लगाने हेतु 60X60X60 सेंमी. आकार में गड्ढे की खुदाई करके 15–20 दिनों तक खुला रखने के पश्चात भूमि की ऊपरी सतह की मिट्‌टी के साथ गोबर की सड़ी खाद के मिश्रण (3:1) से गड्ढे की भराई कर देते हैं। बाड़ के लिए पौधों के आपस की दूरी 1–1.5 मीटर रखते हैं। जबकि व्यवस्थित बाग लगाने के लिए आपस की दूरी 2X2 मीटर रखते हैं, पौधा लगाने का मुख्य समय मानसून की आरम्भिक अवस्था होती है।

संधाई एवं काट–छाँट

चूँकि करौंदा के पौधे झाड़ीनुमा होते हैं और उनमें जमीन से बहुत सी शाखाएं निकलती रहती हैं। अतः पौधों को सीधा बढ़ाने हेतु एक या दो तने पर ही संधाई करते हैं। अनावश्यक बगल वाली तथा जलीय (Water sprouts) टहनियों को समय–समय पर काटते रहते हैं। जमीन से 40–50 सेंमी. की ऊँचाई पर क्षत्रक विकास करने से अच्छी पैदावार मिलती है। फलत वाले पौधों की नियमित छँटाई की आवश्यकता नहीं पड़ती परन्तु पौधों को वाँछित आकार देने तथा पौधों को साफ सुथरा रखने के लिए आवश्यकतानुसार कुछ टहनियों की छँटाई कर देते हैं। भूमि के पास से निकलने वाली शाखाओं एवं सूखी टहनियों की छँटाई करते रहते हैं।

बाग प्रबन्ध

वैसे तो करौंदा के व्यवसायिक बगीचे नहीं है। परन्तु पौधों का उचित प्रबन्ध रखने से उनका विकास अच्छा होता है तथा फलत निरंतर होती रहती है।

जल प्रबन्ध : करौंदा के पौधों का विकास धीरे–धीरे होता है एक बार पौधों के स्थापित हो जाने के बाद ज्यादा सिंचाई की आवश्यकता नहीं पड़ती। पौधों में केवल खाद एवं उर्वरक के प्रयोग के पश्चात अथवा फल विकास के समय सिंचाई की आवश्यकता होती है। गर्मी के मौसम में तथा फल वृद्धि के दौरान सिंचाई करने से फलों के आकार में वृद्धि होती है।

पोषण प्रबन्ध : करौंदा के पौधों को प्रायः बाड़ के रूप में लगाते हैं जिनमें खाद एवं उर्वरक का प्रयोग नहीं करते हैं परन्तु बाग एवं पोषण वाटिका में लगे पौधों को 15–20 कि.ग्रा. गोबर की सड़ी खाद प्रति पौध की दर से मानसून के पूर्व प्रयोग करने से पौधों की वृद्धि एवं फलत अच्छी होती है।

रोग प्रबंधन : करौंदा में एन्थ्रेक्नोज व वैक्टीरियल कैंकर नामक रोगों का प्रकोप कभी–कभी होता है। ऐन्थ्रक्नोज में पौधे शीर्ष टहनियों से नीचे की ओर सूखने लगते हैं। प्रबंधन के लिए सूखी टहनियों की छँटाई कर दें तथा कापर आक्सीक्लोराइड के 3 ग्रा. प्रति लीटर पानी का घोल बनाकर 10 दिन के अंतराल पर तीन छिड़काव कर दें।

बैक्टीरियल कैंकर में प्रारम्भिक प्रकोप के दौरान पत्तियों की निचली सतह पर काला धब्बा बनता हैं धीरे–धीरे धब्बा बढ़ता है तथा पत्तियाँ झड़ने लगती हैं। फल भी प्रभावित होने लगता है। इसके प्रबंधन के लिए स्ट्रेप्टोसाइक्लीन 2 ग्रा. प्रति 10 लीटर पानी का घोल बनाकर 10 दिनों के अंतराल पर दो–तीन छिड़काव करें।

पुष्पन एवं फलन

बीज द्वारा प्रसारित पौधों में 3–4 वर्ष पश्चात फलन प्रारम्भ हो जाता है। अलग–अलग क्षेत्र एवं जलवायु के अनुसार पुष्पण फरवरी–मार्च से लेकर अप्रैल–मई तक होता है। करौंदा में पुष्पण शीर्ष टहनियों पर पत्तियों के निकलने के स्थान पर आते हैं। करौंदा के पुष्प पूर्ण होते हैं जिनमे प्राकृतिक एवं स्वपरागण के पश्चात फलन होता है।

परिपक्वता एवं फल तोड़ाई

फलन के 100–110 दिन पश्चात फल परिपक्व हो जाते हैं। फलों की परिपक्वता का पहचान किस्म के अनुसार फलों पर रंग के विकसित हो जाने से हो जाता है। फलों की तोड़ाई 2–3 बार में की जाती है। अपरिपक्व फलों की तोड़ाई चटनी व अचार बनाने के लिए की जाती है।

उपज

करौंदा के प्रत्येक वृक्ष से 3–5 कि.ग्रा. फल प्राप्त हो जाते हैं।

तोड़ाई उपरान्त फल प्रबन्ध

फलों की तोड़ाई संध्या समय में की जानी चाहिए। यदि धूप में फलों की तोड़ाई किया जा रहा है तो तोड़े गये फलों को तुरंत छाये मे रखना चाहिए। फलों की तोड़ाई करते समय ध्यान रखना चाहिए कि फल चोटिल न हो। अलग–अलग किस्मों के फलों को रंग के अनुसार अलग–अलग पैक करना चाहिए। अनुपयोगी एवं अवांक्षित फलों को छाँट देना चाहिए। फलों की पैकिंग टोकरियों या बाक्सों में

करके विपणन हेतु भेज देना चाहिए। करौंदा का पका फल मुलायम होने के कारण जल्दी खराब होने लगता है। फलों को भण्डारित करने के लिए 13^0 सेन्टीग्रेड तापक्रम व 94% आपेक्षिक आर्द्रता उपयुक्त रहता है।

परिरक्षण एवं मूल्य संवर्धन

करौंदा के कच्चे फलों से चटनी व अचार बनाते हैं तथा पके फलों से जैम, जैली, स्क्वैश, कैण्डी, सीरप आदि रूपों में परिरक्षित किया जा सकता है।

7. खजूर (Date Palm)

खजूर जिसका वैज्ञानिक नाम *फोनिक्स डेक्टेलिफेरा* लि. (*Phoenix dactylifera* L.) है, पाल्मी या एरेकेसी (Palmeae or Areacaceae) कुल का सदस्य है यह शुष्क क्षेत्र का एक प्रमुख फलदार वृक्ष है। खजूर का जन्म स्थान, फारस की खाड़ी के आस–पास वाले क्षेत्र समझे जाते हैं। भारत में इसको अरब देश वासियों द्वारा लाया गया। यह अरब, ईराक, अल्जीरिया, ईरान, लीबिया, मिस्र, पाकिस्तान, सूडान, मोरक्को, स्पेन, व कैलीफोर्निया (अमेरिका) में बहुतायत से उत्पन्न किया जाता है। भारत में यह सीमित क्षेत्र में पैदा किया जाता है। नई प्रजातियों के आ जाने से भारत में राजस्थान के जैसलमेर, बीकानेर, जोधपुर, गंगानगर, हरियाणा के महेन्द्रगढ, सिरसा, हिसार व भिवानी, पंजाब के फिरोजपुर व अबोहर तथा गुजरात के कच्छ क्षेत्रों मे इसके अंतर्गत कृषि क्षेत्रफल को बढ़ाया जा रहा है। इसके 100 ग्रा. पके फल में प्रोटीन 3.0%, चर्वी 0.2%, खनिज पदार्थ 1.3%, रेशा 2.1%, कार्बोहाइड्रेट 67.3%, कैल्सियम 0.07%, फास्फोरस 0.08%, लोहा 10.6%, विटामिन बी, 90 मि.ग्रा. इत्यादि पदार्थ प्रचुर मात्रा में पाये जाते हैं खजूर के पके हुये फल ताजे रूप में प्रयोग में लिये जाते हैं तथा इसके फलों को सूखाकर छुहारा के रूप में भी रखते हैं जो वर्ष भर उपलब्ध रहता है इसके अतिरिक्त चटनी, जूस, अचार एवं पिंड खजूर इत्यादि बनाकर प्रयोग में लाया जाता है। इसके फल उच्च पोषक गुणों वाले होने के कारण इस फल की उपयोगिता और भी अधिक हो जाती है विशेषकर ऐसी परिस्थितियों में जब इस क्षेत्र में अन्य फलों का उत्पादन बहुत ही कम है।

भूमि एवं जलवायु

खजूर उत्पादन के लिए गहरी चिकनी मिट्टी बहुत उपयुक्त पायी गयी है। हालाँकि खजूर विभिन्न प्रकार की भूमियों में उगाया जा सकता है, तथा 10 पी.एच.

मान तक की भूमियों में भी खजूर की खेती संभव है। खजूर शुष्क जलवायु वाला फल वृक्ष है जिसकी सफलतम पैदावार के लिए वर्षा 25 सेंमी. से भी कम तथा फूल पैदा होने से पकने तक तापक्रम 25–45^0 सेन्टीग्रेड रहना चाहिए। फल वृद्धि एवं विकास अवस्था के समय वातावरण में तापमान बहुत उच्च रहना एवं सिंचाई की समुचित व्यवस्था होने से उच्च गुणों वाले खजूर के फल प्राप्त किये जा सकते हैं। खजूर के विषय में यह कहावत प्रचलित है कि खजूर का सिर आग में तथा पैर पानी में होना अच्छे खजूर उत्पादन के लिए आवश्यक है।

उन्नत किस्में

भारतीय कृषि अनुसंधान परिषद् (ICAR) द्वारा खजूर की कुछ निम्नलिखित जातियां अनुसंधान कार्यों के आधार पर संस्तुत की गई हैं।

खदरावी (Khadrawi) : इसके फल पकने पर लाल रंग के मुलायम होते हैं। उपज प्रति पौधा 50–75 कि.ग्रा. होती है। उपज में प्रति वृक्ष 50–75 कि.ग्रा. होती है। फल छुआरा व पिंड दोनों के लिए उपयुक्त होते हैं।

मेडजूल (Medjool) : फल अगस्त के मध्य में पकते हैं इनका रंग सुनहरा पीला होता है। प्रति वृक्ष पैदावार 75–100 कि.ग्रा. होती है।

हिल्लावी (Hillawi) : यह एक अधिक लोकप्रिय जाति है जो वर्षा तथा आर्द्रता को सहन करने की क्षमता रखती है। फलों का आकार छोटा होता है तथा पकने पर वे सिकुड़ जाते हैं। पैदावार 75–100 कि.ग्रा. प्रति वृक्ष होती है।

जाहिदी अथवा जैदी (Jahidi or Jaidi) : इसके फल छोटे आकार में मिलते हैं तथा डोका अवस्था में ताजा प्रयोग के लिए उपयुक्त होते हैं। फलों की पैदावार 100–150 कि.ग्रा. प्रति पौधा होता है।

शामरान (Shamran) : इसकी पैदावार अधिक होती है तथा छुआरा बनाने के लिए उपयुक्त होती है इसके फल कुछ पहले पकते हैं।

बरही (Barhee) : यह ईराक में अधिक पैदा की जाती है इसके फल मुलायम होते हैं। फल मध्यम आकार वाले सुनहरे पीले होते हैं। ताजा खाने एवं छुआरा बनाने दोनों के लिए उत्तम जाति है। इसकी उपज बहुत कम 15 कि.ग्रा. प्रति पेड़ पायी जाती है।

इन जातियों के अतिरिक्त विरहम, सकराई, चिपचाप किस्में इराक से आयतित करके देखी जा रही हैं। ध्यानी, खालसा, धूरी तथा इगलैट नूर आदि जातियों के

भी बाग स्थापित करने का प्रयास जारी है और भविष्य में उससे फल पैदा होने की आशा है।

प्रसारण तकनीक

खजूर को बीज तथा वनस्पतिक दोनों ही विधियों द्वारा प्रसारित किया जाता है। बीज द्वारा पौधे उत्पन्न करने में बहुत सी हानियाँ होती है। बीजों से उत्पन्न पौधों में 50% नर निकल जाते हैं साथ ही साथ इनकी वृद्धि धीमी होती है तथा फल आने में अधिक समय लगता है एवं पौधा किस्म के अनुरूप आनुवांशिक गुणों वाला नहीं होता है।

इस प्रकार व्यवसायिक दृष्टिकोण से एवं अच्छे गुणों वाले फल के लिए वनस्पतिक प्रसारण अन्तः भूस्तारी (सकर्स) द्वारा किया जाता है। खजूर के सकर्स जो कि पूर्ण वृद्धि प्राप्त पौधे के तने के निचले हिस्से में जमीन पर छोटे–छोटे पौधों के रूप में फूटते हैं, खेत में रोपण के लिए प्रयुक्त होते हैं। सकर्स को 3 से 5 साल तक होने पर रोपाई के लिए जड़ सहित मुख्य वृक्ष से अलग कर लिया जाता है। इस बात का ध्यान रखना चाहिए कि रोपाई के लिए प्रयोग आने वाले सकर्स का वजन 10 कि.ग्रा. अथवा इससे अधिक होना चाहिए एवं उनमें पूर्ण विकसित जड़ों का होना बहुत आवश्यक है। इनको जुलाई अगस्त या फरवरी–मार्च माह में लगाया जाता है। एक खजूर के वृक्ष से पूरे जीवन में 15–20 तक सकर्स प्राप्त होते हैं। सकर्स द्वारा प्राप्त पौधा किस्म के अनुरूप अनुवांशिक गुणों वाला होता है तथा इनमें नर एवं मादा पौधे की पहचान रोपाई के समय ही हो जाती है।

बाग स्थापना

खेत को अच्छी तरह तैयार करके रेखांकन करना चाहिए। खजूर के पौधों को वर्गाकार विधि से जिसमें कि पौधे से पौधे एवं पंक्ति से पंक्ति के बीच की दूरी 8 मी. रखी जाती है। रेखांकित स्थान पर 75X75X75 सेंमी. आकार के गडढे की खुदाई करके 1 माह खुला छोड़ देते हैं फिर गडढे की ऊपरी सतह की मिट्टी में 20 कि.ग्रा. गोबर की सड़ी हुई खाद, 200 ग्रा. यूरिया, 500 ग्रा. सुपर फास्फेट, 200 ग्रा. म्यूरेट ऑफ पोटाश एवं 50 ग्रा. दीमक के लिए क्लोरोपाइरीफॉस डस्ट मिट्टी में मिलाकर गडढे की भराई कर देना चाहिए। पौध रोपाई करने का सबसे उत्तम समय फरवरी–मार्च का महीना होता है। इसी समय सकर्स को गडढे के बीचो–बीच स्थापित करके, सिंचाई कर देते हैं इस तरह नए लगाए गए सकर्स की प्रतिदिन हल्की सिंचाई करते रहते हैं। इस तरह नए सकर्स के लिए गर्मियों में प्रति

सप्ताह एवं सर्दियों में प्रति 15 दिन पर सिंचाई करते रहते हैं। नर पौधों की संख्या फलोउद्यान में 5–10% होना आवश्यक होती है।

संधाई एवं काट–छाँट

अच्छे गुणों वाली फसल प्राप्त करने हेतु पौधों पर पत्तियाँ निश्चित मात्रा में रखी जाती है। पत्तियों की संख्या विभिन्न जातियों में विभिन्न प्रकार से फलों के गुच्छों के आधार पर निर्धारित की जाती है। पौधों पर फलों के गुच्छे के लिए 7–9 पत्तियाँ छोड़ते हैं। इस प्रकार विभिन्न जातियों के लिए पौधे पर पत्तियों की संख्या 50–100 तक रखी जाती है। अनावश्यक पुरानी पत्तियों को जून माह में काट देना चाहिए। अनावश्यक पत्तियाँ हटाने से वायु संचार बढ़ जाने के कारण पौधों में अच्छे किस्म के फल पैदा होते हैं।

बाग प्रबन्ध

खजूर के बाग की वैज्ञानिक तरीके से प्रबन्ध करने से उच्च गुणवत्ता वाले फलों की प्राप्ति होती है। बाग प्रबन्ध के मुख्य अवयव जल, पोषण, बाग सतह, कीट एवं व्याधि प्रबन्ध आते हैं जिनका संक्षिप्त विवरण निम्न है।

जल प्रबन्ध : खजूर के पौधे (सकर्स) रोपण के उपरान्त प्रति दिन सिंचाई करना चाहिए। जब सकर्स अच्छी तरह जड़ पकड़ ले तब गर्मियों में कम से कम प्रति सप्ताह एवं सर्दियों में 15 दिन के अन्तर सिंचाई करना चाहिए। फल वृद्धि एवं विकास की अवस्था में सिंचाई की समुचित व्यवस्था होने पर पौधों में अच्छे गुण वाले फल प्राप्त होते हैं।

पोषण प्रबन्ध : खजूर के पूर्ण विकसित पौधों में प्रति वर्ष 30 कि.ग्रा. गोबर की सड़ी खाद अगस्त–सितम्बर के महीने में तथा 1 कि.ग्रा. अमोनियम सल्फेट अथवा कैल्शियम अमोनियम नाइट्रेट जनवरी–फरवरी के महीने में प्रति पौधे की दर से देनी चाहिए।

बाग सतह प्रबन्ध : प्रारम्भिक अवस्था में खजूर के उद्यान में अच्छी सिंचाई व्यस्था होने पर अन्य फसलें जैसे– तिलहनी एवं दलहनी फसलें, सब्जियों जैसे– ककड़ी, टमाटर, टिन्डा, मिर्च, एवं फलदार पौधों जैसे– पपीता, नींबू, अनार, इत्यादि ली जा सकती है। इस बात का ध्यान अवश्य रखना चाहिए की इन फसलों से खजूर के वृक्षों पर कोई प्रतिकूल प्रभाव न पड़े।

कीट एवं रोग प्रबन्ध : खजूर में कुछ महत्वपूर्ण कीट एवं रोग इस प्रकार हैं।

ताड़ का काला भृंग (Rhinoceros beetle, Orycles rhinoceres Linn.): यह लम्बा, बेलनाकार, काले चमकीले रंग का कीट होता है। ये पत्तियों में छेद करके खाते हैं नियंत्रण के लिए प्रभावित पत्तियों को काटकर नष्ट कर देना चाहिए तथा कीट प्रजनन के स्थान पर क्लोरोपाइरीफॉस धूल को बुरक देना चाहिए।

ताड़ का घुन (Palm weevil, Rhynchophorus ferrugineus Oliv) : यह कीट लाल भूरे रंग का बड़ा एवं चपटे आकृति का कीट होता हैं। इसके भारी प्रकोप से पौधे का शीर्ष भाग सूख जाता है। इसके नियंत्रण के लिए टेकसाफेन या क्लोरोपाइरीफॉस का धूल छिद्रों में भर देनी चाहिए।

उकटा रोग (Wilt) : यह रोग (*Fusarium oxysporum*) द्वारा होता है। शुरू में पत्तियों पर सफेदी आना शुरू होती है। तत्पश्चात शीर्ष कलिका नष्ट हो जाती है तथा बाद में सम्पूर्ण पौधा सूख जाता है। नियंत्रण के लिए रोगग्रस्त पौधों को काटकर हटा देना चाहिए।

मिथ्या कंड (False smut) : इसे ग्रैफियोला पत्र दाग रोग भी कहते हैं। यह *Graphiola phoenicus* नामक कवक द्वारा फैलता है। पत्तियों की दोनों सतहों पर भूरे रंग के धब्बे पड़ जाते हैं तथा वे सूख जाती हैं। अधिक नम्र वातावरण के समय यह रोग देखा जाता है। नियंत्रण हेतु बोर्डो मिश्रण (4:4:50) का छिड़काव दो बार करना चाहिए।

पुष्पन एवं फलन

खजूर का पौधा एक लिंगी होता है इसमें नर एवं मादा फूल अलग–अलग वृक्षों में लगते हैं। परागण के लिए फलोद्यान में 5–10% नर पौधे होने चाहिए। इसमें परागण कीट तथा हवा द्वारा होता है। इसके अलावा परागकणों को रूई के फाहों की सहायता से मादा पुष्पों पर खिलने के समय प्रातः काल में छिड़काव किया जा सकता है। परागकणों को शीत अवस्था में 8 सप्ताह तक भंडारित किया जा सकता है। फूलों पर 2–3 बार परागकणों का छिड़कना लाभकारी पाया गया है। इसके पौधे 5–6 वर्ष बाद फल उत्पादन करने लगते हैं। फूल मार्च–अप्रैल में निकलते हैं तथा फल जुलाई–अगस्त में पक कर तैयार हो जाते हैं। खजूर में मेटा जीनिया प्रभाव देखा गया है जिसमें पराग कण फलों के रंग को प्रभावित करते हैं।

फलों की अच्छी किस्म प्राप्त करने हेतु फूलों अथवा फलों को कुछ संख्या में गुच्छों से निकाल देना चाहिए। अगर फूलों के गुच्छे अधिक घने पैदा हो तो कुछ

गुच्छों को काटकर हटा देना चाहिए, जिसको (Thinning of Flowering of Fruits) कहा जाता है।

परिपक्वता एवं फल तोड़ाई

फलों के गुच्छे देखने से पता चल जाता है कि फल पक गया है इसके अलावा पके फल एक–एक करके गिरने लगते हैं। फल जुलाई–अगस्त में पकते है। इस प्रकार फलों के गुच्छों को सावधानी पूर्वक डोका अवस्था में काट लिया जाता है।

उपज

खजूर के पौधे लगभग 5 साल बाद फल देने लगते हैं। आयु एवं देखभाल के अनुसार 50 से 300 कि.ग्रा. प्रति पेड़ तक फल दे सकते हैं। लेकिन औसतन 80–100 कि.ग्रा. फल प्रति पेड़ के हिसाब से उत्पादन प्राप्त होता है।

तोड़ाई उपरान्त फल प्रबन्ध

वर्षा द्वारा होने वाली क्षति से फलों को सुरक्षित रखने के लिए तोड़ाई डोका अवस्था में कर लेना चाहिए। छुआरा तैयार करने के लिए फलों को पहले 5 मिनट के लिए उबलते पानी में डालकर 49^0 सेन्टीग्रेड तापक्रम पर बिजली की भट्टियों या धूप में चटाई फैलाकर सुखा लिया जाता है। पिण्ड–खजूर बनाने के लिए फलों को उबलते पानी में 20–30 सेकण्ड के लिए डूबोकर 39^0 सेन्टीग्रेड तापक्रम पर बिजली की भट्टियों या धूप में सुखा लिया जाता है। खजूर का पत्तियों द्वारा तैयार इसकी टोकरियों में बंद करके विपणन के लिए भेजा जाता है। सूखे फलों का 11^0 सेन्टीग्रेड तापक्रम एवं 65–70% आपेक्षिक आर्द्रता पर 12 माह तक सुरक्षित भण्डारण किया जा सकता है।

परिरक्षण एवं मूल्य संवर्धन

खजूर के पके फलों को ताजे में खाने के साथ–साथ इसे सूखाकर सुरक्षित छुआरा के रूप में वर्ष भर प्रयोग करते हैं। इसके अतिरिक्त इसके फलों से विभिन्न परिरक्षित पदार्थ जैसे– जूस, चटनी, अचार, सिरका आदि बनाये जाते हैं। इस प्रकार मूल्य संवर्धन की अपार संभावनाएँ हैं।

8. बेल (Bael)

बेल जिसका वैज्ञानिक नाम *एगल मारमेलास* (*Aegle marmelos*) है रूटेसी (Rutaceae) कुल का एक प्रमुख सदस्य है। बेल भारत वर्ष का देशज फल है और यह भारत के प्राचीन फलों में से एक है। प्राचीन काल से बेल को 'श्रीफल' के नाम से जाना जाता है। बेल शुष्क एवं अर्द्धशुष्क जलवायु में उगाया जा सकने वाला एक प्रमुख फल है। इसके उत्पादन क्षेत्र के विषय में कोई विशेष लेखा उपलब्ध नहीं है फिर भी सभी जगहों पर कुछ न कुछ मात्रा में पाये जाते हैं। ऊसर, बंजर एवं पठारी क्षेत्रों में जहाँ अन्य फलदार पौधे उगाये नहीं जा सकते वहाँ बेल की खेती की अपार सम्भावनाएँ है, क्योंकि यह एक बहुत ही सहनशील वृक्ष है। मई–जून की गर्मी के समय इसकी पत्तियाँ झड़ जाती हैं। जिससे पौधों में शुष्क सहने की यानि सुषुप्तावस्था में जा कर जल के अभाव को सह लेने की क्षमता रहती है।

इसके 100 ग्रा. पके फल में 61% नमी, 2.6% प्रोटीन, 0.4% वसा, 0.10% खनिज तत्व, 2.9% रेशा, पाया जाता है तथा विटामिन–ए, बी,सी, इत्यादि भी प्रचुर मात्रा में पाये जाते हैं। बेल के लिए कहा गया है ''रोगान बिलती विभन्ति इति बिल्ल'' अर्थात् जो रोगों का नाश करे वह बेल कहलाता है। बेल के जड़, छाल, पत्ते, शाख और फल औषधि के रूप में मानव जीवन के लिए उपयोगी है। बेल एक लाभकारी फल है अतः इसके अधिकाधिक उपयोग को बढ़ावा देना चाहिए। कच्चे फलों का मुरब्बा एवं कैंडी या भूनकर खाने से पेचिस, भूख न लगना एवं अन्य पेट के विकारों से छुटकारा पाया जा सकता है। पके बेल के गूदे के पाउडर को प्रतिदिन दूध के साथ लेने से पुरानी जीर्ण संग्रहणी में लाभ पाया जा सकता है। गर्मी के मौसम में नियमित सेवन या शर्बत बनाकर सेवन अत्यन्त लाभकारी होता है।

भूमि एवं जलवायु

यह विभिन्न प्रकार की बंजर भूमि (ऊसर, बीहड़, खादर,) में उगाया जा सकता है। यह शुष्क एवं अर्ध शुष्क जलवायु को सहन करने की क्षमता रखता है।

उन्नत किस्में

बेल की अनेक स्थानीय किस्में है परन्तु हाल में वर्षों में नरेन्द्र देव कृषि एवं प्रौद्योगिक विश्वविद्यालय, गोविन्द बल्लभ पंत कृषि विश्वविद्यालय, केन्द्रीय उपोष्ण बागवानी संस्थान तथा बागवानी एवं कृषि वानिकी शोध कार्यक्रम द्वारा चयनित

किस्मों की सिफारिश की जाती है। कुछ प्रमुख किस्मों का संक्षिप्त विवरण निम्न है–

नरेन्द्र बेल–5 : इस किस्म के पौधे कम ऊँचाई (3–5 मी.) एवं अधिक फैलाव वाले होते हैं। फल चपटे सिरे वाले, मध्यम आकार के (21X25 सेंमी.) मीठे स्वाद 28–38^0 ब्रिक्स) तथा कम बीज वाले होते हैं। गूदा कम, रेशेयुक्त, मुलायम और अच्छे स्वाद वाला होता है। फलों का औसत वजन 900–1000 ग्रा. तक होता है तथा पेड़ों की औसत उपज 50–60 कि.ग्रा. प्रति पेड़ तक पायी जाती है।

नरेन्द्र बेल–7 : इस किस्म के पौधे की औसत ऊँचाई (5–7 मी.) तथा अपेक्षाकृत कम फैलाव वाले (3–5 वर्ग मी.) होते हैं। फल गोल तथा काफी बड़े होते हैं। जिनका औसत वजन 3–4.5 कि.ग्रा. तक पाया जाता है।

नरेन्द्र बेल–9 : इस किस्म के पौधे मध्यम ऊँचाई (4–6 मी.) एवं अधिक फैलाव वाले होते हैं फल आकार में बड़े (26X33 सेंमी.) अण्डाकार तथा अधिक मिठास वाले (33–40^0 ब्रिक्स) होते हैं। फलों का औसत वजन 1–1.5 कि.ग्रा. तक होता है तथा छिलका पतला होता है। गूदे में रेशे एवं बीज की मात्रा कम पायी जाती है। पेड़ों से औसत उपज 70–80 कि.ग्रा. प्रति वृक्ष तक प्राप्त की जा सकती है

पंत सिवानी : इस किस्म के पेड़ ऊपर की तरफ बढ़ने वाले एवं घने होते हैं। फल अण्डाकार लम्बा, भार 1.2–2.0 कि.ग्रा., छिलका मध्यम पतला, गूदा अधिक (70–75%), रेशा कम, मिठास अधिक (34–35^0 ब्रिक्स) एवं स्वादिष्ट होता है। पेड़ों की औसत उपज 50–60 कि.ग्रा. प्रति वृक्ष तक पायी जाती है।

पंत अर्पणा : यह एक बौनी एवं कम घनी किस्म है, जिनकी शाखायें नीचे की तरफ लटकती रहती हैं। पत्तियाँ बड़ी, गहरे रंग की एवं नाशपाती की तरह होती हैं। पेड़ों पर काटें भी कम पाये जाते हैं तथा फलन जल्दी एवं उपज अच्छी होती है। फल गोलाकार, वजन 0.6–0.8 कि.ग्रा. एवं पतले छिलके वाले होते हैं। पकने पर फलों का रंग हल्का पीला होता है। इसमें बीज तथा लसलसा पदार्थ, खटास व रेशा कम पाया जाता है। लसलसा पदार्थ व बीज अलग थैलियों में बन्द होता है जिसे आसानी से अलग किया जा सकता है। अतः यह किस्म प्रोसेसिंग के लिए ज्यादा उपयुक्त हो सकती है। फलों का गूदा मध्यम मीठा (30.8^0 ब्रिक्स), स्वादिष्ट एवं सुवासयुक्त होता है।

पंत उर्वसी : इस किस्म के पेड़ घने, वृद्धि युक्त एव लम्बे होते हैं। यह एक मध्यम समय में पकने वाली किस्म है। फलों का आकार अण्डाकार लम्बा तथा प्रतिफल भार 1.6 कि.ग्रा. तक होता है। छिलका मध्यम पतला, गूदा मीठा (32^0 ब्रिक्स), स्वादिष्ट एवं सुवासयुक्त होता है। फलों में गूदे की मात्रा 68.5% एवं रेशे की मात्रा कम पायी जाती है। पेड़ों की औसत उपज 27–30 कि.ग्रा. तक होती है।

पंत सुजाता : इस किस्म के पेड़ मध्यम आकार के घने एवं फैलने वाले होते हैं। यह एक मध्यम समय में पकने वाली किस्म है। फल गोल तथा दोनों सिरे चपटे होते हैं। फलों का औसत भार 1.2 कि.ग्रा., छिलका पतला एवं हल्के पीले रंग वाला, गूदे की मिठास 27^0 ब्रिक्स तथा रेशा कम होता है। फलों में गूदे की मात्रा 77.8% तक पायी जाती है। पेड़ों की औसत उपज 45–50 कि.ग्रा. प्रति वृक्ष तक पायी जाती है।

सी.आई.एस.एच.–बी–1 : इस किस्म के पौधे मध्यम ऊँचाई वाले एवं कम फैलाव लिये होते हैं। फल आकार में अण्डाकार गोल (15–17 सेंमी. लम्बा एवं 39–41 सेंमी. व्यास) तथा अधिक मिठास युक्त ($35–40.5^0$ ब्रिक्स) होते हैं। फलों का औसत वजन 0.8–1.2 कि.ग्रा., छिलका पतला (0.10–0.12 सेंमी.) एवं वजन 1.25 कि.ग्रा. प्रति फल तक का होता है। फलों में रेशे एवं बीज की मात्रा कम पायी जाती है एवं औसत उपज 50–60 कि.ग्रा. प्रति वृक्ष तक प्राप्त की जा सकती है।

सी.आई.एस.एच.बी.–2 : इस किस्म के पौधे कम ऊँचाई वाले तथा अधिक फैलाव लिए होते हैं। फल आकार में बड़े (14.8–18 सेंमी. लम्बा एवं 52–64 सेंमी. व्यास) तथा गोल होते हैं। फलों का वजन 1.8–2.4 कि.ग्रा. तक पाया जाता है फल अधिक मिठासयुक्त ($37–41^0$ ब्रिक्स) एवं पतले छिलके वाले होते हैं। फलों में रेशे एवं बीज की मात्रा काफी कम होती है इस किस्म के पौधों का उपज 40–50 कि. ग्रा. प्रति वृक्ष तक पायी जाती है।

प्रसारण तकनीक

बेल के पौधे मुख्य रूप से बीज द्वारा तैयार किये गये मूलवृन्त पर कलिकायन या ग्राफ्टिंग द्वारा बनाये जाते हैं। बीजों की बुवाई फलों से निकालने के तुरन्त बाद 15–20 सेंमी. ऊँची 1X10 मी. आकर की क्यारियों में 1–2 सेंमी. गहराई पर कर देनी चाहिए। बुवाई का उत्तम समय मई–जून का महीना होता है। कलिकायन के लिए 1–2 वर्ष पुराने पौधे उपयुक्त पाये गये हैं। जून–जुलाई माह में पैबन्दी चश्मा

विधि से 80–90% तक सफलता मिलती है और सांकुर डाली की वृद्धि भी अच्छी होती है जब कलिका ठीक प्रकार से फुटाव ले ले तो मूलवृंत को कलिका के ऊपर से काट देना चाहिए।

शिखर रोपण : पुराने बीजू पौधों को कलमी पौधों में बदलने के लिए चोटी कलम बांधना चाहिए। इसके लिए पेड़ की मोटी शाखाओं को जमीन से (2.5–3.0 मी.) ऊँचाई पर मार्च में शिखर से काट कर उस हिस्से को गीली मिट्टी और टाट से ढ़क देते हैं। जब इन कटे हुए भागों से नई शाखाएं निकल कर कलम बाँधने योग्य हो जाएं तो उन पर जून–जुलाई मे कलिकायन कर दिया जाता है। जब कलिकाएँ अच्छी तरह से फुटाव ले लेती है तब पुरानी शाखाओं को ऊपर से काट दिया जाता है।

बाग स्थापना

बेल की बागवानी के लिए खेत को अच्छी तरह तैयार कर लेना चाहिए, तत्पश्चात रेखांकन करके 6–8 मी. की दूरी पर स्थान निश्चित करते हुए 60X60X60 सेंमी. आकार के गड्ढ़े तैयार कर लेते हैं। यदि ज़मीन में कंकड़ की तह हो तो उसे निकाल देना चाहिए। 15–20 दिन के लिए गड्ढ़े को खुला छोड़ देना चाहिए। फिर गड्ढ़ों के ऊपरी तह की मिट्टी में 3–4 टोकरी सड़ी गोबर की खाद, 20–25 कि.ग्रा. बालू तथा 1 कि.ग्रा. चूना मिलाकर सतह से 6–8 इंच ऊँचाई तक गडढा भर देना चाहिए। इन्हीं तैयार गड्ढ़ों में जुलाई–अगस्त माह में पौध रोपण करना चाहिए। पौध रोपण के बाद हल्की सिंचाई करना उपयुक्त होता है। सूखे क्षेत्रों मे स्वस्थानिक विधि से बाग लगाना उपयुक्त पाया गया है।

संधाई एवं काट–छाँट

पौधों की संधाई का कार्य शुरू के 4–5 वर्षों में करना चाहिए। मुख्य तने को 75 सेंमी. ऊँचाई तक शाखा रहित रखना चाहिए। इसके बाद 4–6 मुख्य शाखाओं को चारों दिशाओं में बढ़ने देना चाहिए। बेल के पेड़ों में विशेष छँटाई की आवश्यकता नहीं पड़ती है। परन्तु सूखी डाली, कीड़ों एवं बीमारियों से ग्रसित डालियों को समय–समय पर निकालते रहना चाहिए।

बाग प्रबन्ध

बेल के नये एवं पुराने बाग का वैज्ञानिक तरीके से प्रबन्ध करने की आवश्यकता होती है। बाग प्रबन्ध के वैज्ञानिक तरीकों में जल, पोषण सतह, कीट एवं व्याधि

प्रबन्ध के नवीनतम जानकारी को व्यवहार में लाकर अधिक उपज प्राप्त किया जा सकता है।

जल प्रबन्ध : नये पौधों को स्थापित करने के लिए एक से दो वर्ष तक सिंचाई की आवश्यकता पड़ती है। पूर्ण स्थापित पौधे बिना सिंचाई के भी अच्छी तरह से रह सकते हैं। गर्मियों में बेल का पौधा अपनी पत्तियाँ गिराकर सुषुप्ता अवस्था में चला जाता है और इस तरह यह सूखे को सहन कर लेता है।

पोषण प्रबन्ध : पौधों की अच्छी बढ़वार व अधिक फलत एवं पेड़ों को स्वस्थ रखने के लिए प्रत्येक पौधे में 10 कि.ग्रा. गोबर की सड़ी खाद, 50 ग्रा. नत्रजन, 25 ग्रा. फास्फोरस एवं 50 ग्रा. पोटाश प्रति वर्ष प्रति पौध डालनी चाहिए। खाद एवं उर्वरक की यह मात्रा दस वर्ष तक गुणित अनुपात मे बढ़ाते रहना चाहिए। इस प्रकार 10 वर्ष या उससे अधिक आयु वाले वृक्ष को 500 ग्रा. नत्रजन, 250 ग्रा. फास्फोरस और 500 ग्रा. पोटाश के अतिरिक्त 30–40 कि.ग्रा. गोबर की सड़ी खाद डालना उत्तम होता है। पठारी भूमि में लगाये गये पौधों में 250 ग्रा. जिंक सल्फेट प्रति पौधे के हिसाब से उर्वरकों के साथ डालना चाहिए या 0.5% जिंक सल्फेट का पर्णीय छिड़काव जुलाई, अक्टूबर व दिसम्बर माह में करना चाहिए। खाद एवं उर्वरकों की पूरी मात्रा जून–जुलाई में डालनी चाहिए।

बाग सतह प्रबन्ध : शुरू के वर्षों मे नये पौधों के बीच में सिंचाई की सुविधा रहने पर कुछ सब्जियाँ एवं दलहनी फसलें ली जा सकती हैं। इसके अलावा टांड की फसलें लगाकर उन्हें वर्षा ऋतु में पलट देने से भूमि की दशा में सुधार किया जा सकता है।

कीट एवं रोग प्रबन्ध : साधारणतः बेल का पौधा कीट एवं रोग रोधी होते हैं। अतः इनमें किसी विशेष पौध सुरक्षा की आवश्यकता नही पड़ती। इसके पौधों (नवजात) के उपर दीमक का भयंकर आक्रमण होता है ऐसे क्षेत्र जहाँ पर दीमक का प्रकोप हो जैसे छोटानागपुर एवं राजस्थान के बीहड का क्षेत्र। इसके नियंत्रण के लिए क्लोरोपाइरीफास 4–5 मि.ली./10 ली. पानी के घोल का पौधों के थालों में डालने से नियंत्रण किया जाता है। जैफ बीटल (पत्ती खाने वाला बीटल) का प्रकोप नई एवं कोमल पत्तियों के निकने के समय (बरसात के मौसम) में होता है और पत्तियों को खाकर हानि पहुँचाता है। इसके नियंत्रण के लिए 0.05% मोनोक्रोटोफास का 2–3 छिड़काव 10 दिनों के अन्तराल पर करना चाहिए। बेल के पौधों एवं फलों पर कैंकर नामक रोग का प्रकोप देखा गया है। पौधे के पत्तियों

के उपर कैंकर का धब्बा पाया जाता है जिसके परिणामस्वरूप पतियाँ गिरने लगती हैं एवं पौधे कमजोर हो जाते हैं। इसके नियंत्रण हेतु स्ट्रेपटोमाइसीन नामक दवा का 500 पीपीएम घोल का 2 छिड़काव 10 दिनों के अन्तराल पर करने से रोग ग्रसित पौधे ठीक हो जाते हैं।

पुष्पन एवं फलन

वानस्पतिक पौध प्रवर्धन विधि से तैयार एवं रोपित पौधों में 4–5 वर्षो में फल एवं फूल आने लगते हैं जबकि बीज द्वारा रोपित पौधों में 7–8 वर्षो में फल एवं फूल लगते हैं। बेल के बाग से व्यवसायिक उत्पादन 10–12 वर्षो में होने लगता है। उत्तरी भारत में मार्च से अप्रैल माह में फूल निकलते है एवं फल 10–11 माह में तोड़ने के लायक हो जाता है। प्रारंभ के एक माह में फल विकास बहुत धीमा होता हैं, 4–6 माह में फल तेजी से विकास करते है और उसके बाद फलों का विकास रूक जाता है। दक्षिणी भारत में बेल का फल फरवरी माह में पकना प्रारंभ हो जाता है और अप्रैल माह तक पेड़ पर देखा जा सकता है जबकि उत्तरी भारत में फलों की तुड़ाई मार्च से मई माह में करते हैं। बेल के फलों का पकना तुड़ाई के उपरान्त भी होता है अतः इसकी तुड़ाई फलों के पूर्ण रूप से तैयार होने के पूर्व भी कर सकते हैं।

परिपक्वता एवं फल तोड़ाई

फल अप्रैल–मई माह में तोड़ने योग्य हो जाते हैं। जब फलों का रंग गहरे हरे से बदलकर पीला हरा होने लगे तो फलों की तुड़ाई 2 सेंमी. डण्ढल के साथ करनी चाहिए। तोड़ते समय इस बात का ध्यान रखना चाहिए कि फल जमीन पर न गिरने पाये। इससे फलों की त्वचा चटक जाती है जिससे फल भीतर से सड़ जाते हैं।

उपज

किस्मों के अनुसार 30–60 कि.ग्रा. फल प्रति वृक्ष प्राप्त हो जाता है।

तोड़ाई उपरान्त फल प्रबन्ध

बेल के फलों को तोड़ते समय सावधानी बरतनी होती है जिससे कि फल जमीन पर न गिरने पायें। क्योंकि त्वचा (छिलका) फट जाती है और फल के अन्दर सड़न शुरू हो जाती है। तोड़ाई उपरान्त कोई खास प्रबन्ध की आवश्यकता नहीं होती है। इसको सीधे वाहन में ले जा सकते हैं या फिर जूट आदि के बोरे या अन्य में पैंकिंग करके बाजार ले जा सकते हैं।

परिरक्षण एवं मूल्य संवर्धन

पके फलों के गूदे को सीधे रूप से खाने में तथा घोल कर शर्बत बना कर पीने में प्रयोग किया जाता है। इसके अलावा औषधीय उपयोगी पदार्थ बनाने में प्रयोग किया जाता है। इससे अनेक परिरक्षित पदार्थ (शर्बत, मुरब्बा) बनाया जा सकता है। इस प्रकार इसमें मूल्य संवर्धन की अपार सम्भावनाएँ हैं।

8. केर (Ker)

केर अथवा करील जिसका वैज्ञानिक नाम कैपारिस डेसीडुआ (*Capparis decidua*) है, कैपिरीडियसी (Capparidaceae) कुल का एक सदस्य है। केर के पौधे भारत वर्ष के रेगिस्तान तथा शुष्क इलाकों में बहुतायत में पाये जाते हैं और इसीलिए इसकी उत्पत्ति भारत वर्ष का पश्चिमी भाग माना जाता है। केर के पौधे राजस्थान, गुजरात, हरियाणा, पंजाब, दिल्ली, उत्तर प्रदेश एवं मध्य प्रदेश के सूखे क्षेत्रों में पाये जाते हैं। केर के पौधे 'जीरोफिटिक' (Xerophytic) होते हैं। जिनके ऊपर काँटे पाये जाते हैं तथा पत्तियाँ नहीं पायी जाती हैं। पौधों के हरे तनों से प्रकाश संश्लेषण क्रिया होती है। केर के फलों का उपयोग मुख्यतः अचार या सब्जी के रूप में किया जाता है। इनके हरे कच्चे फल अनेक प्रकार के कार्बनिक अम्ल तथा विटामिन के भण्डार होते हैं। केर के 100 ग्रा. कच्चे फल में 28 ग्रा. नमी, 14. 9 ग्रा. प्रोटीन, 7.4 ग्रा. वसा, 59.4 ग्रा. कार्बोहाइड्रेट, 12.3 रेशा, 90 मि.ग्रा. कैल्शियम, 779 मि.ग्रा. फास्फोरस, 3.5 मि.ग्रा. लौह तत्व, 8964 आई.यू. विटामिन ए तथा 1207 मि.ग्रा. एसकार्बिक अम्ल पाया जाता है। केर के फलों को सुखाकर काफी समय तक भण्डारित किया जा सकता है। इसके फलों का उपयोग पंचकुटा जैसी सब्जियों में किया जाता है।

भूमि एवं जलवायु

केर के पौधों को बलुई मिट्टी से लेकर कंकरीली पथरीली मिट्टी में उगाया जा सकता है। परन्तु सामान्य पी.एच.मान वाली बलुई दोमट मिट्टी में इसके पौधों और फलों का अच्छा विकास होता है। राजस्थान के शेखावटी के क्षेत्र तथा उत्तर प्रदेश के आगरा–मथुरा क्षेत्र में केर के पौधे पेड़ का रूप ले लेते हैं। जबकि राजस्थान के बीकानेर, चुरू, जैसलमेर, जोधपुर क्षेत्रों में केर के पौधे झाड़ियों के रूप में पाये जाते हैं।

केर के पौधों को गर्म एवं शुष्क जलवायु की आवश्यकता होती है। वातावरण में कम आर्द्रता फूल निकलने एवं अधिक तापमान फलों के विकास के लिए उपयुक्त माने गये हैं। सर्दी के दिनों में कम तापमान से केर के पौधे सुषुप्ता अवस्था में चले जाते हैं जिनमें फरवरी–मार्च में फूल आते हैं।

उन्नत किस्में

केर में अधिक मात्रा में जैव विविधता पायी जाती है परन्तु इसमें किसी उन्नत किस्म का विकास नहीं हो पाया है। प्राकृतिक रूप से चयन करके कुछ विशेष जनन द्रव्यों को चिन्हित किया गया है। इसमें बड़े फल देने वाली, मुलायम बीज वाली तथा फल वाली जातियां मुख्य हैं।

प्रसारण तकनीक

केर के पौधे मूलतः बीज द्वारा तैयार किये जाते हैं। पके हुए फलों जिन्हें स्थानीय भाषा में 'ढालू' कहा जाता है से पूर्ण परिपक्व बीजों को निकाल कर पौधशाला में उगाया जाता है। बीजों को 15X10 सेंमी. आकार की थैलियों जिनमें खाद, मिट्टी, रेत का बराबर अनुपात का मिश्रण भरा हो बोना चाहिए। बीज बोने की गहराई 1 सेंमी. से अधिक नहीं होनी चाहिए अन्यथा जमाव प्रभावित होता है। पौधशाला में नियमित सिंचाई करें और जब ये पौधे 12–15 माह के हो जाये तो खेत में रोपाई की जाती है।

बीज द्वारा तैयार पौधे बहुत धीरे–धीरे बढ़ते हैं और उनकी गुणवत्ता भी निश्चित नहीं रहती अतः वनस्पतिक विधि से केर के पौधे तैयार करना ही उचित रहता है। वनस्पतिक विधियों में कठोर कलम अधिक सफल पायी गयी है। कलम तैयार करने के लिए 8–10 माह पुरानी डाली को चुनकर 15–17 सेंमी. लम्बी कलमें बनाते हैं। कलमों के निचले सिरे को 24 घण्टे के लिए पानी में डुबो कर रखने से उसमें मौजूद वृद्धि निरोधक तत्व (Growth inhibitor) पानी में चले जाते हैं। तथा कलम मुलायम हो जाता है तत्पश्चात् इसे 5000 पीपीएम आई.बी.ए. के धोल में 10–15 मिनट तक डुबाने के बाद पौधशाला की थैलियों में रख देते हैं। यदि पौधशाला में मिस्ट/फुहारे लगे हैं तो इन कलमों में 25–30 दिन के भीतर कल्ले निकल आते हैं। इस प्रकार से तैयार पौधे एक वर्ष के बाद खेत में लगाये जा सकते हैं।

बाग स्थापना

केर के पौधे प्राकृतिक तौर पर ही उगते हैं। इनके बाग स्थापना की दिशा में वैज्ञानिक प्रयास जारी हैं। बाग स्थापना के लिए सामान्य रूप से खेत तैयार करने के बाद 5X5 मी. की दूरी पर वर्गाकार विधि में रेखांकन किया जाता है। निश्चित बिन्दु पर (60X60X60 सेंमी.) आकार के गड्ढे तैयार करके प्रत्येक गड्ढे में गोबर की सड़ी खाद (15–20 कि.ग्रा.), खली (500 ग्रा.) तथा दीमक नाशी (50 ग्रा.) को मिट्टी में मिश्रण करके भर देते हैं जब एक बरसात हो जाती है तब उसमे पौध रोपण करके एक थाला बना देते हैं जिसमें आवश्यकतानुसार पानी देते रहते हैं। प्रथम वर्ष में पौधों की विशेष देखरेख की जरूरत होती है।

संधाई एवं काट–छाँट

पौधों के स्थापना के पश्चात् उनकी संधाई करना बहुत आवश्यक होता है। चूँकि केर के पौधों का बढ़वार झाड़ीनुमा होता है अतः प्रारम्भिक वर्षों में जमीन से 30–35 सेंमी. ऊँचाई तक शाखाओं को आवश्यकता अनुसार काटते रहना ही उचित होता है। केर के पौधों में फूल पुरानी डालियों एवं शाखाओं पर आते हैं इसलिए इसमें नियमित काट–छाँट की जरूरत नहीं होती है। परन्तु पौधों की उलझी हुई शाखाओं एवं रोगग्रस्त व सूखी टहनियों को जून–जुलाई में फल तोड़ाई के पश्चात काट देने से फलत एवं फल गुणवत्ता अच्छी होती है।

बाग प्रबन्ध

केर के नियमित बगीचे कम होने के कारण बाग प्रबन्ध के तरीकों का मानकीकरण अभी तक नहीं किया जा सका है। परन्तु कुछ पौधों और केर की झुरमुटों के वर्षा जल संग्रहण एवं संचयन, कार्बनिक खाद प्रयोग तथा अन्दर फसलों की खेती इत्यादि के लाभदायक परिणाम देखे गये हैं। वर्षा जल को पौधों के जड़ों के पास संचित करने के लिए हल्का सा ढाल दे दिया जाता है। जिससे पानी थाले में जमा हो सके। उसके पश्चात थाले में सूखी घास, केर की कटी हुई टहनियाँ, जई या सनई के सूखे पौधों को बिछाकर नमी को लम्बे समय तक संचित रख सकते हैं।

केर के पौधे बलुई एवं कम उपजाऊ जमीन में उगते हैं अतः यदि पौधों मे कार्बनिक खाद एवं खली का प्रयोग किया जाता है तो मिट्टी तथा पौधों दोनों के लिए लाभकारी होता है। खाद के साथ–साथ 50 ग्रा. नत्रजन, 25 ग्रा. फास्फोरस एवं 25 ग्रा. पोटाश प्रति पौधों की दर से दिया जाता है। खाद देने के लिए वर्षा ऋतु

का समय सबसे उपयुक्त होता है। केर के पौधों के बीच की खाली पड़ी जमीन में यदि ग्वार, मोठ इत्यादि की अन्तरवर्ती फसल लगायी जाती है तो मृदा की भौतिक तथा रसायनिक दशा में सुधार होता है और खरपतवार का नियंत्रण भी हो जाता है। केर के पौधों में किसी विशेष कीड़े एवं रोग का प्रकोप नहीं होता है।

पुष्पन एवं फलन

केर के पौधों में मार्च–अप्रैल में फूल आते हैं ये फूल गुच्छे में आते हैं जिनमें अधिकांशतः स्वपरागण के पश्चात फल लगते हैं। एक गुच्छे में 5–10 फल लगते है। केर के कच्चे फल हरे या भूरे रंग के होते हैं जो पकने के बाद लाल हो जाते हैं। कच्चे फलों को 'केरी' या 'टीट' कहते हैं। जबकि पके फलों को 'ढालू' कहते हैं। मुख्य रूप से केर के कच्चे फलों का ही प्रयोग अचार या सब्जी अथवा सुखाने के लिए किया जाता है।

परिपक्वता एवं फल तोड़ाई

केर के फल कच्ची अवस्था में ही उपयोग के लिए उपयुक्त होते हैं। बीजों को मुलायम अवस्था से सम्पूर्ण फल के साथ–साथ खाया जाता है। अतः फलों को ऐसी अवस्था में तोड़ा जाता है जब उसके बीज आसानी से खाये जा सकते है। यह अवस्था फल लगने के बाद केवल 1.5–2.0 माह तक ही रहता है। बाजार मूल्य के आधार पर केर के छोटे फलों का सबसे ज्यादा भाव मिलता है। केर के फलों को सुखाने तथा अचार के लिए भी छोटे फलों का ही प्रयोग किया जाता है। फलों को हाथ से ही एक–एक करके तोड़ा जाता है इसीलिए केर के फलों का भाव भी ज्यादा हो जाता है।

उपज

केर के पौधों में 5–8 वर्ष बाद ही फूल एवं फल आते हैं पौधे 15–20 वर्ष बाद पूर्ण फलत में आते हैं। पूर्ण फलन की अवस्था में एक पौधे से 5–7 कि.ग्रा. फल प्राप्त हो सकते हैं। अच्छे बाग प्रबन्ध एवं किस्मों के प्रयोग से उत्पादन को बढ़ाया जा सकता है।

तोड़ाई उपरान्त फल प्रबन्ध

केर के फलों की तोड़ाई के बाद उनको आकार के अनुसार छँटाई कर लेते हैं अन्य फलों के विपरीत केर के छोटे फलों का महत्व सबसे ज्यादा होता है। क्योकि छोटे फलों का उपयोग सबसे अधिक होता है। केर के फलों को हल्का

उबाल कर (Blanching) के बाद सब्जी या अचार के रूप में प्रयोग करते है या उसे सुखाने के लिए उपयोग करते हैं। सूखे केर के फलों से अनेक व्यंजन बनाये जा सकते हैं जिनमें से 'पंचकुटा' प्रमुख है जो राजस्थान का एक मुख्य व्यंजन है। केर के सूखे फलों को 1–2 वर्षों तक भण्डारित करके रखा जा सकता है। फलों को नमक के घोल में भी लम्बे समय तक परिरक्षित किया जा सकता है। केर के सूखे फल 300–400 रूपये प्रति कि.ग्रा. की दर से बिक्री किये जा सकते हैं। इस प्रकार से इसकी खेती काफी लाभप्रद सावित हो सकती है।

10. फालसा (Phalsa)

फालसा जिसका वैज्ञानिक नाम *ग्रेबिया एशियाटिका* या *ग्रेबिया सबएनिक्यूलीस* (*Grewia asiatica* or *Crewia subinaequalis*) है जो टेलेसी (Tiliaciae) कुल का एक प्रमुख सदस्य है। फालसा भारत वर्ष का देशज है। जंगली अवस्था में यह उत्तराखण्ड के हिमालय की पहाड़ियों पर व पंजाब, राजस्थान, मध्यप्रदेश, महाराष्ट्र, पश्चिम बंगाल, बिहार तथा दक्षिण भारत में उगता देखा गया है। इसकी खेती पंजाब, उत्तर प्रदेश तथा आन्ध्रप्रदेश के शहरों के समीप अधिक होती है। भारत में इसके क्षेत्रफल के विषय में कोई अभिलेख नहीं है लेकिन उत्तर प्रदेश में इसकी खेती लगभग 100 हैक्टेयर भूमि में की जाती है। इसका पौधा झाड़ीनुमा, सहिष्णु स्वभाव का होता है। इसके फल छोटे–छोटे अम्लीय स्वाद के होते हैं। पकने पर फलों का रंग गहरा लाल एवं बैगनी होता है। पके फल शीघ्र खराब होने लगते हैं।

भूमि एवं जलवायु

फालसा की खेती सभी प्रकार की मिट्टियों में सम्भव है। परन्तु अच्छी वृद्धि एवं उपज के लिए जीवांशयुक्त दोमट मिट्टी होनी चाहिए। फालसा केवल उत्तरी भारत के ऊँचे पहाड़ी स्थानों को छोड़कर शेष सभी स्थानों पर सफलापूर्वक उगाया जा सकता है। यह गर्म एवं अधिक शुष्क भागों में तथा अधिक वर्षा वाले नम स्थानों, दोनों प्रकार की जलवायु में सरलता पूर्वक पैदा किया जाता है। जाड़ों में यह पत्तियों को गिराकर सुषुप्तावस्था में चला जाता है। अतः पाले को सहन कर लेता है।

उन्नत किस्में

फालसा की कोई विशेष स्थापित जाति किस्म नहीं है। विभिन्न क्षेत्रों में इसकी जाति को लोकल या शरबती के नाम से पुकारते हैं हिसार (हरियाणा) में इसके

पौधे दो प्रकार से पहचाने जाते हैं नाटे (Dwarf) तथा लम्बे (Tall)। अच्छे उत्पादन के लिए नाटे पौधे अच्छे पाये जाते हैं।

प्रसारण तकनीक

फालसा का प्रसारण बीज एवं कर्तनों (Cutting) द्वारा किया जाता है। ज्यादातर बीजों द्वारा ही प्रसारण किया जाता है। कर्तनों का उपयोग कम ही किया जाता है। मई के महीने में स्वस्थ एवं पके फलों से बीजों को निकाल लिया जाता है। ज्यादा दिनों तक बीजों का रखना अच्छा नहीं होता है। अतः उसको निकालने के 15–20 दिनों के अन्दर बोवाई कर देना चाहिए। बीजों को क्यारियों या गमलों में बोते हैं तथा बाद में जब पौधों की ऊँचाई 20–22 सेंमी. हो जाती है। तो वर्षा ऋतु में उनको स्थाई स्थानों पर रोपाई कर दिया जाता है।

बाग स्थापना

फालसा के बाग लगाने के लिये खेत को अच्छी तरह तैयार करके रेखांकन कर 2 मी. के अन्तर पर 30X30X30 सेंमी. का गडढा मई जून में तैयार कर लेते हैं। 15–20 दिन गडढों को खुला छोड़ने के बाद ऊपरी सतह की मिट्टी में 2 टोकरी गोबर की खाद मिलाकर गडढा भर देना चाहिए। इस प्रकार इन गड्ढों में पौधों को फरवरी अथवा जुलाई–अगस्त में लगाना चाहिए। फरवरी में रोपाई अधिक हितकर होता है।

संधाई एवं काट–छाँट

फालसा एक पर्णपाती झाड़ी है अतः इसको प्रति वर्ष काट–छाँट करके सिरोहीन करना होता है। कृन्तन की क्रिया न करने पर इसके फल कम मात्रा में पैदा होते हैं। अगर फालसा को अधिक दूरी पर (3 मी.) पर लगाया गया है तो कृन्तन जमीन से 90 सेंमी. की ऊँचाई पर एवं पौधा यदि 2 मी. पर लगाया गया है तो पौधों का कृन्तन जमीन से 30 से 45 सेंमी. ऊँचाई देकर सिरोहीन करते हैं। यह क्रिया दिसम्बर के अन्त या जनवरी महीने के शुरू में करनी चाहिए। फालसा के कृन्तन पर पंजाब कृषि विभाग ने लायलपुर में अनुसंधान कार्य द्वारा पौधों को जमीन से 120 से 150 सेंमी. की ऊँचाई से कृन्तन करके अच्छी वृद्धि एवं फलत प्राप्त की है।

बाग प्रबन्ध

फालसा के बाग बहुत ही कम मिलते हैं। इसके पौधों के ऊपर अनुसंधान कार्य विले ही हुए हैं। अतः अधिक उत्पादन हेतु बाग प्रबन्ध के अन्तर्गत जल प्रबन्ध, पोषण प्रबन्ध, कीट व्याधि आदि के बारे में संक्षिप्त जानकारी निम्नवत है।

जल प्रबन्ध : फालसा के पौधे सहिष्णु प्रकृति के होते हैं। अतः पूर्ण विकसित पौधों को सिंचाई की आवश्यकता नही होती है परन्तु अच्छे उत्पादन के लिए जनवरी से मई तक 15 दिनों के अन्दर पर सिंचाई देते रहते हैं।

पोषण प्रबन्ध : फालसा में खाद देने से वृद्धि एवं फलत को बढ़ाया जा सकता है। इसके लिए लगभग 10–15 कि.ग्रा. अच्छी सड़ी गोबर खाद प्रति वर्ष देना चाहिए। कृन्तन के तुरन्त बाद या सर्दी के अन्त में खाद को पौधों के चारों तरफ 1 मी. में फैलाकर मिट्टी में गुड़ाई करके मिला देना चाहिए।

बाग सतह प्रबन्ध : कुछ वर्षों तक कम दूरी तक जड़े फैलने वाली सब्जियाँ या दो दाल वाली फसलें पैदा की जा सकती है। जो कर्षण क्रियाएँ अन्तराशस्य को दी जाती है। वे फालसा के लिए लाभदायक होती है। फालसा को स्वयं भी आम के उद्यान में अन्तराशस्य के रूप में पैदा किया जाता है।

कीट एवं रोग प्रबन्ध : फालसा का पौधा विषम परिस्थिति के सहिष्णु होने से इस पर कीड़े तथा बीमारियों कम लगती हैं। कभी–कभी छिलका खाने वाला पदातिक, पत्तियों में धब्बे की बीमारी, रस्ट आदि देखने को मिला है। इनसे फालसा में विशेष नुकसान पहुँचाते की सम्भावना नहीं होती है। क्योंकि फालसा के पौधों में प्रत्येक वर्ष गहन कृन्तन किया जाता है इस प्रकार कृन्तन, कीट एवं बीमारी नियन्त्रण में भी उपयोगी है।

पुष्पन एवं फलन

फालसा में फूल नई वृद्धि पर पैदा होते हैं। पौधा लगाने के तीन वर्ष बाद यह अच्छी उपज देने लगता है। दक्षिण भारत में इसके फल मार्च में पकने लगते हैं और मई के अन्त या जून के शुरू तक समाप्त हो जाते हैं। पंजाब तथा उत्तर प्रदेश में पके फल मई के अन्त तक चलते हैं। कभी–कभी जुलाई तक भी चलते रहते हैं।

परिपक्वता एवं फल तोड़ाई

इसका फल मार्च से पकना शुरू होता है और मई–जून तक चलता रहता है। फल पकने पर दूर से ही दिखाई पड़ता है। पके फलों का रंग लाल एवं बैगनी होता है इसे एक–एक कर के हाथों द्वारा सावधानी पूर्वक तोड़ा जाना चाहिए।

उपज

फालसा के प्रति पौधे से लगभग 8–10 कि.ग्रा. फल प्राप्त होते हैं।

तोड़ाई उपरान्त फल प्रबन्ध

इसके फल एक–एक करके हाथ से सुबह के समय तोड़े जाते हैं जब फलों का रंग लाल हो जाता है तो तुड़ाई करते हैं। तोड़ाई उपरान्त इसे बाँस की टोकरियों में पुआल आदि लगाकर निकट के बाजार में तुरन्त भेज दिया जाता है क्योकि यह शीघ्र (एक–दो दिन में) खराब हो जाता है।

परिरक्षण एवं मूल्य संवर्धन

फालसा के फलों का भंडारण आयु बहुत कम होता है अतः इसके फल जब पकने लगे तब तोड़ाई करने पर 2–3 दिनों तक सामान्य तापमान पर तथा 7 दिनों तक शीत गृह में 7^0 सेन्टीग्रेड तापमान पर रखा जा सकता है। इसके फलों से परिरक्षित पदार्थ, पेय, नेक्टर, स्कवैश एवं सीरप बना कर मूल्य संवर्धन किया जाता है।

❑❑❑

परिशिष्ट

क्र.सं.	फलों का नाम	वैज्ञानिक नाम	परिवार	प्रमुख किस्में	प्रसारण विधि
1.	आम (Mango)	मैंजीफेरा इंडिका (*Mangifera indica*)	एनाकार्डियसी	दशहरी, बैंगनपल्ली, अलफांसो, आम्रपाली, अर्का नीलांचल केसरी	क्लेफ्ट एवं विनियर ग्राफ्टिंग
2.	अमरूद (Guava)	साइडियम गुवाजावा (*Psidium guajava*)	मैरटेयसी	एल.–49, ललित, इलाहाबाद सफेदा, इलाहाबाद सुरखा, अर्का मृदुला	गूटी एवं वेज ग्राफ्टिंग
3.	केला (Banana)	मूसा पैराडिसियाका (*Musa paradisiaca*)	म्यूजेयसी	रोबस्टा, रसथली, चीनी चम्पा, हरी छाल, मोनथन	सकर एवं टिशू कल्चर
4.	कटहल (Jack fruit)	आरटोकारपस हेटेरोफिलस (*Artocarpus heterophyllus*)	मोरैसी	स्वर्ण मनोहर, खजवा, स्वर्ण पूर्ति, मुत्तम, बरका, रूद्राक्षी	बीज एवं कलेफ्ट ग्राफ्टिंग
5.	लीची (Litchi)	लीची चाइनेनसिस (*Litchi chinensis*)	सापिनडेयसी	शाही, चाइना, अर्ली बेदाना, लेट बेदाना, रोज सेन्टेड, देहरारोज, पूर्वी, मंदराजी, कस्बा	गूटी
6.	महुआ (Mahua)	बैसिया लैटीफोलिया (*Bassia latifolia*)	मरटेयसी	नरेन्द्र महुआ – 2,4,7,8 गोधरा सेलेक्सन	टाप ग्राफ्टिंग एवं पैच बडिंग
7.	पपीता (Papaya)	कैरिका पपाया (*Carica papaya*)	कैरीकेसी	पूसा डेलीसियस, पूसा मजेस्टी, पूसा डवार्फ, पूसा नन्हा, अर्का प्रभात, कुर्ग हनीडयू, सोलो, सी.ओ. 1,2,3,4,5,6, सूर्या	बीज एवं टिशू कल्चर

8.	आँवला (Aonla)	एम्बलिक अफिसिनैलिस (*Emblica officinalis*)	इयूफोरबियेसी	नरेन्द्र आँवला – 7,6,10 कृष्णा, कंचन, चकैया, लक्ष्मी – 52	पैच बडिंग एवं टाप ग्राफ्टिंग
9.	बेर (Ber)	जिजिपस मोरीसियाना (*Ziziphus mauritiana*)	रैमनैयसी	उमरान, मुँडिया, सेब, गोला, मेहरून, कैथली	पैच एवं मोडीफाइड रिंग बडिंग
10.	खजूर (Date Palm)	फीनिक्स डेक्टाइलिफेरा (*Phoenix dactylifera*)	पाल्मी	हलावी, खदरावी, शामरन, मेड़झूल, बरही, जाहिदी	आफशूट एवं टिशू कल्चर
11.	चेरी (Cherry)	प्रूनस एवीयम (*Prunus avium*)	रोजेयसी	ब्लैक हार्ट, नेपोलियन, हवाइट, समे, पिंक, अरली	टंग ग्राफ्टिंग
12.	डुरियन (Durian)	डुरियो जिविथिरस (*Durio zibethirus*)	....	चीनी, बॉब, चम्पा, गोल्डन पिलो, ओटॉग	बीज एवं मोडीफाइड पैच बडिंग
13.	कमरख (Carambola)	एवरहो करमबोला (*Averrhoa carambola*)	आक्जैलीडेयसी	सी.एस.के.–1	गूटी, बीज
14.	ब्रेड फ्रूट (Bread fruit)	आरटोकारपस अलटेलियस (*Artocarpus altelis*)	मोरेसी	मलेशिया	बीज एवं कलेफ्ट ग्राफ्टिंग
15.	एग फ्रूट (Egg fruit)	पोउटेरिया कोमपेक्चीना (Pouteria compechiona)	सपोटेयसी	लेकल क्लोन आफ फ्लोरिडा	बीज, साइड विनियर ग्राफ्टिंग एवं पैच बडिंग
16.	अंजीर (Fig)	फाइकस कैरीका (*Ficus carica*)	मोरेसी	पूना, कोनारडिया, किंग, गेनाटाल, टरकी	कलम
17.	अंगूर (Grape)	विटिस विनिफेरा (*Vitis vinifera*)	विटेयसी	ब्यूटी सीडलेस, पूसा सीडलेस, बंगलोर ब्लू, दिलखुश, परलेट, फ्लेम सीडलेस, अनाव–ए–शाही	कठोर कलम, चिप बडिंग एवं ग्राफ्टिंग

18.	जामुन (Jamun)	सिजीजियम (*Xyzgium cuminii*)	मैरटेयसी	नरेन्द्र जामुन–6, गोधरा सेलेक्सन, लखनऊ सीडलेस	बीज एवं पैच बडिंग
19.	करौदा (Karonda)	कैरीसा करेण्डास (*Carissa carandas*)	एपोकाइनेयसी	पन्त मनोहर, मैरून कलर	बीज एवं गूटी
20.	कीवी (Kiwi)	एटीनीडिया डेलीसीवोसा (*Actinidia deliciosa*)	एक्टीनिडेयसी	एबॉट, एलीसन, ब्रनो, हेवर्ड, मॉटी	कठोर कलम, चिप बडिंग
21.	संतरा (Mandarin)	सिट्रस रेटीकुलाटा (*Citrus reticulata*)	रूटैसी	कुर्ग, खासी, किन्नो, नागपुर संतरा	टी बडिंग
22.	नींबू (Lime)	सिट्रस औरेन्सीफोलिया (*Citrus aurantifolia*)	रूटैसी	कागजीकला, प्रोमालिनी, विक्रम, चक्रधर, सीडलेस लाइम	बीज एवं लेयरिंग
23.	नींबू (Lime)	सिट्रस लिमोन (*Citrus limon*)	रूटैसी	युरेका ओवलांग, यूरेका राउन्ड, नेपाली ओवलांग, लिस्बन, पन्तलेमन–1	गूटी एवं साधारण दाबा
24.	रंगपुर लाइम (Rangpur Lime)	सिट्रस लिमोनिया (*Citrus limonia*)	रूटैसी	स्थानीय सेलेक्सन	बीज
25.	तिहिती लाइम (Tahiti Lime)	सिट्रस लैटीफोलिया (*Citrus lattifolia*)	रूटैसी	स्थानीय सेलेक्सन	बीज
26.	ग्रेप फ्रूट (Grape Fruit)	सिट्रस पैराडिसियाका (*Citrus paradisiacal* L.)	रूटैसी	मार्श	टी एवं शील्ड बडिंग
27.	मीठा नींबू (Sweet Lime)	सिट्रस लिमेट्रवायडिस (*Citrus limettioides*)	रूटैसी	स्थानीय सेलेक्सन	बीज एवं बडिंग

28.	लोकाट (Loquat)	इरियोबोट्रिया जपानिका (*Eriobotriya Japonica*)	रोजेसी	गोल्डेन एलो, फायरबाल थेम्स प्राइड, मैमथ	गूटी
29.	मैगोस्टीन (Mangosteen)	गारसीनिया मैगोस्टाना (*Garcina mangostana*)	गुटीफेरी	जोलो, स्थानीय सेलेक्सन	बिना जायगोट वाले बीज
30.	जैतून (Olive)	ओलिया यूरोपिया (*Olia europea*)	ओलीविरेयसी	मिशन, एसकोलानो, पिकोलिन, कोराटिना, कोर्नी कोबरा, ग्रासिम	बीज एवं कलम
31.	पैसन फ्रूट (Passion fruit)	पैसीफ्लोरा इडुलिस (*Passiflora edulis*)	पैसीफ्लोरेयसी	काबेरी, नायलस्पेशल, एलो फ्लेश	कलम एवं गूटी
32.	आड़ू (Peach)	प्रूनस प्रसिका (*Prunus persica*)	रोजेसी	शरबती, प्रभात, जुलाई एलवर्टा, जे.एच. हेल, चौबटिया स्वर्णिम, रेड जून, शाने पंजाब	क्लेफ्ट ग्राफ्टिंग एवं टी बडिंग
33.	बादाम (Almond)	एमाइंगडेलस कॉमुनिस (*Amygdalus communis* L.)	रोजेसी	मखदूम, परबत, वारिस, शालीमार डैक, पेपरशेल	टंग ग्राफ्टिंग एवं टी बडिंग
34.	सेब (Apple)	मैलस पूमिला (*Malus pumila*)	रोजेसी	रेड डेलीशियस, गोल्डेन डेलीशियस राइमर, अम्बरी, रिचारेड, स्ट्राकिंग डलीशियस, चौबटिया अनुपम	टंग ग्राफ्टिंग एवं टी बडिंग
35.	खुबानी (Apricot)	प्रूनस अरमेनियाका (*Prunus armeniaca*)	रोजेसी	न्यू कैसल अर्ली, शिपले अर्ली, शकरपारा नमेट, चौबटिया मधु	टी बडिंग एवं टंग ग्राफ्टिंग
36.	एवोकैडो (Avocado)	प्रूनस अरमेनियाका (*Persea americana* Mill.)	लौउरियसी	फ्यूरेट, हास, हार्सिम, अडी, पॉलॉक, सिमाण्ड, ब्लौक प्रिस, पीटरसरन, डयूक, लियान	बीज एवं कलेफ्ट ग्राफ्टिंग

37.	नाशपाती (Pear)	पायरस कोम्यूनिस (*Pyrus communis* L.)	रोजेसी	ब्बूगोसा, नख, पत्थर नाख	कठोर कलम
38.	पीकन नट (Peacan nut)	कैरिया इलियोनेन्सिस (*Careya ellionensis*)	कैरियसी	महान, नेलिस, वरकट, स्टूवर्ट, मोहाक, स्थानीय लैडरेस, चेनी, चिकसा	बीज, पैच बडिंग एवं टंग ग्राफ्टिंग
39.	मैकेडेमियानट (Maeadamia nut)	मैकडेमिया इनेटेगरीफोलिया (*Macadamia intergrifolia*)	सपोटेसी	काकिया, मकाई, कऊ, इकइया, ग्रेबर	बीज एवं बेज ग्राफ्टिंग
40.	चेस्ट नट (Chest nut)	कैसटेनिया स्टाइवा (*Castenia sativa*)	कैसैलियसी	लोकल लैण्डरेस	बीज एवं ग्राफ्टिंग
41.	हैजल नट (Hazel nut)	कोरैलस कोरोलिना (*Coryalus corolina*)	बेटुलेसी	लोकल लैण्डरेस	बीज एवं ग्राफ्टिंग
42.	चिलगोजा (Chilgozza)	पइनस जेराडियाना (*Pinus zeradiana*)	पाइनेसी	वाइल्ड रेसेस	बीज
43.	परसीमान (Persimon)	डायसपायरस काकी (*Dyospyros kaki*)	इबनेयसी	हचिया, राइटिंग, इजू, जीरो, सरगा, मीकावा जीरो, हानाफू	हवीप ग्राफ्टिंग
44.	फालसा (Phalsa)	ग्रेबिया सबनाइक्वैलिस (*Grevia subnaequalis*)	टिलेयसी	लोकल, शरबती	बीज, कठोर कलम
45.	अन्ननास (Annonas)	एनानास कोमोसस (*Annanas comosus*)	ब्रोमेलियेसी	क्यू, क्वीन, सिम्हाचलम्, चलधूप, जाइंट क्यू, मारीशस	सिल्प, सकर, क्राउन, तने के टुकडे

46.	आलूबुखारा (Plum)	प्रूनस सिलबेसट्रिस (*Prunus sylvestris*)	रोजेसी	टिटरान, सतसुभा, चम्बा, विक्टोरिया, सनतारोजा, सेटलर	टंग ग्राफ्टिंग एवं चिप बडिंग
47.	अनार (Pomegranate)	प्यूनिका ग्रेनाटम (*Punica granatum*)	प्यूनीकेयसी	मृदुला, अरक्ता, ज्योति, रूबी, गणेश, जालौर सीडलेस	कठोर कलम एवं गूटी
48.	रम्बूटान (Rambutan)	निफेलियम लैपासियम (*Nephelium lappaceum*)	सपिनडेयसी	रोनग्रिन, चोम्पू, बिंगजै, लेबाक, ब्यूलस रापिया, अजीमल, कालीपत्ती	गूटी, बीज एवं भेट कलम
49.	सपोटा (Sapota)	एकरस जपोटा (*Acrus japota*)	सपोटेयसी	क्रिकेटबाल, कालीपत्ती, पीलीपत्ती, मुरब्बा, कीर्तवती, पी के एम और 1/2 डी एस एच–2	भेट कलम, बेज या क्लेफ्ट ग्राफ्टिंग
50.	पिस्ता (Pista)	पिस्टेसिया वेरा (*Pistacia vera*)	एनाकारडियसी	स्थानीय, अफगानी किस्में	बीज एवं ग्राफ्टिंग
51.	स्ट्राबेरी (Strawberry)	फ्रगेरिया एनानासा (*Fragaria annanas*)	रोजेसी	बेलरूबी, कानफिक्चुरा, दिलपसन्द, इटना, पजारो, डगलस, स्वीट चार्ली दाना, चान्डलर, पूसा अर्ली डवार्फ	रनर
52.	स्वीट आरेंज (Sweet Orange)	सिट्रस साइनेनसिस (*Citrus sinensis*)	रूटैसी	जाफा, हैमलिन, माल्टा, मौसम्बी	टी बडिंग एवं शील्ड बडिंग
53.	अखरोट (Walnut)	जुगलैन्स रेजिया (*Zugalanas regia*)	जुगलैन्डेयसी	लेक इंग्लिस, ड्रेनोस्की, गोविन्द, यूरेका, प्लैसेन्टिया, विल्सन, चकराता सेलेक्शन	ग्राफ्टिंग

अन्य गौड़ फल (Other Minor Fruits)

54.	बरबाडोस चेरी (Barbados cherry)	मलपीधिया ग्लैबरा (*Malpighia glabra*)	मलपीघेयसी	लोकल सेलेक्शन	गूटी एवं कठोर कलम
55.	विलिम्बी (Blimbi)	एबरहो विलिम्बी (*Averrhoa bilimbi*)	आक्जैलीडेयसी	स्थानीय लैण्डरेस	बीज एवं गूटी
56.	केप गूजबेरी (Cape goosebery)	फेसिलिस पेरूवियाना (*Physilis peruviana*)	सोलेनेयसी	स्थानीय लैण्डरेस	बीज
57.	चिरौंजी (Chironji)	बुचानैनिया लैंजन (*Buchanania lanzan*)	एनाकार्डियसी	स्थानीय सेलेक्शन	बीज एवं कलेफ्ट ग्राफ्टिंग
58.	अमड़ा (Hog plum)	सपोन्डियास मोमाबिन (*Sapondias mombin*)	एनाकार्डेसी	स्थानीय सेलेक्शन	बीज एवं कठोर कलम
59.	देशी बदाम (Indian Almond)	टरमेनेलिया कटाप्पा (*Terminelia catappa*)	काम्ब्रीटेयसी	स्थानीय सेलेक्शन	बीज
60.	कोकम (Kokam)	गरसीनिया इंडिका (*Garcinia indica*)	गुटीफेयरी	स्थानीय सेलेक्शन	बीज एवं ग्राफ्टिंग
61.	लांगन (Longan)	डिमोकारपस लांगन (*Dimocarpus longan*)	सपिनडेयसी	स्थानीय सेलेक्शन	गूटी एवं बीज
62.	जंगल जलेबी (Jungle Jilebi)	पिथेस्लोबियम डल्से (*Pithecellobium dulce*)	लेगुमिनेसी	स्थानीय सेलेक्शन	बीज

63.	नागफन्नी (Prickly Pear)	ओपंसिया फाइकस इंडिका (*Opuntia ficus indica*)	कैकटेयसी	फल वाली किस्में नोपलिया – सब्जी के लिए	कल्डोड
64.	वाटर एपल (Jamrol)	सइजीजियम एक्वम (*Sygygium aquem*)	मैरटेयसी	स्थानीय सेलेक्शन	गूटी
65.	रोज एपल (Rose apple)	सइजीजियम जम्बोज (*Sygygium ambose*)	मैरटेयसी	स्थानीय सेलेक्शन	गूटी
66.	स्टार एपल (Star apple)	क्राइसोफायलम कैनीटो (*Chrysophyllum cainito*)	मैरटेयसी	स्थानीय सेलेक्शन	गूटी
67.	स्टार गूजबेरी (Star gooseberry)	फायेलेन्यस एसिडस (*Phyllanthus acidus*)	इयूफरबियेसी	स्थानीय सेलेक्शन	गूटी
68.	सुरीनाम चेरी (Surinam cherry)	इयूनीनिया युनीफ्लोरा (*Eugenia uniflora*)	मैरटेयसी	स्थानीय सेलेक्शन	बीज
69.	कैथा (Wood apple)	फेरोनिया लिमोनिया (*Feronia limonia*)	रूटैसी	स्थानीय सेलेक्शन	बीज
70.	सफेद सपोटा (White sapote)	कैसोमिरोआ इडुलिस (*Casimiroa edulis*)	सपोटेयसी	स्थानीय सेलेक्शन	बीज एवं कलेफ्ट ग्राफ्टिंग
71.	शहतूत (Mulbarry)	मोरस अल्बा (*Morus alba*)	मोरैसी	लाल शहतूत, सफेद शहतूत, स्थानीय सेलेकशन	कठोर कलम
72.	लसोरा (Gonda)	कार्डिया मिक्सा (*Cordia myxa*)	बोरैजिनेयसी	गोन्दा, गोन्दी, स्थानीय सेलेक्शन	बीज, कलम एवं पैच बडिंग

73.	केर (Ker)	कैपरिस डेसीडुआ (*Capparis dicidua*)	कैप्रीडेयसी	स्थानीय बड़ा, साफ्ट सीडेड सीडेड	बीज, कठोर कलम
74.	पीलू (Pilu)	सैलवाडोरा ओलिवायडिस (*Salvadora oleoides*)	सैलवाडोरेयसी	स्थानीय, खारा जाल, मीठा जाल	बीज, कलम
75.	खिरनी (Khirni)	मानिलखरा हैक्जैन्ड्रा (*Manikhara hexandra*)	सपोटेयसी	स्थानीय सेलेक्शन	बीज, भेट कलम कलेफ्ट ग्राफ्टिंग
76.	ताड पाम (Palmyra Palm)	बोरासस फ्लैवीफर्स (*Borassus flabellifers*)	पाल्मी	स्थानीय सेलेक्शन	बीज
77.	चालता (Elephant apple)	डिलेनिया इण्डिका (*Delinea indica*)	डेलीनेयसी	स्थानीय सेलेक्शन	बीज, कठोर कलम, गूटी
78.	केन्दु (Kendu)	डायोसपायरस मेलानजायलान (*Dyospyrus melonoxylan*)	इबनेयसी	स्थानीय सेलेक्शन	बीज
79.	परसिमोन (Persimon)	डायोसपायस काकी (*Dyospyrus kaki*)	इबनेयसी	राइटिंग, इचिया	बीज, कलम
80.	जलपई (Jalpai)	इलियोकारपस मुनरोई (*Eliocarpus munroii*)	इलियोकारपेयसी	स्थानीय सेलेकशन	बीज
81.	पनियाला (Paniyala)	फ्लैकोर्टिया जैंगोमास (*Flacartia jangomas*)	फ्लैकोरटेयसी	स्थानीय सेलेक्शन	बीज, कलम
82.	हर (Har)	अर्मेनेलिया चेबुला (*Terminalia chebula*)	कम्ब्रीटेयसी	स्थानीय सेलेक्शन	बीज

83.	बहेड़ा (Bahera)	टर्मेनेलिया बेलारिका (*Terminialia bellarica*)	कम्ब्रीटेयसी	स्थानीय सेलेक्शन	बीज
84.	गूलर (Indian fig)	फाइकास ग्लोमेरेटा (*Ficus glomerata*)	मोरैयसी	स्थानीय सेलेक्शन	बीज, जड़ कलम, तना कलम
85.	मौलश्री (Moleshree)	माइमोसाप्स इलेगी (*Mimosops elangii*)	सपोटेयसी	स्थानीय सेलेक्शन	बीज
86.	बड़हल (Monkey jack)	आर्टोकार्पस लाकूचा (*Artocarpus lakoocha*)	मोरैयसी	स्थानीय सेलेक्शन	बीज
87.	काजू (Cashew nut)	एनाकार्डियम आक्सीडेन्टल (*Anacardium occidentle*)	एनाकारडेयसी	बेन्गुरला–4 जगन्नाथ, बलभद्र, उल्लाल–1 वी आर आई–5 एच–1608	बीज, कलेफ्ट ग्राफ्टिंग

❑❑❑